U0219084

现代农业高新技术成果丛书

动物重要经济性状基因的分离与应用

Identification of Genes for Economically Important Traits
and Their Application in Animal Breeding

张　勤　主　编

张　沅
刘剑锋　副主编

中国农业大学出版社
·北京·

内 容 简 介

本书总结了动物重要经济性状重要基因挖掘和利用方面国内外在理论、方法及应用上的研究进展,系统介绍了本研究团队取得的研究发现和重要成果。内容既涉及经典的复杂性状连锁分析、精细定位、候选基因分析、基因表达分析、标记辅助选择和生物信息学的理论与方法,又涵盖了近年来的研究热点:包括全基因组关联分析、基因组选择、基因聚合的理论与方法。同时本书阐述了上述理论方法在我国畜禽(包括奶牛、猪、鸡)分子育种和基因检测中的应用及主要结果。

本书可供高等院校、科研机构等从事动物遗传育种的科研人员和研究生参考。

图书在版编目(CIP)数据

动物重要经济性状基因的分离与应用/张勤主编. —北京:中国农业大学出版社,2012.2
ISBN 978-7-5655-0467-9

Ⅰ.①动… Ⅱ.①张… Ⅲ.①动物-经济性状-基因-研究 Ⅳ.①Q953

中国版本图书馆 CIP 数据核字(2011)第 277943 号

书 名	动物重要经济性状基因的分离与应用
作 者	张 勤 主编 张 沅 刘剑锋 副主编

策划编辑	宋俊果 高 欣	责任编辑	田树君
封面设计	郑 川	责任校对	陈 莹 王晓凤
出版发行	中国农业大学出版社		
社 址	北京市海淀区圆明园西路 2 号	邮政编码	100193
电 话	发行部 010-62731190,2620	读者服务部	010-62732336
	编辑部 010-62732617,2618	出 版 部	010-62733440
网 址	http://www.cau.edu.cn/caup	e-mail	cbsszs @ cau.edu.cn
经 销	新华书店		
印 刷	涿州市星河印刷有限公司		
版 次	2012 年 2 月第 1 版 2012 年 2 月第 1 次印刷		
规 格	787×1092 16 开本 24 印张 590 千字		
定 价	98.00 元		

图书如有质量问题本社发行部负责调换

现代农业高新技术成果丛书
编审指导委员会

主　任　石元春

副主任　傅泽田　刘　艳

委　员　（按姓氏拼音排序）

　　　　高旺盛　李　宁　刘庆昌　束怀瑞

　　　　佟建明　汪懋华　吴常信　武维华

编写人员

主　编　张　勤

副主编　张　沅　刘剑锋

参编人员　丁向东　孙东晓　俞　英

　　　　　王志鹏　张　哲　巩元芳

　　　　　卢　昕　刘　杨　姜　力

出版说明

瞄准世界农业科技前沿,围绕我国农业发展需求,努力突破关键核心技术,提升我国农业科研实力,加快现代农业发展,是胡锦涛总书记在2009年五四青年节视察中国农业大学时向广大农业科技工作者提出的要求。党和国家一贯高度重视农业领域科技创新和基础理论研究,特别是863计划和973计划实施以来,农业科技投入大幅增长。国家科技支撑计划、863计划和973计划等主体科技计划向农业领域倾斜,极大地促进了农业科技创新发展和现代农业科技进步。

中国农业大学出版社以973计划、863计划和科技支撑计划中农业领域重大研究项目成果为主体,以服务我国农业产业提升的重大需求为目标,在"国家重大出版工程"项目基础上,筛选确定了农业生物技术、良种培育、丰产栽培、疫病防治、防灾减灾、农业资源利用和农业信息化等领域50个重大科技创新成果,作为"现代农业高新技术成果丛书"项目申报了2009年度国家出版基金项目,经国家出版基金管理委员会审批立项。

国家出版基金是我国继自然科学基金、哲学社会科学基金之后设立的第三大基金项目。国家出版基金由国家设立、国家主导,资助体现国家意志、传承中华文明、促进文化繁荣、提高文化软实力的国家级重大项目;受助项目应能够发挥示范引导作用,为国家、为当代、为子孙后代创造先进文化;受助项目应能够成为站在时代前沿、弘扬民族文化、体现国家水准、传之久远的国家级精品力作。

为确保"现代农业高新技术成果丛书"编写出版质量,在教育部、农业部和中国农业大学的指导和支持下,成立了以石元春院士为主任的编审指导委员会;出版社成立了以社长为组长的项目协调组并专门设立了项目运行管理办公室。

"现代农业高新技术成果丛书"始于"十一五",跨入"十二五",是中国农业大学出版社"十二五"开局的献礼之作,她的立项和出版标志着我社学术出版进入了一个新的高度,各项工作迈上了新的台阶。出版社将以此为新的起点,为我国现代农业的发展,为出版文化事业的繁荣做出新的更大贡献。

中国农业大学出版社

2010年12月

前　言

　　动物的遗传改良从根本上说,是通过提高群体中的优良基因频率来改变群体的遗传结构,提高群体遗传水平。畜禽生产中的主要经济性状大多是复杂性状,受数量不详的多基因控制,传统的育种方法是基于微效多基因模型,将影响一个性状的所有基因当作一个整体,根据表型和系谱信息估计其总的遗传效应,在此基础上进行选择。这种方法在畜禽育种中取得了极大成功,但与此同时也存在一定的局限性。20 世纪 80 年代以来分子遗传学的兴起和快速发展,使得我们可以在基因组水平对重要经济性状的分子遗传机理进行研究,这些研究主要集中在对影响性状的重要功能基因进行挖掘,了解它们的作用机理,进而应用于动物育种。

　　中国农业大学动物分子数量遗传与育种研究团队在过去的 10 余年时间中,在国家 973、863、自然科学基金等课题的支持下,致力于动物重要经济性状重要基因的挖掘和利用的理论、方法和应用等方面的研究,取得了一些重要的研究成果,本书在总结国内外研究进展的基础上,对这些研究成果进行了系统的介绍,希望能为同行们提供参考和借鉴。

　　参加本书编写的人员为本团队的骨干研究人员和部分博士研究生,其中张勤撰写了第 1 章和第 7 章,刘剑锋撰写了第 2 章和第 3 章,丁向东撰写了第 4 章和第 5 章,孙东晓撰写了第 12 章,俞英撰写了第 13 章,王志鹏撰写了第 6 章,张哲撰写了第 8 章,巩元芳和卢昕撰写了第 9 章,刘杨撰写了第 10 章,姜力撰写了第 11 章。

　　动物的重要经济性状数量庞大而复杂,全面挖掘影响这些性状的重要基因是一项长期而又艰苦的工作,虽然我们做了大量工作,但也仅仅涉及其中的很小一部分,与国内外同行相比,我们在很多方面还存在差距。我们将继续努力,与国内外同行一道为实现我们共同的目标而奋力前行。

　　限于我们的水平和能力,书中错误和缺陷在所难免,敬请读者批评指正,不吝赐教。

编　者

2011.12

目　录

第**1**章

绪　论

　　动物育种主要有两个方面的工作,一是通过人工的定向选择,使现有的动物品种在主要生产性能上的遗传水平得到不断的提高,从而实现群体的遗传改良。二是通过杂交等手段将不同群体的优良基因整合,生产符合市场需求的产品或培育新的动物品种或品系。

　　选择的理论和方法历来是动物遗传育种工作者的研究重点。根据数量遗传学的理论,通过选择所获得的群体遗传进展的速率与选择强度、群体的遗传变异性和选择的准确性成正相关,与世代间隔成反相关,因而对选择理论和方法的研究也主要围绕着这 4 个方面进行,而其中的核心又是选择的准确性。选择的基础是个体遗传评估,因此遗传评估方法成为研究的重点。根据数量遗传学的微效多基因理论,数量性状的表现是由很多基因以及环境的共同作用所决定的,由于基因的数目很多,而每个基因的作用一般都较小,再加上环境因素的干扰,我们不能对每个基因单独地进行分析,而只能将所有的基因作为一个整体来考虑,实际上就是将基因的作用当做一个"黑匣子"。因此,遗传评估就是对所有基因的整体效应进行估计。遗传评估方法在过去的 50 余年中得到了很大的发展,尤其是自 20 世纪 70 年代后期以来,由 Henderson(1974)提出的最佳线性无偏估计(best linear unbiased prediction, BLUP)理论和方法在全世界范围内得到了广泛的应用,成为动物个体遗传评估的通用和标准方法。传统的遗传评估(包括 BLUP 方法)是根据个体的性状表型信息和系谱信息来估计个体育种值,BLUP(尤其是动物模型 BLUP)方法为我们提供了利用这种信息的最佳手段,使得动物个体育种值估计的准确性得到了很大提高,因而对于多数动物重要经济性状来说,基于 BLUP 的选择取得了显著的遗传改良效果。例如,美国荷斯坦奶牛平均 305 天的产奶量在过去的近 50 年中由约 6 000 kg 增加到约 12 000 kg,提高了近 1 倍,而其中由于群体遗传改良所带来的遗传进展约为 4 000 kg(图 1-1)。再如,加拿大长白猪、大白猪和杜洛克 3 个主要品种猪达 100 kg 体重日龄在过去的近 30 年中的累计遗传进展达到了近 30 天(图 1-2)。

　　尽管传统的选择方法在动物育种实践中取得了巨大成就,但它并不完美,在有的情况下这种选择不能取得理想的效果。例如对于低遗传力的性状(如繁殖性状)和阈性状(如抗病性),

由于在表型信息中所包含的遗传信息很有限,除非有大量的各类亲属的信息,很难对个体做出准确的遗传评定。再如对于限性性状(如产奶、繁殖性状),对不能表达性状的个体一般只能根据其同胞和后裔的成绩对其进行评定,如果仅利用同胞信息,则由于同胞数有限,评定的准确性一般较低,如果利用后裔信息,而且后裔数很多(如在奶牛中的情形),评定的准确性可以达到很高,但世代间隔拖长,每年的遗传进展相对降低,且育种成本很高。还有对于胴体性状,因为必须屠宰后才能测定,一般也只能进行同胞或后裔测定,而且由于性状测定的难度和费用都很高,测定的规模受到限制,使得评定的准确性和世代间隔都受到影响。

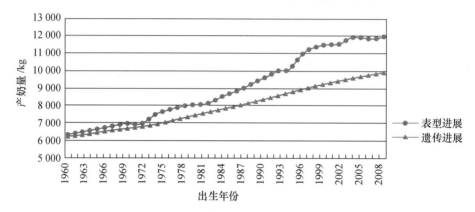

图 1-1　美国荷斯坦奶牛平均产奶量的表型和遗传进展

(数据来自 http://aipl.arsusda.gov/)

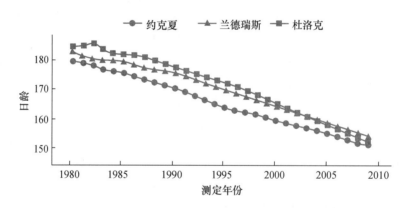

图 1-2　加拿大主要猪品种达 100 kg 体重日龄的遗传进展

(引自 http://www.ccsi.ca/)

在动物新品种培育方面,在过去的几十年中,并没有取得显著的成绩。由于长期以来对产量的片面追求,世界各国的肉、蛋、奶、毛的生产越来越依赖少数几个品种,而这些品种基本上都是在 100 年前育成的。经过长期的选育,这些品种的主要生产性能有了很大提高,在很大程度上满足了畜产品市场的需求,但也使得畜产品生产的遗传基础越来越窄。在过去的半个多世纪中,世界各国也陆续地培育了一些新的畜禽品种,这些品种虽然在某些方面具有一定优良特性,但大多总体经济价值不高,未能成为广泛使用的主流品种。目前消费者对畜产品质量(如营养成分与口味)和安全性(如病原微生物含量与药物残留量)要求越来越高,同时生产者也希望通过提高动物的繁殖力、抗病性和长寿性等来进一步提高生产效率,而这些需求仅仅依靠目前的少数几个品种是很难满足的。一方面是因为这些性状用目前的选择方法很难实现遗传改良,二是在这些品种中缺少一些相关基因。虽然目前在畜牧生产中广泛使用的品种只有少数几个,但世界上的畜禽地方品种资源是相当丰富的,据联合国粮农组织(FAO)统计(FAO,2007),至2006年,世界上有记录的哺乳类地方家畜品种共计4 068个(其中牛品种897个,山羊品种512个,绵羊品种995个,猪品种541个),地方家禽品种共1 644个(其中鸡品种1 077个,鸭品种186个,鹅品种158个)。这些品种中蕴藏着丰富的基因资源,而其中必然有我们目前需要的基因。例如,我国的很多地方畜禽品种在肉(蛋)品质、繁殖力、抗病(抗逆)性等方面具有显著优势。如何挖掘并有效利用这些资源是摆在动物育种工作者面前的一大难题。

不可否认的是,数量遗传学的多基因理论并没有完全揭示数量性状的遗传本质。自20世纪70年代以来,人们在经过长期选择的群体中陆续发现了一些对数量性状有较大作用且仍然处于分离状态的基因,例如影响鸡的体型大小的矮小(dwarf)基因(Merat and Ricard, 1974),影响猪的瘦肉率和肉质的氟烷(Halothane)基因(Smith and Bampton, 1977;Webb *et al*., 1982,它同时也是造成猪应激敏感的主要基因),影响肉牛的臀部肌肉丰满程度的双肌(double mucsling)基因(Rollins *et al*., 1972),以及影响羊的产羔数的Booroola基因(Piper and Bindon, 1982)。人们将这些基因称为主效基因(major gene)。在这里主效是相对于微效而言的,也就是说它们并不能决定数量性状的所有变异。这些基因的发现大多是偶然的,但它们的发现使得人们对数量性状的遗传机制有了新的认识,可以想象在其他数量性状中也完全可能存在类似的主效基因,如何主动地去发掘这些基因就成为数量遗传学和家畜育种学的新的研究课题。在80年代中期以前,人们主要借助一些统计学方法来检测主效基因,例如,多众数分布(multimodal distribution)检验法,非正态分布(non-normal distribution)检验法,杂合方差(heterogeneity of variance)检验法,亲子相似性(offspring-parent resemblance)检验法,复合分离分析(complex segregation analysis)法。遗憾的是这些方法的检测效率都较低,而且一般只能检测出是否有主效基因存在,而不能告诉我们主效基因在染色体上的位置。

自20世纪80年代以来,随着分子遗传学和分子生物技术的飞速发展,大量的以分子遗传标记为形式的DNA水平的分子遗传信息被发现,其中包括限制性酶切片段长度多态性(restriction fragment length polymorphism,RFLP)、扩增片段长度多态性(amplified fragment length polymorphism,AFLP)、随机扩增多态性DNA(randomly amplified polymorphic DNA,RAPD)、微卫星(minisatelite)以及单核苷酸多态(single nucleotide polymorphisms,SNP)。利用这些标记,我们可以真正从DNA水平上对影响数量性状的单个基因或染色体片段进行分析,人们将含有这些单个的基因或染色体片段的区域称为数量性状基因座[quantitative trait locus (loci),QTL]。从广义上说,数量性状基因座是所有影响数量性状的基因座(不论效应大小),但通常人们只将那些可被检测出的、有较大效应的基因或染色体片段称为QTL,而将那些不能检测出的基因仍当做微效多基因来对待。当一个QTL就是一个单个基因时,它就是主效基因。

在过去的近30年中,对QTL及主效基因的检测主要有2种策略,一是利用遗传标记通过连锁分析或连锁不平衡分析来进行QTL检测和定位,二是候选基因分析,即通过对某个候选基因与性状表型的关联分析,来判断该基因是否与某个性状有关。在QTL检测和定位方面,世界各国的动物遗传育种工作者做了大量工作,发掘了大量的QTL,在国际学术刊物上报道的 QTL 被汇集到了一个 QTL 数据库中（Hu，2009）。截止到 2011 年 3 月，该数据库中已收集的 QTL 情况见表 1-1。

表 1-1　家畜（禽）中已报道的 QTL

（数据引自 http://www.animalgenome.org/QTLdb/）

物种	QTL 总数	论文数	涉及性状数	QTL 数量最多的 5 个性状
猪	6 344	281	593	滴水损失（945），平均背膘厚（158），眼肌面积（126），胴体长（122），日增重（82）
牛	4 682	274	376	乳蛋白率（201），产奶量（175），剩余采食量（159），胴体重（127），体细胞评分（122）
鸡	2 451	125	248	腹脂重（155），体重（130），马立克病相关性状（115），42 日龄重（122），胸肌重（90）
羊	348	47	137	Haemonchus Contortus FEC2（18），骨密度（14），Haemonchus Contortus FEC1（13），Ultrasound Fat Depth（13），睾丸重（8）

　　要说明的是，①这些 QTL 中，有些是重复的，这是因为由不同研究小组对同一性状进行分析，在相同或相近的染色体区域发现的 QTL，都被分别收集到数据库中，而不考虑它们是否是相同的 QTL；②并不是每个报道的 QTL 都一定是真实的 QTL，由于 QTL 存在与否是通过统计学检验而定的，因而存在犯错误的可能，也就是说有些 QTL 可能是假的；③在这些 QTL 中，绝大部分 QTL 是可能含有主效基因的染色体区域，而且这些区域的置信区间大多较大（～20 cM），也就是说，对这些 QTL 来说，我们仅知道在某些染色体区域内可能存在主效基因，并知道有哪些分子标记是与之连锁的，但基因本身却是未知的。

　　无论是 QTL 定位还是候选基因分析，最终目的是要找到影响性状的主效基因，但寻找主效基因是一项十分艰巨的工作。直接的候选基因分析虽然简单易行，但效率很低，因为可以作为候选基因的基因数量太大，很难从中筛选合适的候选基因。QTL 定位的结果通常只能得到一个 QTL 区域，基因本身却是未知的。比较合理的做法是，先用连锁分析进行 QTL 定位（置信区间为 10～20 cM），而后用连锁不平衡分析进行 QTL 精细定位（置信区间为 1～2 cM），再从精细定位的区间中筛选候选基因进行关联分析。而最后确定一个基因是否为主效基因，则一方面要在多个群体中进行反复的关联分析验证，另一方面还要对其进行生物学功能的验证。这一过程需要相当长的时间，并要花费大量的人力和财力。虽然在文献中报道的候选基因很多，但经过验证确认为主效基因的非常少。除了前面提到的氟烷基因、双肌基因、Booroola 基因和矮小基因外，近年来确认的主效基因主要有影响奶牛乳脂率的 DGAT1 基因（Grisart et al.，2002）、影响猪肌肉生长的 IGF2 基因（van Laere et al.，2003）、影响羊肌肉发育的 MSTN 基因（Clop et al.，2006）。近年来，随着全基因组高密度 SNP 芯片的问世，诞生了一种新的分析策略，即全基因组关联分析（genome-wide association study，GWAS）。目前对于主要的家畜（禽）物种，如牛、猪、鸡、羊、马、犬，都已有了 SNP 芯片，在这些芯片上含有 50 000～60 000 个 SNP，SNP 间的平均距离为 40～50 kb。利用这些芯片可以进行高通量、大规模的 SNP 标记分型。GWAS 就是通过对每个 SNP 与性状的关联分析，来寻找与性状高度关联的 SNP，这些 SNP 可能就是某个主效基因中的功能突变，也可能是与功能突变处于高度连锁不平衡的 SNP。在人类遗传学的研究中，已有了大量的这方面的研究报道，截止到 2010 年 12 月，已报道有与 210 个性状有显著关联（$P < 5 \times 10^{-8}$）的 1 212 个 SNP（Hindorff *et al.*，2010）。在家畜中，GWAS 研究起步较晚，但已有一些研究报道（Goddard and Hayes，2009；Jiang *et al.*，2010）。

除了 DNA 水平的遗传信息外，随着近 10 年来基因表达谱芯片、蛋白质芯片、DNA 甲基化芯片等技术的发展，可以高通量地对 RNA 转录水平、蛋白质组水平和表观遗传水平遗传信息进行分析，利用这些信息可以对基因功能和基因间的调控与互作关系进行研究。

显然，如果我们能对影响数量性状的遗传机理有了很清楚的了解，就可以将这些遗传信息应用于动物育种中，例如可通过标记辅助选择来提高选择的准确性或进行早期选择，通过标记辅助基因导入或基因聚合进行新品种（系）的培育。此外，我们还可利用基因克隆和转基因等分子生物技术来对群体进行遗传改良。但是如何合理有效地利用这些信息，也是动物育种工作者需要研究的课题。总体来说，分子遗传信息在动物育种实践中的应用还非常有限，但近年来，由于 SNP 芯片的出现，一种新的标记辅助选择形式——基因组选择（genomic selection）也应运而生（Meuwissen *et al.*，2001；Schaeffer，2006），它是利用全基因组的高密度标记（SNP）来进行辅助选择。过去的标记辅助选择仅针对单个或少数几个 QTL 进行选择，基因组选择则是针对全基因组的所有 QTL 进行选择。目前，基因组选择已经在奶牛育种中被广泛应用于种公牛的选择（Hayes *et al.*，2008；Loberg and Dürr，2009），在其他畜种中也有研究报道，成为动物育种的重要发展方向。有理由相信，随着各种技术的不断发展，在科学家们的不懈努力下，复杂性状遗传机理的面纱将被逐步揭开，并由此给动物育种带来新的革命性的变化。

参 考 文 献

[1] Clop A, Marcq F, Takeda H, *et al.*. A mutation creating a potential illegitimate microRNA target site in the myostatin gene affects muscularity in sheep. *Nature Genet.* 2006, 38: 813 - 818.

[2] FAO. 世界粮食与农业动物资源状况. 北京：中国农业出版社，2007.

[3] Goddard M and Hayes B. Mapping genes for complex traits in domestic animals and their use in breeding programmes. *Nature Review Genet.*, 2009, 10: 381 - 391.

[4] Grisart B, Coppieters W, Farnir F, *et al.*. Positional candidate cloning of a QTL in dairy cattle: identification of a missense mutation in the bovine *DGAT*1 gene with major effect on milk yield and composition. *Genome Res.*, 2002, 12: 222 - 231.

[5] Hayes B, Bowman P, Chamberlain A, *et al.*. Genomic selection in dairy cattle: progress and challenges. *J. Dairy Sci.*, 2008, 92: 433 - 443.

[6] Henderson C R. General flexibility of linear model techniques for sire evaluation. J. Dairy Sci., 1974, 57: 963.

[7] Hindorff L, Junkins H, Hall P, *et al.*. A Catalog of Published Genome-Wide Association Studies. Available at: www.genome.gov/gwastudies.

［8］Hu Z，Park C，Fritz E，*et al*.. QTLdb：A Comprehensive Database Tool Building Bridges between Genotypes and Phenotypes. Proc. 9th World Congress on Genetics Applied to Livestock Production. Leipzig，Germany August 1 - 6，2010.

［9］Jiang L，Liu J，Sun D，*et al*.. Genome wide association studies for milk production traits in Chinese Holstein population. Plos One，2010，5(10)：e13661.

［10］Loberg A and Dürr J. Interbull survey on the use of genomic information. Interbull Bulletin，2009，39：3 - 14.

［11］Merat P and Ricard F. Etude d'un gene de nanisme lie aus sexe chez la poule：importance de l'etat d'engraissement et gain de podis chez l'adulte. *Ann Genet Select Anim*，1974,6：211 - 217.

［12］Meuwissen T，Hayes B and Goddard M. Prediction of total genetic value using genome-wide dense marker maps. *Genetics*，2001，157：1819 - 1829.

［13］Piper L and Bindon B. Genetic segregation for fecundity in Booroola Merino sheep. Proc. World Congress on Sheep and Beef Cattle Breeding. 1982，Palmerton North，Australia. 315 - 331.

［14］Rollins W，Tanaka M，Nott C，*et al*.. On the model of inheritance of double - muscled conformation in bovines. Hilgardia，1972，41：433 - 456.

［15］Schaeffer L. Strategy for applying genome-wide selection in dairy cattle. *J. Anim. Breed. Genet.*，2006，123：218 - 223.

［16］Smith C and Bampton P. Inheritance of reaction to halothane anaesthesia in pigs. *Genet. Res.*，1977，29：287 - 292.

［17］Van Laere A，Nguyen M，Braunschweig M，*et al*.. A regulatory mutation in *IGF2* causes a major QTL effect on muscle growth in the pig. *Nature*，2003，425：832 - 836.

［18］Webb A，Carden A，Smith C，*et al*.. Porcine stress syndrome in pig breeding. Proc. 2nd World Congress on Genetics Applied to Livestock Production. 1982，5：588 - 608.

第 2 章

QTL 连锁分析理论和方法

对动物经济性状实施常规选择的理论基础是微效多基因假说。随着分子生物学和遗传标记技术的诞生和日臻成熟,寻找控制复杂经济性状主效基因、实施分子育种的策略逐渐成为动物遗传育种的发展方向。QTL 连锁分析作为最早应用分子标记实施 QTL 定位的研究策略,为解析畜禽复杂经济性状遗传机理、提高选择效率、加速遗传进展发挥了关键作用。伴随着 QTL 定位理论研究的不断深入,相应的统计算法也不断优化成熟。QTL 连锁分析理论和方法的不断发展和创新,实质性推动了动物分子育种的技术进步。迄今为止,QTL 连锁分析的理论和方法的研究已经成为分子数量遗传学的重要内容。

2.1 QTL 连锁分析概述

早在 20 世纪初期,Sutton 于 1903 年提出遗传物质的染色体理论,1910 年 Morgan 通过果蝇试验发现了基因连锁现象,Fisher 于 1918 年证实了远交群体中由于数量性状基因的分离产生亲属间的性状相关,并首次提出数量性状多基因方差理论,1919 年 Haldane 提出用于描述连锁基因遗传距离的图谱函数。上述一系列重要发现和理论成果,为 QTL 连锁分析研究奠定了初步的理论基础。

1923 年 Sax 利用大豆作为试验材料,将大豆可观测的各种外形特征作为标记,基于一系列杂交试验,发现了豆粒重量与某些标记显著相关,第一次用标记的手段检测到影响豆粒重量的 QTL。Sax 具有里程碑意义的试验揭开了 QTL 连锁研究的序幕,初步形成了 QTL 连锁分析的基本思路和方法。

自 20 世纪 60 年代以来,基于各种试验设计的统计方法的建立,以及自 80 年代初,分子生物技术尤其是分子标记技术的迅猛发展,给 QTL 连锁分析理论研究注入了强大动力。在建立 QTL 连锁分析统计方法方面,Neimann-Sprensen 和 Robertson(1961)提出应用于远交群体的半同胞设计,采用血型作为遗传标记进行奶牛产奶量 QTL 检测,并首次建立 χ^2 统计量进行检测结果的显著性检验;Jayakar(1970)首次提出 QTL 检测的最大似然法(ML),Haseman 和 Elston(1972)首次将回归方法应用于人类复杂性状的 QTL 定位;Soller 等(1976)和 Soller,Genizi(1978)建立了近交系杂交设计和分离群设计的 QTL 检测的统计功效的估计方法。Geldermann(1975)首次提出了缩写字母"QTL"的概念,并阐述了用标记基因来揭示数量性状遗传机理的方法。随着第一代分子标记 RFLP 技术的问世,使得 QTL 连锁分析统计方法真正有了用武之地。

QTL 连锁分析由理论研究向实践应用的转变,是伴随着动物全基因组标记技术和遗传图谱技术的成熟而真正实现,从而在整个基因组上定位 QTL 成为可能。对应于这种策略的分析方法称之为 interval mapping(区间作图法)(Lander and Botstein,1989)。在此基础上各种优化策略和统计方法相继提出,主要有复合区间定位(Zeng,1994)、多区间定位。随着 QTL 连锁分析理论的进一步发展,所假定的分析模型更为完善和复杂,更加优化的统计算法也相应产生。目前,基于 Bayes 理论的 Markov Chain Monte Carlo(MCMC)算法,由于其优越的统计学特性,已被广泛应用于人类、动植物复杂性状连锁分析、精细定位和关联分析研究。

综上,QTL 连锁分析的理论和方法在动物育种实践中取得了丰硕成果,Nilsson-Ehle 的微效多基因假说由此被重新认识和修改,利用 QTL 或标记实施辅助选择(marker assisted selection,MAS)和基因导入(marker assisted introgression,MAI)正逐步改变常规育种手段和途径。以 QTL 连锁分析理论和方法的研究开创了基因定位研究先河,使之成为现代分子育种的前提和先决条件,同时也成为分子数量遗传学研究领域最活跃的研究热点之一。

2.2　Bayes 统计推断的基本原理

Bayes 统计推断是同时考虑已知信息和未知信息,建立相应概论模型实现统计推断的方法。其理论基础是基于后验密度的经典描述:

$$p(\theta \mid data) = p(data \mid \theta)p(\theta)/p(data) \tag{2.1}$$

式中:θ 为所有待估参数,$data$ 为可观测的数据资料,由于 $p(data)$ 为常量,与待估参数无关,因此 2.1 常用的表达为:

$$p(\theta \mid data) \propto p(data \mid \theta)p(\theta) \tag{2.2}$$

模型(2.1)、(2.2)常称为"Bayes 全概率模型"。在该模型中,所有未知变量(包括各种参数和缺失信息)均视为随机变量,在给定已知信息条件下对所有随机变量的后验联合密度的描述综合了随机变量的先验分布 $p(\theta)$ 和已知信息的似然函数 $p(data \mid \theta)$ 两方面的信息。

Bayes 方法与 ML 方法的主要区别在于:不需要通过求似然函数最大值,而是通过每一个随机变量的条件边际密度或分布函数进行未知参数的统计量(如均值或方差)的估计(Camp and Cox,2002,p295),根据式(2.2),随机变量 θ_i(剩余参数为 θ_{-i})的条件边际密度可表示为:

$$p(\theta_i \mid data) \propto \iint p(data \mid \theta_i, \theta_{-i})p(\theta_i, \theta_{-i})d\theta_{-i} \tag{2.3}$$

通常的 Bayes 分析可概括为 3 个主要步骤(Gelman et al., 2004):①建立包含未知参数和已知信息的全概论模型(也称为联合概论分布模型);②计算基于已知信息的后验分布和所有未知参数的条件分布;③基于未知参数后验分布进行统计推断。

从理论上讲,基于参数的后验分布,可以充分利用各种来源的信息,处理含缺失资料、多个变量及复杂效应的模型,但实践中要得到随机变量的条件边际分布存在极大障碍,主要原因是进行复杂函数多重积分的计算困难,加上贝努里学派对利用先验分布信息的争议,Bayes 统计推断方法一度被搁置,直到 MCMC 算法的应用(Gelfand,1990)使 Bayes 统计推断的计算难题迎刃而解。

MCMC 算法的思路是通过随机变量联合后验分布 $p(\theta|data)$,导出 θ_i 的条件分布 $p(\theta_i|data,\theta_{-i})$,通过对 θ_i 条件分布依次、连续抽样产生随机数列(又称为 Markov Chain),再根据一定规则对 Markov Chain 进行取值,从而产生所有 θ_i 条件分布样本,产生的所有参数 θ 的条件样本可近似为联合后验分布 $p(\theta|data)$ 的样本。对于产生的联合后验样本中的 θ_i 的数据可视为 θ_i 的条件边际分布样本。因此 Bayes 推断可基于边际分布样本的统计量(如均值和方差),避免了多重积分的复杂运算,大大降低了计算难度。基于 MCMC 算法的 Bayes 分析使得 Bayes 方法真正从理论进入了实践领域。

MCMC 算法的核心内容是从条件分布 $p(\theta_i|data,\theta_{-i})$ 抽样产生 θ_i 的样本,目前在 QTL 研究中所采用的抽样技术主要包括 3 种算法:Gibbs 抽样(Geman and Geman, 1984)、M-H 算法(Metroplis-Hastings algorithm)(Hastings,1970)和 RJ - MCMC(Reversible jump)(Green, 1995)算法。当条件密度 $p(\theta_i|data,\theta_{-i})$ 为标准的分布类型,如正态分布、指数分布等,可以用具体的数学模型表达,则可以采用 Gibbs 抽样技术直接根据密度函数抽样产生随机变量样本;当 $p(\theta_i|data,\theta_{-i})$ 不是标准的分布类型,则无法根据密度函数直接抽样产生样本,而 M - H 算法可通过取舍判断的间接方法加以解决,其出发点是 Markov Carlo 随机过程中,为了保证随机变量在参数空间的随机取值(random walk)最终收敛于一静态分布(stationary distribution),对于每一个时间点 t,随机变量 X 在下一个时间点 $t+1$ 的取值 X_{t+1},不是直接抽样获得,而是首先从一事先给定的条件分布 $q(.\mid X_t)$ 中抽样得到一候选值 Y,$q(.\mid X_t)$ 的形式没有限制,一般为正态分布或均匀分布。因此候选点是否接受为 X_{t+1},通过接受概率 $\alpha(X_t,Y)$,用公式(2.4)表示:

$$\alpha(X_t,Y) = \min\left(1,\frac{\pi(Y)q(X_t\mid Y)}{\pi(X_t)q(Y\mid X_t)}\right) \tag{2.4}$$

如果候选点被接受,则 $X_{t+1}=Y$,否则 Markov Carlo 不产生移动,即 $X_{t+1}=X_t$。需要提出的是,Gibbs 抽样是 Metroplis-Hastings algorithm 的特殊情况,即 $\alpha(X_t,Y)\equiv 1$。RJ-MCMC 是 M-H 算法的延伸,它允许随机变量可以在不同时间点从不同维数的条件分布中抽样获得后验分布。获取随机变量下一轮的抽样值同样需要达到接受概率的标准 $\alpha(X_t,Y)$,例如对于 QTL 数目的抽样,RJ 算法就非常适用。

大量研究表明,基于 MCMC 算法的 Bayes 方法进行 QTL 定位,特别针对于多个 QTL 尤为适用(Satagopan and Yandell, 1996;Satagopan et al., 1996;Heath, 1997;Uimari and Hoeschele, 1997;Sillanpaa and Arjas, 1998;Stephens and Fisch, 1998;Sillanpaa and Arjas, 1999)。

针对动物育种复杂系谱资料的 QTL 定位，Bayes 方法在单标记分析（Thaller and Hoeschele，1996）、多标记分析（Uimari et al.，1996）和多个 QTL 定位（Satagopan and Yandell，1996；Uimari and Hoeschele，1997）方面均显示出强劲优势。在植物 QTL 定位的研究中，Satagopan 和 Yandell（1996）利用 Bayes 因子来比较所拟合的不同数目 QTL 模型，从而确定 QTL 数目和相应位置参数；自 Green（1995）提出 RJ-MCMC 算法以来，迅速在 QTL 定位的研究领域得到应用（Satagopan and Yandell，1996；Heath，1997；Sillanpaa and Arjas，1998；Stephens and Fisch，1998；Sillanpaa and Arjas，1999）：此类研究均将 QTL 数目视为随机变量，通过 RJ-MCMC 抽样产生 QTL 数目的后验分布，从而将所有未知变量的估计完全通过 Bayes 推断获得，从而在 QTL 定位研究领域开辟了一条新的途径。

MCMC 技术的出现和大量运用，使 QTL 定位的 Bayes 方法并不局限于直接导出条件边际密度或通过求最大后验密度函数的最大值的 EM 算法（如 Fisher-Scoring 迭代算法）进行统计分析，应用性大大增强，随着 MCMC 算法的不断改进、统计模型进一步完善，Bayes 方法将成为今后 QTL 定位重要手段之一。

2.3 基于 RJ-MCMC 进行畜禽远交群体 QTL 连锁分析

针对于畜禽群体的 QTL 连锁分析，采用近交系设计不具现实意义。大量研究表明，基于方差组分的分析方法非常适用于畜禽远交群的 QTL 连锁分析（Fernando and Grossman，1989；Almasy and Blangero，1998；Zhang et al.，1998；De Koning et al.，2003）。该方法的主要特点是将遗传方差剖分为 QTL 效应方差和剩余微效多基因方差，同时考虑了个体间亲缘关系和 QTL 的 IBD（identity by descent）概率，并可以在模型中考虑多种固定效应和随机效应，而且处理偏离正态分布的资料也具较好效果，因此稳健性更强，统计效率更高。

Yi 和 Xu（2000）针对远交群和全同胞家系提出基于 IBD 方差组分分析的 Bayes-MCMC 方法。由于 Bayes 在处理复杂模型、复杂数据结构以及多个复杂变量方面，尤其是当存在 2 个以上连锁 QTL 时，具备明显优势。

刘剑锋等（2006）在 Yi 和 Xu（2000）方法的基础上，针对畜禽远交群体，将基于 IBD 方差组分的 Bayes 分析方法从简单的全同胞家系设计扩展应用于较为复杂的远交群家系结构，并在该方法的基础上，从二级阈性状扩展到对多级阈性状的分析。其主要研究包括：

（1）不同 QTL 效应（QTL 方差占总遗传方差的比例）、不同家系结构和家系大小（全同胞家系、混合家系）条件下连续性状 QTL 连锁分析模拟研究；

（2）不同 QTL 效应（QTL 方差占总遗传方差的比例）、不同家系结构和家系大小（全同胞家系、混合家系）、标记密度、标记多态性、性状发生率等条件下阈性状 QTL 连锁分析模拟研究。

2.3.1 遗传模型

假设远交群中有 n 个个体来自多个家系并且具性状表型值和连锁标记基因型数据，它们的亲本仅具标记基因型数据，考虑标记连锁群中存在 l 个 QTL，以及基因组其他区域存在微

效多基因,用动物模型描述连续性状观察值 Y 向量($n \times 1$):

$$Y = X\beta + \sum_{j=1}^{l} a_j + g + e \tag{2.5}$$

公式(2.5)中各变量含义:

β:$p \times 1$ 固定效应向量(p 为各个固定效应水平数总和);

X:对应于固定效应向量的 $n \times p$ 系数矩阵;

a_j:第 j 个 QTL 基因型效应的 $n \times 1$ 随机效应向量;

g:其他微效多基因效应的 $n \times 1$ 随机效应向量;

e:残差效应的 $n \times 1$ 随机效应向量。

所有随机效应向量服从正态分布,期望和方差协方差矩阵表示为:

$$E \begin{bmatrix} a \\ g \\ e \end{bmatrix} = \begin{bmatrix} 0_{l \times 1} \\ 0 \\ 0 \end{bmatrix}, \quad Var \begin{bmatrix} a \\ g \\ e \end{bmatrix} = \begin{bmatrix} \sum_{j=1}^{l} \pi_j \sigma_{aj}^2 & 0 & 0 \\ 0 & A\sigma_A^2 & 0 \\ 0 & 0 & I\sigma_e^2 \end{bmatrix} \tag{2.6}$$

因此:

$$V(Y) = V = Var(a) + Var(g) + Var(e) = \sum_{j=1}^{l} \pi_j \sigma_{aj}^2 + A\sigma_A^2 + I\sigma_e^2 \tag{2.7}$$

式(2.6)和(2.7)中,π_j 表示不同个体间第 j 个 QTL 的 IBD 概率矩阵,A 为分子血缘矩阵,I 为单位阵。根据模型的描述,QTL 的等位基因数目假定为"无穷多",而非通常的 Q 和 q 两个等位基因的假设,并且在模型中将 QTL 数目 l 也作为未知参数,基于这样的假设更符合远交群的特点。

对于阈性状的描述,基于"阈值模型"的理论(Falconer and Mackay,1996),呈离散分布的表型值用 W 表示,其取值受潜在连续变量 Y 和阈值 t_k 的影响。潜在变量 Y 与连续性状相同,可用动物模型(2.5)表示,但残差随机变量在阈值模型中假设服从标准正态分布,并且有:

$$E \begin{bmatrix} a \\ g \\ e \end{bmatrix} = \begin{bmatrix} 0_{l \times 1} \\ 0 \\ 0 \end{bmatrix}, \quad Var \begin{bmatrix} a \\ g \\ e \end{bmatrix} = \begin{bmatrix} \sum_{j=1}^{l} \pi_j \sigma_{aj}^2 & 0 & 0 \\ 0 & A\sigma_A^2 & 0 \\ 0 & 0 & I \end{bmatrix} \tag{2.8}$$

$$V(Y) = V = Var(a) + Var(g) + Var(e) = \sum_{j=1}^{l} \pi_j \sigma_{aj}^2 + A\sigma_A^2 + I \tag{2.9}$$

对于二级阈性状,仅有 1 个阈值,通常假设 $t=0$,潜在变量 y_i、阈值 t、表型数据 w_i 的关系可表示为:

$$w_i = \begin{cases} 1 & (y_i > t) \\ 0 & (y_i \leqslant t) \end{cases} \tag{2.10}$$

对于三级阈性状,存在 2 个阈值(t_1, t_2),存在类似表达式:

$$w_i = \begin{cases} 1 & (-\infty < y_i \leqslant t_1) \\ 2 & (t_1 < y_i \leqslant t_2) \\ 3 & (t_2 < y_i < +\infty) \end{cases} \quad (2.11)$$

对于 3 级以上的分类性状,可以此类推得到表型变量与潜在变量、各级阈值间的关系表达式。

2.3.2 标记基因型和性状表型的数据模拟

在 Liu 等(2006);刘剑锋等(2006)研究中,所有试验数据全部通过随机模拟产生。

标记基因型模拟:远交群所有亲代个体和子代个体均具标记基因型信息。对于亲代个体,每个标记座位以相等概率从所有标记等位基因中抽样确定标记基因型和连锁相,并根据孟德尔分离规律和位点间的重组(重组率采用 Haldane 图距函数计算),确定子代的标记基因型。

表型数据模拟:根据模型(2.5),固定效应仅考虑群体均值,对于每个亲本个体,模拟产生 2 种效应数据,即 QTL 座位的 2 个等位基因的效应(每个等位基因效应来自均值为 0,方差为 $\sigma_a^2/2$ 的正态分布的抽样值)、微效多基因效应(微效多基因效应来自于均值为 0,方差为 σ_A^2 的正态分布抽样值)。子代个体 i 的表型值(对于阈性状产生潜在变量"表型值")包括 4 个组成部分:①群体均值;②来自双亲 QTL 的 2 个等位基因效应(由双亲所传递的 QTL 等位基因决定);③微效多基因效应 $g_i = \frac{1}{2}(g_i^m + g_i^f + m_i)$,$g_i^m$ 和 g_i^f 分别代表个体 i 的双亲多基因效应,m_i 为孟德尔抽样离差,服从正态分布 $N\left[0, \frac{1}{2}\sigma_A^2\left(1 - \frac{F_m + F_f}{2}\right)\right]$,其中 F_m 和 F_f 代表双亲的近交系数,分析中假设亲代个体无近交和亲缘相关,因此 F_m 和 F_f 均为 0;④随机残差效应,从正态分布 $N(0, \sigma_e^2)$ 中抽样产生。对于连续性状个体 i 的表型值为上述 4 项之和,对于 2 级和 3 级阈性状表型值,根据阈值模型,通过产生的"潜在变量值"和各自阈值(事先给定的固定值)的比较来确定个体表型的离散数据取值。

2.3.3 QTL 的 IBD 矩阵推断方法

利用模型(2.5),根据 IBD 方差组分原理进行连锁分析,重点内容之一就是要进行 QTL 的 IBD 矩阵的推导。由于个体的 QTL 基因型无法观测得到,而且远交群体中标记基因型不能完全提供连锁信息,因此仅仅利用 QTL 的两个侧翼标记推断 QTL 本身的 IBD 效率很低,刘剑锋等(2006)在 Xu 和 Gessler(1998)的基础上,同时考虑了连锁群起止两个端点的标记信息,建立了远交群体全同胞、半同胞个体间 QTL 的 IBD 矩阵的多点推导方法。

假设亲代个体间无近交和亲缘相关,子代标记及 QTL 基因型可根据双亲同源染色体基因传递模式表示为 $\{M_1^m M_1^f \quad M_1^m M_2^f \quad M_2^m M_1^f \quad M_2^m M_2^f\}$ 和 $\{Q_1^m Q_1^f \quad Q_1^m Q_2^f \quad Q_2^m Q_1^f \quad Q_2^m Q_2^f\}$,上标 m 和 f 分别表示雄性和雌性亲本,下标 1 和 2 分别表示亲本的 2 条同源染色体,根据 Hidden Markov Chain 模式,假设连锁群 2 个相邻座位(如:标记—标记、标记—QTL,QTL—标记)间的重组率用 $r_{i(i+1)}$(标记—标记)或 r_{iq}(标记—QTL)或 r_{qi}(QTL—标记)表示,传递概率矩阵的推导公式为(以标记—QTL 为例):

$$T_{iq} = \begin{bmatrix} (1-r_{iq})^2 & r_{iq}(1-r_{iq}) & (1-r_{iq})r_{iq} & r_{iq}^2 \\ r_{iq}(1-r_{iq}) & (1-r_{iq})^2 & r_{iq}^2 & r_{iq}(1-r_{iq}) \\ (1-r_{iq})r_{iq} & r_{iq}^2 & (1-r_{iq})^2 & (1-r_{iq})r_{iq} \\ r_{iq}^2 & r_{iq}(1-r_{iq}) & (1-r_{iq})r_{iq} & (1-r_{iq})^2 \end{bmatrix} \tag{2.12}$$

设连锁群标记个数为 M，假设 QTL 位于第 i 个标记和第 $i+1$ 个标记之间（$i<M$），因此根据标记信息推断 QTL 等位基因的亲子传递不同模式条件概率的多点推断公式为：

$$\begin{aligned} P(G_{xy}) &= P(Q_x^m Q_y^f \mid \text{Marker}) \\ &= \frac{1'D_1 T_{12} \cdots T_{iq} D_{xy} T_{q(i+1)} \cdots D_{M-1} T_{(M-1)M} D_M 1}{\sum\limits_{x=1}^{2} \sum\limits_{y=1}^{2} 1'D_1 T_{12} \cdots T_{iq} D_{xy} T_{q(i+1)} \cdots D_{M-1} T_{(M-1)M} D_M 1} \end{aligned} \tag{2.13}$$

其中：$1 = \begin{bmatrix} 1 & 1 & 1 & 1 \end{bmatrix}^{\mathrm{T}}$，

$$\begin{aligned} D_i = \text{diag}[& P(M_1^m M_1^f \mid \text{Marker}) \quad P(M_1^m M_2^f \mid \text{Marker}) \\ & Pr(M_2^m M_1^f \mid \text{Marker}) \quad Pr(M_2^m M_2^f \mid \text{Marker})], \end{aligned}$$

$$D_{xy} = \begin{cases} \text{diag}[1 \quad 0 \quad 0 \quad 0] & x=1, y=1 \\ \text{diag}[0 \quad 1 \quad 0 \quad 0] & x=1, y=2 \\ \text{diag}[0 \quad 0 \quad 1 \quad 0] & x=2, y=1 \\ \text{diag}[0 \quad 0 \quad 0 \quad 1] & x=2, y=2 \end{cases}$$

根据式（2.13），在推导 QTL 基因型概率之前，首先必须计算不同标记基因型条件概率 $P(M_x^m M_y^f \mid \text{Marker})$，由于远交群标记信息不可能提供完全的连锁信息，因此 $P(M_x^m M_y^f \mid \text{Marker})$ 的计算同样通过多点推断进行估计，在给定其他 $M-1$ 个标记基因型信息的条件下，当前标记 i（$i=1,\cdots,M$）的基因型条件概率为：

$$P(M_x^m M_y^f \mid \text{Marker}) = \frac{1'D_1 T_{12} \cdots T_{(i-1)i} D_{xy} T_{i(i+1)} \cdots D_{M-1} T_{(M-1)M} D_M 1}{\sum\limits_{x=1}^{2} \sum\limits_{y=1}^{2} 1'D_1 T_{12} \cdots T_{(i-1)i} D_{xy} T_{i(i+1)} \cdots D_{M-1} T_{(M-1)M} D_M 1}$$

$$\tag{2.14}$$

式（2.14）中各项与式（2.13）相同，需要指出的是，连锁群标记基因型条件概率的计算通常依据标记的排列顺序依次进行。在每计算出当前标记的 $P(M_x^m M_y^f \mid \text{Marker})$ 后，在计算下一标记 $P(M_x^m M_y^f \mid \text{Marker})$ 之前，必须及时更新式（2.14）中对应的 D_i 值。而更新之前的 D_i 值，可在标记间无连锁关系的假设下，通过简单的孟德尔分离规律进行推断，举例说明如下：

雄性亲本基因型 $M_1^m M_2^m$ 为 $B_1 B_1$，雌性亲本基因型 $M_1^f M_2^f$ 为 $B_1 B_2$，如果子代基因型为 $B_1 B_1$，则子代的四种基因型概率分别为：$P(M_1^m M_1^f) = 1/2$，$P(M_1^m M_2^f) = 0$，$P(M_2^m M_1^f) = 1/2$，$P(M_2^m M_2^f) = 0$。需要强调的是，用于表示亲本基因型的下标仅仅是人为规定，而非真实的连锁相，事实上根据式（2.13）和式（2.14）进行子代基因型概率的多点推断并不需要推断连锁相。

根据标记信息，通过式（2.13）推断出子代 QTL 基因型后，个体间 QTL 的 IBD 概率可通过简单的概率运算求得。个体 i 和 i' 某个基因座位的 IBD 状态可表示为 $\dfrac{0+0}{2}$、$\dfrac{1+0}{2}$、$\dfrac{0+1}{2}$、

$\dfrac{1+1}{2}$，分别表示个体间无 IBD 基因、仅具雄性亲本 IBD 基因、仅具雌性亲本 IBD 基因、同时具双亲 IBD 基因。

对于全同胞个体 i 和 i'，四种 IBD 状态的概率计算表达式如下：

$$P\left(\frac{0+0}{2}\right)_{ii'} = P(G_{11})_i \cdot P(G_{22})_{i'} + P(G_{22})_i \cdot P(G_{11})_{i'} + $$
$$P(G_{12})_i \cdot P(G_{21})_{i'} + P(G_{21})_i \cdot P(G_{12})_{i'}$$

$$P\left(\frac{1+0}{2}\right)_{ii'} = P(G_{11})_i \cdot P(G_{12})_{i'} + P(G_{12})_i \cdot P(G_{11})_{i'} + $$
$$P(G_{21})_i \cdot P(G_{22})_{i'} + P(G_{22})_i \cdot P(G_{21})_{i'}$$

$$P\left(\frac{0+1}{2}\right)_{ii'} = P(G_{11})_i \cdot P(G_{21})_{i'} + P(G_{21})_i \cdot P(G_{11})_{i'} + $$
$$P(G_{12})_i \cdot P(G_{22})_{i'} + P(G_{22})_i \cdot P(G_{12})_{i'}$$

$$P\left(\frac{1+1}{2}\right)_{ii'} = P(G_{11})_i \cdot P(G_{11})_{i'} + P(G_{12})_i \cdot P(G_{12})_{i'} + $$
$$P(G_{21})_i \cdot P(G_{21})_{i'} + P(G_{22})_i \cdot P(G_{22})_{i'}$$

因此全同胞个体 i、i' 在第 j 个 QTL 的 IBD 矩阵中的值可用 IBD 期望值表示：

$$\pi_{jii'} = P\left(\frac{1+1}{2}\right)_{ii'} + \frac{1}{2}\left[P\left(\frac{1+0}{2}\right)_{ii'} + P\left(\frac{0+1}{2}\right)_{ii'}\right] \tag{2.15}$$

对于父系半同胞个体 i 和 i'，四种 IBD 状态的概率计算表达式如下：

$$P\left(\frac{0+0}{2}\right)_{ii'} = \left[P(G_{11})_i + P(G_{12})_i\right] \cdot \left[P(G_{21})_{i'} + P(G_{22})_{i'}\right] + $$
$$\left[P(G_{21})_i + P(G_{22})_i\right] \cdot \left[P(G_{11})_{i'} + P(G_{12})_{i'}\right]$$

$$P\left(\frac{1+0}{2}\right)_{ii'} = \left[P(G_{11})_i + P(G_{12})_i\right] \cdot \left[P(G_{11})_{i'} + P(G_{12})_{i'}\right] + $$
$$\left[P(G_{21})_i + P(G_{22})_i\right] \cdot \left[P(G_{21})_{i'} + P(G_{22})_{i'}\right]$$

$$P\left(\frac{0+1}{2}\right)_{ii'} = 0 ; P\left(\frac{1+1}{2}\right)_{ii'} = 0$$

因此半同胞个体 i、i' 在第 j 个 QTL 的 IBD 矩阵中的值可用 IBD 期望值表示：

$$\pi_{jii'} = P\left(\frac{1+1}{2}\right)_{ii'} + \frac{1}{2}\left[P\left(\frac{1+0}{2}\right)_{ii'} + P\left(\frac{0+1}{2}\right)_{ii'}\right] = \frac{1}{2}P\left(\frac{1+0}{2}\right)_{ii'} \tag{2.16}$$

2.3.4 基于 RJ - MCMC 的 QTL 连锁分析

根据模型(2.5)，对于连续性状，可观测的数据资料包括性状表型值 Y，固定效应信息 X 和标记信息 I_M（包括标记基因型和标记间的遗传距离），目标参数包括 QTL 数目 l 及其位置 $\lambda = \{\lambda_j\}(j=1, \cdots, l)$，以及模型参数 $\theta = (\beta, \sigma_{a1}^2, \cdots, \sigma_{al}^2, \sigma_A^2, \sigma_e^2)$，在基于 IBD 方差组分分析中，由于 QTL 效应和微效多基因效应在似然函数中可通过积分剔除，因此为了进一步简化计算，在 MCMC 算法中未作为目标参数加以考虑。

根据 Bayes 理论,所有的目标参数均视为随机变量,在给定的性状观察值 Y、标记信息 I_M 及其他信息条件下参数 $\{l,\lambda,\theta\}$ 的联合后验分布为:

$$p(l,\lambda,\theta \mid Y) \propto p(Y \mid l,\lambda,\theta) p(l,\lambda,\theta) \qquad (2.17)$$

式(2.17)中第 1 项为性状表型值的似然函数,其展开式为:

$$p(Y \mid l,\lambda,\theta) = (2\pi)^{-n/2} \mid V \mid^{-1/2} \exp\left\{-\frac{1}{2}(Y-X\beta)'V^{-1}(Y-X\beta)\right\} \qquad (2.18)$$

式(2.17)中第 2 项为参数 $\{l,\lambda,\theta\}$ 的先验分布,展开式为:

$$p(l,\lambda,\theta) = p(l)p(\beta)p(\sigma_A^2)p(\sigma_e^2)\prod_{j=1}^{l}\left[p(\lambda_j)p(\sigma_{aj}^2)\right] \qquad (2.19)$$

式(2.19)中,可假设 l 服从均值为 μ_l、最大值为 L 的截断泊松分布(μ_l、L 预先给定),λ_j 服从均匀分布,区间为所考虑的染色体全长,β、σ_A^2、σ_e^2、σ_a^2 服从均匀分布,其中方差参数区间的下限为 0,表型数据方差可作为方差参数上限。

基于式(2.17)至式(2.19),可利用 MCMC 技术产生所有目标参数的联合后验分布,MCMC 的基本思路是通过在未知参数空间进行“动态随机取值”,取值所产生的样本逐渐收敛于某一“静态分布”(stationary distribution),该分布即为未知参数的联合后验分布。MCMC 过程起始于未知参数的初始值 $\{l^0,\lambda^0,\theta^0\}$,根据 QTL 的位置 λ,利用式(2.12)至式(2.16)对相应 QTL 的 IBD 概率矩阵进行多点推断,然后对各参数依次进行迭代更新产生新的抽样值,直至收敛。在 Liu(2005)的研究中采用 Metropolis-Hastings 算法产生 λ 和 θ 的后验分布样本,而对于 QTL 数目 l,由于随着取值不同,相应的模型参数的数目也随即发生变化,因此采用 RJ MCMC 算法产生 l 的后验分布样本。具体步骤如下:

对于向量 θ 中所有变量产生随机数列的方法采用 Metropolis-Hastings 算法,具体操作是在 $[\theta-d_\theta,\theta+d_\theta]$($d_\theta$ 为预先给定的调节参数)区间产生所有变量的均匀分布的抽样值 θ^*,θ^* 成为随机数列新一轮取值的接受概率为:

$$\min\left\{1,\frac{f(Y \mid l,\lambda,\theta^*)}{f(Y \mid l,\lambda,\theta)}\right\} \qquad (2.20)$$

如果满足接收概率,用 θ^* 替代 θ,V 阵也相应改变,否则 θ 和 V 阵保持不变。

关于 l 和 λ 的抽样方法,基于 RJ-MCMC 和 Metropolis-Hastings 算法,采用 Sillanpaa 和 Arjas(1998)提出的抽样模式:在随机变量的参数空间,采用 3 种不同的随机移动:①当 QTL 数目不产生变化时,更新所有 QTL 的位置,同时产生新的 IBD 矩阵 π_j^*;②在模型中增加 1 个新的 QTL(同时产生新增加 QTL 的位置、加性方差以及 IBD 矩阵 π_{l+1});③减少 1 个现有的 QTL(同时删除其位置、方差参数和相应 IBD 矩阵)。在特殊情况如 $l=0$ 时不能进行第③种移动方式,当 $l=L$,不能进行第②种移动方式。当 $0<l<L$,可以假设选择以上 3 种移动方式的概率为 $p_m=p_a=p_d=1/3$。

在进行操作①时,对于第 j 个 QTL 的当前位置 λ_j,在区间 $[\lambda_j-d_\lambda,\lambda_j+d_\lambda]$ 的均匀分布中抽样获取新的候选位置 λ_j^*(d_λ 为调节参数),同时得到更新位置的 IBD 矩阵 π_j^*,λ_j^* 被接受的概率为:

$$\min\left\{1,\frac{\mid V^* \mid^{-1/2}\exp\{-1/2(Y-Xb)'V^{*-1}(Y-Xb)\}}{\mid V \mid^{-1/2}\exp\{-1/2(Y-Xb)'V^{-1}(Y-Xb)\}}\right\} \tag{2.21}$$

其中：

$$V^* = V - \pi_j\sigma_j^2 + \pi_j^*\sigma_j^2$$

对于所有当前 QTL 位置，根据接受概率，依次进行判断和更新，一旦 λ_j^* 被接收，相应的 IBD 阵 π_j^* 和 V^* 则同时替换原先的 π_j 和 V。

在进行操作②时，以染色体长度为区间产生服从均匀分布的新增加 QTL 的位置 λ_{l+1}，同时产生相应 IBD 矩阵 π_{l+1}，其加性效应方差 σ_{al+1}^2 从先验均匀分布中抽样获得。新增加 QTL 及其相应参数的接受概率为：

$$\min\left\{1,\frac{\mid V^* \mid^{-1/2}\exp\{-1/2(Y,Xb)'V^{*-1}(Y-Xb)\}}{\mid V \mid^{-1/2}\exp\{-1/2(Y-Xb)'V^{-1}(Y-Xb)\}}\times\frac{\mu_l p_d}{(l+1)^2 p_a}\right\} \tag{2.22}$$

其中：

$$V^* = V + \pi_{l+1}\sigma_{al+1}^2$$

如果新增加 QTL 被接收，其相应参数则同时被接收，V 阵用 V^* 替换。

在进行操作③时，任何现有的 QTL 被剔除的概率相同，假设第 j' 个 QTL 被剔除，接受概率为：

$$\min\left\{1,\frac{\mid V^* \mid^{-1/2}\exp\{-1/2(Y-Xb)'V^{*-1}(Y-Xb)\}}{\mid V \mid^{-1/2}\exp\{-1/2(Y-Xb)'V^{-1}(Y-Xb)\}}\times\frac{l^2 p_a}{\mu_l p_d}\right\} \tag{2.23}$$

其中：

$$V^* = V - \pi_{j'}\sigma_{j'}^2$$

如果剔除 QTL 操作被接收，其相应参数同时从原参数向量中剔除，并且 V 阵用 V^* 阵替换。

通过不断重复上述抽样过程，并在第 $k+1$ 轮迭代时将第 k 轮的 $\{l,\lambda,\theta\}$ 样本值作为初始值，由此 Markov chain 不断延展，直至收敛并产生目标参数 $\{l,\lambda,\theta\}$ 的联合后验样本。

对于二级阈性状，可通过阈值模型描述表型观测值 W 与潜在变量 Y 以及阈值 t 的关系［见式(2.10)］。潜在变量 Y 与连续性状表型观测值无本质区别，唯一差别在于潜在变量无法通过观测获得。

由于阈值模型相对常规遗传模型，设置参数过多，因此必须考虑必要的约束条件，采用 Albert 和 Chib(1993)的思路，所考虑的约束条件包括：$t=0$，以及 $\sigma_e^2=1$。与连续性状相比，潜在变量 $Y=\{y_i\}(i=1,\cdots,n)$ 成为未知变量，而离散表型数据 $W=\{w_i\}(i=1,\cdots,n)$ 为已知信息，其余变量和参数与连续性状相同。根据 Bayes 理论，所有未知变量的联合后验分布为：

$$p(Y,l,\lambda,\theta \mid W) \propto p(W \mid Y,l,\lambda,\theta)p(Y \mid l,\lambda,\theta)p(l,\lambda,\theta) \tag{2.24}$$

式(2.24)中第 1 项为阈性状的似然函数，根据阈值模型理论，W 仅由 Y 决定，因此似然函数展开式为：

$$p(W \mid Y,l,\lambda,\theta) = \prod_{i=1}^{n} p(w_1 \mid y_i)$$

$$= \prod_{i=1}^{n} \{1(y_i > 0) \cdot 1(w_i = 1) + 1(y_i \leqslant 0) \cdot 1(w_i = 0)\} \equiv 1 \qquad (2.25)$$

式(2.24)中第 2 项、第 3 项与式(2.17)中相同,因此,一旦获得潜在变量 Y 的"观察值",二级阈性状与连续性状的连锁分析步骤和方法完全相同。变量 Y 并非目标参数,但对目标参数的估计至关重要,因此产生数据 Y 的过程常称为 data augmentation。该研究采用 Gibbs sampling 技术产生 Y 的条件分布样本,具体步骤为:

根据表型数据 W,在符号一致的原则下(当 $w_i = 0$, $y \leqslant 0$,当 $w_i = 1$, $y > 0$),取初值 $Y^{(0)} = (y_1^{(0)}, \cdots, y_n^{(0)})$,根据以下步骤得到每一轮的抽样值 $Y^{(k+1)} = (y_1^{(k+1)}, \cdots, y_n^{(k+1)})$:

$$y_1^{(k+1)} \quad from \quad f(y_1 \mid y_2^{(k)}, y_3^{(k)}, \cdots, y_n^{(k)}, W; l^{(k)}, \lambda^{(k)}, \theta^{(k)}),$$
$$\vdots$$
$$y_i^{(k+1)} \quad from \quad f(y_i \mid y_1^{(k+1)}, y_2^{(k+1)}, \cdots, y_{i-1}^{(k+1)}, y_{i+1}^{(k)}, \cdots, y_n^{(k)}, W; l^{(k)}, \lambda^{(k)}, \theta^{(k)}),$$
$$\vdots$$
$$y_n^{(k+1)} \quad from \quad f(y_n \mid y_1^{(k+1)}, y_2^{(k+1)}, \cdots, y_{n-1}^{(k+1)}, W; l^{(k)}, \lambda^{(k)}, \theta^{(k)})$$

以上的抽样过程需要了解密度函数 $f(y_i \mid y_j, j \neq i; l, w, \lambda, \theta)$ 的标准形式。根据模型假设,向量 Y 服从正态分布 $N(X\beta, V)$,因此 $f(y_i \mid y_j, j \neq i; l, \lambda, \theta)$ 同样服从正态分布,其均值为:

$$E(y_i) + Cov(y_i, y_{-i})[Var(y_{-i})]^{-1}[y_{-i} - E(y_{-i})] \qquad (2.26)$$

方差的表示形式:

$$Var(y_i) - Cov(y_i, y_{-i})[Var(y_{-i})]^{-1} Cov(y_{-i}, y_i) \qquad (2.27)$$

这里,$y_{-i} = (y_1, \cdots, y_{i-1}, y_{i+1}, \cdots, y_n)^T$,结合 w 表型信息,$f(y_i \mid y_j, j \neq i; l, w, \lambda, \theta)$ 服从 2 个区间的截断正态分布($w_i = 1$, $y > 0$; $w_i = 0$, $y < 0$)。

当完成所有个体的潜在变量 Gibbs sampling 过程,此后的分析步骤与连续性状完全相同。

通过上述步骤产生所有目标参数的 Markov chain 随机序列,在刘剑锋等(2006)研究中,所有参数的 MCMC 分析采用单链、等步长算法,计模拟迭代 2.5×10^5 次,初始 2 000 次迭代为舍弃(burn in)过程,此后以每 50 次迭代为间隔进行抽样取值以保证两次样本值之间无显著秩相关,所有目标参数的最终样本含量为 5 000。

在 MCMC 过程中,所有方差参数的先验分布假定为 $U(0, 4)$,群体期望的先验分布服从 $U(-2, 2)$,QTL 位置 λ 服从区间长度等于染色体长度的均匀分布,QTL 数目 l 服从均值为 2、最大值为 4 的截断泊松分布,QTL 位置的抽样调节参数 $d_\lambda = 2$ cM,其余所有目标参数的抽样调节参数为 $d_\theta = 0.1$。

根据 Bayes 理论,MCMC 产生的参数样本可视为目标参数的条件边际分布样本,通过对样本数据的分析,可得到 QTL 数目、位置及其他模型参数的 Bayes 估计结果,具体方法为:

固定效应 β、微效多基因方差 σ_A^2 以及残差方差 σ_e^2(针对连续性状)可直接用后验分布期望值作为估计结果;对 QTL 数的估计,可通过 l 的后验分布,当后验概率最大时 l 的取值作为 QTL 数的估计结果。

QTL 位置的点估计、区间估计及方差可利用 QTL 强度函数进行估计(Sillanpaa and Arjas，1998，1999)，QTL强度函数定义为：

根据 Haldane 图距，将染色体等分成 k 个长度为 s（如 0.1 cM 或 1 cM）的微小区间依次排列：$s_1, s_2, \cdots, s_k$，则任意区段 s 在 MCMC 迭代过程中包含 QTL 的总点数定义为 QTL 强度函数 $\hat{\lambda}(s)$，并且有：

$$\hat{\lambda}(s) = \left[\frac{1}{N_{\text{CYCS}}} \sum_{i=1}^{N_{\text{CYCS}}} \sum_{q=1}^{N_{\text{QTL}}^{(i)}} 1\{1_q^i \in s\} \right] \tag{2.28}$$

式（2.28）中 $\sum_{q=1}^{N_{\text{QTL}}^{(i)}} 1\{1_q^i \in s\}$ 表示第 i 次 MCMC 迭代所产生的 QTL 数落入 s 区间的部分，很显然，$\hat{\lambda}(s)$ 的峰值位置就是 QTL 位置的点估计值。在 $\hat{\lambda}(s)$ 峰值左右的连续 s 区段可得到 QTL 位置的区间估计结果。定义某一染色体区域 I 至少含有 1 个 QTL 的概率为：

$$P(N_{\text{QTL}}^l \geqslant 1) \approx \int_I \hat{\lambda}(s)\mathrm{d}s \tag{2.29}$$

由式（2.29）可知，区间 I 就是在 $\hat{\lambda}(s)$ 峰值的 QTL 位置的区间估计结果，置信概率为 $\int_I \hat{\lambda}(s)\mathrm{d}s$，实质上就是 I 区域所有片段的 QTL 强度之和的近似值。s 越小，近似程度越高。对于每个 QTL 加性方差的估计，可以选择 QTL 落入置信区间时的方差抽样值作为最终的后验分布，然后计算各自的后验期望作为方差参数的估计结果。

2.3.5 连续性状 QTL 连锁分析

基于上述研究方法，(刘剑锋 *et al.*，2006)比较了基于不同 QTL 效应（0.5、0.3、0.1）、不同家系结构（包括全同胞和全同胞-半同胞混合家系）条件下连续性状的 QTL 连锁分析结果。

QTL 后验分布、后验期望及误差均方误的 Bayes 推断结果见表 2-1。结果显示：QTL 数目的估计期望与模拟真值接近，受 QTL 效应和家系结构的影响程度较小；在所有参数条件下 QTL 数目的后验众数完全相等，并且结果与 QTL 数模拟真值相同。进一步分析表明：在混合家系条件下，QTL 数的期望值的误差方差多数情况下低于全同胞设计，并且家系含量达最大时（5×8，即 1 个公畜与 5 个母畜交配，每个母畜有 8 个后代），估计精确性和准确性略优于其他家系结构的估计值。总体上看，Bayes-MCMC 方法进行连续性状 QTL 数目的估计，稳健性较好。

不同家系结构和 QTL 方差条件下所有目标参数的 Bayes 估计结果及估计值的误差均方误见表 2-2，不同染色体区段 QTL 强度分布及相应 QTL 方差的后验密度分布见图 2-1。

结果显示：对于所有的家系结构和不同 QTL 效应条件下，得到的 QTL 区间均可包含 QTL 实际位置，并且支持概率在 90% 以上；QTL 位置的点估计值与真值接近，QTL 强度和 QTL 方差的后验密度在真值附近出现明显峰值；其他模型参数的估计结果（$\hat{\sigma}_A^2$、$\hat{\sigma}_e^2$、$\hat{\mu}$）与模拟真值基本一致。从总体上分析，估计结果与模拟参数真值显示出较高的吻合程度。进一步分析表明：相同条件下，当 QTL 效应增大时，QTL 区间范围呈减小的趋势，并且相应的支持概率提高，QTL 强度分布图形越趋窄而峭；当家系数降低、家系含量增加时，呈现相同趋势，尤其对于低 QTL 效应（0.1）家系结构对定位精度的影响更为明显；对于 QTL 位置的点估计结果,随 QTL 效应和家系含量增加,误差均方误一致呈减小趋势,估计值准确性和精确性提高;QTL 方差估计值受家系结构和 QTL 效应影响较小,而且分布范围基本接近(0~1.0 之间),所有误差方差均保持在较低水平,后验密度图形无明显差异,但所有估计结果相对方差真值呈正偏差;其他模型参数的估计值在不同家系和 QTL 水平间无明显变化趋势。由此可见,Bayes-MCMC 方法应用于连续性状 QTL 连锁分析,可得到较高精度的参数结果。

表 2 - 1　**QTL 数目的后验分布及后验期望推断结果**

| QTL 效应 | 家系结构 | QTL 数目 | | | | | 后验期望 |
		0	1	2	3	4	
0.5	250×1×8	0	4 650	345	5	0	1.071 0
							(0.075 0)
	84×3×8	0	4 466	527	7	0	1.108 2
							(0.111 0)
	50×5×8	0	4 820	180	0	0	1.036 0
							(0.036)
0.3	250×1×8	0	483 4	165	1	0	1.033 4
							(0.031 1)
	84×3×8	0	474 7	248	5	0	1.051 6
							(0.053 6)
	50×5×8	0	490 9	91	0	0	1.018 2
							(0.018 2)
0.1	250×1×8	46	473 8	213	3	0	1.034 6
							(0.054 2)
	84×3×8	4	487 3	122	1	0	1.024 0
							(0.026 0)
	50×5×8	14	483 0	155	0	0	1.028 6
							(0.034 6)

注:括号中数据为 QTL 数目估计值的误差方差(mean square error,MSE)。

表 2 - 2　**不同家系结构、QTL 效应下连续性状 Bayes 估计结果**

| 家系结构 | QTL 参数 | | | | $\hat{\sigma}_A^2$ | $\hat{\sigma}_e^2$ | $\hat{\mu}$ |
	QTL 区间 /cM	支持概率	QTL 位置 /cM	$\hat{\sigma}_a^2$			
			35[a]	0.5	0.5	1.000 0	0
250×1×8	[32, 40]	0.982 6	35.747 3	0.573 7	0.530 1	0.905 9	0.009 7
			(3.397 6)	(0.017 6)	(0.027 0)	(0.016 3)	(0.003 0)
84×3×8	[31, 39]	0.998 8	35.149 4	0.538 3	0.455 0	1.070 8	0.072 7
			(1.961 0)	(0.010 3)	(0.018 6)	(0.010 8)	(0.009 2)
50×5×8	[33, 38]	0.989 4	35.848 8	0.580 9	0.549 2	0.996 3	−0.028 5
			(1.363 1)	(0.017 8)	(0.034 6)	(0.009 7)	(0.008 1)

续表 2-2

家系结构	QTL区间/cM	支持概率	QTL位置/cM	$\hat{\sigma}_a^2$	$\hat{\sigma}_A^2$	$\hat{\sigma}_e^2$	$\hat{\mu}$
			QTL 参数				
			35[a]	0.3	0.7	1.0000	0
250×1×8	[31,40]	0.9414	35.7451	0.3453	0.7918	0.9175	0.0055
			(4.6757)	(0.0089)	(0.0330)	(0.0145)	(0.0030)
84×3×8	[32,41]	0.9988	36.0535	0.4264	0.5107	1.0960	−0.0656
			(3.0386)	(0.0236)	(0.0583)	(0.0168)	(0.0086)
50×5×8	[30,39]	0.9830	34.9525	0.3495	0.7568	0.9072	0.0778
			(2.9681)	(0.0085)	(0.0334)	(0.0184)	(0.0136)
			35[a]	0.1	0.9	1.0000	0
250×1×8	[29,50]	0.9062	36.0499	0.2621	0.7299	1.0727	0.0233
			(36.1364)	(0.0330)	(0.0531)	(0.0132)	(0.0032)
84×3×8	[27,38]	0.9068	31.7527	0.2189	0.7767	0.9987	0.0413
			(18.6284)	(0.0182)	(0.0362)	(0.0075)	(0.0064)
50×5×8	[31,42]	0.9034	36.8506	0.2029	0.8889	0.9532	0.0703
			(10.6633)	(0.0145)	(0.0252)	(0.0108)	(0.0124)

[a] 此行数据为参数真值；括号中为数据估计结果的 MSE。

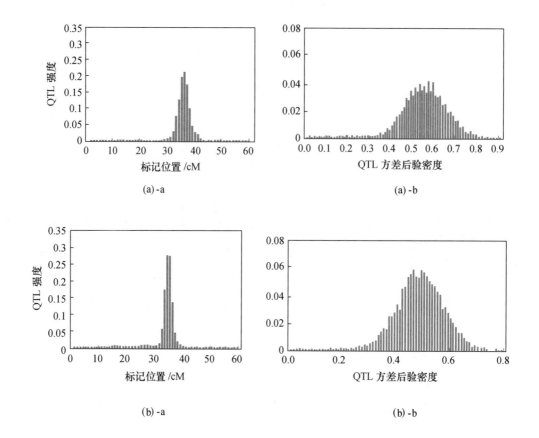

(a)-a   (a)-b

(b)-a   (b)-b

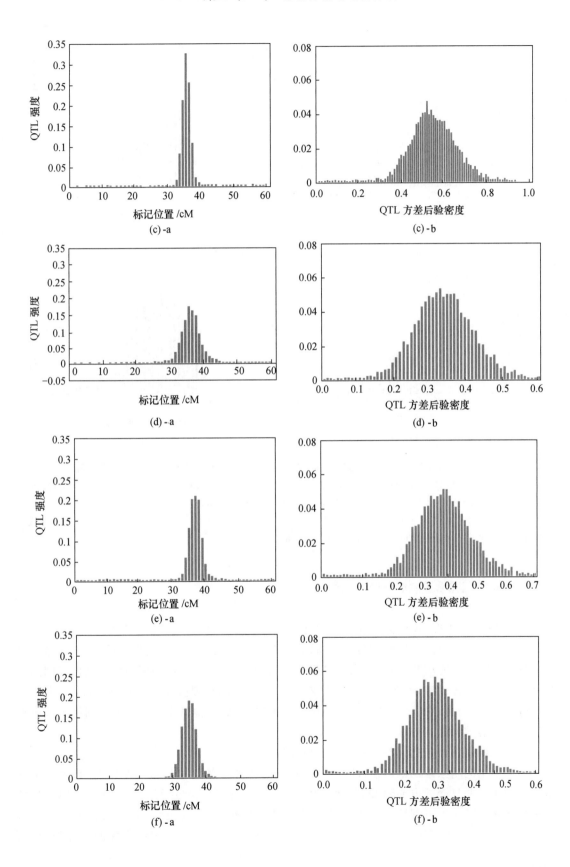

(c) - a

(c) - b

(d) - a

(d) - b

(e) - a

(e) - b

(f) - a

(f) - b

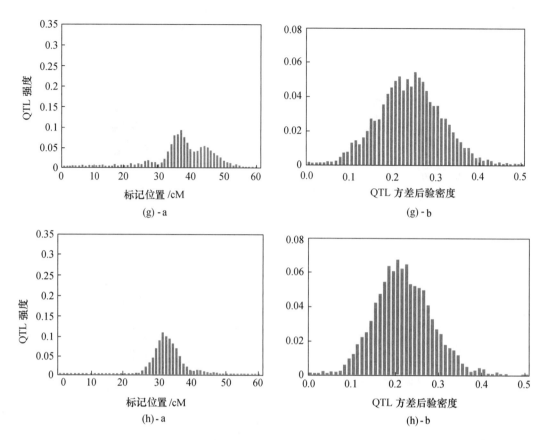

图 2 - 1 不同条件下(家系、QTL 效应)连续性状 QTL 强度分布图和后验密度分布图

注：1：家系结构 250×1×8，QTL 效应 0.5；2：家系结构 84×3×8，QTL 效应 0.5；3：家系结构 50×5×8，QTL 效应 0.5；4：家系结构 250×1×8，QTL 效应 0.3；5：家系结构 84×3×8，QTL 效应 0.3；6：家系结构 50×5×8，QTL 效应 0.3；7：家系结构 250×1×8，QTL 效应 0.1；8：家系结构 84×3×8，QTL 效应 0.1；9：家系结构 50×5×8，QTL 效应 0.1；标号 - a 和 - b 分别表示 QTL 强度分布图和方差后验密度图。

2.3.6 二级阈性状 QTL 连锁分析

1. 不同家系结构、系含量、群体大小和 QTL 效应下 QTL 定位结果的比较

表 2 - 3 列出了 QTL 数目的后验分布、后验期望及其误差方差。结果显示：在不同参数组合条件下，QTL 后验众数与 QTL 数的真值完全吻合，不同条件下后验期望值与真值之间的差异略有变化。总体而言，所有估计结果均支持 1 个 QTL 的模拟假设。需要说明的是，当 QTL 效应降为 0.15 时，仅在 33×5×9 的家系群体中被检测，而其他低家系含量的全同胞家系或混合家系均不能被检测。

对后验期望估计值的误差方差进行分析发现：

当采用全同胞家系的试验设计时，小家系(3、6)条件下估计值误差方差较大[与大家系含量(10)相比]，并且误差方差随 QTL 效应减小而增大，当家系含量增加至 10，在不同 QTL 效应和群体规模的水平下都可获得理想的估计结果。此外，群体规模大小对 QTL 数目估计效果的影响与 QTL 效应水平相关：在 0.5 水平下，增加群体数量可一定程度降低估计误差，而

对于低 QTL 效应(0.3),群体规模大小对估计值误差方差无明显影响。

当家系含量为 10、群体规模相同(1 500)下,比较 3 种不同的家系结构(5×2、2×5、1×10)下估计期望的误差方差,全同胞家系含量为 2 时估计效果最差,而全同胞家系含量增加至 10 时,估计值总体效果最好。

在其他混合家系设计中,当父系半同胞数量在 10 以上时,估计效果普遍优于不同结构的全同胞家系,并且误差方差几乎不受 QTL 效应影响。

总之,对于二级分类阈性状,QTL 数目估计值的误差方差普遍高于连续性状,并且误差方差波动范围较大,但如果将后验众数作为估计结果,Bayes 方法对 QTL 数目的估计显示出极高稳健性,除非 QTL 效应很低(尤其对于阈性状),几乎不受其他任何条件限制和影响,总能获得与模拟条件一致的 QTL 数目估计值。

表 2-3　QTL 数目的后验分布及后验期望推断结果

QTL 效应	家系结构	QTL 数目					后验期望
		0	1	2	3	4	
0.5	1 000×1×3	323	4 088	566	23	0	1.057 8(0.196 2)
	500×1×3	1 056	3 748	194	2	0	0.828 4(0.251 6)
	500×1×6	58	4 704	234	4	0	1.036 8(0.061 6)
	250×1×6	318	4 392	286	4	0	0.995 2(0.124 0)
	300×1×10	0	4 732	266	2	0	1.054 0(0.054 8)
	150×1×10	1	4 619	365	15	0	1.078 8(0.085 2)
	150×5×2	66	4 378	540	16	0	1.101 2(0.134 0)
	150×2×5	0	4 635	360	5	0	1.074 0(0.076 0)
	84×3×6	1	4 694	298	7	0	1.062 2(0.065 4)
	50×10×3	0	4 679	316	5	0	1.065 2(0.067 2)
	50×3×10	0	4 632	362	6	0	1.074 0(0.077 2)
	50×5×6	0	4 766	229	5	0	1.047 8(0.049 8)
	33×5×9	0	4 704	294	2	0	1.059 6(0.060 4)
0.3	1 000×1×3	1 165	3 653	181	1	0	0.803 6(0.270 0)
	500×1×3	696	3 695	590	18	1	0.986 6(0.273 5)
	500×1×6	284	3 803	852	61	0	1.138 0(0.276 1)
	250×1×6	964	3 735	300	1	0	0.867 6(0.253 6)
	300×1×10	5	4 757	240	1	0	1.048 0(0.049 9)
	150×1×10	0	4 816	183	1	0	1.037 0(0.037 4)
	150×5×2	1 037	3 660	291	12	0	0.860 0(0.275 3)
	150×2×5	9	4 673	313	5	0	1.062 8(0.068 4)
	84×3×6	23	4 719	256	1	1	1.047 6(0.058 4)
	50×10×3	1	4 764	235	0	0	1.046 8(0.047 2)
	50×3×10	0	4 798	201	1	0	1.040 6(0.041 0)
	50×5×6	3	4 860	137	0	0	1.026 8(0.028 0)
	33×5×9	0	4 634	358	8	0	1.074 8(0.078 0)
0.15	33×5×9	141	4 682	176	1	0	1.007 4(0.064 2)

不同家系结构和 QTL 效应条件下二级阈性状的所有目标参数的 Bayes 估计结果及估计值的误差均方误见表 2-4,不同染色体区段 QTL 强度分布见图 2-2。通过对结果的分析和比较发现:

表 2-4 不同家系结构、QTL 效应下二级阈性状 Bayes 估计结果

家系结构	QTL 参数				$\hat{\sigma}_a^2$	$\hat{\sigma}_A^2$	$\hat{\mu}$
	QTL 区间 /cM	支持概率	QTL 位置 /cM				
			35^a		0.5	0.5	0
1 000×1×3	[26, 44]	0.835 0	34.248 9		0.748 6	1.974 9	0.056 7
			(20.514 5)		(0.791 2)	(0.895 8)	(0.058 4)
500×1×3	[24, 42]	0.746 0	30.548 5		0.652 6	0.833 6	−0.112 4
			(30.397 2)		(0.137 4)	(0.491 4)	(0.016 4)
500×1×6	[27, 41]	0.915 4	36.151 9		0.449 6	0.677 9	−0.040 1
			(12.089 9)		(0.023 3)	(0.102 8)	(0.003 7)
250×1×6	[26, 41]	0.850 6	34.356 0		0.552 3	0.801 4	0.027 4
			(15.432 6)		(0.049 7)	(0.304 5)	(0.005 5)
300×1×10	[30, 39]	0.963 8	35.749 7		0.473 2	0.316 2	0.000 6
			(4.357 7)		(0.011 4)	(0.061 8)	(0.002 1)
150×1×10	[29, 38]	0.950 8	34.649 5		0.847 9	1.476 3	0.148 7
			(4.552 7)		(0.237 9)	(1.585 9)	(0.033 1)
150×5×2	[30, 46]	0.826 2	35.859 4		0.641 1	0.664 8	−0.019 5
			(17.777 1)		(0.097 2)	(0.284 2)	(0.004 9)
150×2×5	[31, 40]	0.874 8	35.248 2		0.663 0	0.482 0	0.057 7
			(5.698 0)		(0.071 2)	(0.180 9)	(0.008 0)
84×3×6	[27, 36]	0.948 8	32.052 4		0.652 0	0.663 5	−0.027 3
			(13.847 7)		(0.064 5)	(0.217 8)	(0.007 6)
50×10×3	[33, 42]	0.990 6	37.548 2		0.949 3	0.573 3	0.077 3
			(10.850 1)		(0.298 1)	(0.233 4)	(0.017 0)
50×3×10	[32, 41]	0.997 8	36.455 1		0.849 5	1.068 5	0.202 8
			(5.836 1)		(0.213 4)	(1.271 1)	(0.057 9)
50×5×6	[33, 42]	0.955 6	37.248 5		0.666 9	1.004 6	0.005 1
			(9.999 9)		(0.092 1)	(0.933 6)	(0.012 1)
33×5×9	[28, 37]	0.973 4	33.353 2		0.581 9	0.222 9	−0.039 9
			(6.764 1)		(0.031 3)	(0.113 7)	(0.010 5)
			35^a		0.3	0.7	0
1 000×1×3	[24, 42]	0.649 4	33.655 4		0.298 3	1.832 9	−0.030 4
			(17.744 0)		(0.013 9)	(1.936 3)	(0.004 4)
500×1×3	[21, 45]	0.640 4	34.345 9		0.551 3	1.029 8	0.104 6
			(44.945 9)		(0.181 7)	(0.480 5)	(0.015 0)
500×1×6	[27, 45]	0.691 8	36.248 1		0.553 7	0.727 3	−0.004 2
			(21.983 0)		(0.817 8)	(0.056 6)	(0.001 9)

续表 2-4

家系结构	QTL 参数				$\hat{\sigma}_A^2$	$\hat{\mu}$
	QTL 区间 /cM	支持概率	QTL 位置 /cM	$\hat{\sigma}_a^2$		
			35[a]	0.3	0.7	0
250×1×6	[24, 45]	0.645 0	37.448 4 (35.765 5)	0.450 4 (0.060 4)	0.815 7 (0.277 6)	−0.055 9 (0.007 4)
300×1×10	[29, 40]	0.895 6	34.652 4 (7.804 4)	0.352 6 (0.024 0)	0.887 0 (0.117 9)	−0.014 8 (0.003 4)
150×1×10	[29, 40]	0.903 4	35.855 0 (7.633 2)	0.552 0 (0.105 8)	0.758 7 (0.216 1)	0.060 0 (0.010 3)
150×5×2	[23, 41]	0.679 8	30.343 7 (36.874 4)	0.547 2 (0.196 6)	1.656 8 (1.624 3)	−0.155 0 (0.031 3)
150×2×5	[30, 42]	0.900 6	36.150 6 (11.001 4)	0.549 5 (0.126 0)	0.984 6 (0.607 2)	0.161 2 (0.032 8)
84×3×6	[29, 40]	0.906 4	34.649 2 (7.608 4)	0.548 8 (0.114 2)	0.980 4 (0.533 8)	−0.010 0 (0.008 6)
50×10×3	[28, 38]	0.914 4	33.551 2 (8.010 7)	0.450 7 (0.064 3)	0.840 8 (0.374 6)	−0.079 6 (0.015 5)
50×3×10	[34, 43]	0.909 6	38.348 7 (17.350 7)	0.451 7 (0.048 5)	0.933 0 (0.327 3)	−0.069 4 (0.016 7)
50×5×6	[27, 36]	0.962 8	32.049 9 (13.049 4)	0.254 6 (0.011 2)	0.767 5 (0.219 0)	−0.033 6 (0.006 2)
33×5×9	[29, 38]	0.933 0	34.251 7 (5.214 4)	0.547 3 (0.093 9)	0.895 9 (0.384 1)	−0.180 1 (0.047 6)
			35[a]	0.15	0.85	0
33×5×9	[23, 38]	0.870 4	31.746 2 (24.047 5)	0.251 5 (0.021 8)	0.685 4 (0.165 7)	−0.236 4 (0.066 7)

[a] 此行数据为参数真值;括号中为数据估计结果的 MSE。

不同家系结构、QTL 效应水平条件下,QTL 估计区间同样包含了 QTL 真实位置,但区间长度和相应的支持概率存在明显差异,所呈现的总体趋势为:对于全同胞家系设计,当家系含量和群体规模增加、QTL 效应增大,得到的 QTL 区间长度减小,相应支持概率增大,精确性提高;当采用混合家系的设计时,由于扩大了家系含量,区间估计的精度明显高于全同胞设计,当家系含量达到 45(5×9)时,可检出更小效应的 QTL。估计结果显示的变化趋势基本与理论预测吻合。

比较各参数条件下 QTL 位置点估计值,所有结果均出现在 QTL 位置真值附近,多数估计值与真值的差异在 2 cM 以内,进一步分析点估计值的误差方差,当 QTL 效应增加时,误差方差呈下降趋势;在全同胞家系中,随群体数量增加,估计误差减小;该研究中,不同家系含量对 QTL 点估计值的误差方差的影响程度弱于连续性状分析,但在小家系含量(如全同胞家系中含量为 3、6,混合家系 5×2)条件下,估计误差明显高于其他家系结构的现象依然可清晰判断。

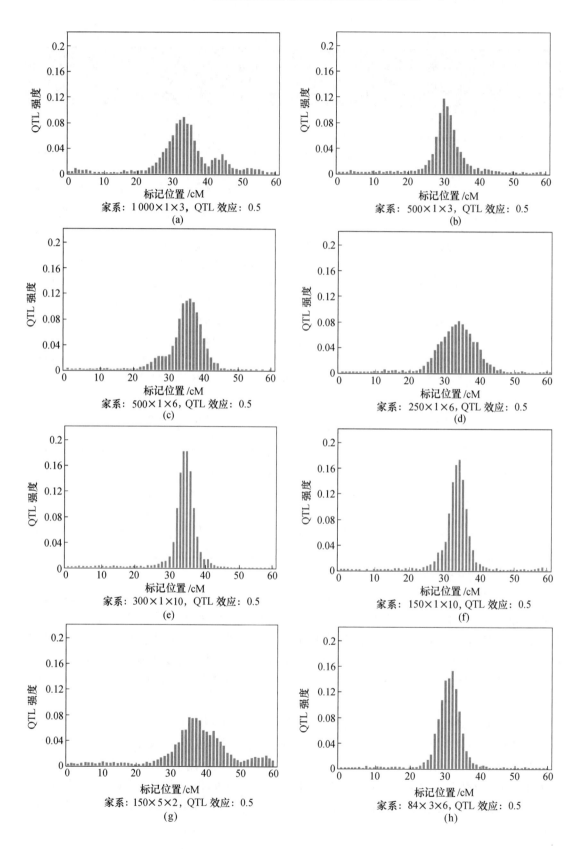

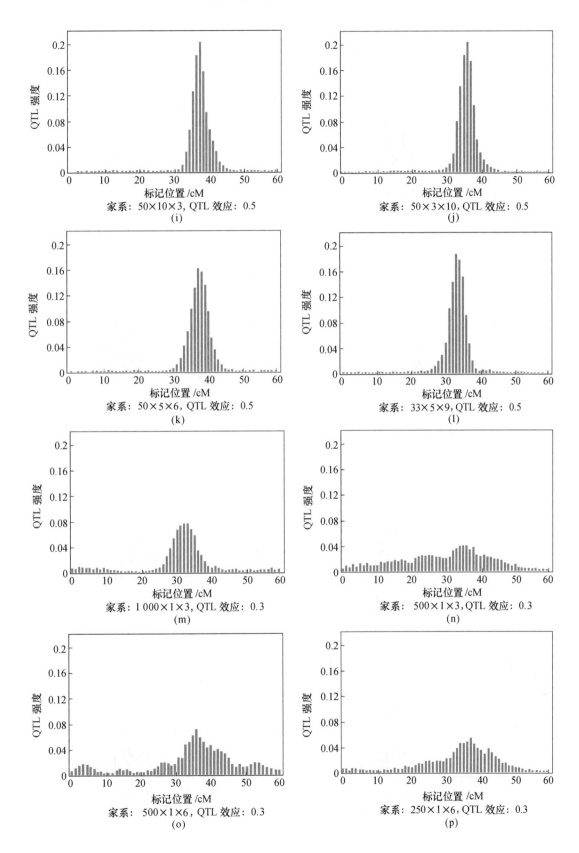

家系：50×10×3，QTL 效应：0.5
(i)

家系：50×3×10，QTL 效应：0.5
(j)

家系：50×5×6，QTL 效应：0.5
(k)

家系：33×5×9，QTL 效应：0.5
(l)

家系：1 000×1×3，QTL 效应：0.3
(m)

家系：500×1×3，QTL 效应：0.3
(n)

家系：500×1×6，QTL 效应：0.3
(o)

家系：250×1×6，QTL 效应：0.3
(p)

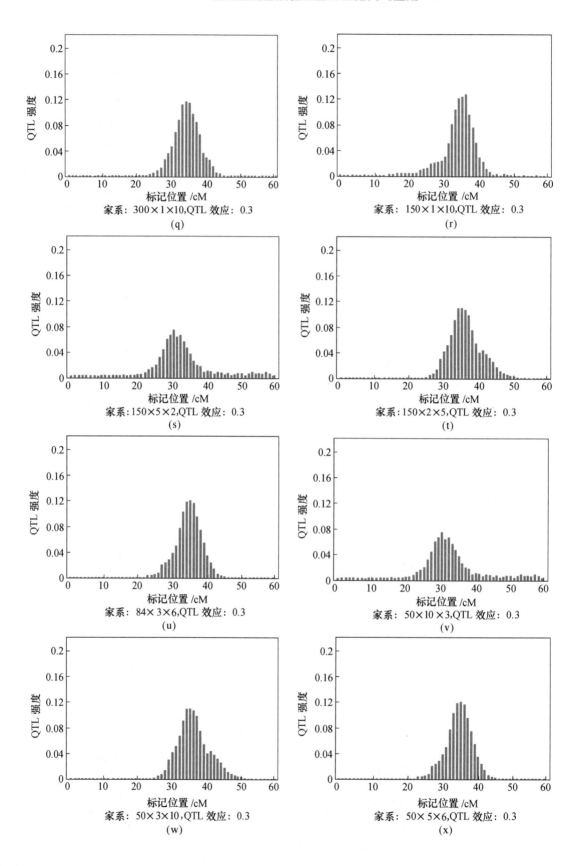

家系：300×1×10,QTL 效应：0.3
(q)

家系：150×1×10,QTL 效应：0.3
(r)

家系：150×5×2,QTL 效应：0.3
(s)

家系：150×2×5,QTL 效应：0.3
(t)

家系：84×3×6,QTL 效应：0.3
(u)

家系：50×10×3,QTL 效应：0.3
(v)

家系：50×3×10,QTL 效应：0.3
(w)

家系：50×5×6,QTL 效应：0.3
(x)

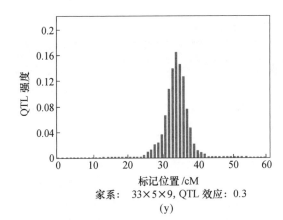
家系：33×5×9, QTL 效应：0.3
(y)

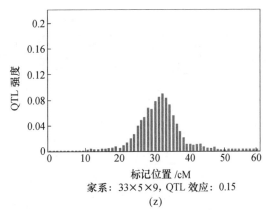
家系：33×5×9, QTL 效应：0.15
(z)

图 2-2　不同条件下(家系、QTL 效应)二级阈性状 QTL 强度分布图

比较相同家系含量的 3 种不同家系结构(150×1×10、150×2×5、150×5×2)的定位效果,全同胞家系含量越大,区间估计和点估计精度越高;但是当家系含量较大时,家系结构对定位精度的影响不明显,例如家系含量达 30 时,对于 3 种不同家系结构 50×5×6、50×3×10、50×10×3,均可得到理想估计效果。

QTL 方差的估计结果大多呈正偏差,所有估计值的变异范围(0~4.0)高于连续性状(0~1.5),估计值的误差方差水平也明显增大,在不同家系和 QTL 效应下,估计值误差方差无显著的变化趋势。其他模型参数的估计结果($\hat{\sigma}_A^2$, $\hat{\mu}$)相对连续性状的估计值,波动性大,误差方差显著增加。

综上,对于二级阈性状 QTL 定位,由于个体表型数据不能完全反映个体性状差异,因此定位精度和参数估计准确性较连续性状有不同程度下降,尤其对于方差参数($\hat{\sigma}_e^2$、$\hat{\sigma}_A^2$)估计,稳健性较差。但是,通过提高全同胞家系含量、增加父系半同胞家系数或提高试验群数量,可明显改进定位精确性,尤其是对于 QTL 的区间长度和相应的置信概率的估计,效果非常明显。

2. 不同标记密度 QTL 定位结果分析

为了探明标记密度对二级阈性状 QTL 定位效果的影响以及 Bayes-MCMC 方法对存在多个 QTL 时的检测效果,刘剑锋等(2006)分别进行了如下模拟试验:

以 150×1×10 全同胞家系为例,模拟在长度为 60 cM 的染色体的 27 cM 处存在效应为0.5 的 QTL,在相同表型数据条件下,选用不同数目的标记(使标记间隔分别为 5 cM、10 cM、15 cM)对阈性状 QTL 进行检测和结果比较;

分别采用 150×1×10 和 84×3×6 两种不同设计方法,模拟长度为 100 cM 的染色体上23 cM 和 78 cM 位置存在 2 个效应均为 0.3 的 QTL,在相同表型数据条件下,选用不同数目的标记(使标记间隔分别为 5 cM、10 cM、20 cM)对多 QTL 的阈性状进行检测和结果比较。

表 2-5 列出了不同标记密度、家系结构条件下 QTL 数目的后验分布、后验期望及其误差方差。结果显示:MCMC-Baed Bayes 方法对于 QTL 数目的估计显示出强劲优势,在不同家系结构和标记密度条件下,无论对于 1 个还是多个 QTL 的阈性状,根据 QTL 数的后验众数得到的估计值完全与模拟的 QTL 数一致。标记密度对估计效果的影响与理论预测完全一致:在适度标记密度水平下,标记密度越大,估计结果误差方差越小,准确性和精确性越高。

表 2-5　不同标记密度条件下阈性状 QTL 数目的后验分布及后验期望推断结果

QTL 数目	家系结构	标记间隔	QTL 数目					后验期望
			0	1	2	3	4	
1	150×1×10	5 cM	0	4 727	269	4	0	1.055 4(0.057 0)
		10 cM	0	4 717	279	4	0	1.057 4(0.059 0)
		15 cM	0	4 633	362	5	0	1.074 4(0.076 4)
2	150×1×10	5 cM	0	151	4 634	213	2	2.013 2(0.074 4)
		10 cM	0	342	4 525	133	0	1.958 2(0.095 0)
		20 cM	0	799	4 096	105	0	1.861 2(0.180 8)
	84×3×6	5 cM	0	383	4 490	126	1	1.949 0(0.102 6)
		10 cM	0	344	4 488	164	4	1.965 0(0.104 8)
		20 cM	0	1 810	3 110	80	0	1.654 0(0.378 0)

注:括号中数据为 QTL 数目估计值的误差方差(mean square error,MSE)。

表 2-6 为不同标记密度下 QTL 区间、点估计结果以及相应参数估计值,图 2-3 至图 2-5 为单个及 2 个 QTL 条件下采用不同标记密度分析的 QTL 强度分布。结果表明,对于不同 QTL 数目、标记密度等参数条件下,QTL 强度峰值和区间估计结果能够明显支持所模拟的 QTL"真实"条件。在不同的 QTL 模型(单 QTL 和 2 个 QTL)下,标记密度对 QTL 定位效果的影响呈一致趋势,并基本与理论预测一致:相同表型数据条件下,当标记密度增大,所得到的 QTL 区间范围减小,支持概率相应增大,同时 QTL 位置的点估计值的误差方差相应减小,定位准确性和精确性提高,标记密度为 5 cM 时,得到的估计结果最为理想;标记密度对 QTL 方差的估计结果呈现同样趋势,即估计误差方差随标记密度增大而减小,值得注意的是,对于 84 ×3×6 家系的 QTL2 的方差估计,虽然在 20 cM 标记密度下估计值误差方差(0.013 2)低于其他标记密度的估计误差,但由于 QTL 区间值过大,支持概率仅达0.572 8,因此比较其 QTL 方差的估计误差已不具实质意义。

由于基于相同的表型数据,对于其他的模型参数($\hat{\sigma}_A^2$, $\hat{\mu}$)的估计结果保持在较小的变化范围,误差方差波动性小,基本不受标记密度的影响。

表 2-6　不同标记密度条件下二级阈性状 Bayes 估计结果

家系结构	标记间隔	QTL 参数					
		QTL 区间 /cM	支持概率	QTL 位置 /cM	$\hat{\sigma}_a^2$	$\hat{\sigma}_A^2$	$\hat{\mu}$
150×1×10 (单 QTL)				35ᵃ	0.5	0.5	0
	5 cM	[23, 32]	0.977 2	27.449 8	0.448 1	0.700 7	−0.089 5
				(3.895 4)	(0.014 2)	(0.100 8)	(0.011 0)
	10 cM	[24, 33]	0.936 4	28.851 5	0.455 1	0.663 8	−0.091 3
				(9.053 3)	(0.014 5)	(0.083 5)	(0.011 2)
	15 cM	[23, 34]	0.907 4	29.747 2	0.430 4	0.701 4	−0.091 3
				(14.989 3)	(0.017 1)	(0.102 6)	(0.011 3)
				QTL1: 23 QTL2: 78	QTL1:0.3 QTL2: 0.3	0.4	0

续表 2 - 6

家系结构	标记间隔	QTL 参数					
		QTL 区间 /cM	支持概率	QTL 位置 /cM	$\hat{\sigma}_a^2$	$\hat{\sigma}_A^2$	$\hat{\mu}$
150×1×10 (2 个 QTL)	5 cM	QTL1 [17,26]	0.913 4	21.245 3 (7.419 1)	0.324 0 (0.008 2)	0.328 0	0.002 1
		QTL2 [74,86]	0.921 0	77.450 5 (9.660 3)	0.350 5 (0.011 9)	(0.041 8)	(0.002 5)
	10 cM	QTL1 [14,25]	0.824 6	20.645 3 (12.379 7)	0.307 2 (0.008 7)	0.340 1	0.002 4
		QTL2 [74,84]	0.914 0	79.155 8 (7.585 0)	0.363 1 (0.013 2)	(0.042 0)	(0.002 5)
	20 cM	QTL1 [16,36]	0.723 8	26.450 8 (39.017 9)	0.308 8 (0.010 6)	0.331 6	0.002 9
		QTL2 [70,83]	0.911 8	76.950 4 (11.862 5)	0.390 7 (0.020 8)	(0.044 1)	(0.002 5)
84×3×6 (2 个 QTL)	5 cM	QTL1 [19,27]	0.966 4	23.151 6 (2.919 8)	0.496 9 (0.053 5)	0.559 1	−0.068 5
		QTL2 [74,87]	0.873 4	79.145 7 (8.165 4)	0.328 4 (0.012 5)	(0.118 6)	(0.008 4)
	10 cM	QTL1 [16,26]	0.908 8	22.749 1 (7.164 3)	0.497 1 (0.058 0)	0.614 4	−0.068 8
		QTL2 [75,88]	0.842 8	81.866 7 (22.034 6)	0.343 7 (0.016 0)	(0.203 4)	(0.008 7)
	20 cM	QTL1 [16,28]	0.912 4	23.544 9 (9.712 3)	0.478 7 (0.050 4)	0.696 6	−0.064 0
		QTL2 [41,90]	0.572 8	82.445 5 (72.412 9)	0.284 8 (0.013 2)	(0.203 7)	(0.007 9)

a 此行数据为参数真值;括号中为数据估计结果的 MSE。

为了比较 2 个 QTL 在标记连锁群中的不同相对位置条件下,Bayes 进行多 QTL 检测的效果,在长度为 70 cM 的染色体上模拟了 2 个效应均为 0.4 的 QTL,考虑它们的位置为 15 和 55 cM、25 和 55 cM、35 和 55 cM、45 和 55 cM 情况下,QTL 间隔 3、2、1、0 个标记区间(区间间隔为 10 cM)。研究中采用 150×1×10 的全同胞设计。

QTL 数目后验分布及期望估计结果见表 2 - 7,其他参数的 Bayes 推断见表 2 - 8,QTL 强度分布见图 2 - 6 和图 2 - 7。

所列结果显示:当两个连锁 QTL 相隔 1 个标记区间以上的前提下,利用 Bayes 方法可以得到与模拟真值吻合的 QTL 数目及其位置的区间估计、点估计结果;并且 2 个 QTL 距离越大,QTL 位置的区间长度越短、支持概率越高,同时点估计值的误差方差也呈减小趋势;从相应的 QTL 强度分布图同样反映出一致趋势:距离越大,图形峰值越显"尖"、"窄"。该研究的估计结果与理论预测基本一致。

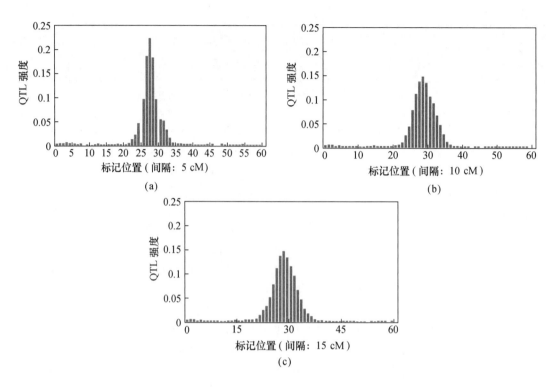

图 2-3　单 QTL 条件、不同标记密度下 QTL 强度分布图

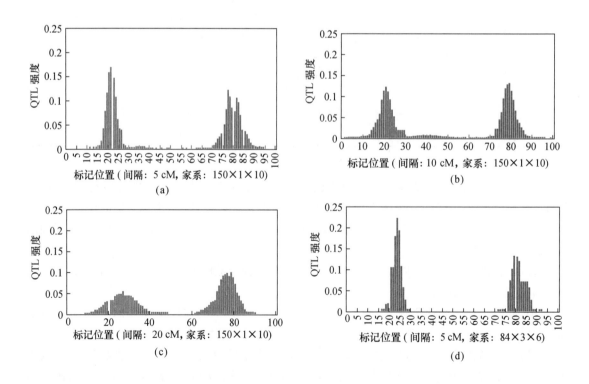

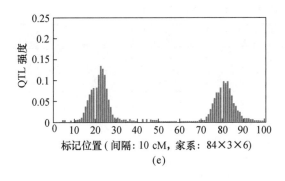
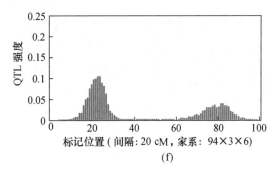

图 2-4 不同标记密度下 2 个 QTL Bayes 分析的 QTL 强度分布图

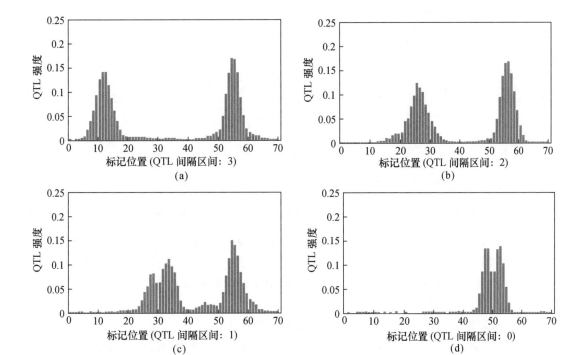

图 2-5 2 个 QTL 不同间隔区间条件下 QTL 强度分布图

表 2-7 2 个 QTL 不同相对位置条件下阈性状 QTL 数目的后验分布及后验期望推断结果

QTL 位置 /cM	间隔区间	QTL 数目					后验期望
		0	1	2	3	4	
15~55	3	0	109	4 710	180	4	2.014 6(0.058 6)
25~55	2	0	304	4 553	142	1	1.968 0(0.090 0)
35~55	1	0	99	4 565	327	9	2.049 2(0.092 4)
45~55	0	0	4 663	331	6	0	1.068 6(0.933 8)

表 2-8　2 个 QTL 不同距离条件下二级阈性状 QTL 参数 Bayes 估计结果

QTL 位置 /cM	间隔 区间	QTL 参数				$\hat{\sigma}_A^2$	$\hat{\mu}$
		QTL 区间 /cM	支持 概率	QTL 位置 /cM	$\hat{\sigma}_a^2$		
QTL1：15	3	QTL1 [7,17]	0.906 8	12.150 7 (11.326 1)	0.385 5 (0.013 7)	0.257 3 (0.026 8)	0.003 1 (0.004 5)
QTL2：55		QTL2 [51,59]	0.908 0	54.449 9 (4.057 2)	0.509 2 (0.027 1)		
QTL1：25	2	QTL1 [17,33]	0.904 4	25.149 0 (12.701 6)	0.343 3 (0.147 5)	0.231 3 (0.025 5)	−0.009 4 (0.002 6)
QTL2：55		QTL2 [52,59]	0.907 8	56.252 8 (5.168 9)	0.447 1 (0.016 3)		
QTL1：35	1	QTL1 [25,36]	0.901 4	33.350 2 (13.901 8)	0.568 1 (0.056 4)	0.282 1 (0.053 1)	0.008 2 (0.011 2)
QTL2：55		QTL2 [49,62]	0.901 2	55.450 6 (7.487 7)	0.539 6 (0.045 7)		
QTL1：45	0	QTL1	—	—	—	0.291 1 (0.038 2)	0.021 1 (0.003 0)
QTL2：55		QTL2 [46,54]	0.944 6	52.852 9 (10.500 1)	0.668 0 (0.100 8)		

　　而当 QTL 处于 2 个相邻标记区间时，由于 2 个 QTL 效应的互作，仅能检测其中 1 个 QTL，而且得到的 QTL 方差与模拟真值存在较大的正偏差，其 QTL 强度分布图形呈现 2 个紧密靠近而无法区分的峰形，根据 QTL 数目后验期望估计结果和相应的区间估计结果，不能得到与模拟真值相符的结论。

　　3. 标记多态性对二级阈性状 QTL 检测效果的影响

　　为了比较不同标记等位基因数目对阈性状 QTL 检测效果的影响，刘剑锋等(2006)采用 150×1×10 的全同胞设计和 84×3×6 的混合家系设计，分别在不同的标记等位基因数(3、5、8)条件下，对位于染色体长度为 60 cM 的 35 cM 位置、效应为 0.3 的 QTL 进行检测。主要参数估计结果见表 2-9 和表 2-10，QTL 强度变化趋势见图 2-6。

　　结果表明，不同标记多态性对 QTL 区间估计精确性影响较大，对于全同胞家系和混合家系设计，均呈现相同变化趋势，即随着标记等位基因数目的增加，估计区间长度减小，估计精度提高，QTL 强度峰形趋于尖、窄，峰值越为明显。估计精度的提高主要是由于标记等位基因数的增加，提高了标记的多态性信息含量(polymorphism information content，PIC)，研究结果基本与理论预测吻合。

　　比较不同标记多态性下 QTL 点估计结果发现，当标记等位基因数为 3 时，在两种家系中估计值误差方差均为最大。标记多态性对其他模型参数估计结果的影响无明显趋势。

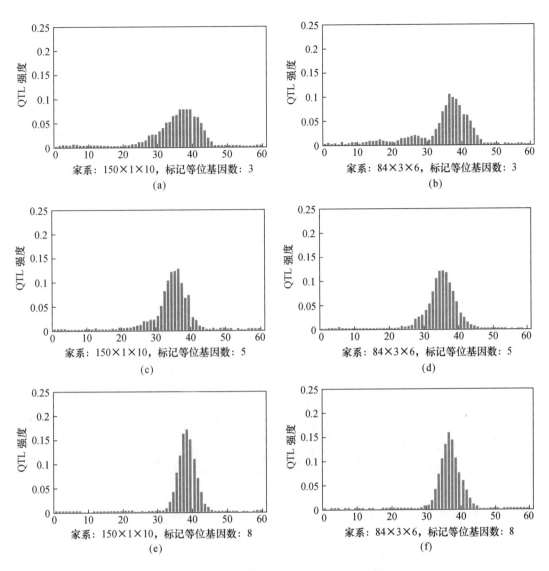

图 2 - 6   不同标记多态性下 QTL 强度分布图

表 2 - 9   不同标记等位基因数条件下阈性状 QTL 数目的后验分布及后验期望推断结果

家系结构	标记等位基因数目	QTL 数目					后验期望
		0	**1**	**2**	**3**	**4**	
150×1×10	3	123	4 443	428	5	1	1.063 6(0.116 0)
	5	0	4 816	183	1	0	1.037 0(0.037 4)
	8	8	4 789	202	1	0	1.039 2(0.042 8)
84×3×6	3	0	4 263	713	24	0	1.152 2(0.161 8)
	5	23	4 719	256	1	1	1.047 6(0.058 4)
	8	18	4 812	169	1	0	1.030 6(0.038 2)

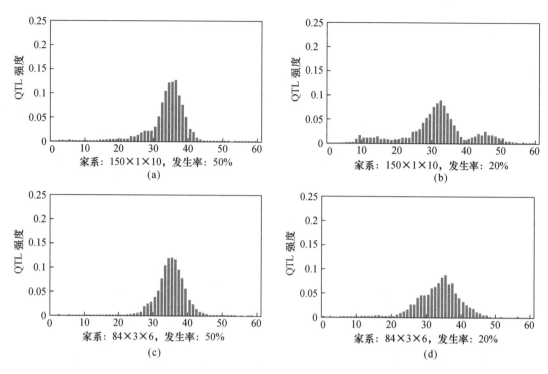

图 2 - 7　不同性状发生率下 QTL 强度分布图

表 2 - 10　不同标记等位基因数条件下二级阈性状 QTL 参数 Bayes 估计结果

家系结构	标记等位基因数目	QTL 参数					
		QTL 区间 /cM	支持概率	QTL 位置 /cM	$\hat{\sigma}_a^2$	$\hat{\sigma}_A^2$	$\hat{\mu}$
150×1×10	3	[26, 45]	0.906 6	38.942 5	0.461 5	1.074 2	0.055 2
				(35.557 3)	(0.059 4)	(0.492 3)	(0.010 5)
	5	[29, 40]	0.903 4	35.855 0	0.552 0	0.758 7	0.060 0
				(7.633 2)	(0.105 8)	(0.216 1)	(0.010 3)
	8	[33, 42]	0.966 6	38.448 2	0.533 3	0.495 9	−0.041 4
				(16.376 1)	(0.077 0)	(0.131 5)	(0.006 8)
84×3×6	3	[30, 45]	0.869 8	36.951 7	0.474 6	0.429 9	−0.019 0
				(14.897 8)	(0.053 5)	(0.163 8)	(0.005 8)
	5	[29, 40]	0.906 4	34.649 2	0.548 8	0.980 4	−0.010 0
				(7.608 4)	(0.114 2)	(0.533 8)	(0.008 6)
	8	[32, 41]	0.925 8	36.846 1	0.420 9	0.571 6	−0.074 2
				(8.677 0)	(0.033 4)	(0.118 2)	(0.011 1)

4. 性状发生率对二级阈性状 QTL 检测效果的影响

对于二级阈性状，任一状态的发生率总在 0～50% 之间，由于发生率的高低直接决定了数据表型的信息量，理论上分析，50% 的发生率（当随机模型中群体均值为 0 时）检测效果最好。该研究利用两种家系设计（150×1×10、84×3×6），考虑不同性状发生率水平：50%（$\mu=0$）和 20%（$\mu \approx 1.187\ 9$），假定单个 QTL 效应为 0.3，位于长度为 60 cM 的染色体的 35 cM 位置，不同条件下 QTL 检测和参数估计结果见表 2-11 和表 2-12。QTL 强度变化趋势见图 2-7。

表 2-11 不同性状发生率下二级阈性状 QTL 数目的后验分布及后验期望推断结果

家系结构	发生率	QTL 数目					后验期望
		0	1	2	3	4	
150×1×10	50%	0	4 816	183	1	0	1.037 0
							(0.037 4)
	20%	24	4 161	788	26	1	1.163 8
							(0.185 0)
84×3×6	50%	23	4 719	256	1	1	1.047 6
							(0.058 4)
	20%	24	4 485	484	7	0	1.094 8
							(0.107 2)

表 2-12 不同性状发生率下二级阈性状 QTL 参数 Bayes 估计结果

家系结构	发生率	QTL 参数					
		QTL 区间 /cM	支持概率	QTL 位置 /cM	$\hat{\sigma}_a^2$	$\hat{\sigma}_A^2$	$\hat{\mu}$
150×1×10	50%	[29, 40]	0.903 4	35.855 0	0.552 0	0.758 7	0.060 0
				(7.633 2)	(0.105 8)	(0.216 1)	(0.010 3)
	20%	[19, 38]	0.809 0	32.348 8	0.620 2	0.761 4	1.304 5
				(24.200 3)	(0.172 1)	(0.321 6)	(0.045 0)
84×3×6	50%	[29, 40]	0.906 4	34.649 2	0.548 8	0.980 4	−0.010 0
				(7.608 4)	(0.114 2)	(0.533 8)	(0.008 6)
	20%	[25, 42]	0.910 8	35.154 8	0.584 7	0.827 2	1.314 2
				(18.579 6)	(0.141 5)	(0.589 4)	(0.049 9)

结果显示:当性状发生率由高(50%)变低(20%)时,QTL 检测效果和相应模型参数估计结果呈现一致的变化趋势:QTL 数目的后验期望估计值的误差方差随发生率降低而增大;QTL 估计区间范围也随发生率下降而增加,同时相应支持概率减小,QTL 位置点估计值误差方差也由小变大。研究结果基本与理论吻合:当二级阈性状发生率由 50% 降为 20% 时,表型数据方差下降 16%,表型所提供的信息量下降,因此必然对所有未知参数估计结果及 QTL 检测效果呈现负面影响。

5. 不同 QTL 等位基因模型对二级阈性状 QTL 检测效果的影响

该研究中,在模拟产生所有参数组合下的表型数据时,均基于 QTL 效应为随机效应的假设,即假定 QTL 等位基因数未知,其效应服从正态分布。在分析过程中由于采用随机模型,因此同样基于上述假设。而在近交系杂交或远交系杂交中,通常假定 QTL 等位基因数是固定的。为了比较利用随机模型对基于不同 QTL 效应分布假设(随机效应或固定效应)下进行阈性状 QTL 检测效果,在不同的 QTL 等位基因数目(2 个和无穷多)的模拟条件下,假定 QTL 效应为 0.3、位置在长度为 60 cM 染色体的 35 cM 处,分别对 150×1×10 和 84×3×6 两种家系类型数据进行了 QTL 检测和相关参数估计,结果见表 2-13 和表 2-14,QTL 强度分布见图 2 - 8。

结果显示:基于两种不同 QTL 等位基因模型的假设,采用随机模型进行 Bayes 分析,对不同家系数类型数据进行 QTL 检测的都能达到与真值基本接近的估计结果:两种模型下 QTL 数目的后验期望估计值基本吻合,估计误差无明显差异。两种假设下,QTL 估计区间范围和相应支持概率接近,比较不同假设下的 QTL 强度分布图,峰形基本相同,多基因方差以及群体均值的估计结果基本不受模型假设的影响。

值得注意的是,在 2 个等位基因的假设条件下,QTL 位置的点估计较 QTL 真实位置偏差 (2~5 cM)较大,而直接导致较大的估计误差方差。

总而言之,采用随机模型进行 QTL 检测时,无论模拟的实际 QTL 效应为固定或随机效应,都可以得到接近的检测结果,由此认为利用随机模型进行 QTL 检测具有较好的稳健性。

表 2 - 13　不同 QTL 等位基因模型下二级阈性状 QTL 数目的后验分布及后验期望推断结果

家系结构	QTL 等位基因数	QTL 数目					后验期望
		0	1	2	3	4	
150×1×10	无穷	0	4 816	183	1	0	1.037 0
							(0.037 4)
	2	33	4 632	325	10	0	1.062 4
							(0.079 6)
84×3×6	无穷	23	4 719	256	1	1	1.047 6
							(0.058 4)
	2	22	4 628	347	3	0	1.066 2
							(0.076 2)

表 2 - 14　不同 QTL 等位基因模型下二级阈性状 QTL 参数 Bayes 估计结果

家系结构	QTL 等位基因数	QTL 参数					
		QTL 区间 /cM	支持概率	QTL 位置 /cM	$\hat{\sigma}_\alpha^2$	$\hat{\sigma}_\lambda^2$	$\hat{\mu}$
150×1×10	无穷	[29, 40]	0.903 4	35.855 0	0.552 0	0.758 7	0.060 0
				(7.633 2)	(0.105 8)	(0.216 1)	(0.010 3)
	2	[31, 44]	0.915 4	39.949 0	0.452 3	0.629 5	−0.170 7
				(33.718 3)	(0.044 6)	(0.113 4)	(0.034 9)
84×3×6	无穷	[29, 40]	0.906 4	34.649 2	0.548 8	0.980 4	−0.010 0
				(7.608 4)	(0.114 2)	(0.533 8)	(0.008 6)
	2	[30, 42]	0.903 2	37.355 9	0.477 6	0.799 2	0.090 8
				(14.204 0)	(0.057 9)	(0.234 5)	(0.015 1)

2.3.7　主要结论

上述研究通过 Monte Carlo 的试验方法,针对畜禽远交群体,采用全同胞家系和全同胞-半同胞混合家系两种不同试验设计方案,结合 IBD 方差组分的随机模型和 Bayes-MCMC 统计

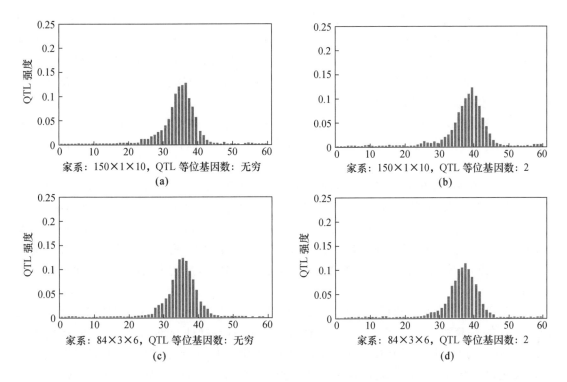

图 2-8　不同 QTL 等位基因模型下 QTL 强度分布图

方法,分别对数量性状和阈性状进行 QTL - 标记连锁分析及相关参数估计。在分析过程中,对 IBD 概率矩阵推导的多点法(XU and GESSLER,1998)进行了改进(同时考虑包括标记连锁群起止端点在内的所有标记信息)和扩展(由全同胞推断扩展到混合家系推断),采用单 Markov Chain 抽样策略和 3 种抽样技术(Gibbs Sampling、Metropolis - Hastings Algorithm 和 RJ - MCMC)产生所有未知目标参数的后验样本(样本含量为5 000),对 QTL 位置的区间估计及置信概率、点估计采用 QTL 强度函数的方法,并在此基础上进行其他目标参数的 Bayes 推断,并在不同试验条件和参数条件下进行 QTL 检测和参数估计的模拟研究。

在连续性状分析中,对 3 种不同的 QTL 效应(0.5、0.3、0.1)和不同的家系结构(250×1×8、84×3×8、50×5×8)的定位结果进行比较得到:

(1)Bayes-MCMC 方法能够在所有参数组合条件下得到与模拟条件吻合程度较高的 QTL 参数及其他相关未知变量的估计结果,在 90%以上的支持概率下,得到的 QTL 位置的估计区间长度在 22～25 cM 之间,由此证明该方法适用于具畜禽远交群家系特点的连续性状 QTL 的连锁检测和参数估计;

(2)相同家系条件下,比较 3 种不同的 QTL 效应水平,QTL 效应越大,得到的估计区间长度越短、支持概率越大,相应的点估计值的误差方差越小,因此定位精确性和准确性越高;

(3)相同 QTL 效应下,比较 3 种不同家系结构,随着家系数减小和家系含量增大,估计区间呈现减小趋势,而相应支持概率增大,点估计结果的误差方差降低。综合所有参数估计结果对不同家系结构的试验设计进行总体评价,在相同群体规模下,较少家系数量、较大家系含量的试验方案检测结果更为理想。

对于阈性状的 QTL 检测,在 Yi 和 Xu(2000)方法的基础上,将基于 IBD 方差组分分析的

Bayes-MCMC 方法由全同胞分析扩展到全同胞 - 半同胞混合家系分析。在分析中,对不同 QTL 数目(1、2)、QTL 效应(0.5、0.3、0.15)、群体规模(3 000、1 500)和不同家系结构(全同胞设计和全同胞 - 半同胞混合家系)、标记密度(5、10、20 cM)、标记多态性(3、5、8)、性状发生率(50%、20%)、QTL 等位基因数(2 个、无穷多)等各种参数条件,分别进行了 QTL 检测和相关参数估计的模拟研究。结论可概括为以下几个方面:

(1)研究中,几乎在各种参数条件下,都得到了与模拟条件基本吻合的检测结果,由此表明,基于 IBD 方差组分随机模型的 Bayes-MCMC 方法在进行阈性状 QTL 检测中,体现出较高的稳健性。

(2)与连续性状分析类似,QTL 效应和家系结构依然是影响阈性状 QTL 检测的重要因素。结果表明,当 QTL 效率较大时,可以得到估计区间较小、支持概率较大的检测结果,当 QTL 效应为 0.15 时,仅在 33×5×9 的混合家系中得到与"真值"接近的检测结果,而在其他家系结构中无法检测到 QTL;随着家系含量和群体规模的增加,检测结果的准确性和精确性呈提高的趋势;当家系含量较小时,在公畜后代数相同条件下,加大全同胞数量可明显提高检测效果。

(3)QTL 数目是连锁分析的重要未知变量,研究结果表明,根据 RJ - MCMC 抽样得到 QTL 数目的后验样本来估计 QTL 数目体现出极高的稳健性和准确性,除两种参数条件(①QTL 效应为 0.15;②两个 QTL 处于相邻区间)之外,研究得到的 QTL 数目的后验众数估计值,无论是二级分类还是三级分类、单 QTL 还是 2 个 QTL、全同胞家系还是混合家系,均与 QTL 的实际数目完全相同。

(4)标记特性是影响阈性状 QTL 连锁检测另一重要因素,相同条件下较高标记密度或标记多态性可得到估计精度更高的检测结果。

(5)多 QTL 条件下,QTL 间的相对位置同样影响定位效果:两个 QTL 间隔越大,相互干扰越小,估计准确性越高,当两个 QTL 位于相邻区间,干扰程度最大,因此估计误差方差越大。

(6)当模拟的 QTL 具 2 个等位基因时,检测结果准确性和精确性低于基于无穷等位基因假设下的分析结果,但对效应为 0.3 的 QTL 检测,仍然可以在 90% 以上的支持概率下得到 14 cM 长度以内的 QTL 估计区间估计结果,由此证实:采用随机模型进行连锁分析时,无论实际 QTL 是固定效应还是随机效应,都能够得到较为理想的估计结果。

(7)比较两种不同水平的性状发生率(50%、20%)对 QTL 检测效果及其他参数估计结果的影响,低性状发生率下,QTL 位置的估计区间长度加大,支持概率下降,点估计误差增加,其他的模型参数估计结果的误差方差同样呈增大趋势。

综上,对于畜禽远交群体 QTL 连锁分析,无论是连续性状,还是阈性状,采用基于 IBD 方差组分随机模型的 Bayes-MCMC 统计方法,可以同时对所有目标参数,包括 QTL 数目、QTL 位置的区间和点估计、QTL 方差以及其他模型参数进行估计,并在大多参数条件下得到与模拟"真值"基本吻合的估计结果,尤其是对于 QTL 数目、QTL 区间估计的结果,体现出该方法的明显优势。由于阈性状表型数据提供的信息极为有限,因此应用于连续性状连锁分析的常规方法(如回归方法、ML 方法)根本无法直接应用。MCMC 算法和 Bayes 理论的完美结合,为阈性状 QTL 检测的研究,搭建了具备广阔空间的实施平台,上述研究结果对此作了直接证实和充分体现。

2.4　基于贝叶斯压缩(Bayes shrinkage)技术的 QTL 连锁分析

在 RJ - MCMC 算法中,关键特征是把 QTL 数目当成未知参数,并利用模型选择的方法进行估计,当 QTL 数目在模型选择中发生变化时,所有的模型参数均发生改变,从而影响了抽样效率和 ODUNRY CKDLQ 的整个收敛速度,尤其是当 QTL 数目较多的时候,这一缺陷体现得越为突出。为了克服 RJ-MCMC 这一缺陷,近年来提出的 Bayes 压缩技术(Xu,2003;Wang *et al.*,2005)逐渐成为多 QTL 定位的又一主要方法。在贝叶斯压缩分析中,假定每个标记区间包含一个 QTL。在实际分析中,如果某一标记区间不存在 QTL,则该区间相应的 QTL 效应将压缩为 0。这种压缩估计的算法基本避免了 RJ-MCMC 方法中参数维数不固定的问题(Xu *et al.*,2005;Yang *et al.*,2006,2007)。贝叶斯压缩的另外一个显著优点是可以处理变量高于观察值的问题,这个特性在分析 QTL 上位效应时候优势尤为明显(Xu and Jia,2007)。Bayes 压缩定位在以往的 QTL 连锁分析中,大多针对近交系群体,GDR 等(2009)提出并建立针对畜禽半同胞远交群的 Bayes 方法。在他们的研究中,首先利用标记信息,建立个体标记连锁相,然后根据标记连锁相推断每个标记区间的个体 QTL 基因型,在此基础上建立远交群半同胞设计的 QTL 连锁分析方法。

2.4.1　基于 Bayes 压缩技术的连锁分析模型

在 Gao 等(2009)研究中,以父系半同胞为主要试验设计,即假定父亲和半同胞后代基因型已知、子代表型记录已知。在假定没有母体遗传效应和环境效应条件下,多性状 QTL 模型可表示如下:

$$y_i = \mu + \sum_{k=1}^{q} x_{ik} g_k + u_i + e_i \tag{2.30}$$

其中:y_i 为个体 i 的表型观察值;μ 为总体均值,g_k 是 QTL 等位基因 $k(k=1$、2,假定 QTL 有 2 个等位基因)的替代效应;q 为 QTL 数目;x_{ik} 为个体 QTL 等位基因指示变量,当子代携带亲代 QTL 的 4 等位基因,$x_{ik}=1$,反之取值 -1;u_i 为个体 i 的剩余多基因效应,假定分布为 $1(0, \pmb{A}\sigma_u^2)$($\pmb{A}$ 为个体亲缘系数矩阵);随机误差项 H_M 服从正态分布 $1(0,\sigma_e^2)$。

在多 QTL 定位模型中,QTL 数目是重要的模型参数。Bayes 压缩方法的主要思想在于:QTL 数目不是直接估计得到,而是基于一个压缩的过程,即通过模型选择的从预先设定的 QTL 最大数目向真实 QTL 数目压缩。对于模型(2.30)中涉及的主要参数包括 QTL 位置向量 $\pmb{\lambda}=(\lambda_1\lambda_2\cdots\lambda_q)'$ 和 QTL 效应向量 $\pmb{g}=(g_1g_2\cdots g_q)'$,列举模型中所有的未知变量以 θ 表示:$\theta'=(\mu,\pmb{\lambda}',\pmb{g}',\sigma_1^2,\sigma_2^2,\cdots,\sigma_q^2,\pmb{X},\pmb{u}',\sigma_u^2,\sigma_e^2)$,这里 $\pmb{X}$ 为所有个体 QTL 基因型指示变量,$\pmb{u}$ 为剩余多基因向量。在给定观察值资料 D 条件下 θ 的后验分布可表示为:

$$p(\theta \mid D) \propto p(D \mid \theta)p(\theta \mid \Theta) \tag{2.31}$$

这里 $p(D|\theta)$ 是关于 θ 的似然函数,$p(\theta|\Theta)$ 是给定超参数 Θ 条件下 θ 的先验密度。在 Gao 等(2009)的研究中,对于模型中其他参数的分布假设为:总体均值 μ 服从均匀分布,QTL

效应 $g_k(k=1,2,\cdots,q)$ 具 $g_k \sim N(0,\sigma_k^2)$ 的先验分布,QTL 方差的先验分布为 $p(\sigma_k^2) \propto 1/\sigma_k^2$,剩余多基因效应服从 $\boldsymbol{u} \sim N(0, \boldsymbol{A}\sigma_u^2)$ 的先验分布,并且有 $p(\sigma_u^2) \propto 1/\sigma_u^2$;参差效应的先验分布为 $e \sim N(0, \sigma_e^2 \boldsymbol{I})$,并且有 $p(\sigma_e^2) \propto 1/\sigma_e^2$,第 k 个 QTL 位置的概率可表示为 $p(\lambda_k) \propto 1/d_k$,$d_k$ 为第 k 个 QTL 所在的标记区间的长度。对于 QTL 连锁分析,有两类不同来源的已知信息,即性状表型 y 和个体标记基因型 M,这两类资料具有条件独立性。因此在公式(2.31)中似然函数可写成:

$$p(D \mid \boldsymbol{\theta}) = p(\boldsymbol{y}, \boldsymbol{M} \mid \boldsymbol{\theta}) = p(\boldsymbol{y} \mid \boldsymbol{\theta}) p(\boldsymbol{M} \mid \boldsymbol{\theta}) = p(\boldsymbol{y} \mid \boldsymbol{\theta}) p(\boldsymbol{M} \mid \boldsymbol{X}, \boldsymbol{\lambda}) \qquad (2.32)$$

观察值向量 y 的似然函数可表示为:

$$p(\boldsymbol{y} \mid \boldsymbol{\theta}) = \prod_{i=1}^{N} f(y_i) \propto \sigma_e^{-2N} \exp\left[\frac{1}{2\sigma_e^2} \sum_{i=1}^{N} \left(y_i - \mu - \sum_{k=1}^{q} x_{ik} g_k - u_i\right)\right] \qquad (2.33)$$

这里 n_i 为第 i 个半同胞家系含量,$N = \sum_{i=1}^{s} n_i$,N 为个体总数,s 为个体数量。标记信息 M 的似然函数可表示为:

$$p(\boldsymbol{M} \mid \boldsymbol{X}, \boldsymbol{\lambda}) = \prod_{i=1}^{N} \frac{p(\boldsymbol{M}, \boldsymbol{X}_{i.} \mid \boldsymbol{\lambda})}{p(\boldsymbol{X}_{i.} \mid \boldsymbol{\lambda})} \qquad (2.34)$$

这里 $\boldsymbol{X}_{i.} = (x_{i1} \ x_{i2} \cdots x_{iq})'$. $p(\boldsymbol{M}, \boldsymbol{X}_{i.} \mid \boldsymbol{\lambda})$ 和 $p(\boldsymbol{X}_{i.} \mid \boldsymbol{\lambda})$ 均可根据马尔科夫模型进行求解。

2.4.2　全条件后验分布推导和 MCMC 抽样

利用 MCMC 算法进行贝叶斯估计的前提是推导出所有模型参数的全条件后验分布。具体抽样步骤如下:

(1)在参数空间内对所有未知变量取初值;

(2)根据下列分布对总体平均数 μ 进行抽样:

$$\mu \mid \boldsymbol{y}, \cdots \sim N\left(\frac{1}{N}\sum_{i=1}^{s}\left(y_i - u_i - \sum_{k=1}^{q} x_{ik} g_k\right), \frac{1}{N}\sigma_e^2\right) \qquad (2.35)$$

(3)从下列分布中对 QTL 效应 $g_k(k=1,2,\cdots,q)$ 进行抽样:

$$g_k \mid \boldsymbol{y}, \cdots \sim N\left(\left(\sum_{i=1}^{N} x_{ik}^2 + \frac{\sigma_e^2}{\sigma_k^2}\right)^{-1} \sum_{i=1}^{N} x_{ik}\left(y_i - \mu - \sum_{l \neq k}^{q} x_{il} g_l - u_i\right), \left(\sum_{i=1}^{N} x_{il}^2 + \frac{\sigma_e^2}{\sigma_k^2}\right)^{-1}\right)$$

$$(2.36)$$

(4)从下列分布中对个体微效多基因效应 $u_i(i=1,2,\cdots,N)$ 进行抽样:

$$u \mid \boldsymbol{y}, \cdots \sim N\left(1 + \boldsymbol{A}^{ll} \sigma_e^2/\sigma_A^2\right)^{-1}\left(y_l - \mu - \sum_{k \neq l}^{N} \boldsymbol{A}^{kl} \sigma_e^2/\sigma_A^2 u_l, \sigma_e^2\left(1 + \boldsymbol{A}^{ll} \sigma_e^2/\sigma_A^2\right)^{-1}\right) \quad (2.37)$$

这里,$y_i^* = y_i - \mu - \sum_{k=1}^{q} x_{ik} g_k$,$l = 1, 2, \cdots, N$。

(5)对 QTL 方差 $\sigma_k^2(k=1,2,\cdots,q)$ 进行抽样:

$$\sigma_k^2 \sim Inv - \chi^2(1, g_k^2) \tag{2.38}$$

(6)对剩余多基因方差 σ_u^2 进行抽样：

$$\sigma_A^2 \sim Inv - \chi^2(N, SS_A/N) \tag{2.39}$$

这里 $SS_A = \boldsymbol{u}' A^{-1} \boldsymbol{u}$。

(7)对残差方差 σ_e^2 进行抽样：

$$\sigma_e^2 \sim Inv - \chi^2(N, SS_e/N) \tag{2.40}$$

这里 $SS_e = \sum\limits_{i=1}^{N} \left(y_i - \mu - \sum\limits_{k=1}^{q} x_{ik} g_k - u_i \right)^2$。

(8)采用 Wang 等(2005)提出的方法对缺失的标记基因型进行填补。具体策略是按染色体位置顺序依次对每个个体缺失基因型进行抽样。

(9)对 QTL 基因型指示变量 $x_{ik}(i=1,2,\cdots,N)$ 以及 QTL 位置参数 $\lambda_k(k=1,2,\cdots,q)$ 进行抽样。

(10)对步骤(2)至步骤(9)进行重复迭代直到马尔科夫链达到预先设置的长度。

在步骤(9)中，为了产生 QTL 基因型的抽样值，必须首先进行标记连锁相的推断。而对于远交群体，标记连锁相通常未知，需要利用亲本和后代系谱和标记信息进行推断。在此基础上利用 QTL 亲子 IBD 概率抽样产生 QTL 基因型的后验样本。QTL IBD 概率的推断可以参照 Knott 等(1996)的方法。上述过程的具体步骤为：①针对每一个半同胞家系，利用系谱资料和标记信息进行标记连锁相的推断；②基于每一个家系，根据假定 QTL 的位置，推导标记 - QTL 连锁相，③根据标记 - QTL 连锁相信息，计算 QTL 等位基因亲子传递概率。传递概率受 QTL - 标记重组率、标记等位基因传递状态影响。对于步骤(9)，可以利用 Metropolis-Hastings 算法对 QTL 基因型和 QTL 位置参数 $\{\lambda_k, \boldsymbol{X}._k\}$ 进行联合抽样。具体过程是：首先产生一个新的 QTL 位置，然后根据这个 QTL 位置确定 QTL 基因型的条件概率，QTL 位置和基因型抽样值的确定通过以下概率进行确立(Wang $et\ al.$, 2005；Zhang and Xu, 2005)：

$$\alpha = \frac{p(\lambda_k^{(*)} \mid \boldsymbol{y}, \boldsymbol{X}._k^{(*)}, \cdots)}{p(\lambda_k^{(0)} \mid \boldsymbol{y}, \boldsymbol{X}._k^{(0)}, \cdots)} \times \frac{q(\lambda_k^{(0)})}{q(\lambda_k^{(*)})} \times \frac{q(\boldsymbol{X}._k^{(0)})}{q(\boldsymbol{X}._k^{(*)})} \tag{2.41}$$

这里上标(∗)和(0)分别表示新一轮的抽样值和上一轮的抽样值。

公式(2.41)的第一部分实质上是 QTL 位置新一轮抽样结果和上一轮抽样结果后验概率比值,可展开为：

$$\begin{aligned}
&\frac{p(\lambda_k^{(*)} \mid \boldsymbol{y}, \boldsymbol{X}^{(*)}, \cdots)}{p(\lambda_k^{(0)} \mid \boldsymbol{y}, \boldsymbol{X}^{(0)}, \cdots)} \\
&= \frac{\prod\limits_{i} p(y_i \mid \boldsymbol{X}^{(0)}, \lambda_k^{(0)}, \cdots) p(x_{ik}^{(*)} \mid \lambda_k^{(*)}, \boldsymbol{M}) P(\lambda_k^{(*)})}{\prod\limits_{i} p(y_i \mid \boldsymbol{X}^{(*)}, \lambda_k^{(*)}, \cdots) p(x_{ik}^{(0)} \mid \lambda_k^{(0)}, \boldsymbol{M}) P(\lambda_k^{(0)})}
\end{aligned} \tag{2.42}$$

这里 $P(\lambda_k^{(*)})$ 和 $P(\lambda_k^{(0)})$ 是 QTL 位置的新抽样值和上一轮抽样值随机变量先验参数，并且有 $\dfrac{P(\lambda_k^{(*)})}{P(\lambda_k^{(0)})} = 1$；第二项 $\dfrac{q(\lambda_k^{(0)})}{q(\lambda_k^{(*)})} = 1$，表示 QTL 新位置和旧位置取值概率之比；第三项

$$\frac{q(\boldsymbol{X}_{\cdot k}^{(0)})}{q(\boldsymbol{X}_{\cdot k}^{(*)})} = \frac{\prod_i p(x_{ik}^{(0)} \mid y_i, \cdots)}{\prod_i p(x_{ik}^{(*)} \mid y_i, \cdots)}$$，是相应的 QTL 新位置和旧位置的基因型的取值概率。

在以上的 MCMC 过程中,贝叶斯压缩的策略体现在第(5)个步骤。当标记区间不存在 QTL 时,QTL 效应的后验均值趋于 0,从而使得 QTL 效应的抽样值趋于 0,当标记区间存在真实 QTL 效应时,则 QTL 效应不存在压缩过程。为了实现这种压缩算法,可以假定每个 QTL 效应具有各自的方差参数,而且每个 QTL 方差参数服从假定的先验分布。因此 QTL 方差可以通过已知信息和先验信息加以估计。

2.4.3 基于 MCMC 参数估计值的统计检验

在贝叶斯压缩分析中,QTL 效应通常以加权的方式表示,即用 QTL 估计值乘以 MCMC 过程中 QTL 在该位置的抽样频率(Wang *et al.*,2005)。尽管加权后的 QTL 效应可以作为 QTL 检测的明显信号,但仍然无法实现常规的统计量的显著性检验。为了进一步对 MCMC 分析的 QTL 效应估计结果进行显著性检验,Gao 等(2009)构建了一个 t 统计量对 QTL 效应进行统计检验。具体步骤是:把基因组分为 P 个区段,对于任一区段 ξ_l,W 检验统计量可表示为 $t(\xi_l) = \dfrac{\beta(\xi_l)}{s(\xi_l)/\sqrt{N_{sam}}}$,这里 N_{sam} 是待检验参数的后验样本含量,$\beta(\xi_l)$ 和 $s(\xi_l)$ 分别是在该区段 QTL 效应的平均值和标准误。在不存在 QTL 的零假设下,$t(\xi_l)$ 服从标准正态分布。在 0.05 和 0.01 显著水平下的显著性阈值分别为 1.96 和 2.58。

2.4.4 贝叶斯压缩方法的模拟验证

GDR 等(2009)为了进一步验证上述方法的可行性,进行了模拟研究。具体模拟策略为:随机产生 20 头公畜,每个公畜 40 个半同胞后代,总计 800 头。模拟 26 个标记均匀覆盖长度为 250 FO 的染色体(标记间距为 10),假设每个标记等位基因数为 5,亲本所有标记位点等位基因频率相等,而且处于连锁平衡状态。半同胞后代的基因型模拟根据标记之间的重组率和孟德尔独立分离规则,基于亲本的基因型随机产生。除标记基因型之外,同时模拟产生 5 个 QTL,QTL 的位置和相应的效应见表 2 - 15。

在模拟中,表型的总体均值设为 0,剩余多基因方差和剩余方差分布为 0.1 和 0.2。个体表型值的产生基于模型(2.30)。在 MCMC 分析中,所有未知变量的初始取值根据其先验分布随机抽样产生。马尔科夫链采用 55 000 的单次长链,burn-in 的链长为 5 000,抽样间隔为 20,最终参数的后验样本数为 2 500,相同参数的重复模拟数为 10。

结果显示,10 次模拟重复的估计结果相似。为简洁描述,随机选取任一结果进行陈述。图 2 - 9 和图 2 - 10 分别表示 QTL 效应和 QTL 强度的分析结果。

结果显示,图 2 - 9 和图 2 - 10 均在 5 个模拟的 QTL 位置显示出明显峰值。类似的分析结果,t 检验统计量分布图(图 2 - 11)也进一步显示了检测到的 QTL 的显著信号,对应于 QTL 的 5 个统计量的峰值均超过了显著阈值 1.96,并且没有模拟 QTL 的染色体区域的统计量取值均在显著阈值以下。

表 2 - 15 **QTL 参数的模拟设置和估计结果**

QTL	模拟参数			QTL 参数估计结果					
				Bayes 压缩估计			RJ - MCMC 估计		
	h^2	位置	效应	h^2	位置	效应	h^2	位置	效应
g_1	0.278	27	0.5	0.261	27.6	0.48	0.253	28.6	0.48
					(1.1)	(0.160)		(1.8)	(0.153)
g_2	0.017	64	0.122	0.0075	67.2	0.08	0.0082	66.8	0.10
					(4.5)	(0.15)		(6.1)	(0.38)
g_3	0.166	136	0.387	0.131	137.2	0.334	0.126	138.7	0.312
					(2.3)	(0.19)		(3.1)	(0.18)
g_4	0.095	164	0.292	0.131	167.4	0.334	0.121	166.2	0.318
					(2.8)	(0.20)		(3.3)	(0.20)
g_5	0.111	206	0.316	0.106	207.3	0.300	0.096	207.5	0.305
					(2.2)	(0.19)		(3.1)	(0.18)

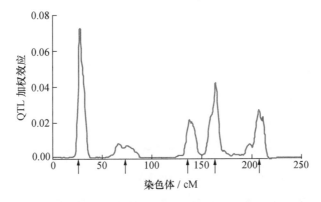

图 2 - 9 **基于 QTL 加权效应的 QTL 位置的后验分布。模拟的"真实"QTL 数为 5，**
位置分布为 25 cM，64 cM，136 cM，164 cM 和 206 cM

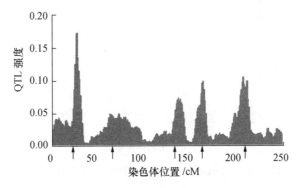

图 2 - 10 **基于 QTL 强度的 QTL 位置的后验分布。模拟的"真实"QTL 数为 5，**
位置分布为 25 cM，64 cM，136 cM，164 cM 和 206 cM

相应的 QTL 位置和效应的估计结果见表 2 - 15。结果显示：贝叶斯压缩分析，对 QTL 位置和效应具有高准确性的估计结果和统计功效。为了进一步探讨该方法的"假阳性率"，Gao 等

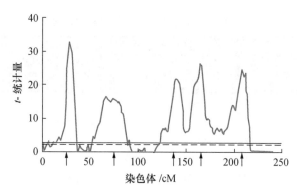

图 2-11　基于 t 统计量的 QTL 后验分布。模拟的"真实"QTL 数为 5,
位置分布为 25 cM,64 cM,136 cM,164 cM 和 206 cM

(2009)模拟在 QTL 效应为 0(即不存在 QTL)情况下,对 QTL 参数的估计结果。10 次模拟
结果显示,染色体所有位置的 QTL 效应均趋于 0(图 2-12 和图 2-13)。由此可见,贝叶斯压
缩对于参数估计的假阳性具有较好的控制效果。

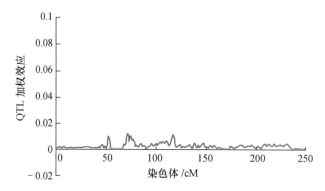

图 2-12　零假设下(没有 QTL)QTL 加权效应的后验分布

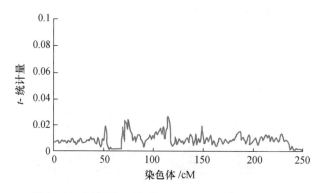

图 2-13　零假设下(没有 QTL)QTL t 统计量分布图

　　为了进一步验证 Bayes 方法的 QTL 检测的统计功效,Gao 等(2009)对 RJ-MCMC 和
Bayes 压缩方法进行了系统比较,比较采用模拟方法产生相同的表型和基因型数据。在比较
分析中 RJ-MCMC 采用的抽样策略为:总链长 20 500,burn-in 的长度为 5 000,抽样间隔 20,
模拟重复 10 次。RJ-MCMC 的 QTL 估计结果同样列于表 2-15。结果表明,两种方法估计

的 QTL 效应及其标准离差、QTL 位置结果没有明显差异,但是 Bayes 压缩方法所得到的 QTL 位置估计结果具有较高的精确性。此外,在模拟试验中,RJ‑MCMC 方法对于 QTL 数目的估计产生一定的偏差。具体而言,RJ‑MCMC 估计的 QTL 数目后验均值为 3,偏离模拟的 5 个实际 QTL 数,而 Bayes 压缩方法准确估计出实际的 QTL 数目。

此研究在 Xu(2003)、Wang 等(2005)、Gao 等(2009)基础上,将 Bayes 方法扩展到畜禽半同胞远交群体。模拟结果表明,该方法在处理多个 QTL 检测的条件下具有明显的优势。在研究中发现,Bayes 压缩方法在估计 QTL 数目方面,比 RJ‑MCMC 定位方法有优越性,此外 RJ‑MCMC 的收敛速度也明显慢于 Bayes 压缩方法。该模拟研究结果为畜禽远交群体多 QTL 定位提供另一切实可行的统计方法和分析策略。

参 考 文 献

[1] Albert J H and Chib S. Bayes analysis of binary and polychotomous response data. Journal of the American statistical association,1993,88:669‑679.

[2] Almasy L and Blangero J. Multipoint quantitative‑trait linkage analysis in general pedigrees. The American Journal of Human Genetics,1998,62:1198‑1211.

[3] De Koning D,Windsor D,Hocking P,Burt D,Law A,Haley C,Morris A,Vincent J and Griffin H. Quantitative trait locus detection in commercial broiler lines using candidate regions. Journal of animal science,2003,81:1158.

[4] Fernando R and Grossman M. Marker assisted selection using best linear unbiased prediction. Genetics Selection Evolution,1989,21:467‑477.

[5] Gao H,Fang M,Liu J and Zhang Q. Bayes shrinkage mapping for multiple QTL in half‑sib families. Heredity,2009,103:368‑376.

[6] Geldermann H. (1975) Investigations on inheritance of quantitative characters in animals by gene markers I. Methods. TAG Theoretical and Applied Genetics,1975,46:319‑330.

[7] Gelfand A E. Sampling‑based approaches to calculating marginal densities. Journal of the American statistical association,1990,85:398‑409.

[8] Green P J. Reversible jump Markov chain Monte Carlo computation and Bayes model determination. Biometrika,1995,82:711.

[9] Hastings W K. Monte Carlo sampling methods using Markov chains and their applications. Biometrika,1970,57:97.

[10] Heath S C. Markov chain Monte Carlo segregation and linkage analysis for oligogenic models. The American Journal of Human Genetics,1997,61:748‑760.

[11] Knott S,Elsen J and Haley C. Methods for multiple‑marker mapping of quantitative trait loci in half‑sib populations. TAG Theoretical and Applied Genetics,1996,93:71‑80.

[12] Lander E S and Botstein D. Mapping Mendelian factors underlying quantitative traits using RFLP linkage maps. Genetics,1989,121:185.

[13] Liu J,Zhang Y,Zhang Q,Wang L and Zhang J. Study on mapping Quantitative Trait

Loci for animal complex binary traits using Bayes-Markov chain Monte Carlo approach. Science in China Series C: Life Sciences,2006, 49:552 - 559.

[14] Satagopan J M and Yandell B S. Estimating the number of quantitative trait loci via Bayes model determination. Citeseer,1996.

[15] Satagopan J M, Yandell B S, Newton M A and Osborn T C. A Bayes approach to detect quantitative trait loci using Markov chain Monte Carlo. Genetics,1996,144:805.

[16] Sillanpaa M J and Arjas E. Bayes mapping of multiple quantitative trait loci from incomplete inbred line cross data. Genetics,1998,148:1373.

[17] Sillanpaa M J and Arjas E. Bayes mapping of multiple quantitative trait loci from incomplete outbred offspring data. Genetics,1999,151:1605.

[18] Soller M, Brody T and Genizi A. On the power of experimental designs for the detection of linkage between marker loci and quantitative loci in crosses between inbred lines. TAG Theoretical and Applied Genetics,1976,47:35 - 39.

[19] Soller M and Genizi A. The efficiency of experimental designs for the detection of linkage between a marker locus and a locus affecting a quantitative trait in segregating populations. Biometrics, 1978:47 - 55.

[20] Stephens D and Fisch R. Bayes analysis of quantitative trait locus data using reversible jump Markov chain Monte Carlo. Biometrics,1998,54:1334 - 1347.

[21] Thaller G and Hoeschele I. A Monte Carlo method for Bayes analysis of linkage between single markers and quantitative trait loci. I. Methodology. TAG Theoretical and Applied Genetics,1996,93:1161 - 1166.

[22] Uimari P and Hoeschele I. Mapping-linked quantitative trait loci using Bayes analysis and Markov chain Monte Carlo algorithms. Genetics,1997, 146:735.

[23] Uimari P, Thaller G and Hoeschele I. The use of multiple markers in a Bayes method for mapping quantitative trait loci. Genetics,1996,143:1831.

[24] Wang H, Zhang Y M, Li X, Masinde G L, Mohan S, Baylink D J and Xu S. Bayes shrinkage estimation of quantitative trait loci parameters. Genetics,2005, 170: 465.

[25] Xu C, Li Z and Xu S. Joint mapping of quantitative trait loci for multiple binary characters. Genetics,2005, 169: 1045.

[26] Xu S. Estimating polygenic effects using markers of the entire genome. Genetics,2003, 163: 789.

[27] XU S and GESSLER D D G. Multipoint genetic mapping of quantitative trait loci using a variable number of sibs per family. Genetical research,1998, 71: 73 - 83.

[28] Xu S and Jia Z. Genomewide analysis of epistatic effects for quantitative traits in barley. Genetics,2007, 175: 1955.

[29] Yi N and Xu S. Bayes mapping of quantitative trait loci under the identity-by-descent-based variance component model. Genetics,2000, 156: 411.

[30] Zeng Z B Precision mapping of quantitative trait loci. Genetics,1994, 136: 1457.

[31] Zhang Q, Boichard D, Hoeschele I, Ernst C, Eggen A, Murkve B, Pfister-Genskow

M，Witte L R A，Grignola F E and Uimari P. Mapping quantitative trait loci for milk production and health of dairy cattle in a large outbred pedigree. Genetics，1998，149：1959.

［32］Zhang Y and Xu S. Advanced statistical methods for detecting multiple quantitative trait loci. Recent Research Developments in Genetics and Breeding. 2005，2：1 - 23.

［33］刘剑锋，张沅，张勤，等. 利用 Bayes-MCMC 方法进行畜禽复杂离散性状 QTL 定位. 中国科学 C 辑，2006，36：240 - 246.

第3章

QTL 精细定位理论与方法

基因定位的目的是找到性状的基因。常规的 QTL 连锁分析方法,基于 QTL 和标记的连锁平衡假设,根据 QTL 和遗传标记在亲子传递中的重组事件的检测来分析 QTL 和标记之间的遗传距离而实现基因定位的目的。由于 QTL 连锁分析仅仅利用了当前世代的重组信息,在分析策略上存在局限性。在过去的 30 年里,人们投入大量精力,几乎将所有重要生物数量遗传变异定位在基因所在的基因组某区间上,但区间长度通常为 20~30 cM。

模拟研究发现(Darvasi and Soller,1992),即使 QTL 的效应很大、试验群体足够大、利用大量的标记,QTL 定位置信区间仍保持在 10 cM。这样的定位精度远远满足不了基因分离、克隆和基因导入的分子操作的要求。进一步缩小置信区间需要采用新的定位策略:即在连锁分析的基础上,实施精细定位,进而实现基因识别。精细定位是进行基因识别的一个重要前序工作。

紧密连锁基因座之间存在广泛的连锁不平衡,其连锁不平衡程度与重组率以及世代数有关。如果以 D_0 表示突变发生世代的连锁不平衡程度、t 表示突变发生后群体发展的世代数、D_t 表示第 t 世代的连锁不平衡程度、r 表示座位间的重组率,则有:$D_t = D_0(1 - r)^t$。图 3-1 反映了两座位连锁不平衡程度 (D) 与座位间重组率和突变发生后世代数的关系。很明显,座位间连锁越紧密(重组率越小),连锁不平衡程度下降越慢,达到平衡所需的世代数也越长。同样,在群体发展的某一个世代,连锁不平衡程度反映了座位间遗传距离的远近。

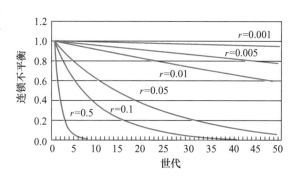

图 3-1　**50 个世代内,不同重组率水平下的连锁不平衡**

早在 20 世纪初,人们就注意到座位间的这种非随机连锁,人们目前对于连锁不平衡的兴趣是因为连锁不平衡可用于疾病基因的定位或精细定位(Kerem *et al*.,1989)。当前群体中的任何个体都是不同祖先不同基因重组的结果,如果给予足够长的时间,无论两座位连锁多么紧密,祖先中存在的单倍型都会发生断裂重组,因此,历史重组事件将会提供足够的机会来观察两个连锁座位的重组。如果群体发展时间足够长,座位间仍然存在高度连锁不平衡,那么可以认为两座位紧密连锁,所以,连锁不平衡可用于精细定位。

连锁不平衡定位的思想最初用于人类疾病基因定位。经典的试验设计为 case-control 设计。case-control 设计中,通过比较患者群体和与之配对的对照群两个样本中标记基因或基因型频率来定位基因,其中患者间无亲缘关系(Ohashi *et al*.,2001)。

此外,在 case-control 设计中,对于患病个体,不仅仅具有相同的疾病基因,而且基因周围的部分片段也可能是相同的,即存在同源(identity by descent,IBD)片段。因此人们提出采用标记单倍型分析而不是只用单个标记。Te Meerman 等(1995)首先考虑到了这种情况,IBD方法假设,与健康个体相比,患病个体间存在一个较长的 IBD 片段。Collins 和 Morton(1998)与 Clayton 和 Jones(1999)分别将单倍型分析用于 case-control 和 TDT(transmit desequilibrium test)方法中。

刘会英(2003)采用模拟试验的手段,系统分析了 2 种不同 QTL 精细定位策略,即 IBD 定位和连锁分析和连锁不平衡分析(combination linkage analysis and linkage disequilibrium,LA/LD),探讨相关因素对这两类定位策略精确度和检验功效的影响,以期对 IBD 和 LA/LD 两种精细定位方法的应用提供参考依据。

3.1 基于 IBD 方法的基因精细定位

IBD 定位最初应用于人类疾病基因的研究,该方法认为疾病基因间具有同源性。Te Meerman 等(1995)首先考虑到患病个体间,不仅仅是疾病基因同源,在基因周围的部分片段也可能是同源的,即存在同源片段。因此人们提出用标记单倍型而不只是单个标记进行定位。Collins 和 Morton(1998)与 Clayton 和 Jones(1999)分别将单倍型分析用于 case-control 和 TDT(transmit disequilibrium test)分析方法中。IBD 定位的基本思想是,假设性状基因可追溯到若干世代前发生的突变,那么,具有相同基因的个体,在该基因周围应具有相同的染色体片段(即 IBD 片段)。在世代延续的过程中,基因与周围标记发生重组,使得该 IBD 片段的长度不断减小。如果能够找到这样一个 IBD 片段,而且该片段足够小,我们就可以说将基因精细定位在这个片段上。

在家畜中,一些遗传病的基因也可采用 IBD 方法定位。Dunner 等(1997)结合 Belgian Blue 和 Spanish Austriana 两个奶牛品种,将影响双肌的基因(*mh*)定位在第 2 号染色体上。相对于疾病基因定位,数量性状基因的定位具有一定难度。Riquet 等(1999)用 IBD 方法定位了影响奶牛乳脂率的 QTL,并采用孙女设计,分析了 29 个 Dutch Holstein 家系,发现 QTL 在其中的 7 个家系中发生分离,并在这 7 个个体中找到了影响乳脂率的长度为 9.5 cM 的 IBD 片段。研究说明用 IBD 方法可用于定位影响数量性状的基因。这一定位精确度与理论上所能达到的 4.5 cM 仍有较大差距。IBD 方法在应用时,还有一些问题需要澄清,例如,这种方法的检验功效有多大,标记的密度要多大才能满足需要,群体规模要多大比较合适,以及 QTL

突变后发生的世代数与定位的精确性的关系怎样等。针对这些问题,刘会英(2003)进行了系统模拟研究,分析以下因素对畜禽远交群体 IBD 定位方法检验功效和定位精确性的影响:基因传递的世代数、QTL 效应大小、家系结构和标记密度。

3.1.1 IBD 定位方法基本原理

以父系半同胞远交群设计为例,IBD 定位方法基本原理如图 3-2 所示。利用当前两个世代(公畜和后代)的资料,包括公畜标记信息、后代的标记信息和性状记录,通过在后代中进行标记辅助分离分析,检测 Qq 杂合子公畜。根据杂合子公畜两种单倍型的效应,将杂合子公畜单倍型分为 A,B 两组,然后在 A,B 两组中寻找 IBD 片段。

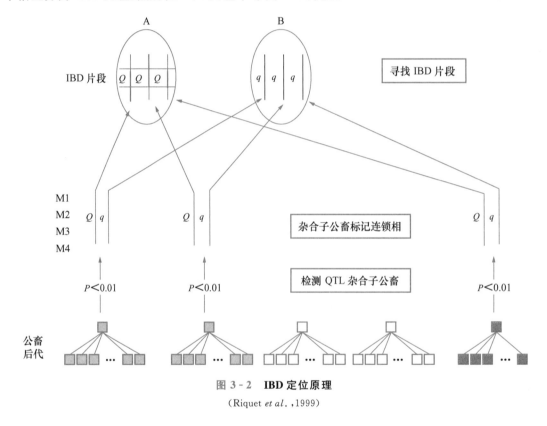

图 3-2 **IBD 定位原理**

(Riquet *et al.*,1999)

3.1.2 IBD 精细定位的分析方法

在每一个世代,可得到具有以下结构的数据:n 个公畜家系的资料,包括系谱记录、公畜的标记基因型、后代的标记基因型和性状观察值。

1. 标记连锁相的推断

公畜连锁相的确定　公畜标记基因的连锁相采用相邻座位两两依次分析的方法进行确定。假设公畜两个座位的基因型为 A_1A_2 和 B_1B_2,则这两个座位的连锁相有两种可能:(i) A_1 和 B_1 连锁,A_2 和 B_2 连锁;(ii) A_1 和 B_2 连锁,A_2 和 B_1 连锁。由于每个公畜的后代较多,可简单地根据后代中非重组型个体应多于重组型个体的原理来确定公畜的标记连锁相。如果(i)型后代数大于(ii)型后代数,则认为公畜两个标记座位的连锁相为(i),反之为(ii)。如果两种连锁相的后代数相等,则认为两种连锁相出现概率相等,此时可随机确定其连锁相。然后,根据每个标记区间的连锁相确定整个染色体上所有标记基因的连锁相。

后代连锁相的确定　公畜的标记连锁相确定后,根据公畜的标记连锁相来推断子代的标记连锁相。当能够明确判断两个座位上后代遗传了公畜的哪个基因时,可准确确定子代标记的连锁相。如不能明确判断子代基因的来源,则需要根据公畜连锁相和座位间的重组率来随机确定。例如,有两个连锁的标记座位 A 和 B,两座位间的重组率为 r,每个座位上有 4 个等位基因,分别以数字 1、2、3、4 表示。假设父亲在 A、B 座位上的基因型分别为 12 和 34,并且根据上述方法判断出公畜的标记连锁相为 1-3/2-4,即 A 座位上的基因 1 与 B 座位上的基因 3 连锁,A 座位上的基因 2 与 B 座位上的基因 4 连锁,那么判断子代在这两个座位上标记连锁相时会存在以下几种情况:

(1)两个座位上均可以明确确定公畜遗传给子代的基因。例如,女儿 A、B 座位上的基因型分别为 13 和 24,那么可以确定 A 座位上的基因 1 和 B 座位上的基因 4 遗传自公畜,因此子代 A、B 座位上基因的连锁相为 1-4/3-2。

(2)只能确定一个座位上基因来源。例如,子代 A、B 座位上的基因型分别为 13 和 34,那么可以确定 A 座位上的基因 1 遗传自公畜,而 B 座位上的基因无法判断。此时需要根据公畜连锁相和座位间的重组率随机确定子代两座位的基因连锁相。由于在 A 座位上遗传了公畜的基因 1,因此,B 座位上遗传父亲基因 3 和基因 4 的概率分别为 $1-r$ 和 r。由于在半同胞设计中母亲信息未知,所以认为,子代两种可能的连锁相 1-3/3-4 和 1-4/3-3 的概率分别为 $1-r$ 和 r。产生 $(0,1)$ 均匀分布随机数 u,根据 u 是否小于 $1-r$ 确定子代两座位基因连锁相为 1-3/3-4 还是 1-4/3-3。

(3)两个座位均不能确定基因来源。例如,子代 A、B 两座位上的基因型分别为 12 和 34,那么子代可能从公畜获得的单倍型有 1-3,1-4,2-3 和 2-4,概率分别为 $(1-r)/2,r/2,r/2$ 和 $(1-r)/2$。对应于这四种可能,子代的基因连锁相分别为 1-3/2-4,1-4/2-3,2-3/1-4 和 1-3/2-4,因此,子代两种连锁相 1-3/2-4 和 1-4/2-3 的概率分别为 $1-r$ 和 r,此时,利用随机数随机确定子代两座位基因的连锁相(同 ii)。

2. 杂合子公畜的判断

确定个体标记连锁相后,在公畜的每个有效标记区间(距离最近的基因型均为杂合子的两个标记构成的区间)上,将遗传了公畜非重组型单倍型的子代根据其单倍型的不同分为两组,对得到的两组个体进行差异显著性检验(t 检验,$\alpha=0.01$)。如果所有有效区间中差异最大的一个区间差异显著,则认为该公畜为杂合子公畜,并认为表型值大的一组遗传自公畜的单倍型与 QTL 座位上的 Q 基因连锁,另一组单倍型与 q 基因连锁。下面以三个标记为例加以说明。假设公畜标记基因型及连锁相如下所示:

$$\frac{M_s^{k-1,1} \quad M_s^{k,1} \quad M_s^{k+1,1}}{M_s^{k-1,2} \quad M_s^{k,2} \quad M_s^{k+1,2}}$$

符号 $M_s^{l,n}$ 表示父亲 s 第 l 个座位上的第 n 个等位基因。假设座位 $k-1$ 为杂合子,如果座位 k 为杂合子,那么座位 $k-1$ 和 k 构成一个有效标记区间,否则检测下一个标记 $k+1$ 是否为杂合子,直到找到一个杂合子座位与 $k-1$ 构成有效标记区间。假设座位 $k-1$、k 和 $k+1$ 均为杂合子座位,在座位 $k-1$ 和 k 构成的有效区间上,根据女儿遗传了公畜非重组单倍型 $M_s^{k-1,1}-M_s^{k,1}$ 或 $M_s^{k-1,2}-M_s^{k,2}$ 进行分组,两组表型均值分别记为 $\bar{y}_{k-1,1}$ 和 $\bar{y}_{k-1,2}$。采用 t 检验对两组数据进行差异性检验,得到 p_{k-1}。同理,在座位 k 和 $k+1$ 构成的有效区间上进行检验,遗传了单倍型 $M_s^{k,1}-M_s^{k+1,1}$ 和 $M_s^{k,2}-M_s^{k+1,2}$ 的两组的表型均值分别记为 $\bar{y}_{k,1}$ 和 $\bar{y}_{k,2}$,t 检验后得到 p_k。如果 p_{k-1} 小于 p_k,那么选取 $k-1$ 和 k 构成的有效区间作为判断的依据。如果 p_{k-1} 小于 $\alpha(\alpha=0.01)$,则认为该公畜为 QTL 杂合子公畜,否则认为该公畜不是杂合子。如果公畜为杂合子公畜,比较 $\bar{y}_{k-1,1}$ 和 $\bar{y}_{k-1,2}$,如果 $\bar{y}_{k-1,1}$ 大于 $\bar{y}_{k-1,2}$,则认为单倍型 $M_s^{k-1,1}-M_s^{k,1}$ 和 $M_s^{k-1,2}-M_s^{k,2}$ 分别与 QTL 上的 Q 和 q 等位基因连锁,反之认为 $M_s^{k-1,2}-M_s^{k,2}$ 和 $M_s^{k-1,2}-M_s^{k,2}$ 分别与 QTL 上的 q 和 Q 等位基因连锁。

3. IBD 片段检测

假设根据上述方法获得 n 个杂合子公畜,那么就有 $2n$ 条染色体。依据是否与 Q 连锁,将 $2n$ 条染色体分为 A、B 两组。与 Q 连锁的染色体归为 A 组,与 q 连锁的染色体归为 B 组。根据染色体上标记基因判断 A、B 两组内是否存在 IBD 片段。假设染色体上有 m 个标记区间,以 A 组为例,按下面步骤判断 IBD 片段:

(1)在第 $i(i=1,2,\cdots,m)$ 个标记区间上,根据染色体上标记基因是否相同(即单倍型是否相同),将具有相同基因(只考虑构成标记区间 i 的两个侧翼标记构成的单倍型)的染色体归为一组,例如存在 k 种单倍型,那么得到 k 组。k 组中的染色体数分别用 $n_1,n_2,\cdots,n_k$ 表示 $\left(n=\sum\limits_{l=1}^{k}n_l\right)$,对应的单倍型用 $h_1,h_2,\cdots,h_k$ 表示。比较 $n_1,n_2,\cdots,n_k$ 得到最大值,记作 $n_{i,\max}$(i 表示第 i 个区间),假如在这 k 个组中共有 l_i 组有 $n_{i,\max}$ 条染色体,那么将这 l_i 个组的单倍型记作 $h_{i,1},h_{i,2},\cdots,h_{i,l_i}$。分析标记区间 i 可得到一条记录:$n_{i,\max},l_i,h_{i,1},h_{i,2},\cdots,h_{i,l_i}$。分析 m 个标记区间,可得到 m 条相同结构的记录,每个标记区间对应一个记录。

(2)比较 $n_{1,\max},n_{2,\max},\cdots,n_{m,\max}$,得到最大值 $n_{\max}$。在 m 条记录中筛选出等于 $n_{\max}$ 的记录,例如有 k 条记录,如果这些记录中的 l 值均为 1,那么继续步骤(3),否则认为无法确定 IBD 片段。

(3)设(2)中筛选出的 k 条记录对应的记录号用 rec1,rec2,$\cdots$,reck 表示。在标记区间 reci(记录号等于标记区间号)上具有单倍型 $h_{reci,1}$ 的染色体构成组 $A_i(i=1,2,\cdots,k)$。如果这 k 个组是由相同的染色体构成,那么,在这些染色体中寻找 IBD 片段,即具有相同单倍型的染色体片段。

(4)得到 IBD 片段后,向两侧各扩展一个标记区间,如果扩展后的区间包含 QTL,那么认为是阳性 IBD 片段,否则认为是假阳性 IBD 片段。

3.1.3 IBD 精细定位的模拟研究

以单个性状为例,假设影响性状的某个 QTL 的多态性源于多个世代前发生的突变,经连锁分析,该 QTL 被定位在长度为 10 cM 的染色体片段上,且该片段上分布有高密度的标记。为使突变基因在群体中具有一定的频率,从而能够保证突变基因在群体延续过程中得以保留,模拟假设有 5 个近交系,以 P_i 表示($i=1\sim5$),P_i 系标记座位基因型为 ii,P_1 系 QTL 基因型

为 QQ,其他各系 QTL 基因型均为 qq。P_1 系与其他各系随机杂交,产生 F_1 代,继而得到 F_2 代,并以 F_2 代群体作为基础群(0 世代),如图 3-3 所示。

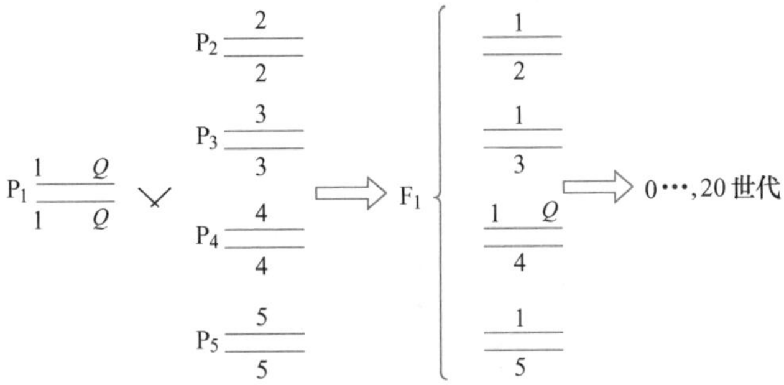

图 3-3 试验设计示意图

基础群由 n 头公畜(考虑 30,50,100 头三个水平)和 20 n(600,1 000,2 000)头母畜构成,假设个体间无亲缘关系。在每个世代,随机选择 n 头公畜和 20 n 头母畜作为下一世代的亲本,采用随机交配原则,但避免同胞交配,公母畜交配比例 1∶20,每头母畜产生 3 个后代,性别比例 1∶1。模拟 20 个世代,世代间不重叠,并在每个世代检测 IBD 片段。

1. 个体表型和基因型模拟

对于标记基因型的模拟,假定在 10 cM 的染色体片段上均匀分布高密度的标记,相邻标记间距考虑 1 cM,0.5 cM 和 0.2 cM 三个水平。对应三种标记密度,片段上分别有 11,21 和 51 个标记,QTL 分别位于第 5,10,25 个区间的中点。基础群(即 F_2 群体)以及以后各世代个体的基因型根据亲本单倍型确定,并考虑位点间的重组,重组率采用 Haldane 图距函数计算。

对于个体表型数据模拟,假定影响数量性状的因素包括多基因效应、随机环境效应和一个位于常染色体上的具有两等位基因的 QTL。不失一般性,假设表型方差(σ_p^2)为 1.0,性状遗传力(h^2),即总遗传方差(σ_G^2)与表型方差的比值为 0.3,QTL 效应(E_{QTL})则以 QTL 效应方差(σ_q^2)与总遗传方差(σ_G^2)的比值表示,考虑 0.3 和 0.5 两个水平。其中,$\sigma_G^2 = \sigma_q^2 + \sigma_u^2$,$\sigma_u^2$ 为多基因效应方差。根据 σ_p^2、h^2 和 QTL 效应可得到遗传方差($\sigma_G^2 = \sigma_p^2 \times h^2$)、随机残差方差($\sigma_e^2 = \sigma_p^2 \times (1 - h^2)$)、QTL 效应方差($\sigma_q^2 = \sigma_G^2 \times E_{QTL}$)和多基因效应方差($\sigma_u^2 = \sigma_G^2 - \sigma_q^2$)。采用 Falconer 的模型,设 QTL 的三种基因型 QQ、Qq 和 qq 的基因型值分别为 a、0 和 $-a$,对于给定的 QTL 方差 σ_q^2,有 $a = \sqrt{2\sigma_q^2}$。

性状表型值模型为:

$$y_i = u_i + q_i + e_i$$

式中:y_i 为个体 i 的性状观察值;u_i 为个体 i 的多基因值;q_i 为个体 i 的 QTL 基因型值;e_i 为个体 i 的随机残差。

基础群中,多基因效应服从分布 $N(0, \sigma_u^2)$,随机残差效应服从分布 $N(0, \sigma_e^2)$。后代个体 i 的多基因效应为 $u_i = \frac{1}{2}u_i^s + \frac{1}{2}u_i^d + m_i$,$u_i^s$ 和 u_i^d 分别代表个体 i 的父亲 s 和母亲 d 的多基因值,m_i 为孟德尔抽样误差,服从分布 $N\{0, (\sigma_u^2/2)[1-(F_s+F_d)/2]\}$,其中 F_s 和 F_d 分别为父亲和母亲的近交系数。QTL 基因型值由其 QTL 基因型决定。假设随机残差在各世代具有相同分布。

2. QTL 杂合子公畜的检测

基于上述模拟方案，由于在基础群中，QTL 的基因频率为 0.5，且在群体发展中采用随机选择、随机交配制度，所以可期望在每个世代中约有 50% 的公畜为 QTL 杂合子。表 3-1 和表 3-2 分别列出了 QTL 效应为 30% 和 50% 时，在 16～20 世代中，100 次重复得到的实际 Qq 公畜数、判断为 Qq 的公畜数，以及判断正确的 Qq 公畜数的平均值，表中分别用 a、b、c 代表。

表 3-1　QTL 效应为 30% 时，QTL 杂合子公畜的检测准确性

标记密度	公畜数	世代														
		16			17			18			19			20		
		a	b	c	a	b	c	a	b	c	a	b	c	a	b	c
1 cM	30	4	6	5	4	6	5	14	5	5	14	6	5	13	5	5
	50	4	0	9	4	0	9	23	9	9	25	10	9	24	10	9
	100	9	1	9	49	21	9	48	20	18	49	20	8	48	19	18
0.5 cM	30	4	7	6	4	7	6	14	7	7	14	7	6	13	7	6
	50	24	13	1	23	12	11	23	2	11	23	12	11	24	12	11
	100	49	26	4	49	26	24	48	25	23	49	26	23	48	25	22
0.2 cM	30	14	9	8	14	10	8	14	9	8	13	9	7	14	9	8
	50	24	16	14	24	16	14	24	16	14	23	16	13	23	16	14
	100	49	32	28	48	32	27	49	32	28	48	32	28	47	31	26

表 3-2　QTL 效应为 50% 时，QTL 杂合子公畜检测准确性

标记密度	公畜数	世代														
		16			17			18			19			20		
		a	b	c	a	b	c	a	b	c	a	b	c	a	b	c
1 cM	30	14	9	8	14	9	8	14	9	8	14	9	8	13	8	8
	50	24	15	14	24	15	14	23	14	13	25	15	14	24	15	14
	100	49	32	30	49	32	30	48	31	29	49	31	29	48	30	28
0.5 cM	30	14	10	8	14	10	9	14	10	9	14	10	9	13	10	9
	50	24	18	16	23	17	15	23	17	16	23	17	16	24	18	16
	100	49	37	34	49	37	34	48	36	33	49	36	34	48	36	32
0.2 cM	30	14	12	11	4	13	11	14	12	11	13	12	10	14	12	11
	50	24	21	19	4	21	19	24	21	19	23	21	18	23	21	19
	100	49	42	38	8	42	37	49	42	37	48	42	37	47	40	35

正如所期望的，实际的 QTL 杂合公畜数（a）约为公畜总数（公畜数）的一半。由 a、b 两列数据可以看出，不是所有的杂合公畜都能检测出来，判断为杂合子的公畜数的比例在不同公畜

数时基本相同,但随标记密度和 QTL 效应的增大而提高。标记密度由 1 cM 增加至 0.5 cM,0.2 cM 时,该比例由约 40％增加至 50％和 60％左右(QTL 效应为 30％),由约 60％增加至 70％和 80％左右(QTL 效应为 50％)。

c 列列出了检测出的杂合子公畜中,判断正确的个体数。由数据可以看出,在所检测出的杂合子公畜中,存在一些错判个体,即将纯合子个体判断为杂合子个体(比较 b、c 两列数据)。公畜数为 100 时,错判个体数较多,有 2～3 头,最大可达到 4～5 头。其他情况下,为 1～2 头。

3. IBD 片段的检测功效分析

基于检测的杂合子公畜,将公畜子代分为 A、B 两组,并在两组内寻找 IBD 片段。由于研究假设 Q 为突变基因,所以在 B 组中,连锁的标记基因呈随机状态,理论上应与群体中该标记基因的频率相近。一般而言,通过比较 A 和 B 两组中各标记座位上标记基因出现的整齐性,可判断哪个基因为突变基因。以下结果均为 A 组数据统计结果。表 3-3 和表 3-4 列出了在检测到的杂合子公畜中,具有 IBD 片段的个体数。

表 3-3 **QTL 效应为 30％时,得到 IBD 片段采用的个体数**

标记密度/cM	公畜数	世　代				
		16	17	18	19	20
1	30	6	6	5	6	5
	50	10	9	9	10	9
	100	20	20	19	19	18
0.5	30	7	7	7	7	7
	50	13	12	12	12	12
	100	25	25	24	24	24
0.2	30	9	10	9	9	9
	50	15	15	16	15	16
	100	30	30	31	30	30

表 3-4 **QTL 效应为 50％时,寻找 IBD 片段时实际采用个体数**

标记密度/cM	公畜数	世　代				
		16	17	18	19	20
1	30	9	9	9	9	8
	50	15	15	14	15	14
	100	30	30	29	28	27
0.5	30	10	10	10	10	10
	50	18	17	17	17	18
	100	36	35	34	34	34
0.2	30	12	13	12	12	12
	50	21	21	20	20	21
	100	40	40	40	41	39

表 3-5 和表 3-6 分别列出了 QTL 效应为 30％和 50％的情况下，100 次重复中，在 1～20 和 16～20 世代中检测到 IBD 片段的平均次数（表中 A 列），QTL 位于 IBD 片段内的平均次数（表中 B 列）以及 QTL 位于 IBD 片段相邻区间（表中 C 列）的平均次数。1～20 和 16～20 分别表示 1～20 世代数据的平均和 16～20 世代数据的平均，下文中该符号意思相同。如果得到的 IBD 片段向两侧各扩展一个标记区间后得到的片段包含 QTL 座位，那么，认为该片段为阳性 IBD 片段，否则为假阳性片段。因此阳性 IBD 片段是指包含 QTL 位于 IBD 片段内和 QTL 位于 IBD 片段相邻区间的片段，100 次重复中，阳性 IBD 片段出现的次数为表中 B＋C 列中所列次数。

表 3-5　QTL 效应为 30％时，100 次重复中检测出 IBD 片段的次数

标记密度	公畜数	A		B		C		B＋C	
		1～20世代	16～20世代	1～20世代	16～20世代	1～20世代	16～20世代	1～20世代	16～20世代
1 cM	30	91.05	87.00	71.05	62.00	13.25	18.00	84.30	80.00
	50	84.80	79.00	58.00	47.60	19.10	22.40	77.10	70.00
	100	77.90	71.40	43.95	34.60	26.50	30.00	70.45	64.60
0.5 cM	30	99.35	85.60	70.55	60.20	8.00	11.00	78.55	71.20
	50	86.15	82.60	59.00	50.80	14.40	20.00	63.40	70.80
	100	77.95	74.60	45.00	39.60	21.15	23.60	65.15	63.20
0.2 cM	30	88.20	83.20	65.65	55.20	4.60	6.80	70.25	62.00
	50	83.50	79.40	56.35	46.60	8.80	15.00	65.15	61.60
	100	77.95	76.80	46.80	43.80	11.60	15.60	58.40	59.40

表 3-6　QTL 效应为 50％时，100 次重复中检测出 IBD 片段的次数

标记密度	公畜数	A		B		C		B＋C	
		1～20世代	16～20世代	1～20世代	16～20世代	1～20世代	16～20世代	1～20世代	16～20世代
1 cM	30	89.30	85.80	64.20	53.60	18.70	25.80	82.90	79.40
	50	83.10	78.40	51.95	41.80	24.55	30.60	76.50	72.40
	100	77.20	74.60	42.40	37.20	29.40	33.40	71.80	70.60
0.5 cM	30	89.15	87.20	67.9	61.40	10.75	14.20	78.65	75.60
	50	83.60	81.00	54.45	47.60	17.55	23.20	72.00	70.80
	100	77.40	78.20	41.40	38.60	26.05	31.00	67.45	69.60
0.2 cM	30	87.40	83.80	63.15	55.40	6.00	9.00	69.15	64.40
	50	82.60	79.80	52.50	44.80	11.25	18.20	63.75	63.00
	100	78.20	77.60	44.90	41.40	14.45	20.00	59.35	61.40

QTL 效应为 30% 时,不同标记密度下,IBD 片段的检出率(A)以及 QTL 位于 IBD 片段内的次数(B)基本上没有明显差异。但随着标记密度的提高,QTL 位于 IBD 片段相邻区间内的次数(C)以及阳性 IBD 数指标($B+C$)有下降的趋势。不同的公畜数对 IBD 片段的检出率(A)有较大影响。随着公畜数的增加,IBD 片段的检出率(A)和 QTL 位于 IBD 片段内的次数(B)均下降,后者的下降幅度更大,但 QTL 位于 IBD 片段相邻区间的次数(C)却随着公畜数的增加而增加,阳性 IBD 数指标($B+C$)也随着公畜数的增加而下降。随着世代的延续,IBD 片段的检出率(A)和 QTL 位于 IBD 片段内的次数(B)略有下降,而 QTL 位于 IBD 片段相邻区间的次数(C)略有增加。但在 15 世代以后,差异不是很明显。

标记密度和公畜数对 1～20 世代和 16～20 世代数据具有相同的影响。当 QTL 效应为50% 时,数据变化趋势与 QTL 效应为 30% 时相同。QTL 效应为 50% 时,IBD 片段的检出率(A)以及阳性 IBD 片段指标($B+C$)与 QTL 效应为 30% 时基本相近,QTL 位于 IBD 片段内的次数(B)稍低于 QTL 效应为 30% 时的次数,但 QTL 位于 IBD 片段相邻区间的次数(C)大于QTL 效应为 30% 时的次数。

从表 3-5 和表 3-6 的数据可以看出,在 100 次重复中,阳性 IBD 片段($B+C$)的检测次数为 60～80 次,该次数随着标记密度的增大和公畜数的增多而下降。

4. 定位精确性分析

基于 IBD 片段的精细定位,其定位精度反映在所检测的 IBD 片段长度的大小。模拟研究以阳性 IBD 片段向两侧各扩展一个标记区间后的片段的长度作为 IBD 片段长度,并计算 100 次重复中阳性 IBD 片段长度的平均值为评价标准。图 3-4 给出了不同世代数、不同家系数(30,50,100)、不同标记密度(1,0.5,0.2 cM)和不同 QTL 效应(30% 和 50%)下 IBD 片段长度的变化情况。

IBD 片段长度随着世代数的增加而下降,下降速度在最后几个世代趋于平缓。这与理论推断相一致。在世代延续过程中,标记与 QTL 在减数分裂中可能发生重组。距 QTL 距离越远的标记与 QTL 发生重组的概率越大,因此,在最初几个世代,IBD 片段长度的变化是由于距 QTL 较远的标记与 QTL 发生断裂造成的,由于重组率较大,因而 IBD 片段长度下降较快。随着世代数的增加,亦即减数分裂数的增加,使得与 QTL 连锁较紧密的标记和 QTL 间的断裂重组有了更多的机会,但由于重组率较低,所以 IBD 片段长度下降的速度也变得缓慢。若干世代后,当 IBD 片段长度下降到一定程度时,距离近的标记由于紧密连锁,断裂重组概率很低,所以 IBD 片段长度下降速度趋于平缓。所以,当 IBD 片段长度降到一定程度之后,要得到长度更小的 IBD 片段,会需要更多的世代数。IBD 片段长度与群体发展的世代数并不是简单的线性关系。

图 3-4 中的每一个子图为相同标记密度和 QTL 效应下,不同公畜数对 IBD 片段长度的影响,更直接来讲是采用杂合子个体数对 IBD 片段长度的影响。杂合子个体数对 IBD 片段的长度有较大的影响。增加杂合子个体数,可以有效地降低 IBD 片段的长度,IBD 片段长度变化曲线相对平滑一些。表 3-7 给出了各标记密度和 QTL 效应水平下,公畜数从 30 增加到 50(表中的 A 列数据),从 50 增加到 100(表中的 B 列数据)时,1～20 世代和 16～20 世代两个阶段 IBD 片段减小的平均长度。表 3-7 数据表明,将公畜数从 30 提高到 50,或从 50 提高到 100,IBD 片段长度可减小约 1 cM(1～20 世代要大于 1 cM,16～20 世代小于但接近于1 cM)。

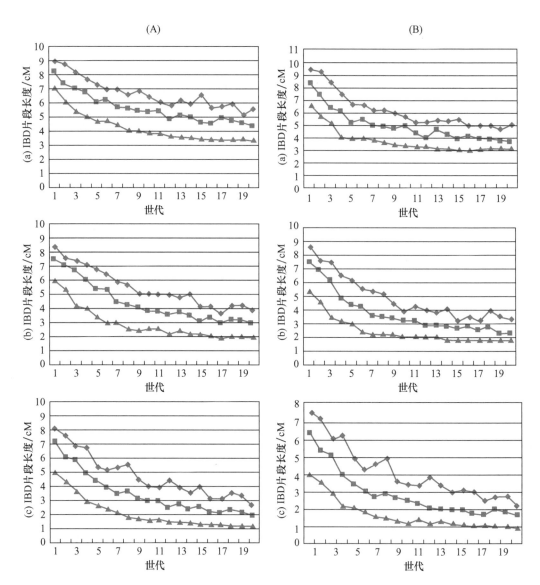

图 3-4 阳性 IBD 片段长度

注:◆,■,▲代表家系数 30,50,100;A 和 B 代表 QTL 效应 30% 和 50%;a,b,c 代表标记密度 1 cM,0.5 cM,0.2 cM。

表 3-7 增加公畜数,IBD 片段减小的平均长度   cM

QTL 效应	标记密度	A		B	
		1~20 世代	16~20 世代	1~20 世代	16~20 世代
30%	1	1.37	1.19	1.63	1.45
	0.5	1.25	0.97	1.60	1.17
	0.2	1.39	1.08	1.38	0.93
50%	1	1.25	0.99	1.18	0.81
	0.5	1.16	0.98	1.26	0.76
	0.2	1.28	0.88	1.18	0.75

注:A 和 B 分别代表公畜数由 30 增加到 50 和由 50 增加到 100 两种情况。

图 3-4 中 a,b,c 所指示的子图分别代表标记密度为 1,0.5,0.2 cM 下,IBD 片段长度的变化情况。一定的标记密度是实现 QTL 精细定位的前提。相同公畜数、世代数和 QTL 效应条件下,增加标记密度可以提高定位精确度。表 3-8 给出了各公畜数和 QTL 效应水平下,标记密度从 1 cM 增加到 0.5 cM(表中 A 列数据),和从 0.5 cM 增加到 0.2 cM(表中 B 列数据)两种情况下,IBD 片段在 1~20 世代和 16~20 世代两个阶段的降低的平均长度。由数据可以看出,增加标记密度可使 IBD 片段长度减小大于或接近 1 cM。标记密度从 1 cM 增加到 0.5 cM 引起的 IBD 片段长度的变化要大于标记密度从 0.5 cM 增加到 0.2 cM 时 IBD 片段长度的变化。

表 3-8　增加标记密度,IBD 片段减小的平均长度　　　　　　　　　　　　cM

QTL 效应	公畜数/头	A		B	
		1~20 世代	16~20 世代	1~20 世代	16~20 世代
30%	30	1.56	1.86	0.93	0.95
	50	1.44	1.65	1.07	1.06
	100	1.41	1.37	0.85	0.82
50%	30	1.34	1.42	0.77	0.88
	50	1.25	1.41	0.88	0.78
	100	1.33	1.36	0.80	0.77

注:A 和 B 分别代表标记密度由 1 cM 增加 0.5 cM 和由 0.5 cM 增加到 0.2 cM 两种情况。

研究结果表明,QTL 效应大小对 IBD 片段长度的影响要小于杂合子个体数和标记密度。表 3-9 给出了 QTL 效应由 30% 增大到 50% 时,IBD 片段减小的平均长度。从表 3-9 中可以看出,当标记密度较高和杂合子公畜数较多的情况下,QTL 效应影响相对较小。由于 QTL 效应只用于检测杂合子公畜,因此,QTL 效应是通过改变杂合子公畜数间接影响 IBD 片段的长度。

表 3-9　增加 QTL 效应,IBD 片段减小的平均长度　　　　　　　　　　　　cM

标记密度	公　畜　数					
	30		50		100	
	1~20 世代	16~20 世代	1~20 世代	16~20 世代	1~20 世代	16~20 世代
1	1.12	1.09	1.00	0.89	0.55	0.25
0.5	0.90	0.64	0.81	0.65	0.47	0.23
0.2	0.73	0.58	0.62	0.38	0.42	0.19

表 3-10 和表 3-11 分别给出了 QTL 效应为 30% 和 50% 时,各参数条件下,16~20 世代的 IBD 片段的长度。群体发展从 16~20 世代,IBD 片段长度变化较小,无明显的下降趋势。但标记密度和家系数对其影响较大。提高标记密度或杂合子个体数可以降低 IBD 片段长度。

表 3 - 10　QTL 效应为 30％时,16～20 世代 IBD 片段的平均长度和标准误　　　cM

标记密度	公畜数/头	世代				
		16	17	18	19	20
1	30	6.00±0.06	6.18±0.07	6.42±0.08	5.56±0.06	6.13±0.07
	50	4.77±0.04	5.21±0.07	4.96±0.04	4.81±0.04	4.60±0.04
	100	3.43±0.01	3.42±0.01	3.39±0.01	3.49±0.01	3.36±0.00
0.5	30	4.34±0.06	3.81±0.06	4.36±0.06	4.43±0.05	4.02±0.05
	50	3.57±0.03	3.05±0.03	3.35±0.03	3.23±0.03	2.90±0.02
	100	2.12±0.01	1.91±0.00	2.08±0.01	2.06±0.00	2.06±0.01
0.2	30	3.27±0.05	3.19±0.03	3.58±0.05	3.37±0.04	2.80±0.03
	50	2.19±0.02	2.12±0.01	2.33±0.02	2.17±0.01	2.01±0.01
	100	1.34±0.01	1.32±0.01	1.19±0.00	1.18±0.00	1.13±0.00

表 3 - 11　QTL 效应为 50％时,16～20 世代 IBD 片段的平均长度和标准误　　　cM

标记密度	公畜数/头	世代				
		16	17	18	19	20
1	30	4.91±0.22	4.99±0.23	4.96±0.21	4.82±0.22	5.15±0.24
	50	4.23±0.17	3.93±0.16	3.96±0.15	3.89±0.14	3.88±0.16
	100	3.09±0.03	3.13±0.04	3.19±0.05	3.25±0.06	3.18±0.05
0.5	30	3.59±0.21	3.26±0.20	3.90±0.27	3.61±0.21	3.39±0.20
	50	2.76±0.15	2.56±0.14	2.76±0.15	2.40±0.11	2.37±0.13
	100	1.81±0.06	1.83±0.06	1.83±0.07	1.80±0.05	1.80±0.06
0.2	30	3.05±0.25	2.52±0.22	2.73±0.22	2.79±0.20	2.24±0.21
	50	1.75±0.12	1.68±0.11	1.39±0.15	1.87±0.14	1.65±0.13
	100	1.06±0.07	1.10±0.06	1.01±0.06	1.07±0.06	0.95±0.05

　　如以(a,b)表示标记密度为 a cM(a 为 1,0.5 或 0.2 cM)和公畜数为 b(b 为 30,50 或 100)时的参数组合。当 QTL 效应为 30％时,$(1,50)$,$(1,100)$,$(0.5,30)$,$(0.5,50)$和$(0.2,30)$几种组合下,可以得到 3～5 cM 的 IBD 片段长度;$(0.2,50)$,$(0.5,100)$,$(0.2,100)$三种组合下,IBD 片段长度小于 3 cM,并可达到 1～2 cM。总体来讲,QTL 效应为 50％时,IBD 片段长度要小于 QTL 效应为 30％的情况,在$(1,30)$,$(1,50)$,$(1,100)$,$(0.5,30)$几种组合下,IBD 片段可以达到 3～5 cM,在$(0.2,30)$,$(0.5,50)$,$(0.2,50)$,$(0.5,100)$,$(0.2,100)$几种组合下,IBD 片段长度可小于 3 cM,在后三种组合下,IBD 片段长度介于 1～2 cM,参见图 3 - 5。

　　图 3 - 5 中,根据 IBD 片段长度大小对各组合进行了排序。图 3 - 5 中横坐标数据意义如下,下画线"_"前的数据为标记密度,有 1,0.5,0.2 cM 三种情况;"_"后数据为公畜数,有 30,50,100 三种情况。例如,0.5_100 表示标记密度为 0.5 cM 和公畜数为 100 的组合。根据组

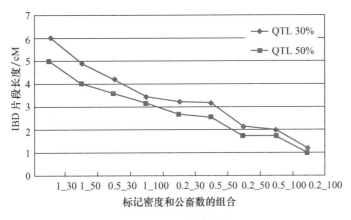

图 3-5　**IBD 片段长度**

合的排列顺序来看,在一定标记密度下,增加杂合子个体数,和在一定杂合子个体数下,增加标记密度可以达到相近的定位结果,如 QTL 效应为 30% 时,(1,100)和(0.2,30),(0.2,50)和(0.5,100)几种参数组合具有相近的结果;QTL 效应为 50% 时,(0.2,30)和(0.5,50),(0.2,50)和(0.5,100)几种参数组合结果相近。

5. 主要结论

在连锁分析的基础上,刘会英(2003)采用计算机模拟,探讨了标记密度、QTL 效应、QTL 突变后群体发展世代数和杂合子公畜数对 IBD 方法的影响。研究结果表明,IBD 方法可以实现精细定位。标记密度等于 1 cM 时,可以将 QTL 定位在 6 cM 的范围内。随着标记密度由 1 cM 增加到 0.2 cM,定位精确性由 5~6 cM 增加到 1~3 cM。IBD 阳性片段的检测在 100 次重复中可达到 60~80 次。

模拟研究中考虑了标记密度、有限因素对 IBD 定位方法进行了探讨,因此,IBD 定位的实施还需要对采用的群体的具体情况进行考虑。

与连锁分析相比,连锁不平衡定位由于利用了历史重组事件,因而可更大程度地利用高密度标记带来的信息。连锁不平衡可能会提高定位精确度,或者使用较小的群体规模达到与连锁分析相同的定位效果(Risch and Merikangas,1996)。在大部分人类群体中,可利用的连锁不平衡不超过 10~100 kb(Reich *et al.*,2001)。Farnir 等(2000)发现,在奶牛中,超过几十个 cM 的片段上存在连锁不平衡,这意味着,在奶牛和其他家畜中,可用中等密度的标记图谱来实施连锁不平衡定位,当然,此时得到的定位精确度也相对较低。

连锁不平衡定位成功的关键是群体中染色体上不同座位间的关联(Lynch and Walsh,1998),但这种关联受到多种因素的影响:①我们所关心的座位可能会发生不只一次的突变,因此在群体中可能会存在多种单倍型与突变基因连锁;②除连锁之外,其他一些诸如突变、漂变、选择、迁移等因素同样会导致座位间的不平衡,特别是在家畜中,选择和杂交技术的普遍采用会使距离很远的座位间也会存在不平衡(Haley,1999);③座位间的不平衡很可能是最近发生的一些事件而不是物理图谱上的紧密连锁造成;④当 QTL 只有两个等位基因时(一个突变),连锁不平衡是一种有效的方法,但在多等位基因情况下很难检测连锁不平衡;⑤对数量性状而言,受环境因素的影响,QTL 等位基因检测也不会太容易。由此可见,连锁不平衡程度是群体发展历史和多种影响群体发展的因素共同作用的结果,但对所有这些信息,我们所知很少。可以肯定的是,连锁不平衡定位可以实现精细定位,但其他的历史事件可能会干扰连锁不平衡程度和座位间物理距离间的关系(Jorde,2000),所以连锁不平衡方法在提高定位精确性的同时,定位的稳健性得不到很好的保障。正如 Hill 和 Weir(1994)所指出,基于不平衡精细定位QTL 较难解释,因为存在很多不确定因素和过多的假设,所以,连锁不平衡不会像连锁分析那样稳健。

解决这一问题的办法是将连锁分析与连锁不平衡定位相结合,正如近年来一些学者所指出的,因为连锁分析具有检验功效高的优点和定位精确性低的缺点,与连锁不平衡定位的优缺点正好互补,所以,结合连锁分析和连锁不平衡分析,汲取二者的优点是人们进行精细定位的又一新的思路。

3.2 结合连锁分析(LA)和连锁不平衡分析 (LA/LD)的 QTL 精细定位策略

连锁分析(linkage analysis,LA)和连锁不平衡分析(linkage disequilibrium,LD)是基因定位的两种主要方法。通过连锁分析,许多 QTL 被定位在一定长度的染色体片段上,但由于缺乏足够的重组事件,定位精确度不能令人满意(片段长度通常为 10～20 cM,甚至更大)。精细定位 QTL 的关键是将 QTL 定位在一个小的片段而不是相邻区间上,因此精细定位要求有大量的重组事件。连锁不平衡定位利用了历史重组事件,缓解了重组事件对定位精确性的限制,从而提高了定位的精确度或 QTL 的检测力(Kim et al.,2002)。连锁分析和连锁不平衡分析两种方法独立使用时,都局限于利用了部分群体信息,但二者是互补而不是互斥的,一方面,连锁不平衡分析利用了历史重组事件,有效的积累小片段上的重组事件,另一方面,连锁分析最大可能地利用了系谱和标记信息,具有较好的定位效率和稳健性。因此,结合连锁分析和连锁不平衡分析(combination of linkage analysis and linkage disequilibrium,LA/LD)不失为一种理想的基因定位方法。

基于最大似然原理的 QTL 定位中,QTL 等位基因间的协方差矩阵等于 QTL 等位基因间的同源概率矩阵(或称之为 IBD 概率矩阵,或 IBD 矩阵)与 QTL 等位基因效应方差的乘积。人们发展了多种构建 IBD 矩阵的方法(Van arendonk et al.,1994;Wang et al.,1995;Fernando and Grossman,1989),以及利用多标记计算 IBD 概率的方法(Fulker et al.,1995;Kruglyak and Lander,1995;Almasy and Blangero,1998;Xu and Gessler,1998)。

连锁分析定位 QTL 基于这样一个假设:基础群内单倍型间相互独立。显然,连锁分析只利用了系谱中的重组信息。结合连锁分析和连锁不平衡分析的方法之一就是对连锁分析进行扩展(Meuwissen and Goddard,2000),通过预测基础群内单倍型间的 IBD 概率来实现对历史重组事件的利用。大部分群体在具有 DNA 信息之前,还有一部分的系谱记录。因此对于如何预测具有 DNA 信息的第一世代中基因间的 IBD 概率,人们提出了两种方案:一种方案是根据群体历史事件估计进入系谱时的 IBD 先验概率,然后利用群体历史事件、系谱信息和 DNA 信息估计 IBD 概率。这种方案比较理想,但要求有较好的抽样方法来处理复杂系谱、标记信息缺失、多标记信息利用等情况,这一问题在目前尚未得到解决(Stricker et al.,2002);另一种方案是根据对群体历史育种结构的假设来估计基础群第一世代单倍型间的 IBD 先验概率

(Meuwissen and Goddard,2001),然后结合 DNA 信息估计基因间的 IBD 概率。结合连锁分析和连锁不平衡分析正是通过估计基础群内单倍型间的 IBD 先验概率(连锁不平衡信息),并利用第二部分的系谱信息和标记信息结合(连锁信息)来达到结合连锁分析和连锁不平衡分析优点的目的。

Du 等(2002)介绍了用 Monte Carlo 方法估计 IBD 概率,结合连锁分析和连锁不平衡分析,用非参数方法定位阈性状基因。另外,Meuwissen,Goddard(2002)和 Kim 等(2002)分别结合连锁分析和连锁不平衡分析对影响产奶性状的位于第14,14 号和20 号染色体上的 QTL 定位。研究结果证明,与连锁分析相比,结合连锁分析和连锁不平衡分析的方法对 QTL 的检测力显著提高。Farnir 等(2002)对 Terwiliger(1995)发展的多点关联分析方法进行了扩展,在半同胞群体中同时利用连锁分析和连锁不平衡信息,分析了第14 条染色体上影响奶牛乳脂量的 QTL,研究结果表明,该方法可以在中等标记密度下利用连锁不平衡信息,但是否能显著地提高定位精确性和检验效率还不能确定。

LA/LD 提出的理论依据在于,同时结合连锁分析和连锁不平衡分析二者的优点,从而提高定位的精确性和稳健性。但是,LA/LD 其定位效率会受到多种因素的影响,一些相关的问题尚需要做进一步的研究,例如,该方法能在多大程度上利用高密度标记的信息,相同参数条件下,该方法定位的准确性、检测力和定位精确度能够比连锁分析提高多少,提高的程度受各参数的影响程度有多大等。

鉴于此,刘会英(2003)对 LA/LD 的精细定位策略进行深入探讨,并与常规 LA 方法进行比较研究,探讨了在零假设(无 QTL 模型)和单 QTL 模型、不同 QTL 效应、标记密度等因素对 LD/LA 定位性能的影响,并比较了 LA 与 LD/LA 两种方法在 QTL 检验功效、定位准确性和定位精确度上的差别,以及标记密度和 QTL 效应的影响。另外,还考虑了基因突变后群体发展世代数对 LA/LD 定位的影响。

3.2.1　LD/LA 定位的理论基础和方法

1. 统计模型和检验统计量

考虑以下的 QTL 定位模型:

$$y = Zu + Wv + e$$

式中:y 为性状表型值向量;u 为随机多基因效应向量;v 为随机 QTL 等位基因效应向量;e 为随机残差效应向量;Z,W 分别为对应于 u,v 的关联矩阵;随机效应向量 u,v,e 的期望和方差为:

$$E\begin{bmatrix}u\\v\\e\end{bmatrix}=\begin{bmatrix}0\\0\\0\end{bmatrix},\mathrm{Var}\begin{bmatrix}u\\v\\e\end{bmatrix}=\begin{bmatrix}A\sigma_u^2 & 0 & 0\\0 & G\sigma_v^2 & 0\\0 & 0 & I\sigma_e^2\end{bmatrix}$$

其中,A 为分子血缘相关矩阵,G 为 QTL 配子相关矩阵(gametic relationship matrix),I 为单位阵。$\sigma_u^2,\sigma_v^2,\sigma_e^2$ 分别为多基因效应方差、QTL 等位基因效应方差和随机残差方差,且有 $R=I\sigma_e^2$。

混合模型方程组为：

$$\begin{bmatrix} \mathbf{Z'R^{-1}Z+A^{-1}}\sigma_u^2 & \mathbf{Z'R^{-1}W} \\ \mathbf{W'R^{-1}W} & \mathbf{W'R^{-1}W+G^{-1}}\sigma_v^2 \end{bmatrix}\begin{bmatrix} \hat{\mathbf{u}} \\ \hat{\mathbf{v}} \end{bmatrix}=\begin{bmatrix} \mathbf{Z'R^{-1}y} \\ \mathbf{W'R^{-1}y} \end{bmatrix}$$

以 $L(\sigma_u^2,\sigma_v^2,\sigma_e^2)$ 和 $L(\sigma_u^2,\sigma_e^2)$ 分别表示有和无 QTL 存在时的似然函数,则似然率为:

$$LR = 2\log\frac{L(\sigma_u^2,\sigma_v^2,\sigma_e^2)}{L(\sigma_u^2,\sigma_e^2)} \tag{3.1}$$

分析方法采用约束最大似然法,基于 LA、LA/LD 两种不同策略,在每个标记区间的中点进行似然估计,绘制似然率曲线并进行显著性检验,在似然率曲线峰值所在位置即为 QTL 定位结果。

基于公式(3.1)的似然比统计量可实现 LA 或 LA/LD 分析,两种方法的共同步骤可概括为:①推断标记连锁相;②构建标记区间潜在 QTL 的 IBD 矩阵;③基于个体系谱信息、表型信息和 QTL 的 IBD 矩阵构建混合模型方程组;④分别构建零假设(待检测标记区间没有 QTL)和备择假设(待检测标记区间存在 QTL)条件下的表型数据似然函数,分别进行参数的最大似然估计;⑤利用最大似然估计结果计算似然比检验统计量,绘制似然率曲线,通过似然率峰值确定 QTL 位置。LA 和 LA/LD 分析的关键区别在于 QTL 的 IBD 矩阵的构建方法。

2. 标记连锁相的确定

标记连锁相是进行 LA 和 LA/LD 分析所需的共同步骤。标记连锁相的推断方法类似于本章 3.1.2.1 中介绍的方法。不同之处在于:①3.1.2.1 只有父亲资料,而本节内容同时利用父亲和母亲的标记信息;②本节内容同时考虑三个世代的信息,因此,第二世代个体的标记连锁相可根据亲本标记连锁信息和后代标记信息来确定;③第三个世代个体的标记连锁相根据父亲和母亲的标记连锁相来推断。具体步骤如下:

配子相关矩阵($\mathbf{G}$)的构建

配子相关矩阵($\mathbf{G}$)又称为同源概率矩阵(IBD 矩阵)。本文采用 Wang 等(1995)的方法构建 $\mathbf{G}$ 矩阵,但考虑两个侧翼标记的情况。

相关符号定义:

$g_{i,j}$ 表示矩阵 $\mathbf{G}$ 中第 i 行第 j 列的元素;Q_a^b 表示个体 a 在 QTL 座位上的第 $b(b=1,2)$ 个等位基因;$Q_i^{ki} \equiv Q_j^{kj}$ 表示基因 Q_i^{ki} 和 Q_j^{kj} 同源;$Q_i^{ki} \Leftarrow Q_j^{kj}$ 表示基因 Q_i^{ki} 遗传自基因 Q_j^{kj};M 表示标记信息;$M_a^{l,k}$ 表示个体 a 第 l 个标记上的第 $k(k=1$ 或 $2)$ 个等位基因。

假设个体 i 的父亲和母亲分别用 s 和 d 表示,j 不是个体 i 的直接后代,四个个体的标记和 QTL 如图 3-6 所示。设两标记间的重组率为 r,左侧标记和 QTL 的重组率为 r_1,QTL 和右侧标记的重组率为 r_2。

(i)个体 QTL 等位基因遗传自亲本的条件概率:

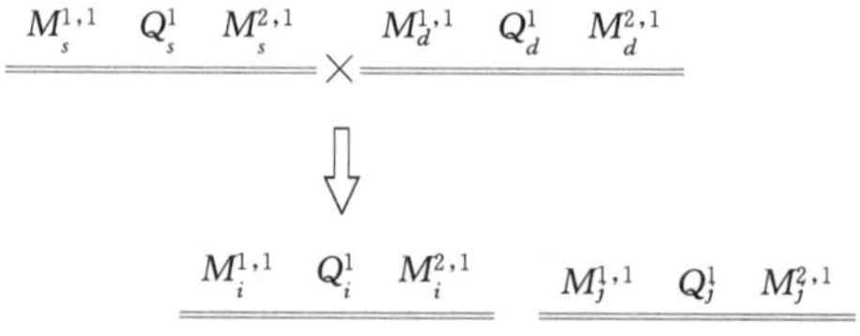

图 3-6　个体 i 与双亲 s,d 和个体 j 在 QTL 和 QTL 两侧标记的染色体片段

以图 3-6 为例,个体 i QTL 座位上的两个等位基因 Q_i^1 和 Q_i^2 遗传自亲本基因的条件概率可用矩阵 $\boldsymbol{B}_i$ 表示:

$$\boldsymbol{B}_i = \begin{bmatrix} P(Q_i^1 \Leftarrow Q_s^1 \mid M) & P(Q_i^1 \Leftarrow Q_s^2 \mid M) & P(Q_i^1 \Leftarrow Q_d^1 \mid M) & P(Q_i^1 \Leftarrow Q_d^2 \mid M) \\ P(Q_i^2 \Leftarrow Q_s^1 \mid M) & P(Q_i^2 \Leftarrow Q_s^2 \mid M) & P(Q_i^2 \Leftarrow Q_d^1 \mid M) & P(Q_i^2 \Leftarrow Q_d^2 \mid M) \end{bmatrix} \quad (3.2)$$

以个体 i 的第一条染色体 $M_i^{1,1} - Q_i^1 - M_i^{2,1}$ 来自于父亲为例说明 $\boldsymbol{B}_i$ 矩阵中元素的计算,见表3-12。

表 3-12　个体 i 从双亲 s,d 继承 QTL 等位基因的条件概率

父亲标记的杂合情况	父亲可能产生的单倍型	$P(Q_i^1 \Leftarrow Q_s^1 \mid M)$	$P(Q_i^1 \Leftarrow Q_s^2 \mid M)$
$M_s^{1,1} \neq M_s^{1,2}$ $M_s^{2,1} \neq M_s^{2,2}$	$M_s^{1,1} - M_s^{2,1}$	$(1-r_1) \cdot (1-r_2)/(1-r)$	$r_1 \cdot r_2/(1-r)$
	$M_s^{1,1} - M_s^{2,2}$	$(1-r_1) \cdot r_2/r$	$r_1 \cdot (1-r_2)/r$
	$M_s^{1,2} - M_s^{2,1}$	$r_1 \cdot (1-r_2)/r$	$(1-r_1) \cdot r_2/r$
	$M_s^{1,2} - M_s^{2,2}$	$r_1 \cdot r_2/(1-r)$	$(1-r_1) \cdot (1-r_2)/(1-r)$
$M_s^{1,1} \neq M_s^{1,2}$ $M_s^{2,1} = M_s^{2,2}$	$M_s^{1,1} - M_s^{2,1}$	$1-r_1$	r_1
	$M_s^{1,2} - M_s^{2,1}$	r_1	$1-r_1$
$M_s^{1,1} = M_s^{1,2}$ $M_s^{2,1} \neq M_s^{2,2}$	$M_s^{1,1} - M_s^{2,1}$	$1-r_2$	r_2
	$M_s^{1,1} - M_s^{2,2}$	r_2	$1-r_2$
$M_s^{1,1} = M_s^{1,2}$ $M_s^{2,1} = M_s^{2,2}$	$M_s^{1,1} - M_s^{2,1}$	0.5	0.5

同理可计算 $\boldsymbol{B}_i$ 矩阵中其他各元素。当无法确定个体的标记单倍型来自于父亲还是母亲时,认为来自父亲和母亲的概率各为 0.5。

(ii)个体间的 QTL 等位基因同源的概率:

个体 i 和 j 的配子同源的条件概率为:

$$P(Q_i^{ki} \equiv Q_j^{kj} \mid M) = P(Q_i^{ki} \Leftarrow Q_s^1, Q_s^1 \equiv Q_j^{kj} \mid M) + P(Q_i^{ki} \Leftarrow Q_s^2, Q_s^2 \equiv Q_j^{kj} \mid M) +$$
$$P(Q_i^{ki} \Leftarrow Q_d^1, Q_d^1 \equiv Q_j^{kj} \mid M) + P(Q_i^{ki} \Leftarrow Q_d^2, Q_d^2 \equiv Q_j^{kj} \mid M)$$

由于个体 j 不是 i 的直系后代,且所有个体基因型已知,Q_i^{ki} 来自于 s 或 d 的基因的概率独立于个体 j 的基因与 s 或 d 的基因同源的概率,所以上式可写为:

$$P(Q_i^{ki} \equiv Q_j^{kj} \mid M) =$$
$$P(Q_i^{ki} \Leftarrow Q_s^1 \mid M) \cdot P(Q_s^1 \equiv Q_j^{kj} \mid M) + P(Q_i^{ki} \Leftarrow Q_s^2 \mid M) \cdot P(Q_s^2 \equiv Q_j^{kj} \mid M) +$$
$$P(Q_i^{ki} \Leftarrow Q_d^1 \mid M) \cdot P(Q_d^1 \equiv Q_j^{kj} \mid M) + P(Q_i^{ki} \Leftarrow Q_d^2 \mid M) \cdot P(Q_d^2 \equiv Q_j^{kj} \mid M)$$

(iii)个体内配子间同源的概率:

设 $T_{ks,kd}$ 表示个体 i 的两个等位基因分别遗传自基因 Q_s^{ks} 和 Q_d^{kd},则个体 i 在 QTL 座位上的两个等位基因同源的条件概率 f_i 为:

$$f_i = P(Q_i^1 \equiv Q_i^2 \mid M)$$

$$= \sum_{ks=1}^{2} \sum_{kd=1}^{2} P(Q_i^1 \equiv Q_i^2 \mid T_{ks,kd}, M) P(T_{ks,kd} \mid M)$$

$$= \sum_{ks=1}^{2} \sum_{kd=1}^{2} P(Q_s^{ks} \equiv Q_d^{kd} \mid M) P(T_{ks,kd} \mid M) \tag{3.3}$$

其中，$P(T_{ks,kd} \mid M)$ 可根据矩阵 B_i（式 3.2）进行计算：

$$P(T_{ks,kd} \mid M) =$$

$$\frac{P(Q_i^1 \Leftarrow Q_s^{ks} \mid M) \cdot P(Q_i^2 \Leftarrow Q_d^{kd} \mid M)}{P(Q_i^1 \Leftarrow Q_s^1 \mid M) + P(Q_i^1 \Leftarrow Q_s^2 \mid M)} + \frac{P(Q_i^1 \Leftarrow Q_d^{kd} \mid M) \cdot P(Q_i^2 \Leftarrow Q_s^{ks} \mid M)}{P(Q_i^1 \Leftarrow Q_d^1 \mid M) + P(Q_i^1 \Leftarrow Q_d^2 \mid M)}$$

3. 基于 LA 分析策略构建 QTL 的 IBD 矩阵（G 矩阵）及其逆矩阵 G^{-1} 方法

在 LA 分析中，G 矩阵的构建方法主要依据标记 IBD 信息和系谱信息，详细步骤如下：将系谱中个体按照出生日期先后排序，并用自然数编号，保证个体不出现在双亲的前面。G 矩阵构建采用列表算法（tabular algorithm）。个体 i 的两个基因在矩阵 G 中对应的行或列用 δ_i^1，δ_i^2 表示，$\delta_i^1 = 2(i-1)+1$ 和 $\delta_i^2 = 2(i-1)+2$。根据系谱中个体的排列顺序，每读入一个个体的记录，计算该个体的两个基因在 G 矩阵中对应两行的元素。

对任意基础群个体 i 和 i'，配子间相互独立，有：

$$P(Q_i^k \equiv Q_i^k \mid M) = 1$$
$$P(Q_i^k \equiv Q_{i'}^{k'} \mid M) = 0, \text{其中 } i \neq i' \text{ 或 } k \neq k' \tag{3.4}$$

因此，所有基础群个体的配子构成的 G 矩阵左上角的子矩阵为一个单位阵，该子矩阵的阶数为基础群个体数的 2 倍。

如用 G_{i-1} 表示读入第 $i-1$ 个个体时，得到的位于 G 矩阵左上角的子矩阵，当读入第 i 个个体时，可对 G_{i-1} 扩展得到 G_i：

$$G_i = \begin{bmatrix} G_{i-1} & G_{i-1} q_i \\ q_i' G_{i-1} & C_i \end{bmatrix} \tag{3.5}$$

其中，$C_i = \begin{bmatrix} 1 & f_i \\ f_i & 1 \end{bmatrix}$

f_i 定义见式（3.3）

$$q_i' = \begin{bmatrix} 0 & \cdots & 0 & B_i(1,1) & B_i(1,2) & 0 & \cdots & 0 & B_i(1,3) & B_i(1,4) & 0 & \cdots & 0 \\ 0 & \cdots & 0 & B_i(2,1) & B_i(2,2) & 0 & \cdots & 0 & B_i(2,3) & B_i(2,4) & 0 & \cdots & 0 \end{bmatrix} \tag{3.6}$$

q_i' 是一个 $2 \times 2(i-1)$ 的矩阵，最多有 8 个非零元素（即式 3.2 中 B_i 的 8 个元素），分别位于 q_i' 中的第 $\delta_s^1, \delta_s^2, \delta_d^1, \delta_d^2$ 列。

对于 n 个个体，扩展后可得到一个 $2n \times 2n$ 的对称的 G 矩阵。

由于在混合模型构建包含 G^{-1} 部分，为了计算简便，可以直接进行 G^{-1} 构建：

G_i 的逆矩阵 G_i^{-1} 可以分解为：

$$G_i^{-1} = \begin{bmatrix} G_{i-1}^{-1} & 0 \\ 0 & 0 \end{bmatrix} + \begin{bmatrix} q_i D_i^{-1} q_i' & -q_i D_i^{-1} \\ -D_i^{-1} q_i' & D_i^{-1} \end{bmatrix} \tag{3.7}$$

式中：G_{i-1}^{-1} 为 G_{i-1} 的逆矩阵，q_i' 为式(3.6)中定义的矩阵，q_i 为 q_i' 的转置矩阵。

D_i^{-1} 是 D_i 的逆矩阵，$D_i = C_i - B_i C_{s,d} B_i'$，其中 B_i 和 C_i 分别为式3.2 和式3.5 定义的矩阵，$C_{s,d}$ 是个体 i 的父母 s,d 的 4 个基因构成的 4×4 配子同源矩阵，如以 s1,s2,d1,d2 分别表示个体 s,d 的两个配子在 G 矩阵中对应的位置，则：

$$C_{s,d} = \begin{bmatrix} g_{s1,s1} & g_{s1,s2} & g_{s1,d1} & g_{s1,d2} \\ g_{s2,s1} & g_{s2,s2} & g_{s2,d1} & g_{s2,d2} \\ g_{d1,s1} & g_{d1,s2} & g_{d1,d1} & g_{d1,d2} \\ g_{d2,s1} & g_{d2,s2} & g_{d2,d1} & g_{d2,d2} \end{bmatrix}$$

个体 i 对 G_{i-1}^{-1} 的贡献可用式(3.7)右手项的第二部分表示，该部分中最多有 36 个非零元素，为方便起见，可将这 36 个元素用一个 6×6 的矩阵 W_i 表示：

$$W_i = \begin{bmatrix} B_i' D_i^{-1} B_i & -B_i' D_i^{-1} \\ -D_i^{-1} B_i & D_i^{-1} \end{bmatrix} = \begin{bmatrix} -B_i' \\ I_2 \end{bmatrix} D_i^{-1} \begin{bmatrix} -B_i & I_2 \end{bmatrix}$$

其中，I_2 为一个 2×2 的单位矩阵，其他各符号定义同上。

W_i 矩阵中各元素在 G^{-1} 中对应的位置，以 $\prod_i$ 中元素表示：

$$\prod_i = \begin{bmatrix} (\delta_s^1, \delta_s^1) & (\delta_s^1, \delta_s^2) & (\delta_s^1, \delta_d^1) & (\delta_s^1, \delta_d^2) & (\delta_s^1, \delta_i^1) & (\delta_s^1, \delta_i^2) \\ (\delta_s^2, \delta_s^1) & (\delta_s^2, \delta_s^2) & (\delta_s^2, \delta_d^1) & (\delta_s^2, \delta_d^2) & (\delta_s^2, \delta_i^1) & (\delta_s^2, \delta_i^2) \\ (\delta_d^1, \delta_s^1) & (\delta_d^1, \delta_s^2) & (\delta_d^1, \delta_d^1) & (\delta_d^1, \delta_d^2) & (\delta_d^1, \delta_i^1) & (\delta_d^1, \delta_i^2) \\ (\delta_d^2, \delta_s^1) & (\delta_d^2, \delta_s^2) & (\delta_d^2, \delta_d^1) & (\delta_d^2, \delta_d^2) & (\delta_d^2, \delta_i^1) & (\delta_d^2, \delta_i^2) \\ (\delta_i^1, \delta_s^1) & (\delta_i^1, \delta_s^2) & (\delta_i^1, \delta_d^1) & (\delta_i^1, \delta_d^2) & (\delta_i^1, \delta_i^1) & (\delta_i^1, \delta_i^2) \\ (\delta_i^2, \delta_s^1) & (\delta_i^2, \delta_s^2) & (\delta_i^2, \delta_d^1) & (\delta_i^2, \delta_d^2) & (\delta_i^2, \delta_i^1) & (\delta_i^2, \delta_i^2) \end{bmatrix}$$

基础群个体的 W 矩阵中，除元素 $W(5,5)$ 和 $W(6,6)$ 的值为 1 外，其余元素值为 0。对每个个体均可得到一个 W 矩阵，将所有个体的 W 矩阵按上述对应位置累加入 G^{-1} 矩阵即可得到配子相关矩阵的逆矩阵。

4. 基于 LA/LD 分析策略构建 QTL 的 IBD 矩阵（G 矩阵）及其逆矩阵 G^{-1} 方法

连锁分析中，由于缺乏系谱记录之前群体发展历史信息，因此，通常假设基础群个体间无亲缘关系，各配子间的同源概率为 0（见公式 3.4）。Meuwissen 和 Goddard(2000)；Meuwissen 和 Goddard(2001)介绍了通过推测或估计群体发展历史来计算基础群配子间的 IBD 概率的方法。本研究采用 Meuwissen 和 Goddard(2001)的方法估计基础群中配子间的 IBD 概率。

在具有标记信息的第一个世代，两个单倍型在 QTL 上同源的概率为：

$$P(QTL = IBD \mid M) = P(QTL = IBD \mid S)$$
$$= \frac{P(S \mid QTL = IBD)}{P(S \mid QTL = IBD) + P(S \mid QTL = nonIBD)}$$

其中，S 用于表示标记基因是否同态（$S=1$ 表示基因同态，$S=0$ 表示基因不同态）；$QTL=IBD$ 和 $QTL=nonIBD$ 分别表示两个配子的 QTL 的基因同源和不同源；$P(QTL=IBD\mid M)$ 和 $P(QTL=IBD\mid S)$ 表示 QTL 基因同源的条件概率；$P(S\mid QTL=IBD)$ 表示 QTL 基因同源时，标记同态的概率；$P(S\mid QTL=nonIBD)$ 表示 QTL 基因不同源时，标记同态的概率

$$P(S\mid QTL=IBD)=\sum_{\phi\mid\phi(3)=1}P(S\mid\phi)\times P(\phi)$$

$$P(S\mid QTL=nonIBD)=\sum_{\phi\mid\phi(3)=0}P(S\mid\phi)\times P(\phi)$$

ϕ 用于表示两个单倍型在标记和 QTL 座位上及座位间片段的同源状态，由 n 个字符构成，n 为该染色体片段上座位数（标记和 QTL）和座位间的片段数之和。

$P(\phi)$ 为染色体同源状态出现的概率；$P(S\mid\phi)$ 为同源状态下，标记同态的概率；$P(\phi)$ 和 $P(S\mid\phi)$ 的计算如下所述：

假设两个单倍型可追溯到 t 个世代前某个共同祖先，且世代间不重叠，群体有效大小为 N_e。那么对于一个长度为 c 的片段，其同源的概率为：

$$\frac{1}{2N_e}\left(1-\frac{1}{2N_e}\right)^{t-1}(\exp[-c]^{2t})\approx\frac{1}{2N_e}\exp\left[-\frac{t-1}{2N_e}-2ct\right]$$

由于所谓的共同祖先可能存在于 $1\sim t$ 世代间的任一世代，例如，$t=1,2,\cdots,T$。其中，T 指在 T 个世代前，群体内个体间相互独立。因此，长度为 c 片段的 IBD 概率为：

$$f(c)=\frac{1}{2N_e}\exp[-2c]\sum_{t=1}^{T}\exp\left[-(t-1)\left(\frac{1}{2N_e}+2c\right)\right]$$

$$=\frac{\exp[-2c]}{2N_e}\times\frac{1-\exp\left[-T\left(2c+\frac{1}{2N_e}\right)\right]}{1-\exp\left[-\left(2c+\frac{1}{2N_e}\right)\right]}$$

(i)当 c 为零时，即只有一个点同源，则 $f(0)\approx1-\exp(-T/(2N_e))$。

(ii)存在一个长度为 c 的同源片段，在该片段的一侧的长度为 c_1 的区间上发生重组时，其发生概率表示为 $f_r(c,c_1)$，则：

$$f(c)=P(c)=P(c\&c_1)+P(c\&c_1)$$

$$=f_r(c,c_1)+f(c+c_1)$$

其中，$\&$ 表示片段相邻；c 表示长度为 c 的片段同源；字母大小写用于区分相同长度的片段发生重组事件和片段同源两种事件，例如，C_1 表示在长度为 c_1 的片段上发生了重组，c_1 表示长度为 c_1 的片段同源；P 表示事件发生的概率；f_r 表示在同源片段的一侧发生了重组的概率。有：

$$f_r(c,c_1)=f(c)-f(c+c_1)$$

(iii)当在长度为 c 的同源片段两侧（两侧的片段长度分别为 c_1,c_2）发生重组时，其概率为

$$f_{dr}(c,c_1,c_2)=f_r(c,c_1)-f_r(c+c_2,c_1)$$

下面举例说明两个标记情况下,基础群中两单倍型在 QTL 上同源概率的计算方法:

为便于表述和理解,在此针对两个座位(一个标记座位和一个 QTL)的情况对一些字符加以说明。假设有两个单倍型 $M_1 - Q_1$ 和 $M_2 - Q_2$,则需要定义一个具有三个字符构成的 ϕ,三个字符分别以 $\phi(1)$、$\phi(2)$ 和 $\phi(3)$ 表示。$\phi(1)$ 和 $\phi(3)$ 的值为 1 或 0,分别表示两个座位上,配子间为同源或非同源两种状态;$\phi(2) =$ "_"表示两个座位之间的染色体片段由于来自于同一祖先而具有同源的性质,$\phi(2) =$ "×"表示两个座位之间的染色体片段上发生过重组事件,如果两个座位为 IBD 片段,那么,说明两个座位可能是来自于不同的祖先。例如"1×0"中,1 表示 M_1 和 M_2 同源,0 表示 Q_1 和 Q_2 不同源,"×"表示标记和 QTL 之间发生了重组;"1_1"则表示该染色体片段为同源片段。有以下几种情况需要注意:

(a)"1_1"和"1×1":"1_1"说明该染色体片段作为一个整体遗传自某一共同的祖先;"1×1"则表示,两个座位之间曾经发生过重组,但两个座位却是同源,说明前一座位和后一座位分别来自不同的祖先。二者的概率不同。

(b)如果 $\phi(1)$ 或 $\phi(3)$ 等于 0,$\phi(2)$ 必为"×"。

(c)对于非 IBD 标记等位基因,基因同态的概率等于基础群中纯合子的概率。

模拟中考虑了两个侧翼标记的情况,假设 QTL 位于两个标记的中点,QTL 距左右两侧标记的距离分别为 c_1 和 c_2 Morgan,两个标记间的距离为 c Morgan。有 A,B 两个单倍型分别以 $M_1^1 - Q_1 - M_1^2$ 和 $M_2^1 - Q_2 - M_2^2$ 表示。群体中两标记的纯合率均为 p,则两单倍型 QTL 同源的概率计算如(Ⅰ)(Ⅱ)(Ⅲ)(Ⅳ)。

(Ⅰ)当 $M_1^1 = M_2^1$,$M_1^2 = M_2^2$ 时:

IBD-status(ϕ)	$P(\phi)$	A is IBD: $P(S\|\phi)$	A is nonIBD $P(S\|\phi)$
1_1_1	$f(c)$	1	—
1_1×!! 1	$f_r(c_1, c_2) * f(0)$	1	—
1_1×!! 0	$f_r(c_1, c_2) * (1 - f(0))$	p	—
1×1_1	$f_r(c_2, c_1) * f(0)$	1	—
1×1×1	$f_{dr}(0, c_1, c_2) * f(0) \wedge 2$	1	—
1×1×0	$f_{dr}(0, c_1, c_2) * f(0) * (1 - f(0))$	p	—
1×0×1	$(1 - f(0)) * f_r(0, c_1) * f_r(0, c_2)$	—	1
1×0×0	$(1 - f(0)) * f_r(0, c_1) * (1 - f_r(0, c_2))$	—	p
0×1_1	$f_r(c_2, c_1) * (1 - f(0))$	p	—
0×1×1	$f_{dr}(0, c_1, c_2) * f(0) * (1 - f(0))$	p	—
0×1×0	$f_{dr}(0, c_1, c_2) * (1 - f(0)) \wedge 2$	p^2	—
0×0×1	$(1 - f(0)) * (1 - f_r(0, c_1)) * f_r(0, c_2)$	—	p
0×0×0	$(1 - f(0)) * (1 - f_r(0, c_1)) * (1 - f_r(0, c_2))$	—	p^2
$\sum P(\phi) \times P(S\|\phi)$		$P(S\|QTL = IBD)$	$P(S\|QTL = nonIBD)$

（Ⅱ）当 $M_1^1 \neq M_2^1, M_1^2 = M_2^2$ 时

IBD-status(ϕ)	$P(\phi)$	A is IBD: $P(S\mid\phi)$	A is nonIBD $P(S\mid\phi)$
$0 \times 1\_1$	$f_r(c_2, c_1) * (1 - f(0))$	p	—
$0 \times 1 \times 1$	$f_{dr}(0, c_1, c_2) * f(0) * (1 - f(0))$	p	—
$0 \times 1 \times 0$	$f_{dr}(0, c_1, c_2) * (1 - f(0)) \wedge 2$	p^2	—
$0 \times 0 \times 1$	$(1 - f(0)) * f_r(0, c_2) * (1 - f_r(0, c_1))$	—	p
$0 \times 0 \times 0$	$(1 - f(0)) * (1 - f_r(0, c_1)) * (1 - f_r(0, c_2))$	—	p^2
$\sum P(\phi) \times P(S\mid\phi)$		$P(S\mid QTL = IBD)$	$P(S\mid QTL = nonIBD)$

（Ⅲ）当 $M_1^1 \neq M_2^1, M_1^2 = M_2^2$ 时，类似于(ii)

（Ⅳ）当 $M_1^1 \neq M_2^1, M_1^2 \neq M_2^2$ 时

IBD-status(ϕ) M_1 qt1 M_2	$P(\phi)$	A is IBD: $P(S\mid\phi)$	A is nonIBD $P(S\mid\phi)$
$0 \times 1 \times 0$	$f_{dr}(0, c_1, c_2) * (1 - f(0)) \wedge 2$	p^2	—
$0 \times 0 \times 0$	$(1 - f(0)) * (1 - f_r(0, c_1)) * (1 - f_r(0, c_2))$	—	p^2
$\sum P(\phi) \times P(S\mid\phi)$		$P(S\mid QTL = IBD)$	$P(S\mid QTL = nonIBD)$

通过上述方法可得到基础群内配子间同源概率。对非基础群个体的配子，则根据 Wang 等(1995)的方法构建相应的配子相关矩阵及其逆矩阵。

3.2.2 基于模拟试验进行 LA 和 LA/LD 分析的比较研究

基于上述，LA 和 LA/LD 分析均基于方差组分的统计模型，通过构建似然比统计量进行 QTL 检测。两种分析策略的主要差别在于 G 和 G^{-1} 阵的构建方法不同。为了比较这两种定位策略的优劣，验证 LA/LD 精细定位方法的性能。刘会英(2003)进一步进行了模拟验证。验证结果详述如下：

1. 试验设计和模拟方案

为了研究结果的可比性，对于 LA 和 LA/LD 分析方法，本节均采用相同的试验设计、性状模型、标记和 QTL 基因型方法，模拟方案与上节 3.1.3.1 相同。在模拟过程，基础群由 10 头公畜和 100 头母畜构成，公母畜交配比例 1：10，每头母畜产生 6 个后代，后代性别比例为 1：1。研究模拟了 20 个世代的群体发展过程，并利用最后三个世代，即 18,19,20 世代的资料进行分析，分析中假定第 18 世代个体的亲本未知。

假设表型方差 σ_p^2 为 1.0，性状遗传力（h^2），即总遗传方差与表型方差的比值为 0.3。QTL 效应则以 QTL 方差与总遗传方差（$\sigma_G^2 = \sigma_q^2 + \sigma_u^2$）的比值表示，考虑 0%、10%、20% 和 30% 几种水平。根据 σ_p^2，h^2 和 QTL 效应可计算出遗传方差、随机残差方差、多基因效应方差和 QTL 效应方差，进而确定 QTL 三种基因型的基因型值。

2. 精细定位策略

为了实现 QTL 精细定位，研究采用分步定位方案：①在长度为 50 cM 的染色体片段上，

选用标记间距为 5 cM 的共 11 个标记(图 3 - 7A 中所示标记),进行初步检测;②如果①定位准确,那么在相应的区间(标记 4 和标记 39 间的片段共 15 cM)上选用密度为 1 cM 的标记(图 3 - 7B 所示标记),进行二次定位;③在②定位准确的情况下,在长度为 5 cM 的片段上(标记 9~34 之间的片段)选用标记间距为 0.2 cM 的标记(图 3 - 7C 所示标记)进行第三次定位。图 3 - 7 为研究模拟的长度为 50 cM 的染色体片段上的标记分布图。图中序号(1~43)标识了标记在染色体片段上的排列顺序,QTL 位于染色体片段第 22.5 cM 处。

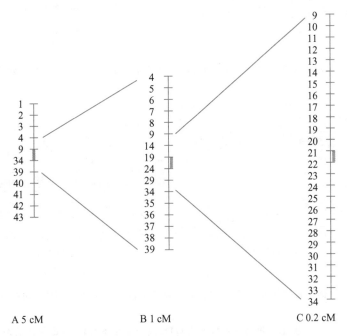

图 3 - 7　长度为 50 cM 的染色体片段上的标记分布

加粗区间为 QTL 所在位置。

3. 不同参数设计下 LA 和 LA/LD 定位结果的比较

基于最大似然分析,研究了标记密度、QTL 效应,群体发展世代数估计对 LA/LD 定位的影响,并对 LA/LD 和 LA 进行了比较。结果分别汇总于图 3 - 8 至图 3 - 10 和表 3 - 13 至表 3 - 15。

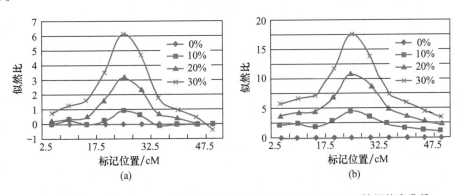

图 3 - 8　标记密度为 5 cM,不同 QTL 效应下,LA(a)和 LA/LD(b)的似然率曲线

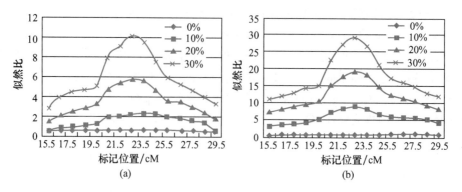

图 3-9　标记密度为 1 cM,不同 QTL 效应下,LA(a)和 LA/LD(b)的似然率曲线

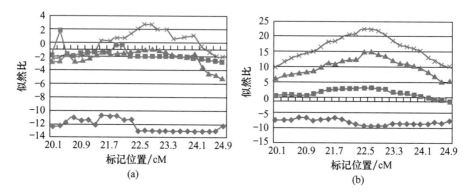

图 3-10　标记密度为 0.2 cM,不同 QTL 效应下,LA(a)和 LA/LD(b)的似然率曲线

表 3-13　标记密度为 5 cM,不同 QTL 效应水平下 QTL 位置估计准确性

	LR 曲线峰值区间偏离 QTL 所在区间的区间数						重复次数
	0	1	2	3	4	5	
QTL 效应为 0%							
LA	0	4	0	3	8	5	20
LA/LD	1	3	3	2	8	3	20
QTL 效应为 10%							
LA	5	5	1	3	5	1	20
LA/LD	7	6	2	2	3	0	20
QTL 效应为 20%							
LA	9	4	2	2	2	1	20
LA/LD	10	7	2	0	1	0	20
QTL 效应为 30%							
LA	10	6	1	1	1	1	20
LA/LD	12	6	1	0	1	0	20

表 3-14　标记密度为 1 cM,不同 QTL 效应水平下 QTL 位置估计准确性

	LR 曲线峰值区间偏离 QTL 所在区间的区间数						重复次数
	0	1	2	3	4	5* —	
QTL 效应为 0%							
LA	0	1	1	0	1	1	4
LA/LD	1	1	0	0	1	1	4
QTL 效应为 10%							
LA	0	1	5	2	1	1	10
LA/LD	5	5	1	0	1	1	13
QTL 效应为 20%							
LA	4	1	4	3	1	0	13
LA/LD	9	4	1	1	2	0	17
QTL 效应为 30%							
LA	7	3	5	0	0	0	16
LA/LD	11	6	1	0	0	0	18

注:5*—表示偏离 5 个区间以上(包括 5 个区间)的次数。

表 3-15　标记密度为 0.2 cM,不同 QTL 效应水平下 QTL 位置估计准确性

	LR 曲线峰值区间偏离 QTL 所在区间的区间数						重复次数
	0	1	2	3	4	5* —	
QTL 效应为 0%							
LA	0	0	0	1	0	0	1
LA/LD	0	0	0	0	1	1	2
QTL 效应为 10%							
LA	0	0	0	0	0	1	1
LA/LD	2	2	2	1	0	3	10
QTL 效应为 20%							
LA	0	0	2	1	0	2	5
LA/LD	3	4	4	1	0	1	13
QTL 效应为 30%							
LA	0	4	2	2	0	2	10
LA/LD	5	4	4	3	0	1	17

注:5*—表示偏离 5 个区间以上(包括 5 个区间)的次数。

　　图 3-8 至图 3-10 分别为标记密度为 5 cM、1 cM 和 0.2 cM 时,不同 QTL 效应(无 QTL 和 QTL 效应为 10%、20% 和 30%)的似然率曲线(以下简称 LR 曲线)。每个点的似然率是多

次重复的平均值。每个图中的两个子图(图中用 a 和 b 表示)分别为 LA 和 LA/LD 的 LR 曲线。

如果用 QTL 定位区间偏离 QTL 实际所在区间的区间数来表示定位的准确性(分别用定位在 0,1,2,… 区间来表示将 QTL 定位在正确区间,相邻区间,相邻两个区间,依次类推),表 3-12 至表 3-14 分别给出了标记密度为 5 cM、1 cM 和 0.2 cM 时,不同 QTL 效应和定位方法(LA 和 LA/LD)下定位准确性的统计结果。表中数据为多次重复中,不同偏离区间数下出现的次数。由于采用分步定位,所以,不同参数下重复模拟次数不同。标记密度为 5 cM 时的重复次数为 20 次,标记密度为 1 cM 和 0.2 cM 的重复次数分别取决于标记密度为 5 cM 和 1 cM 定位中,QTL 定位在 0 和 1 区间的次数。

(1)QTL 效应对 LA/LD 的影响

研究考虑了无 QTL 和单 QTL 两种模型。单 QTL 模型中,探讨了不同 QTL 效应(QTL 基因型效应方差占遗传方差的 10%、20% 和 30%)对定位的影响。

从图 3-8b、图 3-9b 和图 3-10b 中曲线的变化情况来看,无 QTL 模型(即 QTL 效应为 0 时)的 LR 曲线变化平缓,基本上为直线,除了在标记密度为 0.2 cM 时 LR 小于零外,在密度为 5 cM 和 1 cM 时,LR 接近 0。单 QTL 模型下,LR 曲线的形状类似正态分布,基本上对称,除了在标记密度为 0.2 cM、QTL 效应为 10% 和 20% 时,曲线在 QTL 区间或相邻区间出现峰值。QTL 效应为 10% 时,曲线变化相对平缓,随着 QTL 效应的增大,曲线的陡峭度增加,各点的 LR 值也随之增加,曲线间的差别在峰值处达到最大。

与单 QTL 模型相比,无 QTL 模型时将 QTL 定位在 0 区间和 1 区间的次数相对较少,而在标记密度为 5 cM 时,定位在 3 区间之后的次数较多。单 QTL 模型时,定位在 0 区间的次数随着 QTL 效应的增加而增加,但 QTL 效应对定位在 1 区间的次数影响较小。从定位在 0 和 1 区间的总的次数来看,该次数随着 QTL 效应的增大而增大,但受标记密度的影响,当标记密度为 5 cM 时,QTL 效应为 20% 和 QTL 效应为 30% 的次数基本没有差别,标记密度为 0.2 cM 时,QTL 效应为 20% 和 30% 时出现的次数分别为 7 次和 9 次,但由于总的重复次数不同(13 次和 17 次),所以总的来看,基本上没有大的差别。详细统计结果见表 3-16。

表 3-16 **LA/LD 分析中,将 QTL 定位在 0 和 1 区间的次数**

	QTL 效应			
	0%	10%	20%	30%
5 cM	4/20	13/20	17/20	18/20
1 cM	2/4	10/13	13/17	17/18
0.2 cM	0/2	4/10	7/13	9/17

注:n/m 表示 m 次重复中,将 QTL 定位在 QTL 所在区间或相邻区间的次数有 n 次。

似然率近似服从卡方分布,自由度介于 1 和 2 之间。当 QTL 定位在 0 区间或 1 区间时,对似然率曲线峰值处的似然率值进行了卡方检验($p=0.05$,自由度为 1 和 2)。表 3-16 列出了卡方检验显著的次数。

表 3-17 LA/LD 分析中,能够检测并准确定位的次数

标记密度/cM	QTL 效应			
	0%	10%	20%	30%
5	(0,0)/4	(9,8)/13	(17,16)/17	(18,17)/18
1	(0,0)/2	(10,9)/10	(13,13)/13	(17,17)/17
0.2	(0,0)/0	(2,2)/4	(6,5)/7	(9,9)/9

注:$(a,b)/c$ 表示:多次重复中,将 QTL 定位在 QTL 所在区间或相邻区间的次数有 c 次,其中,有 a 次达到自由度为 1, p 为 0.05 的显著水平,有 b 次达到自由度为 2,p 为 0.05 的显著水平。

表 3-17 数据显示,当 QTL 效应由 10% 增加到 20% 时,QTL 检测力增加。当 QTL 效应为 20% 和 30% 时,二者检测力都较高,但差别不大。QTL 效应为 10% 时,检测力受标记密度的影响较大,在标记密度为 1 cM 时检测力较好,而在标记密度为 5 cM 时检测力相对较小,由于标记密度为 0.2 cM 时总的次数只有 4 次,所以检验显著的次数也较少,只有 2 次。当 QTL 效应在 20% 以上时,QTL 效应对检测力基本没有什么影响。

总的来讲,增大 QTL 效应(从 10% 增加到 20%),可增强 LA/LD 定位的准确性和检测力,而当效应由 20% 增加到 30% 时,由于二者定位准确性和检测力都较高,所以没有明显的差别。

(2)标记密度对 LA/LD 定位的影响

模拟中,在 QTL 周围分布了不同密度的标记,间距分别为 5 cM、1 cM 和 0.2 cM,标记分布图见图 3-1。定位分析时,选取间距为 5 cM、1 cM、0.2 cM 的标记分别进行定位。

从似然率曲线变化趋势来看,标记密度越高,曲线变化越平缓,特别是在标记密度为 0.2 cM 时。标记密度由 5 cM 增加到 1 cM 时,曲线各点的似然率值均增大,特别是在曲线峰值处,似然率值显著增大。标记密度由 1 cM 增加到 0.2 cM 时,似然率值并没有像预想的那样进一步增大,反而低于 1 cM 时的 LR 值,但在峰值处要大于标记密度为 5 cM 时的似然率值。QTL 效应为 10% 时,标记密度为 0.5 cM 与 0.2 cM 的似然率值相差不大。

从表 3-16 数据来看,标记密度由 5 cM 增加到 1 cM 时,各 QTL 效应水平下,将 QTL 定位在 0 和 1 区间的总次数虽然变少,但由于标记密度为 1 cM 时的重复次数少于 5 cM 时的重复次数,所以总的来看,二者的定位准确性基本相近。当标记密度增加到 0.2 cM 时,将 QTL 定位在 0 和 1 区间的次数明显减少,而且有较多次将 QTL 定位在了第 2 和第 3 区间上(表 3-4),但定位在 0 和 1 区间的次数相对较大一些。

在 QTL 效应为 20% 和 30% 时,标记密度对检测力的影响不大,因为当 LR 曲线峰值出现在 0 和 1 区间时,基本上都能达到显著水平(表 3-17)。QTL 效应为 10% 时,标记密度为 1 cM 时,检测力较强,而在标记密度为 5 cM 和 0.2 cM 时的检测力相对较差一些。

值得注意的是,虽然随着标记密度的增加,将 QTL 定位在 0 和 1 区间的次数下降,特别是标记密度为 0.2 cM 时。但由于标记密度不同,对应的片段长度也有很大的差别。表 3-18 列出了标记密度为 5 cM 和 1 cM 时,将 QTL 定位在以 QTL 为中心的长度为 5 cM 片段上的次数,以及标记密度为 1 cM 和 0.2 cM 时,将 QTL 定位在以 QTL 为中心的长度为 1 cM 片段上的次数。

表 3-18　LA/LD 分析中,将 QTL 定位在某一长度的片段上的次数

标记密度/cM	QTL 效应			
	0%	10%	20%	30%
将 QTL 定位在以 QTL 为中心的长度为 5 cM 的片段上的次数				
5	1/20	7/20	10/20	12/20
1	2/4	11/13	14/17	18/18
将 QTL 定位在以 QTL 为中心的长度为 1 cM 的片段上的次数				
1	1/4	5/13	9/17	11/18
0.2	0/2	6/10	11/13	13/17

注:n/m 表示:m 次重复中,LR 曲线峰值有 n 次出现在以 QTL 为中心的某一长度的片段上的次数。

表 3-18 数据显示,如果以将 QTL 定位在以 QTL 为中心的长度为 5 cM 的片段上的次数来看,标记密度为 1 cM 时的重复次数虽然少于标记密度为 5 cM 时的重复次数,定位准确的次数却明显高于标记密度为 5 cM 的准确性。同样,从将 QTL 定位在以 QTL 为中心的长度为 1 cM 的片段上的次数来看,标记密度为 0.2 cM 时的定位准确性要好于标记密度为 1 cM 时的定位准确性。总的来讲,增加标记密度可以增加定位的准确性,但是,由于标记密度较高时,相邻区间间的似然率相差较小(LR 曲线变化平缓),因此要将 QTL 定位于 QTL 所在区间,而不是相邻区间具有一定的难度。

(3)群体发展历史(T)估计准确性对 LA/LD 分析定位的影响

由于利用了群体发展历史造成的连锁不平衡信息,LA/LD 分析提高了对 QTL 的检测力和定位的准确性。实际资料分析中,由于对群体发展历史所知甚少,而只能根据物种特点和育种方案对群体发展的相关参数进行估计,但相关参数估计值的准确性可能会影响 LA/LD 定位的结果。模拟研究仅对群体发展世代数(T)这一参数进行了考虑。数据模拟了 QTL 突变后,群体 20 个世代的延续过程,并采用当前三个世代(18,19,20)的资料进行定位分析,所以 T 值为 18。本文考虑了 QTL 效应为 30% 时,三种标记密度下,对基因突变后群体发展的世代数(T)的估计对 LA/LD 分析的影响,T 分别采用了 10、18 和 30 三个估计值,三个估计值下得到的似然率曲线如图 3-11 至图 3-13 所示。

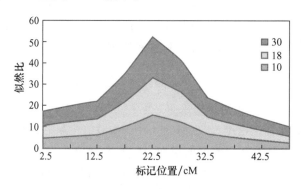

图 3-11　QTL 效应为 30%,标记密度为 5 cM,
不同 T 估计值下 LA/LD 的 LR 曲线

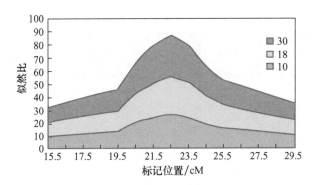

图 3 - 12　QTL 效应为 30％,标记密度为 1 cM,
不同 T 估计值下 LA/LD 的 LR 曲线

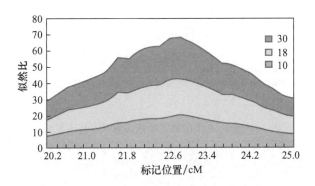

图 3 - 13　QTL 效应为 30％,标记密度为 0.2 cM,
不同 T 估计值下 LA/LD 的 LR 曲线

图 3 - 11 至图 3 - 13 用堆积面积分布图表示了 QTL 效应为 30％时,三种标记密度下(分别为 5 cM、1 cM 和 0.2 cM),不同的 T 估计值(分别为 10、18、30)得到的 LR 曲线,图中不同阴影部分分别代表不同 T 估计值得到的 LR,其中 18 是 T 的真实值。从不同 T 估计值得到的似然率来看,随着 T 估计值的增大(T 由 10,18 到 30),LA/LD 在各点的似然率也随之增大,但差别不大(比较三个阴影部分的高度)。

从定位准确性来看,即将 QTL 定位在各区间的次数(表 3 - 19),三种 T 估计值下,QTL 定位区间偏离 QTL 所在区间的次数具有相同的变化规律。标记密度为 5 cM 时,均为 18 次,标记密度为 1 cM 时,低估和高估 T 值的准确性比真实 T 值时少 1 次和 2 次,而且在这两种标记密度水平下,分布于 0 和 1 区间的次数在不同的 T 值间相对稳定。但在标记密度为 0.2 cM,T 值为 10 时,在 1 区间上出现的次数相对较大(7 次),但出现在 0 和 1 区间的总次数与其他两种 T 值相近。因此,三种 T 估计值下,定位的准确性基本相同。

从 LR 曲线变化趋势来看(图 3 - 8 至图 3 - 10),QTL 效应和标记密度对连锁分析的影响规律与 LA/LD 相同。相同参数条件下,LA/LD 分析的似然率都明显大于 LA。

(4)定位准确性的比较

LA/LD 和 LA 定位的准确性可通过 QTL 定位区间偏离 QTL 所在区间的区间数进行比较(表 3 - 19 和表 3 - 20)。

表 3-19 QTL 效应为 30％时，T 值估计准确性对 LA/LD 定位准确性的影响

| 标记密度/cM | T | LR 曲线峰值区间偏离 QTL 的区间数 | | | | | | 0＋1 | 重复次数 |
		0	1	2	3	4	5(或 5－) *		
5	10	12	6	1	0	1	0	18	20
	18	12	6	1	0	1	0	18	20
	30	12	6	1	0	1	0	18	20
1	10	10	6	2	0	0	0	16	18
	18	11	6	1	0	0	0	17	18
	30	10	5	3	0	0	0	15	18
0.2	10	3	7	3	3	0	0	10	16
	18	5	4	4	3	0	1	9	17
	30	4	4	4	3	0	0	8	15

注：* 当标记密度为 5 cM，偏离区间最多为 5；标记密度为 1 或 0.2 cM 时，该列数值表示偏离 5 个以上区间(包括 5 个区间)的次数。

表 3-20 LA 分析中，LR 曲线峰值出现在 0 和 1 区间的次数

| 标记密度/cM | QTL 效应 | | | |
	0％	10％	20％	30％
5	4/20	10/20	13/20	16/20
1	1/4	1/10	5/13	10/16
0.2	0/1	0/1	0/5	4/10

注：n/m 表示 m 次重复中，LR 曲线峰值出现在 QTL 所在区间或相邻区间的次数有 n 次标记密度为 5 cM 时，LA/LD 定位正确的次数大于(将 QTL 定位在 0 区间)LA，定位在相邻区间上的次数也大于或等于(在 QTL 效应为 30％时)LA。从 QTL 定位在 0 和 1 区间的总的次数来看，20 次重复中，LA/LD 要比 LA 高出 2～4 次。因此可以说，标记密度为 5 cM 的情况下，LA/LD 与 LA 具有相近的定位准确性。

标记密度为 1 cM 时，虽然 LA/LD 和 LA 重复次数不同，但仍然可以看出，LA/LD 将 QTL 定位在 0 和 1 区间上的次数高于 LA，而在 2 和 3 区间上，LA 却要高于 LA/LD。从定位在 0 和 1 区间的总的次数来看，LA/LD 定位的准确性要明显高于 LA，但 QTL 效应的增大会降低这种差别。标记密度为 0.2 时，LA 的重复次数很少，只在 QTL 效应为 20％和 30％时，重复次数较大，分别为 5 次和 10 次，但只在 QTL 效应为 30％时，有 4 次定位在了 1 区间上。相较而言，LA/LD 的重复较多，因此定位在 0 和 1 区间上的次数也相对较多。

从以上分析可以看出，LA/LD 的定位准确性要高于 LA，但在标记密度较低时(例如密度为 5 cM 时)，二者定位的准确性相差不大，标记密度为 1 cM 时，二者差别较大。这说明，较低密度由于不能提供更多信息，因而限制了 LA/LD 对连锁不平衡信息的利用，所以 LA 和 LA/LD 相差不大，而当标记密度较高为 1 cM 时，LA 由于缺乏足够的重组事件不能完全利用标记提供的信息，而 LA/LD 则由于利用连锁不平衡信息而使得定位准确性增加，所以其优越性也得到了更大的体现。

(5)检测功效和定位精确性的比较

表 3-21 列出了连锁分析时,多次重复中,将 QTL 定位在 0 和 1 区间时,经卡方检验处于显著水平($p=0.05$)的次数。表中数据显示,LA 对 QTL 的检测力随着 QTL 效应的增大而增大,标记由 5 cM 增加到 1 cM 时,检测力也有所增大。

表 3-21　LA 分析中,能够检测并准确定位的次数

标记密度/cM	QTL 效应			
	0%	10%	20%	30%
5	(0,0)/4	(1,0)/10	(8,3)/13	(13,10)/16
1	(0,0)/1	(0,0)/1	(4,4)/5	(10,8)/10
0.2	(0,0)/0	(0,0)/0	(0,0)/0	(1,1)/4

注:$(a,b)/c$ 表示:多次重复中,LR 曲线峰值出现在 QTL 所在区间或相邻区间的次数有 c 次;其中,有 a 次达到自由度为 1,p 为 0.05 的显著水平;有 b 次达到自由度为 2,p 为 0.05 的显著水平。

与 LA/LD 结果相比,LA 对 QTL 的检测力明显低于 LA/LD。QTL 效应为 10% 时,LA 基本上检测不到 QTL。QTL 效应增大,LA 的检测力也随之增加,在 QTL 效应为 30%,标记密度为 1 cM 时,检测力较高。标记密度为 0.2 cM 时,由于 LA 中总的次数较少,所以无法进行比较。表 3-6 和表 3-10 结果可以看出,LA/LD 的检测力较高,可检测到效应相对较小的 QTL,标记密度和 QTL 效应对其检测力没有明显的影响,在 QTL 效应为 10% 时,标记密度为 1 cM 时的检测力相对较好于标记密度为 5 cM 时的检测力;而 LA 受标记密度和 QTL 效应的影响较大,增大 QTL 效应和标记密度(5～1 cM),均可增强 LA 的检测力。

表 3-22 列出了各参数组合下,多次重复得到的似然率曲线在峰值处的似然率值。从数据可以看出,LA 分析中,在标记密度为 5 cM 时只能检测到效应为 30% 的 QTL,标记密度增加到 1 cM 时,可检测到效应为 20% 的 QTL。相对而言,LA/LD 的检测力要高于 LA,在标记密度为 5 cM 时最小可检测到效应为 10% 的 QTL(经卡方检验达到 $p=0.05$,自由度为 1 的显著水平),标记密度为 1 和 0.2 cM 时,最小可分别检测到效应为 10% 和 20% 的 QTL,并达到 $p=0.05$ 自由度为 2 的卡方检验显著水平。由此可以看出,适当增加标记密度可提高 LA 和 LA/LD 对 QTL 的检测力。但当标记密度为 0.2 cM 时,LA/LD 和 LA 的检测力均降低,LA 检测不到 QTL,而 LA/LD 也只能检测到效应为 20% 的 QTL。

表 3-22　似然率曲线峰值处的似然率值

标记密度/cM	定位方法	QTL 效应			
		0%	10%	20%	30%
5	LA	0.002 4	0.924 5	3.131 3	6.058 5**
	LA/LD	0.071 2	4.554 2*	11.031 5**	17.663 1**
1	LA	0.718 1	2.391 4	5.798 2*	10.092 7**
	LA/LD	0.892 5	9.172 5**	19.423 7**	29.333 4**
0.2	LA	—	—	—	2.967 6
	LA/LD	—	3.302 6	14.752 3**	22.728 6**

注:* 表示经卡方检验,在 $p=0.05$,自由度为 1 时,达到显著水平;** 表示经卡方检验,在 $p=0.05$,自由度为 2 时,达到显著水平。

对于 LA/LD 和 LA 定位的精确度粗略估计,当检测到 QTL(达到 $p=0.05$,自由度为 1 的显著水平)时,采用 LOD-drop off 方法($LOD = LR^* \log_{10} e$),由曲线峰值处向两侧各下降一个单位,得到的片段长度作为支持区间,长度包括两端点所在区间的长度,结果列于表3-23。

表3-23　支持区间包含的标记区间数和支持区间长度

	QTL 效应					
	10%		20%		30%	
	区间数	区间长度/cM	区间数	区间长度/cM	区间数	区间长度/cM
标记密度为 5 cM						
LA	—	—	—	—	4	20
LA/LD	6	30	4	20	3	15
标记密度为 1 cM						
LA	—	—	10	10	6	6
LA/LD	6	6	5	5	5	5
标记密度为 0.2 cM						
LA/LD	—	—	9	1.8	8	1.6

注:—表示卡方检验不显著的情况。

从表3-23可以看出,在检测到 QTL 时,LA/LD 定位的精确度要大于 LA。标记密度为 5 cM 时,QTL 效应增加可明显提高 LA/LD 定位的精确度,此时,LA/LD 和 LA 两种方法可将 QTL 定位在长度为 15~30 cM 的区间上。标记增加到 1 cM 时,LA 和 LA/LD 的定位精确度都有所提高,但 QTL 效应相同时,LA/LD 的精确度要稍高于 LA,此时,二者可将 QTL 定位在长度为 5~6 cM 的区间上。当标记密度进一步增加到 0.2 cM 时,LA 不能检测到 QTL,而此时 LA/LD 只能检测到效应大于 20% 的 QTL,此时,LA/LD 定位的精确度可达到约 2 cM 的长度。

从以上结果分析可以看出,LA/LD 的定位准确性、对 QTL 的检测力以及定位精确性上都要好于 LA,LA/LD 能更大程度地利用高密度标记带来的信息,并能检测效应相对较小的 QTL。

3.2.3　主要结论

上述模拟试验,比较分析了 QTL 效应、标记密度以及群体发展世代数估计对结合连锁分析和连锁不平衡分析定位方法(LA/LD)的影响,研究结果显示,增大 QTL 效应和选择合适密度的标记可增加 LA/LD 定位的准确性、精确性以及对 QTL 的检测力。基因突变后群体发展的世代数的估计对 LA/LD 的影响不大,即对于该假设,LA/LD 方法有较好的稳健性。与 LA 相比较,LA/LD 可更有效地利用高密度的标记所带来的信息。

连锁分析中,增加标记密度在一定程度上可以提高 QTL 的检测力和定位的精确度,但过高的标记密度并不能提供更多的信息,这一点同样存在于 LA/LD 分析。一定数量的重组事件要求相当水平的标记密度,过高的密度标记会由于缺少足够重组信息的支持而无法发挥作用。相较于连锁分析,LA/LD由于利用了历史重组事件,因此在一定程度上利用了标记密度0.2 cM所提供的部分信息,但仍无法完全利用标记带来的信息。同样,重组事件的利用也会受到标记密度制约。例如标记密度为5 cM时,尽管LA/LD利用了历史重组事件,但定位准确性近似于LA,只是稍有提高,而当标记密度增加到1 cM时,LA/LD才显示出利用连锁不平衡信息所带来的优势。因此,QTL定位不能单纯追求高密度的标记,而应通过衡量定位采用群体的发展状况进行初步的估计。例如当连锁不平衡比较广泛时,利用中等的标记密度即可,虽然,这时只能达到中等水平的定位精确度。群体发展过程中,同源片段的长度会不断减小,如果采用的标记密度过大,即标记区间大于该片段的长度时,我们可能会检测不到标记和QTL的连锁不平衡。反之,如果标记密度过高,我们将很难区别相邻区间间的差异。

总体来讲,LA/LD在QTL检测力、定位准确性和精确性方面优于LA(Kim *et al.*,2002),连锁不平衡信息的利用在一定程度上可以提高定位的精确性。Meuwissen等(2002)结合连锁分析和连锁不平衡分析将奶牛中影响双生率(twinning rate)的基因定位在一个小于1 cM的片段上。但影响连锁不平衡定位的因素同样会影响到LA/LD对连锁不平衡信息的利用。

LA/LD中连锁不平衡信息部分来自对群体发展中的历史重组事件,对这部分信息的利用只能粗略推断群体的有效大小、估计群体延续时间等一些简单的参数。虽然这种估计可能会与群体发展真实情况有较大的出入,但至少是部分反应了群体发展历史,因此可以认为在一定程度上利用了历史重组信息。而且研究证明,LA/LD对群体发展世代数具有较好的稳健性(Meuwissen and Goddard,2001)。

尽管,模拟研究中LA/LD方法定位结果较好,但在实际资料中,由于众多因素的影响,定位效果会低于模拟水平。因此尚需改善和发现相应的统计方法以更有效的定位QTL,并且能够处理更加复杂和实际的数据资料结构。

综上所述,本章通过模拟QTL突变基因所在群体的进化过程,研究了利用连锁不平衡信息定位的两种方案:IBD定位和结合连锁分析和连锁不平衡分析(LA/LD)。

IBD定位方法中,通过在后代中进行标记辅助分离分析,检测QTL杂合子公畜,然后在具有相似单倍型效应的单倍型间寻找IBD片段。通过重复模拟,分析了群体发展时间、QTL效应、标记密度和采用杂合子公畜数量对IBD片段的检测和IBD片段长度的影响。

LA/LD定位方法通过估计基础群中单倍型间基因的同源概率(IBD概率),利用群体发展的历史重组信息(连锁不平衡信息),并与连锁分析相结合,采用最大似然原理对每个标记区间的中点进行似然估计,并将QTL定位在具有最大似然率的区间。本章介绍了采用分步定位的试验方案,逐步缩短定位的片段,并逐步加大片段上标记的密度,从而达到逐步精细定位的目的。通过重复模拟,分析了QTL效应、标记密度、群体发展世代数的估计对LA/LD定位的影响,并对LA/LD和连锁分析(LA)进行了比较。

IBD定位和LA/LD定位由于利用了历史重组事件,缓解了重组事件不足对定位精确度的限制,从而提高了定位的精确性。但另一方面,IBD和LA/LD方法利用了连锁不平衡信息,那么连锁不平衡受多种因素影响的特点,也会使得两种方法受到一定的影响。连锁不平衡定位中(例如IBD定位),由于其他一些因素的干扰,定位稳健性相对较差。由此,人们提出结合连锁分析和连锁不平衡分析,以利用连锁不平衡定位可以精细定位特点的同时,通过连锁分析保障定位结果的稳健性。

选择合适的群体、最佳标记密度是定位的重要方面。具有广泛连锁不平衡的群体只能达到较低的定位水平,因此,在标记基因型测定之前,估计群体在某一区间和基因组上的连锁不平衡程度将会有助于定位的试验设计,但其不平衡的估计应采用 IBD 片段(Du et al.,2002),而不是基于座位来估计连锁不平衡。另外,LA/LD 方法仍需要考虑实际数据整齐性相对较差、基因间的互作、标记信息的利用等因素。尽管 LA/LD 定位方法具有其优势,但仍然有必要结合其他定位方案,做进一步的验证和分析。

值得注意的是,QTL 精细定位只是实施位置候选克隆的第一步,其目的是减小定位区间的长度和候选基因的数量,当 QTL 定位达到一定精确度后,可构建大片段克隆重叠群(large-insert contig),结合基因的位置信息和功能信息来确定位置候选基因,进行位置候选克隆。家畜中,位置候选克隆在很大程度上依赖于比较图谱提供的信息,通过与人类和小鼠文库中的克隆插入序列同源比较,可选择合适的位置候选基因。因此,人类基因组图谱的完成、基因功能和基因表达模式数据库的构建会使位置候选克隆更为有效。此外,候选基因是否为性状基因还需要做进一步的验证,可通过基因与性状的关联分析、基因的组织特异性表达、基因敲除或转基因等技术进一步证明,但一般来讲很难完全肯定候选基因就是性状基因本身。因为 QTL 突变常发生在调控区而不是编码区,而且,与导致功能丧失的突变(例如导致遗传疾病的突变)相比,数量性状中突变基因的表型效应很小,使得基因识别非常困难。

参 考 文 献

[1] Almasy L and Blangero J. Multipoint quantitative-trait linkage analysis in general pedigrees. The American Journal of Human Genetics,1998,62:1198 - 1211.

[2] Clayton D and Jones H. Transmission/disequilibrium tests for extended marker haplotypes. The American Journal of Human Genetics,1999,65:1161 - 9.

[3] Collins A and Morton N. Mapping a disease locus by allelic association. Proceedings of the National Academy of Sciences of the United States of America,1998,95:1741.

[4] Darvasi A and Soller M. Selective genotyping for determination of linkage between a marker locus and a quantitative trait locus. TAG Theoretical and Applied Genetics, 1992,85:353 - 359.

[5] Du F, Sorensen P, Thaller G and Hoeschele I. Joint linkage disequilibrium and linkage mapping of quantitative trait loci. 2002:1 - 8. Institut National de la Recherche Agronomique (INRA).

[6] Farnir F, Grisart B, Coppieters W, Riquet J, Berzi P, Cambisano N, Karim L, Mni M, Moisio S and Simon P. Simultaneous mining of linkage and linkage disequilibrium to fine map quantitative trait loci in outbred half-sib pedigrees: revisiting the location of a quantitative trait locus with major effect on milk production on bovine chromosome 14. Genetics,2002,161:275.

〔7〕 Fulker D, Cherny S and Cardon L. Multipoint interval mapping of quantitative trait loci, using sib pairs. American journal of human genetics,1995,56:1224.

〔8〕 Hill W and Weir B. Maximum-likelihood estimation of gene location by linkage disequilibrium. American journal of human genetics,1994,54:705.

〔9〕 Jorde L. Linkage disequilibrium and the search for complex disease genes. Genome research,2000,10:1435.

〔10〕 Kim J, Farnir F, Coppieters W, Johnson D and Georges M. Evaluation of a new QTL fine-mapping method exploiting linkage disequilibrium on Bta14 and Bta20 in a dairy cattle. 2002:1 - 4. Institut National de la Recherche Agronomique (INRA).

〔11〕 Kruglyak L and Lander ES. A nonparametric approach for mapping quantitative trait loci. Genetics,1995,139:1421.

〔12〕 Meuwissen T and Goddard ME. Fine mapping of quantitative trait loci using linkage disequilibria with closely linked marker loci. Genetics,2000,155:421.

〔13〕 Meuwissen T and Goddard ME. Prediction of identity by descent probabilities from marker—haplotypes. Genetics Selection Evolution,2001,33:605 - 634.

〔14〕 Ohashi J, Yamamoto S, Tsuchiya N, Hatta Y, Komata T, Matsushita M and Tokunaga K. Comparison of statistical power between 2×2 allele frequency and allele positivity tables in case-control studies of complex disease genes. Annals of human genetics,2001,65:197 - 206.

〔15〕 Reich D E, Cargill M, Bolk S, Ireland J, Sabeti P C, Richter D J, Lavery T, Kouyoumjian R, Farhadian S F and Ward R. Linkage disequilibrium in the human genome. Nature,2001,411:199 - 204.

〔16〕 Riquet J, Coppieters W, Cambisano N, Arranz J J, Berzi P, Davis S K, Grisart B, Farnir F, Karim L and Mni M. Fine-mapping of quantitative trait loci by identity by descent in outbred populations: application to milk production in dairy cattle. Proceedings of the National Academy of Sciences of the United States of America,1999,96:9252.

〔17〕 Risch N and Merikangas K. The future of genetic studies of complex human diseases. Science,1996,273:1516.

〔18〕 Stricker C, Schelling M, Du F, Hoeschele I, Fernandez S and Fernando R. A comparison of efficient genotype samplers for complex pedigrees and multiple linked loci. 2002: 1 - 8. Institut National de la Recherche Agronomique (INRA).

〔19〕 Terwilliger J D. A powerful likelihood method for the analysis of linkage disequilibrium between trait loci and one or more polymorphic marker loci. American journal of human genetics,1995,56:777.

〔20〕 van-Arendonk J A M, Tier B and Kinghorn B P. Use of multiple genetic markers in prediction of breeding values. Genetics,1994,137:319.

〔21〕 Wang T, Fernando R, Beek S, Grossman M and Arendonk J A M. Covariance between relatives for a marked quantitative trait locus. Genetics Selection Evolution,1995,27:251 - 274.

〔22〕 刘会英. 利用连锁不平衡信息精细定位 QTL[D]. 北京:中国农业大学论文,2003.

第 **4** 章

基于传递不平衡检验的关联分析方法

截至目前,寻找和筛选影响复杂疾病和数量性状相关变异位点的策略主要包括两大类:连锁分析(Linkage Analysis)和关联分析(Association Analysis)(Rich & Merikangas,1996)。而连锁分析和关联分析各自又分为很多不同的分析方法,其中基于遗传家系的连锁分析包括参数方法和非参数方法;关联分析则包括基于家系结构的关联分析(Family-based Association Study)、基于病例 - 对照的关联分析(Case-Control Association Study)、基于单倍型的关联分析(Haplotype-based Association Study)和全基因组关联分析法(Genome-wide Association Study)等。

连锁分析以利用当前重组事件为主,由于连锁分析是把遗传标记与目标基因(QTL)之间的遗传重组率作为基因间遗传连锁的根本依据,这一类遗传连锁分析最根本的弱点是所获得的基因定位的精细程度严格地依赖于分析群体所能提供的关于遗传标记与定位目标基因座位间的有效减数分裂(informative meioses)的数量,因此标记与 QTL 连锁得越紧密,所能观测到的重组事件反而变少,这限制了连锁分析精细定位的能力。而关联分析则可一定程度弥补连锁分析这个局限。

Risch 和 Merikangas(1996)通过模拟人类受微效多基因控制的复杂性状实验表明,标记与致因基因连锁紧密时检测出连锁很困难,但可检测出关联,且对于效应中等和较小的基因检测,尤其当标记与致因基因连锁非常紧密时,关联分析的统计效力远高于连锁分析 (Risch & Merikangas,1996)。而越来越多的研究表明,大多数性状主要有效应较小的基因控制着,因此传统的连锁分析很难检测得到,而关联分析的这一优势无疑激发了遗传学家利用关联分析进行基因定位的研究。关联分析的一系列相关方法应运而生,其中以传递不平衡检验(transmission disequilibrium test,TDT)为核心的家系关联分析(family-based association study)最受遗传学家的青睐。

关联分析最初主要用于人类疾病基因定位,常用的分析方法为病例 - 对照设计(case-control design),也是至今仍在医学上广泛应用的一种分析方法。病例 - 对照设计主要是比较标记等位基因在彼此间无亲缘关系的"发病个体"(case)和"未发病个体"(control)间的差异,一般是进行列联表分析,经卡方检验显著,则说明标记与疾病基因关联。病例-对照设计虽然简单易行,但它面临的最大问题是结果易受群体分层现象的影响,导致结果的假阳性。标记与疾病存在关联的原因主要有:①标记本身就是疾病基因;②标记与疾病基因存在连锁不平衡;③群体混杂/分层(population stratification,也称 population structure)。群体混杂指多个来自不同遗传背景的群体导致标记和性状出现伪关联,即标记和性状基因实际上不连锁,但表现统计相关(Spielman and Ewens,1996)。如何消除群体混杂/分层的影响,人们在对 case-control 设计进行改进的同时(Devlin and Roeder,1999;Bacanu et al.,2000;Pritchard and Rosenberg,1999;Pritchard et al.,2000),又相继提出了以家系为基础的研究方法,其中以传递不平衡检验影响最大。

究其发展历史,TDT 方法实际是在综合了单倍型相对风险度(haplotype relative risk,HRR)(Falk and Rubinstein,1987)分析和基于家系的病例对照(affected family-based controls,AFBAC)(Thomson et al.,1989)方法的基础上发展起来的。单倍型相对风险度分析是将患者双亲基因型中未传递的基因作为对照,再通过传统的病例-对照设计加以分析。Spiel-aman 和 Ewens(1996)批评 HRR 只是降低了而没有完全消除群体混杂的影响,且其有效性依赖于研究家系组成和随机婚配人群。Thomson 等(1989)在 HRR 方法基础上提出的 AFBAC 方法则将每个标记等位基因分为"传递给发病个体"(case)和"未传递给发病个体"(control)两类,然后进行列联表分析,检验疾病基因与标记是否关联。AFBAC 方法虽然保证了 case 和 control 抽样来自于同一个体,消除了群体混杂/分层的影响,但其没有考虑父母的基因型是纯合还是杂合,出发点仍是统计意义上的关联,也不是连锁的有效检测方法(Spielman & Ewens,1993)。Spielman(1993)在此基础上作了进一步改进,只考虑基因型杂合的父母向发病后代传递等位基因的情况,比较杂合双亲传递给发病后代标记等位基因的差异,提出了传递不平衡检验方法。

假设标记等位基因为 M_1 和 M_2,疾病基因为 D_1 和 D_2,有 n 个独立的家庭,每个家庭有 1 个发病后代,其双亲中至少有一个为杂合子,则标记等位基因传递给发病后代的频数如表 4-1 所示。

表 4-1 父母基因型中传递/未传递标记等位基因的分布

发生传递的基因	未发生传递的基因		总计
	M_1	M_2	
M_1	a	b	$a+b$
M_2	c	d	$c+d$
总计	$a+c$	$b+d$	$2n$

注:a:发病后代的双亲传递 M_1 和不传递 M_1 的次数;b:发病后代的双亲传递 M_1 和不传递 M_2 的次数;c:发病后代的传递 M_2 和不传递 M_1 的次数;d:发病后代的传递 M_2 和不传递 M_2 的次数。

表 4-1 的结构类似于列联表分析的 McNemar 检验:

$$\chi^2 = (b-c)^2/(b+c)$$

此统计量近似服从自由度为 1 的卡方分布。

　　TDT 的基本思想是比较杂合双亲传递给发病后代标记等位基因的差异,若存在差异,则发生了传递不平衡。换句话说,如果标记与疾病基因不存在关联,则表明标记与疾病基因间没有关系,则杂合双亲向发病后代传递 M_1 和未传递 M_1 的机会是相同的,这时 b,c 差异不显著。反之,如果存在关联,则表明标记与疾病基因间存在连锁不平衡,标记的某个等位基因与疾病基因组成的某个单倍型会在发病后代中以较高频率出现,意味着杂合双亲传递 M_1 和未传递 M_1 的机会不等,出现传递不平衡,即 b,c 差异显著。

　　TDT 所能检测到关联主要由以下两个遗传因素引起:①标记本身就是疾病基因;②标记与疾病基因存在连锁不平衡。能够真正从遗传角度进行基因定位,消除了群体混杂的影响。Spielman 等(1993)总结了 TDT 的特点:①在存在连锁不平衡的前提下,TDT 方法比非参数的连锁分析方法灵敏度高,对于遗传效应较低的基因也能检测,而且与上述方法相比,达到同样的检验功效所需的样本量大大降低。②非参数的连锁分析方法需要家系中有多个发病个体,而 TDT 只需一个患病者,资料收集较容易。③TDT 以家系为基础,因而与群体分层无关,因此,即使虚假的关联存在,TDT 也可得到正确的结果。④如果标记与疾病没有关联,也就是说标记与疾病基因间不存在连锁不平衡,即使与疾病基因连锁多么紧密,TDT 也检测不到关联的存在。这些无疑是 TDT 可作为基因精细定位工具的最大优势。

　　由于 TDT 的简便高效,它得到了遗传学家的极大推崇,也得到了广泛的应用。但最初 TDT 仅能分析比较简单的资料:家系中只有一个发病后代,双亲和发病后代的标记基因型已知,且双亲中至少有一个标记基因型杂合;TDT 还只能利用单个标记的传递信息,标记的等位基因数目仍局限于两个。但实际资料中,数据往往比较复杂,如家系中有多个发病后代、父母信息缺失、各家系间彼此有亲缘关系、标记有多个等位基因等。同时 TDT 仅能处理不连续的复杂性状,对数量性状还没能涉及,这都促使 TDT 方法得到了一系列扩展。Zhao(2000)和 Schulze(2002)先后分别对这些扩展方法作了评述,本文不再加以赘述。这些方法都保留了 TDT 最初的一个特征:比较标记等位基因在发病个体中传递的差异或在发病个体和其未发病同胞间的差异,因此也具有 TDT 的优点。

　　但目前传递不平衡检验主要用于人类复杂性状的定位,且以核心家系为主,在畜禽基因定位中还研究不多。实际上,相对人类而言,畜禽系谱登记完整,表型记录详细,同样适合传递不平衡检验。尤其是由于畜禽的交配体系,使得综合了父母、同胞及其他亲属的信息的扩展系谱在畜禽中非常普遍,且比人类数目多、信息量大、更易获得、更有利用价值,扩展系谱包含了更多的传递信息,最大限度地利用了手中的数据资料,因此对畜禽 QTL 定位,系谱传递不平衡检验更有效。针对畜禽特点,丁向东等(2004a,2004b)对传递不平衡检验进行扩展,提出了利用畜禽复杂系谱的系谱传递不平衡检验方法,对畜禽中常见的阈性状和数量性状进行基因精细定位。

4.1　利用系谱传递不平衡检验进行阈性状 QTL 定位

　　阈性状是一类特殊的性状,其表现呈非连续性变异,但是又不服从孟德尔遗传规律,遗传基础受多基因控制,与数量性状类似,因而一般把它归于数量遗传学的研究领域。

　　QTL 定位自 1961 年提出以来,一直是人们研究的热点,但是有关阈性状 QTL 定位的研究不是很多,而阈性状又往往具有一定的生物学意义或经济价值,如家畜对疾病的抵抗力,单胎畜种的产仔数等,在畜禽生产中具有重要的意义,因此阈性状 QTL 定位显得日益迫切。目前在畜禽中,阈性状 QTL 定位以连锁分析为主,但由于阈性状的特殊性,连锁分析的效果并不理想。

阈性状的度量一般是用有限的几个状态的相对发生率($i=1,2,\cdots,k$)来表示,这种非连续型的 k 个表现状态的分布(P),具有一个潜在的连续分布(X)。当 $k=2$ 时就是两个状态的阈性状,类似于人类复杂性状的二项分类性状(dichotomous)。因此人类二项分类性状的 QTL 定位方法同样适用于阈性状。

但流行的传递不平衡检验(TDT)只能利用独立的核心家系,对于综合了父母、同胞及其他亲属的信息的复杂系谱,在使用时会损失大量信息,尤其在动物群体中难以应用。针对此,Martin(2000)提出了 PDT 方法,能有效地对人类扩展系谱进行分析。大多数 TDT 及其扩展方法(包括 PDT)仅仅考虑了杂合亲本基因在发病后代中的传递,但实际上,对于有多个后代的家系,在发病后代提供传递信息的同时,未发病后代也提供了大量传递信息,Lunetta 等(2000)通过模拟实验证明对于发生率较高的疾病,如果同时考虑发病个体和未发病个体的传递信息,可提高传递不平衡检验的检验功效。

相对人类而言,扩展系谱在畜禽中数目多、信息量大、更易获得、更有利用价值,同时畜禽的核心家系一般都有多个后代,各种状态的个体都提供了传递信息,因此畜禽阈性状 QTL 定位更适合用系谱传递不平衡检验。正是在此基础上,Ding 等(2004)提出了阈性状 QTL 定位的系谱传递不平衡检验(pedigree transmission disequilibrium test,PTDT)方法。

4.1.1 PTDT 方法

1. 阈性状状态类型确定

按照阈模型的定义,阈性状表现的不同类别是由若干个潜在的阈值决定的。对于只有两个类别的阈性状来说,有一个潜在的阈值,当潜在变量的取值大于该阈值时,性状表现为一种状态,否则表现为另一种状态。

假定基础群中状态 1 的发生率为 u,并由此确定阈值 v。每世代个体的表现状态由基础群阈值 v 决定,若个体潜在变量的取值高于或等于 v,则认为表现状态 1,反之,则表现状态 2。

2. 检验统计量

我们将一个由双亲和其后代组成的家庭称为核心家系。扩展系谱是由若干个彼此有亲缘关系的核心家系构成的。所考察的阈性状表现为两种类别:状态 1(例如发病)和状态 2(例如不发病)。能够提供连锁不平衡信息的核心家系有以下两种:Ⅰ. 家系中至少有一个状态 1 后代,双亲和状态 1 后代的标记基因型已知,且双亲中至少有一个标记基因型杂合;Ⅱ. 双亲的标记基因型已知或未知,后代中至少有一个状态 1 个体和一个状态 2 个体,且两者标记基因型不同,他们构成一个同胞对。一个有效的扩展系谱至少要包含一个可提供信息的核心家系。

假设一个扩展系谱有 n_T 个核心家系Ⅰ 和 n_S 个核心家系Ⅱ,标记 M 有两个等位基因 M_1 和 M_2,对于核心家系Ⅰ,N_{ta} 表示杂合的亲本将 M_1 传递至状态 1 后代的数目,N_{na} 表示将 M_1 未传递至状态 1 后代的数目,N_{tu} 表示将 M_1 传递至状态 2 后代的数目,N_{nu} 表示将 M_1 未传递至状态 2 后代的数目。定义统计量,

$$X_T = (1-u)(N_{ta} - N_{na}) - u(N_{tu} - N_{nu}) \tag{4.1}$$

式中：u 为状态 1 的发生率。这是不同于 Martin 的 PDT 方法的地方，Martin 定义的统计量为 $X_T = N_{ta} - N_{na}$，其中未考虑核心家系中状态 2 后代提供的信息。参照 Lunetta(2000)的作法，本研究同时考虑了状态 1 个体和状态 2 个体的传递信息。

对于核心家系 Ⅱ，N_{sa} 表示 M_1 在状态 1 个体中的数目，N_{su} 表示 M_1 在状态 2 个体中的数目，定义统计量

$$X_S = N_{sa} - N_{su} \tag{4.2}$$

对于一个扩展系谱，定义统计量：

$$D = \frac{1}{n_T + n_S}\left(\sum_{j=1}^{n_T} X_{Tj} + \sum_{j=1}^{n_S} X_{Sj}\right) \tag{4.3}$$

在不存在连锁不平衡的零假设下，有 $E(X_T) = 0$，$E(X_S) = 0$，则 $E(D) = 0$，因此对于 N 个独立的扩展系谱，有

$$E\left(\sum_{i=1}^N D_i\right) = 0 \qquad \mathrm{Var}\left(\sum_{i=1}^N D_i\right) = \sum_{i=1}^N \mathrm{Var}(D_i) = E\left(\sum_{i=1}^N D_i^2\right) \tag{4.4}$$

于是统计量

$$T = \sum_{i=1}^N D_i \Big/ \sqrt{\sum_{i=1}^N D_i^2} \tag{4.5}$$

近似服从标准正态分布，可以作为系谱传递不平衡检验的检验统计量。

3. 重排检验(permutation test)

当标记为两个等位基因时，PTDT 近似服从正态分布，但这一结论不能推至多等位基因标记。Spielman(1998)建议用重排检验来确定检验统计量的经验分布。在不易得知检验统计量的分布情况下，重排检验是一种常用的统计计算方法，它主要通过打乱观测值的顺序得到检验统计量的经验分布。应用到 QTL 定位分析方面，重排检验主要打乱数量性状观察值与标记基因型之间的联系，然后利用产生的数据进行定位分析，记录每次分析的最大值，多次重复这个过程，即可获得检验统计量的一个近似分布。按大小对每次重复的结果排序，从而可以确定某显著水平下(如 0.01 或 0.05)检验统计量的临界值，进而可对根据原始数据计算的检验统计量值进行假设检验。重排检验的一个优点是不依赖于数据的分布，但它大大加大了计算量，一般情况下，确定 1% 水平的临界值，要大约进行 10 000 次的数据重排(Chruchill and Doerge, 1994)。

4. 多等位基因的 Z_{max} 方法

TDT 及其许多扩展方法仅考虑了标记两个等位基因的情况，PTDT 也如此。对于有多个等位基因的标记，可采用 Spielman 和 Ewens(1998)提出的 Z_{max} 方法。假定标记 M 有 k 个等位基因 $M_1, M_2, \cdots, M_k$，若考虑等位基因 M_1 的传递，则 M_1 为一个等位基因，其余 $k-1$ 个归为另一个等位基因，然后进行两个等位基因的 PTDT 检验，对其他 $k-1$ 个等位基因也同样处理。最后各检验统计量绝对值最大的便为 Z_{max}，用它作为最终 PTDT 检验统计量的值。

4.1.2　PTDT 的检验功效和 Ⅰ 型错误

1. 数据模拟

（1）系谱结构

以 1 头公畜为核心构建包含 3 个世代的扩展系谱（图 4 - 1），1 世代（基础群或祖父母代）每头公畜与 4 头母畜交配，个体间无亲缘关系，每头母畜产生 4 个后代，后代性别按 1∶1 的概率随机确定，1 世代所有个体信息缺失；2 世代（父母代）每头公畜和母畜分别以 0.3，0.5 的概率参与繁殖下一代的交配，公母比例和母畜产生后代数与 1 世代同，它们的配偶来自其他家系其父母信息缺失，且配偶本身信息缺失的概率为 0.3。

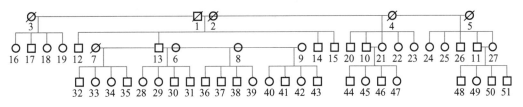

图 4 - 1　畜禽扩展系谱结构

（2）阈性状潜在变量

假定阈性状的潜在变量受一个 QTL 和多基因的影响，不考虑 QTL 与多基因间的互作，则模拟潜在变量的遗传混合模型为：

$$y = g_{\text{QTL}} + g_{\text{poly}} + e$$

式中：y 为潜在变量，g_{QTL} 为 QTL 座位的基因型值，g_{poly} 为多基因效应，e 为随机环境效应。

在基础群中，假定 g_{poly} 服从正态分布 $N(0, \sigma_g^2)$（σ_g^2 为多基因的加性遗传方差），e 服从 $N(0, \sigma_e^2)$（σ_e^2 为随机环境效应方差）。为不失一般性，假设表型方差（σ_P^2）为 1.0，性状遗传力（h^2），即总遗传方差（σ_G^2）与表型方差（$\sigma_P^2 = \sigma_q^2 + \sigma_g^2 + \sigma_e^2$）的比值为 0.3，QTL 效应（$R_{\text{QTL}}$）以 QTL 方差（$\sigma_q^2$）与总遗传方差（$\sigma_G^2$）的比值表示，考虑 0.1、0.3 和 0.5 三个水平。其中，$\sigma_G^2 = \sigma_q^2 + \sigma_g^2$，根据 σ_P^2、h^2 和 QTL 效应可得到：

遗传方差：$\sigma_G^2 = \sigma_P^2 \times h^2$，　　　　　随机残差方差：$\sigma_e^2 = \sigma_P^2 \times (1 - h^2)$

QTL 效应方差：$\sigma_q^2 = \sigma_G^2 \times R_{\text{QTL}}$　　多基因效应方差：$\sigma_g^2 = \sigma_G^2 - \sigma_q^2$

QTL 的基因型值可根据 Falconer 模型 $\sigma_q^2 = 2pqa^2$ 推算，其中 σ_q^2 为 QTL 加性效应方差，p 和 q 分别为 QTL 的两个等位基因在基础群中的频率，a 为基因替代的平均效应。假设基础群体中 QTL 两个等位基因的频率为 0.5，且不存在显性效应，则对于给定的 σ_q^2，有 $a = \sqrt{2\sigma_q^2}$，QTL 的 3 种基因型 QQ、Qq 和 qq 的基因型值分别为 a、0 和 $-a$。

后代的基因型根据亲本产生的单倍型确定，后代的多基因效应为

$$g_i = 0.5 g_i^s + 0.5 g_i^d + m$$

式中：g_i^s 和 g_i^d 分别为个体 i 父亲和母亲的多基因效应，m 为孟德尔抽样离差，服从分布 $N(0, \sigma_m^2)$，其中

$$\sigma_m^2 = 0.25[(1 - f_s) + (1 - f_d)]\sigma_g^2$$

f_s 和 f_d 分别为父亲和母亲的近交系数。后代个体潜在变量的产生同基础群,每世代 σ_e^2 保持不变。

(3)标记和 QTL 的基因型

基础群标记和 QTL 基因型都处于杂合状态,且标记座位各等位基因的初始频率相等。

非基础群标记和 QTL 的等位基因均以典型的孟德尔方式由双亲传递给后代,设个体 i 某一座位的第一个等位基因来自父亲,第二个等位基因来自母亲。个体 i 第一个标记座位的第一个等位基因随机地来自其父亲的两个等位基因,第二个等位基因随机地来自其母亲的两个等位基因;第 k 个座位的基因来源则取决于其父母基因的连锁相(linkage phase)、第 $k-1$ 个座位的基因来源和两座位间的重组率 r(recombination rate)。

假设 QTL 与标记以及标记与标记间彼此独立,即相互间不存在干扰,则可根据 Haldane 作图函数计算两个座位间的重组率 r,具体公式为:

$$r = \frac{1}{2}(1 - e^{-2x}) \tag{4.6}$$

其中 x 为座位间的遗传距离(genetic distance)或图距(map distance),单位是摩尔根(Morgan,M)或厘摩尔根(centiMorgan,cM),简称摩或厘摩(1 M=100 cM)。

设 s、d 分别表示个体 i 的父亲和母亲,$M_i^{k,l}$ 表示个体 i 的第 k 个座位上的第 $l(l=1,2)$ 个等位基因,则当个体 i 的第 $k-1$ 座位的等位基因来源确定时,其第 k 座位的等位基因来源于父母两个等位基因的概率就可以很容易推断出来。可如此实施这个过程:根据第一个均匀分布随机数是否大于等于或者小于 0.5,来确定个体 i 从左至右第一个遗传标记座位等位基因来自双亲的哪一个染色体,根据第一个遗传标记和第二个遗传标记重组率与第二个均匀分布随机数的大小比较来确定个体 i 第二个遗传标记来自双亲的哪一个等位基因。其余标记依次类推,QTL 作为一个标记也如此进行。

本研究考虑一个标记座位,标记与 QTL 的重组率为 0.50、0.10 和 0.00。

(4)其他参数设置

独立的扩展系谱个数:10,20;

每头母畜后代数:4,8;

基础群中状态 1 的发生率(u):0.10,0.20,0.40;

对每一参数组合重复模拟 100 次,每次重复 PTDT 统计量假设检验的临界值由 10 000 次数据重排确定。

2. 父母信息完整时 PTDT 的检验功效和 I 型错误率

当标记与 QTL 的重组率 <0.5 时,在 1 000 次重复模拟中检验统计量达到显著($P<0.05$)的比例为检验功效,当标记与 QTL 的重组率为 0 时,在 1 000 次重复模拟中检验统计量达到显著($P<0.05$)的比例为 I 型错误率。结果列于表 4-2,其中对于所有的参数组合,其 I 型错误率都接近于设定的显著性水平 0.05,即使当状态 1 发生率较低($u=0.01$)的时候,此方法依然很稳健。

重组率为 0 意味着 QTL 和标记之间存在完全的连锁不平衡,这时无论 QTL 效应大小和状态 1 发生率如何,PTDT 方法都可以完全检测到关联的存在。

重组率为 0.1 时,在状态 1 发生率较低 ($u = 0.01$) 的情况下,PTDT 的检验功效受 QTL 效应的影响较大,QTL 效应越大,PTDT 的检验功效越高。这是因为当状态 1 发生率较低和 QTL 效应较低时,状态 1 个体数很少,扩展家系所能提供的有效核心家系减少,PTDT 所能利用的信息也相应减少,因而就不容易检测到 QTL 的存在,而效应较大的 QTL 则能提供相对多的有效核心家系,因此容易检测得到。当状态 1 发生率较高时,PTDT 的检验功效基本不受 QTL 效应的影响,且检验功效接近于 100%。

表 4-2　父母信息完整时 PTDT 与 PDT 的检验功效和 Ⅰ 型错误率

QTL 效应 (R_{QTL})	重组率(r)	状态 1 的发生率(u)							
		0.01		0.10		0.20		0.40	
		PTDT	PDT	PTDT	PDT	PTDT	PDT	PTDT	PDT
0.1	0.50	0.051	0.060	0.040	0.050	0.046	0.061	0.050	0.070
	0.10	0.238	0.310	0.884	0.750	0.935	0.960	0.970	0.950
	0.00	1.000	1.000	1.000	1.000	1.000	1.000	1.000	1.000
0.3	0.50	0.042	0.030	0.038	0.049	0.038	0.030	0.058	0.060
	0.10	0.560	0.610	0.997	1.000	0.998	1.000	1.000	1.000
	0.00	1.000	1.000	1.000	1.000	1.000	1.000	1.000	1.000
0.5	0.50	0.051	0.030	0.036	0.020	0.042	0.070	0.051	0.060
	0.10	0.759	0.710	0.999	0.999	1.000	1.000	1.000	1.000
	0.00	1.000	1.000	1.000	1.000	1.000	1.000	1.000	1.000

3. 父母信息部分缺失时 PTDT 的检验功效和 Ⅰ 型错误

在畜禽中,系谱信息经常是不完整的,常有缺失的情况。Ding 等(2004)研究了父母信息部分缺失情况下 PTDT 的基因定位效力,假定父亲和母亲信息缺失的概率分别为 0.1 和 0.3,表 4-3 给出了此时各参数组合下的 PTDT 检验功效和 Ⅰ 型错误。

表 4-3　父母信息部分缺失时 PTDT 与 PDT 的检验功效和 Ⅰ 型错误

QTL 效应 (R_{QTL})	重组率(r)	状态 1 的发生率(u)							
		0.01		0.10		0.20		0.40	
		PTDT	PDT	PTDT	PDT	PTDT	PDT	PTDT	PDT
0.1	0.50	0.050	0.030	0.046	0.070	0.044	0.060	0.045	0.025
	0.10	0.224	0.240	0.776	0.780	0.898	0.891	0.958	0.950
	0.00	0.996	0.980	1.000	1.000	1.000	1.000	1.000	1.000
0.3	0.50	0.042	0.022	0.043	0.042	0.048	0.050	0.052	0.042
	0.10	0.542	0.550	0.992	1.000	1.000	1.000	1.000	1.000
	0.00	1.000	1.000	1.000	1.000	1.000	1.000	1.000	1.000
0.5	0.50	0.035	0.060	0.050	0.061	0.051	0.060	0.050	0.070
	0.10	0.723	0.730	0.999	0.999	1.000	1.000	1.000	1.000
	0.00	1.000	1.000	1.000	1.000	1.000	1.000	1.000	1.000

从表 4-4 可以看出,在重组率为 0 和 0.5 的情况下,父母信息部分缺失时,PTDT 的检验功效和 I 型错误基本上与父母信息未缺失时相同。父母信息缺失实际上减少了核心家系 I 的数量,增加了核心家系 II 的数量,但相对核心家系 I 而言,核心家系 II 所提供的传递不平衡信息要少一些。这反映在重组率为 0.1 的情况下,当 QTL 效应为 0.1 以及状态 1 发生率分别为 0.1 和 0.2 时,PTDT 检验功效分别从父母信息完整时的 0.884 和 0.935 降到了 0.776 和 0.898。当状态 1 发生率较低($u=0.01$)时,PTDT 的检验功效与父母信息未缺失时基本相同,由于所要检测的状态 1 个体数很少,两者检验功效都不算太高,且同样受 QTL 效应的影响较大。但在 QTL 效应较大和状态 1 发生率较高时,由于信息量的增加,父母信息未缺失时 PTDT 的检验功效得到了显著提高。

表 4-4 标记与 QTL 关联最紧密次数及统计量平均值

标记	统计量平均值		与 QTL 关联最紧密的次数	
	PTDT	PDT	PTDT	PDT
1	4.238	4.242	23	22
2	4.289	4.294	113	94
3	4.334	4.338	481	482
4	4.334	4.338	329	328
5	4.284	4.292	31	48
6	4.226	4.241	16	17
7	4.170	4.176	5	5
8	4.101	4.103	2	3
9	4.018	4.018	0	0
10	3.916	3.927	0	0

4. 多标记 QTL 精细定位

假设有一由 10 个标记构成的连锁群,每个标记有 2 个等位基因,标记间距离为 1 cM,QTL 位于第 3 和第 4 标记之间,与两标记间的距离各为 0.5 cM,重组率采用 Haldane 图距函数计算。分别对每个标记用 PTDT 方法检验其与 QTL 的关联性。设定 10 次检验的总的 I 型错误概率为 0.05,对每次检验的显著性水平进行 Bonferroni 校正,即每次检验的显著性水平 $\approx 0.05/10=0.005$,根据这个显著性水平确定达到显著的临界值。10 个标记中 PTDT 统计量显著且绝对值最大的标记即为与 QTL 关联最紧密的标记。表 4-5 给出了当基础群状态 1 发生率为 0.1、QTL 效应为 0.3、父母信息未缺失时,1 000 次重复中各标记与 QTL 关联最紧密的次数和 PTDT 统计量平均值。

结果表明(表 4-4,图 4-2),标记 3 和标记 4 与 QTL 关联最紧密次数最多,共 810 次,也就是说能检测到 QTL 位于标记 3 和 4 这个 1 cM 区间上的概率为 0.81,而 QTL 预先设定的位置就在标记 3 和 4 之间。同样,标记 2 和 5 也有若干次与 QTL 关联最紧密,这样在标记 2 和 5 之间共 3 cM 的区间上能检测到 QTL 的概率达到了约 95%。随着标记与 QTL 距离的增大,关联最紧密的次数逐渐减少,例如标记 7,8,9,10 与 QTL 关联最紧密的次数降到了 5 以下,甚至为 0。

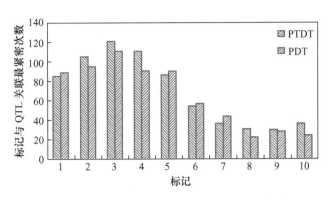

图 4 - 2　1 000 次重复标记与 QTL 关联最紧密次数

5. PTDT 与 PDT 效力比较

以上模拟结果表明,在所模拟的所有情形中,PTDT 的检验功效都略高于 PDT,差别最大时可达 7%,与此同时,Ⅰ型错误率略低于 PDT,差别最大时可达 2.2%。同样,在多标记 QTL 精细定位方面,如表 4 - 4 和图 4 - 2 所示,与 PDT 相比,PTDT 的效力还是有所提高。

4.1.3　影响 PTDT 检验效力的因素

1. QTL 效应

图 4 - 3 反映了 PTDT 在三种 QTL 效应 0.50、0.30、0.10 下的检验效力。当 QTL 效应较高(0.50)时,对于 10 个扩展系谱和每头母畜 4 个后代的资料,在三种不同的状态 1 发生率下,PTDT 的检验功效已分别达到了 95%,97% 和 100%,远高于 QTL 效应为 0.30 和 0.10 时的检验功效,即 PTDT 很容易检测到效应较大的 QTL。而实际上效应较大的主效基因是很少的,从目前所报道的畜禽数量性状主效基因来看,最具代表性的是影响猪产仔数的 ESR 基因,其产生的最大遗传方差仅为 0.088 2,也就是说 ESR 基因在头胎产仔数引起的变异约占总遗传变异的 10%(Rothschild,1996)。令人高兴的是,PTDT 对中等和较低效应的 QTL 检测也很有效,当有 10 个扩展系谱和每头母畜 8 个后代时,在三种不同的状态 1 发生率条件下,对加性效应为 0.1 的 QTL,PTDT 的检验功效分别为 82%,95% 和 99%,而对加性效应为 0.3 的 QTL,则都已达到了 100%。

2. 标记等位基因数

图 4 - 4 反映了标记等位基因数分别为 2,5,8 时 PTDT 的检验效力。标记等位基因数为 2 时,PTDT 检验功效最高,等位基因数为 5 和 8 时 PTDT 的检验功效降低,但两者检验功效相差不大。也就是说,等位基因数目的增加虽然提高了标记的多态性,但不仅没有增加 PTDT 的检验功效,反而有所降低。这与 Spielman 和 Ewens(1996)利用 T_{mhet} 处理多等位基因的结果类似。与两个等位基因的 TDT 检验功效相比,多等位基因的会有所下降。这种情况可能与 TDT 本身的特点有关,当标记有两个等位基因时很容易判断等位基因向发病后代的传递情况,因而这时的检验功效较高,而当标记有多个等位基因时,对整个样本资料来说,基因传递的情况很多,对某个等位基因来说,样本提供的传递与不传递信息减少,而各种校正方法仅是

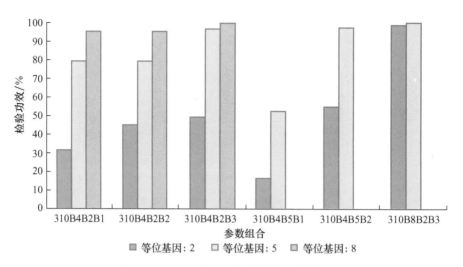

图 4 - 3　QTL 效应对 PTDT 检验功效的影响

注:p10_4_2_1:第 1 个数字 10 表示扩展系谱数,第 2 个数字 4 表示每头母畜后代数,第 3 个数字 2 表示标记等位基因数,第 4 个数字表示状态 1 发生率(1,2,3 分别代表 0.1,0.2 和 0.4)。

在分析某个等位基因时如何利用其他等位基因的信息,并不能从根本上提高到与两个等位基因时的信息量相同。

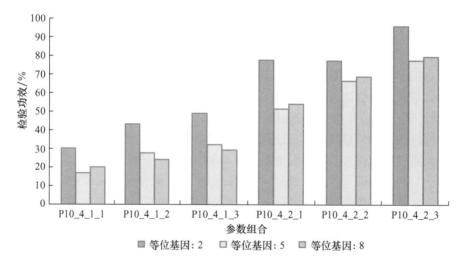

图 4 - 4　标记等位基因数目对 PTDT 检验功效的影响

注:p10_4_1_1:第 1 个数字 10 表示扩展系谱数,第 2 个数字 4 表示每头母畜后代数,第 3 个数字 1 表示 QTL 效应(1,2 分别代表 0.1,0.3),第 4 个数字表示状态 1 发生率(1,2,3 分别代表 0.1,0.2 和 0.4)。

通过比较不同等位基因 PTDT 的临界值也可解释这种现象。表 4 - 5 是利用数据重排构建 PTDT 的经验分布得到的标记等位基因为 2,5,8 时的临界值。当等位基因为 2 时,PTDT 仅是近似的正态分布,而当等位基因多于两个时,临界值明显变大,这在很大程度上降低了 PTDT 的检验功效,但两个显著水平下等位基因数为 5 和 8 时的临界值相差不大,因此它们相应的 PTDT 检验功效也十分接近。

表 4-5　10 000 次数据重排不同标记等位基因数的临界值

标记等位基因数	显著性水平:0.05	显著性水平:0.01
2	1.90	2.30
5	2.27	2.55
8	2.32	2.56

3. 每头母畜后代数和扩展系谱数

　　PTDT 是以家系为基础的关联分析方法,它能够利用双亲和多个后代构成的核心家系,也能够利用同胞之间构成的核心家系,因此如果每头母畜的后代数越多,则意味着它将能提供更多的核心家系,从而提高 PTDT 的检验功效。图 4-5 和图 4-6 分别反映了每头母畜后代数和扩展系谱数对 PTDT 检验功效的影响。在相同的参数组合下,增加母畜的后代数显著提高了 PTDT 的检验功效,尤其在 QTL 效应较低的情况下。如 QTL 效应为 0.1 和等位基因数为 2 时,三种状态 1 发生率下母畜后代数为 4 的 PTDT 检验功效仅为 31%,44%,50%,而后代数为 8 的 PTDT 检验功效则提高到 82%,95%,99%,效果非常明显。

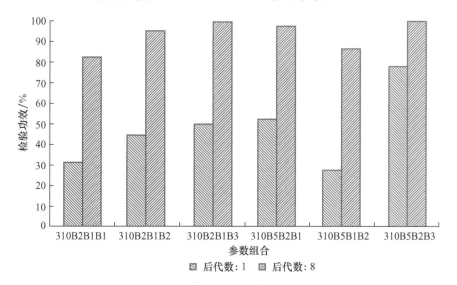

图 4-5　每头母畜后代数对 PTDT 检验功效的影响

注:p10_2_1_1:第 1 个数字 10 表示扩展系谱数,第 2 个数字 2 表示标记等位基因数,第 3 个数字 1 表示 QTL 效应(1,2 分别代表 0.1,0.3),第 4 个数字表示状态 1 发生率(1,2,3 分别代表 0.1,0.2 和 0.4)。

　　同样,增加扩展系谱数也能够提供更多的核心家系,从而提高 PTDT 的检验功效(图4-6)。在 QTL 效应为 0.1 和等位基因数为 2 的组合中,当扩展系谱数由 10 增加到 20 时,PTDT 在三种状态 1 发生率下的检验功效分别从 31%,44%,50% 提高到了 66%,82% 和 90%。但与增加母畜后代数相比,增加扩展系谱数对 PTDT 检验功效的提高幅度没有前者大(图 4-7a,b)。

　　增加母畜后代数显得比增加扩展系谱数有效与 PTDT 是基于家系的分析方法有关系。PTDT 的信息来源仍然是单个核心家系,因此核心家系所能提供的传递不平衡信息越多,则 PTDT 的检验功效越高。PTDT 能够同时利用两种类型的核心家系,因而增加后代数,将更大程度地增加了核心家系的数量,从而比增加扩展系谱数对检验功效的影响大。

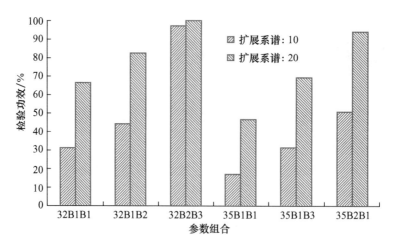

图 4-6 扩展系谱数对 PTDT 检验功效的影响

注:每头母畜后代数为 4,p2_1_1;第 1 个数字 2 表示标记等位基因数,第 2 个数字 1 表示 QTL 效应(1,2 分别代表 0.1,0.3),第 3 个数字表示状态 1 发生率(1,2,3 分别代表 0.1,0.2 和 0.4)。

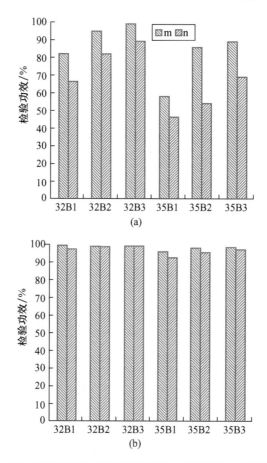

图 4-7 每头母畜后代数与扩展系谱数对 PTDT 检验功效的影响比较

注:m 表示 10 个扩展系谱和每头母畜 8 个后代的组合,n 表示 20 个扩展系谱和每头母畜 4 个后代的组合;(a)QTL 效应为 0.10,(b)QTL 效应为 0.30;P2_1:第 1 个数字 2 表示标记等位基因数,第 2 个数字 1 表示状态 1 发生率。

4. 状态 1 发生率

图 4-8 给出了不同参数组合下,状态 1 发生率对 PTDT 检验功效的影响。PTDT 检测出阈性状 QTL 的效力随状态 1 发生率的增加而提高,也就是说,PTDT 容易定位到状态 1 发生率较高的阈性状 QTL。这是因为对于同样大小的样本,当状态 1 发生率较低时,状态 1 发生个体数很少,扩展家系所能提供的有效核心家系减少,PTDT 所能利用的信息也相应减少,因而就不容易检测到 QTL 的存在,而当状态 1 发生率较高时,核心家系增加,PTDT 所能利用的信息也相应增加,因而就容易检测到 QTL 的存在。因而对于状态 1 发生率较高的性状,需要的测定群体要比状态 1 发生率较低的少。但这时的检验功效普遍不高,如对 P10_4_2_1 组合,状态 1 发生率为 0.10 时的检验功效为 31%,而当状态 1 发生率为 0.40 时检验功效也只有50%。

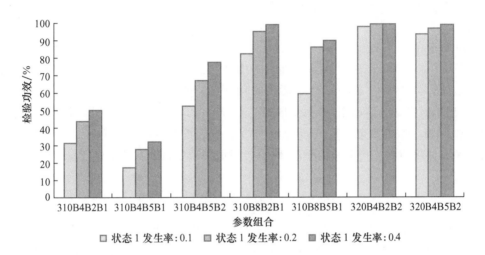

图 4-8　状态 1 发生率对 PTDT 检验功效的影响

注:p10_4_2_1:第 1 个数字 10 表示扩展系谱数,第 2 个数字 4 表示每头母畜后代数,第 3 个数字 2 表示标记等位基因数,第 4 个数字表示 QTL 效应(1,2 分别代表 0.1,0.3)。

虽然 PTDT 的检验功效随着阈性状状态 1 发生率的增加而提高,但并不意味着状态 1 发生率为 0.8 时 PTDT 的检验功效比 0.4 时高,实际上,当状态 1 发生率为 0.8 时,状态 2 的发生率则相应为 0.2,这时 PTDT 的检验功效应与状态 1 发生率为 0.2 时相同。模拟结果表明,对组合 P10_4_2_1,当状态 1 发生率为 0.20 时 PTDT 在显著性水平 0.05 和 0.01 下的检验功效分别为 44% 和 18%,当状态 1 发生率为 0.8 时 PTDT 的检验功效相应地为 43% 和 18%,与状态 1 发生率为 0.2 时基本相同。同样,状态 1 发生率为 0.6 时的 PTDT 检验功效分别为51% 和 27%,与状态 1 发生率为 0.4 时基本相同。

由于对状态 1 和状态 2 的划分是人为的,为不失一般性,在任何情况下,我们都可将发生率较低的类型定义为状态 1,因此我们只需考虑状态 1 的发生率在 0.5 以下的情况,状态 1 的发生率上限为 0.5。

4.2 利用系谱传递不平衡检验进行数量性状 QTL 定位

由于数量性状呈连续分布,因而不能像二项分类性状那样将每个家系后代归为发病与不发病两类,需要新的处理思路。Allison(1997)提出了 5 个分析数量性状的 TDT 统计量,他根据父母的交配类型或者标记等位基因从父母向后代传递的类型构建了两种回归模型,但仅能处理一个后代和双亲标记基因型一个杂合,一个纯合的资料,这些统计量几乎都基于一个共同的思想:根据标记基因型杂合的亲本基因在后代中的传递,将所有后代分成两个群体,一个接受了标记等位基因 M_1,另一个接受了等位基因 M_2,然后比较两个群体的表型平均值,若检验显著,则说明标记与 QTL 存在关联或连锁不平衡。实际上 Allison 把数量性状看做了二项分类性状。

Rabinowitz(1997)提出了另一种用 TDT 分析数量性状的思路,首先用指示变量表示标记等位基因从父母向后代传递的类型,例如对 n 个彼此独立的核心家系,Q_{ij} 为第 $i(i = 1, 2, \cdots, n)$ 个核心家系第 $j(j = 1, 2, \cdots, n_i)$ 个后代的表型值。如果考虑标记 M 等位基因 M_1 的传递,则对于标记基因型杂合的母亲,指示变量 Y_{ij}^m 定义为 1/2,若母亲标记基因型纯合则指示变量 Y_{ij}^m 定义为 0,对父亲的指示变量 Y_{ij}^f 也如此定义。然后根据后代表型值与一个固定常数 c(如平均值)的离差将所有后代分成两个群体,最后根据指示变量和离差构建变量

$$s(c) = \sum_{i=1}^{n} \sum_{j=1}^{ni} (Q_{ij} - c)(Y_{ij}^f + Y_{ij}^m)$$

用 $s(c)$ 和其条件方差 $\sigma(c)$ 的比值 $s(c)/\sigma(c)$ 作为 TDT 检验统计量。Sun 等(2000)将此方法扩展到了父母信息缺失的情况。Monks 和 Kaplan(2000)综合了 Rabinowitz 等的研究结果,提出了利用所有家系类型信息的检验方法:T_{QP},T_{QS} 和 T_{QPS},其中 T_{QP} 分析父母信息未缺失资料,与 Rabinowitz 的方法类似,T_{QS} 分析父母信息缺失且至少含有两个标记基因型不同的后代资料,T_{QPS} 则能同时分析这两种家系资料。

这两类方法所分析的资料仍限于父母(信息缺失或未缺失)和后代组成的核心家系,对于包含多个具有亲缘关系的核心家系的扩展系谱还不能有效处理。Abecasis 等(2000)在这方面提出了新的方法,利用似然方法将其原来仅能分析核心家系的方法扩展到了处理复杂系谱。

Rabinowitz(1997)和 Allison(1997)处理数量性状的方法实际上是按一定标准对个体进行了选择,从而将连续分布的数量性状转化为不连续的二项分类性状。遵照这个思路,如果能有效地将数量性状转化为阈性状,则 PTDT 也同样可以分析数量性状。数量性状和阈性状有着共同的遗传基础,两者之间进行转化的可行性较大,关键是找到一个合理的转化方法,丁向东和张勤(2004)提出了数量性状转化为分类性状的方法,利用先前提出的 PTDT 方法(Ding *et al.*,2004)进行数量性状基因定位。

4.2.1 数量性状转化为分类性状方法

TDT 在分析二项分类疾病性状时,主要假设发病个体具有致病基因 Q,未发病个体具有

不致病基因 q。在某种程度上也可以这样认为数量性状,对生产性状而言,如泌乳量,从遗传学角度讲,表型值高的个体我们可以认为携带有"高产"等位基因 Q,表型值低的可认为是携带有"低产"等位基因 q,这里的"高产"和"低产"可以看做是阈性状的两种类型:状态 1 和状态 2。因此如何准确地按某个标准对个体进行选择,将其分为携带有 Q(状态 1)和 q(状态 2)的两种类型显得尤为重要。

因为系谱传递不平衡是以家系为基础的,转化的最理想结果便是每个核心家系都有状态 1 和状态 2 个体,这样才能尽可能多地提供传递不平衡信息。丁向东(2004)采用全同胞家系和混合家系选择两种转化方法。对于全同胞家系转化方法即将表型值或育种值高于家系均值的个体设定为状态 1,低于和等于家系均值的个体设定为状态 2。混合家系也如此处理,从而将扩展系谱中的个体转化为 1 和 2 两种状态。

4.2.2　选择性基因型测定

选择性基因型测定是选择高、低两种极端表型的个体构成一个子群体,仅对该子群体个体予以标记测定。Darvasi(1992)的研究表明在不影响统计效力的前提下,选择性基因型测定能显著地降低测定的个体数,降低实验成本。对于一个扩展系谱,不论是全同胞家系选择,还是混合家系选择,都可以继续向高端和低端选择,且可以提高转化的准确性,完全基因型测定下,有的个体提供的信息是错误的,比如,个体实际上携带 Q,但其表型值比家系或整个扩展系谱均值稍微偏低,而被错判为携带 q 的状态 2。而设定一个选择率,只对高端和低端个体进行转化,则可提高转化的准确性。

4.2.3　数据模拟

数据模拟同 4.2,不同之处是阈性状的潜在变量此处为数量性状表型。有关参数如下:

遗传力:0.3;

QTL 效应(QTL 方差占总遗传方差比例):0.1,0.3,0.5;

标记等位基因数目:2,各等位基因在基础群中的频率相等;

独立的扩展系谱个数:10,20;

选择性基因型测定选择率(s):0.20,0.40,0.60,0.80,1.00;

对每一参数组合重复模拟 100 次,每次重复 PTDT 统计量假设检验的临界值由 10 000 次数据重排确定。

4.2.4　数量性状转化方法比较

由于全同胞家系选择和混合家系选择将数量性状转化为二分类性状的效率不同,直接影响到 PTDT 的检验功效和 I 型错误。因此相同条件下,PTDT 在两种转化方法下的表现差异可间接反映两种转化方法的效率。如表 4-6 所示,在大多数情况下,混合家系选择转化方法优于全同胞家系选择,尤其是 QTL 效应较小的情况下,PTDT 在混合家系选择下的检验功效比全同胞选择高出 10%,并且能将 I 型错误控制在预先设定的显著性水平 0.05 和 0.01 之内,而全同胞家系选择则会产生相对较高的Ⅰ型错误。

表 4-6   全同胞选择和混合家系选择转化方法下 PTDT 检验功效和Ⅰ型错误比较

扩展系谱数	后代数/母畜	QTL效应	$\alpha = 0.05$				$\alpha = 0.01$			
			检验功效		Ⅰ型错误		检验功效		Ⅰ型错误	
			Full-sib	Mixed	Full-sib	Mixed	Full-sib	Mixed	Full-sib	Mixed
10	4	0.1	0.44	0.59	0.08	0.01	0.20	0.30	0.02	0
		0.3	0.86	0.96	0.04	0.04	0.56	0.77	0	0
		0.5	0.99	1.00	0.07	0.04	0.85	0.93	0.02	0.01
	8	0.1	0.98	0.99	0.05	0.03	0.82	0.85	0.01	0.01
		0.3	1.00	1.00	0.07	0.06	1.00	1.00	0.04	0.02
20	4	0.1	0.80	0.92	0.05	0.05	0.56	0.71	0.03	0.01
		0.3	1.00	1.00	0.07	0.06	0.99	0.99	0.02	0.01

虽然最后提供传递不平衡信息是一个个的全同胞家系,但混合家系中的半同胞家系由于有一个共同的亲本,且拥有更多的后代,数量性状的转化要比全同胞选择准确,扩展系谱能提供更多的传递不平衡信息,因而在很多情况下混合家系选择的转化效力要高于全同胞选择。

丁向东(2004)同时研究了 PTDT 数量性状基因定位影响因素,结果表明,扩大样本含量可以提高 PTDT 的基因定位效力,增加母畜的后代数或者独立系谱数目都可以扩大样本含量。如表 4-7 所示,当 QTL 效应为 0.1 时,每头母畜有 4 个后代且样本由 10 个独立的扩展系谱构成时,PTDT 的检验功效仅为 0.57,然而将母畜后代数和扩展系谱数分别加倍后,PT-DT 的检验功效分别提高至 0.98 和 0.92。同时,从表 4-7 也可看出,增加母畜后代数比单独增加扩展系谱数对 PTDT 基因定位效力影响大,因为母畜后代数的增加意味着单个扩展系谱的增大,可以产生更多有信息的Ⅰ型核心家系和Ⅱ型核心家系,进而提高 PTDT 效力。这与 Martin 等人(2001)的研究结果类似,大的扩展系谱可以更有效提高系谱传递不平衡检验效力。

表 4-7   QTDT,PDT 和 PTDT 检验功效和Ⅰ型错误比较(100 次重复模拟)

扩展系谱数	后代数/母畜	QTL效应	$\alpha = 0.05$					
			Power			Type Ⅰ error		
			QTDT	PDT	QPTDT	QTDT	PDT	QPTDT
10	4	0.1	0.18	0.46	0.59	0.04	0.18	0.01
		0.3	0.54	0.94	0.96	0.12	0.04	0.04
	8	0.1	0.53	0.94	0.99	0.15	0.06	0.03
20	4	0.1	0.41	0.85	0.92	0.08	0.15	0.05
扩展系谱数	后代数/母畜	QTL效应	$\alpha = 0.01$					
			Power			Type Ⅰ error		
			QTDT	PDT	QPTDT	QTDT	PDT	QPTDT
10	4	0.1	0.08	0.19	0.30	0	0.01	0
		0.3	0.33	0.75	0.77	0.03	0	0.01
	8	0.1	0.36	0.78	0.85	0.02	0.01	0.01
20	4	0.1	0.18	0.54	0.71	0.01	0.03	0.01

4.2.5　PTDT 与 QTDT 和 PDT 效力比较

虽然 Martin 等(2000)提出 PDT 方法时针对的是二项分类的复杂性状,但数量性状经过本研究提出的全同胞选择、混合家系选择两方法转化后变为两种类型的阈性状,因此也可用 PDT 进行分析。丁向东和张勤(2004)进行了 PTDT 与 QTDT(Abecasis *et al.*,2000),PDT (Martin *et al.*,2000)数量性状基因定位效力比较。

表 4-7 给出了不同条件下 QTDT,PDT 和 QPTDT 数量性状 QTL 定位的Ⅰ型错误和检验功效,鉴于两种数量性状转化方法中,混合家系选择优于全同胞家系选择,仅采用混合家系选择方法对数量性状加以转化。从表 4-7 可以看出,PTDT 比 QTDT 和 PDT 基因定位效力更高且更稳健。三种方法中,QTDT 的检验功效最低尤其在 QTL 效应很小的情况下,这意味着 QTDT 不易检测到效应小的基因。PDT 的检验功效与 PTDT 接近,然而其不能有效控制Ⅰ型错误,如母畜后代数为 4 且 QTL 效应为 0.1 时,PDT 在 0.05 和 0.01 显著性水平下的Ⅰ型错误分别高至 0.18 和 0.15,易导致产生较多的假阳性。比较而言,PTDT 在绝大多数情况下检验功效最高并能将Ⅰ型错误控制在显著性水平以下。

QTDT 由于基于似然方法并利用 SIMWALK2 进行同源相同概率的计算,因此运算时间耗时过长,如表 4-8 所示,对每个母畜 8 个后代的扩展系谱,QTDT 平均需要花费 1.5 h 完成 1 个标记分析,这意味着对于成千上万的标记分析,QTDT 则无法在可以接受的时间内完成数据分析。

表 4-8　**QTDT,PDT 和 QPTDT 平均每次重复运行时间**　　　　min

扩展系谱数	后代数/母畜	QTL 效应	QTDT	PDT	QPTDT
10	4	0.1	31.78	0.02	0.06
		0.3	16.88	0.02	0.04
	8	0.1	99.85	0.01	0.03
20	4	0.1	47.45	0.06	0.15

4.2.6　PTDT 选择性基因型测定基因定位效力

选择性基因型测定不仅可以减少测定的数量,降低测定成本,而且可以提高 QTL 的检验效力。丁向东和张勤(2004)模拟了 10 个扩展系谱、每头母畜 8 个后代和 20 个扩展系谱、每头母畜 4 个后代两种资料结构,研究了 QTL 效应为 0.10 时这两种资料结构在选择性基因型测定设计中 PTDT 的检验功效变化情况(表 4-9),选择率为 1.0 时即为完全基因型测定。

结果表明,选择性基因型测定可以提高 PTDT 的定位效力,如对每头母畜 8 个后代的资料结构,当选择性基因型测定比例为 0.6 时,PTDT 在 0.05 和 0.01 显著性水平的检验功效分别为 1.00 和 0.91,高于其完全基因型测定下的检验功效。PTDT 在选择性基因型测定比例为 0.8 和 0.4 时的检验功效与完全基因型测定下接近。然而对于不同的资料结构,PTDT 最优的选择性基因型测定比例不同,如每头母畜 4 个后代的小家系资料结构,选择性测定比例为 0.8 时的 QPTDT 检验功效与全基因型测定相同,但随着选择强度的增加,PTDT 检验功效呈下降趋势。这表明大的扩展系谱适合选择性基因型测定设计,即使仅有部分个体进行基因型测定,仍然可以提供足够的核心家系,保持甚至超过全基因型测定的定位效力。而含量小的扩展系谱则可能没有足够的Ⅰ型和Ⅱ型核心家系导致效力下降。

表 4-9   选择性基因型测定下 PTDT 的检验功效和Ⅰ型错误(100 次重复,QTL 效应为 0.1)

扩展系谱数	后代数/母畜	选择比率	Power		Type Ⅰ error	
			$\alpha = 0.05$	$\alpha = 0.01$	$\alpha = 0.05$	$\alpha = 0.01$
10	8	1.0	0.99	0.85	0.03	0.01
		0.8	0.99	0.84	0.05	0.02
		0.6	1.00	0.91	0.02	0
		0.4	0.98	0.85	0.06	0.01
		0.2	0.91	0.69	0.06	0
20	4	1.0	0.92	0.71	0.05	0.01
		0.8	0.92	0.75	0.04	0.01
		0.6	0.90	0.65	0	0
		0.4	0.87	0.59	0.05	0
		0.2	0.54	0.22	0.01	0.01

　　PTDT 不仅可以分析畜禽中普遍存在的群体资料,而且也可分析特定试验设计的资源群体。连锁分析的一个重要的工作是构建资源群体,针对畜禽的特点,人们先后提出了回交设计、F$_2$ 设计、女儿设计、孙女设计等试验设计方案。由这些设计构建的资源群体都可分解成多个独立的扩展系谱,进而用于 PTDT 检验。此外,TDT 方法的一个突出的优点就是能够消除群体混杂(population stratification)对连锁不平衡的影响,作为 TDT 的扩展方法,PTDT 也同样有此优点。这意味 PTDT 可以利用不同品种、品系的畜禽资料,且消除了品种、品系间混杂的影响。

　　同样,对人类复杂性状基因定位,PTDT 同样适用,并且在对数量性状进行转化时,也可利用表型信息或育种值信息进行家系选择,但混合家系选择不再适合人类,这时家系内全同胞选择比较适合人类资料的转化方法。由于人类每个家系后代数比较少,因而要使 PTDT 达到较高的检验功效需要收集较多的资料,这也是其他传递不平衡检验在处理人类数量性状时共同面临的问题。

参 考 文 献

[1] Abecasis G R, William O C & Lon R C. Pedigree tests of transmission disequilibrium. Eur J Hum Genet,2000,8:545-551.

[2] Allison D B. Transmission-disequilibrium tests for quantitative traits. Am J Hum Genet,1997,60:676-690.

[3] Bacanu SA, Devlin B, Roeder K. The power of genomic control. Am. J. Hum. Genet.,2000,66:1933-1944.

[4] Churchill G. A. and Doerge R. W. Empirical threshold values for quantitative trait mapping. Genetics,1994,138:963 - 971.

[5] Devlin B, Roeder K. Genomic control for association studies. Biometrics,1999,55:997 - 1004.

[6] Ding X D,Zhang Q,Xu R H,Wang Y. Pedigree transmission disequilibrium test for QTL mapping of threshold trait,Chinese Science Bulletin,2004,49:1347 - 1353.

[7] Falk C T,Rubinstein P. Haplotype relative risks:an easy reliable way to construct a proper control sample for risk calculations. Ann. Hum. Genet. ,1987,51:227 - 233.

[8] Monks S A,Kaplan N L. Removing the sampling restrictions from family-based tests of association for a quantitative-trait locus. Am J Hum Genet,2000,66:576 - 592.

[9] Prichard J K,Stephens M,Rosenberg NA,et al. Association mapping in structured populations. Am. J. Hum. Genet. , 2000,67:170 - 181.

[10] Pritchard J K,Rosenberg NA. Use of unlinked genetic markers to detect population stratification in association studies. Am. J. Hum. Genet. , 1999,65:220 - 228.

[11] Rabinowitz D. A transmission disequilibrium test for quantitative trait loci. Human Heredity,1997,47:342 - 350.

[12] Risch N,Merikangas K. The future of genetic studies of complex human diseases. Science, 1996,273:1516 - 1517.

[13] Rothschild M F,C Jacobson,D Vaske,et al. The estrogen receptor locus is associated with a major gene influencing litter size in pigs. Proceedings of the National Academy of Science,1996,93:201 - 205.

[14] Schulze T G and Francis J M. Genetic association mapping at the crossraoads:which test and why? Overview and practical guidelines. American Journal of Medical Genetics,2002,114:1 - 11.

[15] Spielman R S,Ewens W J. A sibship test for linkage in the presence of association:the sib transmission/disequilibrium test. American Journal of Human Genetics,1998,62:450 - 458.

[16] Spielman R S,Ewens WJ. The TDT and other family-based tests for linkage disequilibrium and association [editorial]. American Journal of Human Genetics,1996,59:983 - 989.

[17] Spielman RS,McGinnis RE,Ewens WJ. Transmission test for linkage disequilibrium:the insulin gene region and insulin-dependent diabetes mellitus (IDDM). American Journal of Human Genetics,1993,52:506 - 516.

[18] Sun F,Flanders W D,Yang Q ＆Zhao H. Transmission/disequilibrium tests for quantitative traits. Ann Hum Genet,2000,64:555 - 565.

[19] Thomson G,Robinson WP,Kuhner MK,Joe S,Klitz W. HLA and insulin gene associations with IDDM. Genet Epidemiol,1989,6(1):155 - 160.

[20] Zhao H. Family-based association studies. Statistical Methods in Medical Research,2000,9:563 - 587.

[21] 丁向东. 利用系谱传递不平衡检验精细定位 QTL,中国农业大学博士学位论文,2004.

第5章

单倍型推断

随着分子标记数量和密度不断增加,人们分析分子标记的方法也不断变化,从原来以单个标记分析为主逐渐转变成多标记联合分析(Dudbridge *et al*.,2000)。在多标记联合分析的方法中,以单倍型为主的分析方法逐渐受到人们的关注和重视。大量的研究表明单倍型在疾病基因定位方面可以提供更高的统计效力(Akey *et al*.,2001;Davidson,2000;Drysdale *et al*.,2000;Zhang *et al*.,2002;Zhao *et al*.,2000)。2002年中国、日本、英国、尼日利亚、加拿大和美国科学家和资助机构共同发起的国际人类基因组单倍型图计划(http://www.hapmap.org/index.html.zh,HapMap)旨在构建人类的SNP单倍型图谱以能更为精细的揭示不同人种在基因组水平上的差异,从而发现与人类健康、疾病以及对药物和环境因子的个体反应差异相关的基因(The International HapMap Consortium,2003)。同样在家养动物的遗传研究中,牛的Hapmap计划也已经开展(Bovine Hapmap Consortium,2006),吹响了后基因组时代畜禽基因定位的号角。可以确信以单倍型为核心的分子标记分析方法变得越来越重要,而通过实验技术或统计方法获取单倍型是单倍型分析的基础。

5.1 基本概念

5.1.1 单倍型(haplotype)、双倍型(diplotype)

单倍型是同一染色体上不同标记等位基因的组合。在分子实验中,我们只能观测到两个标记各自的基因型如Aa、Bb,但我们不知道究竟是AB(ab)还是Ab(aB)在同一条染色体上,这里AB、ab、Ab和aB就是单倍型。如图5-1所示,某个体在五个连锁的标记座位的基因型分别是22、21、12、11和21,其单倍型一个是22112,另一个是21211,此两个单倍型组成了该个体的双倍型(122112,21211)。

目前获取单倍型信息的手段可以分成两大类。一类是通过实验技术手段获得单倍型（Tost *et al.*，2002；Yan，2000），常见的方法有单分子稀释技术（Ruano *et al.*，1990）、特定等位基因长 PCR（Michalatos-Beloin *et al.*，1996）、等温回环扩增（Lizardi *et al.*，1998）、长插入片段克隆（Ruano *et al.*，1990；Bradshaw *et al.*，1995）和纳米碳管探针技术（Woolley *et al.*，2000）等。但这些方法不仅成本高昂，而且效率低下，同时一些重要的技术问题仍亟待解决。

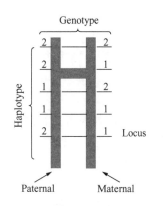

图 5-1　基因型和单倍型、双倍型

另一类获得单倍型的方法是利用基因型信息和其他信息（例如系谱信息）通过特定的算法推断出单倍型。在当前的实验条件下，通过分子生物学手段获取分子标记的基因型信息相当容易，而且成本也相对低廉，这使得通过算法利用基因型信息推断单倍型成为人们获取单倍型信息的第一选择。研究表明利用算法推断单倍型具有相当好的稳健性，即使一些条件明显的有悖于假设，这些方法对于相当大小的样本中的共有单倍型都能给出较为合理的解释（Niu *et al.*，2002）。

5.1.2　单倍型推断

单倍型推断方法主要分为两大类：基于规则和基于统计计算的推断方法。主要的推断方法有 Clark 算法（Clark，1990）、ML-EM 算法（Excoffier and Slatkin，1995）、Bayes 方法（Stephens *et al.*，2001，Niu *et al.*，2002）等。单倍型推断方法最初主要针对无亲缘关系的群体资料，但越来越多的研究表明利用亲属信息可以提高推断的准确性（Becker and Knapp，2002；Hodge，*et al.*，1999；Rohde and Fuerst，2001；Schaid，2002），因此推断方法逐步扩展至利用核心家系资料（Becker and Knapp，2004；Rohde and Fuerst，2001），单亲资料（Ding *et al.*，2006），全同胞资料（Liu *et al.*，2006；Ding *et al.*，2007）和复杂系谱资料（Li and Jiang，2003；Qian and Beckman，2002），但这些方法主要针对人类资料，系谱结构简单，不适合畜禽单倍型推断，或者推断的准确性不高（Ding *et al.*，2007）。虽然最近也陆续有针对动物系谱资料的推断方法提出（Baruch *et al.*，2006；Boettcher *et al.*，2004），但有各自的局限性。而传统的连锁分析程序 GENEHUNTER（Kruglyak *et al.*，1996）、SIMWALK2（Sobel and Lange，1996）虽也提供单倍型推断功能，但这些方法均假设标记处于连锁平衡状态，不能作为 SNP 单倍型推断的有效方法（Schaid，2002，Ding *et al.*，2006），并且 SIMWALK2 运算十分缓慢，显然不能满足大量 SNP 标记单倍型推断的需要。因此，发展针对动物系谱结构的单倍型推断方法十分必要。

5.1.3　大片段染色体单倍型推断

大染色体片段是单倍型推断中需解决的一个瓶颈问题。随着标记的增加，单倍型数量会呈指数性的增加，一方面使单倍型推断的准确性下降，另一方面运算负担增加，计算时间大大加长,大多数方法甚至内存溢出,无法运行。针对此,Niu 等(2002)提出了分割组装(partition-ligation,PL)的策略。首先将大片段分割成若干单元片段,对每个单元片段进行单倍型推断,然后将相邻的单元片段用相同的算法进行拼接,逐级进行,完成整个片段的单倍型推断(Niu *et al*.,2002)。PL 策略虽然提高了运算效率,但避免不了单倍型推断准确性的下降(Niu *et al*.,2002)。另外,单倍型块理论研究表明单倍型块彼此间处于低连锁不平衡状态。因此如果直接将染色体片段分割为若干单元片段而不考虑彼此间的连锁不平衡状态,无疑会加大推断的误差。如何结合单倍型块进行准确的大片段单倍型拼接是单倍型推断的一个难题。

系谱信息的引入使单倍型推断变得更复杂,主要体现在两个方面:一方面系谱图(结构)破坏了数据的独立性条件,这使得我们在做单倍型推断时必须考虑由系谱信息而形成的个体基因数据间的依赖性;另一方面是孟德尔遗传一致性是一个必须考虑的问题,基于系谱的单倍型推断不仅保证得到最优单倍型配置,而且还要保证得到的单倍型之间要满足孟德尔遗传定律,这是一个既有利又有弊的约束条件。因此,对系谱数据的单倍型推断在具体的算法和操作上与对群体数据的单倍型推断方法差别很大。针对畜禽特点,Ding 等,(2006,2007)提出了单亲资料和全同胞资料的单倍型推断方法,而对于复杂系谱,Wang(2006)发展了有重组和无重组的单倍型推断方法。

5.2 利用单亲资料推断单倍型——SPFHAP 法

核心家系资料是人和畜禽基因定位中常用的一种数据类型,尤其在复杂疾病的研究中。其通常由双亲和一个后代组成,Rohde 和 Fuerst(2001)提出了核心家系单倍型推断方法,比仅利用群体信息准确性高。然而很多情况下,双亲资料并不能同时获得,仅有一个亲本和后代组成的不完全核心家系,Ding 等(2006)提出了基于极大似然法推断单亲核心家系单倍型的方法,称为 SPFHAP 法。该方法基本原理如下:根据遗传学理论,在单个标记上,亲本遗传一个等位基因给后代,因此两者在该标记座位上有一个共同等位基因,对于多个标记也如此。如果不考虑标记间重组的话,亲本与后代将有一个共同单倍型,构成亲子单倍型对,利用亲子单倍型对可以构建与单倍型有关的极大似然函数,进行单倍型频率估计和个体双倍型推断。

5.2.1 方法概述

1. 亲子单倍型对(parent-child haplotype pair,PCHP)

对于一个由亲本 i 和后代 j 组成的核心家系,其三个标记座位的基因型分别为 $Y_i = (12;34;56)$ 和 $Y_j = (11;33;56)$,第一个座位上亲本将等位基因 1 传递给后代,第二个座位为等位基因 3,第三个座位则是 5 或 6。如果三个标记连锁紧密不发生重组的话,则单倍型 135 或 136 由亲本 i 遗传给后代 j。亲本和后代的双倍型分别为 $D_i = (135,246)$ 和 $D_j = (135,136)$ 或者 $D_i = (136,245)$ 和 $D_j = (136,135)$。该亲子对的单倍型可以表示为 (H_C, H_P, H_O),H_C、H_P

和 H_O 表示共同单倍型和亲本与后代分别携带的另一个单倍型。由于有两个可能的共同单倍型，则该亲子对也相应有两个亲子单倍型对(135,246,136)或(136,245,135)。

2. 极大似然函数

在亲子对和亲子单倍型对基础上，可以构建单亲核心家系资料的单倍型方法。参考随机群体单倍型频率的极大似然函数(Excoffier & Slatkin,1995)，对于由 m 个单亲核心家系组成的样本，单倍型频率的极大似然函数如下：

$$L(p_1,p_2,\cdots,p_h) = \prod_{f=1}^{m} \Big(\sum_{i=1}^{S_f} P(H_C,H_P,H_O)_i \Big) \tag{5.1}$$

其中 $p_1,p_2,\cdots,p_h$ 是样本中所有可能单倍型的群体频率且有 $\sum_{i=1}^{h} p_i = 1$，S_f 表示亲子对 f 中可能的共同单倍型 (H_C) 或亲子单倍型对 $(PCHP)$ 数目，$P(H_C,H_P,H_O)_i$ 表示亲子对 f 中第 i 个亲子单倍型对概率。

3. EM 算法

公式(5.1)的极大似然函数一般不易直接求解，常常结合 EM 算法通过迭代，间接求得单倍型频率。在 E 步中，群体中所有亲子对单倍型概率 $P(H_C,H_P,H_O)$ 根据单倍型频率 p_h 计算，然后在 M 步中，新的单倍型频率则根据亲子单倍型对概率求得。整个计算在 E 步和 M 步中迭代进行，直至 t 次与 $t-1$ 次迭代求得的单倍型频率差异很小，迭代结束。

EM 算法的关键是根据极大似然函数，构建 E 步和 M 步。为保证 EM 算法的运行，通常先给定单倍型频率一个初始值，其可以在符合 $\sum_{i=1}^{h} p_i = 1$ 的前提下任意给定，初始值只会对迭代次数有影响，不会对单倍型频率估计产生影响(Excoffier & Slatkin,1995)。一般情况下可以先假定一个亲子对中所有单倍型概率相同，即

$$P_f^{(0)}(H_C,H_P,H_O)_i = 1/S_f \tag{5.2}$$

再根据 M 步计算单倍型频率初始值。

(1)M 步

根据 g 次迭代中获得的亲子单倍型对概率，计算 $(g+1)$ 次迭代中单倍型频率

$$p^{(g+1)}(H_t) = \frac{1}{3m} \sum_{f=1}^{m} \sum_{i=1}^{S_f} \delta_{it} P_f^{(g)}(H_C,H_P,H_O)_i \tag{5.3}$$

其中 δ_{it} 是指示变量，表示单倍型 H_t 在亲子对 f 的第 i 个可能亲子对单倍型 $(H_C,H_P,H_O)_i$ 中出现的次数，取值为 0,1,2 或 3。

(2)E 步

所有亲子单倍型对概率由 E 步获得，如下

$$P_f^{(g+1)}(H_C,H_P,H_O)_i = \frac{P^{(g)}(H_C,H_P,H_O)_i}{\sum_{j=1}^{S_f} P^{(g)}(H_C,H_P,H_O)_j} \tag{5.4}$$

其中

$$P^{(g)}(H_C, H_P, H_O)_i = p^{(g)}(H_C)_i p^{(g)}(H_P)_i p^{(g)}(H_O)_i \qquad (5.5)$$

根据 EM 算法,通过 M 步更新每次迭代单倍型频率,再根据 E 步计算所有亲子单倍型对的条件概率。直至前后两次迭代单倍型频率几乎不再变化,如邻近两次迭代的单倍型频率差绝对值小于 10^{-6},结束迭代运算。

迭代结束后,对每一个单亲核心家系,可以根据最终的单倍型频率计算该家系所有可能亲子单倍型对的条件概率,如公式(5.6)所示,其中条件概率最大的为最终亲子单倍型对,且(H_C, H_P) 和 (H_C, H_O) 分别为亲本与后代的双倍型。

$$P(GP_i \mid (p_1, p_2, \cdots, p_h), YP_f) = \frac{P(H_C, H_P, H_O)}{\sum_{j=1}^{s_f} P(H_C, H_P, H_O)_j} \qquad (5.6)$$

5.2.2 单倍型推断效率

Ding 等(2006)将提出的单亲核心家系单倍型方法 SPFHAP 与主流的单倍型推断程序 PHASE(Stephens *et al.*,2001)和 GENEHUNTER(Kruglyak *et al.*,1996)进行了比较。PHASE 主要基于贝叶斯方法,最初仅能处理随机群体,后来扩展至分析双亲和一个后代的核心家系,也可处理一个亲本和一个后代资料。GENEHUNTER 是非常著名的连锁分析程序,可以充分利用系谱信息,但与大多数单倍型推断假定标记处于连锁不平衡不同,GENE-HUNTER 假设标记处于连锁平衡状态(Schaid *et al.*,2002)。

由于真实的单倍型不易获得,Ding 等(2006)基于共亲模型(coalescent model)模拟了由 30 个亲子对组成的样本资料,比较了以上三种方法的单倍型推断效率。选定 I_F 和 error rate 两个指标作为比较标准,I_F 用来度量单倍型频率估计的准确性(Excoffier and Slatkin,1995)

$$I_F = 1 - \frac{1}{2} \sum_{i=1}^{h} \mid \hat{p}_i - p_i \mid \qquad (5.7)$$

其中 $\hat{p}_i$ 和 p_i 分别表示单倍型 i 的估计与真实频率,I_F 介于 0 与 1 之间,越接近 1,则说明单倍型频率估计越准确。指标 error rate 用来衡量双倍型推断的准确性,如果某个体推断的双倍型与真实的不完全一致,则认为该个体双倍型推断错误,error rate 是双倍型推断错误的个体在样本的比例,error rate 越低,则说明双倍型推断越准确。

表 5-1 反映了单亲家系单倍型推断方法 SPFHAP 与 PHASE 单倍型推断效率几乎接近,但运行速度远远快于 PHASE。当 SNP 标记数目由 10 增加到 20 时,PHASE 的运算时间由 458 s 增加到 4 689 s,这意味着对于更大片段的染色体,PHASE 的运算时间可能让人无法接受,这与 Marchini 等(2006)研究比较一致,PHASE 在处理 30 个双亲和一个后代的核心家系时,187 个 SNP 花费了 3 h 32 min,如果将其类似的单亲资料,则 PHASE 可能无法在合理时间内完成单倍型推断(Ding *et al.*,2006)。

相比而言,GENEHUNTER 对于简单的单亲核心家系单倍型推断效果较差,并且其受 SNP 标记数目显著影响,当标记数目由 10 增加至 20 时,GENEHUNTER 双倍型推断错误率从 0.287 7 升至 0.615 2。同时,单倍型频率估计准确性也大幅度下降(表 5-1)。

表 5 - 1　**SPFHAP,PHASE 和 GENEHUNTER 单倍型推断效率比较**

（100 次重复,每次重复由 30 个单亲核心家系组成）

	SPFHAP	PHASE	GENEHUNTER
SNP 数目：10			
I_F	0.952 9	0.949 5	0.840 5
错误率(error rate)	0.035 7	0.036 7	0.287 7
运行时间/s	0.114 0	458.388 0	0.300 0
SNP 数目：20			
I_F	0.926 2	0.925 9	0.840 2
错误率(error rate)	0.035 6	0.036 3	0.615 2
运行时间/s	1.968 0	4 689.066 0	0.330 0

Ding 等(2006)比较了样本大小相同条件下,随机群体、单亲核心家系和完全核心家系资料对单倍型推断效率的影响。结果表明,与群体资料相比,单亲核心家系信息可以提高单倍型推断的准确性,但仍然低于完全核心家系资料单倍型推断的准确性(Ding *et al.*,2006)。研究同时表明,增加家系的后代数可以有效提高单倍型推断准确性。

5.3　利用全同胞信息推断单倍型——FSHAP 法

很多情况下,双亲资料不易获得,仅有全同胞资料,目前利用全同胞资料进行单倍型推断已开展了部分研究(BECKER and KNAPP 2004;HORVATH *et al.*,2004;LIU *et al.*,2006),但各有优缺点。针对畜禽特点,Ding 等.(2007)提出了基于极大似然法进行全同胞资料的单倍型推断方法,称为 FSHAP 法。该方法基本思路为:全同胞可以组成单倍型集,首先根据一个全同胞对资料推断其可能双亲双倍型组合,然后利用本家系其他同胞信息剔除掉不可能的双亲双倍型组合。基于双亲双倍型组合,利用极大似然方法和 EM 算法,可以计算全同胞单倍型集的概率,估计单倍型频率,同时推断全同胞个体的双倍型,并能对双亲双倍型也加以推断。

5.3.1　方法概述

1. 全同胞单倍型集(full-sib haplotype set,FSHS)

如果个体 i 三个标记的基因型为 $Y_i = (12;34;56)$,则其有多个可能的双倍型,如其中之一为 $G_i = (h_{i1}, h_{i2}) = (145,236)$。对于一个大小为 n_f 的全同胞家系 f,所有同胞的双倍型称为全同胞单倍型集表示为 $(G_1,G_2,\cdots,G_{n_f})_i$,$i$ 表示第 i 个可能全同胞单倍型集,G_1 表示全同胞家系 f 个体 1 的双倍型。

2. 似然函数

基于全同胞单倍型集,对于由 m 个全同胞家系组成的样本,群体单倍型频率的极大似然函数如下:

$$L(p_1, p_2, \cdots, p_n) = \prod_{f=1}^{m} \sum_{i=1}^{S_f} P_f(G_1, G_2, \cdots, G_{n_f})_i \tag{5.8}$$

其中 $p_1, p_2, \cdots, p_h$ 是样本中所有可能单倍型的群体频率且有 $\sum_{i=1}^{h} p_i = 1$, S_f 表示全同胞家系 f 中可能的单倍型集(FSHS)数, $P_f(G_1, G_2, \cdots, G_{n_f})_i$ 表示家系 f 中第 i 个全同胞单倍型集概率。

3. EM 算法

参考 5.2,可设定单个全同胞家系中所有可能单倍型集概率相同,即 $P_f^{(0)}(G_1, G_2, \cdots, G_{n_f})_i = 1/S_f$,根据 M 步,计算单倍型频率初始值。

(1)M 步

根据 g 次迭代中获得的全同胞单倍型集 FSHS 概率,计算 $(g+1)$ 次迭代中单倍型频率

$$p^{(g+1)}(h_t) = \left(\sum_{f=1}^{m} 2n_f \right)^{-1} \sum_{f=1}^{m} \sum_{i=1}^{S_f} \delta_{it} P_f^{(g)}(G_1, G_2, \cdots, G_{n_f})_i \tag{5.9}$$

其中 $2n_f$ 是家系 f 全同胞单倍型集 $(G_1, G_2, \cdots, G_{n_f})_i$ 包含的单倍型数目, n_f 为家系 f 全同胞个体数。δ_{it} 是指示变量,表示单倍型 h_t 在家系 f 的第 i 个全同胞单倍型集中出现的次数,取值为 $0, 1, 0, 1, \cdots, 2n_f$。

(2)E 步

所有全同胞单倍型集概率由 E 步获得,如下

$$P_f^{(g+1)}(G_1, G_2, \cdots, G_{n_f})_i = \frac{P_f^{(g)}(G_1, G_2, \cdots, G_{n_f})_i}{\sum_{k=1}^{S_f} P_f^{(g)}(G_1, G_2, \cdots, G_{n_f})_k} \tag{5.10}$$

其中

$$P_f^{(g)}(G_1, G_2, \cdots, G_{n_f})_i = \sum_{j=1}^{7} \{ P_f^{(g)}((G_1, G_2, \cdots, G_{n_f})_i \mid f_j, m_j) P^{(g)}(f_j, m_j) \} \tag{5.11}$$

家系 f 中每个可能全同胞单倍型集的概率由公式(5.11)计算获得,首先根据全同胞单倍型集计算可能的双亲单倍型组合,然后再根据双亲的单倍型组合概率计算相应 FSHS 的概率。对于每一个 FSHS,往往有多个双亲双倍型组合, $P^{(g)}(f_j, m_j)$ 是第 g 次迭代中给定单倍型频率下第 j 个双亲双倍型组合概率, $P_f^{(g)}((G_1, G_2, \cdots, G_{n_f})_i \mid f_j, m_j)$ 则是给定双亲双倍型组合概率下相应 FSHS 的条件概率。

迭代结束后,对每一个全同胞家系,可以根据最终的单倍型频率计算该家系所有可能全同胞单倍型集的条件概率,如公式(5.12)所示,其中条件概率最大的为最终全同胞单倍型集,且 $G_1, G_2, \cdots, G_{n_f}$ 分别为该家系所有个体相应的双倍型。

$$P\{(G_1,G_2,\cdots,G_{n_f})_i \mid (p_1,p_2,\cdots,p_n),YP_f\} = \frac{P(G_1,G_2,\cdots,G_{n_f})_i}{\sum\limits_{k=1}^{S_f} P(G_1,G_2,\cdots,G_{n_f})_k} \qquad (5.12)$$

同样,虽然双亲资料缺失,其双倍型也可进行推断。当最终全同胞单倍型集确定后,相应有几个可能的双亲双倍型组合,可以根据单倍型频率,计算各双亲双倍型组合的概率,概率最大者即为最终的双亲双倍型组合。

5.3.2 单倍型推断效率

Ding 等(2007)将全同胞资料单倍型推断方法 FSHAP 与主流的单倍型推断程序 FAMHAP(Becker and Knapp 2004),FBAT(Horvath *et al.*,2004)和 GENEHUNTER (Kruglyak *et al.*,1996)进行了比较。主要基于共亲模型(coalescent model)模拟生成由 30 个全同胞家系组成的样本资料,比较了以上四种方法的单倍型推断效率。选定 Discrepancy 和 error rate 作为比较标准,其中 Discrepancy 用来度量单倍型频率估计的准确性(Stephens *et al.*,2001)

$$\text{Discrepancy} = \frac{1}{2}\sum_{i=1}^{n} |\hat{p}_i - p_i| \qquad (5.13)$$

其中 $\hat{p}_i$ 和 p_i 分别表示单倍型 i 估计与真实频率,Discrepancy 介于 0 与 1 之间,越接近 0,则说明单倍型频率估计越准确,这与本章第二节中 I_F 正好相反(Excoffier and Slatkin,1995),但核心都是围绕单倍型的真实频率和估计频率。指标 error rate 定义同 5.2。

1. 单倍型推断效率比较

如图 5-2 所示,FSHAP 有最小的单倍型频率估计偏差和最低的双倍型重构错误率。FAMHAP 在很多情况下表现与 FSHAP 接近,在单倍型频率估计中,GENENHUNTER 准确性最差,FBAT 双倍型重构中产生的错误率最高。

全同胞家系虽然没有双亲的基因型信息,但可以根据全同胞个体推断出父母双倍型,但其准确性受家系大小影响很大。当家系仅有 2 个全同胞个体时,由于提供的信息有限,父母双倍型重构准确性较差,四种参与比较的方法单倍型重构的错误率都在 0.45 以上。而随着家系大小的提高,父母双倍型重构的错误率显著下降,同时,单倍型估计准确性和全同胞个体双倍型重构的准确性也随着家系大小的增加而得到提高(图 5-1)。因为家系中全同胞数目的增加提高了家系信息含量可以剔除多余的全同胞单倍型集(FSHSs)和可能的双亲双倍型组合。

2. 家系大小和家系数目对推断效率影响

Ding 等(2007)研究了全同胞家系大小和家系数目对单倍型推断准确性的影响。增加全同胞家系大小能提高单倍型推断准确性,同样,增加家系数目也能够提高单倍型推断准确性,但其效果没有增加家系大小明显。如表 5-2 所示,保持家系大小不变,将家系数目加倍,其带来单倍型推断准确性的提高并不大,而在保持样本大小不变,仅将家系数目减半而家系大小加倍的情况下,单倍型频率估计和双倍型重构准确性却显著提高。

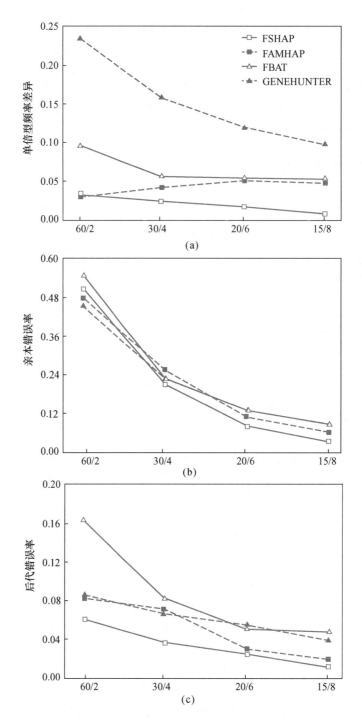

图 5 - 2　FSHAP，FAMHAP，FBAT 和 GENEHUNTER
单倍型频率估计和双倍型重构准确性比较

注：分别模拟由 60，30，20，15 个全同胞家系构成的数据类型，为保证每种数据类型样本大小一致，每个类型对应的家系分别有 2，4，6 和 8 个全同胞后代，横坐标 60/2 表示 60 个全同胞家系，每个家系 2 个全同胞后代，其余类推。

表 5-2　家系大小和家系数目对单倍型推断准确性影响比较（10 SNPs）

	FSHAP			FAMHAP		
	30/4	60/4	15/8	30/4	60/4	15/8
Discrepancy	0.023 4	0.018 1	0.009 2	0.042 0	0.030 5	0.049 5
error rate（双亲）	0.212 8	0.211 1	0.036 7	0.257 5	0.261 4	0.066 7
error rate（后代）	0.035 2	0.034 1	0.010 0	0.070 6	0.068 8	0.017 7

3. SNP 数目影响

SNP 数目不仅使单倍型推断时间呈指数性增长,而且单倍型推断准确性会随着 SNP 数目的增加而下降（Excoffier and Slatkin,1995;Ding *et al.*,2007）。Ding 等（2007）研究了 FS-HAP,FAMHAP,FBAT 和 GENEHUNTER 四种方法 SNP 数目由 10 增加到 20 时的单倍型推断情况,如表 5-3 所示,当 SNP 数目由 10 增加到 20,不仅单倍型频率估计准确性降低了,而且父母和全同胞个体双倍型重构的错误率也显著提高。同时各种方法运行时间增加,尤其是 FBAT 表现最为明显。

表 5-3　FSHAP,FAMHAP,FBAT 和 GENEHUNTER 单倍型推断效率比较

（100 次重复,每次重复由 30 个全同胞家系组成,每个家系含 4 个全同胞个体）

SNP 数	FSHAP		FAMHAP		FBAT		GENEHUNTER	
	10	20	10	20	10	20	10	20
Discrepancy	0.023 4	0.055 2	0.042 0	0.064 9	0.056 8	0.120 7	0.158 6	0.159 8
error rate（双亲）	0.212 8	0.240 3	0.257 5	0.334 6	0.234 8	0.311 2	0.231 2	0.244 7
error rate（后代）	0.035 2	0.082 8	0.070 6	0.207 3	0.081 8	0.212 6	0.066 0	0.151 2
运算时间（s）	0.174 9	9.667 7	0.470 1	1.300 1	3.450 0	160.980 0	1.330 1	2.119 8

5.4　复杂家系单倍型推断

复杂家系在人类和畜禽中普遍存在,且对单倍型推断提出了更大挑战。通常家畜的系谱比人类的系谱复杂,主要表现在几个方面:①一般情况下家畜的系谱比人类的系谱大得多,比如一个奶牛群体的系谱涉及的个体数可以达到上百万,一个种猪群体的系谱可包含上百个个体,而一个比较完整的人类系谱所包含的个体数通常不过几十个,超过百个的都很少出现;②家畜系谱的近交程度通常比人类的高,即所谓的交配环（Mating Loop）比人类系谱多的多;③家畜中一公畜多母畜的混合家系结构极为常见,而人类则是以核心家系为主;④家畜中容易出现世代重叠,而人类几乎没有世代重叠现象。家畜系谱的这些特点决定了用于家畜系谱数据的单倍型推断算法应具有较高的计算效率,和能够适应家畜复杂系谱结构的特性。

借鉴 Qian 和 Backmann（2002）算法规则,结合逐步剔除法,Wang 等（2006）和王春考（2006）分别提出了针对畜禽复杂家系的零重组单倍型推断(zero-recombination haplotype inference, ZRHI) 方法和有重组单倍型推断(minimum-recombination haplotype inference, MRHI)方法。

5.4.1　零重组单倍型推断方法(ZRHI)

ZRHI方法由六个规则构成,分三步运行。在完成规则算法后,可能得到多个单倍型配置,这时我们采用最大似然法进行计算和选择。

1. 算法

(1)算法需要的定义、符号和假设

不失一般性,我们假设要处理的系谱大小为 N,连锁的标记数目为 M。同时定义亲本为系谱中有至少一个后代的个体,而后代是指系谱中至少有一个亲本的个体。一个个体在 l 座位的基因型确定了是指该个体在 l 座位的基因型数据可以从 DNA 样本中得到或通过直系亲属信息得到。对于单倍型推断来说,一个已确定基因型的亲本至少有一个已确定基因型的后代才是有信息的,一个未确定基因型的亲本只有在其配偶的基因型确定且它的两个单倍型传递到多个后代的情况才有信息,一个未确定基因型的亲本在其配偶的基因型确定和它的一个单倍型传递给一个后代的情况下只有部分信息,一个基因型确定的后代在一个亲本的基因型确定的情况下也是有信息的。系谱中每个个体的每个座位上的两个等位基因的亲本来源(parental source, PS)和祖代来源(grandparental source, GS)是单倍型推断中的两个重要信息。PS 表示等位基因来源于父亲还是母亲的信息,GS 是指亲本等位基因的 PS。如果一个个体的单倍型推断在 l 座位上已完成意味着该座位的两个等位基因的 PS 都已确定。

对于一个核心家系或亲子对,用如下符号表示这些个体在 l 座位上基因型和等位基因信息: a_l, b_l 表示第一个亲本的两个等位基因; c_l, d_l 表示第二个亲本的两个等位基因; e_{il}, f_{il} 表示后代 i 的两个等位基因; A_l, B_l 表示第一个亲本的父源等位基因和母源等位基因; C_l, D_l 表示第二个亲本的父源等位基因和母源等位基因; E_{il}, F_{il} 表示后代 i 的父源等位基因和母源等位基因; s_{il1}, s_{il2} 表示后代 i 的父源等位基因的 GS 和母源等位基因的 GS。为了使描述更加简单明了,在不引起混淆的情况下,我们将去掉下标 i 和 l。

我们还用以下符号表示等位基因、基因型以及它们间的关系: $a_{\max}, a_{\min}$ 分别表示系谱中等位基因最大值和最小值(比如对于 SNP 标记有 $a_{\min}=1, a_{\max}=2$;对于多态性很高的微卫星,可能有 $a_{\min}=1, a_{\max} \geqslant 10$); $a=0$ 表示 a 等位基因缺失; (ab) 表示 PS 未知的等位基因为 a 和 b 的基因型,即无序基因型; AB 表示父源等位基因为 A 母源等位基因为 B (即 PS 已知)的有序基因型(单倍型); $(ab)=(cd)$ 表示基因型 (ab) 和 (cd) 相等,即 $(a=c, b=d)$ 或 $(a=d, b=c)$; $(ab) \neq (cd)$ 表示基因型 (ab) 和 (cd) 不相等,即 $(a \neq c$ 或 $b \neq d)$ 且 $(a \neq d$ 或 $b \neq c)$; $c \in (ab)$ 表示 $c=a$ 或 $c=b$; $c \notin (ab)$ 表示 $c \neq a$ 且 $c \neq b$。

我们还需要定义在单倍型推断中需要特别处理的三类不确定座位:①亲子对两个亲本和一个后代在 l 座位的基因型杂合且相同,即 $a \neq b, c \neq d, e \neq f$,且 $(ab)=(cd)=(ef)$,同时至少一个亲本和后代在 l 座位上没有确定基因型,则未确定基因型的个体的 l 座位就被视为不确定座位;②基础群个体在 l 座位上的两个候选的有序基因型在后代中产生相同数目的重组,则该基础群个体的 l 座位就被视为不确定座位;③后代个体在 l 座位上的两个候选的有序基因型产生相同数目的重组,则该后代个体的 l 座位就被视为不确定座位。

对于个体 i，我们用 $g_{i,j,k} = (g_{i,j,k,1}, g_{i,j,k,2})$ 表示个体 i 在座位 j 上的第 k 个有序基因型，该有序基因型必须与个体观察到的基因型相符合。同时我们用 $h_{i,j,k}$ 表示个体 i 的第 k 个从座位 1 到座位 j 的单倍型组合，即 $h_{i,j,k} = \{g_{i,1,k_1}, \cdots, g_{i,j,k_j}\}$。我们用 $p_{i,j,k} = \{h_{1,m,k_1}, \cdots, h_{i,m,k_i}\}$ 表示包含个体 1 到个体 i 的第 k 个系谱单倍型组合。

同时用 $G_{i,j}$ 表示个体 $i(i = 1, 2, \cdots, N)$ 座位 $j(j = 1, 2, \cdots, M)$ 上可能的有序基因型集合，用 $N_{G_{i,j}}$ 表示个体 i 座位 j 上可能的有序基因型数目，用 $G_{i,j,k}$ 表示个体 i 座位 j 的第 $k(k = 1, 2, \cdots, N_{G_{i,j}})$ 个可能的有序基因型。同时用 $H'_{i,j}$ 表示个体 i 标记 1 到标记 j 构成的临时单倍型组合集，用 $H_{i,j}$ 表示个体 i 标记 1 到标记 j 构成的确定单倍型组合集。例如个体 i 三个 SNP 标记的基因型分别为 (12)、(11) 和 (21)，则有 $G_{i,1} = \{12, 21\}$，$G_{i,2} = \{11\}$，$G_{i,3} = \{12, 21\}$。标记 1、2 和 3 构成的临时单倍型组合(集)可能为 $H'_{i,3} = \{(111, 212), (112, 211)\}$，经过处理后得到的确定单倍型组合集可以为 $H_{i,3} = \{(111, 212)\}$。

我们的算法所要求的数据有系谱信息、标记顺序和系谱成员的基因型。而诸如特定座位的等位基因频率以及关于基础群的哈迪－温伯格平衡假设等在基于规则的算法中都不要求。同时我们还假定单倍型推断所涉及的个体只是有信息或部分信息的个体，标记的顺序已知，无需再做任何推断，所有系谱成员的基因型必须符合孟德尔遗传一致性，个体间的亲缘关系准确无误(即没有亲子关系不一致的情况，没有寄养现象和 DNA 取样错误等)。我们算法中用到的数据为常染色体的基因型数据，基因型没有判型错误，且整个系谱中没有突变发生。

(2)算法中的逻辑规则

ZRHI 算法包含三大步，分别是：第一步预处理步(简称 R1 步)，主要是利用 Qian 和 Beckmann(2002)的算法相关规则对原始数据作处理，确定基础群个体和非基础个体相关座位的有序基因型，包含规则一、二、三和四；第二步简称 R2 步，通过逐步剔除方法来确定个体的有效单倍型组合(集)，包含规则五；第三步简称 R3 步，检验所得单倍型组合(集)的孟德尔遗传一致性，包含规则六。这三大步依次顺序执行最终输出结果。图 5-3 为本算法的流程图。为了描述方便，我们假设标记方向是从第一个标记开始到最后一个标记结束。

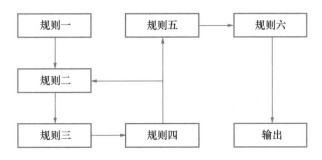

图 5-3　ZRHI 算法的逻辑规则流程图

规则一：在亲子对中利用配偶和后代的基因型推断个体的缺失基因型。作为整个算法的一个基本规则，规则一最先在单倍型推断中使用。根据数据的具体情况，规则一可以分解成 16 条子策略，见表 5-4。

表 5-4 中 a, b 既可以是父本，也可以是母本，就是说这 16 条策略在规则一中要运行两次，一次是对父本的缺失等位基因进行推断，另一次是对母本的缺失等位基因进行推断。实际上缺失的等位基因只有在其传递给至少一个后代的情况下才有可能得到确定。

表 5 - 4　在亲子对中利用配偶和后代的基因型推断个体缺失基因型的策略

一级条件	二级条件	等位基因确定结果	一级条件	二级条件	等位基因确定结果
$c=d,e=f$	$a=0,b\neq e$	$a=e$	$c\neq d,e\neq f,$	$e\in(cd),a=0,b\neq f$	$a=f$
	$b=0,a\neq e$	$b=e$	$(cd)\neq(ef)$	$e\in(cd),b=0,a\neq f$	$b=f$
$c=d,e\neq f$	$e=c,a=0,b\neq f$	$a=f$		$f\in(cd),a=0,b\neq e$	$a=e$
	$e=c,b=0,a\neq f$	$b=f$		$f\in(cd),b=0,a\neq e$	$b=e$
	$f=c,a=0,b\neq e$	$a=e$	$e=0,f\neq c,f\neq d$	$a=0,b\neq f$	$a=f$
	$f=c,b=0,a\neq e$	$b=e$		$b=0,a\neq f$	$b=f$
$c\neq d,e=f$	$a=0,b\neq e$	$a=e$	$f=0,e\neq c,e\neq d$	$a=0,b\neq e$	$a=e$
	$b=0,a\neq e$	$b=e$		$b=0,a\neq e$	$b=e$

规则二：在亲子对中根据双亲的基因型推断后代的有序基因型。这也是一个基本规则。该规则依据孟德尔遗传学定律可以分解成30子策略见表5-5,其中22条策略用于两个等位基因的 PS 推断,8 条策略用于一个等位基因的 PS 推断。

规则三：人为确定基础群个体的两类特定基因型。若基础群个体的所有杂合基因型都未确定,则可确定第一个杂合基因型 (ab) 为 $A=a$,$B=b$。若基础群个体的基因型 (ab) 纯合,则可确定 $A=a$,$B=a$。

规则四：在亲子对中利用两亲本的有序基因型和自身的前一个有序基因型的 GS 推断个体的有序基因型的 GS。当个体的有序基因型确定后,我们需要确定个体在该座位的两个 GS。利用最小重组原则(除非我们认定两座位间发生了重组,否则我们就认定两座位间无重组),可以得到以下确定 GS 的策略,见表 5-6。

规则五：通过逐步剔除法确定个体的有效单倍型组合集。对于个体 i,首先列出标记 1 的有序基因型集 $G_{i,1}$,此时个体 i 的前 1 个标记构成单倍型集为 $H_{i,1}$,且有 $N_{H_{i,1}}=N_{G_{i,1}}$。对于个体 i 标记 $j(j=2,3,\cdots,M)$,我们同样可以得到相应的有序基因型集 $G_{i,j}$,这时由前 j 个标记构成的临时单倍型组合集 $H'_{i,j}$,可以通过前 $j-1$ 个标记的单倍型组合集 $H_{i,j-1}$ 和标记的有序基因型集 $G_{i,j}$ 排列组合而成,且 $N_{H'_{i,j}}=N_{H_{i,j-1}}\times N_{G_{i,j}}$。在得到 $H'_{i,j}$ 后,对于每个 $H'_{i,j,k}$,我们都要计算在给定 $H'_{i,j,k}$ 情况下,与个体 i 有直接联系的个体对应单倍型组合的最小重组数之和 $S_{i,j,k}$。当 $S_{i,j,k}$ 小于某个阈值时,我们接受该单倍型组合,否则就予以剔除。这里 $S_{i,j,k}$ 可以是人为设定的某个阈值,也可以采用 $N_{H_{i,j}}$ 个 S 值中的最小值作为阈值,这里我们采用后者。当 $H'_{i,j}$ 中的所有单倍型组合都评估和处理后,我们就得到了 $H_{i,j}$,这里有 $N_{H_{i,j}}\leqslant N_{H'_{i,j}}$。当个体 i 标记 j 完成后,我们按照上述步骤处理个体 i 的 $j+1$ 标记,这样不断延伸直到最后一个标记为止,我们就得到了个体 1 到个体 n 的确定单倍型组合集为 $\{H_{1,m},H_{2,m},\cdots,H_{n,m}\}$。

规则六：检验所得单倍型组合(集)的孟德尔遗传一致性。具体方法是,给定个体 i 的第 k 个单倍型组合 $H_{i,m,k}$,考察该单倍型组合与对应亲本来源单倍型是否一致,同时考察该个体作为亲本与继承其单倍型的后代的单倍型之间是否满足孟德尔遗传法则,不一致则剔除。

表 5-5　在亲子对中利用双亲基因型确定后代有序基因型的策略

一级条件	二级条件	有序基因型确定结果
$a=b,c=d$	$e=a,f=c$	$E=e,F=f$
	$f=a,e=c$	$E=f,F=e$
$a=b,c\neq d$	$e=a,f\in(cd)$	$E=e,F=f$
	$f=a,e\in(cd)$	$E=f,F=e$
$a\neq b,c=d$	$e\in(ab),f=c$	$E=e,F=f$
	$f\in(ab),e=c$	$E=f,F=e$
$a\neq b,c\neq d,\mathrm{not}(ab)=(cd)=(ef)$	$e\in(ab),f\in(cd)$	$E=e,F=f$
	$f\in(ab),e\in(cd)$	$E=f,F=e$
$a=0\ or\ b=0$	$e=f$	$E=e,F=e$
	$e\neq f,\mathrm{not}\ e\in(cd)$	$E=e,F=f$
	$e\neq f,\mathrm{not}\ f\in(cd)$	$E=f,F=e$
$c=0\ or\ d=0$	$e=f$	$E=e,F=e$
	$e\neq f,\mathrm{not}\ f\in(ab)$	$E=e,F=f$
	$e\neq f,\mathrm{not}\ e\in(ab)$	$E=f,F=e$
$e=0,a=b,c=d$	$f=c$	$E=a,F=f$
	$f=a$	$E=f,F=c$
$e=0,a=b,c\neq d$	$f=a$	$E=f$
	$f\neq a,f\in(cd)$	$E=a,F=f$
$e=0,a\neq b,c\neq d$	$f=c$	$F=f$
	$f\in(ab),f\in c$	$E=f,F=c$
$e=0,a\neq b,c\neq d$	$f\in(ab),\mathrm{not}\ f\in(cd)$	$E=f$
	$\mathrm{not}\ f\in(ab),f\in(cd)$	$F=f$
$f=0,a=b,c=d$	$e=c$	$E=a,F=e$
	$e=a$	$E=e,F=c$
$f=0,a=b,c\neq d$	$e=a$	$E=e$
	$e\neq a,e\in(cd)$	$E=a,F=e$
$f=0,a\neq b,c=d$	$e=c$	$F=e$
	$e\in(ab),e\in c$	$E=e,F=c$
$f=0,a\neq b,c\neq d$	$e\in(ab),\mathrm{not}\ e\in(cd)$	$E=e$
	$\mathrm{not}\ e\in(ab),e\in(cd)$	$F=e$

在上述规则中,运行速度最慢的是规则五,它是整个算法的关键,也是整个的运行速度的瓶颈,有效提高规则五的运算效率对于整个算法意义重大。该规则受到标记数目和标记基因型缺失率影响较大,同时也明显受到系谱大小的影响。下面的章节将详细论述这些因素对算法的运行效率的影响。规则一到规则四如果能够有效确定更多的有序基因型,对于提高整个算法的效率意义也很大。规则六能够保证算法求得合理解,使获得的单倍型满足孟德尔遗传学定律,为下一步的统计计算的奠定了基础。

表 5 - 6   利用亲本有序基因型和自身前一个座位的 GS 确定座位 GS 的策略

一级条件	二级条件	GS 确定结果
$A=B$		$S_{l,1}=S_{l-1,1}$
$A\neq B$	$E=A$	$S_{l,1}=1$
	$E=B$	$S_{l,1}=2$
$C=D$		$S_{l,2}=S_{l-1,2}$
$C\neq D$	$F=C$	$S_{l,2}=1$
	$F=D$	$S_{l,2}=2$
$A\neq B,C\neq D,$	$E=A,F=C$	$S_{l,1}=1,S_{l,2}=1$
not $AB=CD=EF$	$E=A,F=D$	$S_{l,1}=1,S_{l,2}=2$
	$E=B,F=C$	$S_{l,1}=2,S_{l,2}=1$
	$E=B,F=D$	$S_{l,1}=2,S_{l,2}=2$

(3)单倍型组合的统计学评估

经过这样的处理后,我们就完成了基于规则的单倍型推断。这时可能有多个符合条件的单倍型组合存在,如果给定标记间的重组率,则可以用最大似然法来选择"最优解",即具有最大似然值的单倍型组合。由于经过前两步处理后,符合条件的单倍型数目已经很少了,所以用最大似然法计算也很快。这里用 $H=\{H_1,\cdots,H_n\}$ 表示单倍型解,$G=\{G_1,\cdots,G_n\}$ 表示基因型数据,$f(i)$ 和 $m(i)$ 表示个体 i 的父亲和母亲,其中 H_i 和 G_i 表示个体 i 的单倍型和基因型。在给定基因型 G 的情况下,单倍型配置 H 的似然率为

$$P(H\mid G)=\prod_{founder\ i}P(H_i\mid G_i)\prod_{non\text{-}founder\ i}P(H_i\mid H_{f(i)},H_{m(i)}) \tag{5.14}$$

其中 $founder\ i$ 表示个体 i 为基础群个体,$non\text{-}founder\ i$ 表示个体 i 为非基础群个体,H_i 和 G_i 分别表示个体 i 的单倍型和基因型。在已知基础群单倍型频率并假设基础群处于哈迪-温伯格平衡的条件下,我们可以得到 $P(H_i\mid G_i)$。当基础群单倍型频率未知时,我们对基础群个体的所有可能的单倍型进行加权求和,从而估计出每一种单倍型的频率。转移概率 $P(H_i\mid H_{f(i)},H_{m(i)})$ 可以根据为零的条件下根据双亲和后代的可能单倍型组合进行计算。

2. ZRHI 单倍型推断效率

Wang(2006)利用 SIMPED 模拟程序(Leal *et al.*,2005)模拟了三个系谱,比较 ZRHI 主流方法 PEDPHASE (Li and Jiang,2003)进行单倍型推断比较。系谱大小分别为:17、29 和 54,系谱的代数为 4～5 代之间,标记数目水平设为 5、10 和 20;标记基因型缺失率水平数为 0.00、0.05 和 0.10。算法的准确性的评价指标是推断正确的有序基因型比率,即推断正确的有序基因型数目与总基因型数目的比。

(1)算法的效率和准确性

在标记基因型缺失率为 0.00 的情况下,ZRHI 和 PEDPHASE 的运行时间和准确性结果见表 5 - 7。从运行时间上看,ZRHI 运行 100 次的时间远少于 PEDPHASE,ZRHI 的运行时间最小值为 0.45 s,而 PEDPHASE 的最小值为 6.14 s。在准确性方面,ZRHI 也高于 PEDPHASE,在标记数为 5 的情况下,ZRHI 的准确性达到了 0.99 以上;在标记数

为 10 和 20 的情况下,ZRHI 的准确性达到了 1.00。但是 PEDPHASE 准确性在 0.94～0.965 之间变动,且随着标记的增加呈下降趋势。通过准确性的标准差我们可以看到,ZRHI 的标准差变化范围为 0.000 0～0.008 6,而 PEDPHASE 的变化范围为 0.013 0～0.338,这说明在标记基因型缺失率为 0.00 的情况下,ZRHI 的稳健性要明显好于 PEDPHASE。

表 5-7　标记基因型缺失率为 0.00 时 ZRHI 和 PEDPHASE 运行时间和准确性的比较

系谱大小	标记数目	运行时间/s		准确性($\overline{X}\pm SD$)	
		ZRHI	PEDPHASE	ZRHI	PEDPHASE
17	5	0.45	6.14	0.998 8±0.008 6	0.963 2±0.033 8
	10	1.00	13.23	1.000 0±0.000 0	0.943 9±0.028 8
	20	2.34	31.96	1.000 0±0.000 0	0.939 7±0.026 0
29	5	0.80	11.24	0.999 7±0.002 8	0.965 1±0.026 2
	10	1.68	33.43	1.000 0±0.000 0	0.940 6±0.025 9
	20	4.16	97.74	1.000 0±0.000 0	0.946 1±0.018 5
54	5	1.39	23.47	0.999 6±0.001 9	0.959 1±0.017 4
	10	2.97	74.99	1.000 0±0.000 0	0.947 3±0.017 3
	20	7.49	225.55	1.000 0±0.000 0	0.944 8±0.013 0

表 5-8 和表 5-9 是 ZRHI 和 PEDPHASE 在标记基因型缺失率为 0.05 和 0.10 情况下运行速度和准确性的比较结果。同样 ZRHI 的运行速度和准确性都高于 PEDPHASE。ZRHI 的运行时间除在系谱大小为 54,标记数为 20,标记基因型缺失率为 0.10 的情况下与 PEDPHASE 接近外,其余都明显小于 PEDPHASE,两者的运行时间最大相差数十倍以上。ZRHI 在系谱大小为 17,标记数为 20,标记基因型缺失率为 0.10 的情况下准确性最低为 0.989 1,其余都在 0.99 以上,最大值为 0.998 9,且准确性波动很小。也就是说标记缺失对 ZRHI 准确性的影响不大。而 PEDPHASE 的准确性在一定程度上受到基因型缺失率的影响,当标记基因型缺失率为 0.05 时准确性为 0.927～0.957,在标记基因型缺失率为 0.10 时为 0.90～0.93。在标记基因型缺失率为 0.05 时,ZRHI 的准确性标准差的变化范围为 0.001 3～0.012 9,PEDPHASE 的准确性标准差变化范围为 0.016 4～0.037 6;在标记基因型缺失率为 0.10 时,ZRHI 的准确性标准差的变化范围为 0.003 6～0.017 3,PEDPHASE 的准确性标准差变化范围为 0.020 8～0.048 5。这些结果说明在标记基因型缺失率为 0.05 和 0.10 时 ZRHI 的稳健性要明显好于 PEDPHASE。

三个表综合起来,我们可以看出 ZRHI 无论是在效率、准确性还是稳健性方面都要优于 PEDPHASE。在算法的运行效率方面,ZRHI 除在个别参数组合上运行时间接近 PEDPHASE,其余都明显小于 PEDPHASE。ZRHI 的准确性在所有的参数组合下都高于 PEDPHASE,两者准确性最小差值为 0.034 6,最大差值为 0.101 7。在所有参数组合,ZRHI 的准确性标准差都小于 PEDPHASE,这从侧面说明了 ZRHI 在稳健性方面要优于 PEDPHASE。

表 5-8　标记基因型缺失率为 0.05 时 ZRHI 和 PEDPHASE 运行时间和准确性的比较

系谱大小	标记数目	运行时间/s		准确性($\overline{X}\pm SD$)	
		ZRHI	PEDPHASE	ZRHI	PEDPHASE
17	5	0.69	6.94	0.993 8±0.012 9	0.951 1±0.037 6
	10	1.20	14.53	0.999 4±0.001 8	0.936 9±0.032 4
	20	3.49	40.20	0.996 2±0.008 5	0.926 3±0.026 7
29	5	0.93	12.77	0.998 0±0.004 5	0.957 0±0.027 0
	10	2.08	39.86	0.998 7±0.003 1	0.927 1±0.025 2
	20	5.39	114.06	0.999 2±0.001 3	0.927 4±0.018 7
54	5	2.33	30.15	0.995 9±0.005 7	0.938 7±0.025 0
	10	3.94	94.96	0.998 9±0.001 7	0.931 2±0.020 5
	20	14.20	256.01	0.998 9±0.001 4	0.923 0±0.016 4

表 5-9　标记基因型缺失率为 0.10 时 ZRHI 和 PEDPHASE 运行时间和准确性的比较

系谱大小	标记数目	运行时间/s		准确性($\overline{X}\pm SD$)	
		ZRHI	PEDPHASE	ZRHI	PEDPHASE
17	5	0.82	7.52	0.991 0±0.017 3	0.930 0±0.048 5
	10	1.73	16.49	0.993 1±0.008 3	0.907 1±0.037 0
	20	9.69	49.35	0.989 1±0.011 9	0.898 5±0.031 6
29	5	1.10	15.64	0.995 4±0.007 7	0.926 9±0.032 7
	10	3.35	47.44	0.996 6±0.004 4	0.894 9±0.028 1
	20	12.63	127.35	0.995 8±0.004 1	0.906 4±0.020 9
54	5	3.05	38.57	0.992 0±0.007 8	0.915 8±0.025 1
	10	7.34	105.42	0.997 4±0.003 4	0.903 2±0.020 8
	20	302.30	323.48	0.996 4±0.003 6	0.898 5±0.015 7

5.4.2　有重组单倍型推断方法——MRHI

ZRHI 方法没有考虑标记间重组的发生,王春考和张勤(2006)将其扩展至处理有重组的系谱型数据的单倍型方法——MRHI 方法。MRHI 方法以搜寻具有最小重组数的系谱单倍型配置为根本目标,也是分成三步,包含六条规则。其中规则一、规则二、规则三和规则四与规则六与 ZRHI 中的相应规则相同;规则五则由零重组的阈值变成最小重组数的阈值。同时,这些规则要按标记顺序正向和反向运行两遍。在得到多个具有相同的最小重组数的单倍型配置后,同 ZRHI 一样,采用最大似然法选择最优解作为单倍型推断的最终结果。

1. 算法

(1)算法需要的定义、符号和假设

MRHI 方法所用到的定义、符号和假设与 ZRHI 方法基本相同。唯一不同之处在于我们假设标记之间有重组发生。考虑到我们所关注的标记为 SNP,同一个基因的标记间的重组率不是很高,所以这里设定标记的遗传距离最大为 1 cM,最小为 0.1 cM。

(2)逻辑规则

MRHI 方法的算法结构与 ZRHI 基本相同,同样包含六条规则,分成三步。第一步利用 Qian 和 Beckmann(2002)的算法相关规则对原始数据作处理,确定基础群个体和非基础个体相关座位的有序基因型,包含规则一、二、三和四,规则与 ZRHI 完全相同。第二步通过逐步剔除方法来确定个体的有效单倍型组合(集),这里需要计算的阈值取值与 ZRHI 不同,ZRHI 的阈值取值为 0,而 MRHI 的取值是所有阈值的最小值。第三步与 ZRHI 相同,都是利用孟德尔遗传定律对得到的单倍型组合配置一致性进行检查。考虑到不同的标记顺序可能对 MRHI 方法的影响,所以上述规则需要正向和反向运行两次,以保证能够找到真正的最小值阈值。

在完成上述规则运算后,我们同样利用最大似然法选择具有最大似然率的单倍型配置作为单倍型推断的最终解。

2. MRHI 单倍型推断效率

王春考和张勤(2006)利用 SIMPED 模拟程序(Leal *et al*.,2005)模拟了同 ZRHI 相同的三个系谱,且考虑了标记间 0.1 cM、0.5 cM 和 1 cM 三种重组率水平,与主流方法 PEDPHASE(Li and Jiang,2003)进行单倍型推断比较。准确性评价标准为推断正确有序基因型与总基因型数的比,同时用准确性的标准差用于从侧面反映算法的稳健性。

研究表明,在各种参数组合中,MRHI 推断的准确性最小值为0.987 6,最大值为1.000 0;PEDPHASE 的推断准确性最小值为0.966 7,最大值为0.998 9。MRHI 和 PEDPHASE 的推断准确性都随着标记基因型缺失率的增加而降低,但是在每一个参数组合中,MRHI 的准确性都要好于 PEDPHASE。MRHI 在大多数的情况下的运行时间要明显短于 PEDPHASE;MRHI 稳健性要优于 PEDPHASE(王春考和张勤,2006)。

3. 影响单倍型推断的因素

王春考和张勤(2006)研究了标记基因型缺失率、重组率、标记数目和系谱大小对单倍型推断效率的影响,主要通过这些因素对算法的运行时间、准确性的影响进行衡量。MRHI 与 ZRHI 表现出相同的趋势,且 MRHI 需额外考虑重组率的影响,因此本文重点介绍以上因素对 MRHI 方法的影响。

(1)标记基因型缺失率对算法的效率和准确性的影响

图 5-4 反映了单倍型推断的运行时间和准确性受标记基因型缺失率的影响很大。无论是 MRHI 还是 PEDPHASE 的运行时间都是随着标记基因型缺失率的增加和增长。PEDPHASE 的运行时间基本随着标记基因型缺失率呈现一种线性的增长方式,MRHI 在一般情况下也是如此。总的来讲,在绝大多数的情况下,MRHI 的运行时间要远远短于 PEDPHASE;在某些情况下,MRHI 的运行时间会接近 PEDPHASE。从图上我们能够看到 MRHI 和 PEDPHASE 两者的运行时间相差最大可达 10 倍以上,这说明我们的算法在运算时间具有优势。

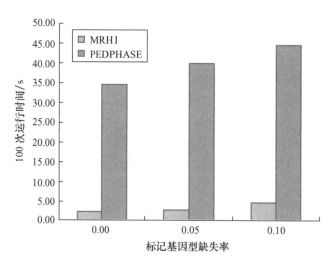

图 5 - 4　系谱大小为 **29** 标记数为 **10** 图距为 **0.5 cM** 时
标记基因型缺失率对运行时间的影响

图 5 - 5 显示了 MRHI 和 PEDPHASE 的准确性随着标记基因型缺失率的增加而下降。相比较而言,MRHI 下降程度和趋势要小于 PEDPHASE。在标记基因型缺失率从 0.05 变化到 0.10 时,单倍型推断准确性下降剧烈。这说明 MRHI 的准确性受标基因型缺失率的影响要小于 PEDPHASE。

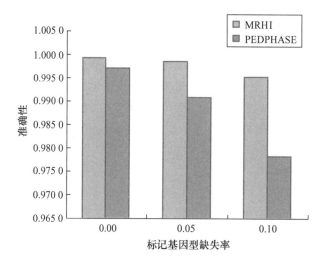

图 5 - 5　系谱大小为 **29** 标记数为 **10** 图距为 **0.5 cM** 时
标记基因型缺失率对准确性的影响

(2)标记间的遗传距离对算法的效率和准确性的影响

重组率对 MRHI 的运行时间并不明显;而对 PEDPHASE 则有较大的影响,随着标记遗传距离的增大,PEDPHASE 的运行时间明显增加(图 5 - 6)。从理论上讲,标记间重组率的增加必然增加不同单倍型的数目,进而增大搜索的空间和难度,这势必会增加运行时间。这一点在 PEDPHASE 上体现明显,在 MRHI 表现的并不明确,原因是在我们的这三个系谱中,标记重组率的增加带来的外运算复杂度并不大到足以明显的影响 MRHI 的运行效率。

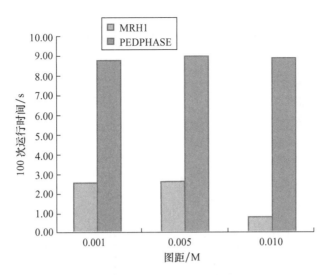

图 5 - 6　系谱大小为 17 标记数为 5 基因型缺失率为
0.00 时图距对运行时间的影响

图 5 - 7 反映了标记间的遗传距离对算法准确性的影响。尽管 MRHI 和 PEDPHASE 都具有较高的准确性(MRHI 的准确性在 0.99 以上,PEDPHASE 的准确性在 0.98 以上),但还是受到标记间的遗传距离的影响,随着标记间的遗传距离的增加,两种算法的准确性不断下降。MRHI 单倍型推断准确性下降缓慢,而 PEDPHASE 在标记间遗传距离由 0.5 cM 增加到 1 cM 时推断准确性下降幅度很大。王春考和张勤(2006)同时发现,在较大系谱和较多标记情况下稳健与 PEDPHASE 相当,两者准确性随标记间遗传距离增加下降幅度一致。但是 MRHI 的准确性始终要高于 PEDPHASE。

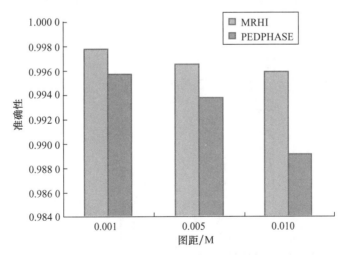

图 5 - 7　系谱大小为 17 标记数为 5 基因型缺失率为
0.00 时图距对准确性的影响

(3)系谱大小和结构对算法的效率和准确性的影响

图 5 - 8 显示了系谱大小对算法运行时间的影响。表明标记数目较小,标记间重组率以及

标记基因型缺失率较低时,系谱大小对 MRHI 的运行时间影响不大,而对 PEDPHASE 影响较大,随着系谱增大,PEDPHASE 运行时间明显增加;在绝大多数的情况下,MRHI 的运行时间明显短于 PEDPHASE。

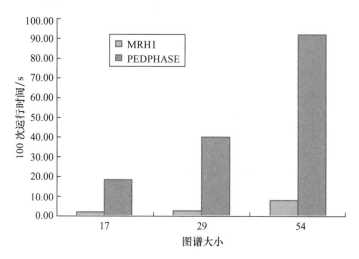

图 5 - 8   标记数为 10 图距为 0.5 cM 基因型缺失率为
0.05 时系谱大小对运行时间的影响

王春考(2006)比较了三种系谱大小对算法准确性的影响。MRHI 和 PEDPHASE 基本上都是在系谱大小为 29 的准确性高于系谱大小为 17 和 54 的情况,如图 5 - 9 所示。出现这种情况的原因是我们用到的三个系谱除了在大小有差别外,在具体结构上也有差别。这里我们计算了三个系谱基础群个体的比例,大小为 17、29 和 54 的系谱比例分别为 0.352 9、0.310 3 和 0.351 9。对比系谱的基础群比例和对应的准确性,我们发现两者是吻合的。由此我们相信除了系谱大小,系谱结构(这里指基础群个体比例)对单倍型推断的准确性也有影响。

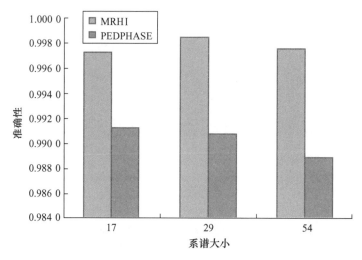

图 5 - 9   标记数为 10 图距为 0.5 cM 基因型缺失率为
0.05 时系谱大小对准确性的影响

（4）标记数目对算法的效率和准确性的影响

标记数目不仅对运行时间有影响，而且同样影响准确性。随着标记数目的增加，MRHI 和 PEDPHASE 的运行时间明显增加，但 MRHI 的运行时间要明显短于 PEDPHASE（图 5‑10）。

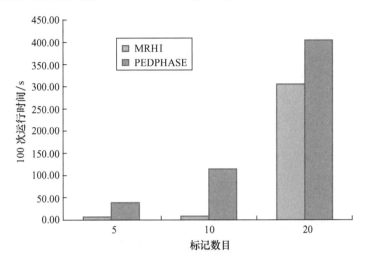

图 5‑10　系谱大小为 54 图距为 1 cM 基因型缺失率为
0.10 时标记数目对运行时间的影响

但标记数对单倍型推断准确性影响比较负责。总的讲在系谱较小、标记重组率和基因型缺失率较低的情况下，MRHI 和 PEDPHASE 的准确性随着标记数目的增加而提高；当系谱较大，标记间重组率较高，标记基因型缺失率较大时，MRHI 变化不明确，PEDPHASE 的准确性随着标记数目的增加而增大。但是这种变化趋势并不十分明显，这可能受到其他各种因素的影响。因此标记数目对单倍型推断准确性的影响应结合其他因素一同分析比较合适。

5.4.3　讨论

在基于统计计算的单倍型方法中，算法通过计算求得具有最大似然值的单倍型配置。诸如 Mendel（Lange and Weeks，1989）和 Merlin（Abecasis *et al.*，2002；Abecasis and Wigginton，2005）等算法采用 EM 算法估计单倍型频率，需要进行不断的迭代，运行时间会随着标记数目增加而呈指数增加，因而运行时间相对较长，适用于较小群体和较少标记；SIMWALK2（Sobel *et al.*，1995）采取模拟煺火法进行近似似然率计算，也需要不断的进行迭代运算直至收敛，因而运行速度也较慢，适用较小的系谱和有缺失的数据；Gao 等（2004）提出的条件概率计算方法（CPH）采用直接计算个体座位的后验基因型概率的方法实现单倍型推断，运行速度快，可以处理较大系谱和较多标记，但要求基因型数据必须完整。SUPERLINK（Fishelson and Geiger，2003）利用贝叶斯网络理论和图论并结合随机贪婪搜索策略，逐步剔除较小后验概率的单倍型，运行快，可以处理中等大小群体和标记数，但是难于处理有缺失的数据。

基于规则的方法试图在较小的空间进行搜索，以加快单倍型推断速度，但也是不同算法有不同的运算速度。如前所述 PEDPHASE（Li and Jiang，2004）将单倍型推断问题转化为整数线性规划问题，但是在本质上并没有缩小搜索空间，所以运算速度也较慢，这一点从我们的结果可以看出。Qian 和 Backmann(2002)通过规则确定一部分有序基因型,对于无法确认的有序基因型,则采取了逐一比较的策略获得最小重组单倍型,因而在处理有些数据(比如 SNP 数据)运行速度极为缓慢(Li and Jiang,2004)。

ZRHI 和 MRHI 方法作为基于规则的算法也是从缩小搜索空间的角度出发来提高单倍型的推断效率。这些方法作了两方面的努力,一方面借鉴 Qian 和 Beckmann(2002)的方法规则,利用亲子关系确定有序基因型;另一方面采用逐步剔除的方法减少需要搜索的单倍型数目。结果证明这种策略是有效的。

从影响单倍型推断的因素的分析结果来看,标记基因型缺失率对单倍型推断运行时间和准确性影响较大,随着标记基因型缺失率的增加,单倍型推断的运行时间增加,单倍型推断准确性下降。

系谱大小对 MRHI 的运行时间影响并不明确,但对 PEDPHASE 影响明确,随着系谱增大,PEDPHASE 的运行时间增长,这一点与 Li 和 Jiang(2004)的报道一致。系谱大小对单倍型推断准确性影响要结合其他因素进行分析,这里我们认为基础群个体比例是一个影响单倍型推断准确性的一个重要因素。基础群个体比例降低可能会提高单倍型推断的准确性。

标记间的遗传距离对 MRHI 运行时间影响不明确,对 PEDPHASE 影响明确,随着标记间重组率增加,PEDPHASE 运行时间增长。标记间的遗传距离对单倍型推断准确性影响明确,随着标记间的遗传距离增大,单倍型推断准确性下降。

标记数目对算法运行时间影响明确,随着标记数增加,算法运行时间增长。标记数目对单倍型推断准确性影响于标记间的遗传距离有很大关系,在标记间遗传距离较小时,标记数目增加可以增加单倍型推断的准确性,当标记间的遗传距离较大时,标记数目的增加会降低单倍型推断的准确性。

参 考 文 献

[1] Abecasis G R and Wigginton J E. Handling marker-marker linkage disequilibrium:pedigree analysis. Am J Hum Genet,2005,77:754 - 767.

[2] Abecasis G R, Cherny S S, Cookson W O and Cardon L R. Merlin-rapid analysis of dense genetic maps using sparse gene flow trees. Nat Genet,2002,58:97 - 101.

[3] Akey J, Jin L and Xiong M. Haplotypes vs single marker linkage disequilibrium tests:what do we gain? Eur. J. Hum. Genet. 2001,9:291 - 300.

[4] Baruch E, Weller J I, Cohen-Zinder M, Ron M, Seroussi E, Efficient inference of haplotypes from genotypes on a large animal pedigree. Genetics,2006,172:1757 - 1765.

[5] Becker T, Knapp M, Efficiency of haplotype frequency estimation when nuclear family information is included. Hum. Hered,2002, 54:45 - 53.

[6] Becker T, Knapp M. Maximum-Likelihood Estimation of Haplotype Frequencies in Nuclear Families. Genet. Epidemiol,2004, 27:21 - 32.

[7] Boettcher P J, Pagnacco G, Stella A. A monte carlo approach for estimation of haplotype probabilities in half-sib families. J Dairy Sci,2004,87:4303 - 4310.

［8］ Bovine Hapmap Consortium. 30th international Conference on Animal Genetics，2006. 8，Porto Seguro，Brazil.

［9］ Bradshaw M S，Bollekens J A，Ruddle F H. A new vector for recombination-based cloning of large DNA fragments from yeast artificial chromosomes. Nucleic. Acids. Res.，1995，23：4850‐4856.

［10］ Clark A G，Inference of haplotypes from PCR-amplified samples of diploid populations. Mol Biol Evol. 1990，7：111‐122.

［11］ Davidson S. Research suggests importance of haplotypes over SNPs. Nat Biotechnol，2000，18：1134‐1135.

［12］ Ding X D，Zhang Q，Flury C，Simianer H. Haplotype reconstruction and estimation of haplotype frequencies from nuclear families with only one parent available. Human Heredity，2006，62：12‐19.

［13］ Ding X D，Zhang Q，Simianer H. A new method for haplotype inference including only full-sib information. Genetics，2007，177：1929‐1940.

［14］ Drysdale C M，McGraw D W，Stack C B. Complex promoter and coding region b（2）-adrenergic receptor haplotypes alter receptor expression and predict in vivoresponsiveness. Proc Natl Acad Sci USA，2000，97：10483‐10488.

［15］ Dudbridge F，Koeleman B P C，Todd J A and Clayton D G. Unbiased application of the transmission/disequilibrium test to multilocus haplotypes. Am. J. Hum. Genet.，2000，66，2009‐2012.

［16］ Excoffier L，Slatkin M. Maximum likelihood estimation of molecular haplotype frequencies in a diploid population. Mol. Biol. Evol.，1995，12：921‐927.

［17］ Fallin D，Schork NJ. Accuracy of haplotype frequency estimation for biallelic loci，via the expectation-maximization algorithm for unphased diploid genotype data. Am J Hum Genet，2000，67：947‐959.

［18］ Friedman N，Geiger D and Lotner N. Likelihood computation with value abstraction.，Proc. 16th Conf. on Uncertainty in Artificial Intelligence（UAI），2000.

［19］ Gao G，I Hoeschele，P Sorensen and F X Du. Conditional Probability Methods for Haplotyping in Pedigrees. Genetics，2004，167：2055‐2065.

［20］ Hodge S E，Boehnke M，Spence M A. Loss of information due to ambiguous haplotyping of SNPs. Nat. Genet，1999，21：360‐361.

［21］ Kruglyak L，Daly M J，Reeve-Daly M P，Lander E L，Parametric and nonparametric linkage analysis：a unified multipoint approach. Am. J. Hum. Genet，1996，58：1347‐1363.

［22］ Lange K and Weeks D E. Efficient computation of LOD scores：genotype elimination，genotype redefinition，and hybrid maximum likelihood algorithms. Ann Hum Genet，1989，53：67‐83.

［23］ Li J，Jiang T. Efficient inference for haplotype from genotypes on a pedigree. J. Bioinform. Comput. Biol.，2003，1：41‐69.

[24] Liu P Y, Lu Y, Deng H W. Accurate haplotype inference for multiple linked single nucleotide polymorphisms using sibship data. Genetics,2006,174:499 - 509.

[25] Lizardi PM, Huang X, Zhu Z, Bray-Ward P, Thomas DC, Ward DC. Mutation detection and single-molecule counting using isothermal rolling-circle amplification. Nat. Genet. ,1998,19:225 - 232.

[26] Marchini J, Cutler D, Patterson N, Stephens M, Eskin E, Halperin E, Lin S, Qin ZS, Munro MH, Abecasis G, Donnelly P, for the International HapMap Consortium: A comparison of phasing algorithms for trios and unrelated individuals. Am J Hum Genet,2006,78:437 - 450.

[27] Michalatos-Beloin S, Tishkoff S A, Bentley K L, Kidd K K, Ruano G. Molecular haplotyping of genetic markers 10 kb apart by allele-specific long-range PCR. Nucleic. Acids. Res. ,1996,24:4841 - 4843.

[28] Niu T,Qin Z S, Xu X, Liu J S. Bayes haplotype inference for multiple linked single-nucleotide polymorphism. Am J Hum Genet, 2002,70:157 - 169.

[29] Qian D, Beckman L. Minimum-recombinant haplotyping in pedigree. Am J Hum Genet, 2002,70:1434 - 1445.

[30] Rohde K, Fuerst R. Haplotyping and estimation of haplotype frequencies for closely linked biallelic multilocus genetic phenotypes including nuclear family information. Human mutation, 2001,17:289 - 295.

[31] Ruano G, Kidd KK, Stephens J C. Haplotype of multiple polymorphisms resolved by enzymatic amplification of single DNA molecules. Proc. Natl. Acad. Sci. USA. ,1990, 87:6296 - 6300.

[32] Schaid D J. Relative efficiency of ambiguous vs. directly measured haplotype frequencies. Genet. Epidemiol,2002,23:426 - 443.

[33] Sobel E, Lange K. Descent graphs in pedigree analysis:application to haplotyping, location scores, and marker-sharing statistics. Am J Hum Genet, 1996,58:1323 - 1337.

[34] Stephens M, Smith N J, Donnelly P. A new statistical method for haplotype reconstruction from population genotype data. Am J Hum Genet, 2001,68:978 - 989.

[35] The International HapMap Consortium. The international HapMap project. Nature, 2003,426:789 - 796.

[36] Tost J, Brandt O, Boussicault F, Derbala D, Caloustian C, Lechner D, Gut IG. Molecular haplotyping at high throughput. Nucleic Acids Res,2002,30:e96.

[37] WANG Chunkao, WANG Zhipeng, QIU Xiaotian, ZHANG Qin. A Method for Haplotype Inference in General Pedigrees without Recombination. Chinese Science Bulletin,2006,52:471 - 476.

[38] Woolley AT, Guillemette C, Li Cheung C, Housman DE, Lieber CM. Direct haplotyping of kilobase-size DNA using carbon nanotube probes. Nat. Biotechnol,2000,18: 760 - 763.

[39] Yan H, Papadopoulos N, Marra G, Perrera C, Jiricny J, Boland CR, Lynch HT,

Chadwick RB，de la Chapelle A，Berg K，Eshleman JR，Yuan W，Markowitz S，Laken SJ，Lengauer C，Kinzler KW，Vogelstein B. Conversion of diploidy to haploidy. Nature，2000，403：723 - 724.

[40] Zhang S，Zhang K，Li J and Zhao H. On a family-based haplotype pattern mining method for linkage disequilibrium mapping. Pac. Symp. Biocomput.，2002：100 - 111.

[41] Zhao H，Zhang S，Merikangas K R，Trixler M，Wildenauer D B，Sun F Z and Kidd K K. Transmission/disequilibrium tests using multiple tightly linked markers. Am. J. Hum. Genet.，2000，67：936 - 946.

[42] 王春考. 用于一般系谱的单倍型推断方法，中国农业大学博士论文，北京，2006.

第6章

生物信息学在重要经济性状的基因分离中应用

生物信息学(Bioinformatics)是20世纪80年代末随着人类基因组计划的启动而兴起的一门新的交叉学科,最初常被称为基因组信息学。广义地说,生物信息学是用数理和信息科学的理论、技术和方法去研究生命现象、组织和分析呈现指数增长的生物数据的一门学科。目前该学科主要涉及的生物数据是遗传物质的载体 DNA 及其编码的大分子蛋白质。生物信息学以计算机为其主要工具,发展各种软件,对逐日增长的浩如烟海的 DNA 和蛋白质的序列和结构进行收集、整理、储存、发布、提取、加工、分析和研究,目的在于通过这样的分析逐步认识生命的起源、进化、遗传和发育的本质,破译隐藏在 DNA 序列中的遗传语言,揭示生物体生理和病理过程的分子基础,为探索生命的奥秘提供最合理和有效的方法或途径。生物信息学已经成为遗传学、细胞生物学等学科发展的强大推动力量,也是动物重要经济性状的基因分离的重要工具。

随着基因组测序计划的开展,获得了大量的生物物种的基因组信息。同时,主要家养动物,如猪、牛、鸡、猫、马、狗等全基因组的遗传图谱和物理图谱也已得到。正如生物信息学的定义所确定的研究内容,一是基因组相关数据的收集与管理,另一个是基因组数据内涵的分析与解释,也就是遗传密码的破译。目前,这些家养动物的核苷酸数据、蛋白质组数据、ETS 数据、cDNA 数据等已经大量收录在 NCBI、ENSEMBL 等数据库中。美国农业部成立了动物基因组计划,欧盟也有相应的项目,对于每一个物种也成立了相应的基因组计划合作组。这些项目的实施使得家养动物的各种组学数据有了整合的平台,例如 http://www.animalgenome.org/网站,在这个平台上整合了家养动物所有可以得到的最基本的分子数据。这些平台的构建有利于研究者结合数据挖掘与计算机技术开展生物信息学研究。同时由于原始数据是相当庞大的,必须结合动物遗传育种领域中挖掘影响重要经济性状基因的目的,在原始数据的基础上,根据不同的特征将其加工,从而构建出若干高级数据库,这不仅会给用户带来很多方便,更重要的是专业人员注入的知识会对用户有很大的启发。比如已经报道的家养动物 QTL 数据库 http://www.animalgenome.org/QTLdb/,截止到 2011 年 3 月,该数据库共收录了四个物种的 13 931 个 QTLs 信息，分别从 281 篇文献中筛选出 6 344 个影响猪 593 个经济性状的 QTLs；从 274 篇文献中筛选出 4 682 个影响牛 376 个经济性状的 QTLs；从 125 篇文献中筛选出 2 451 个影响鸡 248 个经济性状的 QTLs；从 59 篇文献中筛选出 454 个影响山羊 152 个经济性状的 QTLs。

生物信息学的根本任务是破译人类的遗传密码。迄今为止在基因组中真正掌握信息存储与表达规律的只有 DNA 上编码蛋白质的区域，也就是基因。这部分占基因组的比例也不到 10%。其余的基因组序列人们尚不知其功能（所谓的"Junk"DNA）。就是在掌握规律的这些序列信息中也仅仅有很小的一部分被人类解析，因此生物信息学面对的任务非常艰巨，它不仅要发现与确定新的基因，也要发现存在于"Junk"DNA 中的新信息表达与调控规律。这就意味着我们必须在已经获得的完整基因组图谱的前提下，利用适当的工具去解析这些序列所蕴涵的功能信息。我们不仅需要知道基因及其核酸序列，更重要的是要知道其如何发挥功能，或者说它们是如何按照特定的时间、空间进行基因表达，表达量有多少。很多实验表明，在不同的组织中表达基因的数目差别很大，例如在人类脑中基因表达的数目最多，约有 30 000 个，而有的组织中只有几十或几百个基因表达。研究工作也表明，同一组织在不同的个体生长发育阶段表达基因的种类、数量也是不同的，有些基因是在幼年时期表达的，有些是中年阶段表达的，有些要到老年时期才表达。因此获得基因的功能表达谱，将存在于基因组上的静的基因图谱向时间、空间维上展开是新一阶段基因组研究的核心。为了得到基因表达的功能谱，国际上在核酸和蛋白质两个层次上都发展了新技术。在核酸层次上的新技术是 DNA 芯片，在蛋白质层次上则是二维凝胶电泳和测序质谱技术。

长期以来令人惊异与困惑的是：生命并不是一群分子的堆积，它是高度有组织的。那么这种有序性的起源是什么？自 20 世纪 60 年代开始于物理学领域的非平衡与非线性研究说明：正常的生物体是一个不断地与外界进行物质和能量交换的开放系统，生物体是远离热力学平衡的，因而生物才能有序地生长、发育、繁殖、新陈代谢和进化，而且生物体中大量的过程都是不可逆的。在分子水平对基因表达调控的研究中，过去由于实验条件的限制，大多仅考虑某一特定基因，只研究调节蛋白是如何作用于它的顺式调控元件，如启动子、增强子等。人们自然会问：调节蛋白又是被什么调控的？依次下去就成了一个网络。功能基因组研究开展之后，大量来自 DNA 芯片和蛋白质组技术的信息将有可能使我们了解这一网络是如何工作。从而使人们对生物的认识上升到一个新阶段：基因是如何运作来产生结构、产生信息的。动物重要经济性状的形成过程是个动态、非线性的系统过程，这一过程涉及了影响该生物学过程的所有因子及其互作。现代复杂性科学理论认为系统的复杂度由系统内各个组分的互作关系和互作层次所决定。组分间互作越多，则系统的复杂度也越高。重要经济性状恰恰是一个有多种生物因子和环境因子整合而产生的复杂系统。如果忽略了基因间的互作将会遗失一些遗传效应的鉴定，并可能导致各个研究的结果不一致（Andrieu et al.，1998；Manolio et al.，2006）。对于基因网络的研究正是为了更高效地挖掘影响重要经济性状的遗传结构，从而论证影响该性状的特定的生物学通路和遗传调控机制（Phillips，2008；Cordell，2009）。

由于影响动物重要经济性状的形成是一个复杂的过程，涉及众多基因的调控，单纯利用实验的手段并不能获得这些调控网络，借助生物信息技术可以有助于研究者能更准确地挖掘这些基因，并解析其调控过程。由于转录因子是调控网络中的一类重要因子，在此，我们构建了牛全基因组的转录因子数据库，并对其中的一个转录因子家族即 ETS 家族进行了生物信息学分析,以期望能够深入地剖析这类因子的生物学功能。利用基因芯片推断基因网络的算法已有很多,但是在利用这些方法之前首先需要将芯片的数据标准化后才能进行分析。日前,通用的数据处理方法是对数比转换法。在数据转换之后,通过标准化过程将不同信道的荧光信号校正到同一水平。但正如 Huber 等所指出的那样,它本身还存在着一些有待解决的缺陷,如在所检测的样品当中,其一些基因会出现弱表达,或是不表达。在这种情况下,经过背景校正后,这些基因的观测值可能会是负值。然而对于比值或是对数转换,负值是没有意义的;以及假设样品中,只有一小部分的基因发生了差异表达,同时发生差异表达的基因的上下调的比例要对称。这些缺陷会造成"噪声"效应估计有偏,从而影响了检测结果的可靠性。为了能够为后续分析提供更为准确的数据,在此我们着重讨论了利用非转化的方法处理 cDNA 微阵列数据。

6.1 牛全基因组转录因子数据库构建

真核细胞基因表达的调控是一个多级调控系统(multistage regulation system),其中第一个水平是转录水平的调控(transcriptional-level control)。正是由于这个水平的调控使细胞出现了差别基因转录这一调控机制,表现为在特定时间和空间上细胞选择性的合成某些特定蛋白质。这类调控是由为数众多的蛋白质即转录因子的作用所主导,编码这类蛋白质的基因占整个基因组的份额会随物种的不同而略有差异,但基本在 5%～10% 这个范围内(Riechmann *et al.*, 2000; Madan *et al.*, 2003; Guo *et al.*, 2007)。为了了解影响重要经济性状遗传调控机制、生长发育机理以及和随外界环境调控的生物分子表达情况等,采用生物信息学方法,在基因组范围内重建基因转录调控网络是一个非常有效和高通量的方法。基因转录调控网络最基本的成分包括转录因子,转录因子结合位点以及被转录因子调控的基因,这些基因又通常位于转录因子结合位点邻近的上下游。在这三个最基本的基因转录调控网络成分中,最重要而且起着核心作用的是转录因子,它通过和转录因子结合位点结合来增强和抑制基因的表达。我们期望通过对一些转录因子的结构和它们的靶 DNA 序列之间的相互作用的了解来勾画出某些调控机制的蓝图。对于转录因子而言,其调控基因表达的生物学功能尽管不是生命体唯一的调控机制,但它仍然是一个主要的因素,而且转录因子的识别通常又是编译和重建基因转录调控网络的第一步,可以获得更多有关基因转录调控网络的信息。

目前,我们获得了大量物种的基因组和蛋白质组的数据,以全基因组的视角采用比较基因组学和生物信息学的方法揭示一个生物体内的潜在转录因子也多有报道,但研究者对于模式生物的关注要远远高于具有经济价值的牧场动物,例如牛,猪,鸡等。就目前而言,已经有关于小鼠(Kanamori *et al.*, 2004)、水稻(Gao *et al.*, 2006)、拟兰芥(Guo *et al.*, 2005)、蓝藻(Wu *et al.*, 2007)等物种的非冗余转录因子数据库,但对于牛这种家畜,除了在综合性数据库里含有部分记录以为,例如 TRANSFAC(Matys *et al.*, 2006),DBD(Sarah *et al.*, 2006)等,还没有一个数据库对牛的全部转录因子进行收录并对其进行详细注释。

本研究的目的是期望能够收录所有牛的非冗余预测转录因子,并对其进行详细的注释,特别是我们将某些转录因子与有经济价值的性状,例如产奶量、乳蛋白量等的 QTL 进行了关联注释。在本文中我们将介绍牛转录因子的识别,转录因子家族的划分,转录因子注释以及数据来源和数据库的构建等。

6.1.1　牛全基因组预测转录因子识别原理

在转录水平上参与基因表达调控的众多转录因子存在着很大的差异,其在序列的全长范围内相似性非常小,且含有复杂的结构域组合情况。但是近几年研究发现,不同转录因子存在着一个共同的特征,即都含有一些特定的蛋白结构域,从而使转录因子执行生物学功能。典型的转录因子首先包含一个与 DNA 结合的结构域(DNA-binding domain,DBD),这个结合域特异性地结合到 DNA 上的特异碱基序列。通过比较大量的转录因子的 DNA 结合结构域,我们发现大多数转录因子都具有与 DNA 序列相互作用的几种相关结构模式,而且根据这个 DBD 域的种类,可以将转录因子分成不同的基因家族,其中这些模式主要包括"锌指模型"、"亮氨酸拉链模型"、"螺旋—转角—螺旋"、"螺旋—环—螺旋"、和"HMG 框"等结构。

6.1.2　数据与方法

从 ENSEMBL(Kulikova *et al.*,2007)中下载牛全基因组序列 *Bos Taurus* v 3.1.47 版本(ftp:∥ftp. ensembl. org/pub/release-47/fasta/bos_taurus/dna),蛋白质组序列(ftp:∥ftp. ensembl. org/pub/release-47/fasta/bos_taurus/pep),共计包括 36 761 条蛋白质,以及通过 GENESCAN 预测获得 59 639 条蛋白质,并从 NCBI 数据库 UniSTS 数据集中收集了所有与转录因子相关的基因信息和转录信息(http:∥www. ncbi. nlm. nih. gov/sites/entrez? db=unists)。从 www. animalgenome. org/QTLdb/网站收集关于牛的所有 QTL 数据,涉及 91 个不同的性状,共有 846 个 QTL。从 NCBI 上获得所收集 QTL 的所有标记的详细信息。通过 SWISS-MODEL(http:∥swissmodel. expasy. org/SWISS-MODEL. html,Guex *et al.*,1997)网站获得了每个转录因子的 3D 结构图。从 SUPERFAMILY 数据库(http:∥supfam. mrc-lmb. cam. ac. uk/SUPER FAMILY/)中下载了所有 DBD 的 HMM 模型共计 10 894 个,我们参考 DBD(Sarah *et al.*,2006)最终取出 66 个家族的 213 个 HMM 模型作为转录因子结构预测使用。用 HMMER(Eddy 1998)中的 hmmpscan 程序和 hmmsearch 程序对由基因组序列预测得到的蛋白质和所有实际蛋白质进行比对分析。并设定 E-value 为 0.000 001。其他参数取默认值。

6.1.3　牛全基因组预测转录因子数据库的构架以及应用

牛转录因子数据库系统是基于 C/S 构架,使用 MySQL 作为数据管理系统,利用网页对数据的检索和浏览,所有功能利用 Perl 脚本语言来实现,其中调用了 CGI 和 DBI 两个模块。整个数据库包含 7 张数据表,表与表的相互关系见图 6-1,在此我们罗列了转录因子基本信息表的结构及字段,见表 6-1。我们构建的数据库的界面见图 6-2 和图 6-3,这些图展现了我们所构成网站的整个界面,其中图 6-2 是首页,为了检索方便在首页上以检索类别进行了分类,如按照染色体检索,或者按照转录因子家族检索,或者按照重要经济性状检索,图 6-3 是每一条转录因子数据的详细信息。

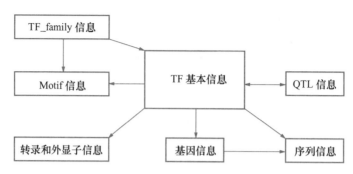

图 6-1 数据库各个表的关系图

表 6-1 牛转录因子数据库中的转录因子表

变量名字	数据描述	数据格式	键值
AC	Accession ID	BIGINT(20)	Primary
TF	Factor name	Varchar(10)	
OS	Species	Varchar(100)	
OC	Biological classification	Tinytext	
BS	Binding site	Varchar(75)	
GE	Encoding gene	Varchar(75)	
HO	Homologs	Varchar(75)	
SE	Size	BIGINT(20)	
SQ	Sequence	Tinytext	
SC	Sequence comment	Varchar(100)	
SF	Structure features	Varchar(100)	
EX	Expression pattern	Varchar(100)	
FF	Functional features	Varchar(100)	
IN	Interacting factors	Varchar(50)	
MX	Matrix	Varchar(50)	
RF	Reference	Varchar(50)	
DR	External database	Varchar(50)	

在目前版本的牛转录因子数据库主要有如下功能：

①可以按转录因子结构域的结构特点也就是转录因子家族来分别检索每个家族下的各个转录因子，对于每一个家族可以得到其所含的转录因子在染色体和表型性状的分布汇总表以及此家族的详细描述。

②可以按染色体检索每条染色体各个转录因子，对于每条染色体而言可以得到其所含的转录因子在此染色体上的分布密度以及转录因子家族和表型性状在此染色体上的分布汇总表。

③可以按表型性状检索每类表型性状下的各个转录因子，对于每一个性状可以得到其所含的转录因子在染色体和转录因子家族的分布汇总表以及此性状的详细描述。

④可以通过蛋白质 ID 号搜索其具体的信息。或者通过染色体、转录因子家族和表型性状

This Page can search and browser all cattle transcription factors

The transcription factor database is free for users from non-profit organizations only.

The Database of Bos Taurus(cow)Transcription Factors(DBTTF)collects all cow transcription factors(totally 5497 Transcription factors)and classifies them into 69 families.There are 547 from GeneScan.
The Version 1 of DATF was updated at March 2008. It is based on the bos taurus sequence of Bos taurus version 3.1 (20051108).It uses not only locus(gene),but also gene model(transcriptein)and the detail information is
for each gene model not for locus.It add multiple alignment of the DNA-binding domain of each family,Neighbor-Joinin phylogenectic tree of each family and the QTL annotation.
It keeps information items such as the uniq cloned and sequenced information of about 5497 transcription factors, Protein domains,3D structure information with BLAST hits against PDB,predicted Nuclear Location Signals, Unigene information,as well as links to literature reference.
Publication for more information and for citing this work:
DBTTF:a Database of Bos Taurus Transcription Factors
Zhipeng Wang, Qin Zhang*

Browes By Transcription Factor Fammily

"Cysteine-rich DNA binding domain 6	"HLH 49	"KRAB domain (Kruppel-associated box 35)	"Transciptional factor tubby 4	(Phosphotyrosine protein) phosphatases 72	A DNA-binding domain in eukaryotic transcrip 59	Acyl-CoA N-acyltransfera (Nat)4
Adenylyl and guanylyl cyclase catalytic doma 7	Ankyrin repeat 181	ARID-like 12	Bet vl-like 7	BRCT domain 16	Bromodomain 11	C2H2 and C2H(zinc fingers 57
CCHHC domain 3	Chaterone J-domain 66	Class II aaRS and biotin synthetases 21	Cysteine-rich DNA.binding domain,(DM domain 1)	Cysteine-rich domain 25	DEATH domain 31.	Dimerization cofactor of HN alpha 2
DNA-binding domain 15	DNA-binding protein LAG-1 (CSL)7	DNA-glycosylase 4	DNase I-like 119	E set domains 10	Formin homology 2 domain(FH2 domain)76	FYVE/PHD zin finger 58

Browes by Chromosome

1 2 3 4 5 6 7 8 9 10 11 12 13 14 15 16 17 18 19 20 21 22 23 24 25 26 27 28 29

Browes by Trait Name

ABDGRT	ABDWDT	ADG	BD	BFCI	BL	BORNLIVE	BSE	BW	CALFASE	CANCIR	CHI
CHWDT	CM	CWT	DCCI	DPR	DRESSING	DYF	EY	FANG	FATTH	FP	FY
HIPHT	HIPWDT	KPHCWT	LMA	LUMWDT	MARBL	MSPD	MY	NONR	OLA	OVR	PER
PL	POADG	PP	PTAT	PTV	PTW	PUBAGE	PWADG	PY	RANG	RUMLGT	RUS
SCS	SHOWDT	SOUND	STA	STR	SWT	TENDER	THUWDT	TLGTH	TMP	TPL	TW
UC	UCI	UDPTH	UHT	UPDTH	UQUAL	UWDT	W365	WHT	WWT	YEILD	

Search:

Trait: [▼] TF Family: [▼] Chromosome: [▼]
TF ID: [ ] [submit]

图6-2 牛预测转录因子数据库首页

137

ENSBTAP00000032331

The transcription factor database is free for users from non-profit organizations only.

Transcription Tactor ID:ENSBTAP00000032331

Base information:				
Physic site	chromosome 1	38366485-38371337	**Aa length**	4852 2Aa
TF Family	ARID-like	**Remarks**	True P Forcast TF	
Motif Information:				
Motif Name	**Score**	**E_Value**	**Location**	**Description**
0035817	7 1	0 0018	42--89	ARID-like
Gene Information:				
Gene ID	ENSBTAG00000023666			
Transcription ID	ENSBTAT00000032398	**Gene Length**	0	
QTL Information:				

QTL ID	**QTL Trait Name**	**QTL Symbol**	**QTL Span**	**Pubmed ID**
1470	Thurl Width	THUWDT	23 94-51 019(cM)	
Sequence Information:	**ENSBTAP00000032331**	Brwe&Download	**ENSBTAG00000023666**	Browe &Download
Exon Information:				
Exon ID	**Exon Start**	**Exon End**	**Exon Length**	
ENSBTAE00000259196	38371233	38371337	104	
ENSBTAE00000259195	38370115	38370258	143	
ENSBTAE00000259194	38368112	38368237	125	
ENSBTAE00000359454	38366485	38367041	556	
The Number of Exon:	4	**All Length**	928	
Gene Structure:				

图 6 - 3　转录因子数据的详细信息

的组合来搜索符合条件的转录因子,以及每个转录因子的具体信息。

　　⑤对于每个转录因子我们收录了相关信息包括转录因子的基本物理信息和 3D 结构,表达其基因信息和转录本信息,所匹配的 DBD 信息和 QTL 信息与表型性状等注释信息。

6.1.4　数据库特征分析

　　在本数据库中我们首先识别了所有潜在转录因子并为其提供全面的信息,主要包括基因水平和转录因子家族水平以及表型性状的信息。

1. 总的数目及基因座位

我们对牛所有蛋白质以及通过 GENESCAN 对基因组序列进行预测所得到的蛋白质分别有 36 761 和 59 639 条利用 HMMER 进行预测分别得到 4 357 和 5 487 条转录因子,利用 BLASTP(Altschul *et al.*,1997)进行比对,将重复或者同源性极高的转录因子进行合并后共得到 5 439 条转录因子,其中有 547 个转录因子是由预测蛋白质所得,剩余的 4 932 个转录因子来源于已知蛋白质。在本数据库中所收录的转录因子占整个蛋白质组 14%,比较其他物种所得结果,例如小鼠的转录因子占 3%(Kanamori *et al.*,2004),拟兰芥占 5.9%(Riechmann *et al.*,2000),大部分植物所含转录因子占 10%左右(Guo *et al.*,2007)等,可以发现本数据库所收录转录因子占蛋白质组的比例要大得多,我们认为可能是与我们只选取了 SCOP 数据库(Derek *et al.*,2007)而没有结合 Pfam 数据库(Finn *et al.*,2006)的 HMM 模型来预测转录因子,从而使我们所得到的转录因子存在一定比例的假阳性。所预测得到的所有转录因子来源于 4 357 个基因座位,其中有 3 810 个基因座位产生了由已知蛋白质预测得到的 4 932 个转录因子,余下的 547 个基因座位产生了由预测蛋白质得到的转录因子。其中有 886 个基因座位产生了 2 个或 2 个以上的转录蛋白,其中在 15 号染色体上编号为:ENS-BTAG00000005251 的基因座位产生 7 个不同的转录因子,其余有 3 个基因座位每个产生 6 个转录因子,9 个基因座位每个产生了 5 个转录因子等。这些基因由于可变剪接的作用在不同的生理条件下可以产生不同序列长度和结构的产物,也是与基因的进化年代相关。

2. 按家族分布

利用 HMM 模型我们对 5 479 个预测转录因子的结构进行归类,并设定规则为:如果多个绑定区域都是来于同一个结构,也就是有多个重复结构,我们把这类转录因子仍归为此结构类。如果是多个不同结构的组合,我们不考虑每个结构的重复数,也不考虑结构间的排列,统一按其组合来划分其所归属的家族。最后我们把所有转录因子按其结构分成 64 个家族,对于是多个 DBD 结构组合的转录因子,由于我们缺乏更多的数据来证实其成为一个独立的家族故将其全部列为一个类别,命名为组合型。总体上看,转录因子家族所包含的成员有很大差异,含有最多成员的 MFS general substrate transporter 家族包含 280 个转录因子,而 p53 tetramerization domain 家族仅含有 1 个转录因子。总体而言,有 4 个家族分别是 MFS general substrate transporter,WD40 repeat-like 和 RNI-like and RING/U-box 所含成员数超过 200 个,还有 4 个家族所含成员数在 100~200,其余 56 个家族的成员数均小于 100 个。对所有转录因子家族所含的成员个数的分析发现其个数分布服从幂率分布,也就是说只有少数几个家族含有较多的成员数目,同时在蛋白质家族分类的研究中也得到了同样的结果(Qian *et al.*,2001)。同时这些转录因子家族在染色体上的分布也是不均一的,对于 MFS general substrate transporter 家族遍布 28 条染色体(除了第 27 号染色体),而 SAND domain-like 家族存在于 6 条染色体上,p53 tetramerization domain 家族只有一个成员在第 6 条染色体上。

3. 按染色体分布

牛全基因组预测得到的转录因子分布在 29 条染色体上,但是分布不均一。牛全基因组有 3.0 Gbp(Sterk *et al.*,2007),单条染色体的长度从 40 Mbp 到 146 Mbp(http://www.ncbi.nlm.nih.gov/genomes/leuks.cgi),其中 1 号染色体是整个基因组上最长的一条,长达 140 cM,有 146 Mbp,但其仅有 242 个转录因子;而 18、19 号染色体虽有 63 Mbp,但分别有 333 和 367 个转录因子,而 28 号染色体最短,仅有 40Mbp 但也有 82 个转录因子,第 27 号染色体所含转录因子数最少仅有 72 个。

对每一条染色体我们设置了视窗为 50 kb 200 kb 500 kb 800 kb 1 Mb 2 Mb 5 Mb 10 Mb,将落入此视窗内的转录因子计算其个数,发现在不同染色体上的不同区域其转录因子分布也是不均一的。例如在第一条染色体上 94 Mb 处存在的转录因子数最多,而在 12 Mb 到 16 Mb 处没有一个转录因子。因此我们认为转录因子在染色体上存在富集区,其在染色体上的分布不是随机分布的,Oliver 和 Misteli(2005)对基因组序列的这种非随机性也做了深入的探讨。另外每一条染色体上的分布的转录因子家族和所涉及的性状都是不同的。

4. 按性状分布

我们通过 QTLdb(Hu *et al.*,2007)网站获得了目前所有关于牛不同性状的 QTL 定位的详细数据,共 846 条 QTL 数据,根据 NCBI UNISTS 所收录的关于标记数据将 351 个 QTL 准确定位在染色体上,其余 489 个 QTL 因为其上下游的标记其中一个或者两个均无法知道其在染色体的确切位置,我们将不再对其分析。我们将这 351 个 QTL 和所有的 5 479 个转录因子的位置进行比较确定出有 3 174 个转录因子与这些 QTL 相关,共涉及了 47 个性状,在 29 条染色体中的 27 条上都有分布。其中 384 个转录因子与 SCS 性状有关,122 个转录因子与 SCC 有关,187 个转录因子与产奶量有关,253 个转录因子与乳蛋白量有关,74 个转录因子与乳蛋白率有关,180 个转录因子与乳脂量有关,154 个转录因子与乳脂率有关,202 个转录因子与 TLGHT 有关,与其他 40 个性状有关的转录因子数均小于 100,而且 HIPWDT 和 TMP 均仅有 1 个转录因子,这不是说那些没有找到转录因子的性状或者含有转录因子少的性状其本身所包含的转录因子本身就少,也不能说明 PP、PY、FP、FY、MY 这几个性状本身与很多转录因子有关,究其原因而言,一是因为在畜牧生产中我们主要注意了这几个经济性状,关于这几个性状的研究较为深入,定位的结果也较多,在我们收集到的 QTL 信息这几个性状所包含的数目也是最多的几个,最主要的是确定了具体位置的 QTL 数目也是最多的几个性状。二是我们现在的 QTL 研究主要的实验结果也多为初步定位,大部分结果的置信区间在 20～30 cM 甚至更宽的区域,只有个别的实验组在产奶量、乳脂量等性状上达到了精细定位的结果,而且对于同一性状而言不同的实验组由于其实验设计、实验材料等的不同,其定位结果也有很大的不同,甚至大相径庭。我们在此对所预测到的转录因子通过利用 QTL 的信息将分子信息与表型信息直接进行了关联,对转录因子进行了新的注释。我们得到的这些结果,特别是与我们所关心的经济性状相关的 1 584 个转录因子,其可以作为这些性状研究时的候选基因。

在我们的注释工作中将转录因子与所涉及的潜在性状进行关联,这对于我们理解家畜数量性状可能会提供一些帮助。我们知道家畜的经济性状多是由多个基因协同控制,我们假定这些基因以一个基因网络的形态和结构来发挥其功能,是一个有机的整体,在这个基因网络中,转录因子应其独特的生物学功能,特别是对于具有多层次非线性的复杂结构体系的真核生物而言,转录因子可能是启动这个基因网络的始作俑者,也可能是在这个基因网络中极为重要的 HUB 点,对应于某个特定性状而言它应该既有与其相关的通用转录因子,更应该有与这个生命活动相关的特异性转录因子,而这些特异的转录因子更是我们所感兴趣的因子。

6.2 后生动物转录因子 ETS 基因家族的分类与进化分析

转录因子是一类调节转录水平上基因表达的关键因子,根据序列上 DNA 结合域的不同可分为不同的家族和子家族,有些家族存在于所有的真核生物中,而有些家族是存在于某些物种中。转录因子基因家族的成员众多,遍布整个基因组上,而且基因家族的成员间可能执行不同的功能。深入的分析一个转录因子基因家族在整个基因组上的分布情况,解析其进化过程可以为该基因家族的功能研究提供可靠的科学依据和翔实的基础数据。随着越来越多物种的基因组序列数据已经得到,利用生物信息学的各种技术在全基因组范围内的分析重要转录因子家族的进化已经成为可能,而且已经有很多转录因子基因家族进行了这样的分析,例如,bHLH 家族(Li et al., 2006;Wang et al., 2007;Toledo-Ortiz et al., 2003;Marc et al., 2003;Li et al., 2006),homeobox 家族(Holland,2007),核受体家族(Laudet,1997),WRKY 家族(Wu et al.,2005;Zhang et al., 2005),MADS 家族(Zahn et al., 2005;Immink 2003),GATA 家族(Reyes et al., 2004),AP2 家族(Shigyo et al.,2006),DOF 家族(Moreno-Risueno et al., 2007;Shigyo et al., 2007),SBP-box 家族(Guo et al., 2008;Cardon et al., 1999),热应急蛋白家族(Guo et al., 2008),ERF 家族(Toshitsugu et al.,2006),NF-Y 家族(Stephenson et al., 2007),锌指家族(Nijhawan et al., 2008),Sox 家族(Koopman et al., 2004),和 CCCH 锌指家族(Wang et al., 2008)。

ETS 转录因子家族是一个后生动物特有的基因,最早是由美国 Frederick 国家癌症研究所在鸟骨髓成红细胞增多症病毒 E26 所表达的融合蛋白中发现的一种癌基因,之后研究者们相继在人、小鼠等物种中也发现了该基因的表达,经过比对分析发现该基因所翻译成的转录因子都共用一个高度保守的 DNA 结合域,这个结合域包含 85 个氨基酸残基,并将这类基因重新命名为 ETS 基因,且基因家族成员可以进一步划分成若干亚类(Gutierrez-Hartman et al., 2007;Sharrocks,2001)。Laudet(1999)根据所有收录在 EMBL 数据库,Genbank 数据库,NBRF 数据库和 Infobiogen 数据库(www.infobiogen.fr)中已经发现的 ETS 基因家族的成员研究了该基因家族的进化关系,他们发现 ETS 基因家族可分为 13 个组即:ETS、ER71、GABP、PEA3、ERG、ERF、ELK、DETS4、ELF、ESE、TEL、YAN 和 SPI。ETS 转录因子家族参与众多生物过程,例如细胞分化调控,细胞周期控制,细胞凋亡,许多 ETS 转录因子通过基因融合而影响癌症的发生,例如 TEL 基因通过融合 JAK2 蛋白而导致早期 B 急性淋巴白血病(Sharrocks,2001)。一些 ETS 转录因子还正向或者负向调控其他的转录因子(Buttice et al., 1996),从而控制基因表达并加强 ETS 结构域蛋白的激活特异性,例如 Ets-1 与 bHLH 蛋白互作(Sieweke et al.,1998),可以激活一些基因的转录调控并增强了 DNA 的绑定。由于 ETS 转录因子是转录调控过程中的蛋白质互作网络的一个重要因子,在全基因组范围内识别 ETS 家族的成员及其分类情况是理解基因调控网络的一个重要步骤。随着众多物种的基因组物理图谱得以公布,在全基因范围内分析 ETS 家族的进化关系成为可能,在本研究中,首先收集了 10 个物种的潜在 ETS 转录因子,并根据不同的结构域进行分类;其次对该基因家族进行了系统的进化分析,探讨其进化关系;同时分析了 ETS 基因家族各个成员的基因结构和保守模体结构。

6.2.1 数据来源和分析方法

1. 数据收集

从 DBD 数据库收集得到 10 个动物物种在全基因组水平的所有潜在转录因子,这 10 个物种包括:人(Homo Sapiens)、小鼠(Mus musculus)、鼠(Rattus norvegicus)、牛(Bos Taurus)、鸡(Gallus gallus)、海鞘(Ciona intestinalis)、青蛙(Xenopus tropicalis)、斑马鱼(Danio rerio)、果蝇(Drosophila melanogaster)和线虫(Caenorhabditis elegans)。然后从 Flybase 数据库(http://flybase.org/,Wilson et al.,2008)上收集了果蝇转录因子的蛋白质序列,从 ENSEMBL 数据库(ftp://ftp.ensembl.org/pub/release-47/fasta/,Sterk et al.,2007;Kulikova et al.,2007)收集了其他物种转录因子的蛋白质序列。利用来源于 Pfam 数据库(http://pfam.sanger.ac.uk/,Finn et al.,2006)中的 PF00178 图谱和 HMMER 工具(http://hmmer.wustl.edu,Eddy,1998)获得所有的 ETS 转录因子。并根据注释信息获得翻译这些转录因子的基因序列。

2. 进化树分析

利用 ETS 转录因子家族所有的蛋白质-DNA 绑定区域的序列数据进行进化树分析。使用 ClustalX(v1.81)工具(Higgins et al.,1996)作多重序列比对,使用 PhyML(v3.0)(Guindon et al.,2003)构建最大似然进化树,设定自抽样值为 1 000,其阈值为 65。同时利用 MEGA(v4.0)(Kumar et al.,2008)来构建 neighbor-joining(NJ)进化树,并设定自抽样值为 1 000,其阈值为 65。

3. 基因结构分析和模体(motif)分析

ETS 基因的基因结构(内含子-外显子结构)数据来源于 ENSEMBL 数据库(http://www.ensembl.org/)。基因的标识序列(Logos)由 Weblogo 在线平台(http://weblogo.berkeley.edu/)(Crooks et al.,2004)获得。通过 MEME(http://meme.sdsc.edu/meme)(Bailey et al.,2006)在线平台得到 ETS 蛋白的保守模体(motif)。

4. 基因本体论(GO)富集分析

GO 注释数据来源于 Gene Ontology 数据库(http://www.geneontology.org/).使用 DAVID(http://david.abcc.ncifcrf.gov/home.jsp)进行 GO 富集分析(Huang et al.,2009)。DAVID 基于生物学过程,生物分子功能和细胞组分三个类别计算相同基因集合的功能富集分值,并同时提供统计检验的 P 值和 FDR 值。本研究中选取 FDR 0.05 水平下的富集 GO 类别。

6.2.2 分析结果

1. ETS 子家族和子家族中的 ETS 转录因子分布

从 10 个物种中共识别了由 207 个基因编码的 321 ETS 转录因子,其中 155 ETS 转录因子仅仅包含一个 ETS 结构域,约占 50% 的 ETS 转录因子除了 ETS 结构域以外还包含一个 ETS_PEA3_N 结构域或一个 SAM_PNT 结构域,剩余的 4 个 ETS 转录因子或有第二个 ETS 结构域,或有第二个 ETS_PEA3_N 结构域,或有其他的结构域(AT_hook 或 DNA_pol_B)。根据 ETS 转录因子所包含结构域的组合将所有 321 个 ETS 转录因子分成 7 个子家族,每个子家族的成员分布情况见表 6 - 2。其中 ETS 子家族和 ETS&SAM_PNT 子家族存在于所有的 10 个动物物种中,ETS&ETS_PEA3_N 子家族存在于 7 个动物物种中,其余的子家族仅存在于一个物种中。转录因子蛋白质(基因)的数目在不同的物种中有所不同,在线虫中有 11 (10)个,而在人类有 71(29)个。但是,除了海鞘和线虫以外,其余每个物种的 ETS 转录因子蛋白质(基因)所占该物种整个基因组内所有转录因子蛋白质(基因)非常相似大约为 2%～3%。

2.10 个物种的 ETS 基因的进化树

ETS、ETS& ETS_PEA3_N 和 ETS&SAM_PNT 三个 ETS 子家族分布在 10 个动物物种或大部分物种中,这些子家族共包含 203 ETS 基因(表 6 - 2),在此利用这些基因构建进化树。我们重新命名了基因名字,定义为"aabbbn",其中"aa"是物种的缩写(hs 代表人,bt 代表牛,mm 代表小鼠等);"bbb"代表子家族名称(ets 代表 ETS 子家族,pea 代表 ETS&ETS_PEA3_N 子家族,sam 代表 ETS&SAM_PNT 子家族),"n"代表该子家族中 ETS 基因的排序。例如 hsets1 代表人类 ETS 子家族的第一个基因。为了构建 ETS 基因家族各成员的进化树关系,本研究基于 10 个动物物种的 203 个 ETS 基因所翻译蛋白质的 ETS 结构域构建了最大似然无根树(图 6 - 4)。其中 197 ETS 基因在 ML 树中被分成两大类,其余 7 个 ETS 基因(drets7、xtets11、ggets4、hsets14、btets8、rnets2 和 mmets2)没有被划分到此两类中,并且彼此独立。在 ML 树中,第一类包含一个线虫 ETS 和 11 个脊椎动物的 ETS,并能分成两个进化枝,记为 SPI;第二类包含 184 个 ETS 转录因子,并分成 12 个子类,其中 11 个子类与 Laudet 等(1999)相似,并分别记为 ESE,TEL,ELF,DETS4,PEA3,ELK,ETS,ER71,GABP,ERF 和 ERG,剩下一个子类包含 3 个线虫 ETS 基因(ceets1、ceets4、a 和 ceets8),在此我们将其定义为 CEETS。在 SPI 组内所有的成员只包含一个 ETS 结构域。除了 ELF 子类的 cisam8 基因(包含 ETS 结构域和 SAM - PNT 结构域),ELF、ELK、ER71 和 ERF 子类只含有 ETS 结构域。在 ERG 子类中约 1/5 的成员只含有 ETS 结构域,而其余的含有 ETS 和 SAM_PNT 结构域。在 PEA3 子类中除了 ciets2 和 dmets4 基因(仅含有 ETS 结果域)外,其他基因均含有 ETS 和 ETS_PEA3_N 结构域。在 ESE,TEL,DETS4,ETS 和 GABP 子类中,除了 dmets5、drets9 和 xtets10 基因(仅含有 ETS 结果域)以外,其余均含有 ETS 和 SAM_PNT 结构域。另外,使用 ME(minimum evolution)和 NJ(Neighbor - Joining)方法,我们也得到了与 ML 树拓扑结构相似的进化树,但是,在 ME 树中,NJ 树和 ML 树的 PEA3,ELK,ETS,ER71,GABP,ERF 和 ERG 被分到了一类。

根据进化树的拓扑结构,按照 Xiong 等(2005)的定义,我们将 ETS 基因分成四大类,分别是 one - to - one 类,一个物种的基因和另一个物种的对应的基因有一个共同的祖先基因,many - to - many 类,即在一个或多个物种间存在基因重复,物种特异性类,即在一个物种中有两个或多个基因而在其他物种中没有一个基因,和其他类。本研究构建了三对物种的进化树,分别是牛和鸡、小鼠和大鼠、人和线虫。基于这三个进化树,我们估计了每一对物种的共同祖先基因数目,例如在牛和鸡的进化树可以发现有 17 个祖先基因,在小鼠和大鼠的进化树发现有 27 个祖先基因。

3.ETS 基因的序列标识

在 ETS 转录因子内部的 ETS 结构域具有一个富含嘌呤的核心序列 GGAA/T,其两侧有较多的变异(Karim *et al.*,1990;Wang *et al.*,1992)。在氨基酸序列的层次上,其最保守的

表6-2 ETS转录因子不同的子家族在10个物种中的分布情况

物种	子家族*							总ETS转录因子数	总转录因子数	ETS TFs/%
	ETS	ETS&SAM_PNT	ETS&ETS_PEA3_N	ETS+2	ETS&DNA_pol_B	ETS&ETS_PEA3_N+2	ETS&AT_hook&SAM_PNT			
人	30	34	7	0	0	0	0	71	2 740	2.6
	15	11	3	0	0	0	0	29	1 453	2.0
小鼠	24	20	7	0	0	0	0	51	2 416	2.1
	14	10	4	0	0	0	0	28	1 377	2.1
大鼠	19	13	4	0	0	0	0	36	1 669	2.1
	15	10	3	0	0	0	0	28	1 167	2.4
牛	15	10	3	0	1	0	0	29	1 381	2.1
	14	10	3	0	1	0	0	28	1 136	2.5
鸡	9	15	5	0	0	1	1	31	1 084	2.9
	7	10	3	0	0	1	1	22	720	3.1
斑马鱼	19	11	4	0	0	0	0	34	1 853	1.8
	11	7	3	0	0	0	0	21	1 234	1.9
蛙	11	8	1	0	0	0	0	20	981	2.0
	11	8	1	0	0	0	0	20	981	2.0
海鞘	8	12	0	0	0	0	0	20	518	3.9
	4	7	0	0	0	0	0	11	374	3.7
果蝇	11	7	0	0	0	0	0	18	963	1.9
	6	5	0	0	0	0	0	11	579	1.9
线虫	9	1	0	1	0	0	0	11	1 159	0.9
	8	1	0	1	0	0	0	10	793	1.3
总数	155	131	31	1	1	1	1	321		
	104	79	20	1	1	1	1	207		

*：根据DNA绑定的结构域将ETS转录因子分成不同的子家族，例如在ETS子家族中仅含两个ETS结构域，在ETS&SAM_PNT子家族中包含一个ETS结构域和一个SAM_PNT结构域，在ETS+2子家族中含两个ETS结构域等。
其中第一行是蛋白质数，第二行是编码这些蛋白质的基因数。

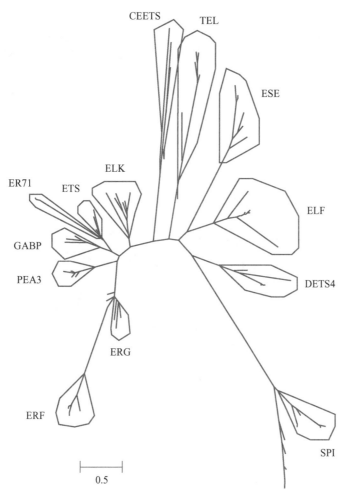

图 6 - 4 基于 ETS 基因的保守氨基酸序列所得到的无根 ML 进化树，
每一个单位为 0.5 氨基酸替代。不同的颜色代表这不同的生物，
红色是人，橘黄是大鼠，绿是鸡，黄色是果蝇，黑色是线虫

序列为 MNY(DE)KLSR(GA)LRYYY(图 6 - 5)。本研究观察到在不同的子类中具有不同的保守核心序列(表 6 - 3)，这种变异可能与 ETS 转录因子家族子类特异性功能相关。而且在 ETS 结构域识别 DNA helix 的碳端氨基酸的改变将会改变 DNA 绑定的特异性以及与其他转录因子的互作(Shore *et al.*，1996，Fitzsimmons *et al.*，1996)。

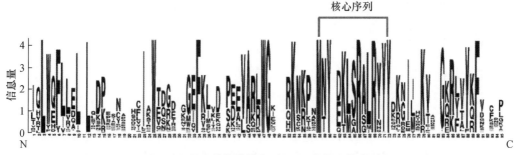

图 6 - 5 ETS 结构域的序列 logos 和保守的序列

表 6 - 3　对于 ML 树的各个子类的保守序列

Group	Sequence logo	Group	Sequence logo	Group	Sequence logo
SPI	MTYQKMARALRNYG	ESE	MTYEKLSRALRYYY	TEL	MTYEKMSRALRHYY
ELF	MNYETMGRALRYYY	DETS4	MNYDKLSRSLROYY	PEA3	MNYDKLSRSLRYYY
ELK	MNYDKLSRALRYYY	ETS	MNYEKLSRGLRYYY	GABP	MNYEKLSRALRYYY
ERF	MNYDKLSRALRYYY	ERG	MNYDKLSRALRYYY	CEETS	MNYDKMSRGLRYFY

4. ETS 基因在基因组上的分布与重复事件

通过分析每个物种的 ETS 基因的物理位置,发现 ETS 基因在基因组上呈非均一分布,这和其他基因家族所观测到的结果相似(Oliver *et al.*,2005)。图 6 - 6 给出了人与牛的基因组

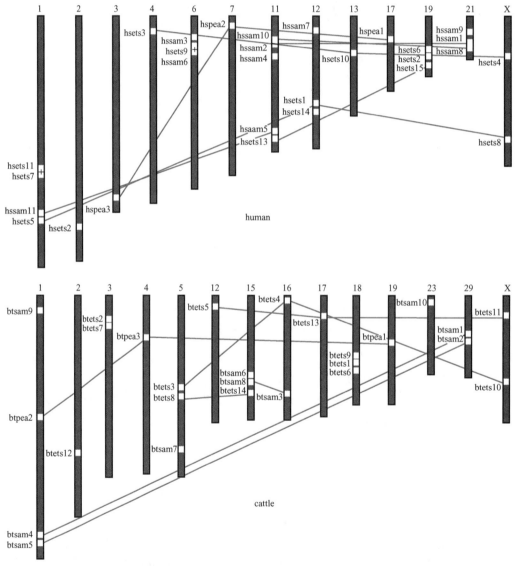

图 6 - 6　ETS 基因在人和牛基因组的分布,上面的数字是染色体数,蓝方框表示 ETS 基因所在的位置,
其右边的字母表示这个基因的名字。重复基因用单线连接,基因簇用红线标识

上的 ETS 基因的分布情况。从中可以看到在染色体上的分布模式呈现为一些染色体上或染色体区域的含有较高密度的 ETS 基因,例如在人 1 号染色体上分布 4 个 ETS 基因,而在 12 号染色体上没有一个 ETS 基因。一些 ETS 基因存在串联重复事件,在本研究中,如果两个 ETS 基因间隔在 200kb 则被认为是一个基因簇。在图 6-6 中这些基因用红线加以标识。除了蛙以外,其余 9 种动物的基因组上都有这样的基因簇,并且大的基因组包含有较多的基因簇,例如在人类和线虫中分别含有 5 个和 1 个 ETS 基因簇,占整个基因组上的 ETS 基因的 30% 和 20%。为了分析 ETS 基因家族在基因组上的潜在重复事件,我们构建了每一个物种的 ETS 基因家族的进化树。在进化树的末端可能是最近发生的重复事件(Xiong et al., 2005)。正如在表 6-4 中显示,在人类基因组上存在 21 个重复 ETS 基因(有 9 个末端进化枝)。大部分的重复基因分布在不同的染色体上,仅有少数几个分布在基因簇里。重复基因在其他物种中的分布分别为牛有 17 个,小鼠有 20 个,大鼠有 20 个,鸡有 17 个,斑马鱼有 15 个,蛙有 15 个,果蝇有 8 个,线虫有 4 个,海鞘有 4 个。

表 6-4   ETS 基因的显著 GO 分类项(FDR <0.05)

类别	GO 项目	GO 定义	物种
Molecular Function	0043565	sequence-specific DNA binding	人,小鼠,大鼠,鸡,海鞘,果蝇
	0003676	nucleic acid binding	人,小鼠,大鼠,鸡,果蝇
	0003677	DNA binding	人,小鼠,大鼠,鸡,果蝇
	0003700	transcription factor activity	人,小鼠,大鼠,鸡,果蝇
	0030528	transcription regulator activity	人,小鼠,大鼠,鸡,果蝇
	0016563	transcription activator activity	人,小鼠
Cellular Component	0005634	nucleus	人,小鼠,大鼠,鸡
	0043231	intracellular membrane-bound organelle	人,小鼠,鸡
	0043227	membrane-bound organelle	人,小鼠,鸡
	0043229	intracellular organelle	人,小鼠
	0043226	organelle	人,小鼠
	0044424	intracellular part	人,小鼠
	0005622	Intracellular	小鼠
Biological Process	0006350	Transcription	人,小鼠,大鼠,鸡,果蝇
	0010467	gene expression	人,小鼠,大鼠,鸡,果蝇
	0010468	regulation of gene expression	人,小鼠,大鼠,鸡,果蝇
	0019219	regulation of nucleobase, nucleoside, nucleotide and nucleic acid metabolic process	人,小鼠,大鼠,鸡,果蝇
	0019222	regulation of metabolic process	人,小鼠,大鼠,鸡,果蝇
	0050789	regulation of biological process	人,小鼠,大鼠,鸡,果蝇
	0050794	regulation of cellular process	人,小鼠,大鼠,鸡,果蝇
	0031323	regulation of cellular metabolic process	人,小鼠,大鼠,鸡,果蝇
	0006139	nucleobase, nucleoside, nucleotide and nucleic acid metabolic process	人,小鼠,大鼠,鸡
	0006351	Transcription, DNA-dependent	人,小鼠,大鼠,鸡
	0006355	regulation of transcription, DNA-dependent	人,小鼠,大鼠,鸡
	0016070	RNA metabolic process	人,小鼠,大鼠,鸡

续表 6-4

类别	GO 项目	GO 定义	物种
Biological Process	0032774	RNA biosynthetic process	人,小鼠,大鼠,鸡
	0045449	regulation of transcription	人,小鼠,大鼠,果蝇
	0065007	biological regulation	人,小鼠,鸡
	0043283	biopolymer metabolic process	人,小鼠,鸡
	0044237	cellular metabolic process	人,小鼠
	0044238	primary metabolic process	人,小鼠
	0043170	macromolecule metabolic process	人,小鼠
	0006357	regulation of transcription from RNA polymerase Ⅱ promoter	人,小鼠
	0008152	metabolic process	人,小鼠
	0006366	transcription from RNA polymerase Ⅱ promoter	人
	0045935	positive regulation of nucleobase, nucleoside, nucleotide and nucleic acid metabolic process	小鼠
	0045941	positive regulation of transcription	小鼠
	0031325	positive regulation of cellular metabolic process	小鼠
	0009893	positive regulation of metabolic process	小鼠

5. 人、牛和鸡 ETS 家族的基因结构和保守域分析

根据人、牛和鸡的 ETS 结构域的氨基酸序列我们构建了 ML 进化树（图 6-7a）。拓扑结构与十个物种所获得的进化树相似。本研究分析了人、牛和鸡 ETS 基因的外显子内含子结构，图 6-7b 显示了每个子类基因结构的基本模式。在同一子类内 ETS 基因除个别基因以外，其余基因有类似的结构模式，例如 SPI 内的 hsets15 基因，TEL 内的 hsehts9 基因等。所有的结果显示，除了 SPI 和 ERG 子类以外，其余子类内的 ETS 结构域均由两个或更多的外显子编码。本研究利用 MEME 搜索了 ETS 结构域侧翼的蛋白质序列，发现 ETS 转录因子还存在 13 个保守模体。在图 6-7c 中所示，在相同子类的 ETS 基因具有相似的结构模式和数目的保守结构域。除了模体 3 存在于 ERG 和 ELK 子类，模体 5 存在于 ELF、GABP 和 ERF 以外，其余每个模体均存在于一个子类中。在 SPI、ESE、TEL、DETS4、ETS 和 ER71 子类中没有保守模体，而 ELF 子类包含 8 个模体，其中 3 个模体位于 ELF 子类的所有 ETS 基因上，其余 5 个位于部分 ETS 基因的 C 端上。

6. ETS 基因的功能分析

ETS 转录因子被证实和许多生物学过程相关。为了研究 ETS 基因家族在全基因组范围的功能情况，本研究利用 GO 注释信息，使用在线软件 DAVID 解释 ETS 基因的功能。我们上载了人、小鼠、大鼠、鸡、果蝇和海鞘的 ETS 基因列表和存在的参考基因列表进行分析，显著的 GO 项（FDR<0.05）罗列在表 6-4 中。在分子功能类中，显著 GO 项包括"sequence specific DNA binding"、"nucleic acid binding"、"DNA binding"和"transcription factor activity"。在生物学过程分类中，除了转录因子共同有的 GO 分类外，还存在一些特殊的分类，包括"RNA biosynthetic process"、"biopolymer metabolic process"、"macromolecule metabolic process"，另外在小鼠中"positive regulation of transcription"和"cellular metabolic process"也具有较显著的富集。

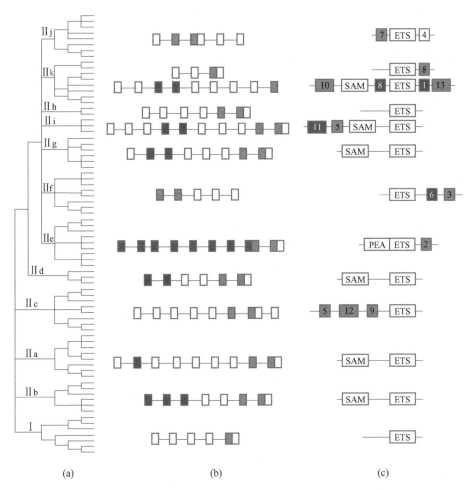

(a)　　　　　　　　　　(b)　　　　　　　　　　(c)

图6-7　利用29条人 ETS 基因,牛27条 ETS 基因和鸡20条 ETS 基因得到的 NJ 进化树(a),
以及相应基因的基因结构模式图(b)和利用 MEME 获得的保守模体模式图(c)

6.2.3　讨论

1.ETS 转录因子的特点

在本研究中,发现了一些动物界的 ETS 基因的特点,首先,ETS 转录因子存在于所有的
10 个物种中,我们没有在酵母的蛋白组中搜索到 ETS 转录因子的同源物,一些研究也发现
ETS 转录因子不存在植物中如水稻(Gao *et al.*,2006),拟南芥(Guo *et al.*,2005),和杨树
(Zhu *et al.*,2007),也不存在细菌和古细菌中(Minezaki *et al.*,2005),正如 Degnan(1993)和
Laudet(1993)所言 ETS 家族转录因子是后生动物所特有的一类转录因子。第二,ETS 家族
的基因与基因组大小呈正比。虽然 ETS 基因的数目在不同的物种中显著不同,但是每个物种
的 ETS 基因与总转录因子数的比值几乎相似。这种现象在非 ETS 家族基因也观测到(Shiu
et al.,2005)。第三,约 50% 的 ETS 转录因子除了 ETS 结构域以外,或者有 SAM_PNT 结构
域或者有 ETS_PEA3_N 结构域。这种结构域的组合可能会使 ETS 转录因子产生新的功能,

正如 Riechmann et al.,(2000)提到 DNA 绑定结构域的组合可以生成新的转录因子。

2. ETS 基因的重复

基因和基因组水平上的重复是进化中的一个普遍过程并且是产生新生物功能的源动力之一(Adams et al.,2005)。而且在动植物基因组水平上的基因重复会伴随基因组进化的整个过程(Kent et al.,2003;Cannon et al.,2004;Mehan et al.,2004)。Xiong(2005)分析了水稻基因组的转录因子发现 12 对大的重复片段,约占整个水稻基因组的 45%。在这些重复区段内共有 991 个转录因子(占总转录因子基因的 62%),其中 592 是重复对。从每个动物物种的进化树中发现重复的 ETS 基因占总 ETS 基因的 69%,每个物种所占比例有一定的差异,在海鞘中占 36.4%,在鸡中占 85%。在其他转录因子家族中,重复基因所占的比例也较高,如在拟南芥中 GATA 转录因子家族重复基因约占 60%(Reyes,2004)。

另外,我们观察到一个有趣的现象,在本研究所涉及的温血动物(人、牛、小鼠、大鼠和鸡)中,ETS 基因簇定位在一条染色体上,同时在另一条染色体上存在这个基因簇的重复片段。例如在人的 ETS 基因簇(包含 hssam2 和 hssam10 基因)位于 11 号染色体 q23、q24 位置上,在 21 号染色体的 q22 位置存在一个重复的基因簇(包含 hssam8 和 hssam1 基因)。这种重复是脊椎动物特定的大片段重复的一种,而且这种重复事件导致了基因家族出现了多个旁系同源物(Katsanis et al.,1996;Kasahara et al.,1996)。

3. ETS 基因的功能分化

从结果中可以看到在进化树中不同的子类的基因结构和氨基酸序列都有相似的结构,而且不同子类间都有差异,这暗示着 ETS 基因家族可能具有不同的生理功能。在组 Ⅱ 中有多个子类,反应了在这组中存在不同的结构且具有多样生物学功能。通过细胞培养发现在 SPI,ELF,ETS 和 ERG 子类中的 ETS 转录因子蛋白质在有中胚层发育的造血干细胞、肾细胞、肝细胞和肠细胞等中表达丰富(Tsuneyuki et al.,2003)。Sharrocks(2001)证实 ETS 转录因子在不同物种的胚胎发育中涉及了多个生物学过程。多个 ETS 转录因子被发现与癌症存在显著关联,例如 ERG 转录因子可以融合 EWS 基因(Sharrocks,2001)。许多 ETS 转录因子存在于许多信号通路中(Wasylk et al.,1998)。一些 ETS 结构域的子家族在免疫系统中执行重要的作用(Sharrocks,2001)。本研究通过基因富集发现除了一些转录因子共有的 GO 分类项目,在小鼠中许多 ETS 转录因子也富集在与细胞周期、组织发育和细胞分化相关的生物学过程中。但是,这些基因并没有显著富集在与免疫系统相关的生物学过程。

4. ETS 基因的进化

我们构建了后生动物门 ETS 转录因子家族的分子进化树。总的分类模式和其他基因家族比较相似,例如 homeobox 基因家族(Holland,2007)和核受体基因家族(Laudet,1997)。Laudet 等(1999)用 61 个已知的 ETS 基因构建了分子进化树,并将这些基因分成 5 大子家族共 13 个子类,这些结果与我们的结果基本一致。除了果蝇的 YAN 基因以外(在本研究中命名为 dmsam5),在两个研究中相同的基因均被分到相同的子类中,而 YAN 基因在 Laudet 等(1999)的研究中被定义为 YAN 子类,在本研究中,这个基因被分到 TEL 子类中。另外,3 个线虫的基因(ceets1、ceets4 和 ceets8)没有在 Laudet 等(1999)的研究中,在本研究中我们将其定义为 CEETS 类。在进化树的第二大类中都被分成 12 个子类,在本研究中这 12 个子类相互独立,而在 Laudet 等(1999)的研究中 ETS,ER71,GABP,PEA3,ERG,ERF 和 ELK 可以被进一步地分成一个大类并定义为 ETS 类,而 ELF 和 ESE 也进一步归为另一个大类,并定义为 ELF 类。

在同一个子类的 ETS 转录因子总是保持同样的结构域。除了一些小的细节以外,在 ELF、ER71、ELK、CEETS 和 ERF 子类的 ETS 转录因子只包含一个 ETS 结构域,在 PEA3 子类中包含 ETS 和 ETS_PEA3_N 两个结构域,在 ESE、TEL、DETS4 和 ETS 子类中包含 ETS 和 SAM_PNT 两个结构域。因此,我们推断第二大类的祖先基因可能重复了 3 个拷贝。第一个拷贝进化成 ELF,ER71,ELK,CEETS 和 ERF 子类,第二个拷贝进化成 PEA3 子类,第三个拷贝进化成 ESE,TEL,DETS4 和 ETS 子类。但是在 ERG 子类中存在约 2/3 的 ETS 转录因子包含 ETS 和 SAM_PNT 两个结构域,剩余 1/3 的转录因子仅包含一个 ETS 结构域。

我们的结果显示,哺乳动物的 ETS 基因存在于 I 组和 II 组的所有子类中。因此我们推断这些基因的分化可能要早于哺乳动物的分化时间。而且 Degnan(1993)和 Laudet 等(1999)研究也显示 ETS 转录因子家族的分化要先于后生动物的主要门类的分化。以上结果显示 ETS 基因的起源仍是一个开放性的问题,在其他低等的后生动物类别中寻找 ETS 基因也是有价值的。

6.3 基因芯片的数据分析

生物芯片技术是一项综合性的高新技术,它涉及生物、化学、医学、精密加工、光学、微电子技术、信息等领域,是一个学科交叉性很强的研究项目。经过近十多年的不懈努力,生物芯片技术已开始从不成熟逐步走向成熟,并给生命科学研究的许多领域带来冲击甚至是革命。对于生物芯片而言,微阵列芯片才只是其中一种检测芯片,与其并级的还有其他多种具有不同功能的芯片。生物芯片技术带来的重大意义和深远影响将是不可估量的。目前生物芯片技术已应用于分子生物学、疾病的预防、诊断和治疗、新药开发、生物武器的研制、司法鉴定、环境污染监测和食品卫生监督等诸多领域,已成为各国学术界和工业界所瞩目和研究的一个热点。生物芯片的概念源自于计算机芯片,狭义的生物芯片即微阵列芯片,主要包括 CDNA 微阵列、寡核苷酸微阵列、蛋白质微阵列和小分子化合物微阵列。微阵列可以同时检测数千个基因的转录丰度,从而有助于我们了解基因的表达调控模式、细胞或组织的生物学机理,有利于我们认识复杂的生物调控网络。目前,生物芯片已经成为研究畜禽复杂性状功能基因不可或缺的研究手段。通过在 NCBI 中的 GEO 数据库检索可以发现此数据库截至 2011 年 2 月共收录了猪的 119 套数据,鸡的 128 套数据,牛的 144 套基因芯片数据,羊的 19 套数据,马的 6 套数据,还有部分公司由于商业目的仍有大量的数据没有共享。从这些共享的数据我们发现利用基因芯片技术追踪基因表达的实验是多种多样的。例如,在利用猪作为实验材料,不仅有普通的尼龙膜 cDNA 芯片,还有针对进行抗病功能基因组学研究的免疫或繁殖器官的 cDNA 芯片,Bai 等和 Nobis 等在 2003 年,Moser 等和 Afonso 等在 2004 年及 Whitworth 等在 2005 年提供了这类专门化的芯片。而且美国 Qiagen - Operon 公司与美国猪基因组计划协调人 Max Rothschild 教授领导的猪基因芯片用户委员会合作,设计并合成了猪 13297 个 70 bp 长的寡聚核苷酸片段,这些片段几乎均设计自每个基因的非保守区(即 3′非翻译区)。利用高通量的基因芯片不仅追踪了大量遗传进展缓慢性状的基因表达模式与遗传机制,例如 2009 年新西兰的 Littlejohn 利用芯片考察奶牛乳合成和分泌的分子通路，而且还追踪了一些表型较难获得性状的基因表达机制，例如 Morimoto 在 2003 年对猪抗蛔虫的性能的相关基因表达模式。同时还利用芯片技术针对不同组织系统进行了开创性的研究，例如对于繁殖系统而言 Whitworth 在 2005 年对猪的繁殖组织及胚胎，以及对于免疫系统而言，如 Peterson 在 2005 年所关注的猪免疫激活等的研究，这些研究均挖掘出大量相关性状的基因或者特殊的基因表达模式。不仅考察了某些性状的静态表达，而且发展到了关注研究性状的动态表达模式，例如，在 2006 年澳洲的 Tellam 利用 24 张芯片追踪了羊不同肌纤维在不同时间点下的基因表达情况，以及某些特定基因在整个发育过程中的变化模式。在单纯利用高通量技术的同时，国际同行还提出要整合其他已得到的数据来寻找这些传统选择方法受限性状的基因以及遗传机理，例如 Haley 在 2006 年提出整合基因芯片所提供的转录谱的数据和 QTL 精细定位的数据来寻找这些性状的 eQTL 的研究策略。

微阵列试验中，在观测到的荧光信号中包含了许多的变异因素（Futshcki et al.，2004），其中一些是系统差异，一些是随机变异。为了鉴别不同细胞和组织中表达发生变化的基因，这些由变异引起"噪声"必须予以剔除。经典的数据处理流程中，观测的荧光强度要经过背景校正、数据转换和数据标准化。背景校正是为了去除非特异性杂交、交叉杂交或是背景荧光信号对观测值的影响。微阵列荧光数据有一个特征，即各基因观测值的标准差随着表达量的增加而增加，因而数据转换是用来平稳观测值的方差，从而使传统经典方法，如方差分析，得以分析微阵列数据，这些方法的基本要求就是其数据服从正态分布（至少其分布是对称的），同时要求其方差是一个不依赖于均值的固定值。目前，通用的数据处理方法是对数比转换（Cui et al.，2003），即对经过背景校正的处理和对照的荧光值取比值，然后进行对数转换。在数据转换之后，通过标准化过程将不同信道的荧光信号校正到同一水平。完成这些步骤后，就可以对数据进行统计分析，利用适合的统计量和相应的显著性水平，以鉴别在处理样中发生差异表达的基因。尽管对数比转换方法已经广泛地应用于 cDNA 微阵列的数据分析，但正如 Huber 等（2003）所指出的那样，它本身还存在着一些有待于解决的问题，如以下列出一些关键性问题：①一般认为所有的观测值的"背景"和"前景"的估计值都应为正值。但在所检测的样品当中，其一些基因会出现弱表达，或是不表达。在这种情况下，经过背景校正后，这些基因的观测值可能会是负值。然而对于比值或是对数转换，负值是没有意义的。②对数转换的主要作用之一就是平稳方差，但在实际数据中，对数转换之后，不表达和弱表达的基因的方差会随着表达水平的增高而降低。③在标准化过程中，理论上试验"噪声"的估计是基于那些在处理和对照中非差异表达的基因的观测值。除非在试验中设置足够的持家基因等作为参照标准，否则是无法准确判断什么基因是没有发生差异表达。在这种情况下，通常是利用所有的基因进行标准化过程，但如此就引出一定的前提条件，即需假设在两类样品中，只有一小部分的基因发生了差异表达，同时发生差异表达的基因的上下调的比例要对称。如此严格的假设前提，通常是很难满足的，这样就容易造成"噪声"效应估计有偏。本研究提出一种方法不需要进行对数比转换，而是在剔除背景影响之后直接对数据进行标准化的方法。

6.3.1 微阵列数据的数学模型

为了利用统计学的方法来分析微阵列数据，近年来也提出一些用于分析微阵列数据的模型,结构都十分类似。综合了这些模型的特点,并详细考察了微阵列数据的特征,Rock 与 Dubrni(2001)提出如下模型:

$$y = \alpha + \mu e^{\eta} + \varepsilon$$

式中:y 为荧光观测值;μ 为观测位点上的基因表达水平;α 为平均背景效应,它也是不表达基因的观测平均值,并认为对于 μ 的最佳估计应该为 $y - \hat{\alpha}$,即背景校正后的荧光强度值;第一个随机误项:$\varepsilon \sim N(0, \sigma_\varepsilon^2)$,它表示由于背景造成的随机观测误;第二个随机误项 $\eta \sim N(0, \sigma_\eta^2)$,它表示比例因子随机误,这个因素在微阵列数据中是普遍存在的,特别是在高表达水平的基因观测值中更为明显。这个模型将数据中的变异因素进行了浓缩,清晰地反应了影响观测值的原因和方式。Huber 等(2003)在 Rock 与 Dubrni 的模型的基础上,对模型进行了适当的剖分,使之更容易于参数的估计并相应地提出了一整套参数估计方法其方法仍是基于对数转换方法展开,其模型形式如下:

$$y_{ijk} = \alpha_i + \beta_i \gamma_j \mu_{ij} e^{\eta_{ijk}} + \varepsilon_{ijk}$$

这个模型中充分考虑到了芯片内的基因重复和芯片间重复的设置,并体现在了模型中。模型中为 y_{ijk} 代表第 i 个样品中探针(基因)j 的第 k 个重复的荧光观测值,α_i 代表第 i 个样品的平均背景,这个背景是由非特异性杂交、交叉杂交或背景荧光等造成的;β_i 代表样品 i 中的一个比例因子,反映了样品中 mRNA 的量、标记效率和荧光产量与观测值之间比例关系;μ_i 基因的转录量;γ_i 反映基因属性的因子,如基因序列结构、二级结构、芯片上这种基因探针的量等,它对于基因是恒定的,不随着样本变化而变化;ε,η:均为非系统随机误差,其中 $\varepsilon \sim N(0, \sigma_\varepsilon^2)$,它主要来源于背景强度的变异,$e^{\eta_{ijk}}$ 服从对数正态分布,且 $\eta \sim N(0, \sigma_\eta^2)$。

由于 γ 反映的是基因的属性,因而 γ 与 μ 合并成一个因子 m 也不会影响结果,同样是对表达量的度量。因而模型可以合并为:

$$y_{ijk} = \alpha_i + \beta_i m_{ij} e^{\eta_{ijk}} + \varepsilon_{ijk} \tag{6.1}$$

Huber 等(2003)的模型已经得到了广泛的认同和证实,这个模型中将在实际观测值的两类随机误融入了同一个模型当中。这个模型要优于现用分析微阵列数据的模型,它可以在整个的观测值定义域内准确地描述微阵列观测值。

6.3.2 非对数转换方法

模型(6.1)可以推导出以下方程:

$$E(y_{ijk}) = \alpha_i + \beta_i m_{ij} E(e^{\eta_{ijk}}) \tag{6.2}$$

$E(e^{\eta_{ijk}})$ 和 β_i 在模型只与样品 i 有关,因此可以将这两项合并成一个因子 b_i。由此方程(6.2)就可以表示为如下形式:

$$E(y_{ijk}) = \alpha_i + b_i m_{ij} \tag{6.3}$$

由方程(6.3)可以看出,当估计出 α_i 和 b_i 就可以剔除其影响,从而从样品 i 的观测值中得出 m_{ij} 的估计值。利用 m_{ij} 就可以检测发生特异和差异表达的基因。

(1)背景 α_i 效应的估计

如果在试验中设置了相应的阴性对照,则可以用阴性对照的平均荧光强度来作为背景效应的估计值。否则,利用芯片表面的荧光强度的平均值作为背景效应的估计值。在后一种情况下,利用观测点周边位置的荧光值来对每一个位点进行局部校正,或是利用它们整体估计一个背景估计值来进行统一的校正。Yang 等(2002)指出背景效应的局部校正不能很好地校正观测值,整体校正效果要好一些。Luo(1999)报道,在微阵列试验中,会出现阴性对照的荧光强度常低于芯片表面的荧光强度。如果根据这一报道,利用阴性对照来估计背景效应会更为妥当。

(2)b_i 的估计

由于不表达基因的观测值不能提供关于 b_i 的任何信息,同时那些表达水平较低的基因,尽管已经进行了背景校正,但其观测值会受到背景效应的很大影响,因此在估计 b_i 时,要剔除这两类基因的观测值。可以将每个芯片上的每一个信道中的背景校正后观测值小于 $2\hat{\sigma}_\varepsilon$($\hat{\sigma}_\varepsilon$ 是背景的标准误的估计值)的基因剔除。然后利用由方程(6.3)推导的方程(6.4),使之最小化来估计 b_i

$$\sum_i^d \sum_j^{n^*} \left[\frac{\overline{y}_{ij.} - \hat{a}_i}{b_i} - m_j \right]^2 \tag{6.4}$$

式中的 d 代表的是试验中处理或对照的样品数,n^* 指的是经过背景校正后其观测值大于 $2\hat{\sigma}_\varepsilon$ 的基因数目,$\overline{y}_{ij.}$ 代表样品 i 中基因 j 所有重复的平均值,m_j 指所有处理样品或对照样品中基因 j 的 m_{ij} 的平均值。

方程(6.4)求导后表示如下:

$$\hat{b}_i = \frac{\sum_j^{n^*} (\overline{y}_{ij.} - \hat{\alpha}_i)^2}{\sum_j^n m_j (\overline{y}_{ij.} - \hat{\alpha}_i)} \tag{6.5}$$

及 $$m_j = \frac{1}{d} \sum_{i=1}^d \frac{\overline{yy}_{ij.} - \hat{\alpha}_i}{\hat{b}_i} \tag{6.6}$$

$\hat{b}_i$ 可以通过在方程(6.5)(6.6)之间迭代收敛而求得。值得注意的是,只有在固定 $\hat{b}_i$ 中的一个值时,迭代过程才能收敛,因而在迭代中要固定一个值为1,作为一个标准,其他值计算为它的相对值。在这里将对照中的 b_i 设定为单位1,来计算其他 b_i。

因为 b_i 的计算是在处理样品和对照样品中独立计算的相对值,因而处理样品和对照样品是不能直接进行比较的,需要将它们调整到同一水平上,这就要计算一个调整因子。于是估计处理样品与对照样品之间的比例因子 c,再使处理样品中的乘以这个比例因子以将处理样与对照样校正到同一水平。这个比例因子只有通过两种样品中非差异表达的基因的观测值来估计。通过以下过程可以遴选出用于估计的非差异表达基因,并完成对 b_i 的校正。

A. 用在所有样品中都大于各自 $2\hat{\sigma}_\varepsilon$ 的基因的 m_{jT}/m_{jC} 的比值的中值作为 c 初始值,校正处理样品中的 $\hat{b}_i = c\hat{b}_i$

B. 利用 $\hat{a}_i$ 和 $\hat{b}_i$ 代替方程(6-4)中的 a_i 与 b_i,可以得到基因 j 在所有样品中的 m_{ij},并可计算出 m_j 和 $S_{m_j}^2$(m_{ij} 的均值和方差)。

C. 构建一个 TS 统计量,并对每个基因 j 计算其统计量值($j = 1, \cdots, n^*$)

$$TS_j = \frac{|m_{jT} - m_{jC}|}{\sqrt{\dfrac{S^2_{m_{jT}}}{d_T} + \dfrac{S^2_{m_{jC}}}{d_C}}}$$

其中的下标 T 和 C 分别表示处理样品和对照样品。

D. 按照从小到大的顺序排列 $TS_i, \cdots, TS_m$，然后将 TS 值最大的 10% 相对应的基因予以剔除。

E. 利用剩余基因的观测值，代入方程(6.6)使之最小化以估计比例因子 c［其中方程(6.7)由方程(6.3)推导得出］：

$$\sum_k \sum_i^{d_k} \sum_j^{n^*} \left[\frac{\overline{y_{ij}}. - \hat{\alpha}_i}{cb_i} - m_j \right]^2 \tag{6.7}$$

式中的第一个求和是所有样品之和，即 $dk = d_T, d_C; k = T, C$

由方程(6.7)求导得下式：

$$c = \frac{\displaystyle\sum_k \sum_i^{d_k} \sum_j^{n^*} \left(\frac{\overline{y_{ij}}. - \hat{\alpha}_i}{b_i} \right)^2}{\displaystyle\sum_j^{n^*} \left(m_j \sum_k \sum_i^{d_k} \left(\frac{\overline{y_{ij}}. - \hat{\alpha}_i}{b_i} \right) \right)} \tag{6.8}$$

F. 利用方程(6.8)中得到的 c 根据公式 $\hat{b}_i = c\,\hat{b}_i$ 从新计算 $\hat{b}_i$。重复步骤 B 到 F，直到 c 收敛，就可以得到 $\hat{b}_i$。

为简便起见，以下非对数转换方法称之为非转换方法。

6.3.3　检测差异表达的基因

对于非转换方法，当经过校正的 $\hat{a}_i$ 和 $\hat{b}_i$ 确定后，就可以根据方程(6.3)来估计 m_{ij}。随后对处理样品和对照样品的观测值进行比较，以确定发生差异表达的基因。在检测之前，需选定一个合适的统计量，同时确定用于鉴定差异表达基因的取舍标准，即确定一个显著性标准。在这里处理样品和对照样品是两组相互独立的样品。考虑到就每一个基因而言，其在处理组和对照组中的方差可能不等，因而选用了 Welch 近似 t 检验，其统计量形式如下所示：

$$T_j = \frac{|m_{jT} - m_{jC}|}{\sqrt{\dfrac{S^2_{m_{jT}}}{d_T} + \dfrac{S^2_{m_{jC}}}{d_C}}} \tag{6.9}$$

统计量式中的 m_j 和 $S^2_{m_j}$ 分别表示的是基因 j 的 m_{ij} 的均值和方差，而 T 和 C 分别代表处理组和对照组。T_j 所近似服从的 t 统计量的自由度由下式计算而得：

$$df = \frac{(S^2_{m_{jT}}/d_T + S^2_{m_{jC}}/d_C)^2}{\dfrac{(S^2_{m_{jT}}/d_T)^2}{d_T - 1} + \dfrac{(S^2_{m_{jC}}/d_C)^2}{d_C - 1}}$$

当所有基因相对应的检验统计量计算得出后，就可以进行常规的 t 检验。但这里存在一个问题,即在 cDNA 微阵列试验中,是同时检测成千上万个基因,相应就会有成千上万统计量值。从而 I 型错误发生的概率(错检率)就会上升而发生累加(Cui and Churchill,2003;Ge *et al*.,2003;Reiner *et al*.,2003)。有鉴于此,解决这种多重检验的方法之一是控制错检率(FDR)(Benjamnii and Hoehberg,1995;Benjmaini and flyekutieli,2001),FDR 是指在所有检测为差异表达的基因中为假阳性的比例。这里采用的是 Mllier(2001)提出控制错检率的方法,其过程如下所述:假定有 N 个检验,设定总的 I 型错误率小于 α(比如设定 $\alpha = 0.05$)。对于每一个检验,计算其观测值的统计量值,并且得出相应的 p 值,将 N 个检验中的 p 值按从小到大的顺序排 $p_1, \cdots, p_N$,然后根据下式来判断哪些基因是差异表达的基因:

$$d = \max\left\{ j : P_j < \frac{j\alpha}{f_N N} \right\}$$

此处值得注意的是 f_N 的取值问题:

$$f_N = \begin{cases} 1 & \text{如果 } N \text{ 个检验为相互对立时} \\ \sum_{i=1}^{N} \frac{1}{i} & \text{其他} \end{cases}$$

否定那些 p 值小于或等于 p_d 的检验,即认为它们是发生差异表达的基因。

在对数比方法中,背景校正和错检率的控制的方法和过程与非转换方法相同,经过标准化的数据,将利用标准 t 检验(M 是基因对数比的均值,s 是其标准误):

$$t = \frac{\overline{M}}{s / \sqrt{n}}$$

去检测差异和特异表达基因。随后计算检测到差异和特异表达基因的平均数和 FDR 值,从而比较两种方法的效率。

6.3.4　cDNA 微阵列数据的模拟

1. 对照组 m_{ij} 的模拟

首先模拟对照组样品,模型(6.1)中的 m_{ij} 是从正态分布 $N(m_j, \sigma_j^2)$ 中随即产生的,其中 m_j 代表了基因 j 在总样品中的表达水平。根据 Rocke 和 Durbin(2001)的定义,将基因设定了四类:不表达基因、弱表达基因、中表达基因和高表达基因。对于不表达基因,设定 $m_j = 0$;对于弱表达的基因,设定 $0 < m_j \leqslant \sigma_\epsilon / 3\sigma_\eta$;对于中表达的基因,设定 $\sigma_\epsilon / 3\sigma_\eta < m_j < 3\sigma_\epsilon / \sigma_\eta$;对于高表达的基因,设定 $3\sigma_\epsilon / \sigma_\eta \leqslant m_j \leqslant 10\,000$($\sigma_\epsilon$、$\sigma_\eta$ 分别代表两类随机误的标准差)。这四类基因按各占 25% 划分。在对照组中,基因 j 的 m_j 是在各自的区间中按照均匀分布随机产生的,其各基因的方差 σ_j^2 是根据 $\sigma_j = v_j m_j$ 而得到的,其中 v_j 指基因 j 的变异系数,它也是从均匀分布中随机产生的,其区间范围见表 6-5。

2. 处理组 m_{ij} 的模拟

对于处理组基因中的差异表达基因,这里考虑了两种情况。第一种情形,一些基因在对照组和处理组均表达,但表达水平发生变化;第二种情形,在处理组中特异性表达的基因。剩余的为没有发生差异表达和特异性表达的基因,其值则与处理组基因保持一致,即 m_{ij} 仍从正态分布 $N(m_j,\sigma_j^2)$ 中随机产生,分布中的 m_j 和 σ_j^2 与对照组中基因 j 的参数相同。在模拟差异表达基因时,需要设定一系列参数:表达差异幅度因子 s_j 由均匀分布 $U(1,16)$ 中随机产生,这里设定表达水平变化幅度最大不超过 16 倍;上下调选择因子看 $z_j\in\{-1,1\}$,它的产生 $P(z_j=-1)=pdown$,$pdown$ 指一个基因在处理组中表达下调的概率。因而,s_j 指示在处理组中基因 j 的表达量变化倍数,z_j 指示样品经过处理后基因 j 是发生上调还是发生下调。在这些参数设定后,发生差异表达基因 j 的 m_{ij} 从正态分布 $N(s_j^{z_j}m_j,\sigma_j^2)$ 中随机获得,其中 m_j 的取值与对照组中基因 j 的取值相同,σ_j 的取值按照 $\sigma_j=v_js_j^{z_j}m_j$ 生成。对于发生特异性表达的基因 j 的 m_{ij} 从正态分布 $N(m_j,\sigma_j^2)$ 中随机产生,而 m_j 从均匀分布 $U(0,10\ 000)$ 中产生,以 $\sigma_j=v_jm_j$ 作为它的标准差。

3. 其他参数的模拟

模型(6.1)中的参数 v_j 和其他参数的设置利用 Balaugurnathna(2002)所提供的方法和参数范围,其所用分布的详细设置列于表 6-5。

在分析参数估计准确性与精确性的比较研究中,本研究在每一个芯片上共模拟了 3 000 基因,其余的参数设置见于表 6-6。在表 6-6 中列出如下参数的取值:处理组和对照组中样品数;每一个芯片上每个探针(基因)的重复数;样品池容量;经过处理后发生差异表达和特异性表达基因的比

表 6-5　模型(6.1)参数所服从的分布

参数	分 布
v_i	$U(0.05,0.4)$
α_i	$U(400,800)$
ε_{ijk}	$N(0,f_\alpha\alpha_i)$
β_i	$U(400,800)$
η_{ijk}	$N(0,\sigma_{\eta_i}^2)$
	$\sigma_{\eta_i}\sim U(0.2,0.5)$

例;以及差异表达基因中上下调的比例。在表 6-6 中包含了 5 种类型 a 至 e,每一种类型针对一种影响因子,以检测其对标准化参数估计值的影响。

对每一种参数组合,数据模拟 200 次,并计算估计值的 BIAS 和 RD(计算方法见第 2 章),比较非转换方法和对数比方法在剔除试验"噪声"方面的效率。在对数比方法中,背景校正的方法和过程与非转换方法相同,标准化参数根据 Yang 等(2002)所论述的过程标准化过程进行估计。

表 6-6　影响标准化参数估计的因子组合

因子	模拟类型				
	a	b	c	d	e
n_{diff}	300	300	300	300	300,900
P_{down}	0.5	0.5	0.5	0.5	0.5,0.8,1.0
f_α	0.2	0.2	0.2	0.1,0.2,0.3	0.2
P_s	5	5	1,…,20	5	5
k	1,…,5	2	2	2	2
n_{r2}	4	2,…,6	6	6	5

注:n_{diff}:表示在处理样品中的差异表达基因的数量;P_{down} 表示在处理样品中发生表达量下调的基因比例;f_α:表示背景的变异系数;P_s:表示样品池容量;k:表示芯片内每一个基因设置的重复数;n_{r2}:表示处理或对照样品的数量,即芯片的数量。

在检测差异表达基因比较的研究中也在每一个芯片上共模拟了3 000基因,具体的参数见表6-7。在表6-7中包含了6种类型A至F,每一种类型针对一种影响因子,以检测其对差异表达基因检测结果的影响。对每一种参数组合,数据模拟500次,并比较非转换方法和对数比方法对检测差异表达和特异性表达基因的效率的影响。

表6-7 影响差异表达基因检测的潜在因子的参数组合

因子	模拟类型					
	A	B	C	D	E	F
n_{diff}	272	272	272	272	300	300,900
P_{down}	0.5	0.5	—	0.5	0.5	0.5,0.8,1.0
f_α	0.2	0.2	0.2	0.2	0.1,0.2,0.3	0.1
P_s	5	5	1	1,…,20	5	5
k	1,…,5	2,4	2,3	3	2	2
n_{r2}	4,6	2,…,6	4,5,6	6	5,6	5

注:n_{diff}:表示在处理样品中的差异表达基因的数量(表中C栏中表示为特异表达基因的数量,而其他栏中表示的为发生表达最变化的基因数量);其他因子与表6-6中意义相同。

6.3.5 模拟数据研究结果

1. 标准化参数估计比较

据表6-6中的参数组合,分别计算了各组合的BIAS、RD,以分析比较非转换方法与对数转换方法在标准化参数估计的准确性和精确性。当芯片内探针(基因)设置不同重复时对于标准化参数估计会产生一定的影响,结果见于表6-8。从表中可以看出,当芯片内探针(基因)重复数增加时,两种方法估计值的准确性与精确性都有所提高,特别是当重复数由1增加到2时,提高较大,当重复数继续增加时,BIAS值与RD值变化不大,即准确性和精确性提高不很明显,由此可以说明:标准化参数的估计不需要设置过多的芯片内重复,过多的重复也不能有助于提高参数估计的准确性和精确性。两种方法比较,则非转换方法估计参数的准确性要高于对数比法,对数比法估计值的BIAS值都大于0.17,而非转换方法估计值的BIAS都小于0.05。同时发现,对数比法估计值都为正值,而非转换方法估计值均为负值,这说明对数比法通常会偏高估计标准化参数,而非转换方法往往估计值略为偏低,但对于数据的影响都不会很大;在精确性方面,对数比法则较差,其相对偏差均超过了22%,而非转换方法的相对偏差一般都低于5%,这说明对数比法估计值的稳定性较差,这种不稳定性会降低随后差异表达基因检测的功效。

通过模拟试验研究发现当芯片数不同时,标准化参数估计值也会发生变化,结果如表6-9所示。由结果可知,随着芯片数的增加,两种方法的准确性和精确性呈现了一种不规则的变化。在不同的芯片数试验中,有各自的试验环境,因而不具有可比性。但可以发现,当试验环境一致时(即芯片数相同),非转换方法的准确性和精确性都要高于对数比法。从整体上看,对数比法的估计值的RD值仍保持在一个较高的水平,这说明即使增加了芯片数,由于标准化估计值的不稳定性,会抵消一部分由增加芯片所提高的检测功效。

表6-8　芯片内探针(基因)重复数对标准化参数估计值的 BIAS 和 RD 的影响

		芯片内探针(基因)重复数				
		1	2	3	4	5
对数比法	BIAS	0.211 6	0.174 7	0.174 4	0.179 1	0.171 5
	RD	0.246 8	0.228 3	0.226 7	0.229 8	0.230 0
非转换方法	BIAS	−0.028 7	−0.027 5	−0.027 5	−0.027 4	−0.028 2
	RD	0.050 7	0.043 0	0.039 1	0.039 1	0.039 0

表6-9　芯片数对标准化参数估计值的 BIAS 和 RD 的影响

		芯片数				
		2	3	4	5	6
对数比法	BIAS	0.010 0	0.166 8	0.176 5	0.012 6	0.062 5
	RD	0.137 8	0.182 3	0.210 9	0.226 2	0.397 5
非转换方法	BIAS	−0.005 3	−0.012 6	−0.026 7	−0.005 4	−0.046 9
	RD	0.027 4	0.029 1	0.044 1	0.025 6	0.072 8

　　在 cDNA 芯片试验中,试验中所用的 RNA 样品可以是个体样或是多个个体的混合样。本研究考察了增加样品池容量对于标准化参数估计的影响,结果见表6-10。从结果分析,增加样品池容量可以提高估计值的精确性,两种方法估计值的 RD 值都随着样品池容量的增加而下降;而在估计值的准确性方面,对数比法估计值的 BIAS 呈现下降趋势,即表现出趋向于 0,但当样品池容量增加到一定水平,则趋于稳定,对于非转换方法,其估计值的 BIAS 受样品池容量的影响不大,始终保持在一定的水平上(本研究中保持在−0.045左右),这是因为对于非转换方法,当芯片数比较多时,增加样品池容量不会增加估计的准确性,但会增加精确性,从而提高了试验的可重复性。结果中有一点值得注意,对于对数比法和非转换方法的精确性,增加池容量作用比较有限,这说明当其他条件一定时,样品池容量过多增加也无助于提高估计的准确性和精确性。

表6-10　样品池容量对标准化参数估计值的 BIAS 和 RD 的影响

		样品池容量				
		1	5	10	15	20
对数比法	BIAS	0.068 0	0.063 1	0.058 9	0.059 2	0.058 7
	RD	0.453 6	0.398 2	0.389 8	0.381 9	0.383 4
非转换方法	BIAS	−0.044 7	−0.045 5	−0.045 0	−0.047 1	−0.040 1
	RD	0.075 6	0.070 3	0.069 2	0.070 1	0.068 0

　　背景的变异主要影响低表达水平基因的观测值,如果在标准化参数估计中引入了这些基因的观测值就会影响到估计值的准确性和精确性。表6-11为背景对估计值的影响结果。由

表 6-11 可知,当背景变异增大时,对数比法受到影响较大,其 BIAS 值与 RD 值都随之而增大,特别是 RD 值,从 25.95％增加到 49.22％,说明背景变异所影响的基因数量增加,造成估计上的不稳定;而非转换方法的 BIAS 值与 RD 值则保持相对的稳定,这是由于在估计标准化参数时,非转换方法以 $2\hat{\sigma}_\varepsilon$ 作为标准,因而有效地剔除了背景的影响。如将这个标准用于对数比法,在差异表达基因比例较小,且上下调比例平衡时,也应该可以控制背景的影响,但是如果这个前提不满足,则估计值会受到差异表达基因的影响,引起估计值偏差。

表 6-11　背景变异对标准化参数估计值的 BIAS 和 RD 的影响

| | | 背景变异 | | |
		0.1	0.2	0.3
对数比法	BIAS	0.043 7	0.062 8	0.074 2
	RD	0.259 5	0.395 8	0.492 2
非转换方法	BIAS	−0.048 2	−0.045 2	−0.045 5
	RD	0.073 9	0.069 9	0.069 6

差异表达基因上下调比例不平衡也会对标准化参数估计的准确性和精确性造成影响,表 6-12 反映了当差异表达基因比例升高,且上下调比例不平衡时变化的情况。结果发现,随着差异表达基因比例的上升,两种方法的 BIAS 值的总体水平都有所增大,说明两种方法都受到影响,但对数比法表现得更为明显,从表中可以看出,非转换方法在差异表达基因比例为 30％,且下调基因占 100％时的估计偏差,与对数比法在差异表达基因比例为 10％,且上下调比例平衡时的估计偏差近似。同时,对数比法的 RD 值已经在几种组合中接近 1.0 或超过了 1.0,而非转换方法则保持在一个较低的水平,这说明在差异表达基因比例较大时,对数比法相应的标准化方法是不适用的,它会严重混淆基因表达水平间的差异,造成错检率的提高。而非转换方法,在同等的条件下,相对误差一般均低于 3％,同时估计偏差也比对数比方法小得多,这是由于在参数估计过程中,非转换方法利用了一个判别式,有效地剔除了潜在的差异表达基因,确保用于参数估计的基因为非差异表达基因。本例中正是由于在估计中对数比方法中引入过多的下调差异表达基因,使标准化参数估计值由正值逐渐转变为负值;如果差异表达基因中,上调比例比较大时,则 BIAS 会趋向于增大。

表 6-12　差异表达基因上下调比例不平衡对标准化参数估计值的 BIAS 和 RD 的影响

| | | 差异表达基因中的下调基因比例 | | | | | |
| | | 10％ | | | 30％ | | |
		0.5	0.8	1.0	0.5	0.8	1.0
对数比法	BIAS	0.013 2	−0.044 7	−0.088 2	0.056 1	−0.177 0	−0.323 0
	RD	0.238 1	0.552 6	0.970 3	0.669 0	1.785 0	3.165 8
非转换方法	BIAS	−0.004 9	−0.005 9	−0.009 6	−0.007 5	−0.007 0	−0.012 1
	RD	0.026 7	0.027 0	0.023 9	0.031 7	0.027 5	0.025 4

2. 检测差异表达基因比较

利用模拟数据研究了背景变异对于差异表达基因检测的影响,其结果见表 6-13。两种方法对于背景的变异都比较敏感,随着背景变异的增加,检测的效力都发生不同程度的下降。但是,对数转换方法下降得较为显著。之所以两种方法对于背景变异较为敏感是因为:弱表达的基因受背景影响随着变异程度的提高而增强,所减少的基因主要为此类基因;同时由于在背景校正时,采用了固定值校正,可能会加剧背景对于低表达基因的影响,从而造成检测力的下降。从表6-13得知,在两种不同芯片数下,检测力下降的水平基本一致,因而芯片数的增加也不能有效缓解这个问题。

表6-13　背景变异对检测效力的影响,差异基因数为300,背景变异从0.1到0.3

背景变异系数	芯片数目			
	5		6	
	LR	NT	LR	NT
0.1	100.86±8.50	128.47±9.65	111.82±8.99	159.43±6.38
0.2	67.24±9.66	107.66±9.00	87.17±10.76	136.84±6.81
0.3	48.00±9.99	93.93±9.77	71.26±11.15	121.35±6.43

当差异表达基因中上下调的比例不对称时,利用模拟数据也发现了两种方法的检测效力有差异,结果见表6-14。正如表中观测到的,随着这种不平衡性的加剧,对数比法的检测效力也在急剧地下降。当下调比例由50%增加到100%时,对数比法的检测效力以平均25%的速度下降。然而,非转换方法的检测效力只发生了轻微的下滑,损失不到7%。对数比法检测力降低的主要原因是:标准化参数估计的严重偏差导致了的"噪声"未从数据中剔除,从而使"噪声"混淆了基因表达水平上的差异,致使检测效力的严重降低。虽然非转换方法检测效力有所降低,但程度较轻,这说明当上下调比例不平衡时,非转换方法也能较好地校正数据中的"噪声",确保检测的高效性;即使是在差异表达基因占总基因比例较大时(如30%),也可比较彻底地剔除数据中的"噪声"影响。

表6-14　差异表达基因上下调比例不平衡对检测效力的影响,
差异表达基因比例分别为10%(300个)和30%(900个)

下调基因比例	差异表达基因比例			
	10%		30%	
	LR	NT	LR	NT
0.5	114.99±8.56	135.65±9.79	486.64±11.41	575.64±11.38
0.8	80.71±10.33	125.50±9.38	364.87±6.15	533.79±13.93
1.0	46.51±14.12	118.63±9.47	252.81±14.40	513.02±16.37

对于每一组参数组合,都计算了错检率(FDR),见表6-15。在所有的参数组合中,非转换方法的错检率都得到了很好的控制,均在5%以下(通常2%~3%)。而对数比法,在差异表达基因所占比例不大时(本研究中为10%以下),错检率可以控制5%之下,但其值略高于非转换方法。但当差异表达基因所占比例较高(如达到30%),同时基因上下调的比例又极不平衡时,错检率会较高。如图6-7所示为模拟试验F的错检率结果:

表 6 - 15   在不同差异表达基因比例情况下的错检率

| 下调基因比例 | 差异表达基因比例 | | | |
| | 10% | | 30% | |
	LR	NT	LR	NT
0.5	0.036	0.022	0.027	0.020
0.8	0.037	0.021	0.044	0.020
1.0	0.041 4	0.021	0.087	0.019

6.3.6   模拟研究结果分析

1. 标准化参数估计的比较

参数估计的准确性和精确性是差异表达基因检测的基础,它直接影响着差异表达的检测功效和假阳性的控制,因而在研究检测方法前,必须确保参数估计的准确性和精确性。经过模拟研究(表 6 - 8 至表 6 - 12)表明,在各种参数组合条件下,非转换方法剔除"噪声"的效果都优于对数比法中的估计方法。

在非转换方法中,b_i 的估计是数据"噪声"剔除及 m_{ij} 剖分的关键步骤,是校正芯片间系统差异的重要参数。非转换方法估计值的准确性与精确性优于对数转换法,其原因有以下几点:(a)对数转换方法中,特别是对数比转换方法中,没有对数据加以甄别,如果观测值受到背景的影响,会混淆处理样与对照样中基因表达水平上的差异,标准化参数的估计很容易受到背景影响,尤其是当背景变异越大时,这种影响也越大,从而使标准化参数估计偏差。鉴于背景对于观测值的这种影响,数据标准化处理中,以 $2\sigma_\varepsilon^2$ 作为判别标准,最有可能剔除那些受背景影响的基因观测值。表 6 - 7 中的结果也证实了非转换方法受背景影响不大。(b)在估计标准化参数时,对数比转换方法是以两信道中的中值或平均值作为校正参数的估计值(Yang *et al*., 2 002)。这种方法对于基因的结构有依赖性,当差异表达基因比例较低,同时差异表达基因中上下调比例对称时,估计值的准确性比较高。当这个前提不满足时,估计值会有很大偏差,正如表 6 - 7 所示,其 BIAS 值和 RD 值与基因结构平衡时的值相差很大,这样的估计值不仅不会彻底消除试验"噪声",还会引入人为的"噪声"影响。而非转换方法是利用一个判别式判定潜在的差异表达基因,并将其剔除,尽量降低差异表达基因对标准化参数的影响,从而提高了估计的准确性。同时在参数估计时,利用基因观测值之比的中值作为迭代初始值,充分利用了观测值所提供的信息,提高了校正参数估计的准确性和检测结果的可靠性。

2. 检测结果的比较

数据经过这两种方法的校正,利用 t - 检验来研究数据的标准化对于检测差异表达基因的影响。从结果分析发现,非转换方法后的检测效力要高于对数比方法,与对数比法相比,非转换方法有如下特点:

(a)从结果中可以发现,芯片内探针(基因)重复数有助于提高检测效率,但这种提高主要归因于参数的估计的准确性和精确性的提高。增加芯片内探针(基因)的重复数,而没有增加任何新的试验样品,从统计学角度上讲,是不会提高检测效力的。由模型(6.1)可知,当基因观测值经过背景校正后和对数转换后,对于大多数的基因,e^η 中的 η 成为唯一影响标准化过程的随机误,当增加芯片内的探针(基因)重复数,将有助于对于 η 的估计并校正,这个随机误是在对数比法和非转换方法中隐含校正的。由于在模型中假设了 e^η 服从对数正态分布,η 就服从正态分布 $N(0,\sigma_\eta^2)$。因而当增加芯片内重复时,$E(\eta)$ 估计值的准确性与精确性就会提高,相应也就提高了标准化参数估计的准确性与精确性。对于非转换方法也是同样的道理。因而正是由于增加了芯片内探针(基因)重复数,使试验"噪声"得到更为有效的剔除,从而提高了检测效率。但同时注意到这种提高是有限度的,模拟研究表明,当重复数多于 3 个时,提高不显著。

(b)在许多的芯片试验中,对数转换方法很难利用不表达或是弱表达的基因数据,尤其是对数比方法,这些数据在经过背景校正后,可能成为负值或接近于 0,从而造成数据损失,同时可能造成一些差异表达基因不能被检测,特别是对特异性表达基因检测的影响很大。由图 6‐3可见,当芯片内探针(基因)重复数只有 2 个时,即使提高芯片数,对数比转换后的数据也很难检测到很多的特异性表达基因,而将重复数增加到 3 个时,其检测效力有了很大的提升,增加了近两倍。尽管标准化参数估计准确性与精确性的改善也有助于检测效力的提升,但其作用如前所述是没有如此强烈的,其主要原因是由于重复数的增加,增加了不表达和低表达基因经背景校正后成为正值的概率,使之得以统计分析。而非转换方法可以最大程度地保留和利用不表达或是弱表达的基因数据,因而可以提高检测的效力。

(c)当样品池容量增加时,会提高两种方法估计标准化参数的准确性和精确性,但是这种提高比较有限;同样当背景变异增大时,对数比法标准化参数估计值的准确性和精确性都有所下降。分析与此对应的差异表达基因的检测结果发现,检测结果表现出与参数估计的准确性和精确性相近的走向,如当样品池容量超过 5 个时,参数估计的准确性和精确性变化不大,同样在差异表达结果中也是如此。这表明标准化参数估计的好坏直接关系着差异表达的检测。

(d)从理论分析,对于非转换方法,增加芯片重复可以提高标准化参数的估计的准确性,但由于芯片本身中包含的多种变异因素,也会使它的作用大大降低。对于对数比法,其标准化参数的估计与芯片上两样品数据的性质关系较为密切,与其他芯片或样品关系不大,因而就标准化参数估计论,芯片数量的变化对其影响不大。但由于对数比法中标准化参数估计值的变异较大,对于检测结果还是会有很大影响的。同时对数比法的准确性与精确性也是不能与非转换方法相比的。此外,经非转换方法校正后数据的检测效力高于对数比方法,与统计量选择及其自由度有关,由于对数比数据结构限制了统计量的选择,从而也就影响了检测效力。

(e)当差异表达基因比例较高,且上下调比例不平衡时,对数比法的标准化参数估计及后续的差异表达基因的检测效力都比非转换方法相差很多。这主要是由于数据中的试验"噪声"没有被剔除所造成的,究其根本是在参数估计中差异表达基因的作用没有很好地屏蔽。在非转换方法中,利用了一个判别式可以有效剔除这些"潜在"的差异表达基因。可以看出,对数比法中估计标准化参数估计只适用于差异表达基因比例较低,且上下调比例平衡时的数据,当此前提失效时,需采用其他方法进行数据标准化。

3. 其他

在模型中假设随机误 e^η 服从对数正态分布,但是非转换方法的参数估计过程是不需要这种假设前提的,对于这项随机误可以服从任何分布,如 Chen(1997)、Huber 等(2003)所提出的模型中,这项随机误表示为 $I+\varepsilon$(假设 ε 服从正态分布)。非转换方法还可以直接用于单色荧光 cDNA 微阵列数据,而对数比法需要进行一定的调整才能实施(Edwards,2003)。此外,通过改变统计量以及Ⅰ型错误的控制方法也可以提高检测的效力。

6.3.7 实际数据分析应用

1. cDNA 芯片数据

为验证非转换方法的基因检测效率,本研究与常规的数据转换方法进行了比较(Callwo *et al.*,2000)。我们分析 Apo AI 试验中的 cDNA 芯片数据,这个试验已经成为经典的 cDNA 芯片试验,被广泛地引用与分析。众所周知阿朴脂蛋白 Al 基因(Apo AI)在 HDL 代谢中的脂质转运起着重要的作用,ApoAI 试验就是检测 ApoAl 基因敲除后小鼠肝脏中的哪些基因的发生了差异表达。

2. 检测差异表达的基因

利用经过校正的 $\hat{a}_i$ 和 $\hat{b}_i$,估计 m_{ij}。随后检验比较,以确定发生差异表达的基因。在这里处理样品和对照样品是两组相互独立的样品。利用标准 t 统计量,其统计量形式如下所示:

$$T_j = \frac{\mid m_{jT} - M_{jC} \mid}{\sqrt{S^2_{m_{jT} - m_{jC}}}}$$

$$S^2_{m_{jT} - m_{jC}} = \frac{S^2_{m_{jT}}(d_T - 1) + S^2_{mjC}(d_C - 1)}{d_T + d_C - 2}\left(\frac{1}{d_T} + \frac{1}{d_C}\right)$$

随后进行假设检验,但是芯片试验中有数千基因,就意味着要进行数千个统计检验,如不加以控制,Ⅰ型错误发生的概率会累加。为了避免这种情况,分析中利用了 Holm 方法(Reiner *et al.*,2003)来控制 FwER(family-wise error rate)。这种方法可以严格控制错检结果的发生。其过程概述如下:假设有 N 个检验,同时要求整体发生Ⅰ型错误的概率低于 α(如 $\alpha = 0.05$)。对每一个检验计算其统计量值与相应的 p 值。并将这 N 个 p 值由小到大排序。然后根据下式来判断哪些基因是差异表达的基因:

$$d = \min\left\{j : P_j > \frac{\alpha}{N + 1 - j}\right\}$$

如果满足判别式的 j 存在,则否定假设检验 $H(j)$,$j = 1, \cdots, d - l$,即认为这些基因发生了差异表达。

3. 结果与分析

非转换方法检测出的差异表达基因以及 Callow 等(2000)用对数转换法报道的检测结果见表 6 - 16。在 $\alpha = 0.05$ 的显著性水平下,非转换方法检测到 6 个基因,Callow 等检测出 4 个差异表达基因;而在 $0.05 < \alpha < 0.1$ 的显著性水平下,Callow 等没有检测出任何差异表达基因,而非转换方法检测到 2 个差异表达基因。非转换方法检测发现的 8 个基因中,Apo AI、Apo CII、Sterol C5 desaturase、EST AA144910 表达水平发生了下调,而 EST AA105999、EST AA088930、EST AAO72637、EST AA289326 发生了上调。

两种方法都能检测到 Apo AI、Apo CIII 和 Sterol C5 desaturase 3 个基因,并通过 RT - PCR 技术证实了这些基因确实发生了差异表达。据 Callow 等报道,与对照组中的表达量相比,基因敲除组中的 EST AA080005 发生一定程度的下调,但未经 RT - PCR 试验的验证,因而这一基因在 HDL 代谢中的作用仍有待于进一步的试验验证。

表 6 - 16　对数转换方法与非转换方法检测结果比较

方法	显著性水平	基因或 EST	P 值 *	GenBank 登录号
对数转换方法	α＝0.05	Apo AI	0.000 2	AA821910
		Apo CIII	0.000 2	AI327016
		Sterol C5 desaturase	0.000 5	W65233
		EST AA080005	0.001 7	AA080005
	0.05＜α＜0.1	无		
非转换方法	α＝0.05	Apo AI	6.94E－0.7	AA821910
		Apo CIII	0.006 00	AI327016
		Sterol C5 desaturase	0.047 72	W65233
		EST AA105999	0.005 89	AA105999
		EST AA144910	0.024 88	AA144910
		EST AA088930	0.046 64	AA088930
	0.05＜α＜0.1	EST AA072637	0.050 17	AA072637
		EST AA289326	0.067 64	AA28326

注:P 为多重检验的校正 P 值。

对于新检测出的 5 个 EST,在 GenBank 中进行了序列比对,并将同源性最高的基因列于表 6 - 17。比对结果发现,tyrosine kinase 具有高度保守的序列,tyrosine kinase 参与多细胞调控,并且很多细胞间信号传导是依赖于 tyrosine kinase 完成的(Robinson et al.，2000;Hubbard and Till，2000)。DAPK 是一种依赖于钙调蛋白的 serine/threonine kinase,DAPK 抑制整合素(integrin)介导的细胞黏着和信号转导(Wang et al.，2002)。在真核生物的细胞与组织中,serine/threonine kinase 参与多个信号转导通路。在 HDL 代谢中,Janus kinase 2(JAK2)也是一种 protein - tyrosine kinase (TK),它参与调节阿朴脂蛋白与 ABCA1(ATP binding cassette transporter 1)的相互作用,以清除细胞中的脂质。此外,HDL 还可以结合依赖于 Apo AI 的特异性受体,促进 DNA 合成,开启依赖于 tyrosine kinase 的第二信使通路(Neverov et al.，1997;Tang et al.，2004)。由以上分析可以看出,Apo AI 的缺乏会引起 tyrosine kinase 类基因表达水平和活性的变化。此外,serine/threonine kinase 也参与多种信号转导过程。Apo AI 基因的敲除可能会对其表达量产生影响。由检测结果表明,EST AA105999 和 AA144910 分别与 tyrosine kinase 和 serine/threonine kinase 高度同源,因此他们的表达量在 Apo AI 敲除小鼠中发生变化是合理的。

表 6 - 17　5 个 EST 在 GenBank 中的比对结果

ESTs	匹配基因	同源性	E 值
EST AA105999	Intestinal tyrosine kinase	97%	0.0
EST AA144910	Death-associated protein kinase，DAPK3	98%	4e－56
EST AA088930	Neural proliferation and differentiation control protein - 1，NPDC - 1	99%	0.0
EST AA072637	Proteasome component C8	91%	7e－49
EST AA289326	Stromelysin - 3	98%	0.0

基于目前对 NPDC‐1、蛋白酶体(proteasome)、Stromelysin‐3(ST3)功能的了解,尚不能断定它们与 HDL 代谢的关系。因而对于 ESTs AA088930,AA072637 和 AA289326 需进一步的试验证实。

通过上述模拟分析,证明非转换方法可以有效地剔除试验中的"噪声",从而提高检测差异表达基因的效率。利用非转换方法分析 Apo AI 试验的 cDNA 芯片数据,结果显示,与对数转换方法相比,非转换方法可以检测出更多的差异表达基因。而这种检测效力的提高主要来自于标准化参数估计准确性和精确性的提高。

由于生物信息学主要以基因组为研究对象,是基因组学研究的基础,更是基因结构、基因产物的功能分析所必不可少的技术手段。借助生物信息学技术可以有助于研究者能更准确地挖掘到影响重要经济性状的基因、调控因子和遗传标记等,并有助于解析重要经济性状生长与发育的调控机制与调控过程。可以说动物功能性基因及重要经济性状的基因定位研究,功能性基因组和比较功能性基因组研究,肉、奶产量和品质性状的主基因定位、分离、克隆、测序和表达调控,明确畜禽基因组中影响重要经济性状的遗传座位和这些座位之间的相互关系以及等位基因调控表达的分子机理,发掘我国动物品种的基因资源并依据基因组信息进行动物品种设计和改良等研究工作中都少不了生物信息学的帮助。随着现代生物技术的迅速发展,如454、Solexa、SOLiD 等,以及生物信息学这一技术平台在畜禽基因组研究领域的广泛应用,畜禽基因组研究将会取得巨大进展并将给生物科学、医学、农业等带来举足轻重的作用。在生物信息学发展的带动下,必将会带动畜禽基因组及相关学科的跨越式发展。同时,利用生物信息学研究所作出的分析和预测是建立在已经获得的分子生物学知识基础之上所进行的,是对既往理论知识的充分而有效的运用,由于生物现象具有变异性、不确定性(随机性)和复杂性等基本特征,使得由生物信息所技术所得到的结果和推论可能存在差错,故而在此基础上仍需要进一步的实验室工作验证和补充。

参 考 文 献

［1］Altschul S F，et al. Gapped BLAST and PSI‐BLAST：a new generation of protein database search programs. Nucleic Acids Res. ,1997,25，3419‐3402.

［2］Adams K L，Wendel J F. Polyploidy and genome evolution in plants. Curr. Opin Plant Biol. ,2005,8：135‐141.

［3］Bailey T L，Williams N，Misleh C，LiW W. MEME：discovering and analyzing DNA and protein sequence motifs. *Nucleic Acids Research*,2006,34：W369‐W373.

［4］Buttice Â G, Duterque‐Coquillaud M, Basuyaux JP, Carrere S, Kurkinen M, SteÂ helin D. Erg, an Ets‐family member, differentially regulates human collagenase1 (MMP1) and stromelysin1 (MMP3) gene expression by physically interacting with the Fos/Jun complex. Oncogene,1996,13：2297‐2306.

［5］Brian O and Tom M A non‐random walk through the genome. Genome Biology,2005, 6：214.

［6］Cannon S B, Mitra A, Baumgarten A, Young N D, May G. The roles of segmental and tandem gene duplication in the evolution of large gene families in Arabidopsis thaliana. BMC Plant Biol,2004,4:10 - 16.

[7] Cardon G, Hohmann S, Klein J, Nettesheim K, Saedler H, Huijser P. Molecular characterisation of the Arabidopsis SBP - box genes. Gene,1999,237: 91 - 104.

[8] Chen Y, Dougherty E R and Bittner M L. Ratio - based decisions and the quantitative analysis of cDNA microarray images (J). Journal of Biomedical Optics,1997,2(4):364 - 374.

[9] Cui X Q and Churchill G A. Statistical tests for differential expression in cDNA microarray experiments (J). Genome Biology,2003a,4(4), 210. 1~ 210. 10.

[10] Cui X Q, Kerr M K and Churchill G A. Transformations for cDNA microarray data (J). Statistical Applications in Genetics and Molecular Biology,2003,2(1).

[11] Crooks GE, Hon G,Chandonia JM,Brenner SE. WebLogo: A sequence logo generator, Genome Research,2004,14:1188 - 1190.

[12] Derek W, Martin M, Christine V, et al. The SUPERFAMILY database in 2007: families and functions. Nucleic Acids Research 35, Database issue,2007,D308 - D313.

[13] Degnan B M, Degnan S M, Nagagnuma T, Morse D E. The ets multigene family is conserved throughout the Metazoa. Nucl. Ac. Res. ,1993,21: 3479 - 3484.

[14] Derisi J, Iyer V and Brown P. Exploring the metabolic and genetic control of gene expression on a genomic scale (J). Science,1997,278: 680 - 686.

[15] Eisen M B, Spellman P T, Brown P O and Botstein D. Cluster analysis and display of genome - wide expression patterns (J). Proceedings of the National Academy of Sciences of the USA,1998,95: 14863 - 14868.

[16] Eddy S R. Profile hidden Markov models. Bioinformatics,1998,14,755 - 763.

[17] Finn RD, Mistry J, Schuster - Bockler B, Griffiths - Jones S, Hollich V. Pfam: clans, web tools and services. Nucleic Acids Res, 34(Database issue),2006:D247 - 251.

[18] Fitzsimmons D, Hodsdon W, Wheat W, Maira S M, Wasylyk B, Hagman J. Pax - 5 (BSAP) recruites Ets proto - oncogene family proteins to from functional ternary complexes on a B - cell - specific promoter. Genes Dev,1996,10:2198 - 2211.

[19] Furlong R F, Holland P W H. Were vertebrates octoploids ? Philos Trans R. Soc Lond B. ,2002,357: 531 - 544.

[20] Futschik M and Crompton T. Model selection and efficiency testing for normalization of cDNA microarray data (J). Genome Biology,2004,5(8): R60.

[21] Gao G, Zhong Y, Guo A, Zhu Q, Tang W. DRTF: a database of rice transcription factors. Bioinformatics,2006,22: 1286 - 1287.

[22] Ge Y C, Dudoit S and Speed T P. Resampling - based multiple testing for microarray data analysis(J). TEST,2003,12, 1 - 44.

[23] Guex N and Peitsch M C. SWISS - MODEL and the Swiss - PdbViewer: An environment for comparative protein modeling. Electrophoresis,1997,18, 2714 - 2723.

[24] Guindon S, Gascuel D. A simple, fast, and accurate algorithm to estimate large phy-

logenies by maximum likelihood. Systematic Biology,2003,52(5):696 - 704.

[25] Guo A, He K, Liu D, Bai S, Gu X, Wei L and Luo J. DATF:a database of Arabidopsis transcription factors. Bioinformatics,2005,21:2568 - 2569.

[26] Guo A, Chen Xin, Gao Ge, et al. PlantTFDB:a comprehensive plant transcription factor database. Nucleic Acids Research,2007:1 - 4.

[27] Guo A, Zhu Q H, Gu X C, Ge S, Yang J, Luo J C. Genome - wide identification and evolutionary analysis of the plant specific SBP - box transcription factor family. Gene, 2008a,418:1 - 8.

[28] Guo J K, Wu J, Ji Q, Wang C, Luo L, Yuan Y, Wang Y H, Wang J. Genome - wide analysis of heat shock transcription factor families in rice and *Arabidopsis*, J. Genet. Genomics,2008b,35:105 - 118.

[29] Gutierrez - Hartman A, Duval DL, Bradford AP. ETS transcription factors in endocrine systems. Trends Endocrinol Metab,2007,18 (4):150 - 158.

[30] Jiang Qian, Nicholas M, Luscombe and Mark Gerstein. Protein Family and Fold Occurrence in Genomes:Power - law Behaviour and Evolutionary Model. J. Mol. Biol. , 2001,313, 673 - 681.

[31] Higgins D G, Thompson J D, Gibson T J. Using CLUSTAL for multiple sequence alignments. Methods Enzymol. ,1996,266:383 - 402.

[32] Holland P W, Garcia - Fernàndez J, Williams N A, Sidow A. Gene duplication and the origins of vertebrate development. Development,1994,120:125 - 133.

[33] Holland P W, Booth H A, Bruford E. Classification and nomenclature of all human homeobox genes. BMC Biology. ,2007,5:47 - 73.

[34] Huang da W,Sherman BT,Lempicki RA. Systematic and integrative analysis of large gene lists using DAVID bioinformatics resources. Nat Protoc. ,2009,4(1):44 - 57.

[35] Huber W, von Heydebreck A, Sültmann H, Poustka A and Vingron M. Parameter estimation for the calibration and variance stabilization of microarray data(J). Statistical Applications in Genetics and Molecular Biology,2003,2(1):3.

[36] Immink R G, Ferrario S, Busscher - Lange J, Kooiker M, Busscher M, Angenent, G C. Analysis of the petunia MADS - box transcription factor family. Mol Gen Genomics, 2003,268: 598 - 606.

[37] John S Taylor , Jeron Raes. the evolutionary of the genome. Science press,2007.

[38] Karim FD, Urness LD, Thummel CS, Klemsz MJ, Mc Kercher SR, Celada A, Van Beveren C, Maki RA,Gunther CV, Nye JA and Graves BJ. The Ets - domain:a new DNA - binding motif that recognizes a purin - rich core DNA sequence. Genes Dev. , 1990,4:1451 - 1453.

[39] Kasahara M, Hayashi M, Tanaka K, Inoku H, Sugaya K,Ikemura T and Ishibashi T. Chromosomal localization of the proteasome Z subunit gene reveals an ancient chromosomal duplication involving the major histocompatibility complex. Proc. Natl. Acad. Sci. USA,1996,93:9096 - 9101.

[40] Katsanis N, Fitzgibbon J, Fisher E M C. Paralogy mapping: identification of a region in the human MHC triplicated onto human chromosomes 1 and 9 allows the prediction and isolation of novel PBX and NOTCH loci. Genomics,1996,35:101 - 108.

[41] Kent W J, Baertsch R, Hinrichs A, Miller W, Haussler D. Evolution's cauldron: duplication, deletion, and rearrangement in the mouse and human genomes. Proc Natl Acad Sci USA,2003,100: 11484 - 11489.

[42] Koopman P,Schepers G,Brenner S,Venkatesh B. Origin and diversity of the Sox transcription factor gene family:genome - wide analysis in Fugu rubripes. Gene,2004,328: 177 - 186.

[43] Kulikova T,Akhtar R,Aldebert P,Althorpe N. EMBL Nucleotide Sequence Database in 2006. Nucleic Acids Res. Jan,2007,35:D16 - 20.

[44] Kumar S, Dudley J, Nei M & Tamura K. MEGA: A biologist - centric software for evolutionary analysis of DNA and protein sequences. Briefings in Bioinformatics,2008,9: 299 - 306.

[45] Leister D. Tandem and segmental gene duplication and recombination in the evolution of plant disease resistance gene. Trends Genet. ,2004,20:116 - 122.

[46] Luscombe N M, Austin S E, Berman H M, Thornton J M. An overview of the structures of protein - DNA complexes. Genome Biol. ,2000,1(1):1 - 37.

[47] Laudet V, Niel C, Duterque - Coquillaud M, Leprince D, SteÂ helin D. Evolution of the ets gene family. Biochem. Biophys. Res. Com. ,1993,190:8 - 14.

[48] Laudet V. Evolution of the nuclear receptor superfamily: early diversification from an ancestral orphan receptor. J. Mol. Endocrinol. ,1997,19:207 - 226.

[49] Laudet V,Hänni C, Stéhelin D, Duterque - Coquillaud M. Molecular phylogeny of the ETS gene family. Oncogene. ,1999,11:18(6):1351 - 1359.

[50] Li J, Liu Q, Qiu M S, Pan Y C, Li Y X, Shi T L. Identification and analysis of the mouse basic/Helix - Loop - Helix transcription factor family. Biochemical and Biophysical Research Communications,2006a,350:648 - 656.

[51] Li, X, Duan X,Jiang H,Sun Y, Tang Y,Yuan Z,Guo J,Liang W,Chen L,Yin J,Ma H,Wang J,Zhang D. Genome - Wide Analysis of Basic/Helix - Loop - Helix Transcription Factor Family in Rice and Arabidopsis, Plant Physiology,2006b,141:1167 - 1184.

[52] Marc A H, Marc J, Martin W, Cathie M, Bernd W, Paul C B. The Basic Helix - Loop -Helix Transcription Factor Family in Plants: A Genome - Wide Study of Protein Structure and Functional Diversity. Mol. Biol. Evol. ,2003,20(5):735 - 747.

[53] Madan M, Babu and Sarah A Teichmann. Evolution of transcription factors and the gene regulatory network in Escherichia coli. . Nucleic acids research, 2003, 31 (4): 1234 -1244.

[54] Matys V, Kel - Margoulis O V, Fricke E, et al. TRANSFAC and its module TRANSCompel: transcriptional gene regulation in eukaryotes. Nucleic Acids Res. , 2006,34, D108 - D110.

[55] Mehan M R, Freimer N B, Ophoff R A. A genome - wide survey of segmental duplications that mediate common human genetic variation of chromosomal architecture. Hum Genomics,2004,1:335 - 344.

[56] Minezaki Y,Homma K,Nishikawa K. Genome - Wide Survey of Transcription Factors in Prokaryotes Reveals Many Bacteria - Specific Families Not Found in Archaea. DNA Research,2005,12:269 - 280.

[57] Moreno - Risueno M A, Martinez M, Vicente - Carbajosa J, Carbonero P. The family of DOF transcription factors: from green unicellular algae to vascular plants. Mol. Genet. Genomics,2007,277:379 - 390.

[58] Mutsumi K, Hideaki K, Naoki O, et al. A genome - wide and nonredundant mouse transcription factor database Biochemical and Biophysical Research Communications, 2004,322:787 - 793.

[59] Newton M A, Kendziorski C M, Richmond C S, Blattner F R and Tsui K W. On differential variablility of expression ratios: improving statistical inference about gene expression changes from microarray data(J). Journal of Computational Biology,2001,8: 37 - 52.

[60] Nijhawan A,Jain M,Tyagi A K,Khurana J P. Genomic Survey and Gene Expression Analysis of the Basic Leucine Zipper Transcription Factor Family in Rice. Plant Physiology,2008,146:333 - 350.

[61] Ohno S. Evolution by gene duplication, New York, Springer,1970.

[62] Oliver B,Misteli T. A non - random walk through the genome. Genome Biol,2005,6 (4): 214 - 229.

[63] Reyes J C, Muro - Pastor M I, Florencio F J. The GATA family of transcription factors in Arabidopsis and rice. Plant Physiol,2004,134:1718 - 1732.

[64] Riechmann J L, Heard J, Martin G, Reuber L, et al. Arabidopsis transcription factors: genome - wide comparative analysis among eukaryotes. Science, 2000, 290: 2105 -2110.

[65] Roy S W, Gilbert W. The pattern of intron loss. Proc. Natl. Acad. Sci. U. S. A. , 2005,102: 713 - 718.

[66] Riechmann J L, Heard J, Martin G, et al. Arabidopsis transcription factors: genome - wide comparative analysis among eukaryotes. Science,2000,290:2105 - 2110.

[67] Reiner A, Yekutieli D and Benjamini Y. Identifying differentially expressed genes using false discovery rate controlling procedures (J). Bioinformatics, 2003, 19(3): 368 -375.

[68] Rocke D M and Durbin B. A model for measurement error for gene expression arrays (J). Journal of Computational Biology, 2001, 8: 557 - 569.

[69] Sarah K. Kummerfeld and Sarah A. Teichmann. DBD: a transcription factor prediction database. Nucleic Acids Research,2006,34:D74 - D81.

[70] Sterk P,Kulikova T,Kersey P, et al. The EMBL Nucleotide Sequence and Genome Reviews Databases. Methods Mol Biol. ,2007,406:1 - 22.

[71] Sharrocks A D. The ETS - domain transcription factor family. Nat. Rev. Mol Cell Biol. ,2001,2(11):827 - 837.

[72] Shigyo M，Hasebe M，Ito M. Molecular evolution of the AP2 subfamily. Gene,2006,366:256 - 265.

[73] Shigyo M，Tabei N，Yoneyama T，Yanagisawa S. Evolutionary processes during the formation of the plant - specific DOF transcription factor family. Plant Cell Physiol. ,2007,48:179 - 185.

[74] Shiu SH，Shih MC Li WH. Transcription Factor Families Have Much Higher Expansion Rates in Plants than in Animals. Plant Physiology,2005,139:18 - 26.

[75] Shore P，Whitmarsh A J，Bhaskaran R，Davis R J，Waltho J P，Sharrocks A D. Determinants of DNA - binding specificity of ETS - domain transcription factors. Mol. Cell. Biol,1996,16:3338 - 3349.

[76] Sieweke M H Tekotte H，Jarosch U，Graf T. Cooperative interaction of ets - 1 with USF - 1 required for HIV - 1 enhancer activity in T cells. EMBOJ. , 1998, 17: 1728 -1739.

[77] Stephenson T J，McIntyre C L，Collet C，Xue G P. Genome - wide identification and expression analysis of the NF - Y family of transcription factors in Triticum aestivum, Plant Mol Biol. ,2007,65:77 - 92.

[78] Sterk P，Kulikova T，Kersey P，Apweiler R. The EMBL Nucleotide Sequence and Genome Reviews Databases. Methods Mol Biol. ,2007,406:1 - 22.

[79] Toledo - Ortiz G，Huq E，Quail PH. The Arabidopsis Basic / Helix - Loop - Helix Transcription Factor Family. The Plant Cell,2003,15:1749 - 1770.

[80] Toshitsugu N，Kaoru S，Tatsuhito F，Hideaki S. Genome - Wide Analysis of the ERF Gene Family in Arabidopsis and Rice. Plant Physiology,2006,140:411 - 432.

[81] Tsuneyuki Oikawa，Toshiyuki Yamada. molecular biology of the ETS family of transcription factors. Gene,2003,303:11 - 34.

[82] Wang C Y，Petryniak B，Ho I C，Thompson C B，Leiden J M. Evolutionarily conserved Ets family members display distinct DNA binding specificities. J. Exp. Med. , 1992,175:1391 - 1399.

[83] Wang D，Guo Y H，Wu C G，Yang G D，Li Y Y，Zheng C C. Genome - wide analysis of CCCH zinc finger family in Arabidopsis and rice. BMC Genomics,2008,9:44 - 54.

[84] Wang Y，Chen K，Yao Q，Wang W，Zhi Z. The basic helix - loop - helix transcription factor family in Bombyx mori. Dev Genes Evol,2007,217:715 - 723.

[85] Wasylyk B，Hagman J，Gutierrez - Hartmann A. A Ets transcription factors: nuclear effectors of the Ras - MAP - kinase signalling pathway. Trends Biochem. Sci. ,1998, 23:213 - 216.

[86] Wilson D，Charoensawan V，Kummerfeld S K，Teichmann S A. DBD - taxonomically broad transcription factor predictions: new content and functionality. Nucleic Acids Res. Jan,2008,36:D88 - 92.

［87］ Wilson RJ，Goodman JL，Strelets VB；FlyBase Consortium. FlyBase：integration and improvements to query tools. Nucleic Acids Res. Jan,2008,36:D588 - 593.

［88］ Wu K L，Guo Z J，Wang H H，Li J. The WRKY family of transcription factors in rice and Arabidopsis and their origins. DNA Res. ,2005,12:9 - 26.

［89］ Wu Jinyu，Fangqing Zhao，Shengqin Wang，et al. cTFbase：a database for comparative genomics of transcription factors in cyanobacteria. BMC Genomics,2007,8:104.

［90］ Xiong Y，Liu T，Tian C，Sun S，Li J，Chen M. Transcription factors in rice：a genome - wide comparative analysis between monocots and eudicots. Plant Molecular Biology,2005,59:191 - 203.

［91］ Yang Y H，Buckley M J，Dudoit S and Speed T P. Comparison of methods for image analysis on cDNA microarray (J). Journal of Computational & Graphical Statistics,2001,11:108 - 136.

［92］ Yang Y H，Dudoit S，Luu P，Lin D M，Peng V，Ngai J and Speed T P. Normalization for cDNA microarray data：a robust composite method addressing single and multiple slide systematic variation(J). Nucleic Acids Research,2002,30(4):e15.

［93］ Zahn L M，Kong H，Leebens - Mack J H，Kim S，Soltis P S，Landherr L L，Soltis D E，Depamphilis C W，Ma H. The evolution of the SEPALLATA subfamily of MADS - box genes：a preangiosperm origin with multiple duplications throughout angiosperm history. Genetics,2005,169:2209 - 2223.

［94］ Zhang Y，Wang L. The WRKY transcription factor superfamily：its origin in eukaryotes and expansion in plants. BMC Evol. Biol. ,2005,5:1 - 12.

［95］ Zhu Q H，Guo A Y，Gao G，Zhong Y F，Xu M，Huang M and Luo J. DPTF：a database of poplar transcription factors. Bioinformatics,2007,23:1307 - 1308.

［96］ Zhiliang Hu，Eric Ryan Fritz and James M. Reecy. AnimalQTLdb：a livestock QTL database tool set for positional QTL information mining and beyond. Nucleic Acids Research,2007,35(Database issue):D604 - D609.

第7章

动物分子标记辅助育种技术

对影响重要经济性状基因进行研究的最终目的是要在育种中加以利用，以提高育种效率。这种利用主要是通过利用分子遗传标记，来对影响性状的基因进行追踪。根据 QTL 分析和基因定位结果，可将在标记辅助育种中可以利用的分子标记分为 2 种类型：一是直接标记，它们本身就是功能突变位点，其多态直接决定性状的表达，例如猪的兰尼定受体基因（ryr-1 基因，又称氟烷基因）中 1843 处的 C→T 突变，直接导致猪的应急敏感性增加；二是连锁标记，即与功能突变位点相连锁的多态位点，这种连锁又分两种情形，一是高度紧密连锁，以致它们与功能突变位点处于群体范围的连锁不平衡（population-wide linkage disequilibrium）状态，也就是说由于几乎不发生重组，它们与功能突变位点的连锁相在不同家系中是基本相同的，这种标记称为连锁不平衡标记或 LD 标记；二是一般连锁，它们与功能突变位点的连锁并不太紧密，以至在群体范围内往往处于连锁平衡状态，也就是说，由于可能发生重组，尽管在各个家系内，它们与功能突变位点是连锁不平衡的，但在不同的家系中，其连锁相是不同的，这种标记称为连锁平衡标记或 LE 标记。

7.1 标记辅助选择

标记辅助选择（marker-assisted selection，MAS）主要是指在一个品种内在进行种畜选择时利用标记的信息来辅助候选个体的遗传评估。主要有两种方式：MA-BLUP 和两阶段选择。

7.1.1 MA-BLUP

MA-BLUP 即标记辅助最佳线性无偏预测（marker-assisted best linear unbiased prediction),是指同时利用标记和表型信息,基于线性混合模型用 BLUP 方法进行个体育种值估计(Fernando and Grossman,1989;Fernando,2004)。当只考虑一个 QTL 时,其基本模型是

$$y = Xb + Wv + Za + e \tag{7.1}$$

式中:y 为表型观察值向量,b 为固定效应向量,v 为 QTL 效应向量,a 为随机多基因效应向量,e 为随机残差向量,X、W 和 Z 分别为 b、v 和 a 的关联矩阵。

对于 a 和 e,假设

$$E\begin{bmatrix} a \\ e \end{bmatrix} = \begin{bmatrix} 0 \\ 0 \end{bmatrix}, Var\begin{bmatrix} a \\ e \end{bmatrix} = \begin{bmatrix} A\sigma_a^2 & 0 \\ 0 & I\sigma_e^2 \end{bmatrix}$$

其中 A 为动物个体间的加性遗传相关矩阵,I 为单位矩阵。

模型中的 QTL 效应 v 是根据标记信息来定义的,根据标记类型的不同,有不同的假设,如果标记是直接标记或 LD 标记,则 v 等于标记基因型的固定效应,如果标记是 LE 标记,则 v 等于 QTL 等位基因的随机效应,并假设

$$E(v) = 0, Var(v) = G\sigma_v^2$$

其中 G 是 QTL 等位基因的配子相关矩阵,其中的元素是同一个体及不同个体所携带的 QTL 等位基因的 IBD(identical by descent)概率,它需要通过与 QTL 连锁的标记信息来计算(Wang et al.,1995;李仁杰,1999),σ_v^2 是 QTL 等位基因效应方差。

当 v 为固定效应时,基于模型(7.1)的混合模型方程组为

$$\begin{bmatrix} X'X & X'W & X'Z \\ W'X & W'W & W'Z \\ Z'X & Z'W & Z'Z + A^{-1}k \end{bmatrix} \begin{bmatrix} \hat{b} \\ \hat{v} \\ \hat{a} \end{bmatrix} = \begin{bmatrix} X'y \\ W'y \\ Z'y \end{bmatrix}$$

当 v 为随机效应时,基于模型(7.1)的混合模型方程组为

$$\begin{bmatrix} X'X & X'W & X'Z \\ W'X & W'W + G^{-1}d & W'Z \\ Z'X & Z'W & Z'Z + A^{-1}k \end{bmatrix} \begin{bmatrix} \hat{b} \\ \hat{v} \\ \hat{a} \end{bmatrix} = \begin{bmatrix} X'y \\ W'y \\ Z'y \end{bmatrix}$$

其中 $k = \dfrac{\sigma_e^2}{\sigma_a^2}, d = \dfrac{\sigma_e^2}{\sigma_v^2}$。

根据模型(7.1),个体的估计育种值(EBV)可定义为:

$$EBV_i = \begin{cases} \hat{v}_i + \hat{a}_i & \text{对于直接标记和 LD 标记} \\ \hat{v}_i^p + \hat{v}_i^m + \hat{a}_i & \text{对于 LE 标记} \end{cases}$$

式中:$\hat{v}_i$ 为个体 i 的标记基因型效应估计值(对于直接标记和 LD 标记),$\hat{v}_i^p$ 和 $\hat{v}_i^m$ 分别为个体 i 所携带的来自父亲和母亲的 QTL 等位基因的效应估计值(对于 LE 标记),$\hat{a}_i$ 是个体 i 的多基因效应估计值。

相对于常规的基于 BLUP 的选择方法,MA - BLUP 的效率取决于标记与 QTL 的重组

率、QTL 效应大小、性状的遗传力、性状类型和选择的世代数。Meuwissen 和 Goddard(1996)通过计算机模拟系统地比较了 MA - BLUP 在各种情况下的相对效率，其主要结果见图 7 - 1 和图 7 - 2。

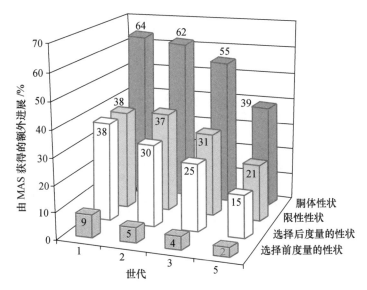

图 7 - 1　对不同性状的标记辅助选择所获得的额外遗传进展

($h^2 = 0.27$,QTL 效应$= 33\%$遗传方差,标记与 QTL 的重组率$= 0.1$)

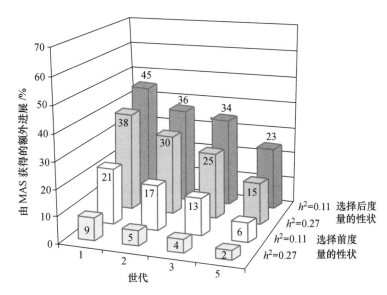

图 7 - 2　对不同遗传力性状的 MA - BLUP 选择所获得的额外遗传进展

(QTL 效应$= 33\%$遗传方差,标记与 QTL 的重组率$= 0.1$)

Liu 等(2001)利用计算机模拟比较了对于同时具有标记和表型信息的性状，在不同遗传力和不同 QTL 效应下 MA - BLUP 在短期和长期选择下的相对效率。在第 1～15 世代 MA - BLUP 在总遗传进展上的相对优势如图 7 - 3 所示，在 QTL 基因型值和多基因效应值进展上的相对优势如表 7 - 1 所示。

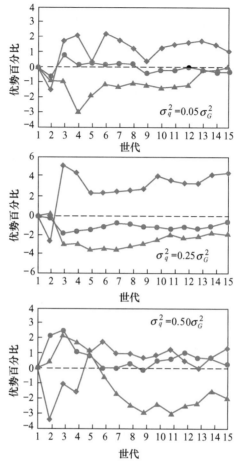

◆ 代表 h^2=0.1，● 代表 h^2=0.3，▲ 代表 h^2=0.6，- 代表对照（常规 BLUP）

图 7 - 3   不同遗传力和 QTL 效应下 MA - BLUP 选择遗传进展的相对优势

（假定有 4 个标记均与分布于 QTL 的两侧，每个标记有 5 个等位基因，

标记间的距离为 5 cM，QTL 位于 4 个标记的中点）

表 7 - 1   **MA - BLUP 在 QTL 基因型值（第一行）和多基因效应值（第二行）进展上的相对优势**   ％

QTL 效应	遗传力	世　　代			
		2	5	10	15
0.05	0.1	3.01	19.28	24.35	−5.79
		−1.65	0.00	0.89	1.26
	0.3	−2.13	19.00	17.45	23.41
		−0.96	−2.51	−1.78	−0.40
	0.6	5.14	18.47	−5.82	−12.83
		−0.91	−0.22	−0.08	−0.09
0.25	0.1	3.31	11.01	16.11	3.48
		−4.21	0.64	2.60	4.35

续表 7 - 1

QTL 效应	遗传力	世　代			
		2	5	10	15
0.25	0.3	2.19	5.96	3.88	−0.10
		−0.41	−2.00	−1.46	−0.73
	0.6	0.20	2.70	2.14	0.47
		−0.20	−4.84	−3.26	−2.13
0.50	0.1	−1.70	2.77	2.01	0.18
		−4.45	0.53	0.54	1.51
	0.3	8.55	4.34	0.02	0.15
		−1.18	−0.27	0.60	0.31
	0.6	6.62	4.14	−0.14	0.00
		−2.76	0.15	−2.90	−2.23

根据这些研究结果,可以看出,对于胴体性状(需要屠宰以后才能测定,如肉质性状)、限性性状(只在一个性别的个体中表现,如产奶量、产仔数)和选择后才能度量的性状(只在配种后才表现,如繁殖性状)、低遗传力性状,标记辅助选择相对于常规 BLUP 选择有较大优势,这是因为对于这类性状常规 BLUP 选择的效率较低。对于其他性状,标记辅助选择的优势有限。还需要注意的是,标记辅助选择的优势随着选择世代的增加而降低。这是因为随着选择世代数的增加,QTL 有利等位基因频率逐渐升高,并趋于纯合,在 QTL 上的选择反应也就变得越来越小。

7.1.2　两阶段选择

即在候选个体尚未有表型资料时,先用分子标记进行选择(预选),对中选个体进行性能测定获取表型信息,再根据表型信息用表型值或 EBV 进行选择(图 7 - 4)。这种选择方式适用于在进行性能测定前必须进行预选的情形,例如在猪中,由于不可能对所有的个体进行性能测定,必须从每窝中预先淘汰一部分个体,再如在奶牛中,由于 MOET 技术的应用,一个供体母牛可生产若干个全同胞公牛犊,需要从中选择一部分参加后裔测定,在这些情形下,个体本身尚无表型信息,而系谱信息也毫无帮助,因为全同胞具有相同的系谱,在传统的育种中,就只能进行随机选择,而有了标记信息后,就可利用分子标记的信息来进行选择。

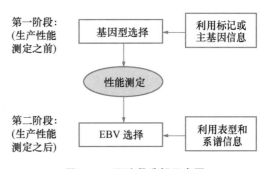

图 7 - 4　**两阶段选择示意图**

Zhang 等(2002)利用计算机模拟研究了在奶牛中进行两阶段标记辅助选择的效率。假定性状(如产奶量)受一个 QTL 和剩余多基因的影响,对该 QTL 作两种假设:一是假设在基础群中 QTL 等位基因效应服从正态分布 $N(0, \sigma^2_{QTL}/2)$（σ^2_{QTL} 为 QTL 基因型值方差），这意味着 QTL 等位基因数为基础群中个体数的 2 倍；二是假设在基础群中 QTL 仅有 2 个等位基因，它们的效应值可由 $\sigma^2_{QTL} = 2pqa^2$ 推算，其中 p 和 q 分别为这两个等位基因在基础群中的频率，a 为有利等位基因纯合子的基因型值，2 个等位基因效应值分别为 $a/2$ 和 $-a/2$。在该 QTL 的两侧各有 2 个标记座位，各标记之间的遗传距离相同，为 5 cM 或 20 cM，QTL 位于它们中间，各基因座位之间没有干涉。在基础群中每个标记座位有 5 个等位基因，每个等位基因的频率相同。假设性状的遗传力定为 0.3，QTL 方差占总遗传方差（$\sigma^2_g = $ 多基因效应方差 $+ \sigma^2_{QTL}$）的比例（$v^2 = \sigma^2_{QTL}/\sigma^2_g$）变化为 10%、25% 和 50%。用 2 种方法进行参加后裔测定青年公牛的选择：一是随机选择，它相当于目前奶牛育种中的常规选择方法；二是利用 MA - BLUP 方法估计青年公牛的育种值，再根据估计育种值进行选择。母牛的选择和后测结束后公牛的选择采用常规动物模型 BLUP 方法进行选择。选择共进行 5 个世代。主要结果如下：

1. 种公牛中 MA - BLUP 的相对优势

表 7 - 2 给出了在各世代中各种参数组合下中选的种公牛中 MA - BLUP 选择相对于常规选择在多基因效应、QTL 基因型值和总遗传值（多基因效应与 QTL 基因型值之和）上的相对优势率。

表 7 - 2　种公牛中 MA - BLUP 相对于常规选择（青年公牛随机选择）的相对优势率

v^2	QTL 假定[a]	世　　代									
		1		2		3		4		5	
		5 cM	20 cM	5 cM	20 cM	5 cM	20 cM	5c M	20 cM	5 cM	20 cM
多基因效应值											
10%	F0.1	3.72	4.56	5.13	7.43	5.63	7.51	4.25	5.06	5.15	5.46
	F0.5	4.02	5.42	4.64	6.33	6.21	7.64	6.94	5.12	6.72	6.47
	N	5.48	5.53	6.38	6.72	5.70	9.90	5.49	9.86	6.01	10.13
25%	F0.1	5.37	6.20	2.05	2.63	6.00	7.45	4.50	4.73	5.78	5.63
	F0.5	3.67	0.78	6.10	3.68	7.59	6.07	4.50	5.19	6.37	5.63
	N	4.17	1.84	7.56	7.54	5.70	3.30	5.42	2.58	6.65	4.99
50%	F0.1	3.97	9.69	12.30	5.75	9.47	4.47	7.76	5.27	9.26	6.61
	F0.5	1.51	1.69	0.80	1.39	3.35	0.59	3.38	1.82	4.95	2.92
	N	3.40	6.56	3.99	0.72	7.10	3.44	5.24	2.37	6.70	4.31
QTL 基因型值											
10%	F0.1	23.91	13.04	100.00	58.33	81.54	87.69	47.51	53.90	16.97	20.64
	F0.5	36.84	20.18	18.67	9.64	6.04	11.16	4.96	13.22	4.55	5.31
	N	5.55	13.55	2.72	4.58	0.75	0.27	1.71	7.77	2.78	6.81
25%	F0.1	158.83	94.12	47.58	29.03	12.80	8.80	4.20	3.85	0.67	0.67
	F0.5	8.94	3.35	7.79	1.23	1.06	1.42	0.00	0.34	1.01	0.67
	N	0.10	1.92	1.63	1.80	7.50	11.62	3.28	6.62	2.12	3.88

续表 7-2

v^2	QTL 假定[a]	世 代									
		1		2		3		4		5	
		5 cM	20 cM	5 cM	20 cM	5 cM	20 cM	5c M	20 cM	5 cM	20 cM
QTL 基因型值											
50%	F0.1	28.36	29.85	7.44	2.97	0.33	0.33	0.00	0.00	0.00	0.00
	F0.5	9.79	1.23	4.61	3.19	1.69	1.36	0.33	0.33	0.00	0.00
	N	2.64	1.50	6.38	2.65	9.43	4.65	10.67	4.81	11.95	1.40
总遗传值											
10%	F0.1	10.75	9.04	10.35	10.70	9.11	11.18	7.50	8.73	6.28	6.90
	F0.5	6.94	6.73	5.82	6.61	6.20	7.92	6.79	5.71	6.57	6.40
	N	4.27	3.44	6.01	6.50	5.21	8.95	5.13	9.66	5.70	9.81
25%	F0.1	14.41	11.72	10.99	7.80	7.80	7.80	4.43	4.52	4.71	4.59
	F0.5	4.82	1.35	6.44	3.18	6.44	5.25	3.83	4.36	5.41	4.81
	N	3.11	1.86	6.06	5.18	6.13	5.30	4.91	3.54	5.59	4.37
50%	F0.1	11.86	16.21	9.61	4.21	5.27	2.57	4.72	3.20	6.06	4.32
	F0.5	3.45	0.41	2.15	0.23	2.86	0.81	2.62	1.45	3.87	3.28
	N	3.02	2.64	5.16	1.66	8.20	4.02	7.66	3.45	8.92	3.08

a)F0.1 和 F0.5 表示 QTL 有 2 个等位基因,在基础群中优势等位基因的频率分别为 0.1 和 0.5;N 示 QTL 的等位基因数目为基础群个体数的 2 倍。

表 7-3　**青年公牛中 MA - BLUP 相对于常规选择的相对优势率**

v^2	QTL 假定[a]	世 代									
		1		2		3		4		5	
		5 cM	20 cM	5 cM	20 cM	5 cM	20 cM	5c M	20 cM	5 cM	20 cM
多基因效应											
10%	F0.1	10.40	10.40	10.50	9.57	8.44	10.80	6.23	8.05	6.64	8.22
	F0.5	16.90	1.81	8.17	9.35	8.08	10.30	8.35	8.64	9.29	8.22
	N	18.80	18.39	13.35	12.93	8.48	10.99	7.45	11.21	7.79	11.30
25%	F0.1	16.00	13.90	9.86	5.61	10.00	6.61	6.41	6.19	8.10	7.38
	F0.5	9.58	8.77	9.89	6.58	8.78	8.13	8.86	7.25	7.96	7.22
	N	18.35	17.75	10.48	12.15	11.03	9.60	7.83	5.65	8.34	5.99
50%	F0.1	16.90	13.50	1.07	3.45	14.50	10.40	12.00	7.78	13.10	8.00
	F0.5	16.50	13.20	4.38	2.66	4.39	2.32	4.65	1.22	6.64	2.72
	N	17.58	17.22	10.32	8.13	7.04	5.32	7.04	3.99	7.19	4.98

续表 7 - 3

v^2	QTL 假定[a]	\multicolumn{10}{c}{世 代}
		\multicolumn{2}{c}{1}	\multicolumn{2}{c}{2}	\multicolumn{2}{c}{3}	\multicolumn{2}{c}{4}	\multicolumn{2}{c}{5}
		5 cM	20 cM	5 cM	20 cM	5 cM	20 cM	5c M	20 cM	5 cM	20 cM
\multicolumn{12}{c}{QTL 基因型值}
10%	F0.1	2.52	1.38	16.94	15.31	105.56	92.67	150.67	131.90	46.91	46.46
	F0.5	25.00	17.00	32.15	28.59	25.92	18.09	11.21	12.64	6.18	12.36
	N	11.71	4.80	6.58	6.99	5.18	2.53	1.99	8.51	1.63	9.16
25%	F0.1	8.22	8.08	69.64	52.65	40.52	54.69	16.31	15.93	3.60	3.60
	F0.5	26.35	22.68	12.88	7.69	9.99	5.53	4.31	2.47	0.17	0.09
	N	22.94	20.24	2.51	−2.70	5.96	10.82	9.97	13.18	5.23	10.46
50%	F0.1	13.72	12.85	180.26	131.10	13.27	11.88	0.89	1.23	0.00	0.00
	F0.5	16.84	12.56	8.09	2.53	5.13	3.95	1.40	1.18	0.42	0.42
	N	16.02	12.78	11.82	3.82	12.77	10.70	12.93	9.87	12.75	6.15
\multicolumn{12}{c}{总遗传值}
10%	F0.1	411.84	376.50	19.19	17.5	15.47	17.21	11.13	12.27	9.76	11.18
	F0.5	17.68	18.04	10.32	11.08	9.55	10.97	8.59	8.97	9.05	8.53
	N	18.03	16.91	12.66	12.33	8.15	10.14	6.96	10.95	7.20	11.09
25%	F0.1	43.40	40.00	23.85	15.86	16.13	16.26	8.94	8.69	6.99	6.46
	F0.5	13.49	12.01	10.58	6.83	9.03	7.61	8.05	6.40	6.76	6.13
	N	19.55	18.41	8.38	8.23	9.75	9.91	8.35	7.46	7.61	7.05
50%	F0.1	29.36	26.27	41.09	31.96	13.83	11.20	6.70	4.66	7.74	4.71
	F0.5	16.68	12.86	6.06	2.60	4.67	2.92	3.65	1.21	5.02	2.12
	N	16.76	14.89	11.07	5.98	9.83	7.94	9.82	6.76	9.70	5.50

a)同表 7 - 2 中 a)。

2. 不同标记间距下 MBLUP 的相对优势

标记间距为 5 cM 与标记间距为 20 cM 相比,对于多基因效应,在 QTL 方差占总遗传方差的比例 v^2 为 10% 以及 v^2 为 25% 且 QTL 等位基因频率为 0.1 时,一般后者的 MBLUP 相对优势高于前者,其余情况下则一般为前者高于后者。对于 QTL 基因型值,当 QTL 为 2 个等位基因时,前者的 MBLUP 相对优势高于后者,但若 QTL 在基础群中有多个等位基因,在 v^2 为 10% 和 25% 时,则为后者高于前者,在 v^2 为 50% 时,仍是前者高于后者。对于总遗传值,在 v^2 为 10% 时,一般为后者高于前者,其他情况下,一般为前者高于后者。

3. 不同 QTL 效应(v^2)下 MBLUP 的相对优势

对于多基因效应,QTL 效应大小对 MBLUP 相对优势的影响无明显规律。对于 QTL 基因型值,在 QTL 为 2 个等位基因时表现为 QTL 效应越大相对优势越小,而且随着世代的增加其相对优势下降的速度越快,当 v^2 为 50％时,在第 4～5 世代时 MBLUP 已不具有优势;在 QTL 效应为正态分布时,其影响无明显规律。对于总遗传值,多数情况下,尤其 QTL 为 2 个等位基因时,QTL 效应越大,MBLUP 的相对优势越小。

4. 不同 QTL 假定下 MBLUP 的相对优势

对于多基因效应,在 v^2 为 10％和 25％时,不同 QTL 假定对 MBLUP 相对优势的影响无明显规律,但在 v^2 为 50％时,MA‐BLUP 的相对优势在 QTL 有利等位基因在基础群中的频率为 0.1 时最高,频率为 0.5 时最低,QTL 等位基因效应为正态分布时介于其间。对于 QTL 基因型值,QTL 有利等位基因频率为 0.1 时 MBLUP 的相对优势最大,频率为 0.5 时次之,但在 v^2 为 25％和 50％时,在后几个世代中,这 2 种 QTL 假定下 MBLUP 的优势较小甚至不再具有优势,而在 QTL 效应为正态分布下 MBLUP 仍然表现较大优势。对于总遗传值,总的趋势仍是 QTL 有利等位基因频率为 0.1 时 MBLUP 的相对优势最大,频率为 0.5 时次之,但随着世代数的增加和 QTL 效应的增大,它们之间的差距也随之减小,且变得没有明显规律。

5. 不同选择世代中 MA‐BLUP 的相对优势

对于多基因效应,随着世代数的增加,MA‐BLUP 相对优势率的变化没有明显规律。对于 QTL 基因型值,当 QTL 为 2 个等位基因时,MA‐BLUP 的相对优势随着世代的增加而下降,尤其是在 QTL 效应较大时,下降的幅度很大。但如 QTL 效应为正态分布,MA‐BLUP 的相对优势随着世代的增加有上升的趋势。对于总遗传值,在 QTL 优势等位基因频率为 0.1 时,MBLUP 的相对优势随着世代的增加而下降,但在其他情况下 MA‐BLUP 相对优势的变化无明显规律。

6. 参加后裔测定青年公牛中 MBLUP 的相对优势

表 7‐3 给出的是在不同的参数组合中,在中选参加后裔测定的青年公牛中的多基因效应、QTL 基因型值和总遗传值 MBLUP 选择相对于常规选择的相对优势。在这里,各种因素对 MBLUP 相对优势的影响与在种公牛中的情形相似,只是此时 MBLUP 的相对优势更高一些。

7.2 标记辅助导入

标记辅助导入(marker-assisted introgression,MAI)是指借助分子标记的信息,将一个品种/系(供体)中的某个或多个有利基因导入到另一品种/系(受体)中,而与此同时要保留受体的遗传背景。在动物育种中常常会碰到这种情况,一个在各个方面都很优良的品种或品系却很遗憾地存在某些缺陷,从而影响其总体经济价值。比如目前在世界各国使用最普遍的猪的品种长白猪和大白猪,经过多年的选育,具有生长速度快、饲料利用率高、瘦肉率高等优点,但却存在肉质较差的缺点,而中国的很多地方猪种均具有优良的肉质,但在生长速度、饲料利用率和瘦肉率等方面却比较差。如果我们知道地方猪种的优良肉质是由某个或某些特定的基因造成的,就可以将这些基因利用标记信息导入到长白猪或大白猪中,以改善其肉质。

导入外源基因的方法有两种,一是利用转基因技术,二是通过导入杂交。导入杂交的基本过程如图 7‐5 所示。这个过程主要包括以下三个阶段,第一阶段是杂交阶段,即将供体品种与受体品种杂交,产生 F_1 代。第二阶段是回交阶段,即将杂交群与受体回交,而后反复地将回交群与受体回交,其目的是在保证导入的基因不丢失的前提下,使受体的遗传背景得到恢复。第三阶段是横交阶段,即选择出回交群内部的个体,进行彼此交配,目的是使导入的基因在群体中固定。在传统的育种中,这种导入方式有 3 个严重的局限性,一是在回交阶段,为使导入的基因不丢失,在每次回交时都应选择导入基因的携带者参加回交,而在传统育种中只能利用表型信息选择,所以一般只能对那些能够从表型上区分出导入基因携带者的性状(通常为质量性状),才能用这种方法进行基因导入;二是在回交的过程中,平均来说每次回交将使供体的基因组减少 1/2,需要重复回交多个世代才能使受体的遗传背景得到基本完全的恢复,对于世代间隔长的动物就需要很长的时间;三是如果导入基因与一些不利基因连锁,则可能很难将这些不利基因剔除掉。标记辅助导入(marker-assisted introgression,MAI)是解决这些问题的有效途径。利用标记信息,一方面无论对任何性状都可准确地选择导入基因的携带者(前景选择),另一方面还可对受体的遗传背景进行选择(背景选择),从而加快背景的恢复速度,同时可有效地剔除与导入基因连锁的不利基因。此外,在横交阶段也可利用标记信息进行针对导入基因的选配,加快其固定速度。因此,与传统的导入杂交相比,标记辅助导入杂交可大大提高成功率并减少回交和横交的世代数(图 7 - 6)。

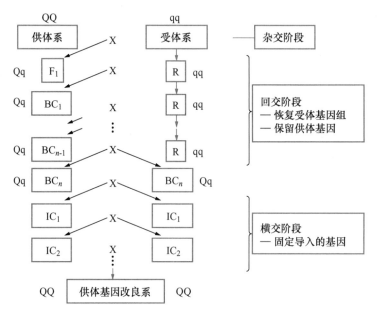

图 7 - 5　标记辅助导入示意图

在动物中,标记辅助导入已经有了一些成功应用的例子,一是 Hanset 等(1995)报道将抗应激敏感的基因导入到皮特兰猪中,在这个过程中,他们采用与 RYR 座位紧密连锁的标记进行前景选择,将抗应激敏感的基因成功地导入到皮特兰猪中。第二个例子是 Yancovich 等(1996)报道的对鸡中的裸颈(naked neck)基因的标记辅助导入,他们将一个地方鸡种中裸颈基因成功地导入到一个商业化的鸡品种中,在这个过程中,他们借助标记进行前景选择,以加快火鸡品种基因组的恢复。第三个例子是 Gootwine 等(1998)报道的羊中对 Booroola 基因(FecB)的标记辅助导入,他们借助与 Fec 座位紧密连锁的标记进行前景选择,将 Booroola 羊中的 FecB 基因导入到了 Awassi 乳用绵羊中。但总体来说,由于动物一般有较长的世代间隔、较低的繁殖力和较高的饲养成本,因此在动物中进行基因导入需要较长的时间和较高的成

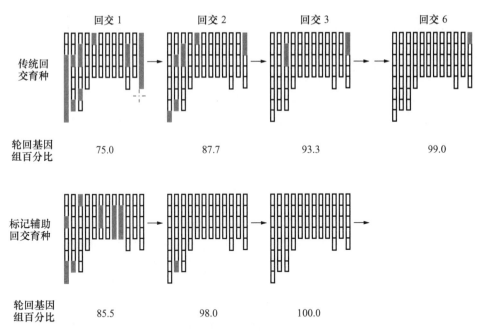

图 7 - 6　传统的导入杂交与标记辅助导入杂交的比较

本。因而如何充分有效地利用标记信息来提高基因导入的效率就成了当前动物育种中的一个研究热点。影响标记辅助导入效率的因素很多,例如欲导入的基因是否为已知基因(可直接测定)、基因组中可利用的标记信息(密度和多态性)、群体结构、对受体遗传背景恢复程度的要求等。在不同条件下应采用不同的标记辅助导入方案,以获得最佳的效率。

Bai 等(2006)利用计算机模拟比较了以下不同前景选择方法和不同背景选择方法对 MAI 效率的影响。考虑 3 个性状,它们都分别受一个 QTL 和剩余多基因控制。假设整个基因组分布在 10 条染色体上,每条染色体上均匀分布了 6 个标记,标记间的遗传距离为 20 cM,每个标记座位有 2 个等位基因,在供体群和受体群里分别固定标记的一个等位基因。3 个 QTL 分别位于 1 号染色体的 55 cM、2 号染色体的 45 cM 和 3 号染色体的 65 cM 位置。每个 QTL 有 2 个等位基因 Q 和 q,其中 Q 是有利基因,q 是不利基因。在供体群中固定了影响第 1 个性状(称为前景性状)的 QTL 的有利等位基因和影响另两个性状(称为背景性状)的 QTL 的不利等位基因,在受体群中则反之,固定了影响第 1 个性状的不利等位基因和影响另两个性状的有利等位基因。假设对前景性状,QQ 基因型值为 4.5,qq 基因型值为 -4.5;对第 1 个背景性状,QQ 基因型值为 5.5,qq 基因型值为 -5.5;对第 2 个背景性状,QQ 基因型值为 3.5,qq 基因型值为 -3.5。3 个 QTL 均无显性效应。假设 3 个性状的遗传力分别为 0.50、0.30 和 0.40,彼此之间无相关。在导入杂交过程中,回交阶段共进行 5 个世代,横交阶段也进行 5 个世代。在回交和横交阶段,采用以下方法进行前景选择和背景选择。

前景选择:

(1)直接基因选择。QTL 为一已知基因,其基因型可直接测定,选择基因型为杂合型的个体。

(2)单标记选择。QTL 本身未知,利用与之最近的一个标记间接选择,该标记与 QTL 间的遗传距离为 5 cM,选择该标记为杂合型的个体。

(3)双标记选择。QTL 本身未知,同时利用其两侧的标记进行间接选择,这两个标记与 QTL 间的遗传距离分别为 5 cM 和 15 cM,选择这两个标记均为杂合型的个体。

背景选择:

(1)随机选择。即不进行背景选择,只是随机选择个体。

(2)基因组相似选择。利用全部标记信息选择与受体基因组相似性高的个体。用来自受体群的标记等位基因的纯合子个数与总标记个数之比来表示与受体群基因组的相似程度(Groen and Smith,1995),即

$$G_m = (\sum m_i)/N$$

其中 G_m 为基因组相似度,$m_i=0$(如果第 i 个标记的基因型是杂合型)或 1(如果第 i 个标记的基因型是纯合型),N 是标记个数。根据 G_m 的大小进行选择。

(3)指数选择。Visscher 和 Haley(1996)提出,可利用背景性状的表型值和全部标记信息,将二者经适当的加权成为一个指数,根据指数的大小进行选择。

$$I_{mp} = b_m I_m + b_p P$$

其中 $I_m = \sum_{i=1}^{m} a_i v_i$ 是标记评分,a_i 是第 i 个标记的权重,对于染色体两端的标记,权重为 0.5,其余的标记权重为 1,v_i 是第 i 个标记的取值,当该标记的两个等位基因均来自受体群时,取值为 1,否则取值为 0。P 为性状表型值,b_m 和 b_P 分别是对标记评分和性状表型值的加权值,定义为

$$b_m \propto (1-h^2), b_p \propto h^2(1-p)$$

其中 $h^2=$ 性状遗传力,$p=$ 性状的遗传方差中由 QTL 所解释的部分所占的比例。

(4)标记辅助 BLUP(MA - BLUP)选择。综合利用背景性状的表型信息和 QTL 信息(借助与之连锁的标记)来分别估计个体在两个背景性状上的育种值(见 4.2),将两个估计育种值分别标准化后,经相等权重的加权形成育种值综合指数,根据这个指数的大小进行选择。

此研究的主要结果如下。

1. 前景性状 QTL 有利等位基因频率

在各回交世代和横交世代中前景性状 QTL 有利基因频率的变化主要受前景选择方法的影响,而与背景选择基本无关,因而这里只给出随机背景选择下前景性状 QTL 有利基因频率(图 7 - 7)。

由图 7 - 7 可看出,当进行直接基因选择时,在回交群体中,导入 QTL 有利等位基因的频率基本保持在约 25%,经过 2 个世代的横交,频率就达到了 100%。双标记选择的效果与直接基因选择相近,经过 2 个世代的横交,频率达到约 95%,以后缓慢上升,但 5 个世代后也未能达到 100%。单标记选择时,在回交阶段,基因频率就有所下降,横交 2 个世代后,频率达到约 75%,以后基本保持在这个水平。也就是说,由于标记与 QTL 之间会发生重组,依靠标记的选择不能保证选中的都是欲导入的基因,尤其在单标记选择时更易产生误差。

2. 受体遗传背景的恢复

受体遗传背景的恢复可以用各世代个体的基因组与受体基因组的相似程度来度量。显然,它也只受背景选择方法的影响,而与前景选择方法无关,因而这里只给出前景选择为

直接基因选择时不同背景选择方法下在各个回交世代和横交世代中的基因组相似度（图7-8）。利用基因组相似选择或指数选择，回交2个世代，就能使受体的遗传背景恢复90%以上，回交4个世代就基本全部恢复。MBLUP选择和随机选择的结果基本相同，都不如前两种方法，要回交3个世代才能恢复90%以上，回交5个世代恢复约98%，在横交阶段还有所下降。

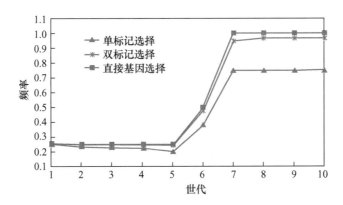

图7-7　背景随机选择下前景性状 QTL 有利等位基因的频率

1～5世代为回交阶段,6～10世代为横交阶段

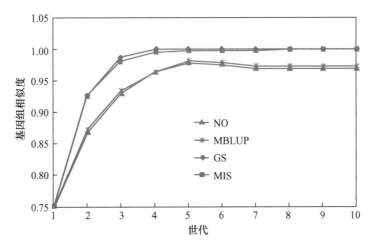

图7-8　前景直接基因选择下回交和横交各世代中受体基因组相似度

1～5世代为回交阶段,6～10世代为横交阶段

NO:随机背景选择,MBLUP:标记辅助 BLUP,GS:基因组相似选择,MIS:指数选择

3. 背景性状 QTL 有利等位基因的频率

背景性状 QTL 的基因频率也与前景选择方法无关，因而这里只给出前景选择为直接基因选择时不同背景选择下两个背景性状 QTL 有利等位基因在回交阶段和横交阶段中的频率（图7-9）。可以看出，两个 QTL 基因频率的变化趋势一致，除随机选择外，其余3种背景选择方法的结果基本相同，经过3个世代回交 QTL 有利基因频率就基本达到100%。而在随机选择下,3个世代的回交后频率约为94%,5个世代回交接近99%，以后基本维持这个水平。

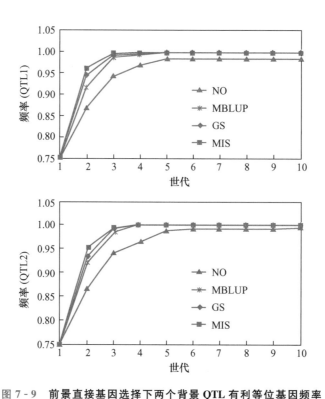

图 7-9　前景直接基因选择下两个背景 QTL 有利等位基因频率

1~5 世代为回交阶段,6~10 世代为横交阶段

NO:随机背景选择,MBLUP:标记辅助 BLUP,GS:基因组相似选择,MIS:指数选择

4. 背景性状的遗传进展

在 4 种背景选择方法下(前景选择为直接基因选择),背景性状在回交阶段和横交阶段的遗传进展见图 7-10。对于两个背景性状,用 MA-BLUP 方法选择都获得了最大的遗传进展,指数选择方法次之,而在随机选择和基因组相似选择下则几乎没有遗传进展。对于第 2 个背景性状,MA-BLUP 比指数选择的优势更明显一些,这是由于与第 1 个性状相比,对于这个性状 QTL 的影响要小一些,剩余多基因的影响更大一些,而 MA-BLUP 能更有效地选择剩余多基因。

以上结果表明,对于基因导入来说,最理想的情况是该基因是已知的,其基因型可以直接测定,此时可确保欲导入的基因在回交过程中不会丢失,在横交阶段中只需两个世代的横交就可使其固定。但到目前为止,欲导入的基因往往是未知的,要通过与之连锁的标记来间接选择,在这种情况下,利用与之连锁的双侧标记进行前景选择也能获得非常理想的结果,但如仅利用单侧标记进行前景选择则会由于标记与 QTL 之间发生重组而产生错误选择,从而不能保证导入基因在群体中固定。对于受体遗传背景的恢复来说,利用覆盖整个基因组的标记进行基因组相似选择,经过 2 个世代的回交就能使受体的遗传背景恢复 90% 以上,经过 4 个世代的回交就能完全恢复。比不进行背景选择至少快了 2 个世代。在实际育种中,人们关心的主要是那些有重要经济价值的性状,在进行基因导入时,并不一定严格要求受体的遗传背景完全恢复,但要求某些特定的背景性状一定要得到恢复,这时利用与影响这些性状的 QTL 连锁的标记(而不是覆盖整个基因组的全部标记)和性状的表型信息进行标记辅助 BLUP(MA-BLUP)背景选择就可以达到目的,而这种选择的成本要比前两种选择低得多,因而可能是一

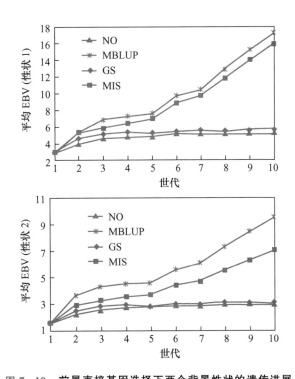

图 7-10 前景直接基因选择下两个背景性状的遗传进展

1~5 世代为回交阶段,6~10 世代为横交阶段

NO:随机背景选择,MBLUP:标记辅助 BLUP,GS:基因组相似选择,MIS:指数选择

个更实际的选择方案。

在最理想的情况下,标记辅助导入获得成功至少需要 4 个世代(如果要求受体的遗传背景恢复 90%以上)或 6 个世代(如果要求受体的遗传背景完全恢复)。在这段时间里,育种者可能希望受体的某些重要背景性状不要停留在导入前的水平上,而是始终保持着遗传进展,这时在进行背景选择时可将标记的信息和这些性状的表型信息综合起来,进行指数选择(如果要求恢复整个基因组)或 MA-BLUP 选择(如果仅要求恢复这些背景性状的 QTL),而 MA-BLUP 选择比指数选择能获得更大的遗传进展。

7.3 标记辅助基因聚合

在动物群体中存在大量的遗传变异,而在不同的品种或品系中存在不同的优良基因。一个品种或品系不可能具有所有的优良基因。如果已经定位了一系列重要的主效基因,而这些基因分布在不同的品种(系)中,一个自然的想法是将这些基因聚合(pyramiding)到一起,从而构造一种理想的基因型(ideal genotype=ideotype),它在所有这些座位上都是纯合的,进而培育出一个"超级"品种。但在传统的育种方式下,这是几乎不可能实现的"奢望"。但在现代分子标记技术的帮助下,通过基因聚合手段可以将这种"奢望"有可能变成现实。在植物中,利用基因聚合技术培育新品种或品系已有了一些成功的例子,其中最成功的例子是抗病基因聚合(Hittalmani *et al.*,2000;Huang *et al.*,1997;Jiang *et al.*,2004;Saghai Maroof *et al.*,

2008)。但是在动物中,由于目前已发现的重要功能基因还十分有限,而对已发现的基因功能和效应还缺乏足够的认识,对基因之间的互作更是知之甚少,加上动物的繁殖率低、世代间隔长,不能自交以及存在近交衰退等问题,对动物进行基因聚合其难度更大,因此目前还没有在动物中进行基因聚合的成功报道。

7.3.1 基因聚合的基本思路

标记辅助基因聚合,简单地说,就是通过一系列的杂交同时借助标记加以严格的选择来实现基因的聚合。例如,假设有 4 个基因座,它们分别在 4 个品种中表现为有利等位基因的纯合子,图 7-11 给出了构造理想基因型的基本模式。在这个基础上,可以有很多不同的聚合方案,例如图 7-12 给出了 2 种构造理想基因型的方案(Servin *et al.*,2004)。在图 7-12 左边的模式中,P$_1$ 和 P$_2$ 先杂交,产生在第一和第二座位上为双杂合子的后代,与 P$_3$ 杂交,从其后代中选择在第一和第二座位上带有所需基因的单倍型的个体(这种个体出现的概率为 $\frac{1}{2}r_{12}$),与 P$_4$ 杂交,从其后代中选择在第一、第二和第三座位上带有所需基因的单倍型的个体(这种个体出现的概率为 $\frac{1}{2}(1-r_{12})r_{23}$),与空白系 B(不含有任何目标基因)杂交,从其后代中选择在所有 4 个座位上均带有所需基因的单倍型的个体(这种个体出现的概率为 $\frac{1}{2}(1-r_{12})(1-r_{23})r_{34}$)进行横交,再从横交后代中选择具有所需的理想基因型的个体(这种个体出现的概率为 $\left[\frac{1}{2}(1-r_{12})(1-r_{23})(1-r_{34})\right]^2$)。右边的模式可依此类推。在这个过程中,分子标记信息可给予很大帮助,在每个世代中,都可利用分子评分对交配个体进行选择,以保证它们携带所需要的基因单倍型。对于动物群体来说,在实施基因聚合之前,找到一个优化高效的聚合方案尤其重要。

7.3.2 动物群体的基因聚合方案

Zhao 等(2009)在 Servin 等(2004)研究的基础上,根据动物群体的特点提出了聚合 3 个基因和 4 个基因的聚合方案,见图 7-13 和图 7-14。

在聚合 3 个基因的 5 种方案中,假设要聚合的 3 个目标基因分别存在于三个不同的品系L1、L2 和 L3 中。方案 A 是先将 L1 和 L2 中的两个基因杂交聚合并横交固定后,再将 L3 的基因与之聚合。方案 B 是将 L1 和 L2 的基因聚合后,不待其纯合就聚合 L3 的基因,因此可以减少一个世代。方案 C 是在方案 B 的基础上,在聚合了 3 个基因后,先用一不含任何目标基因的空白品系与之杂交,然后再横交固定。方案 D 与方案 C 的区别在于不是用空白品系去杂交,而是用 L1 与之回交。方案 E 和方案 D 的区别在于聚合的顺序不一样,前者是先聚合两个邻近的基因,后者是先聚合两个相隔最远的基因。

在聚合 4 个基因的 5 种方案中,假设目标基因分别存在于 4 个不同的品系 L1、L2、L3 和L4 中。方案 F 是逐个聚合每个基因,但不待其固定就聚合下一基因,在最后横交固定前用 L4进行回交。方案 G 也是逐个聚合每个基因,并待其固定后再聚合下一基因。方案 H 是先分别

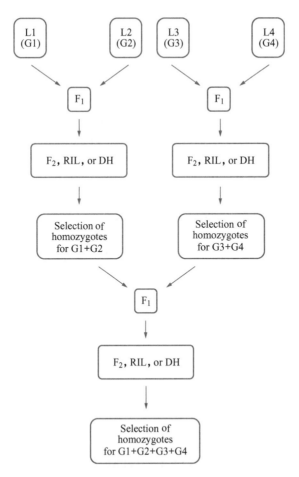

图7-11　聚合四个基因的基本模型

(Dekkers *et al*.,2002)

注:L1、L2、L3和L4分别代表4个品系,G1、G2、G3和G4分别
代表4个要聚合的目标基因

将L1和L2、L3和L4的基因杂交聚合并横交固定后,再杂交聚合4个基因并横交固定,方案I和J由方案H变化而来,在聚合的过程中用原始亲本进行了数次回交,因而增加了世代数。

7.3.3　基因聚合所需群体规模的计算

在实际实施基因聚合时,需要根据实际情况选择效率最佳的方案。不同方案在基因聚合效率上的差别主要从获得理想基因型所需要的世代数和在各个世代中每个节点上所需的群体规模及总的群体规模来比较,所需世代数越少、群体规模越小,方案的效率越高。各方案所需的世代数可从图7-11和图7-12中直接看出。各世代所需的群体规模取决于目标基因彼此之间的遗传距离(重组率)、聚合试验所要求的成功率、雄性个体所能交配的雌雄数和雌性个体的繁殖能力。具体的计算步骤如下:

1. 每个节点上获得1个具有特定基因型个体所需的最小群体规模

每一节点上获得1个具有特定基因型个体所需的最小群体规模 *n* 可用 Servin 等(2004)

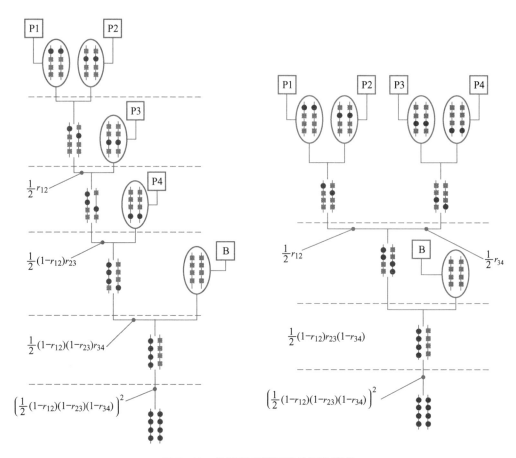

图 7 - 12　构建理想基因型的两种模式

(Servin *et al.*，2004)

P_1、P_2、P_3 和 P_4 分别代表 4 个品系，黑色圆圈代表需要聚合的基因，

B 代表一个不含有任何所需基因的空白品系，r_{ij} 代表重组率。

提出的公式计算，该公式如下：

$$n = \frac{\ln(1-\gamma)}{\ln(1-p_f p_m)} \tag{7.2}$$

其中 γ 是获得该个体所要求的成功率，p_f 和 p_m 分别是由父亲和母亲所产生的携带有所需目标基因的配子并将其传递给子代的概率，可由下式计算：

$$P(H_{(s_1)(s_2)} \to s) = \frac{1}{2} \prod_{i=1}^{v(s)-1} \pi(i, i+1) \tag{7.3}$$

其中 $H_{(s_1)(s_2)}$ 表示携带有所需目标基因的亲本基因型，s_1 和 s_2 表示组成这个基因型的 2 个单倍型，$P(H_{(s_1)(s_2)} \to s)$ 表示由该基因型产生携带所需目标基因的配子 s 并传递给子代的概率。式中，当目标基因不在同一条单倍型上时 $\pi(i, i+1) = r_{a_i, a_{i+1}}$，当目标基因在同一单倍型上时 $\pi(i, i+1) = (1 - r_{a_i, a_{i+1}})$，其中 $r_{a_i, a_{i+1}}$ 表示两目标基因 a_i 和 a_{i+1} 的重组率。必须指出的是，如果 1 个目标基因分别存在两个不同的单位型 s_1 和 s_2 上，在计算其传递概率时必须将其剔除在外（具体的推导过程见附录 A）。例如假设亲代基因型为 $H_{(1,2)(1,3,4)}$，其中目标基因 1 存在于

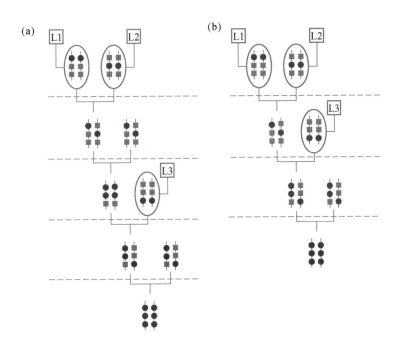

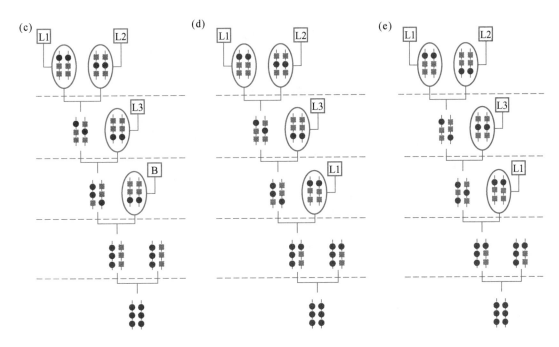

图 7-13 聚合 3 个基因的方案

注:其中 L1,L2 和 L3 分别表示 3 个携带不同目标基因的品系。黑点表示需要聚合的目标基因,

灰色方块表示其他基因。B 表示不携带任何目标基因的空白品系。

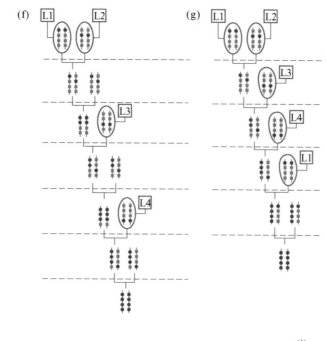

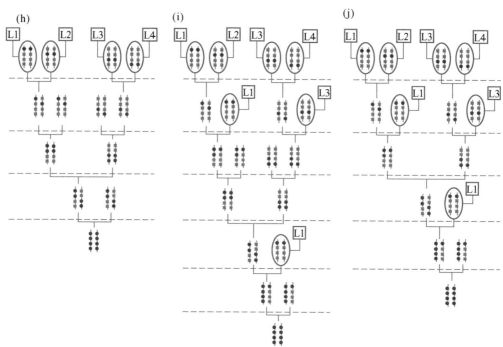

图 7 - 14　聚合 4 个基因的方案

注:其中 L1,L2,L3 和 L4 分别表示 4 个携带不同目标基因的品系。
黑点表示需要聚合的目标基因,灰色小方块表示其他基因。

两个单倍型中,目标基因 2 和 3 在不同的单倍型中,3 和 4 在相同的单倍型中,此时产生具有
1、2、3 和 4 的配子的概率为:

$$P(H_{(1,2)(1,3,4)} \rightarrow (1,2,3,4)) = \frac{1}{2} \prod_{i=1}^{4-1} \pi(i, i+1)$$
$$= \frac{1}{2}(r_{2,3})(1 - r_{3,4})$$

注意当在一个节点上如果产生相应的中间基因型的概率为 1,则有 $n=1$。

　　2. 每个节点上实际群体规模

　　以上计算的 n 只是在一个节点上获得一个具有特定基因型个体所需的最小群体规模,但
是为了在下一世代上获得足够数量的个体,我们就需要多个具有这种基因型的雌雄个体。在
每个节点实际需要的群体规模与雄性个体的繁殖能力(所能交配的雌雄个体数)和雌性的繁殖
能力(每胎能产的后代数)有关。可将其表示为雄:雌:后代,其中雄表示雄性个体数,雌表示
这些雄性个体所交配的雌性个体数,后代表示这些雌性个体所产生的后代数。不同物种的雄
性个体的繁殖能力和雌性的繁殖能力不同,例如在猪中,在自然交配的情况下,雄:雌:后代
一般为 1 :(10~20) :(100~200),在鸡中,这个比例一般为 1 :(8~15) :(550~3 000)。例
如,假设在某个群体的雄:雌:后代比例为 1 : 10 : 100 中,在聚合方案中的某一节点上要
产生 500 个后代,该节点上的所需的雌性个体数为 500/10=50,雄性个体数为 500/100=5。
另外还假设后代性别比例为 1 : 1,为了能得到一定数量的所需基因型的雄性个体或雌性个体
时,必须用双倍的群体规模(虽然实际中可能并不需要这么多的个体)。基于以上考虑每个节
点上的实际群体大小的群体的计算公式如下:

$$N = \lambda k n \tag{7.4}$$

其中,当某一节点上仅需要雄性个体或者雌性个体杂交时 $\lambda=2$,当某一节点上的个体与另一
个节点上的个体进行杂交时 $\lambda=1$;k 表示某节点上的所需基因型的个体数,如果某节点上的所
有的雄性个体和雌性个体都需要用于互交或杂交时,k 等于所需雄性和雌性个体数最大值;n
同公式(7.2)的表示。

　　下面举例说明计算实际群体规模。

　　在计算每个世代中各个节点上所需的群体规模时,应该从最底部,即获得一个具有理想基
因型的个体,依次向上推算。下面以图 7 - 14 中的方案 J 为例说明各节点所需群体规模的计算。

　　假设:①各个目标基因彼此间的重组率为 0.2;②要求最终获得一个理想基因型个体的成功
率 95%,且在各个节点上获得一个具有所需基因型的个体的成功率相同(成功率为 1 的节点除
外),在这个方案中,一共有 7 个节点,其中第一世代的 2 个节点的成功率为 1,其余 5 个节点的
成功率应为 $\gamma=0.95^{1/5}=0.989\ 8$;③雄:雌:后代数为 1 : 10 : 100,后代中雌雄各半。

　　首先由公式(7.1)和公式(7.2)计算出每个节点上的最小群体 n,如图 7 - 15 所示。例如为
了能获得理想基因型个体时,在最后一个世代中双亲都必须传递四个目标基因给其后代。因
为双亲的基因型为 $H_{(1,2,3,4)(1)}$,其中在位点 1 上处于纯合状态而且其他三个位点位于同一条
染色体之上,其产生具有四个目标基因的概率为:

$$p_f = p_m = P(H_{(1,2,3,4)(1)} \rightarrow (1,2,3,4))$$

$$= \frac{1}{2} \prod_{i=1}^{4-2} \pi(i, i+1) = \frac{1}{2}(1 - r_{2,3})(1 - r_{3,4})$$

$$= \frac{1}{2} \times (1 - 0.2)^2 = 0.32$$

该节点上的最小群体规模为:

$$n = \frac{\ln(1 - P)}{\ln(1 - P_f P_m)} = \frac{\ln(1 - 0.989\ 8)}{\ln(1 - 0.32 \times 0.32)} \approx 43$$

即从 43 个个体中才能得到一个理想基因型。

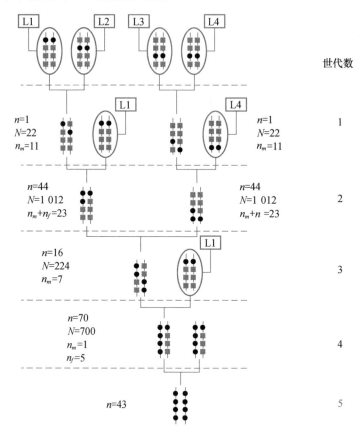

图 7 - 15　获得一个理想基因型时每个节点上的群体规模

注:n 表示每个节点上的最小群体规模,N 表示获得一个理想基因型时在每个节
点上所需的群体规模。

　　然后采用公式(7.4)自下而上计算各个世代所需的群体规模。由于在最后一代需要 43 个
个体,这就需要在其亲代中(第 4 代)至少有 5 个具有所需中间基因型的雌性亲本,虽然只需要
一个具有所需中间基因型雄性亲本,但由于每代中的雌雄概率相同,这意味着在产生 5 个具有
所需中间基因型的雌性个体的同时也要产生 5 个具有所需中间基因型雄性个体,因此就要求
在第 4 代中要产生 10 个具有所需中间基因型的个体。第 4 代中得到 1 个具有所需中间基因
型个体需要的最小群体规模为 70,得到 10 个这样的个体所需的群体规模就是 $N = \lambda nk = 2 \times 5 \times 70 = 700$。在第 3 世代中引入 L1 品系,并以其作为母本,于是只需产生具有所需中间基因

型的雄性亲本,共需要7个这样的雄亲来产生700个后代,每获得一个这样所需中间基因型个体需要16个个体,因此在第3代所需的群体规模为 $N=\lambda nk=2\times7\times16=224$。为产生这些个体在第2世代中需要23个雌亲和3个雄亲,由于在这一代中左右两个节点上的个体可以进行正反交,可以将23个雌亲平均分配到这两个节点上,而在产生雌亲的同时也会产生同样数量的雄亲,所以不用单独计算获得3个雄亲所需的群体规模,在这两个节点上得到1个具有所需中间基因型个体的最小群体规模都是44,在这一代中每一节点上所需的群体规模为 $N=1\times23\times44=1\,012$。在第一世代中分别以 L1 和 L4 作为左右两个节点上的母本,所以只需要产生具有所需中间基因型的父本,每个节点上需要11个父本个体,所需的群体规模为 $N=2\times11\times1=22$。该方案在成功率为95%的情况下,获得一个理想基因型个体时,总的群体规模为各个节点上所需群体规模之和,即 $N_T=22+22+1\,012+1\,012+224+700+43=3\,035$。

7.3.4 不同基因聚合方案的比较

利用以上群体规模的计算方法,可以对 7.4.2 中给出的基因聚合方案进行比较。假设总的成功率为95%,雄∶雌∶后代数为 1∶10∶100,重组率为 0.1、0.2、0.3、0.4 和 0.5 的情况下,获得一个具有理想基因型个体所需的世代数、各个世代的群体规模以及总的群体规模分别列于表 7-4 和表 7-5。

表 7-4 聚合 3 个目标基因的不同聚合方案每个世代所需的群体规模和总群体规模

| 重组率 | 方案 | 世代 | | | | 总群规模 |
		1	2	3	4	
0.1	A	2 352(1)	11 752(1 469)	364(1)	1 814(1 814)	16 282
	B	526(1)	26 208(72)	1 814(1 814)		28 548
	C	20(1)	960(80)	534(89)	23(23)	1 537
	D	14(1)	640(80)	356(89)	19(19)	1 029
	E	60(1)	2 904(44)	3 256(814)	19(19)	6 239
0.2	A	294(1)	1 464(366)	116(1)	573(573)	2 447
	B	82(1)	4 060(35)	573(573)		4 715
	C	2(1)	312(39)	392(49)	38(38)	750
	D	6(1)	234(39)	294(49)	24(24)	558
	E	14(1)	624(24)	1 212(202)	24(24)	1 874
0.3	A	66(1)	324(162)	68(1)	332(332)	790
	B	32(1)	1 564(23)	322(322)		1 928
	C	8(1)	312(26)	518(37)	66(66)	904
	D	4(1)	156(26)	296(37)	32(32)	488
	E	6(1)	288(18)	712(89)	32(32)	1 038
0.4	A	38(1)	182(91)	52(1)	254(254)	526
	B	18(1)	884(17)	254(254)		1 156
	C	8(1)	342(19)	832(32)	124(124)	1 306
	D	4(1)	152(19)	320(32)	44(44)	520
	E	4(1)	150(15)	490(49)	44(44)	688

续表 7 - 4

重组率	方案	世代				总群规模
		1	2	3	4	
0.5	A	24(1)	114(57)	48(1)	234(234)	420
	B	14(1)	624(13)	234(234)		872
	C	12(1)	510(15)	1 612(31)	259(259)	2 393
	D	4(1)	150(15)	434(31)	64(64)	652
	E	4(1)	150(15)	434(31)	64(64)	652

注:括号内是该节点上获得一个具有所需基因型的最小群体规模,×2 表示在该世代中有两个节点。

在聚合 3 个基因时,从表 7 - 4 可看出,从所需的群体规模来看,在给定的假设条件下,当重组率为 0.1～0.3 时,方案 D 显著优于其他方案;当重组率为 0.4 时,方案 A 和方案 D 相当;当重组率为 0.5 时,方案 A 是最佳方案。从所需世代数来看,方案 B 比其他方案少用一个世代,但它需要的群体规模较大,实施起来有很大难度。在聚合 4 个基因时,从表 7 - 5 可看出,从所需的群体规模来看,当重组率为 0.1～0.3 时,方案 I 为最佳方案;当重组率为 0.4 时,方案 I 所需的总群体规模略少于方案 F,但方案 I 在第 5 世代所需的群体规模较大,因此这两种方案均可考虑;当重组率为 0.5 时,方案 F 是最佳方案。从所需世代数来看,方案 H 比其他方案少用 1 个或 2 个世代,但也是需要较大的群体规模。

7.3.5　影响基因聚合方案效率的因素

1. 要求的成功率

在以上比较各种聚合方案时,要求总的成功率为 95％,这意味着如果按照所设计的方案和相应的群体规模进行基因聚合,将有 95％的把握能够得到一个具有理想基因型的个体。总成功率的高低对群体规模有很大影响,提高成功率会使每个节点上的群体规模相应地增大。例如如果将总的成功率增加到 99％,当重组率为 0.5 时,方案 F 从第 1 世代到第 6 世代的群体规模分别为 178、890、436、2 172、292 和 1 457,总群规模为 5 425,比总成功率为 95％时多了 1 691 个个体。需要说明的是,在实际进行基因聚合时,所需的群体规模可能会远小于这里所给出的在成功率为 95％下的群体规模,因为在实际操作中,可以对每个世代中产生的后代进行实时的基因型检测,一旦获得了所需数量的具有所需基因型的个体,就可以放弃其他后代。

2. 目标基因间的遗传距离

在前面的比较中,假设各个目标基因之间的遗传距离相等,而在实际中所要聚合的目标基因之间的遗传距离往往不等,在此种情况下,最佳方案就可能会有变化,应在以上各种方案的基础上,综合其优点来设计新的聚合方案。例如,如果在要聚合的 4 个基因中,其中有两个(L1 和 L2)分别位于两个不同的染色体上,另两个(L3 和 L4)位于同一染色体上,其重组率为 0.1。我们可以提出一个新的聚合方案(图 7 - 16):L1 和 L2 杂交后横交,得到 L1 和 L2 纯合的中间基因型,与此同时,L3 和 L4 杂交后先回交再横交,得到 L3 和 L4 纯合的中间基因型,然后进一步聚合。这个方案结合了方案 F(重组率为 0.5 时最优聚合方案)和方案 I(重组率为 0.1 时最优的聚合方案)的优点,如果仍假设总成功率为 95％,雄:雌:后代数为 1:10:100,则获得一个理想基因型个体所需的总群体规模为 1 749,而如果采用方案 F 或方案 I,所需总群体规模分别为 4 507 和 1 876。

表7-5 聚合4个目标基因的不同聚合方案每个世代所需的群体规模和总群体规模

重组率	方案	世代						总群规模
		1	2	3	4	5	6	
0.1	F	26 716(1)	133 578(1 629)	4 024(1)	20 120(2012)	498(1)	2 484(2484)	187 420
	G	50(1)	2 408(86)	1 330(95)	636(106)	25(25)		4 449
	H	16 290(1)×2	81 450(1 629)×2	498(1)	2 484(2 484)			198 462
	I	16(1)×2	744(93)×2	34(17)×2	14(1)	696(116)	27(27)	2 325
	J	42(1)×2	2 070(90)×2	224(16)	666(111)	26(26)		5 140
0.2	F	976(1)	4 872(406)	510(1)	2 544(636)	200(1)	994(994)	10 096
	G	14(1)	672(42)	742(53)	660(66)	41(41)		2 129
	H	1 624(1)×2	8 120(406)×2	200(1)	994(994)			20 682
	I	8(1)×2	368(46)×2	34(17)×2	16(1)	730(73)	45(45)	1 611
	J	22(1)×2	1 012(44)×2	224(16)	700(70)	43(43)		3 035
0.3	F	216(10)	1 080(180)	296(1)	1 472(368)	152(1)	753(753)	3 969
	G	10(1)	432(27)	800(40)	928(58)	71(71)		2 241
	H	576(1)×2	2 880(180)×2	152(1)	753(753)			7 817
	I	8(1)×2	360(30)×2	51(17)×2	22(1)	1 008(63)	77(77)	1 945
	J	20(1)×2	928(29)×2	320(16)	976(61)	75(75)		3 267
0.4	F	120(1)	600(100)	226(1)	1 128(282)	158(1)	785(785)	3 017
	G	10(1)	480(20)	1 190(35)	1 652(59)	133(133)		3 465
	H	320(1)×2	1 600(140)×2	158(1)	785(785)			4 783
	I	8(1)×2	308(22)×2	68(17)×2	40(1)	1 920(64)	145(145)	2 873
	J	26(1)×2	1 218(21)×2	576(16)	1 736(62)	140(140)		4 940
0.5	F	104(1)	512(64)	312(1)	1 554(259)	210(1)	1 042(1 042)	3 734
	G	18(1)	832(16)	2 574(33)	3 808(68)	278(278)		7 510
	H	270(1)×2	1 344(64)×2	210(1)	1 042(1042)			4 480
	I	12(1)×2	578(17)×2	170(17)×2	92(1)	4 588(74)	303(303)	6 503
	J	46(1)×2	2 256(16)×2	1 408(16)	4 320(72)	292(292)		10 624

注：括号内是该节点上获得一个具有所需基因型的最小群体规模，×2表示在该世代中有两个节点。

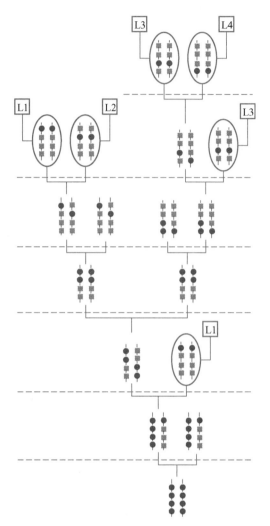

图 7 - 16　4 个基因间重组率不同时的聚合方案

L1 和 L2 分别位于两条不同的染色体,L3 和 L4 位于同一染色体。

3. 繁殖能力对聚合方案的选择的影响

　　动物的繁殖能力对基因聚合所需的群体规模也有很大影响,前面假设雄:雌:后代为 1:10:100,如果增大这个比例会降低所需群体规模。例如对于方案 F,在重组率为 0.5 的情况下,当雄:雌:后代分别为 1:10:200(增加了雌亲的后代数)和 1:20:200(提高了雄性个体可配的雌性个体数)时,总的群体规模分别为 1 860 和 2 804,比雄:雌:后代为 1:10:100 时分别减少了 1 874 和 930 个个体。可以看出增加雌亲的后代数对总群体规模影响更大。

　　需要说明的是,本研究的结果是基于得到一个理想个体所需要的群体规模。如果要得到一个由理想个体组成的群体时,所需要的群体就更大。但是,随着繁殖能力的增加,总群规模会直线下降。例如,假设雄:雌:后代数为 1:10:500 和相邻目标基因的重组率为 0.20,在总的成功率为 95% 的情况下聚合三个目标基因的方案 D 得到一个理想个体时总群为 202 和聚合四个目标基因的方案 J 为 307,而且在实际中可能会得到更多的理想个体。

对于单胎动物(如牛)来说,进行基因聚合就非常困难,而对于繁殖力很高的动物(如鸡),就容易得多。随着现代繁殖生物技术(人工授精、超数排卵、胚胎移植等)在动物中的不断应用,动物的繁殖能力将得到大幅度的提高,这将为低繁殖力动物实施基因聚合提供了极大的可能性。

7.3.6 基因聚合的果蝇模拟试验

为验证以上基因聚合方案的可行性,Jiang 等(2008)以果蝇作为模式动物进行了基因聚合的模拟试验。试验目的是聚合四个不同果蝇品系中的 4 个不同的目标基因。由于果蝇只有四对染色体,并且第四对染色体很小,所以在其他三对染色体上选择目标基因。分别是位于 X 染色体上的白眼基因(w)和黄体基因(y),位于 2 号染色体上的残翅基因(vg),以及位于 3 号染色体上的黑檀体基因(e)。采用的聚合方案如图 7-17 所示。

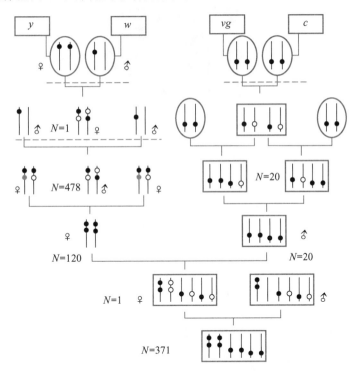

**图 7-17 聚合 4 个果蝇基因(位于 X 染色体上的白眼基因 w 和黄体基因 y,位于
2 号染色体上的残翅基因 vg,以及位于 3 号染色体上的黑檀体基因 e)的方案**

4 个目标基因用实心圆表示,它们相应的等位基因用空心圆表示,灰色小长方形表示未知的基因(可能是目标基因或其等位基因)。不同的染色体用不同颜色区别(黑色:X 染色体,红色:2 号染色体,绿色:3 号染色体)。蓝色筐内的染色体为同一个体的不同染色体。N 为获得一个具有所需基因型的个体所需要的最小群体规模。

按照以上聚合方案,最终获得了聚合了 4 个基因且均为纯合子的果蝇(图 7-18)。这一结果验证了基因聚合的理论和可行性,在各个世代各个节点上所观察到的为获得所需基因型的实际群体规模与理论推算基本一致。

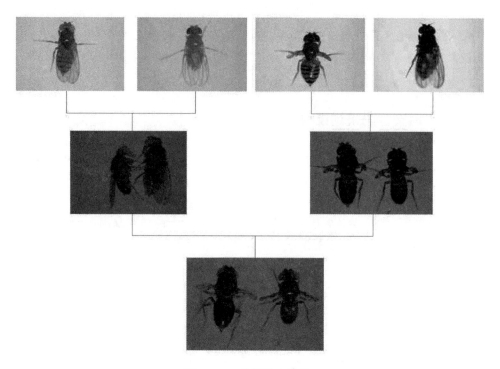

图 7 - 18　基因聚合结果

上面的从左到右分别是白眼(y)、黄体(w)、残翅(vg)和黑檀体(e)果蝇,中间的是分别聚合了 y 和 w(左)、vg 和 e(右)的果蝇,下面的是聚合了所有 4 个基因的果蝇。

参 考 文 献

[1] Bai J, Zhang Q, and Jia X. Comparison of Different Foreground and Background Selection Methods in Marker - Assisted Introgression. *Acta Genetica Sinica*, 2006, 33:1073 - 1080.

[2] Dekkers J and Hospital F. The use of molecular genetics in the improvement of agricultural populations. Nature Reviews Genetics, 2002, 3: 22 - 32.

[3] Fernando R and Grossman M. Marker - assisted selection using best linear unbiased prediction. Gen Sel Evol. 1989, 21: 467 - 477.

[4] Fernando R. Incorporating molecular markers into genetic evaluation. *Proc. 55th Meeting of the European Association of Animal Production*. Session G6.1. 2004, Bled, Slovenia.

[5] Gootwine E, Yossefi S, Zenou A *et al*. Marker assisted selection for FecB carriers in Booroola Awassi crosses. Proc. 6th World Cong. Genet. Appl. Livest. Prod., 1998, Armidale, Australia, pp. 161 - 164.

[6] Groen A and Smith C. A stochastic simulation study on the efficiency of marker - assis-

ted introgression in livestock. Journal of Animal Breeding and Genetics, 1995, 112:
161 -170.

[7] Hanset R, Dasnoi C, Scalais S, et al. Effets de l'introgression dons le genome Pie'train
de l'allele normal aux locus de sensibilite' a l'halothane. Genet. Select. Evol. 1995, 27:
77 - 88.

[8] Hittalmani S, Parco A, Mew T, et al. Fine mapping and DNA marker - assisted pyrami-
ding of the three major genes for blast resistance in rice. Theoretical and Applied Genet-
ics, 2000, 100: 1121 - 1128.

[9] Huang N, Angeles E, Domingo J, et al. Pyramiding of bacterial blight resistance genes
in rice: marker - assisted selection using RFLP and PCR. TAG Theoretical and Applied
Genetics, 1997, 95: 313 - 320.

[10] Jiang G, Xu C, Tu J, et al. Pyramiding of insect - and disease - resistance genes into an
elite indica, cytoplasm male sterile restorer line of rice 'Minghui 63'. Plant Breeding,
2004, 123: 112 - 116.

[11] Jiang L, Zhao F, and Zhang Q. Simulation of gene pyramiding in Drosophila melano-
gaster Journal of Genetics and Genomics, 2008, 35: 1 - 6.

[12] Liu H, Zhang Q, and Zhang Y. Relative Efficiency of Marker Assisted Selection when
Marker and QTL are incompletely linked. Chinese Science Bulletin, 2001, 46:
2058 -2063.

[13] Meuwissen T and Goddard M. The use of marker haplotypes in animal breeding
schemes. Génétique, Sélection, Evolution, 1996, 28: 161 - 176.

[14] Saghai Marrof M, Gunduz S, Tucker D, et al. Pyramiding of soybean mosaic virus re-
sistance genes by marker - assisted selection. Crop Science, 2008, 48: 517 - 526.

[15] Servin B, Martin O, Mezard M, et al. Toward a theory of marker - assisted gene pyra-
miding. Genetics, 2004, 168: 513 - 523.

[16] Visscher P and Haley C, and Thompson R. Marker - assisted introgression in backcross
breeding programs. Genetics, 1996, 144: 1923 - 1932.

[17] Wang T, Fernando R, van der Beek S, et al. Covariance between relatives for a mark-
ered quantitative trait locus. Génétics, Sélection, Evolution, 1995, 27: 251 - 274.

[18] Yancovich A, Levin I, Cahaner A, et al. 1996. Introgression of the avian naked neck
gene assisted by DNA fingerprints. Anim. Genet. 1996, 27:149 - 155.

[19] Zhang H, Zhang Y, and Zhang Q. Pre - selecting young bulls before progeny - testing
with marker - assisted BLUP. CHINESE SCIENCE BULLETIN, 2003, 48 : 259 - 265.

[20] Zhao F, Jiang L, Gao H, et al. Design and comparison of gene - pyramiding schemes in
animals. Animal 2009, 3:8:1075 - 1084.

[21] 李仁杰. 利用遗传标记信息进行阈性状的 QTL 定位的研究. 东北农业大学博士论
文, 1999.

第8章

基因组选择技术

基因组选择（genomic selection，GS）由 Muwissen 等（2001）首次提出，它是继早期的 BLUP 育种值选择和标记辅助选择（marker assisted selection，MAS）之后的又一项新的动物育种中的选择技术。近年来，随着畜禽高密度 SNP 芯片的相继问世，基因组选择已逐渐在动物育种中得到应用。本章将系统地介绍基因组选择技术的基本原理、现有方法及应用现状；详细介绍本研究组在此领域所提出的基因组选择新方法——利用性状特异关系矩阵的最佳线性无偏预测法，即 TABLUP 法；同时，对低密度芯片在畜禽基因组选择中的研究进行探讨。

8.1 基因组选择技术简介

8.1.1 基因组选择的基本原理

正如本书前言中所指出的，尽管基于表型信息和系谱信息的传统的选择方法在过去的畜禽育种中取得了很大成就，但仍存在一定的局限性，于是出现的借助分子遗传标记的标记辅助选择。然而，目前发现并经过功能确认的影响畜禽重要经济性状的基因或标记数量有限，且这些标记所解释的性状遗传变异的比例较低，这些都限制了标记辅助选择的实际选择效果。

针对常规的标记辅助选择的缺陷，Meuwissen 等（2001）提出了基因组选择（genomic selection，GS）方法，理论上讲，基因组选择也是一种标记辅助选择，但与常规的标记辅助选择中只使用少数标记不同的是，基因组选择同时使用覆盖全基因组的高密度标记进行育种值估计，由此得到的估计育种值称为基因组估计育种值（genomic estimated breeding value，GE-BV）。由于利用了覆盖全基因组的高密度标记，在基因组选择中可以假设影响数量性状的每一个 QTL 都至少与一个标记处于连锁不平衡（linkage disequilibrium，LD）状态。因此，基因组选择能够追溯到所有影响目标性状的 QTL，从而克服常规标记辅助选择中标记解释遗传变异较少的缺点，从而实现对育种值的准确估计。也正是基于基因组选择的这种特性，它一方面可以提高育种值估计的准确性，另一方面则可以在动物个体出生前或者生命早期就进行准确的育种值估

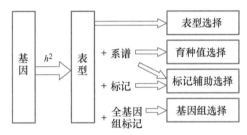

图 8-1　动物育种选择方法示意图

计，从而实现早期选种，大大缩短世代间隔。从传统选择方法到基因组选择的策略变化如图 8-1 所示。

8.1.2　基因组育种值的计算方法

按照所使用统计模型的不同，目前基因组选择的计算方法主要可分为两类：第一类方法通过估计标记效应进而间接获得基因组育种值，第二类方法用标记构建个体间的加性遗传相关矩阵，然后通过混合模型方程组（mixed model equations，MME）直接估计基因组育种值。两类方法的基本模式如图 8-2 所示。基于这些方法，为满足实际数据处理的需求，也有研究对模型进行了扩展。

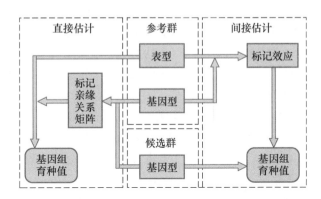

图 8-2　基因组选择中直接和间接估计基因组育种值计算模式示意图

1. 间接估计

间接估计基因组育种值的方法分为两步：①构建一定规模的参考群（reference population），利用参考群个体的表型和基因型信息估计全基因组中每一个标记的效应值；②检测候选个体的基因型，依据其每个标记的基因型及估计的标记效应累加获得基因组育种值。标记效应估计模型如下：

$$y = Xb + \sum_{i=1}^{m} z_i g_i + e \tag{8.1}$$

其中，y 是表型值向量；b 是固定效应向量；g_i 是第 i 个标记的随机效应值；m 是总的标记数；e 是随机残差向量；X 是 b 的关联矩阵，z_i 是第 i 个标记的基因型指示向量，其中的元素取值 0、1 和 2，分别代表基因型 11、12 和 22。e 的方差-协方差矩阵为 $I\sigma_e^2$（σ_e^2 是残差方差）。第 j 个个

体的基因组育种值被定义为 $\sum_{i=1}^{m} z_{ij}g_i$，其中 z_{ij} 是 z_i 中的与个体 j 对应的元素，即个体 j 的第 i 个标记的基因型。

基于模型(8.1)的标记效应估计方法主要有：岭回归最佳线性无偏预测法(ridge regression best linear unbiased prediction，RR - BLUP)(Meuwissen $et\ al.$，2001)，贝叶斯方法 A 和 B(BayesA，BayesB)(Meuwissen $et\ al.$，2001)，以及贝叶斯压缩(Bayes shrinkage，BayesS)(Xu，2003)。这些方法的差别主要在于对标记效应 g_i 及其方差的假设不同。RR - BLUP 假定 g_i 服从正态分布 $N(0,\sigma_g^2)$，其中 σ_g^2 对所有标记相同；BayesA 假定 g_i 服从正态分布 $N(0,\sigma_{g_i}^2)$，其中 $\sigma_{g_i}^2$ 随不同标记而异，且服从逆卡方分布 $\chi^{-2}(v,s)$；BayesB 则假定 g_i 以概率 π 取值为 0，以概率$(1-\pi)$取值服从正态分布 $N(0,\sigma_{g_i}^2)$，其中 $\sigma_{g_i}^2$ 服从逆卡方分布 $\chi^{-2}(v,s)$，而 π 是人为给定的。BayesS 对于标记效应及其方差的假设与 BayesA 相同，但是在效应估计时使用压缩算法。目前的模拟研究结果表明，BayesB 方法在多数情况下要优于其他方法(Meuwissen $et\ al.$，2001)。这可能是由于模拟数据中 QTL 数量有限，与 BayesB 方法的理论假设比较吻合(Calus，2010)。

为避免 BayesB 方法中人为设定参数 π 对效应估计产生影响，又有研究者对此方法进行改进，可称为 BayesC 方法。Caulus 和 Veerkamp(2007)应用随机搜索变量选择(stochastic search variable selection，SSVS)方法在估计标记效应的同时，将 π 作为模型中的变量进行求解；Meuwissen(2009)则将标记效应假定为两个方差不等的正态分布的混合分布，把方差参数和 π 作为模型变量求解。

Bayes 类的方法需要采用高计算强度的 Metropolis-Hasting 和 Gibbs 抽样算法，因此计算时间较长。为提高计算效率，Meuwissen 等(2009)提出基于条件期望迭代(iteration conditional expectation)算法的 fBayesB(fast BayesB)方法。fBayesB 方法准确性虽略低于 BayesB，但却能大大地缩短计算时间。

除上述方法以外，还有研究采用机器学习(machine learning)(Long $et\ al.$，2007)、主成分分析(principle component analysis)(Solberg $et\ al.$，2009)及最小二乘回归(least square regression)(Meuwissen $et\ al.$，2001)等降维的方式减少模型中的变量数，进而估计基因组育种值。还有研究使用半参数(semiparametric)(Gianola $et\ al.$，2006)，非参数(nonparametric)(Bennewitz $et\ al.$，2009)及贝叶斯 LASSO(least absolute shrinkage and selection operator)(de los Campos $et\ al.$，2009)方法。针对 RR - BLUP 方法，VanRaden(2008)提出了非线性回归的方法调整每个标记效应的方差，从而在 BLUP 计算中实现对标记效应的压缩求解。

2. 直接估计

传统 BLUP 方法的优势在于能够充分利用所有动物个体的信息，实现这一点的关键即通过系谱构建加性遗传相关矩阵(numerator relationship matrix，NRM 或 **A** 矩阵)，以此来反映个体间的遗传相关。但是，由系谱构建的加性遗传相关矩阵反映的只是期望的个体间的遗传相关，即不同个体所携带的同源相同(identical by decent)基因的期望比例，例如，两个全同胞所携带的同源相同基因的期望比例为 0.5(如果双亲间没有亲缘关系)，但事实上，全同胞携带的同源相同基因的实际比例可以从 0 到 1。而利用分子标记信息，可以更准确地描述个体间的遗传相关(Visscher $et\ al.$，2006)。因此，在全基因组标记可用的情况下，也可以用标记构建个体间的加性遗传相关矩阵,为区别于传统的 **A** 矩阵,用标记构建的加性遗传相关矩阵被称为 **G** 矩阵。用它来取代 **A** 矩阵,传统的线性混合模型可写为:

$$y = Xb + Zu + e \tag{8.2}$$

其中 **u** 是育种值向量,其方差 - 协方差矩阵为 $G\sigma_u^2$。

　　VanRaden 和 Tooker(2007)和 Habier 等(2007)分别阐述了基于模型(8.2)的基因组选择方法的基本原理。其基本原理是,将参考群体和候选群体同时纳入该模型,**y** 是参考群体个体的表型值向量,**u** 是参考群体和候选群体所有个体的育种值向量,利用所有个体的标记信息构建 **G** 矩阵,通过对混合模型方程组求解,即可得到候选个体的 GEBV。为区别于传统 BLUP 和基于模型(8.1)的 RR - BLUP,它被称为 GBLUP(genomic best linear unbiased prediction)方法。Goddard(2009)和 Hayes 等(2009c)从理论上证明 GBLUP 方法等价于 RR - BLUP 方法。这主要是由于两方法使用相同的信息,并且都假定每个标记都有效应且效应方差相等。

　　GBLUP 与基于模型(8.1)的 GEBV 估计方法相比具有以下几个优势:有效降低混合模型方程组的个数,降低计算强度;可以计算个体 GEBV 的可靠性(reliability),计算方法与传统 BLUP 方法相同(Strandén and Garrick,2009;VanRaden,2008)。GBLUP 方法的重点在于如何用全基因组标记来构建 **G** 矩阵。Eding 和 Meuwissen(2001)和 VanRaden(2008)分别提出多种方法构建 **G** 矩阵,并对此方法进行模拟研究。

　　3. 模型的扩展

　　基因组选择假定高密度标记与影响目标性状的所有位点都处于较强的连锁不平衡。但是,实际应用中标记密度不一定能达到很高。这时基因组选择的应用效果会受到影响(Solberg *et al*.,2008)。针对此种情况,有研究提出了两种策略:模型中加入剩余多基因效应(residual polygenic effect)和将 SNP 效应换为单倍型(haplotype)效应。

　　将多基因效应加入模型(8.1)后,其模型如下:

$$y = Xb + \sum_{i=1}^{m} z_i g_i + Wu + e \tag{8.3}$$

其中 **u** 是动物个体的剩余多基因效应,**W** 是 **u** 的关联矩阵,其方差 - 协方差矩阵为 $A\sigma_u^2$,σ_u^2 为剩余多基因效应方差。Calus 和 Veerkamp(2007)的模拟结果表明,在标记密度较低时使用模型(8.3)可提高育种值估计的准确性。对于模型(8.2),Vanraden(2008)则提出将 **A** 和 **G** 矩阵进行加权求和,即 $wG+(1-w)A$,从而将多基因效应直接包括到模型中。但是,基因组选择使用的全基因组标记信息已经包含了平均亲缘信息(Habier *et al*.,2007),此种扩展是否能提高基因组育种值估计的准确性还有待验证。

　　在单倍型效应模型中,单个的 SNP 效应换为由若干个相邻的 SNP 构成的 SNP 区间的单倍型效应。Calus 等(2008)研究了不同方式定义单倍型对基因组选择的影响。结果表明,在低标记密度时,使用较长区段构建单倍型可以提高基因组育种值估计的准确性。然而,在真实数据处理中,估计单倍型效应前需要进行标记的连锁相推断,并对每个个体进行单倍型推断,而单倍型推断错误可能会降低此方法的优势。Habier 等(2009)则在模型中加入对单倍型区段两端父源和母源标记等位基因传递概率(probabilities of descent of marker alleles),并对此方法进行模拟研究。结果表明,此方法准确性虽然不及高密度标记基因组选择,但是却能降低標記測定成本。

对于实际应用中某些重要个体没有基因型记录的问题,Legarra 等(2009)提出新的 **G** 矩阵构建策略,将模型(8-2)的 G 矩阵扩展到没有基因型记录的个体,新的矩阵被称为 **H** 矩阵。Chen 等(2011)用一个肉鸡群体的数据验证了此方法的有效性。

8.1.3 基因组选择的准确性及其影响因素

基因组育种值的准确性是基因组选择研究中备受关注的问题,它是指基因组估计育种值与真实育种值(true breeding values,TBV)的相关系数(r)(Meuwissen *et al.*,2001)。

1. 准确性的预测

在模拟研究中,真实育种值已知,准确性可以直接获得。但是,在实际应用中,真实育种值未知,且应用条件纷繁复杂。因此,在一定条件下实现对基因组育种值的准确性进行预测,对基因组选择的育种方案设计和应用至关重要。

Daetwyler 等(2008)推导出利用全基因组标记估计基因组育种值的准确性的理论公式:

$$r = \sqrt{N_p h^2/(N_p h^2 + N_G)}, \tag{8.4}$$

其中 N_p 指参考群体的表型记录数,h^2 指性状的遗传力,N_G 指影响目标性状的独立 QTL 数。

Goddard(2009)推导出形式不同的另一个理论公式:

$$r = \sqrt{1 - \frac{\lambda}{2N_p\sqrt{a}}\log\left(\frac{1+a+2\sqrt{a}}{1+a-2\sqrt{a}}\right)}, \tag{8.5}$$

其中 $a=1+2\lambda/N_p$,$\lambda=(1-h^2)M_e/(h^2\log(2N_e))$,$N_e$ 是有效群体大小,M_e 是有效染色体片断数(effective number of chromosome segments),可由下式近似估计:

$$M_e = (2N_e L)/\log(4N_e L), \tag{8.6}$$

其中 L 是染色体长度(Morgan)。

基于有效染色体片断的概念,Daetwyler 等(2010)进一步改进了他们的预测公式。他们认为 GBLUP 方法应不受性状遗传结构的影响,其准确性为

$$r = \sqrt{N_p h^2/(N_p h^2 + M_e)} \tag{8.7}$$

而 BayesB 则受性状 QTL 数(N_{QTL})的影响,其准确性为

$$r = \sqrt{N_p h^2/[N_p h^2 + \min(M_e, N_{QTL})]} \tag{8.8}$$

值得注意的是,为便于理论推导,研究者做了多个理论假设(Daetwyler *et al.*,2008;Goddard,2009)。这些假设可能会使公式在实际应用中受到诸多限制。然而,这些研究为我们进行基因组选择的理论分析和试验设计提供了参考依据。Zhang 等(2011)通过模拟研究证明,在各种情况下,用式(8-8)预测的 GEBV 准确性要略高于实际的准确性,但二者的变化规律一致(表 8-1)。

表 8 - 1 在不同情形下预测的和实际的 GEBV 准确性

N_e	h^2	预测准确性[a] N_{QTL}[c]			实际准确性[b] N_{QTL}		
		低	中	高	低	中	高
50	0.5	0.993	0.963	0.890	0.928	0.868	0.833
100	0.5	0.988	0.935	0.821	0.889	0.813	0.779
200	0.5	0.978	0.888	0.727	0.865	0.754	0.702
500	0.5	0.953	0.789	0.575	0.724	0.678	0.634
1 000	0.5	0.917	0.685	0.458	0.611	0.571	0.577
100	0.1	0.945	0.762	0.541	0.656	0.560	0.518
100	0.3	0.980	0.898	0.745	0.848	0.737	0.694
100	0.5	0.988	0.935	0.821	0.889	0.813	0.779
100	0.7	0.993	0.958	0.877	0.936	0.892	0.874
100	0.95	0.994	0.964	0.893	0.959	0.935	0.921

a:由式(8.8)计算的准确性($L=10$Morgen,$N_p=1\,000$);b:用 BayesB 方法获得的实际准确性;c:相对于有效染色体片断数(M_e)的 QTL 数,低:$N_{QTL}=0.05M_e$,中:$N_{QTL}=0.3M_e$,高:$N_{QTL}=1M_e$。

2. 影响因素

虽然上述预测公式还不能实现对具体应用个案的基因组育种值准确性进行准确预测,但是这些研究揭示了影响基因组选择的关键因素。根据这些因素在基因组选择育种方案中是否具有可操控性,可以将其分为以下两类:

(1)不可变因素

不可变因素主要包括:染色体的长度、有效群体大小和目标性状的遗传结构。染色体长度因物种而异,有效群体大小与基因组选择所针对的群体的发展历史及当前的群体结构有关,目标性状的遗传结构主要由性状的遗传力和影响性状的 QTL 数量决定,这些因素都是客观存在的,不能人为改变。

由公式(8.6)可知,染色体的长度(L)和有效群体大小(N_e)决定了有效染色体片段数 M_e,L 与 N_e 的乘积越大,M_e 就越大,而 M_e 越大,则基因组育种值的准确性就越低。此外,标记间的连锁不平衡程度也与有效群体大小有关,若两个标记间的重组率为 d,则它们之间的连锁不平衡(r^2)的期望值(Sved,1971)为:

$$r^2 = 1/(1+4N_e d),\qquad(8.9)$$

由此可知,有效群体大小越大,连锁不平衡水平就越低,进而影响着基因组选择的准确性。

由公式(8.4)或公式(8.7)可知,在 QTL 数或有效染色体片段数相同的情况下,若要获得相同的准确性,遗传力为 0.1 的性状需要的参考群体的表型记录数(N_p)是遗传力为 0.5 的性状所需表型记录数的 5 倍。

(2)可变因素

可变因素是基因组育种值估计中需要考虑并能人为调控的因素。这主要包括:参考群的规模和结构、标记的数量和密度、连锁不平衡的变化以及所使用的 GEBV 计算方法等。

参考群的规模直接决定了表型记录数 N_p 的大小。N_p 的大小会对估计的准确性起到决定性的作用。模拟研究的结果(Meuwissen *et al.*,2001)与公式(8.4)和(8.5)的预测趋势基本一致。除参考群的规模以外,其群体组成也会影响基因组选择的准确性。Muir(2007)的研究表明:在 N_p 恒定时,参考群个体分布于多个世代比只分布在一个世代的基因组育种值的准确性高。

基因组选择的优势来自于高密度的全基因组标记。标记密度取决于标记数量。由公式(8.9)可知,标记密度越高,标记间的连锁不平衡水平越高,因此期望获得的准确性也越高。然而,如果只使用少数与性状关联的标记来进行基因组预测,也能够获得相对较高的准确性(Zhang *et al.*,2011)。

虽然标记密度决定了标记的连锁不平衡水平和标记效应估计的准确性,但是这并不意味着在候选群中使用相同的标记密度基因组育种值的准确性就会恒定不变。在多个世代中应用基因组选择时,标记和 QTL 间连锁不平衡的变化会导致准确性的下降(Habier *et al.*,2007;Meuwissen *et al.*,2001)。重组(recombination)、选择(selection)和迁移(migration)会是引起畜禽群体连锁不平衡变化的主要因素。针对这些影响,可以通过提高标记密度、不断增加新标记、增加有表型的新个体和重估标记效应来降低准确性的损失。

已有研究者对各种 GEBV 计算方法在不同情况下的表现进行比较(Calus,2010;Moser *et al.*,2009)。由于各种计算方法的假设不同,其适用范围会有差异。而真实的物种、群体及性状也千差万别,因此在不同的情况下应用基因组选择,需要对方法进行选择和验证,从而最大限度地发挥基因组选择的优势。

8.1.4 基因组选择的应用

基因组选择可以实现早期选种,缩短世代间隔,从而更大程度地提高畜禽的遗传进展,为育种机构带来更多经济效益(Goddard and Hayes,2007)。Schaeffer(2006)对基因组选择在奶牛育种体系中的应用进行经济学分析和探讨。结果显示,基因组选择在奶牛育种体系上的应用将会降低 92% 的育种成本。这引起了育种研究者和育种企业的关注。此后,基因组选择的研究和应用报道不断涌现。

1. 在奶牛育种中的应用

基因组选择已经在奶牛育种中得到大规模应用(Hayes *et al.*,2009b;VanRaden *et al.*,2009)。据 Interbull(http://www.interbull.org/)对其成员国的调查(Loberg and Dürr,2009)显示,至 2010 年有 11 个成员国在其国家奶牛育种群中应用基因组选择。同时,更多国家正在计划实施基因组选择。基因组选择应用的性状几乎包含了目前奶牛育种目标中的所有性状。基因型测定范围包括从验证公牛到泌乳母牛和小母牛。如果说这些行动反映了奶牛育种者对基因组选择应用效果的乐观判断,那么不断增多的对应用结果的报道则验证了其判断的正确性。表 8-2 总结了这些国家基因组选择所使用的群体规模、标记数量及计算方法。随着基因组选择工作的推进,各国参考群规模会不断增大。

从这些应用结果来看,基因组育种值的准确性高于传统育种值(Habier *et al.*,2010;Van-Rade *et al.*,2009)。对于多数性状,不同 GEBV 计算方法间没有明显的差异(Moser *et al.*,2009;VanRaden *et al.*,2009)。但是,对于乳脂率性状,假定不同标记间效应方差不等的方法准确性要高于使用均匀先验的方法(例如:RR‐BLUP)(VanRaden *et al.*,2009;Verbyla *et al.*,2009)。这主要是因为乳脂率性状的遗传结构不同于其他性状。位于奶牛14号染色体上的DGAT1基因影响乳脂率并解释较大比例的遗传方差,使得标记效应的分布明显偏离微效多基因模型。基于模型(8.2)的GBLUP方法在参考群规模较小时的表现优于Bayes方法(Hayes *et al.*,2009a),但是当参考群和验证群间的亲缘关系减弱时,GBLUP方法的准确性下降速度比Bayes方法快(Habier *et al.*,2010;Hayes *et al.*,2009a)。群体内的比较(Luan *et al.*,2009;VanRaden *et al.*,2009)和不同群体间的比较都表明:参考群的规模越大,其结果的准确性也越高。还有研究对标记数据进行筛选,获得均匀分布的低密度标记,结果显示标记密度的降低会导致准确性的下降(Luan *et al.*,2009)。但是,标记密度增高对结果的影响要小于参考群规模增大对结果的影响(VanRaden *et al.*,2009)。

表 8‐2 基因组选择在奶牛群体中应用现状

国家	参考群体[a]	标记数(芯片)	方法
USA	18 080(H),2 828(J),1 331(B)	43 382(Illumina 54 K)	GBLUP,Nonlinear-BLUP
Canada	8 800(H)	43 382(Illumina 54 K)	GBLUP,Nonlinear-BLUP
Australia	1 098(H)	39 048(Illumina 50 K)	BayesA,BayesB,SSVS,BLUP
Norway	500(R)	18 991(Affymetrix 25 K)	RRBLUP,BayesB,BayesC
New Zealand	2 626(H),1 639(J),642(HxJ)	44 146(Illumina 50 K)	GBLUP
Netherland	16 173(H)	46 529(CRV Illumina 60K)	Bayes
Denmark/Sweden/Finland	10 217(H)	38 055(Illumina 50 K)	SSVS,BLUP
France	20 918(H),6 835(M),4 970(N)	(Illumina 50 K)	—
Germany	17 477(H)	45 181(Illumina 54 K)	GBLUP,BayesB,BLUP
Ireland	4 300(H)	42 598(Illumina 50 K)	GBLUP

[a] B:Swedish brown cattle,H:Holstein,J:Jersey,M:Montbeliarde,N:Normande,R:Norway red cattle

数据引自 INTERBULL(http://www.interbull.org/)。

目前,在奶牛群体中基因组育种值的计算是结合传统遗传评估进行的。上述国家参考群都是由验证公牛来构建,并且大多使用传统育种值作为表型值来估计基因组育种值(表8‐2)。此时表型性状的观测遗传力(h^2)与育种值的可靠性(r^2)相当。而验证公牛育种值可靠性都大于0.90,且奶牛的有效群体大小要小于其他畜种,这极大地提升了基因组选择在奶牛群体中的应用效果。在中国,奶牛基因组选择研究也已于2008年展开。目前,已经初步建立了由约2 100头母牛组成的参考群和87头后裔测定公牛组成的验证群。初步分析结果表明:产奶性状的基因组育种值准确性为0.60~0.75(张勤,未发表数据)。

2. 在其他畜禽物种中的应用

van der Werf(2009)使用选择指数理论对基因组选择在肉羊和细毛羊群体的应用进行模

拟研究,结果表明:与传统育种相比,基因组选择的应用使肉羊和细毛羊经济选择指数分别提高 30％和 40％。Gonzalez-Recio 等(2009)用 333 只和 61 只后裔测定的公鸡作分别为参考群和验证群对肉鸡饲料转化率进行研究。结果显示:所使用的基因组选择方法准确性均高于传统 BLUP。同时,依据信息熵减标准对 3 481 个标记进行筛选,获得 400 个低密度标记。使用低密度标记估计基因组育种值的准确性高于使用全部标记。

目前,基因组选择在猪、羊及鸡等畜禽中的应用所见报道不多。这可能与其全基因组芯片开发较晚有关(Tuggle and Dekkers,2009)。然而,猪(62 163 SNPs;Illumina PorcineSNP60)、羊(54 241 SNPs;Illumina OvineSNP50)、马(54 602 SNPs;Illumina EquineSNP50)及鸡(Illumina iSelect 18 K Custom genotype)的全基因组芯片已经可用。这给基因组选择在这些畜种中的应用提供了更加便利的条件。同时,传统选择手段对于低遗传力、胴体以及限性性状等的选择进展缓慢,而基因组选择为这些性状的快速改良提供了契机。

3. 基于基因组选择的畜禽育种体系

基因组选择方法和传统遗传评估方法有较大不同。传统育种体系,如奶牛的后裔测定体系,以系谱记录的血缘关系将不同个体的表型记录联系起来。因此,它主要利用亲缘信息进行遗传评估。而基因组选择是以全基因组标记所记录的遗传及进化史为纽带将不同个体的表型记录联系起来。这种信息利用方式的改变深刻地影响着畜禽育种体系。

由于不受系谱的限制,基因组选择育种体系中参考群个体既可以包括单品种、单群体,又可以包括多品种、多群体。de Roos 等(2009)模拟的参考群来自于分别有 6、30 和 300 个世代的遗传隔离的两个群体;而 Toosi 等(2010)和 Ibánz-Escriche 等(2009)模拟的参考群则来自于纯系、二元、三元或四元杂交。这些模拟结果表明:来自多个群体或品种的个体共同组成的参考群要优于单一群体来源组成的参考群。然而,多品种的参考群需要高密度的标记来保证标记和 QTL 之间的连锁不平衡相在不同群体间是一致的。同时,使用高密度标记时,不用在模型中考虑群体或品种特异的 SNP 对结果的影响(Ibánz-Escriche *et al.*,2009)。Kizilkaya 等(2010)使用真实的牛全基因组芯片数据和模拟的表型信息对种间使用基因组选择进行探讨,而 Hayes 等(2009a)则直接使用娟山牛和荷斯坦牛的混合参考群进行研究,结果趋势与模拟研究一致。

对于奶牛以外的其他畜种,在传统的以"核心群－扩繁群－生产群"为构架的"金字塔"式的育种体系中,往往由于生产群与核心群不在同一个生产体系中,且不同等级的群体间没有系谱记录而无法将生产群中的表型记录用到核心群的遗传评估中。例如,生产群中杂种猪的生长性状记录和屠宰场中的胴体性状记录无法用于核心群纯种猪的遗传评估。然而,基因组选择将为此提供可能。全基因组标记在这种体系下的应用,不仅可以实现产品追溯并免于记录系谱(Ibánz-Escriche *et al.*,2009),而且可以将生产群的表现和市场需求的变化快速地反馈到核心群的育种工作中。

同时,基因组选择还为不同育种机构间的密切合作提供了更好的条件。例如,在猪育种中,不同育种机构间的群体常常由于缺乏足够的遗传联系而无法实施联合遗传评估,而基因组选择的应用则可能成为解决此问题的途径。除此之外,由于 GBLUP 方法在基因组育种值计算中无须使用原始的基因组标记信息(只需用标记构建 **G** 矩阵),所以此方法还可以为不同机构间个体基因型信息的独立性和保密性提供保障(Harris *et al.*,2009)。目前,Interbull 正在构建新的技术平台(Sullivan and VanRaden,2010),在保证各个国家和公司的育种数据相对独立和保密的情况下整合数据,让所有的参与者都从更大的数据集中受益。

Daetwyler 等(2007)对基因组选择导致的群体近交进行研究,结果表明:与同胞选择和 BLUP 选择相比,基因组选择在提高育种值估计准确性的同时可以有效降低近交增量。这主要是由于基因组选择考虑了孟德尔离差,增大了同胞间的差异,从而降低了同胞被同时选做种用的概率,进而降低近交增量。Goddard(2009)则认为若要最大化基因组选择的长期选择反应,应在指数的构建中加大低频率有利等位基因的权重。

8.2 利用性状特异关系矩阵的最佳线性无偏预测法(TABLUP)

如前所述,GBLUP 与传统的 BLUP 的区别在于使用了不同的个体间加性遗传相关矩阵,前者使用由分子标记信息计算的 **G** 矩阵,后者使用由系谱计算的 **A** 矩阵,而 **G** 矩阵更能真实反映个体间的遗传相关。考虑到影响目标性状的所有基因的位置在全基因组中分布不均匀且基因效应不等的情况,Zhang 等(2010)提出在用全基因组标记构建个体间关系矩阵时应对不同标记给予不同的权重。标记的权重则来自于模型(8.1)中估计的标记效应。由于权重包含了性状信息,不同性状有不同的关系矩阵。因此,以此方式构建的关系矩阵被称为性状特异的关系矩阵(trait-specific relationship matrix),简称 TA 矩阵,用 TA 矩阵取代 GBLUP 中的 **G** 矩阵进行基因组育种值估计,这个方法被称为 TABLUP。模拟及真实数据分析都表明,TABLUP 的预测能力高于 RRBLUP 和 GBLUP(Zhang *et al*. 2010)。下面具体介绍这一方法。

8.2.1 TABLUP 法的基本方法

TABLUP 方法的实施有以下两步:首先,估计标记效应,获得先验信息;其次,构建性状特异的关系矩阵,用混合模型方程组求解。其核心是 TA 矩阵的构建。

使用标记构建个体间加性遗传相关矩阵的规则如下:

(1)计算个体 i 和 j 在第 k 个 SNP 标记上的同态系数(Eding and Meuwissen,2001)

$$S_{ijk} = \sum_{m=1}^{2} \sum_{n=1}^{2} I_{mn}/4 \tag{8.10}$$

其中,当第一个个体的第 m 个等位基因的基因型与第二个个体的第 n 个等位基因是同态相同时,I_{mn} 等于 1,否则 I_{mn} 等于 0。对于 SNP 标记,上述公式考虑了四种组合的均值,因此,使用单个 SNP 标记(非单倍型)时无须进行单倍型推断。

(2)计算个体 i 和个体 j 间所有标记的加权平均同态系数:

$$S_{ij} = \sum_{k=1}^{N} S_{ijk}w_k / \sum_{k=1}^{N} w_k \tag{8.11}$$

其中,w_k 是第 k 个 SNP 标记的权重,N 是总标记数。对于 GBLUP 方法,对所有标记的权重 w_k 都是 1;对于 TABLUP 方法,每个标记的权重可以不同,权重可以是估计的标记效应的绝对值,也可以是标记效应的方差。

(3)根据 Wright's F 统计量,将同态系数校正为同源系数

$$S'_{ij} = (S_{ij} - 2\,\overline{S})/(1 - \overline{S})$$

其中 $\overline{S}$ 是 S_{ij} 的群体平均数。

(4)计算个体间的加性遗传相关系数

$$TA_{ij} = 2S'_{ij}$$

8.2.2 TABLUP 法的性能

用 Monte Carlo 方法对 TABLUP 的性能进行了检验。首先模拟了全基因组基因型及表型数据。设置基因组全长 5Morgan,总 SNP 标记数 5 000,共 6 个世代,每世代 1 000 个体,其中第一个世代作为参考群,其余世代作为验证群。模拟中考虑了不同的性状遗传力、影响性状的 QTL 数量。

1. TABLUP 方法与其他方法的比较

利用模拟数据对 RRBLUP、BayesB、GBLUP 和 TABLUP 4 种 GEBV 计算方法进行比较。对于 TABLUP,分别用由 BayesB 和 RRBLUP 估计的 SNP 效应的绝对值作为 TA 矩阵中的加权值,并分别称为 TAB 和 TAP。不同基因组选择方法在第 2 世代的准确性(GEBV 与真实育种值的相关系数)和无偏性(GEBV 对真实育种值的回归系数)比较见表 8-3。从准确性(相关及秩相关)来看,TABLUP 要优于 GBLUP 和 RRBLUP。BayesB 的准确性要高于RRBLUP,TAB 的准确性要高于 TAP。RRBLUP 与 GBLUP 的准确性无显著差异。秩相关系数稍低于相关系数,但是不同方法使用这两个指标的排序不受影响。从无偏性来看,BayesB 的最高,GBLUP 次之,RRBLUP 回归系数偏高,而 TABLUP 偏低。

表 8-3 四种方法的准确性及无偏性

方法	相关系数	秩相关系数	回归系数
BayesB	0.809 ± 0.009	0.798 ± 0.010	0.998 ± 0.014
RRBLUP	0.724 ± 0.011	0.710 ± 0.011	1.064 ± 0.015
TAP	0.748 ± 0.010	0.736 ± 0.010	0.949 ± 0.015
TAB	0.790 ± 0.008	0.778 ± 0.009	0.899 ± 0.016
GBLUP	0.726 ± 0.012	0.712 ± 0.011	0.997 ± 0.015

图 8-3 显示的是不同方法在第 2~6 世代的准确性的变化趋势。这种趋势可以作为不同方法预测能力的持续力的度量。在各世代中,BayesB 方法准确性最高,RRBLUP 及 GBLUP 准确性最低。其中,BayesB,TAB,TAP,RRBLUP 及 GBLUP 方法的准确性在连续的 5 个世代中分别下降 0.078,0.086,0.103,0.144 和 0.144。由此可见,基因组选择方法准确性的高低和其持续力的强弱有直接关系,即准确性越高,持续力越强。

2. 性状遗传结构(遗传力,QTL 数)对 GEBV 准确性的影响

不同遗传力下,不同方法在第 2 世代的准确性见表 8-4。总体来看,不同方法的准确性随着遗传力的增高而上升。其中,低遗传力(0.05)时,BayesB 准确性最高,TAP 准确性最低;高遗传力(0.9)时,TAB 准确性最高,RRBLUP 准确性最低。如果以 BayesB 准确性为标准,在遗传力增

高的过程中,TAB 与其差值分别为 0.013、0.024、0.027、0.019 和 −0.002;GBLUP 与其差值分别为 0.033、0.070、0.094、0.083 和 0.046。这说明利用混合模型方程组的 BLUP 方法在低或者高遗传力时可能具有相对优势。

对比 RRBLUP 和 TAP 的准确性可见,随着遗传力的增高,RRBLUP 为 TAP 提供的先验权重也越来越准确。在此过程中,TAP 的准确性由低于 RRBLUP 变为高于 RRBLUP。这可能说明 TABLUP 能够从更准确的先验信息中受益。

QTL 数是决定性状特征的主要参数之一。不同 QTL 数对各方法准确性的影响见表 8-5。在其他条件不变的情况下,仅增加控制性状的 QTL 数,BayesB 及 TABLUP 方法的

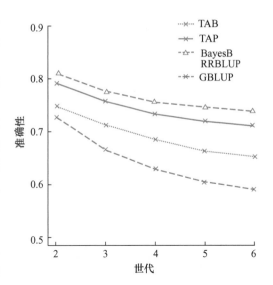

图 8-3　不同方法在 2~6 世代的准确性

准确性呈现下降趋势,两方法在 QTL 数为 50 和 1 000 时准确性的差值分别为 0.049,0.035（TAB）和 0.012（TAP）;而 RRBLUP 及 GBLUP 方法的准确性却呈现微弱上升趋势,两方法在 QTL 数为 50 和 1 000 时准确性的差值分别为 0.032 和 0.030。基于此结果可知,在其他条件不变时,BayesB 及 TABLUP 方法对低 QTL 数性状具有相对优势,而 RRBLUP 及 GBLUP 方法对高 QTL 数性状具有相对优势。这与不同方法潜在的理论假设有关,BayesB 及 TAB-LUP 方法主要是基于有限位点模型,而 GBLUP 及 RRBLUP 则是基于微效多基因模型。这些理论假设成立与否直接跟控制性状的 QTL 数相关。这也说明计算方法的遗传模型假设影响和决定着方法的特性。

表 8-4　不同遗传力时各种方法的准确性

方法	遗 传 力				
	0.05	0.1	0.3	0.5	0.9
BayesB	0.407 ± 0.020	0.542 ± 0.023	0.735 ± 0.015	0.809 ± 0.009	0.908 ± 0.004
RRBLUP	0.376 ± 0.021	0.472 ± 0.017	0.638 ± 0.014	0.724 ± 0.011	0.861 ± 0.006
TAP	0.394 ± 0.018	0.518 ± 0.015	0.708 ± 0.011	0.790 ± 0.008	0.910 ± 0.004
TAB	0.354 ± 0.019	0.464 ± 0.017	0.656 ± 0.013	0.748 ± 0.010	0.886 ± 0.005
GBLUP	0.374 ± 0.020	0.472 ± 0.018	0.641 ± 0.014	0.726 ± 0.012	0.862 ± 0.006

表 8-5　不同 QTL 数时各种方法的准确性

方法	QTL 数				
	50	100	200	500	1 000
BayesB	0.809 ± 0.009	0.786 ± 0.012	0.763 ± 0.011	0.763 ± 0.009	0.760 ± 0.010
RRBLUP	0.724 ± 0.011	0.740 ± 0.017	0.734 ± 0.012	0.745 ± 0.009	0.756 ± 0.012
TAB	0.790 ± 0.008	0.770 ± 0.013	0.749 ± 0.010	0.756 ± 0.010	0.755 ± 0.012
TAP	0.748 ± 0.010	0.744 ± 0.015	0.724 ± 0.010	0.732 ± 0.009	0.736 ± 0.012
GBLUP	0.726 ± 0.012	0.739 ± 0.017	0.735 ± 0.011	0.748 ± 0.010	0.756 ± 0.012

3. TA 矩阵中不同加权方法对 TABLUP 的影响

TABLUP 中使用的 TA 矩阵中对不同 SNP 的权重可以是 SNP 效应的绝对值,也可以是 SNP 效应的方差,如果 SNP 效应是由 BayesB 估计的,可以用效应估计值的后验方差,如果是由 RRBLUP 估计的,可以用效应的期望方差,对于标记 k,其效应的期望方差为 $2p_k(1-p_k)\hat{g}_k^2$,其中 p_k 是该标记的等位基因频率,$\hat{g}_k$ 是该标记效应的估计值。表 8-6 给出了在不同加权方法下 TABLUP 计算的 GEBV 的准确性。

表 8-6 使用不同加权方式时 TABLUP 的准确性

加权方式	权重来源	GEBV 准确性	加权方式	权重来源	GEBV 准确性
效应绝对值[1]	BayesB	0.808 ± 0.009	效应方差[3]	RRBLUP	0.795 ± 0.009
效应绝对值[1]	RRBLUP	0.764 ± 0.010	无权重	—	0.670 ± 0.013
效应方差[2]	BayesB	0.809 ± 0.009			

[1] 以标记效应估计值的绝对值作为权重;[2] 以标记效应估计值的后验方差作为权重;[3] 以标记效应的期望方差 $2p_k(1-p_k)\hat{g}_k^2$ 作为权重。

可以看出,如果用 BayesB 估计标记效应,则用效应绝对值和效应方差加权效果相当,如果用 RRBLUP 估计标记效应,则效应方差加权优于用效应绝对值加权,而两种加权方式都优于不加权的 GBLUP。

8.3 利用低密度标记的基因组选择

目前,基因组选择对全世界的奶牛育种产业,尤其是对种公牛选育工作产生了巨大的影响。在许多国家育种体系和大型育种公司,传统的以后裔测定为核心工作的种公牛选育体系目前正在和基因组选择育种计划同时运行。种公牛选育领域如此迅速应用基因组选择技术主要是由于传统后裔测定体系耗时耗力,为了对公牛进行遗传评估,不仅需要组织大规模的后裔测定,而且需要等到公牛女儿有了生产纪录以后才能获得公牛的育种值。然而,基因组选择可以在个体的生命早期或者出生前预测个体的育种值,因此有效缩短世代间隔(König et al., 2009;Schaeffer,2006),尽管实施基因组选择需要花费一定经费用于 SNP 芯片测定,但相对于后裔测定的昂贵费用要节省了许多。但是,对于除了奶牛以外的其他物种来说,如猪、鸡、羊等,其种公畜的选择一般不需经过后裔测定,所以世代间隔要大大短于奶牛,且选育成本远远低于种公牛,而且其单个种公畜的使用范围小于奶牛,因而种用价值也低于奶牛。因此,在这些物种中实施基因组选择面临的最大问题之一是应用的成本问题。

畜禽高密度 SNP 芯片的检测费用约为每个样本 200 美元,这对于猪、鸡、羊等畜种来说由于其种畜种用价值与公牛相比较低,使用高密度芯片进行基因组选择并不划算。这种高成本在一定程度上会影响基因组选择在这些畜禽群体中的应用。因此,不少研究者提出使用低密度芯片的策略进行基因组选择,以降低育种成本,使更多的畜禽品种能够利用基因组选择技术所带来的优势。

对于在使用低密度标记时基因组育种值的计算方法问题,Habier 等(2009)提出了一种利用共分离(co-segregation)信息进行低密度芯片基因组选择的新方法。其模拟研究表明:如果候选个体的父母亲都进行高密度芯片检测,此种方法有较高准确性。然而,对于繁殖率较低的物种,如羊,候选个体的父母数量也非常庞大,同时用高密度芯片检测候选个体的父母基因型并不能有效降低检测成本;如果候选个体的父母不能进行高密度芯片基因型检测,则候选个体的基因组育种值准确性较低(Habier *et al.*,2009;VanRaden *et al.*,2010)。其实,目前所提出的各种计算方法都能够用于低密度标记的基因组选择。然而,不同方法的优劣受到群体结构,性状特征等多种因素的影响,在低密度标记情况下的表现有待研究。

对于低密度 SNP 芯片,有两种设计策略:均匀分布的低密度芯片(ELD,evenly-spaced low density panels)和根据标记效应筛选标记的低密度芯片(SLD,selected low density panels)。一些学者对这两种设计进行了比较(Weigel *et al.*,2009;Cleveland *et al.*,2010;Gonzalez-Recio *et al.*,2008;Gonzalez-Recio *et al.*,2009;Long *et al.*,2007;Vazquez *et al.*,2010)。然而,这些研究都是基于某一特定群体或特定数据集进行研究和探讨,真实的应用条件纷繁复杂,最终的应用效果受多种因素的影响(Daetwyler *et al.*,2010;Daetwyler *et al.*,2008;Goddard,2009)。因此,这些结论可能并不适用于所有低密度标记的应用情况。

综上所述,研究者对低密度标记基因组选择还知之甚少。因此,Zhang 等(2011)使用蒙特卡罗方法模拟各种群体结构(有效群体大小)和性状特征(遗传力、QTL 数量),并设计不同的低密度芯片(SLD 和 ELD),对低密度标记基因组选择进行了系统的研究。结果如下。

8.3.1 高密度芯片下 GEBV 的准确性

表 8-7 和表 8-8 分别给出了利用高密度芯片(标记数=10 000,染色体长度=10 Morgen)3 种方法(TABLUP、BayesB 和 GBLUP)在不同遗传力下和不同有效群体大小下所得到的 GEBV 的准确性(以 GEBV 与真实育种值的相关表示)。可以看出,在所有情况下,由 TABLUP 和 BayesB 方法得到的 GEBV 的准确性相近,且都高于由 GBLUP 方法得到的 GEBV 的准确性。随着 QTL 数量(相对于有效染色体片段数)的增大,BayesB 和 TABLUP 的准确性显著下降,但 GBLUP 的准确性只略有下降,因而 BayesB 和 TABLUP 对 GBLUP 的优势也随之降低。总体来说,3 种方法的 GEBV 准确性都随着遗传力的增大而上升,随有效群体大小的增大而下降。

表 8-7 利用高密度芯片时在验证群中不同遗传力下(h^2)3 种方法
得到的 GEBV 的准确性(有效群体大小 N_e=100)

N_{QTL}^a	方法	h^2				
		0.1	0.3	0.5	0.8	0.95
低	BayesB	0.656 ± 0.045	0.848 ± 0.010	0.889 ± 0.011	0.936 ± 0.005	0.959 ± 0.003
	TABLUP	0.650 ± 0.042	0.842 ± 0.010	0.889 ± 0.009	0.938 ± 0.004	0.961 ± 0.003
	GBLUP	0.447 ± 0.016	0.598 ± 0.008	0.665 ± 0.007	0.756 ± 0.007	0.807 ± 0.007
中	BayesB	0.560 ± 0.028	0.737 ± 0.021	0.813 ± 0.013	0.892 ± 0.008	0.935 ± 0.005
	TABLUP	0.559 ± 0.029	0.736 ± 0.021	0.814 ± 0.013	0.894 ± 0.008	0.936 ± 0.005
	GBLUP	0.491 ± 0.021	0.616 ± 0.012	0.682 ± 0.009	0.768 ± 0.007	0.816 ± 0.007
高	BayesB	0.518 ± 0.022	0.694 ± 0.022	0.779 ± 0.015	0.874 ± 0.006	0.921 ± 0.004
	TABLUP	0.510 ± 0.018	0.691 ± 0.022	0.778 ± 0.014	0.872 ± 0.006	0.917 ± 0.004
	GBLUP	0.497 ± 0.018	0.625 ± 0.014	0.691 ± 0.013	0.775 ± 0.010	0.822 ± 0.008

a:影响性状的 QTL 数,低:$N_{QTL}=0.05M_e$,中:$N_{QTL}=0.3M_e$,高:$N_{QTL}=1M_e$,其中 M_e=有效染色体片段数=$2N_eL/\ln(4N_eL)$,L 是染色体长度,本模拟中设定 L=10 Morgen。

表 8-8　利用高密度芯片时在验证群中不同有效群体大小(N_e)下 3 种方法
得到的 GEBV 的准确性(遗传力=0.5)

N_{QTL}^a	方法	N_e				
		50	100	200	500	1 000
低	BayesB	0.928±0.014	0.889±0.011	0.865±0.010	0.724±0.020	0.611±0.018
	TABLUP	0.925±0.013	0.889±0.009	0.865±0.008	0.728±0.017	0.621±0.016
	GBLUP	0.682±0.010	0.665±0.007	0.633±0.012	0.580±0.015	0.551±0.008
中	BayesB	0.868±0.011	0.813±0.013	0.754±0.015	0.678±0.011	0.571±0.017
	TABLUP	0.866±0.010	0.814±0.013	0.750±0.015	0.673±0.011	0.560±0.017
	GBLUP	0.703±0.014	0.682±0.013	0.636±0.008	0.581±0.009	0.545±0.013
高	BayesB	0.833±0.008	0.779±0.015	0.702±0.016	0.634±0.014	0.577±0.006
	TABLUP	0.832±0.008	0.778±0.014	0.699±0.015	0.623±0.016	0.565±0.006
	GBLUP	0.723±0.010	0.691±0.013	0.625±0.014	0.596±0.011	0.558±0.005

a:同表 8-6。

8.3.2　标准参数下低密度芯片的 GEBV 准确性

图 8-4 给出了在标准参数设置($N_e=100$, $h^2=0.5$)下,采用不同低密度芯片设计(SLD 和 ELD)和标记密度,BayesB、TABLUP 及 GBLUP 得到的验证群中 GEBV 的相对准确性(相对于采用高密度芯片 BayesB 方法的准确性的百分比)。由图 8-4 可知,ELD 芯片的准确性均随标记数的减少而快速下降,但是 SLD 芯片的准确性除使用 GBLUP 方法以外,下降幅度很小。与使用高密度芯片相比,在验证群中使用 SLD 芯片 GEBV 准确性的损失不超过 10%,但是使用 ELD 芯片则可能损失 30% 以上的准确性。ELD 芯片相对准确性的下降幅度在低 QTL 数时最大(BayesB 约为 43%,TABLUP 约为 41%,GBLUP 约为 18%,图 8-4A),高 QTL 数时最小(BayesB 约为 29%,TABLUP 约为 29%,GBLUP 约为 20%,图 8-4C)。与 ELD 不同的是,SLD 芯片相对准确性下降幅度以低 QTL 数时最小(BayesB 约为 3%,TABLUP 约为 0.4%,图 8-4A),而高 QTL 数时最大(BayesB 约为 13%,TABLUP 约为 13%,图 8-4C)。但是,在使用 ELD 时,GBLUP 准确性随筛选标记数的减少而上升,上升幅度以低 QTL 数时最大(约为 20%,图 8-4A),高 QTL 数时最小,且先增后减(增加约 4%,降低约 10%,图 8-4C)。出现这种现象的主要原因是 GBLUP 方法假定所有标记有相同的贡献,当真实的性状 QTL 数较低时,多数标记并不能提供有用信息。因此,随着筛选标记数的减少,G 矩阵的预测能力增强,准确性上升。但是,当 QTL 数较多,而筛选标记数太少时,由于有效的标记被剔除从而降低了其准确性,出现先升后降的结果。

另外,需要注意的是,ELD 并没有模拟标记数为 100 和 50 两种情况,如果考虑这两种极低密度情况的话,其准确性下降幅度会进一步增大。这也说明 ELD 仅在标记数较适中时可能具有一定的优势,在标记密度极低时由于其准确性下降幅度太大而失去价值。

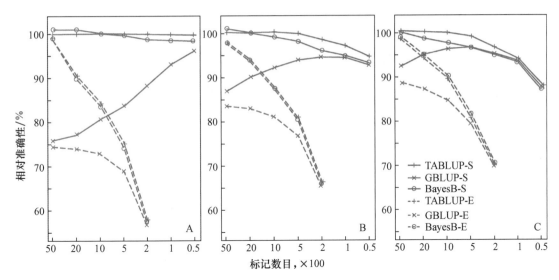

图 8 - 4 标准参数设置($N_e = 100, h^2 = 0.5$)下采用不同低密度芯片的 GEBV 的相对准确性

A:$N_{QTL} = 0.05 M_e$,B:$N_{QTL} = 0.3 M_e$,C:$N_{QTL} = 1 M_e$;S 代表 SLD 芯片,E 代表 ELD 芯片。

8.3.3　遗传力对低密度标记 GEBV 准确性的影响

性状的遗传力是影响基因组选择效果的主要因素之一(Daetwyler *et al.*,2010;Daetwyler *et al.*,2008)。图 8 - 5 显示了不同遗传力下利用 SLD 芯片 TABLUP 的相对准确性(相对于采用高密度芯片 BayesB 方法的准确性的百分比)。可以看出,GEBV 的相对准确性随遗传力的增高而上升,但是随标记数的减少而下降。遗传力越低,相对准确性随标记数下降的速度越快,尤其是当 N_{QTL} 较大时。当 $N_{QTL} = 0.05 M_e$,遗传力为 0.1 和 0.95 时,相对准确性随着标记数由 5 000 降至 50 分别下降 3% 和 0.3%(图 8 - 5A),但当 $N_{QTL} = 1 M_e$,相对准确性分别下降 18% 和 10%(图 8 - 5C)。值得注意的是,当标记数为 200 或 500(相当于高密度芯片标记数的 2% 或 5%)时,无论遗传力和 N_{QTL} 为多大,GEBV 的相对准确性都可达到 90% 或 95% 以上。Cleveland 等(2010)使用 2009 年 QTL - MAS Workshop 的数据(Coster *et al.*,2010)计算并报道了相似的结果。

8.3.4　有效群体大小对低密度标记 GEBV 准确性的影响

有效群体大小是影响基因组选择效果的重要群体参数之一(Daetwyler *et al.*,2010;Daetwyler *et al.*,2008)。图 8 - 6 显示了在不同有效群体大小时,采用 SLD 芯片,由 TABLUP 得到的 GEBV 的相对准确性(相对于采用高密度芯片 BayesB 方法的准确性的百分比)。可以看出,有效群体越大,GEBV 的相对准确性随着标记密度的降低而下降的幅度越大,尤其是当 N_{QTL} 较大时。当 $N_{QTL} = 0.05 M_e$,有效群体大小为 50 和 1 000 时,相对准确性随着标记数由 5 000 降至 50 分别下降 0.1% 和 15%(图 8 - 6A),但当 $N_{QTL} = 1 M_e$,相对准确性分别下降 6% 和 33%(图 8 - 6C)。值得注意的是,当标记数为 500(相当于高密度芯片标记数的 5%)时,无

论有效群体和 N_{QTL} 为多大，GEBV 的相对准确性都可达到 90％以上。

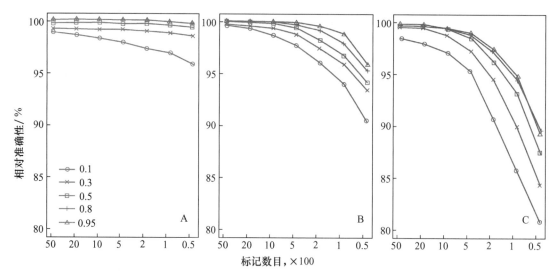

图 8 - 5　不同遗传力下利用 SLD 芯片的 GEBV 的相对准确性（$N_e = 100$）

不同曲线代表不同的遗传力，A：$N_{QTL} = 0.05 M_e$，B：$N_{QTL} = 0.3 M_e$，C：$N_{QTL} = 1 M_e$。

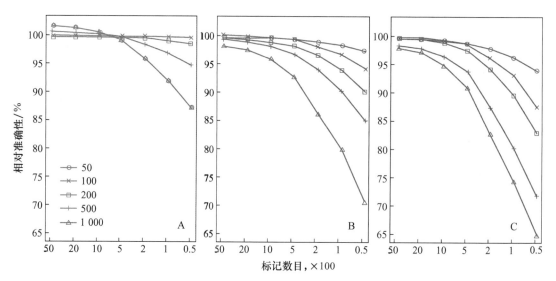

图 8 - 6　不同有效群体大小时利用 SLD 芯片的 GEBV 的相对准确性（$h^2 = 0.5$）

不同曲线代表不同的有效群体大小，A：$N_{QTL} = 0.05 M_e$，B：$N_{QTL} = 0.3 M_e$，C：$N_{QTL} = 1 M_e$。

8.3.5　筛选标记数和芯片密度的关系

本研究假定有 10 000 个标记的芯片为标准的"高"密度芯片，前面的 SLD 都是从 10 000 个标记中筛选。为研究标准的"高"密度芯片的标记数与在其基础上筛选获得的 SLD 的相对准确性之间的关系，改变"高"密度芯片的标记密度，并从中分别筛选 50，100，200 和 500 个标记构成 SLD。这些 SLD 的相对准确性见图 8 - 7。相对准确性仍以使用 10 000 个标记的 BayesB

的准确性为基准。四种标记数的 SLD 的相对准确性都随"高"密度芯片上标记密度的增高而上升。这说明,同样使用标记数为 100 的 SLD 芯片,从 10 000 个标记中筛选获得的 SLD 要好于从 5 000 个标记中筛选获得的 SLD,从 60 000 个标记中筛选获得的 SLD 又好于从 10 000 个标记中筛选获得的 SLD。

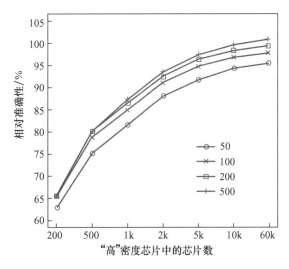

图 8 - 7　用从不同"高"密度标记芯片上筛选低密度
标记进行基因组预测的相对准确性

8.3.6　低密度标记基因组选择的相关问题

1. 关于低密度芯片的设计

根据以上研究结果,在利用低密度芯片估计基因组育种值时,在所有情况下,用根据标记效应选择的标记(SLD)优于选用均匀分布的标记(ELD)。但是,这种 SLD 的标记是性状特异的。在实际的选择中,需要同时考虑多个性状,如果用 ELD 芯片,则所有性状可共用一个芯片,而如果用 SLD 芯片则需为每个性状设计一个特异芯片。当然也可将所有性状的特异标记设计在一张芯片上。例如,在以上研究结果中可以看到,在多数情况下,从总数 10 000 个标记的高密度芯片中选择 200 个效应最大的标记(高密度芯片中标记总数的 2%)构成的 SLD 芯片,所得到的 GEBV 的准确性相当于用高密度芯片所得到的 GEBV 准确性的 95% 以上。假如有 5 个独立的目标性状(即不同性状的特异标记没有重叠),每个性状选择 200 个特异标记,则 SLD 芯片上就有 1 000 个标记。由图 8 - 4 可看出,用 200 个选择标记的 GEBV 准确性仍高于用 1 000 个均匀分布标记的 GEBV 准确性。在以上模拟研究中,1 000 个标记相当于的 $1 \times N_e L$(N_e=有效群体大小=100,L=基因组长度=10 Morgen)。对奶牛来说,其基因组的实际长度约为 30 Morgen,有效群体大小大多在 100 左右(The Bovine HapMap Consortium,2009),所以这里的 1 000 个标记就相当于实际奶牛群体的 3 000 个标记。如果性状间存在遗传相关,则有一些标记会同时影响多个性状,这样在设计 SLD 芯片时,可有一些标记是对多个性状共同的,有些标记是各个性状特异的,在总标记数不变的情况下,实际增加了各个性状的标记密度。如果要选择的目标性状很多,例如 20 个,则用 SLD 标记就会导致芯片上的标记总数很大,甚至相当于高密度芯片,此时可考虑设计一个 SLD 和 ELD 混合的芯片,即在适当密度的 ELD 标记的基础上,加入一些各个性状的特异的效应较大标记,这样可在基本的 ELD 准确性的基础上提高各性状 GEBV 的准确性。

2. 连锁不平衡信息的利用

在以上的模拟研究中,在用低密度标记进行 GEBV 计算时,没有利用原高密度芯片的标记间连锁不平衡信息,也就是说,仅仅利用了从高密度芯片中选出的标记的信息。事实上,在用这些选出的标记进行选择群体的 GEBV 计算时,原高密度芯片中的标记间连锁不平衡信息也可加以利用。Habier 等(2009)提出了利用在参考群体中高密度标记的连锁不平衡信息来选择群体中低密度芯片的染色体片段或缺失基因型的概率的方法,并证明利用这个方法能够有效地提高用低密度标记估计 GEBV 的准确性,但这个方法要求选择群体中所有个体的双亲均有高密度标记的基因型,在实际实施时,这仍然需要花费较高的成本,尤其对于繁殖率较低的动物。另一种方法是利用连锁不平衡信息对低密度芯片中的缺失基因型进行填充,即用估计的基因型取代缺失的基因型。经基因型填充后,低密度标记就变成了高密度标记。Weigel 等(2010)证明,随低密度芯片中标记密度相对于高密度芯片标记密度的高低,填充的标记基因型的准确性可达 70%~99%。目前,Illumina 公司已开发了含有 3 072 个 SNP 的 3K 牛 SNP 芯片(Bovine 3K GoldenGate BeadChip),这些 SNP 均匀地分布在牛基因组中,且其中的绝大部分 SNP 都存在于牛 50 K SNP 芯片中。因此,一些学者提出利用 3 K SNP 芯片进行基因型测定,然后通过基因型填充将 3 K 的基因型数据变为 50 K 的基因型数据(Druet *et al*.,2010;Berry and Kearney,2011;Cleveland *et al*.,2011)。

参 考 文 献

[1] Bennewitz J, T Solberg, and T Meuwissen. Genomic breeding value estimation using nonparametric additive regression models. Genet. Sel. Evol. 2009,41(1):20.

[2] Berry D and F Kearney. Imputation of genotypes from low-to high-density genotyping platforms and implications for genomic selection. Animal,2011, 5:1162 - 1169.

[3] Calus,M. P. ,T. H. Meuwissen,A. P. de Roos,and R. F. Veerkamp. 2008. Accuracy of genomic selection using different methods to define haplotypes. Genetics 178(1):553 - 561.

[4] Calus,M. P. L. 2010. Genomic breeding value prediction:methods and procedures. Animal 4(2):157 - 164.

[5] Calus,M. P. L. and R. F. Veerkamp. 2007. Accuracy of breeding values when using and ignoring the polygenic effect in genomic breeding value estimation with a marker density of one SNP per cM. J. Anim. Breed. Genet. 124(6):362 - 368.

[6] Chen,C. Y. ,I. Misztal,I. Aguilar,S. Tsuruta,T. H. E. Meuwissen,S. E. Aggrey, T. Wing,and W. M. Muir. 2011. Genome-wide marker-assisted selection combining all pedigree phenotypic information with genotypic data in one step:An example using broiler chickens. J. Anim. Sci. 89(1):23 - 28.

[7] Cleveland,M. A. ,S. Forni,N. Deeb,and C. Maltecca. 2010. Genomic breeding value prediction using three Bayes methods and application to reduced density marker panels. BMC Proc. 4(Suppl 1):S6.

[8] Cleveland,M. A. ,J. Hickey and B. Kinghorn. 2011. Genotype imputation for the prediction of genomic breeding values in non-genotyped and low-density genotyped individuals. BMC Proc. 5(Suppl 3):S6.

[9] Coster,A. ,J. W. M. Bastiaansen,M. P. L. Calus,C. Maliepaard,and M. C. A. M. Bink. 2010. QTLMAS 2009: simulated dataset. BMC Proc. 4(Suppl 1):S3.

[10] Daetwyler,H. D. ,R. Pong-Wong,B. Villanueva,and J. A. Woolliams. 2010. The impact of genetic architecture on genome-wide evaluation methods. Genetics 185(3):1021 - 1031.

[11] Daetwyler,H. D. ,B. Villanueva,P. Bijma,and J. A. Woolliams. 2007. Inbreeding in genome-wide selection. J. Anim. Breed. Genet. 124(6):369 - 376.

[12] Daetwyler,H. D. ,B. Villanueva,and J. A. Woolliams. 2008. Accuracy of predicting the genetic risk of disease using a genome-wide approach. PLoS ONE 3(10):e3395.

[13] de los Campos,G. ,H. Naya,D. Gianola,J. Crossa,A. Legarra,E. Manfredi,K. Weigel,and J. M. Cotes. 2009. Predicting quantitative traits with regression models for dense molecular markers and pedigree. Genetics 182(1):375 - 385.

[14] de Roos,A. P. ,B. J. Hayes,and M. E. Goddard. 2009. Reliability of genomic predictions across multiple populations. Genetics 183(4):1545 - 1553.

[15] Druet,T. ,C. Schrooten,and A. P. W. de Roos,2010. Imputation of genotypes from different single nucleotide polymorphism panels in dairy cattle. J. Dairy Sci. 93:5443 - 5454.

[16] Eding H and Meuwissen T. Marker-based estimates of between and within population kinships for the conservation of genetic diversity. J Anim Breed Genet 2001,118:141 - 159.

[17] Gianola,D. ,R. L. Fernando,and A. Stella. 2006. Genomic-assisted prediction of genetic value with semiparametric procedures. Genetics 173(3):1761 - 1776.

[18] Goddard,M. E. 2009. Genomic selection: prediction of accuracy and maximisation of long term response. Genetica 136(2):245 - 257.

[19] Goddard,M. E. and B. J. Hayes. 2007. Genomic selection. J. Anim. Breed. Genet. 124(6):323 - 330.

[20] Gonzalez-Recio,O. ,D. Gianola,N. Long,K. A. Weigel,G. J. Rosa,and S. Avendano. 2008. Nonparametric methods for incorporating genomic information into genetic evaluations: an application to mortality in broilers. Genetics 178(4):2305 - 2313.

[21] Gonzalez-Recio,O. ,D. Gianola,G. J. Rosa,K. A. Weigel,and A. Kranis. 2009. Genome-assisted prediction of a quantitative trait measured in parents and progeny: application to food conversion rate in chickens. Genet. Sel. Evol. 41:3.

[22] Habier,D. ,R. L. Fernando,and J. C. M. Dekkers. 2007. The impact of genetic relationship information on genome-assisted breeding values. Genetics 177(4):2389 - 2397.

[23] Habier,D. ,R. L. Fernando,and J. C. M. Dekkers. 2009. Genomic selection using low-density marker panels. Genetics 182(1):343 - 353.

[24] Harris, B. L., D. L. Johnson, and W. A. Montgomerie. 2009. National genomic evaluations without genotypes. Page 189 - 192 in Interbull bulletin 40.

[25] Hayes, B., P. Bowman, A. Chamberlain, K. Verbyla, and M. Goddard. 2009a. Accuracy of genomic breeding values in multi-breed dairy cattle populations. Genet. Sel. Evol. 41(1):51.

[26] Hayes, B. J., P. J. Bowman, A. J. Chamberlain, and M. E. Goddard. 2009b. Invited review: genomic selection in dairy cattle: progress and challenges. J. Dairy Sci. 92(2): 433 - 443.

[27] Hayes, B. J., P. M. Visscher, and M. E. Goddard. 2009c. Increased accuracy of artificial selection by using the realized relationship matrix. Genet. Res. 91(1):47 - 60.

[28] Ibánz-Escriche, N., R. L. Fernando, A. Toosi, and J. C. Dekkers. 2009. Genomic selection of purebreds for crossbred performance. Genet. Sel. Evol. 41:12.

[29] INTERBULL. International Bull Evaluation Service Official Website.

[30] König, S., H. Simianer, and A. Willam. 2009. Economic evaluation of genomic breeding programs. J. Dairy Sci. 92(1):382 - 391.

[31] Kizilkaya, K., R. L. Fernando, and D. J. Garrick. 2010. Genomic prediction of simulated multibreed and purebred performance using observed fifty thousand single nucleotide polymorphism genotypes. J. Anim. Sci. 88(2):544 - 551.

[32] Legarra, A., I. Aguilar, and I. Misztal. 2009. A relationship matrix including full pedigree and genomic information. J. Dairy Sci. 92(9):4656 - 4663.

[33] Loberg, A. and J. W. Dürr. 2009. Interbull survey on the use of genomic information. Interbull bulletin 39:3 - 14.

[34] Long, N., D. Gianola, G. J. Rosa, K. A. Weigel, and S. Avendano. 2007. Machine learning classification procedure for selecting SNPs in genomic selection: application to early mortality in broilers. J. Anim. Breed. Genet. 124(6):377 - 389.

[35] Luan, T., J. A. Woolliams, S. Lien, M. Kent, M. Svendsen, and T. H. E. Meuwissen. 2009. The accuracy of genomic selection in Norwegian red cattle assessed by cross-validation. Genetics 183(3):1119 - 1126.

[36] Meuwissen, T. H. 2009. Accuracy of breeding values of 'unrelated' individuals predicted by dense SNP genotyping. Genet. Sel. Evol. 41:35.

[37] Meuwissen, T. H., T. R. Solberg, R. Shepherd, and J. A. Woolliams. 2009. A fast algorithm for BayesB type of prediction of genome-wide estimates of genetic value. Genet. Sel. Evol. 41:2.

[38] Meuwissen, T. H. E., B. J. Hayes, and M. E. Goddard. 2001. Prediction of total genetic value using genome-wide dense marker maps. Genetics. 157(4):1819 - 1829.

[39] Moser, G., B. Tier, R. E. Crump, M. S. Khatkar, and H. W. Raadsma. 2009. A comparison of five methods to predict genomic breeding values of dairy bulls from genome-wide SNP markers. Genet. Sel. Evol. 41(1):56.

[40] Muir, W. M. 2007. Comparison of genomic and traditional BLUP-estimated breeding

value accuracy and selection response under alternative trait and genomic parameters. J. Anim. Breed. Genet. 124(6):342 - 355.

[41] Schaeffer,L. R. 2006. Strategy for applying genome-wide selection in dairy cattle. J. Anim. Breed. Genet. 123(4):218 - 223.

[42] Solberg,T. R. ,A. K. Sonesson,J. A. Woolliams,and T. H. Meuwissen. 2008. Genomic selection using different marker types and densities. J. Anim. Sci. 86(10):2447 - 2454.

[43] Solberg,T. R. ,A. K. Sonesson,J. A. Woolliams,and T. H. E. Meuwissen. 2009. Reducing dimensionality for prediction of genome-wide breeding values. Genet. Sel. Evol. 41:29.

[44] Strandén,I. and D. J. Garrick. 2009. Technical note: derivation of equivalent computing algorithms for genomic predictions and reliabilities of animal merit. J. Dairy Sci. 92(6):2971 - 2975.

[45] Sullivan,P. and VanRaden,P. GMACE Implementation. INTERBULL BULLETIN NO. 41. Paris,France,March 4 - 5,2010.

[46] Sved,J. A. 1971. Linkage disequilibrium and homozygosity of chromosome segments in finite populations. Theor Popul Biol 2(2):125 - 141.

[47] The Bovine HapMap Consortium 2009. Genome-Wide Survey of SNP Variation Uncovers the Genetic Structure of Cattle Breeds. Science. 324:528 - 532.

[48] Toosi,A. ,R. L. Fernando,and J. C. Dekkers. 2010. Genomic selection in admixed and crossbred populations. J. Anim. Sci. 88(1):32 - 46.

[49] Tuggle,C. K. and J. C. M. Dekkers. 2009. Genotyping: How useful is it for producers? Pig Progress. 25:9.

[50] van der Werf,J. H. J. 2009. Potential benefit of genomic selection in sheep. Page 38 - 41 in The Association for the Advancement of Animal Breeding and Genetics 18th Conference Barossa Valley,South Australia.

[51] VanRaden,P. M. 2008. Efficient methods to compute genomic predictions. J. Dairy Sci. 91(11):4414 - 4423.

[52] VanRaden,P. M. ,J. R. O'Connell,G. R. Wiggans,and K. A. Weigel. 2010. Combining different marker densties in genomic evaluation. 2010 Interbull Meeting. Interbull,Riga,Latvia.

[53] VanRaden,P. M. and M. E. Tooker. 2007. Methods to explain genomic estimates of breeding value. J. Dairy Sci. 90(Suppl. 1):374.

[54] VanRaden, P. M. , C. P. Van Tassell,G. R. Wiggans, T. S. Sonstegard,R. D. Schnabel,J. F. Taylor,and F. S. Schenkel. 2009. Invited review: reliability of genomic predictions for North American Holstein bulls. J. Dairy Sci. 92(1):16 - 24.

[55] Vazquez,A. I. ,G. J. M. Rosa,K. A. Weigel,G. d. l. Campos,D. Gianola,and D. B. Allison. 2010. Predictive ability of subsets of single nucleotide polymorphisms with and without parent average in US Holsteins J. Dairy Sci. 93(12):5942 - 5949.

[56] Verbyla,K. L. ,B. J. Hayes,P. J. Bowman,and M. E. Goddard. 2009. Accuracy of

genomic selection using stochastic search variable selection in Australian Holstein Friesian dairy cattle. Genet. Res. 91(5):307 - 311.

[57] Visscher, P. M. , S. E. Medland, M. A. Ferreira, K. I. Morley, G. Zhu, B. K. Cornes, G. W. Montgomery, and N. G. Martin. 2006. Assumption-free estimation of heritability from genome-wide identity-by-descent sharing between full siblings. PLoS Genet. 2(3):316 - 325.

[58] Weigel, K. A. , G. de los Campos, O. Gonzalez-Recio, H. Naya, X. L. Wu, N. Long, G. J. Rosa, and D. Gianola. 2009. Predictive ability of direct genomic values for lifetime net merit of Holstein sires using selected subsets of single nucleotide polymorphism markers. J. Dairy Sci. 92(10):5248 - 5257.

[59] Xu, S. 2003. Estimating polygenic effects using markers of the entire genome. Genetics 163(2):789 - 801.

[60] Zhang, Z. , X. D. Ding, J. F. Liu, Q. Zhang, and D. - J. d. Koning. 2011. Accuracy of genomic prediction using low density marker panels. J. Dairy Sci. 94:3642 - 3650.

[61] Zhang, Z. , J. F. Liu, X. D. Ding, P. Bijma, D. J. de Koning, and Q. Zhang. 2010. Best linear unbiased prediction of genomic breeding values using trait-specific marker-derived relationship matrix. PLoS ONE 5(9):3126 - 3148.

第**9**章

猪免疫性状基因定位

随着规模化养猪业的迅速发展，养猪业技术水平和实力不断提升，猪种、饲料和管理水平都得到了很大提高，而疾病问题成为当前困扰养猪业的主要难题。疾病是影响养猪生产效率和食品安全的一个重要因素，对养猪业的危害是多方面的，它不仅造成猪只死亡、生产性能降低、生产成本增加、遗传改良速度受阻等，同时还严重影响食品安全，威胁人类健康。近年来，猪口蹄疫、猪瘟和猪链球菌病等传染性疾病的暴发和蔓延给全世界养猪业造成了巨大的经济损失，同时成为影响人类健康的公众关注焦点。长期以来，人们主要从两个方面采取措施来减少疾病所造成的危害，一是改善环境条件，减少甚至切断病原体的传播途径；二是进行免疫接种、药物预防和治疗。虽然生物制品、抗生素、疫苗应用等传统的疾病防治措施取得了较好的成效，使动物疫情在一定程度上得到了缓解，但是它们治标不治本，并不能完全控制疾病的传播。此外，随着社会的进步和人类文明的发展，人们对动物产品的要求越来越高，消费者对药物残留所导致的食品安全问题越来越重视。另一方面，病原微生物自身抗药性的增强和变异性的增加，使得药物预防和治疗的难度日益增加。这就迫使人们越来越多地从另一个角度来考虑采取措施降低疾病对人类所造成的危害，那就是通过抗病育种从遗传上提高猪只个体对传染性疾病的抵抗能力。因此，近几年来，抗病育种逐渐引起了人们的关注，成为当代育种领域的主要课题之一。抗病育种的主要宗旨是从遗传上提高机体的抗病力，减少疾病发生和解决疾病传播（Gavora et al.，1983；朱猛进等，2007）。随着分子生物学理论和生物技术的日益发展完善，使得动物育种工作者从分子水平上研究动物的抗病机理和筛选抗病基因成为可能。

猪的许多疾病是由单基因控制的，如猪应激综合征（PSS）（Fujii et al.，1991）、由补体（防御素）组分 C3 沉积引起的仔猪膜增生性肾小管肾炎（Jansen et al.，1995）、Sinclair 微型猪的黑色素瘤（Tissot et al.，1987）等。而对大多数疾病，尤其是传染性疾病，其抗病性是由多个基因共同影响的，而其中有些个别基因（QTL 或主效基因）会起着较大的作用，如猪的软骨病（Kadarmideen，2008）、肺炎、胸膜炎、萎缩性鼻炎等，因此，对这些单基因或 QTL 进行检测定位对于抗病育种具有重要意义。

9.1 猪各种免疫性状的生物学意义

9.1.1 血液指标

猪血液与其他动物的血液一样,是由血浆和有形细胞两部分组成,其流动于机体的循环系统中,参与机体的代谢和免疫活动,与机体的免疫功能密切相关。血常规检验事实上是检测血液的有形细胞成分,通过观察这些细胞的数量变化、形态变化来诊断机体的免疫状态、健康状况以及抗病能力是否正常。通常血常规指标分为 3 大类,即白细胞及其分类指标、红细胞及其分类指标和血小板指标。

1. 白细胞及其分类指标

白细胞是一类有核细胞,在正常动物的血液中常见的白细胞主要包括中性粒细胞、淋巴细胞和单核细胞。白细胞是机体的防卫细胞,它参与机体对细菌、病毒等异物入侵时的察觉和反应过程。细菌或病毒侵犯机体遇到的最初抵抗就来自于白细胞,因此机体反应的最初变化就是白细胞升高或降低。中性粒细胞和单核细胞均具有吞噬作用,前者较强后者较弱,但当单核细胞转变为巨噬细胞后,其吞噬能力大大加强。单核巨噬细胞是一群多功能细胞系统,其功能的发挥是通过本身及其分泌许多活性物质和酶类如白细胞介素(IL)、前列腺素(PG)等实现的。20 世纪 60 年代初期,人们就已注意到单核巨噬细胞对病毒非特异抵抗力的重要性,目前认为单核巨噬细胞在非特异免疫反应、自身稳定及合成较强生物活性介质等方面都起着关键性作用,如果这些作用发生紊乱,可能会阻滞甚至是机体免疫反应发生逆转。单核巨噬细胞是 PGE_2 的主要来源,它能以很低的浓度发挥广泛的生物学效应,PGE_2 与炎症反应、疼痛和发热的产生、血管扩张、通透性增大以及促进血凝块的生成等有关。在特定病毒感染中,PGE_2 诱导免疫抑制常伴随淋巴器官和骨髓的衰退性变化(Foley *et al.*,1992)。淋巴细胞是一种具有特异性免疫功能的细胞,可进一步分为 T 淋巴细胞和 B 淋巴细胞,分别执行细胞免疫功能和体液免疫功能。

2. 红细胞及其分类指标

红细胞是血液循环中最重要的固有免疫细胞,具有识别、黏附、浓缩、杀伤抗原、清除循环免疫复合物的能力,参与机体免疫调控,并有完整的自我调控系统(Siegel *et al.*,1981;郭峰等,2002)。

3. 血小板指标

20 世纪 60 年代以来已确证血小板有吞噬病毒、细菌和其他颗粒物的功能,尤其因为其能吞噬病毒而引人瞩目。在血小板内没有核遗传物质,被其吞噬的病毒将失去增殖的可能。在人类临床上常见到患病毒性疾病时总伴随血小板减少症,因此血小板有可能与皮肤、黏膜和白细胞一样是构成机体对抗病毒的一道防线(钟冬梅等,2007)。

4. 血液中的其他成分

血液中的其他成分,如碱性磷酸酶(ALP)、乳酸(LAC)、胆红素(BIL)、肌酐(CRE)、钠离子、钾离子和钙离子等这些临床化学性状也是诊断疾病与健康的重要表征依据,这些性状的变化也是受遗传基因控制的（Reiner *et al*.，2008）。还有血液的 pH 值正常与否及其所含各种气体量的多少是维持机体进行正常生化反应所必需的，如血液中 O_2 的减少、CO_2 的排出受阻以及 HCO_3^- 的短缺等都会导致机体发生代谢性酸中毒（Reiner *et al*.，2009）。

9.1.2　细胞因子

细胞因子（cytokine，CK）是指由免疫细胞，如单核细胞/巨噬细胞、T 细胞、B 细胞、NK 细胞等和某些非免疫细胞，如血管内皮细胞、表皮细胞、成纤维细胞等合成和分泌的一类高活性多功能蛋白质多肽分子。细胞因子作为细胞间信号传递分子，主要介导和调节免疫应答及炎症反应，刺激造血功能，并参与组织修复等。

20 世纪 80 年代以来，随着分子生物学技术的进步、细胞工程和基因工程的飞速发展，相继发现和被确认了许多新的细胞因子。干扰素（interferon，IFN）是 1957 年最早发现的细胞因子，因其能干扰病毒感染而得名，根据来源和理化性质，干扰素可分为 I 型干扰素和 II 型干扰素，γ - 干扰素（IFN - γ）属于 II 型干扰素。另在免疫学上，人们把免疫系统分泌的主要在白细胞间起免疫调节作用的蛋白称其为白细胞介素（interleukin，IL），并根据其发现的先后顺序依次命名为白细胞介素 1（IL - 1），白细胞介素 2（IL - 2）和白细胞介素 10（IL - 10）等。

有报道指出，细胞因子如 IL - 2、IL - 3、IL - 6、IL - 10 和 IFN - γ 是动物细胞免疫中发挥主要作用的功能活性物质（郭慧琛等，1996）。而 IFN - γ、IL - 10 以及它们的比值（IFN - γ/IL - 10）在 T 辅助淋巴细胞（Th）的 Th1/Th2 平衡中则起着至关重要的作用。Th 细胞是机体重要的免疫调节细胞，可分为 Th1、Th2、Th0 三种，分别产生不同的细胞因子调节细胞免疫和体液免疫。Th1 和 Th2 细胞功能正常和相互间保持平衡，是维持机体正常免疫功能和健康的基础，而当 Th1/Th2 细胞功能异常或失衡，就会引起多种免疫性疾病。1986 年，Mosmann 等根据鼠的辅助性 T 细胞（Th）分泌的细胞因子及生物学功能不同，首次将 Th 细胞分为 Th1 和 Th2 两个功能不同的独立亚群。以表达 IL - 2 和 IFN - γ 的 Th1 型细胞，可以增强杀伤细胞的细胞毒性作用，激发迟发型超敏反应，介导细胞免疫应答，而以表达 IL - 4、IL - 6 和 IL - 10 为主的 Th2 型细胞可促进抗体的产生，介导体液免疫应答。每种细胞产生的细胞因子既可作为自身生长因子，又可相互影响。在这些相互拮抗的细胞因子的作用下，可以发生 Th1/Th2 漂移，当 Th1 细胞占优势时，抑制体液免疫应答，当 Th2 细胞占优势时，抑制细胞免疫应答。Th1/Th2 平衡调节与许多免疫相关疾病的发生发展紧密联系。当致病因素作用于机体后，引起局部免疫及非免疫细胞分泌少量细胞因子，引起 Th0 细胞分化改变，从而导致 Th1/Th2 失衡，又可进一步影响两类细胞分泌的细胞因子水平失衡，机体内细胞因子网络逐渐紊乱，最终导致疾病的发生。所以，Th1/Th2 细胞的平衡是免疫调节的核心环节。需要指出的是，由于 Th1、Th2 细胞无表面特异标记性分子，所以对 Th1/Th2 平衡的测定是通过检测 Th1、Th2 细胞分泌的细胞因子来间接反映的。

IL - 12 是 Th1 细胞分化的必需因子，IFN - γ 和 IL - 2 可促进 Th1 分化，IFN - γ 还可促进 IL - 12 的产生，故 IL - 12 和 IFN - γ 在 Th 亚群的分化调节上有协同作用。IL - 4 是 Th2 分化的必需因子，IL - 5、IL - 6、IL - 10 和 IL - 13 促进 Th2 分化。Th1 和 Th2 细胞通过分泌细胞因子，彼此进行交叉调节、相互抑制，故在免疫应答的启动阶段，如果机体免疫系统选择了某一亚群为主的应答，这种 Th 细胞就会正反馈地加强自身优势，压抑另一亚群发展，Th1/Th2 越来越不平衡是某些疾病发生或加重的根源。影响 Th1/Th2 分化的因素除了上述的主要细胞因子外,还有遗传因素,病原体或抗原的种类、剂量和免疫途径,抗原提呈细胞种类,而最终影响Th1/Th2 平衡的是各种因素的总和(赵武述,1998)。

Th1 和 Th2 细胞因子也有自我调节作用,可互相抑制对方的功能。例如,Th2 细胞产生的 IL-4 和 IL-10 可降低 Th1 的应答反应,而 Th1 产生的 IFN-γ 则对 Th2 细胞具有拮抗作用。Th1 和 Th2 细胞各自产生的细胞因子的激活和抑制作用,可能在决定免疫应答的类型和程度中发挥作用(图 9-1)。

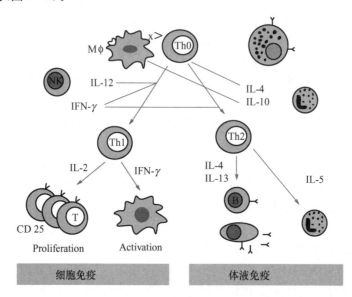

图 9-1　**Th1 和 Th2 细胞的相互调节作用**

(引自 http://ipkc.yzu.edu.con/course/shywshw/skja/myx/Ch01.html,2011 年 2 月)

9.1.3　T 淋巴细胞亚群

T 淋巴细胞是机体免疫应答的核心细胞,是一个不均一的群体,根据发育阶段和免疫功能的不同,可再区分成许多亚群。CD4 和 CD8 分子通常被用来作为胸腺细胞亚群和限定胸腺细胞成熟次序的标志。T 淋巴细胞按功能可分为辅助性 T 细胞(T_H)、抑制性 T 细胞(T_S)和杀伤性 T 细胞(T_C)。其在胸腺内的分化发育大致经历三个阶段:第一阶段即早期 T 发育为双阴性阶段,其主要表型为 $CD4^-CD8^-$ 称为双阴性细胞(DN),第二阶段为不成熟胸腺细胞,由 DN 细胞经单阳性细胞进而分化为双阳性细胞(DP),第三阶段为由 DP 细胞选择进化为只表达 CD4 或 CD8 的单阳性细胞(SP),然后迁出胸腺,移居周围淋巴器官。成熟的 T 细胞根据其表面标志和功能可分为 $CD4^+$ 辅助性 T 细胞和 $CD8^+$ 细胞毒性 T 细胞,$CD4^+$ T 细胞的主要功能是通过分泌的淋巴因子,增强和扩大免疫应答过程,激活巨噬细胞,激活体液免疫和促进体液免疫;$CD8^+$ T 细胞具有免疫抑制作用,可抑制 T 细胞和 B 细胞功能,从而抑制免疫应答过程,这样二者在双向调控下分别表现出适当的强度,分别发挥正负调节作用。机体的相对免疫平衡状态主要靠 $CD4^+$ 和 $CD8^+$ T细胞相互影响来维持,比例失调就会使免疫功能失常。$CD4^+$ 和 $CD8^+$ T 细胞随血液和淋巴分布在机体各部位,正常情况下,其在各组织 $CD4^+$ T 细胞比例相对较高,而 $CD8^+$ T 细胞所占比例则相对较低。

与其他哺乳动物相比,猪的免疫系统显示了许多特有的变化(Joling et al.,1994;Binns et al.,1992;Saalmuller et al.,1994),CD4 在大多数胸腺细胞和有辅助性功能的 T 淋巴细胞中表达,CD8 在大多数胸腺细胞和有细胞毒性的 T 细胞中表达。另外猪的 T 淋巴细胞组成在许多方面也不同于其他物种,例如,$CD4^+CD8^+$ 和 $CD4^-CD8^-$ 表型在其外周 T 淋巴细胞中检出率较高,大多数 $CD4^+CD8^+$ 淋巴细胞在血液和其他组织中可见,但对于其他动物,这种表型的细胞大多数定位在胸腺,这些细胞被认为是成熟的 T 细胞,只有在极端条件下(如移植时)才能在外周血中检测到。此外,研究表明猪具有低比值的 $CD4^+/CD8^+$ 细胞比,黄海波(1990)用流式细胞仪检测发现,猪的 $CD4^+$ T 细胞和 $CD8^+$ T 细胞分别占 T 细胞的 25% 和 40%,那么 $CD4^+/CD8^+$ T 细胞比值正常情况下为 0.6,而人通常为 1.5~2.0(秦爱华等,2006)。另李华等 2000 年利用 CD4 和 CD8 单克隆抗体对猪外周血淋巴细胞、胸腺细胞、扁桃体和肠系膜淋巴结淋巴细胞的组成也进行了流式细胞仪分析,结果发现,小胸腺细胞中 $CD4^+CD8^+$ 细胞约占 60%,而大胸腺细胞中只占 30%;相反,大胸腺细胞中 $CD4^+CD8^+$ 细胞比小胸腺细胞要高。与外周血比较起来,肠系膜淋巴结和外周血有相似的淋巴细胞组成,$CD4^+$ 和 $CD8^+$ 细胞(包括 $CD4^+CD8^+$ 细胞)占细胞总数 60% 以上,而扁桃体中只占 30%,$CD4^+CD8^+$ 的比例相比较也要低。另李华等 2001 年利用流式细胞术又检测了 SPF 仔猪感染 PRRS 病毒 BJ24 后外周血淋巴细胞亚群的动态,结果表明,外周血 $CD4^+$、$CD8^+$ 细胞在感染早期比例下降,感染猪扁桃体的 $CD4^+CD8^+$ 细胞亚群比例下降。孙金福等(2008)研究表明,给猪攻毒猪瘟病毒(CSFV)后 $CD4^+$ 和 $CD8^+$ T 淋巴细胞比例急剧下降,$CD4^+$ T 淋巴细胞比例在攻毒后第 4 天和第 7 天分别由攻毒前的 26.87% 下降到 8.83% 和 13.86%,$CD8^+$ T 淋巴细胞比例由攻毒前的 28.17% 分别下降到 14.19% 和 17.55%,由此可见,CSFV 感染诱导的免疫细胞减少导致了病毒感染初期宿主的免疫抑制。

9.1.4　IgG 与溶菌酶

IgG 主要由脾、淋巴结中的浆细胞合成和分泌,以单体形式存在。在发育过程中机体合成 IgG 的年龄要晚于 IgM。IgG 是血清中主要的抗体成分,约占血清总 Ig 的 75%。IgG 的半衰期相对较长,其可通过经典途径活化补体,IgG 是唯一能通过胎盘的 Ig,在自然被动免疫中起重要作用,此外 IgG 还具有调理吞噬、ADCC(antibody dependent cellular cytotoxity)和 SPA 等作用。由于 IgG 上述特点,IgG 在机体免疫防护中起着重要作用,大多数抗菌、抗病毒、抗毒素抗体都属于 IgG 类抗体。

溶菌酶(lysozyme)又称细胞壁质酶(muramidase)或 N-乙酰胞壁质聚糖水解酶(N-acetyl muramide glycanohydralase),是一种小分子质量的碱性蛋白水解酶,具有溶解某些细菌的作用。1922 年,英国细菌学家 Fleming 发现,人的唾液、眼泪中存在着能够溶解细菌细胞壁的酶,因其具有溶菌作用,故命名为溶菌酶。溶菌酶广泛地分布于自然界中,在人和动物的多种器官组织及分泌物中均可以检测到,如在动物机体的泪腺、鼻涕、白细胞和血清中均可检测到,是生物体内重要的非特异性免疫因子之一。溶菌酶是单核细胞、中性粒细胞和巨噬细胞的产物,血清中溶菌酶主要由单核-巨噬细胞释放,根据其作用的微生物不同,可分为细菌细胞壁溶菌酶和真菌细胞壁溶菌酶。溶菌酶可增强机体免疫力,参与机体内的多种免疫反应,在机体正常防御和非特异免疫中发挥着重要作用。它能够改善和增强巨噬细胞吞噬消化功能,降低细胞抑制剂导致的白细胞减少,结合细菌脂多糖,减轻内毒素作用,以达到增强机体抵抗力的目的(Osserman et al.,1968)。因此,测定溶菌酶在体液或者分泌物中的含量及其变化情况,可作为衡量机体免疫应答能力的一个间接指标。

9.2 猪免疫(抗病)性状相关 QTL 和候选基因的研究现状

9.2.1 猪免疫(抗病)性状相关 QTL 的研究现状

随着 DNA 分子标记不断增加和猪基因组研究的深入开展,许多控制猪数量性状的 QTL 或主效基因逐渐被发现,并已成功地定位到染色体的相应区段,这些 QTL 的发现对于揭示数量性状的遗传机理,提高育种效益具有重要意义(Rothschild et al.,2007)。Hu 等(2010)将目前已报道与猪各类性状相关的 QTL 汇总在一个可供在线搜索查询的数据库中(http://www.animalgenome.org/QTLdb/pig.html,2010 年 12 月 31 日),从该数据库可看出,在目前所报道的 6 344 个 QTL 中,与猪健康性状相关的 QTL 有 599 个,其中与血液生化指标(blood parameters)相关的 QTL 277 个,与免疫应答能力(immune capacity)相关的 QTL 172 个,与疾病抗性(disease resistance)相关的 QTL 107 个,与病原体(pathogen)相关的 QTL 43 个。

大约在 20 世纪末,国际学术期刊陆续发表了有关猪资源群体中与免疫性状相关 QTL 定位的研究论文。1988 年,Anderson 领导的研究小组对免疫反应的若干参数进行了研究,并查明了一些影响免疫力的 QTL。而与应激和免疫反应有关的一个肾上腺皮质素基础水平的 QTL 也被定位到猪 7 号染色体端部。1998 年,Edfors-Lilja 等在欧洲野猪与瑞典约克夏猪的杂交 F2 代群体中(200 头)检测到了影响猪部分免疫性状的 QTL,在所研究的免疫性状中有 4 个 QTL 达到染色体水平显著,分别是白细胞总数(WBC)、促分裂原诱导增值(PWM)、对 E. coli 抗原 K88 和对 E. coli 抗原 O149 的体液应答,它们分别位于 1 号、4 号、5 号和 6 号染色体上。Edfors-Lilja 等(2000)还针对猪在应激状态下免疫应答相关的 QTL 进行了研究,仍然是在野猪与瑞典约克夏猪的杂交 F_2 代群体中(154 头)定位了猪在应激状态下影响白细胞总数和其功能变化的 QTL,共发现了 4 个在染色体水平呈显著效应的 QTL,分别是应激后中性粒细胞数量的改变、应激后自发性增值、应激后促分裂原诱导的 IL-2 的活性和应激后有丝分裂诱导的 IL-2 的活性,它们分别在 8 号、2 号、6 号和 12 号染色体上。2005 年 Wattrang 等进一步确认了影响猪白细胞总数、血液参数和白细胞功能的 QTL 在 1 号和 8 号染色体上。

从 2007 年开始,更多的课题组开始着手研究影响猪免疫功能和疾病抗性等性状 QTL 检测的研究,相继有多篇报道出现在世界各国著名的动物遗传学、免疫学杂志上。德国学者 Reiner 率领的课题组和我国学者黄璐生率领的课题组在此方面的研究尤为突出。Reiner 等(2007)在梅山猪与皮特兰猪杂交的 F_2 群体(139 头)中进行特殊囊包体病原微生物攻毒,攻毒前后的第 0 日龄、第 14 日龄、第 28 日龄和第 42 日龄分别测定红细胞压积(HCT)、血红蛋白含量(HB)、红细胞数(RBC)和平均红细胞血红蛋白浓度(MCHC)4个红细胞性状，通过全基因组扫描，检测到了43个影响这4个红细胞性状的QTL，它们分布在16条染色体上，其中12个QTL在基因组水平上呈显著效应，31个QTL在染色体水平上呈显著效应。Reiner等(2008)在同一个资源群体中又发现了影响白细胞总数以及不同功能白细胞(如淋巴细胞、中性粒细胞、嗜酸性粒细胞、嗜碱性粒细胞、单核细胞)的QTL，这些QTL广泛分布在猪的15条染色体上，其中有9个QTL达到基因组水平显著，29个QTL达到染色体水平显著，部分相关性状具备共同的遗传背景，通过分析进一步证实白细胞各性状变异与多个染色体区域有关。Reiner等2009年又利用同一个资源群体在15条染色体上发现了影响猪临床化学性状碱性磷酸酶(ALP)、乳酸(LAC)、胆红素(BIL)、肌酐(CRE)、钠离子(Na^+)、钾离子(K^+)和钙离子(Ca^{2+})的QTL，其中11个QTL在基因组水平上呈显著效应，31个QTL在染色体水平上呈显著效应。随后该课题组(Reiner et al.，2009b)同年在同一个资源群体中又对影响猪血液pH值及所含各种气体(CO_2和O_2)的QTL进行了检测，结果发现影响这些性状的QTL分布在9条染色体上，其中5个QTL在基因组水平上呈显著效应，22个QTL在染色体水平上呈显著效应。影响pH值的QTL主要分布在6号、7号、8号和9号染色体上，影响CO_2的QTL主要分布在3号、18号和X染色体上，影响O_2的QTL主要分布在2号和8号染色体上。黄璐生课题组的Zou等2008年在白色杜洛克和二花脸猪的杂交F2代群体中在仔猪出生后的第18日龄(1 420头仔猪)、第46日龄(1 410头仔猪)和第240日龄(1 033头仔猪)分别测定红细胞压积(HCT)、血红蛋白含量(HGB)、平均红细胞血红蛋白含量(MCH)、平均红细胞血红蛋白浓度(MCHC)、平均红细胞体积(MCV)和红细胞数(RBC)等7个红细胞性状，通过全基因组扫描，检测到了101个影响这7个红细胞性状的QTL，它们分布在除15号和18号染色体以外的17条染色体上，其中46个QTL在基因组水平上呈显著效应，55个QTL在染色体水平上呈显著效应，达到基因组水平的QTL主要分布在1号、7号、8号、10号和X染色体上。而黄璐生课题组的Chen等2009年利用同一资源群体在仔猪出生后的第240天(760头仔猪)分别测定血糖(HCT)、糖化血清蛋白(GSP)和血脂3个血液指标，通过全基因组扫描，检测到2个影响血糖水平的QTL和15个影响血脂水平的QTL。随后其课题组的又一成员Yang等(2009)在同年仍然是此资源群体中(1 033头)发现了影响白细胞总数以及不同功能白细胞，如嗜碱性粒细胞、嗜酸性粒细胞、淋巴细胞、单核细胞和中性粒细胞和血小板性状包括血小板总数、平均血小板体积、血小板分布宽度和血小板压积的QTL有33个，影响白细胞总数以及不同功能白细胞的8个QTL达基因组显著水平，主要分布在2号、7号、8号、12号和15号染色体上，影响血小板性状的6个QTL同样达基因组显著水平，主要分布在2号、8号、13号和X染色体上。除以上两个课题组的研究成果之外，其他课题组近年来也有相关的报道，Gallardo等2008年在350头半同胞杜洛克猪的资源群体中在仔猪出生后的第45天和第190天分别测定了胆固醇(CT)、甘油三酯(TG)、低密度血清脂蛋白浓度(LDL)和高密度血清脂蛋白浓度(HDL)等4个血脂性状，通过全基因组扫描，检测到了2个基因组水平呈显著效应的QTL，其中影响HDL/LDL的QTL(45天)在6号染色体的84 cM处，影响TG的QTL(190天)在4号染色体的23 cM处。

另外，有关猪资源家系中与疾病抗性相关QTL定位的研究也有一些报道，如Meijerink等1997年发现猪6号染色体上的α-岩藻糖基转移酶基因与血型抑制剂和大肠杆菌F18受体位点紧密连锁。Reiner 等 2002 年在欧洲大白猪和中国梅山猪的 F2 代群体中,把猪对伪狂犬病毒在抗性/易感性方面的 QTL 定位在 5 号、6 号和 9 号染色体上。而 Yang 等(2009)在杜洛克和二花脸的杂交 F$_2$ 群体中检测到一个位于猪的 4 号染色体上与仔猪产肠毒素型大肠杆菌(ETEC)F41 抗性相关的 QTL。

9.2.2 猪免疫(抗病)性状相关候选基因的研究现状

猪抗病育种的最终目标就是培育出整体免疫力和抗病力较高的品种或品系,要想实现该目标,我们需要利用标记辅助选择(MAS)或基因辅助选择(GAS)等措施,而寻找与免疫相关控制猪一般抗病力和特殊抗病力的候选基因便成为首要任务。

1. 主要组织相容性复合体(MHC)基因

MHC 是脊椎动物基因组内高度多态的区域,该区域内包含多个与免疫功能相关的基因,其表达产物分布于多种细胞表面。猪的 MHC 又称猪白细胞抗原(swine leukocyte antigen,SLA)复合体,位于 7 号染色体上(Geffrotin et al.,1984)。包括Ⅰ类、Ⅱ类和Ⅲ类基因(Renard et al.,2006),其中Ⅱ类基因控制机体免疫应答,与猪的抗病能力密切相关。Tissot 等(1987,1989)研究发现,遗传性皮肤恶性黑瘤与 SLA 复合体有关。此外,SLA 单倍型不同,猪对寄生虫的抗性也存在差异(Lunney et al.,1988)。目前,随着猪基因组信息和克隆技术的不断完善,猪在人类医学研究特别是在器官移植方面显示出极大的优越性(Logan,2000)。由于猪器官的大小和形态与人的相似程度较高,因此是当前进行异种器官移植的最佳选择,但在移植后容易使受体出现免疫排斥反应,其本质原因就在于受体免疫系统与移植器官 SLA 基因单倍型的不协调性(Fuchimoto et al.,2000)。Tanaka 等 2005 年分析了与猪 SLA 基因有关的大量微卫星标记的多态性,认为这些标记在器官移植和免疫性状间的研究(如疾病易感性和抗性方面)是非常有价值的。姜范波等(2005)进行了猪的 SLA 表达谱分析,认为 SLA 基因在二花脸猪免疫系统的高表达可能是该猪种高抗逆性的基础之一。由此可见,关于 SLA 基因的多态性与猪的疾病、先天性免疫、后天性免疫等方面的相关性研究越来越受到人们的重视,相信在不久的将来,SLA 将作为一种遗传标记用于猪的标记辅助选择,进而培育出抗病力强且高产的新品系甚至是新品种。

2. NRAMP1 基因

NRAMP1(natural resistance-associated macrophage protein 1)基因是一个较为保守的基因,主要是在吞噬细胞和外周血细胞中特异表达,影响动物的固有免疫,与沙门氏菌以及多种胞内寄生病原菌的抵抗作用有关,对疾病的抗性是非病原特异性的。目前,国内外以 NRAMP1 基因为功能基因来研究其结构与畜禽抗病力的相关性研究报道较少,而且多集中于人类、家禽和小鼠上(Marquet et al.,2000;Govoni,1995)。在猪上也有零星报道,Sun 等(1998)用体细胞杂交法将 NRAMP1 基因定位在猪第 15 号染色体的 q23 - 26。Tuggle 等(1997)克隆了猪 NRAMP1 基因的全长 cDNA,发现其氨基酸序列与人、鼠的相似性达 87% 和 85%,同时研究了 NRAMP1 基因在巨噬细胞、嗜中性粒细胞和外周血液单核细胞中特异表达的分子机理,发现 NRAMP1 基因主要在吞噬细胞如巨噬细胞和嗜中性粒细胞及外周血细胞中特异表达,既可影响动物的固有免疫,又与多种胞内寄生病原菌的抵抗作用有关,而且对疾病的抗性是非病原特异性的,所以此基因是猪一般抗病力的良好候选基因之一。吴宏梅等

2008 年研究了猪 NRAMP1 基因多态性与免疫功能的相关性,结果表明,品种内不同 NRAMP1 基因型与免疫功能间存在显著相关,NRAMP1 基因可作为抗病力性状的一个主要候选基因。

3. 仔猪腹泻相关候选基因

目前与仔猪腹泻相关的候选基因已经有了较为广泛的研究。肠毒素型大肠杆菌(Enterotoxigenic *Escherichia coli*,ETEC)是引起仔猪腹泻的主要病原菌,其致病能力决定于它们在宿主小肠黏膜上皮细胞的定居能力和分泌肠毒素能力,而定居能力由菌体表面的特异性菌毛介导,这种特异性菌毛称为黏附素。根据其黏附素性质(抗原性质)的不同,可将 *E. coli* 分为 K88(F4)、K99(F5)、F41(F6)、F17 和 F18 等(房海,1997)。当前国内外研究较为详尽的是 F4 和 F18。F4 抗原是引起仔猪断奶前腹泻的一个重要的病原性大肠杆菌毒素,包括 F4ab、F4ac 和 F4ad 三种血清型。这些大肠杆菌能否结合到仔猪小肠黏膜进而导致仔猪腹泻取决于仔猪小肠黏膜有无受体。已有研究表明,F4 的受体性质为 β-D-半乳糖,定居部位为猪的小肠前段。F4ac 黏附素受体由一对等位基因控制,显性等位基因 S 控制有受体,仔猪表现为对 F4ac 敏感,隐性等位基因 s 控制无受体,仔猪表现为 F4ac 抗性。F4ab 受体基因和 F4ac 受体基因紧密连锁,并且定位于猪的 13 号染色体上(13q41),而 F4ad 受体基因不在该染色体上(Edfors-Lilja *et al*.,1995)。Jorgensen 等(2003)利用与 Edfors-Lilja 等(1995)研究相同的资源群体,利用 60 个微卫星标记对猪 13 号染色体进行扫描,实现了 F4ab 和 F4ac 受体基因的精细定位,并且认为二者是由同一个基因控制的。李玉华 2006 年对 F4ab 和 F4ac 受体基因进行了精细定位。Ji 等(2011)在杜洛克和二花脸猪的杂交群体中对 MUC20 基因的分子结构进行了分析,得到了该基因 mRNA 的全长序列,1 572 bp 的开放阅读框编码 523 个氨基酸。同时发现该基因主要在猪的肾脏、前列腺、附睾和膀胱中表达。RT-PCR 分析后发现 7 个核苷酸多态位点,其中有 1 个(g.191C>T)在内含子 5 内,1 个在(c.1600C>T)在外显子 6 内,而这两个位点与肠毒素大肠杆菌 F4ab/ac 黏附表型存在紧密的关联性。*E. coli* F18 抗原是引起仔猪断奶后腹泻和水肿病的一个重要病原性大肠杆菌毒素。Vogeli 等(1996)通过候选基因法和连锁分析法将 α-$(1,2)$岩藻糖转移酶基因(FUT1)定位于猪 6 号染色体上(6q11),并且认为 FUT1 是大肠杆菌 F18 受体基因的理想候选基因(Vogeli,1996,1997;Meijerink *et al*.,1997,2000)。许多研究表明,若仔猪体内缺乏 *E. coli* F4 受体或 F18 受体,则对相应的大肠杆菌血清型引起的腹泻和水肿病等表现为疾病抗性。

4. 补体蛋白基因

C3 蛋白是补体的一个重要成分,其参与猪的免疫调节。C3 基因的多态性与补体有显著关系,所以该基因是抗病原微生物的重要候选基因(Wimmers *et al*.,2003;Mekchay *et al*.,2003)。C5 蛋白是补体的另外一个组分,C5 基因在细胞免疫和体液免疫以及炎症反应中发挥着重要作用。研究发现,该基因的 SNP 多态性与免疫学参数之间存在显著的关联,是重要的抗病候选基因(Kumar *et al*.,2004;Jalili *et al*.,2010)。

此外,Wattrang 等 2005 年在进行猪 1 号和 8 号染色体上影响白细胞性状 QTL 定位的研究时,找到了一些与之相关的候选基因,印证了前人的研究结果,TLR4(Franceschi *et al*.,2004),IFNA(Yerle *et al*.,1986,1989),IFNB(Lahbib-Mansais *et al*.,2000)和 C5 基因(Kumar *et al*.,2004)被定位在 1 号染色体上,IL2(Ellegren *et al*.,1993),IL8(Shimanuki *et al*.,

2002),IL21(Muneta *et al.*,2004),TLR2(Muneta *et al.*,2003),TLR6(Muneta *et al.*,2003)和 KIT(Johansson *et al.*,2005)被定位在 8 号染色体上。而其他候选基因如 IL12,IL12B,IL18,CD69 和 TLR9 在其他一些研究中也已有详尽的报道(Wimmers *et al.*,2008;Fournout *et al.*,2000;Yim *et al.*,2002)。

尽管与抗病、免疫能力有关的 QTL 和候选基因研究在猪上已经取得了一些进展,但仍然存在许多不足,因为猪的免疫性状及抗病性状是数量性状,涉及的生理生化过程相当复杂,对于同一数量性状,可能有大量的受控基因有待发现,而目前有关数量性状基因的研究,多数是选用单一候选基因进行分析,多基因间的相互作用研究还很缺乏。

9.3　我国猪群中免疫性状相关的 QTL 检测

在国家重点基础研究发展计划(973 计划)——"抗病和抗逆基因的克隆分析"课题(2006CB102104)的支持下,Gong 等(2010)和 Lu 等(2011)分别在我国猪群中通过全基因组扫描对影响猪 18 个常规指标和 3 个细胞因子等免疫性状的 QTL 进行了检测。

9.3.1　试验猪群及免疫指标测定

试验猪来自中国农业科学院实验动物场,包括长白猪、大白猪和松辽黑猪 3 个品种,其中长白猪有 5 个公猪家系(15 头母猪、87 头仔猪),大白猪有 7 个公猪家系(33 头母猪,191 头仔猪),松辽黑猪有 4 个公猪家系(15 头母猪,90 头仔猪)。松辽黑猪是由杜洛克猪、长白猪和东北民猪三品种杂交育成,也就是说松辽黑猪有长白猪的血液。所有受试猪身体健康,在常规饲养环境下饲养。

受试仔猪出生后第 20 日龄进行第一次采血,21 日龄接种猪瘟疫苗,35 日龄进行第二次采血。血样分抗凝血和非抗凝血两份,抗凝血用于血常规指标的检测,非抗凝血中的血清用于细胞因子的检测。随后进行耳组织样的采集,用于基因组 DNA 的提取。对两次采血的血样用 ELISA 方法测定细胞因子 γ-干扰素(IFN-γ)、白细胞介素 10(IL-10)和二者的比值 IFN-γ/IL-10),用 TEK-Ⅱ自动血液分析仪测定血常规指标,主要包括以下 3 类:

①白细胞及其分类指标:包括白细胞总数(WBC),中性粒细胞数目(GR),淋巴细胞数目(LY),单核细胞数目(MO),中性粒细胞百分比(GR%),淋巴细胞百分比(LY%)和单核细胞百分比(MO%)。

②红细胞及其分类指标:包括红细胞总数(RBC),血红蛋白含量(HGB),红细胞压积(HCT%),平均红细胞体积(MCV),平均红细胞血红蛋白含量(MCH),平均红细胞血红蛋白浓度(MCHC)和红细胞分布宽度变异(RDW%)。

③血小板指标:包括血小板总数(PLT),平均血小板体积(MPV),血小板分布宽度(PDW)和血小板压积(PCT)。

各项指标的具体见表 9-1。

表 9-1 受试猪群血常规指标的平均数和标准误

性状	20 日龄	35 日龄	性状	20 日龄	35 日龄
白细胞指标			红细胞指标		
WBC	12.11 ± 0.32^a	18.35 ± 0.40^b	MCH	20.51 ± 0.11^a	18.43 ± 0.08^b
GR	2.75 ± 0.14^a	4.80 ± 0.27^b	MCHC	325.02 ± 1.10^a	320.45 ± 1.17^b
GR%	21.95 ± 0.82^a	23.84 ± 0.93^b	RDW%	17.59 ± 0.17^a	17.68 ± 0.18^b
LY	7.41 ± 0.20^a	10.79 ± 0.22^b	血小板指标		
LY%	62.24 ± 0.81^a	60.91 ± 0.84^b	PLT	398.94 ± 9.80^a	466.05 ± 10.90^b
MO	1.95 ± 0.07^a	2.76 ± 0.08^b	MPV	9.65 ± 0.07^a	9.08 ± 0.08^b
MO%	15.80 ± 0.37^a	15.29 ± 0.33^a	PDW	14.99 ± 0.07^a	14.72 ± 0.07^b
红细胞指标			PCT	0.37 ± 0.01^a	0.41 ± 0.01^b
RBC	5.57 ± 0.06^a	6.18 ± 0.07^b	细胞因子		
HGB	113.49 ± 1.17^a	118.26 ± 1.33^b	IFN-γ	31.86 ± 65.64	35.76 ± 76.36
HCT%	35.02 ± 0.37^a	37.02 ± 0.41^b	IL-10	125.90 ± 185.47	106.56 ± 161.52
MCV	62.95 ± 0.28^a	57.64 ± 0.27^b	IFN-γ/IL-10	1.02 ± 2.26	1.04 ± 2.10

注：同一行字母不同表示差异显著（$P<0.05$）。

9.3.2 微卫星标记的选择及 QTL 连锁分析

由于每个微卫星座位至少有 3 个以上等位基因才能较好地用于遗传多样性的评估（Baker et al.，1994），因此根据等位基因数在 3 个以上、标记间距离平均在 10 cM 左右的原则，从已遗传定位于家猪 18 条常染色体和一条性染色体（X 染色体）上的微卫星（USDA-MARC, http://www.marc.usda.gov）中选取标记，然后在公猪群中通过预备 PCR 筛选，最后剩下 206 个用于猪免疫性状 QTL 的连锁分析。这 206 个微卫星标记在 MARC 图谱上总长 2 261.7 cM，标记间的平均距离为 11.6 cM。每条染色体上的标记数及其多态信息含量见表 9-2。

表 9-2 猪每条染色体上的标记数及其平均多态信息含量（PIC）

染色体	1	2	3	4	5	6	7	8	9	10	11	12	13	14	15	16	17	18	X
标记数	13	9	14	13	12	12	14	12	12	12	7	11	12	11	9	8	8	4	13
平均 PIC	0.63	0.68	0.61	0.54	0.49	0.65	0.63	0.57	0.51	0.53	0.58	0.47	0.55	0.62	0.56	0.55	0.55	0.45	0.51

利用基于约束最大似然法的方差组分分析方法（Grignola et al.，1996a，1996b；Zhang et al.，1998），通过 MQREML 软件（Zhang et al.，1998）进行猪免疫性状 QTL 的定位和分析，所用的模型为：

$$y = Xa + bc + Zu + Tv + e$$
$$u \sim N(0, A\sigma_u^2), v \sim N(0, Q\sigma_v^2), e \sim N(0, I\sigma_e^2), Cov(u, v') = 0$$

其中，y 是仔猪 35 日龄时某一免疫指标测定值向量，a 是固定效应向量，包括品种效应（3 个）、性别效应（2 个）和采样批次效应（3 个），但对于 γ-干扰素（IFN-γ）和白细胞介素 10（IL-10）及二者

(IFN-γ/IL-10)比值,固定效应向量除了品种效应、性别效应和采样批次效应以外,还包括板效应(IFN-γ、IL-10 和 IFN-γ/IL-10 分别为 12、11 和 12)。c 是仔猪 20 日龄时该免疫指标测定值向量,b 是仔猪 35 日龄免疫指标对 20 日龄免疫指标的回归系数,u 是多基因效应向量,v 是 QTL等位基因效应向量,e 是随机残差效应向量,X、Z 和 T 分别是 a、u 和 v 的关联矩阵,A 是个体间的加性遗传相关矩阵,σ_u^2 是多基因加性遗传方差,Q 是 QTL 等位基因间的 IBD(identical by decent)概率矩阵,σ_v^2 是 QTL 等位基因效应方差,I 是单位矩阵,σ_e^2 是随机残差方差。

对每一条染色体,以 1 cM 为步长,从左向右进行 QTL 扫描,对于每一个特定的染色体位置,采用约束最大似然法估计 3 个方差组分,并用以下似然比作为检验统计量来检验 QTL 的存在与否。

$$LR = -2\ln \frac{L_{MAX} \mid H_0}{L_{MAX} \mid H_A}$$

其中 $L_{MAX} \mid H_0$ 和 $L_{MAX} \mid H_A$ 分别是在原假设(不存在 QTL)和备择假设(存在 QTL)下性状观察值的约束最大似然函数值,该统计量的严格分布是未知的,理论上可以通过数据重排(permutation)的方法来确定 LR 的经验分布(Churchill & Doerge,1994),但由于计算量太大,数据重排检验不具有实际可操作性。Grignola 等(1996b)通过模拟研究证明 LR 统计量近似服从自由度为 1~2 之间的 χ^2 分布,这里采用了自由度为 2 的 χ^2 分布来判定 LR 值的显著性。但 LR 统计量的这个分布的前提条件是表型值必须是正态分布或接近正态分布,对于本研究所涉及的 18 个血常规指标和三个细胞因子指标,经检验均属于非正态分布,于是对以上免疫指标都作了相应的 Box-Cox 转换。转换后的血常规指标达到了正态分布,但为了尽可能地避免由于多次检验所造成的假阳性率的升高,采用了控制假检出率(false discovery rate,FDR)的方法(Benjamini et al.,1995;Weller et al.,1998)来确定实际的显著性阈值。对于某一给定的阈值,FDR 可用下式计算

$$FDR = \frac{mP_{MAX}}{n}$$

由于 QTL 的检测分析是沿着每条染色体的 1 cM 的区间进行的,本研究中,在假定的基因组长度每次扫描相当于检验 2 261 次,因为这些检验不是独立的,Weller 等(1998)建议一个谨慎的选择是考虑可提供基因型的标记数。本研究的标记数是 206 个,最后的检验数是 m＝18(性状)×206(标记数)＝3 708。而对于 3 个细胞因子,经 Box-Cox 转换后对其分布没有多大的改观,为了降低由于多重检验所造成的假阳性率升高的问题,还是采用了数据重排方法得到了 LR 统计量的经验分布,再由该经验分布来确定每个性状的染色体水平显著性阈值和全基因组水平的阈值。所有影响以上免疫指标 QTL 位置的置信区间(CI_{95})都是用 LOD dropoff 法确定的(Lander et al.,1989)。

9.3.3 影响猪血常规指标 QTL 的定位结果

猪 18 个血常规指标 FDR<0.10 的 QTL 检测结果见表 9-3。由表 9-3 可知,对于白细胞及其分类指标,仅检测到 3 个 QTL:GR、MO% 和 WBC,依次在 3 号染色体的 90 cM、45 cM和 X 染色体的 53 cM 处,且仅 GR 这个 QTL 达到 FDR<0.05 显著水平。对于红细胞及其分

类指标,检测到 28 个 QTL,其中影响 MCHC 的有 10 个,影响 RDW 的有 7 个,影响 MCV 的有 5 个,影响 MCH 的有 3 个,影响 HGB 的有 2 个和影响 HCT 的有 1 个,共计有 21 个 QTL 达到 FDR<0.05 显著水平。对于血小板指标,仅检测到 4 个 QTL,其中 2 个 QTL 影响 PCT,2 个 QTL 影响 PDW,共计 3 个 QTL 达到 FDR<0.05 显著水平。所有已检测到的 QTL 在染色体的具体位置见图 9-2。

表 9-3　猪 18 个血常规指标的 QTL 定位结果

染色体	性状	位置/cM	LR 值	P 值	置信区间 (CI₉₅,cM-cM)	邻近标记 左	邻近标记 右
				白细胞			
3	GR	90	16.35	2.82E-04**	86.1～94.1	S0167	SW2408
	MO%	45	14.83	6.03E-04*	41.1～50.1	SW1443	SW2618
X	WBC	53	15.27	4.83E-04*	50.2～54.2	SW2470	SW2456
				红细胞			
1	RDW	20	20.63	3.31E-05**	17～22	SW1515	SW64
2	MCHC	20	21.30	2.37E-05***	15.6～24.6	SW256	S0141
3	MCV	57	17.59	1.51E-04**	53.1～61.1	SW2618	SW836
	MCHC	72	15.54	4.21E-04*	68.1～74.1	SW836	SW2570
4	MCV	62	20.63	3.32E-05**	59～65	SWR1998	SW938
	MCHC	9	18.62	9.05E-05**	7～13	SW489	S0301
6	MCH	91	14.08	8.75E-04*	90～94	SW1823	S0031
	MCHC	123	28.01	8.25E-07***	122～127	DG93	SW322
7	MCHC	95	17.43	1.64E-04**	91～98	SW147	SW252
	RDW	52	14.26	8.02E-04*	48～56	SW1369	SWR74
9	MCV	104	18.80	8.27E-05**	101～109	SW2093	SW174
	MCH	124	14.39	7.50E-04*	104～138	SW174	SW1651
	MCHC	124	33.20	6.18E-08***	114～130	SW174	SW1651
	RDW	138	22.57	1.25E-05***	135～138	SW174	SW1651
10	RDW	99	17.08	1.96E-04**	96～100	PIP5K2	SW951
11	MCHC	84	15.19	5.02E-04*	80.9～83.9	SW1494	SW2413
12	HGB	8	17.45	1.62E-04**	6.6～12.6	S0143	SW2494
	HCT	9	18.47	9.74E-05**	6.6～13.6	S0143	SW2494
	MCV	95	17.50	1.59E-04**	90.6～101.6	SWC62	SWC23
	RDW	74	16.55	2.55E-04**	68.6～78.6	SWR390	SWC62
13	MCV	81	16.31	2.87E-04**	76.2～87.2	SW398	SW1056
14	MCH	51	15.33	4.69E-04*	45.4～52.4	SW2519	S0007
	MCHC	51	26.19	2.06E-06***	49.4～53.4	SW2519	S0007
	RDW	51	23.95	6.27E-06***	47.4～52.4	SW2519	S0007
15	RDW	119	23.09	9.66E-06***	114～119	SW1262	SW1119
16	HGB	37	16.56	2.54E-04**	35～37	KS601	S0363
	MCHC	19	31.19	1.69E-07***	15～23	SW2411	KS601
X	MCHC	114	15.47	4.37E-04*	111.2～117.2	SW2137	SW2059
				血小板			
1	PDW	75	22.24	1.48E-05***	70～83	SW2185	SW1020
2	PDW	38	19.12	7.06E-05**	30.6～45.6	S0141	SW2513
	PCT	38	17.89	1.30E-04**	30.6～47.6	S0141	SW2513
8	PCT	117	14.61	6.73E-04*	112.5～120.5	SW61	KS188

注:* FDR<0.10,** FDR<0.05,*** FDR<0.01。

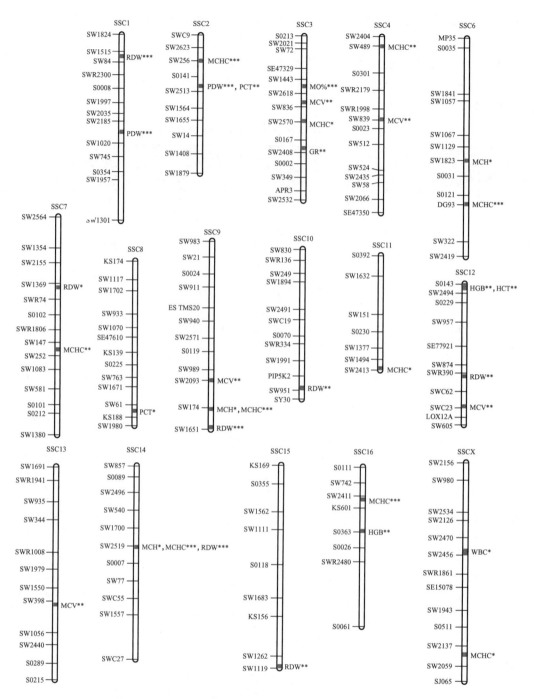

图 9 - 2 猪 21 日龄注射猪瘟疫苗后血常规指标的定位结果

注：* FDR＜0.10,** FDR＜0.05,*** FDR＜0.01

此研究结果和其他课题组的定位结果存在很大差异。具体来说,对于白细胞及其分类指标,没有一个 QTL 和前人的研究结果一致,对于许多指标,此研究中检测到的 QTL 和前人检测到的 QTL 分布在不同染色体上。如此研究中检测到的显著影响白细胞总数（WBC）的 QTL 在 X 染色体上,而前人（Hu *et al*.,2005,2007;Rothschild *et al*.,2007;Edfors-Lilja *et al*.,1998;Wattrang *et al*.,2005)的研究结果却在 1 号、8 号、10 号和 12 号染色体上。对于红细胞及其分类指标,也仅有少量 QTL 和前人的研结果一致。对于 HGB 和 MCHC,此研究它们分别定位在 2 号染色体的 31 cM 和 16 号染色体的 9 cM 处,这一结果和 Reiner 等(2007)定位结果重叠在一起。对于 RDW,此研究将其定位在 1 号染色体的 20 cM 处,这一结果和 Zou 等(2008)的定位结果一致。Reiner 等(2007)和 Zou 等(2008)都是采用的 F_2 代群体回归法,分别检测到影响红细胞性状的 QTL 43 个和 101 个,但就他们的结果来说,仅有 4 个 QTL 是一致的。导致这些差异的主要原因可能是不同研究度量这些免疫指标的方法是不同的,在 Edfors-Lilja 等(2000)的研究里,利用的是欧洲野猪与瑞典约克夏猪的杂交 F_2 代群体,为了区分窝效应和转群产生的应急效应,白细胞及其分类指标是在仔猪约 3 月龄时,从产仔室转出前、后(和非同窝仔猪合群前)测定的;在 Zou 等(2008)、Chen 等(2009)和 Yang 等(2009)的研究里,白细胞及其分类指标、红细胞及其分类指标及血液中血糖(HCT)、糖化血清蛋白(GSP)和血脂等免疫指标等都是在白色杜洛克和二花脸猪杂交 F_2 代群体中并且是在仔猪出生后的第 18 日龄、第 46 日龄和第 240 日龄测定的,仔猪没有给予任何的外界刺激。而在 Reiner 等(2007,2008,2009a,2009b)的研究里,白细胞及其分类指标、红细胞及其分类指标、临床化学性状等血液指标是在梅山猪与皮特兰猪杂交的 F_2 代群体中进行特殊囊包体病原微生物攻毒,在攻毒前后的第 0 日龄、第 14 日龄、第 28 日龄和第 42 日龄测定的。而在此研究中,是在 3 个品种(长白猪、大白猪、松辽黑猪)16 个公猪家系组成的资源群体中,在仔猪出生后第 21 日龄接种猪瘟疫苗前(第 20 日龄)、后(第 35 日龄)测定的。猪的免疫系统具有高度的敏感性,可对各种外来刺激(如病原微生物或异源物质的入侵、环境的突然改变等)产生免疫应答,从而维护机体健康。产生这种免疫应答的遗传机理也非常复杂,目前还不清楚,所以在不同的研究里,尽管理论上测定的是同一个免疫指标,但它们真正代表的却是不同的免疫指标。不同研究产生 QTL 的差异结果的另一个重要的原因可能是不同研究使用的资源群体不同,QTL 的分离状态也是不同的,前人的研究(Edfors-Lilja *et al*.,1998,2000;Wattrang *et al*.,2005,Reiner *et al*.,2007,2008,2009a,2009b;Zou *et al*.,2008;Chen *et al*.,2009;Yang *et al*.,2009)用的是杂交群体,而此研究中用的是纯种群体。

有关影响血小板指标 QTL 的研究在猪上还很少,至今仅见其他课题组的一篇报道,即 Yang 等(2009)在白色杜洛克和二花脸猪的杂交 F_2 代群体中(1 033 头)发现了 6 个影响血小板指标(PLT、PDW 和 MPV)的 QTL。对于 PLT 有 2 个达显著水平的 QTL,其中 1 个达基因组显著水平,在 2 号染色体 68 cM 处,1 个达染色体显著水平,在 13 号染色体的 89 cM 处;对于 PDW,有 3 个达显著水平的 QTL,其中 2 个达基因组显著水平,分别在 2 号染色体的 66 cM 处和 X 染色体的 52 cM 处,1 个达染色体显著水平,在 2 号染色体的 36 cM 处;对于 MPV,只有 1 个达染色体显著水平的 QTL,在 8 号染色体的 74 cM 处。此研究共计检测到 4 个影响血小板指标(PDW 和 PCT)的 QTL,其中 2 个达 FDR<0.01 显著水平,1 个达 FDR<0.05 显著水平,1 个达 FDR<0.10 显著水平,而且只有 1 个定位在 2 号染色体 38 cM 处、影响 PDW 的 QTL(FDR<0.05)与 Yang 等(2009)对 PDW 在 2 号染色体的定位结果是一致的(36 cM 处),而其余的结果差别还是很大的,从血小板指标的定位结果又一次验证了不同资源群体、表型性状度量方法、时间不同其定位结果是不可能完全一致的。有趣的是,在本研究里,影响不同指标(2 个或 3 个)的 QTL 被定位在染色体的相同位置或相近区域,如影响血小板性

状 PDW 和 PCT 的 QTL 均在 2 号染色体的 38 cM 处,影响红细胞性状 MCH 和 MCHC 的 QTL 均在 9 号染色体的 124 cM 处,影响 HGB 和 HCT 的 QTL 分别在 12 号染色体的 8 cM 和 9 cM 处,影响 MCH、MCHC 和 RDW 均在 14 号染色体的 51 cM 处,这些结果与前人(Reiner et al.,2007;Zou et al.,2008)的研究结果是一致的。这些多效 QTL 很大程度上说明这些性状之间是密切相关的。例如,可以想象 MCH 和 MCHC 之间应该有很高的遗传相关性,而影响这两个性状均达显著水平(FDR<0.10 或 FDR<0.01)的 QTL,一个是在 9 号染色体的 124 cM 处,一个是在 14 号染色体的 51 cM 处。

对于猪白细胞及其分类指标有关的一些候选基因,Wattrang 等(2005)曾做过详尽的描述,但这些基因没有一个坐落在此研究确定的 QTL 区域内。对于红细胞及其分类指标,目前已报道了 3 个候选基因,包括猪干细胞生长因子受体(KIT)(Sakurai et al.,1996)基因、促红细胞生成素(EPO)(Liu et al.,1998)基因和促红细胞生成素受体(EPOR)(Fahrenkrug,2000)基因。KIT 基因被定位在猪 8 号染色体的 p12-p21 区域,其主要作用是能够保证猪正常的造血功能和生殖细胞的正常发育(Russell et al.,1979)。EPO 基因被定位在猪 3 号染色体的 p16-p15 区域,该基因的主要作用是通过促进红细胞的分化和启动血红蛋白的合成来控制血液中循环红细胞的水平(Goldwasser,1975)。EPOR 基因被定位在猪 2 号染色体的 q1.2-q2.1 区域,其对红细胞的增殖和分化起着至关重要的(Fahrenkrug,2000)。在本研究里,没有发现一个 QTL 定位在 KIT 基因附近区域,但一个推测影响 HGB 的 QTL(P <0.01)被定位在 2 号染色体微卫星标记 SW256 和 S0141 之间,其邻近于 EPOR 基因。影响 MCV 一个 QTL 被定位在 3 号染色体微卫星标记 SW2618 和 SW836 之间,其在 EPO 基因附近的位置。

总之,在此研究里,对于 18 个血常规指标,总共检测到 35 个达 FDR<0.01 显著水平的 QTL,其中 3 个影响白细胞及其分类指标,28 个影响红细胞及其分类指标,4 个影响血小板指标,我们发现的这些 QTL 多数还未曾报道过,因此,我们的研究结果为将来进一步挖掘猪血常规指标变异的候选基因奠定了很好的理论基础。

9.3.4　影响猪细胞因子 QTL 的定位结果

经过 permutation 检验后,一共找到 11 个 QTL 达到染色体 0.10 水平显著,其中有 5 个 QTL 达到染色体 0.05 水平显著,1 个 QTL 达到了染色体 0.01 水平显著。对于 IFN-γ,有 4 个 QTL 达到染色体 0.10 水平显著,1 个 QTL 达到染色体 0.05 水平显著;而对于 IL-10,仅有 2 个 QTL 达到染色体 0.05 水平显著;对于 IFN-γ/IL-10,有 2 个 QTL 达到染色体 0.10 水平显著,1 个 QTL 达到染色体 0.05 水平显著,1 个 QTL 达到染色体 0.01 水平显著(Lu et al.,2011),具体见表 9-4。

猪机体内的细胞因子有很多,本课题组之所以选择 IFN-γ、IL-10 以及二者的比值来进行研究,是因为这两个细胞因子在 T 辅助淋巴细胞(Th)的 Th1/Th2 平衡中起着至关重要的作用。

表 9 - 4　猪 3 个细胞因子的 QTL 定位结果

性状	染色体	位置/cM	LR 值	P 值	显著水平	95%置信区间(CI_{95}, cM - cM)	附近标记 左	附近标记 右
IFN - γ	SSC5	99.0	34.35	0.064	$	1～126	SW152	IGF1
	SSC7	81.0	45.31	0.021	*	21～155	SW1806	SW147
	SSC8	55.0	27.92	0.089	$	21～113	SW933	SW1070
	SSC11	43.0	26.60	0.097	$	1～81	SW151	S0230
	SSCX	94.8	39.46	0.074	$	1～115	S0511	SW2137
IL - 10	SSC9	119.0	7.01	0.048	*	1～121	SW174	SW1651
	SSC13	74.0	11.69	0.016	*	7～105	SW398	SW1056
IFN - γ/IL - 10	SSC11	54.0	12.04	0.059	$	11～81	SW151	S0230
	SSC14	30.0	12.22	0.086	$	7～75	SW540	SW1709
	SSC16	16.0	20.67	0.008	* *	1～51	SW742	SW2411
	SSC17	80.0	11.68	0.050	*	17～85	S0359	SW2427

注：$ 为 0.10 显著水平；* 为 0.05 显著水平；** 为 0.01 显著水平。

　　截止到目前为止，前人对于猪的细胞因子的定位研究只是针对于 IL - 2 进行过，Edfors-Lilja 等于 1998 年，对猪的免疫能力性状进行了定位研究，在猪的 7 号染色体上发现了一个影响 ConA 诱导 IL - 2 生成的 QTL，在 12 号染色体上找到了一个影响 PHA 诱导 IL - 2 生成的 QTL。该课题组在 2000 年，又在猪的第 6 号和 12 号染色体上定位到了影响混群应激后 PHA 诱导 IL - 2 活性的 QTL。IFN - γ 和 IL - 2 均属于Ⅰ型细胞因子。在我们的研究中在 7 号染色体上发现了一个影响 IFN - γ 的 QTL。Schoenborn 等(2007)研究发现 IL - 2 可以调控 NK 细胞的生成和 IFN - γ 的产生。本研究中对于细胞因子，唯一一个能达到染色体 0.01 水平显著的 QTL 被定位在猪第 16 号染色体上，是一个影响 IFN - γ/IL - 10 的 QTL。在这个 QTL 附近，Reiner 等(2008)在梅山猪与皮特兰猪的 F2 群体中(139 头)，进行特殊囊包体病原微生物攻毒前后的第 0、14、28 和 42 天，检测到一个影响攻毒后中性粒细胞比例的 QTL。Sigal 等(1997)研究表明，IFN - γ 可以调控中性粒细胞的活性，并且可以提高中性粒细胞表面受体的表达。IL - 10 是一种由淋巴细胞和单核吞噬细胞生成的多效性细胞因子。本研究中的一个影响 IFN - γ/IL - 10 性状的 QTL，被定位在了 17 号染色体上，和 Reiner 等(2008)定位的一个影响淋巴细胞百分比的 QTL 位置非常吻合。本研究中定位在 7 号染色体上的一个影响 IFN - γ 性状的 QTL 的峰值位置，和 Edfors-Lilja 等(1998)定位的一个影响 ConA 诱导白细胞增殖的 QTL 位置非常靠近。在本研究中 8 号染色体上找到的一个影响 IFN - γ 的可能性 QTL 的位置与 Reiner 等(2008)定位的一个影响淋巴细胞百分比和中性粒细胞百分比的 QTL 位置相重叠，并且和 Edfors-Lilja 等(2000)定位到的一个影响应激后中性粒细胞改变的 QTL 位置相重合。

　　值得一提的是，在本研究中一个影响 IL - 10 的 QTL 被定位在了猪 9 号染色体的微卫星 SW174 和 SW1651 之间。通过和人类图谱的比对，我们发现此 QTL 所在的区域所对应的人类的序列中，包含着 IL - 10 基因，该基因由 Eskdale 于 1997 年定位在了人的 1 号染色体的 1q31 到 1q32 位置上。到目前为止，IL - 10 基因还没有被定位在猪的物理图谱上。

　　由于猪全基因图谱工作的完成，可以将此研究中定位的 QTL 结果比对到猪的物理图谱上。还可以将猪的 QTL 区域与人的物理图谱相比较,找到在人图谱中的相应的同线性区域。从这些区域里可以找到一些研究已与免疫性状紧密相关的基因,这些基因可以作为以后验证工作的重点,进行候选基因分析研究,进一步验证其功能。

对于细胞因子性状,在所定位的 11 个达到染色体 0.1 水平显著的 QTL 区域中,我们发现:①NFKBIA 基因:其可以编码转录因子 NFKB 的细胞质抑制剂(De Martin et al.,1995)。NFKB 在先天性免疫和获得性免疫中均为很重要的转录因子(Kutuk and Basaga,2003;Hayden and Ghosh,2004)。NFKBIA 蛋白可以在细胞质中捕获 NFKB,使其失活。②BCL2A1 基因:其编码 BCL-2 蛋白家族。此基因是 NFKB 在对炎症介质发生反应时直接的转录靶点,此基因可以被 TNF 和 IL-1 等细胞因子上调。Kloosterboer 等(2005)研究表明,间质细胞的 BCL2A1 基因的 mRNA 表达水平可以被 TNF-α 和/或 IFNG 所上调。③IL16 基因:此基因可以编码一个调节 T 细胞活性的多效性细胞因子。IL-16 可以抑制 T 细胞分泌 IFNG(Klimiuk et al.,1999)。④CD4 基因:CD4$^+$ T 细胞分泌的细胞因子,像是 IFNG 和 TNF 都是和炎症反应相关的,并且可以诱导细胞免疫反应。⑤LAG3 基因:编码的 LAG3 蛋白,在调控 T 细胞反应中起重要作用。LAG3-Ig 结合蛋白可以使树突状细胞丧失捕获可溶性抗原的能力,并且可以提高树突状细胞诱导生殖的能力(Andreae et al.,2002)。⑥TGFBR1 基因:此基因可以编码一个蛋白,在绑定 TGF-β 时和 TGF-β 二型受体形成复合物,从细胞表面到细胞质中传递 TGF-β 信号。

本研究所得到的结果为研究影响这些免疫性状其下的潜在基因提供了理论基础,但这只是找寻免疫性状功能基因的第一步,后面还有很多工作要做,需要进行更大规模群体进一步验证,对所提出的位置候选基因进行功能上的验证,以确定其是否为真实的影响免疫性状的主效基因。

9.4 我国猪群中猪免疫性状的候选基因分析

巨噬细胞在宿主的免疫系统中起重要作用,是机体的第一道防线,能够发现和识别潜在的病原体。作为先天性免疫功能的一部分,巨噬细胞可以启动对非特异性刺激的反应,吞噬和消灭病原体,也可以通过产生细胞因子来启动炎症反应。另外,巨噬细胞作为抗原提呈,充当着先天性免疫和获得性免疫的桥梁(McGuire et al.,2005)。CD14 和 Toll 样受体 4(TLR4)是在巨噬细胞膜上表达的蛋白与疾病抗性有关的两个重要候选基因,二者均与脂多糖(LPS)有关。CD14 是一种糖基化蛋白和单核细胞分化抗原,存在于单核细胞、巨噬细胞和中性粒细胞(Triantafilou et al.,2002),是内毒素脂多糖(LPS)的主要受体,LPS 由革兰氏阴性菌产生,CD14 还可以和别的细菌、真菌、寄生虫等产物结合。CD14 将 LPS 和其他细菌产物从 LPS 结合蛋白传到 TLR4/MD-2 复合体,激活这个复合物后将引起宿主先天性免疫机制(Antal-Szalmas et al.,2000),同时也上调共刺激免疫分子,也能极大地增加抗原提呈细胞和 Th1 细胞活性,提示其对于引导获得性免疫反应也是很必要的。TLR4 是 LPS 的主要受体,它与 LPS 结合对于开启由革兰氏阴性菌引起的先天性免疫非常关键(Mille et al.,2005)。TLR4 往往与动物对疾病的抗性/易感性相关,如鸡 TLR4 的多态与沙门氏菌的易感性相关(Leveque et al.,2003),奶牛乳腺中 TLR4 拷贝数在乳腺炎作用下增加(Goldamme et al.,2004)。而在猪上,TLR4作为猪疾病抗性候选基因的研究还很少。

低分子质量多肽2基因(LMP2)、低分子质量多肽7基因(LMP7)、复合催化活性内肽酶复合物样分子-1基因(MECL-1)分别又称为蛋白酶体亚分子β型9(PSMB9)、蛋白酶体亚分子β型8(PSMB8)、蛋白酶体亚分子β型10(PSMB10)。LMP2和LMP7是SLA II类区域基因,与抗原转移体基因一起在抗原递呈中起着重要作用,MECL-1基因虽编码在SLA区域外,但和前两个基因一起形成免疫蛋白酶体,影响免疫反应过程中抗原肽段的递呈。Dai等(2005)研究表明,LMP2和LMP7基因是影响丙型肝炎B病毒感染的重要宿主因素。在原发性口干综合征研究中LMP2基因的表达量显著下调,其基因型也对墨西哥人关节炎的遗传易感性起重要作用(Vargas-Alarcon *et al.*,2004;Krause *et al.*,2006)。Yewdell等和Van Kaer等(1994)报道小鼠缺失LMP2或LMP7基因后显著降低了细胞表面MHC I类分子的表达,CD8$^+$T细胞数量也显著减少了。目前在人和小鼠中三个免疫蛋白酶体β分子已经被克隆,而在猪中只有LMP7基因cDNA序列已报道(Cruz *et al.*,1997)。国内外还尚未见猪LMP2、MECL-1基因全长cDNA序列和LMP7基因的基因组序列报道,GenBank中仅收录了其他物种的相关序列。

鉴于以上研究背景,Liu等(2007)选择了与猪免疫和疾病抗性密切相关的5个候选基因CD14、TLR4、LMP2、LMP7和MECL-1展开研究,通过克隆测序、组织表达和基因多态性与免疫性状关联性等方面的研究,为进一步了解这些基因在猪免疫应答过程中的作用机理奠定理论基础。此研究所用的试验猪群与9.3中的猪群相同,所分析的性状包括18项血常规指标(同9.3.1)、T淋巴细胞亚群(CD4$^-$CD8$^-$,CD4$^+$CD8$^+$,CD4$^+$CD8$^-$和CD4$^-$CD8$^+$)(用流式细胞仪测定)和溶菌酶(用比浊法测定)。试验仔猪在35日龄时采集了睾丸(右侧)、灰质、骨骼肌(后退右侧)、白质、肾脏(右侧)、心脏(右心房)、小肠(空肠)、胸腺(气管两侧)、淋巴结(肠系膜)、脾脏、肺(右侧膈叶前缘)和肝(右叶下缘)等12种组织,用于分析候选基因的组织表达谱。

运用混合模型来统计分析候选基因SNPs位点的基因型效应及其与免疫指标的关联性。

$$y = X\beta + Z\gamma + e$$

其中,y为免疫性状测定值向量;X为固定效应关联矩阵;β为固定效应参数向量,包括品种效应、季节效应、性别效应、候选基因的基因型效应;Z为混合模型中的随机效应的关联矩阵;γ为所有随机效应参数向量,包括公畜效应、公畜内母畜效应;e为随机残差效应。

9.4.1 猪CD14基因的克隆和组织表达

1.CD14基因的克隆和测序

通过克隆、测序,获得猪CD14基因(GenBank号:DQ079063)序列长1 762 bp,该序列包括2个外显子和1个内含子。其中编码区长为1 122 bp,编码373个氨基酸,通过比对得知猪编码区序列与大鼠、小鼠、兔、人、马和牛的相似性在59%~76%。猪CD14基因内含子剪切位点符合GT/AG规则,短序列的内含子(80 bp)紧跟在翻译起始密码子ATG之后。这种结构与奶牛(90 bp,Ikeda *et al.*,1997),马(90 bp,Vychodilova *et al.*,2005),小鼠(91 bp,Ferrero *et al.*,1990)、大鼠(91 bp,Liu *et al.*,2000)、人(88 bp,Ferrero *et al.*,1988)和兔(88 bp,Lee *et al.*,1992)的基因结构非常相似。这种内含子-外显子模式在已克隆序列的哺乳动物间非常保守,表明它可能在基因的表达方面起着非常重要的作用。

使用 CPHmodels 在线服务器(Lund *et al.*,2002)预测猪 CD14 的二级结构,发现其在外围有几个 α 螺旋,在凹面是几个 β 折叠。猪 CD14 蛋白质结构与人的 CD14 蛋白质结构非常相似,包括一个由 20 个氨基酸组成的信号肽,一个二硫键,11 个亮氨酸的重复区,3 个糖基化位点,1 个 GP 锚定位点和一个前导肽。一般而言,一个蛋白质包括 2～45 个亮氨酸的重复区,每个重复区有 20～30 个氨基酸,其模式为 LxxLxL,这是构成马蹄形蛋白质结构的必要条件(Kajava *et al.*,2002),这种结构在蛋白质的相互识别方面起着非常重要的作用。在猪 CD14 氨基酸与其他物种的比对中发现,CD14 蛋白的亮氨酸重复区和 N - 端糖基化位点等结构在各物种中高度保守,它与其他物种的相似性非常高,与牛、马、人、兔、小鼠和大鼠的同源性分别为76%、73%、70%、67%、60% 和 59%。

2. CD14 mRNA 在不同组织中的表达

RT - PCR 结果显示,CD14 mRNA 在脾脏、白质、胸腺和肝脏中有所表达,其相对表达量为胸腺＞脾脏＞白质＞肝脏,但在骨骼肌、睾丸、灰质、肾脏、心脏、小肠、淋巴结和肺中则未发现表达(图 9 - 3)。CD14 蛋白主要在巨噬细胞、单核细胞和中性粒细胞表达(Triantafilou *et al.*,2002),在含有这些细胞的组织都可以检测到CD14。但是在这几种细胞中,CD14 的表达调控不尽完全相同。中性粒细胞中 TNF - a、G - CSF、fM-LP 和 LPS 可以快速上调 CD14 达两倍(Rodeberg *et al.*,1997)。在单核细胞中抗炎症细胞因子 IL - 4 和 IL - 13 在感染的 24～48 h 内下调 CD14 的转录水平(Ruppert *et al.*,1991;Cosentino *et al.*,1995;Landmann *et al.*,1991)。IFN - α、IFN - γ、IL - 2 和 TGF - β 可以快速下调 CD14 的表达(Hamon *et al.*,1994)。人的 CD14 在淋巴结和脾(Marmey *et al.*,2006)和肝脏(Su *et al.*,1999)中

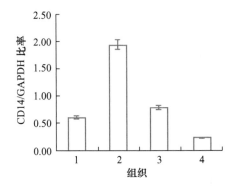

图 9 - 3　CD14 在不同组织中的表达

光密度分析 CD14 mRNA 相对表达量,平均值表示CD14 与 GAPDH 的比值,误差线表示 4 次独立浓度测量的标准误。1. 白质,2 胸腺,3 脾脏,4 肝脏。

表达,患阿兹海默症的病人大脑可检测到 CD14 表达,推断 CD14 可能与该疾病有关(Liu *et al.*,2005),本研究仅发现 CD14 在猪大脑的白质中表达。CD14 表达一方面受器官本身功能影响,另一方面受调控因子的影响。当个体感染细菌或病毒时,各组织 CD14 表达情况可能会不同,此点有待进一步研究。

3. CD14 的 PCR - SSCP 结果

本研究选用 10 对引物,覆盖 CD14 全基因组,14%PAGE 非变性电泳。未发现 SNPs,这可能是猪 CD14 基因非常保守,另一个原因也可能是此研究检测的群体不够大。

9.4.2　TLR4 的组织表达

通过 RT - PCR 表明,TLR4 mRNA 在猪的睾丸、灰质、骨骼肌、白质、肾脏、心脏、小肠、胸腺、淋巴结、脾脏、肺和肝脏 12 种组织中均表达,表达量顺序为肺＞脾＞淋巴结＞肾脏＞小肠＞肝脏＞胸腺＞骨骼肌＞心脏＞睾丸＞白质＞灰质。在肺中为 1.94,表达量最高;在灰质中

为 0.19,表达量最低,两者相差近 10 倍(图 9 - 4)。Alvarez 等(2006)报道猪 TLR4 mRNA 在树突状细胞、单核细胞、巨噬细胞以及骨髓、胸腺、淋巴结、脾、肝、肾脏和卵巢等组织中表达,TLR4 mRNA 也在人三叉神经疼痛感受器表达(Wadachi *et al*.,2006),可见 TLR4 mRNA 在各种组织中广泛表达。

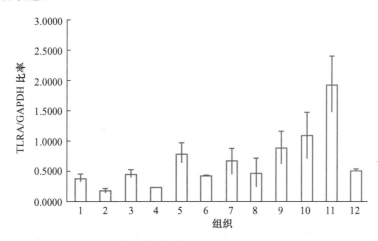

图 9 - 4　**TLR4 mRNA 在猪不同组织中的表达**

光密度分析 TLR4 mRNA 相对表达量,平均值表示 TLR4 与 GAPDH 的比值,误差线表示 4 次独立浓度测量的标准误。M marker,NC 阴性对照,1 睾丸,2 灰质 3 骨骼肌,4 白质,5 肾脏,6 心脏,7 小肠,8 胸腺,9 肠系膜淋巴结,10 脾脏,11 肺,12 肝脏。

TLR4 的表达受正负调控。丙型肝炎病毒感染促进 TLR4 的表达,提高 INF - β 和 IL - 6 生成,导致 B 细胞活化(Machida *et al*.,2006),这可能对宿主先天性免疫反应起作用;促肾上腺皮质激素释放因子和肾上腺皮质激素通过 PU.1 和 AP-1 转录因子诱导 TLR4 在巨噬细胞表达(Tsatsanis *et al*.,2006);ATF3 基因通过阻止 IL - 6 和 IL - 12b 转录,进而对 TLR4 有负调控作用(Gilchrist *et al*.,2006)。TLR4 mRNA 在整个肺组织中表达(Pedchenko *et al*.,2005),当患急性肺损伤时,透明质酸酶 - TLR2 和透明质酸酶 - TLR4 的互作,产生一系列信号,开启炎症反应,维持上皮细胞的完整性,促进急性肺损伤的康复(Jiang *et al*.,2005);当肺部感染革兰氏阴性菌时,TLR4 引发的信号控制着绝大多数参与此反应基因的表达,下游基因的表达情况将决定着宿主的生死存亡(Schurr *et al*.,2005)。

猪 TLR4 的多态性与猪免疫或疾病抗性的相关性研究有待进一步研究。

9.4.3　LMP2 和 MECL - 1 基因的克隆和组织表达

1. LMP2、MECL - 1 基因 cDNA 的克隆测序

以人 LMP2 基因 mRNA 序列(GenBank 号:NM_002800)和人 MECL - 1 基因 mRNA 序列(GenBank 号:NM_002801.2)分别在 NCBI 中猪的 ESTs 数据库中比对(http: // www. nc-bi. nlm. nih. gov/genome/seq/BlastGen/BlastGen. cgi?),LMP2 基因获得 5 条相似性高的 ESTs 序列(GenBank 号:BW976576,BW976990,DN117319.1,DN117668 和 CF176169),MECL - 1 基因得到了 4 条相似性高的 ESTs 序列(GenBank 号:BP169139,BP463040,CF368750.1 和 CF176100.1)。然后运用生物软件 DNAMAN 将上述 ESTs 序列拼接在一起。

在装配拼接的猪 LMP2、MECL‑1 基因序列基础上设计了 4 对引物，LMP2‑F1 和 LMP2‑R1，LMP2‑F2 和 LMP2‑R2，MECL‑1‑F1 和 MECL‑1‑R1，MECL‑1‑F2 和 MECL‑1‑R2。用 Trizol 试剂盒抽提猪肝组织总 RNA，用鸟类成髓细胞瘤病毒逆转录酶（大连 Takara 生物公司）逆转录成 cDNA，再以持家基因 GAPDH 检测 cDNA 的完整性。然后以 1 μL 逆转录产物（cDNA）作为模板，用 4 对特异性引物进行聚合酶链式反应扩增，产物如图 9‑5 所示。

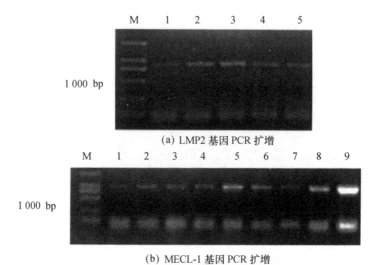

(a) LMP2 基因 PCR 扩增

(b) MECL‑1 基因 PCR 扩增

图 9‑5　LMP2 和 MECL‑1 基因扩增产物琼脂糖凝胶电泳

从图 9‑5 可知，2 个基因的 PCR 产物长度均符合设计引物扩增的片段长度，后经过转化、克隆测序验证，得到的 PCR 产物序列与前电子克隆的序列一致。

克隆得到的猪 LMP2 基因 mRNA 序列长 903 bp（GenBank 号：DQ295031），包含有一个 661 bp 的开放阅读框（ORF），编码 219 个氨基酸。猪 MECL‑1 基因 mRNA 序列全长 985 bp（GenBank 号：DQ444460），包含一个 822 bp 开放阅读框（ORF），编码 274 个氨基酸，在 3′端 poly(A)前有一个蛋白酶体基因转录后的加尾信号元件（AATAAA）。

将猪 LMP2、MECL‑1 基因编码氨基酸与其他物种的比较中发现，猪 LMP2 的序列与其他物种的相似性非常高，与人、牛、狗、小鼠和大鼠的相似性分别是 95％、93％、92％、94％和93％。猪 MECL‑1 基因的序列与其他物种相似性也非常高，与人、牛、小鼠和大鼠的同源性分别是 96％、95％、91％和 92％。在蛋白质的一级结构中也非常相似，均包括信号肽和一个特有的多聚腺苷酸肽。

在预测的氨基酸基础上，运用 DNAMAN 软件，结合最大似然法对 LMP2、MECL‑1 基因进行了聚类分析。从 LMP2 基因的聚类图（图 9‑6）中可以看出，猪和人、牛、犬聚为一类，大鼠、小鼠聚为一类，河豚、日本鳉和斑马鱼作为一个远源群体聚为一类，此聚类图进化路径与先前 Kandil 等（1996）和 Hughes（1997）结果一致。MECL‑1 基因的聚类分析表明猪与人、大鼠、小鼠聚为一类，而牛和斑马鱼分别聚为各自一类（图 9‑7）。总之，在同一分类的动物中，基因序列聚为一类。由此说明本研究所克隆获得的基因确实是猪 LMP2 和 MECL‑1 基因。

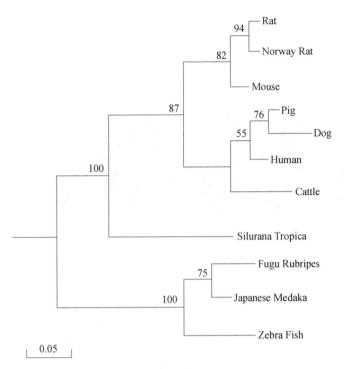

图 9-6 不同物种 LMP2 基因的聚类分析结果

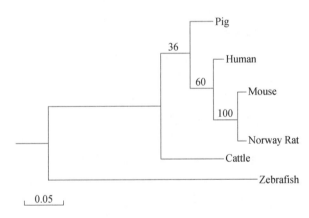

图 9-7 不同物种 MECL-1 基因的聚类分析结果

2. LMP2、MECL-1 基因的组织表达

(1)RT-PCR 分析 LMP2 基因在不同组织中的表达

为了解猪 LMP2 基因在各个组织中的表达情况,用 TRIZOL 一步法获得猪 10 个组织(心脏、肝脏、脾脏、肾脏、肺、小肠、胸腺、肌肉、淋巴结、大脑)的总 RNA 后,首先对各个组织的 RNA 浓度和完整性进行了鉴定,结果证明各组织的总 RNA 是完整的,然后通过 RT-PCR(利用特异性引物 LMP2-QF1:GCTATAAATATCGGGAGGAC 和 LMP2-QR1:GTAGATG-TAGGTGCTGCCA;GAPDH-F1:TGAGACACGATGGTGAAGGT 和 GAPDH-R1:GGCATTGCTGATGATCTTGA)分别分析 LMP2 基因和 GAPDH 基因在猪的心脏、肝脏等 10 种组织中的表达情况。结果表明,猪 LMP2 基因除肌肉、心脏、肾、大脑中不表达外,其余 6

种组织中均有表达,免疫组织如胸腺、肝脏、淋巴结中丰富表达,且脾脏、淋巴结中表达量最高(图9-8)。

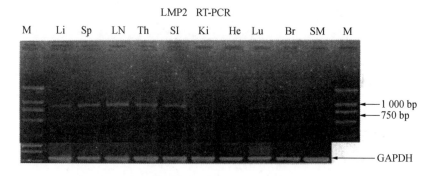

图 9 - 8　**LMP2 基因和 GAPDH 基因各组织 RT - PCR 结果**

从泳道 1~12 分别是 Marker、肝脏、脾脏、淋巴结、胸腺、小肠、肾脏、心脏、肺脏、脑组织、肌肉组织和 Marker 的 RT - PCR 结果；M 为 2 000 bp 分子量标准。

(2)荧光定量 PCR 检测 LMP2、MECL - 1 基因的表达

　　为了进一步研究猪 LMP2、MECL - 1 基因在组织中的表达,获得更多猪 LMP2、MECL - 1 基因表达的相关信息,我们获得了长白仔猪 3 个个体的 10 种组织进行了 LMP2、MECL - 1 两基因的实时荧光定量 PCR(Q - PCR)分析。采用相对定量的方法将每个个体 LMP2、MECL - 1 基因及 GAPDH 的表达量相比,得到两基因的相对表达量。图 9 - 9 和图 9 - 10 显示了 LMP2、MECL - 1 两基因在不同组织中的相对表达情况。除肌肉组织外 LMP2 基因在其他组织中都有表达,其中在免疫组织脾脏、小肠、肝脏淋巴结四种组织中表达量相对较高,脾脏中表达量最高。这与先前 RT - PCR 检测结果相同,但 RT - PCR 没有在大脑和心脏中检测到 LMP2 基因的表达。相似的是 Taehoon 等(1999)利用 RT - PCR 也没有检测到 LMP2 同源基因(LMP7)在大脑和心脏组织中表达。MECL - 1 基因在这 10 种组织中都有表达,其中在肌肉中表达量相对最高,相反,除胸腺外在其他免疫组织中相对表达量较低。Stohwasser 等(1997)利用 Northern 杂交技术检测了老鼠 MECL - 1 基因的组织表达,结果在肌肉中没有检测到 MECL - 1 基因表达。上述定量结果也可看出荧光定量 PCR 方法作为新一代的检测技术,其特异性强、灵敏度、重复性好、精确性都高于 RT - PCR 和 Northern 杂交技术,因此,目前越来越多的应用于基因的表达研究。另外基因在不同生长阶段表达量会有所不同,这也是与其他报道有差异的原因之一。

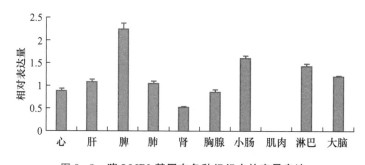

图 9 - 9　**猪 LMP2 基因在各种组织中的定量表达**

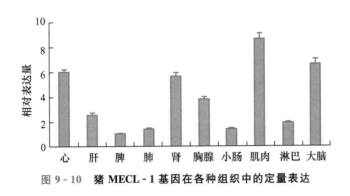

图 9 - 10　**猪 MECL - 1 基因在各种组织中的定量表达**

9.4.4　猪 LMP2、LMP7 基因与免疫性状的关联分析

1. LMP2、LMP7 基因的多态性

通过 PCR 扩增、测序及序列拼接,获得了 LMP2 基因 5 090 bp 的基因组序列(GenBan
号:DQ659151)和 LMP7 基因 2 995 bp 的基因组序列(GenBank 号:DQ872631)。同时通过
DNAMAN 软件对猪 LMP2、LMP7 基因序列比对拼接,得知猪 LMP2 基因含有 6 个外显子和
5 个内含子(图 9 - 11(a)),猪 LMP7 基因含有 7 个外显子和 6 个内含子(图 9 - 11B(b))。

(a)

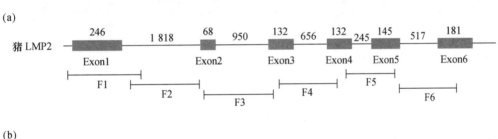

(b)

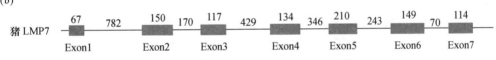

图 9 - 11　**猪 LMP2、LMP7 基因的 DNA 序列及外显子分布**

采用 PCR - SSCP 法在长白猪、大白猪和松辽黑猪三个品种中进行 SNPs 筛查,结果共找
到 6 个 SNPs(表 9 - 5)。其中 5 个为同义突变,1 个为错义突变。错义突变是在 LMP7 基因外
显子 3 上发生了 g. 1232G＞C 的改变,导致二级序列上的一个丙氨酸变为丝氨酸。

表 9 - 5　**猪 LMP2、LMP7 基因全部外显子 SNPs 筛查结果**

外显子(引物)	多态位点数/个	突变位置*	氨基酸变化
LMP2 - Exon2	2	g. 2115T＞C	无
		g. 2182A＞C	无
LMP2 - Exon5	1	g. 4343A＞G	无
LMP7 - Exon3	2	g. 1232C＞G	丙氨酸→丝氨酸
		g. 1239A＞G	无
LMP7 - Intron6	1	g. 2847C＞T	无

注:突变位置是根据猪 LMP2、LMP7 基因组序列(LMP2 GenBank 号:DQ659151;LMP7 GenBank 号:DQ872631)确定。

对 LMP2 基因的多态位点在三个猪种中的分布情况作检测,统计基因型频率,结果见表 9-6。可以看出,LMP2-2 多态位点上大白猪中 AA 基因型频率最高,松辽黑猪中 CD 基因型频率最高,长白猪中 DD 基因型频率最高。LMP2-5 多态位点上,在长白猪和大白猪中 AA 基因型频率最高,而松辽黑猪 AB 基因型频率最高。

表 9-6　三个猪种中 LMP2 基因多态位点的基因型频率

品种	N	LMP2 外显子 2						LMP2 外显子 5		
		AA	AB	BB	CC	CD	DD	AA	AB	BB
长白	84				0.060	0.500	0.440	0.691	0.286	0.024
大白	195	0.427	0.296	0.201	0.030	0.047		0.539	0.432	0.030
松辽黑猪	86	0.105	0.070	0.035	0.291	0.400	0.105	0.361	0.512	0.128

对 LMP7 基因的多态位点在三个猪种中的分布情况作检测,统计基因型频率,结果见表 9-7。可以看出,LMP7-3 多态位点上三猪种中 AA 基因型频率最高。LMP7-6 多态位点在三猪种中也是 AA 基因型频率最高。

表 9-7　三个猪种中 LMP7 基因多态位点的基因型频率

品种	N	LMP7 外显子 3				LMP7 内含子 6		
		AA	AB	AC	BC	AA	AB	BB
长白猪	84	0.750	0.107	0.107	0.036	0.643	0.298	0.060
大白猪	195	0.308	0.331	0.225	0.136	0.568	0.408	0.024
松辽黑猪	86	0.400	0.314	0.105	0.186	0.489	0.419	0.093

综上所述,在 LMP2、LMP7 两基因上找到了 6 个 SNPs,通过分析与预测发现,LMP7 基因外显子 3 上的 g.1232C>G 突变导致了相应的氨基酸发生了改变,最终有可能引起蛋白构象发生改变而影响该蛋白的功能。而另外 5 个 SNPs(g.2115T>C、g.2182A>C、g.4343A>G、g.1239A>G 和 g.2847C>T)尽管没有导致相应的氨基酸发生改变,但可能引起其潜在的转录调控因子(元件)结合位点发生了改变,并在转录调控水平上影响该基因的表达,然而这些多态位点的实际生物学功能还需通过进一步的试验加以验证。

2.LMP2、LMP7 基因与免疫性状的关联性

采用混合模型分析 LMP2、LMP7 基因各 SNPs 位点基因型与猪 20 日龄免疫性状的关联性,结果见表 9-8。可知 LMP7 基因外显子 3 的 SNP 位点(LMP7-3)对 20 日龄的 T 淋巴细胞亚群 $CD4^-CD8^+$ 有显著影响($P<0.05$),AA、AB 基因型的 $CD4^-CD8^+$ 比例均高于 BC、AC 基因型,且与 BC 基因型相差极显著($P<0.01$)。另外的位点与其他免疫性状未达到显著水平。

LMP2、LMP7 基因各 SNP 位点基因型与 35 日龄免疫性状的关联分析结果见表 9-9。可见 LMP2 基因外显子 2 的 SNP 位点(LMP2-2)对 35 日龄的白细胞计数、粒细胞百分率、单核细胞百分率、粒细胞含量有显著影响($P<0.05$),CC、DD 基因型的白细胞计数、单核细胞含量、粒细胞含量均高于 AA、AB、BB 基因型,且相差极显著($P<0.01$)。LMP2 基因外显子 5 的 SNP 位点(LMP2-5)对 35 日龄的 $CD4^+CD8^+$ 比率、血小板压积和血小板平均体积有显著

影响($P<0.05$)，BB 基因型的 CD4$^+$CD8$^+$、血小板压积含量均高于 AA、AB 基因型，且相差显著($P<0.05$)；AA 基因型的血小板平均体积高于 AB、BB 基因型，且相差显著($P<0.05$)。LMP7 基因外显子 3 的 SNP 位点(LMP7-3)对 35 日龄的红细胞计数、粒细胞百分率、粒细胞含量有显著影响($P<0.05$)，其中对红细胞计数达到了极显著影响($P<0.01$)，AB、AC 基因型的红细胞计数均高于 AA、BC 基因型且相差显著($P<0.05$)，AB、BC 基因型的粒细胞含量高于 AA、AC 基因型且相差极显著($P<0.01$)。LMP7 基因内含子 6 的 SNP 位点(LMP7-6)对 35 日龄的红细胞体积分布宽度有极显著影响($P<0.01$)，AA、BB 基因型的红细胞计数均高于 AB 基因型且相差显著($P<0.05$)。另外的多态位点与其他免疫性状的关联没有达到显著水平。

表 9-8　LMP2、LMP7 基因的 SNPs 与 20 日龄免疫指标的关联性分析

免疫性状(20 日龄)	LMP2 外显子 2	LMP2 外显子 5	LMP7 外显子 3	LMP7 内含子 6
CD4$^+$CD8$^+$/%	0.742	0.314	0.817	0.339
CD4$^+$CD8$^-$/%	0.760	0.697	0.230	0.642
CD4$^-$CD8$^+$/%	0.230	0.539	0.024*	0.199
CD4$^-$CD8$^-$/%	0.206	0.542	0.254	0.073
红细胞平均血红蛋白含量/pg	0.567	0.271	0.773	0.711
白细胞计数/(G/L)	0.909	0.776	0.610	0.856
血红蛋白/(g/L)	0.945	0.616	0.116	0.461
红细胞压积/%	0.984	0.785	0.705	0.498
红细胞平均体积/fL	0.511	0.728	0.711	0.288
红细胞体积分布宽度/%	0.476	0.596	0.441	0.341
红细胞计数/(G/L)	0.922	0.926	0.167	0.676
血小板平均体积/fL	0.185	0.294	0.698	0.572
粒细胞百分率/%	0.999	0.730	0.221	0.877
淋巴细胞百分率/%	0.961	0.787	0.277	0.462
单核细胞百分率/%	0.471	0.900	0.473	0.301
粒细胞含量/(G/L)	0.905	0.967	0.276	0.775
溶菌酶含量/(μg/mL)	0.913	0.345	0.592	0.423

注：淋巴细胞数据经过反正弦转化；* 表示差异显著($P<0.05$)，** 表示差异极显著($P<0.01$)。

表 9-9　LMP2、LMP7 基因 SNPs 与 35 日龄免疫指标的关联性分析

免疫性状(35 日龄)	LMP2 外显子 2	LMP2 外显子 5	LMP7 外显子 3	LMP7 内含子 6
CD4$^+$CD8$^+$/%	0.205	0.044 8*	0.489	0.845
CD4$^+$CD8$^-$/%	0.947	0.986	0.426	0.370
CD4$^-$CD8$^+$/%	0.314	0.310	0.535	0.474
CD4$^-$CD8$^-$/%	0.313	0.0743	0.707	0.640
红细胞平均血红蛋白含量/pg	0.791	0.390	0.788	0.492
白细胞计数/(G/L)	0.028*	0.380	0.917	0.296

续表 9-9

免疫性状(35日龄)	LMP2 外显子 2	LMP2 外显子 5	LMP7 外显子 3	LMP7 内含子 6
血红蛋白/(g/L)	0.209	0.223	0.882	0.232
血小板压积/%	0.677	0.050*	0.289	0.114
血小板平均体积/fL	0.685	0.016*	0.828	0.313
红细胞体积分布宽度/%	0.148	0.108	0.329	0.004**
红细胞计数/(G/L)	0.466	0.441	0.004**	0.403
血小板平均体积/fL	0.251	0.142	0.268	0.157
粒细胞百分率/%	0.037*	0.892	0.050*	0.374
淋巴细胞百分率/%	0.321	0.178	0.128	0.228
单核细胞百分率/%	0.015*	0.906	0.989	0.129
粒细胞含量/(G/L)	0.037*	0.892	0.050*	0.374
溶菌酶含量/(μg/mL)	0.181	0.090	0.529	0.788

注:淋巴细胞数据经过反正弦转化;* 表示差异显著($P<0.05$),** 表示差异极显著($P<0.01$)。

此研究筛选 LMP2、LMP7 两基因所有外显子区域,在 4 个片段内找到 6 个 SNPs,其中在 LMP2 基因外显子 2 中检测到两个突变,在 LMP7 基因外显子 3 中检测到两个突变且相离很近,仅间隔 6bp;外显子 6 中发现有突变,但测序结果表明突变位点位于内含子 6 区域内。采用混合模型分析基因型与免疫性状的关联性,得到的这些结果有助于理解不同品种不同个体免疫状态的差异,进一步说明了两抗原呈递基因 LMP2、LMP7 基因可作为与免疫性状相关的候选基因应用到猪的抗病育种中。

参 考 文 献

[1] Akey J,Jin L,Xiong M. Haplotypes vs single marker linkage disequilibrium tests:what do we gain?. Eur J Hum Gene,2001,9:291-300.

[2] Alvarez B,Revilla C,Chamorro S,Lopez-Fraga M,Alonso F,Dominguze J,Ezquerra A. Molecular cloning,characterization and tissue expression of porcine Toll-like receptor 4. Dev Comp Immunol,2006,30(4):345-355.

[3] Andreae S,Piras F,Burdin N,Triebel F. Maturation and activation of dendritic cells induced by lymphocyte activation gene-3(CD223). The Journal of Immunology 2002,168:3874-3880.

[4] Antal-Szalmas P. Evaluation of CD14 in host defence. Eur J Clin Invest,2000,30(2):167-179.

[5] Axford R F E,BishopS C,NicholasF W,Owen J B. Breeding for Disease Resistance in Farm Animals. 2nd edition. CAB International,1999.

[6] Baker J S F. A global protocol for determining genetic distances among domestic livestock breeds[C]. Proceedings of the 5th World Congress on Genetics Applied to Livestock

Production. Guelph,Ontario,Canada,1994,21:501 - 508.

[7] Bellinger DA,Merricks EP,Nichols TC. Swine models of type 2 diabetes mellitus:insulin resistance,glucose tolerance,and cardiovascular complications. ILAR J. 2006,47(3):243 - 258.

[8] Benjamini Y,Hochberg Y. Controlling the false discovery rate:apractical and powerful approach to multiple testing. J R Stat Soc,1995,57(1):289 - 300.

[9] Binns R M,Duncan I A,Powis S J,Hutchings A,Butcher G W. Subsets of null and gamma delta T - cell receptor[+] T lymphocytes in the blood of young pigs identified by specific monoclonal antibodies. Immunology,1992,77(2):219 - 227.

[10] Chen R,Ren J,Li W,Huang X,Yan X,Yang B,Zhao Y,Guo Y,Mao H,Huang L. A genome-wide scan for quantitative trait loci affecting serum glucose and lipids in a White Duroc x Erhualian intercross F(2)population. Mamm Genome,2009,20(6):386 - 392.

[11] Churchill G A,Doerge R W. Empirical threshold values for quantitative trait mapping. Genetics,1994,138(3):963 - 971.

[12] Cosentino G,Soprana E,Thienes C P,Siccardi A G,Viale G,Vercelli D. IL - 13 down - regulates CD14 expression and TNF - alpha secretion in normal human monocytes. J Immunol,1995,155(6):3145 - 3151.

[13] Cruz M,Elenich L A,Smolarek T A,Menon A G,Monaco J J. DNA sequence,chromosomal localization, and tissue expression of the mouse proteasome subunit lmp10 (Psmb10)gene. Genomics,1997,45(3):618 - 622.

[14] Dai Y,Ning T,Li K,Qi S X,Jiang M W,Chai Q B,Gai Y H,Wang X. Association between LMP2/LMP7 gene polymorphism and the infection of hepatitis B virus. Bei jing DA Xue Xue Bao,2005,37(5):508 - 512.

[15] De Martin R,Holzmüller H,Hofer E,Bach F H. Intron-exon structure of the porcine I kappa B alpha-encoding gene. Gene,1995,152:253 - 255.

[16] Edfors-Lilja I,Gustafsson U,Duval-Iflah Y,Ellergren H,Johansson M,Juneja R K,Marklund L,Andersson L. The porcine intestinal receptor for Escherichia coli K88ab, K88ac:regional localization on chromosome 13 and influence of IgG response to the K88 antigen. Anim Genet,1995,26(4):237 - 242.

[17] Edfors-Lilja I,Wattrang E,Marklund L,Moller M,Andersson-Eklund L,Andersson L,Fossum C. Mapping quantitative trait loci for immune capacity in the pig. J Immunol,1998,161(2):829 - 835.

[18] Edfors-Lilja I,Wattrang E,Andersson L,Fossum C. Mapping quantitative trait loci for stress induced alterations in porcine leukocyte numbers and functions. Anim Genet,2000,31(3):186 - 193.

[19] Ellegren H,Fredholm M,Edfors-Lilja I,Winterø A K,Andersson L. Conserved synteny between pig chromosome 8 and human chromosome 4 but rearranged and distorted linkage maps. Genomics,1993,17(3):599 - 603.

[20] Eskdale J,Kube D,Tesch H,Gallagher G. Mapping of the human IL10 gene and further

characterization of the 5′ flanking sequence. Immunogenetics,1997,46:120 - 128.

[21] Fahrenkrug S C,Campbell E M,Vallet J L,Rohrer G A. Physical assignment of the porcine erythropoietin receptor gene to SSC2. Animal Genetics,2000,31(1):69 - 70.

[22] Ferrero E,Goyert S M. Nucleotide sequence of the gene encoding the monocyte differentiation antigen,CD14. Nucleic Acids Res,1988,16(9):4173.

[23] Ferrero E,Hsieh C L,Francke U,Goyert S M. CD14 is a member of the family of leucine-rich proteins and is encoded by a gene syntenic with multiple receptor genes. J Immunol,1990,145(1):331 - 336.

[24] Foley P,Kazazi F,Biti R,Sorrell T C,Cunningham A L. HIV infection of monocytes inhibits the T-lymphocyte proliferative response to recall antigens,via production of eicosanoids. Immunology,1992,75(3):391 - 397.

[25] Fournout S,Dozois C M,Yerle M,Pinton P,Fairbrother J M,Oswald E,Oswald I P. Cloning,chromosomal location,and tissue expression of the gene for pig interleukin-18. Immunogenetics,2000,51(4 - 5):358 - 365.

[26] Franceschi A,Cassini P,Scalabrini D,Botti S,Bandi CM,Giuffra E. Radiation hybrid mapping of two members of the Toll-like receptor gene family in pigs. Anim Genet,2004,35(3):251 - 252.

[27] Fuchimoto Y,Huang C A,Yamada K,Shimizu A,Kitamura H,Colvin R B,Ferrara V,Murphy M C,Sykes M,White-Scharf M,Neville DM Jr,Sachs D H. Mixed chimerism and tolerance without whole-body irradiation in a large animal model. J Clin Invest. 2000,105(12):1779 - 1789.

[28] Fujii J,Otsu K,Zorzato F,de Leon S,Khanna V K,Weiler J E,O'Brien P J,MacLennan D H. Identification of a mutation in porcine ryanodine receptor associated with malignant hyperthermia. Science,1991,253(5018):448 - 451.

[29] Gallardo D,Pena RN,Amills M,Varona L,Ramírez O,Reixach J,Díaz I,Tibau J,Soler J,Prat-Cuffi J M,Noguera J L,Quintanilla R. Mapping of quantitative trait loci for cholesterol,LDL,HDL,and triglyceride serum concentrations in pigs. Physiol Genomics,2008,35(3):199 - 209.

[30] Gavora J S,Spencer J L. Breeding for immune responsiveness and disease resistance. Anim Blood Groups Biochem Genet,1983,14(3):159 - 180.

[31] Geffrotin C,Popescu C P,Cribiu E P,Boscher J,Renard C,Chardon P,Vaiman M. Assignment of MHC in swine to chromosome 7 by in situ hybridization and serological typing. Ann Genet,1984,27(4):213 - 219.

[32] Gilchrist M,Thorsson V,Li B,Rust A G,Korb M,Kennedy K,Hai T,Bolouri H,Aderem A. Systems biology approaches identify ATF3 as a negative regulator of Toll-like receptor 4. Nature,2006,441(7090):173 - 178.

[33] Goldammer T,Zerbe H,Molenaar A,Schuberth H J,Brunner R M,Kata S R,Seyfert H M. Mastitis increases mammary mRNA abundance of beta-defensin 5,toll-like-receptor 2 (TLR2),and TLR4 but not TLR9 in cattle. Clin Diagn Lab Immunol,2004,11(1):174 - 185.

[34] Goldwasser E. Erythropoietin and the differentiation of red blood cells. Federation Proceedings,1975,34(13):2285 - 2292.

[35] Gong Y,Xin L,Wang Z,Hu F,Luo Y,Cai S,Qi C,Li S,Niu X,Qiu X,Zeng J,Zhang Q. Detection of quantitative trait loci affecting haematological traits in swine via genome scanning. BMC Genetics 2010,11:56.

[36] Govoni G,Vidal S,Cellier M,Lepage P,Malo D,Gros P. Genomic structure,promoter sequence,and induction of expression of the mouse Nramp1 gene in macrophages. Genomics,1995,27(1):9 - 19.

[37] Grignola F E,Hoeschele I,Tier B. Mapping quantitative trait loci in outcross populations via residual maximum likelihood. I. Methodology. Genet Sel Evol,1996a,28:479 - 490.

[38] Grignola F E,Hoeschele I,Zhang Q,Thaller G. Mapping quantitative trait loci in outcross populations via residual maximum likelihood. Ⅱ. A simulation study. Genet Sel Evol,1996b,28:491 - 504.

[39] Hall M A,Norman P J,Thiel B. Quantitative trait loci on chromosomes 1,2,3,4,5,8,9, 11,12 and 18 control variation in levels of T and B lymphocyte subpopulations. Am J Hum Genet,2002,70:1172 - 1182.

[40] Hamon G,Mulloy R H,Chen G,Chow R,Birkenmaier C,Horn J K. Transforming growth factor-beta 1 lowers the CD14 content of monocytes. J Surg Res,1994,57(5): 574 - 578.

[41] Hu Z L,Dracheva S,Jang W,Maglott D,Bastiaansen J,Rothschild M F,Reecy J M. A QTL resource and comparison tool for pigs:PigQTLDB. Mammalian Genome,2005,16 (10):792 - 800.

[42] Hu Z L,Fritz E R,Reecy J M. AnimalQTLdb:a livestock QTL database tool set for positional QTL information mining and beyond. Nucleic Acids Research,2007,35(Suppl 1):D604 - 609.

[43] Hughes A L. Evolution of the proteasome components. Immunogenetics,1997,46:82 - 92.

[44] Ikeda A,Takata M,Taniguchi T,Sekikawa K. Molecular cloning of bovine CD14 gene. J Vet Med Sci,1997,59(8):715 - 719.

[45] Jalili A,Shirvaikar N,Marquez-Curtis L,Qiu Y,Korol C,Lee H,Turner AR,Ratajczak MZ, Janowska-Wieczorek A. Fifth complement cascade protein(C5)cleavage fragments disrupt the SDF - 1/CXCR4 axis:further evidence that innate immunity orchestrates the mobilization of hematopoietic stem/progenitor cells. Exp Hematol,2010,38(4):321 - 332.

[46] Jansen J H,Høgåsen K,Grøndahl A M. Porcine membranoproliferative glomerulonephritis type Ⅱ:an autosomal recessive deficiency of factor H. Vet Rec,1995,137(10):240 - 244.

[47] Ji H,Ren J,Yan X,Huang X,Zhang B,Zhang Z,Huang L. The porcine MUC20 gene: molecular characterization and its association with susceptibility to enterotoxigenic Escherichia coli F4ab/ac. Mol Biol Rep,2011,38(3):1593 - 601.

[48] Jiang D,Liang J,Fan J,Yu S,Chen S,Luo L,Prestwich G D,Mascarenhas M M,Garg H G,Quinn D A,Homer R J,Goldstein D R,Bucala R,Lee P J,Medzhitov R,Noble P W.

Regulation of lung injury and repair by Toll-like receptors and hyaluronan. Nature Medicine,2005,11(11):1173 - 1179.

[49] Johansson A,Pielberg G,Andersson L,Edfors-Lilja I. Polymorphism at the porcine Dominant white/KIT locus influence coat colour and peripheral blood cell measures. Anim Genet,2005,36(4):288 - 296.

[50] Joling P,Bianchi AT,Kappe A L,Zwart R J. Distribution of lymphocyte subpopulations in thymus,spleen,and peripheral blood of specific pathogen free pigs from 1 to 40 weeks of age. Vet Immunol Immunopathol,1994,40(2):105 - 117.

[51] Jørgensen C B,Cirera S,Anderson S I,Archibald A L,Raudsepp T,Chowdhary B,Edfors-Lilja I,Andersson L,Fredholm M. Linkage and comparative mapping of the locus controlling susceptibility towards E. COLI F4ab/ac diarrhoea in pigs. Cytogenet Genome Res,2003,102(1 - 4):157 - 162.

[52] Kadarmideen H N. Biochemical,ECF18R,and RYR1 gene polymorphisms and their associations with osteochondral diseases and production traits in pigs. Biochem Genet. 2008 4 6(1 - 2):41 - 4253.

[53] Kajava A V and Kobe B. Assessment of the ability to model proteins with leucine-rich repeats in light of the latest structural information. Protein Sci,2002,11(5):1082 - 1090.

[54] Kandil E,Namikawa C,Nonaka M,Greenberg A S,Flajnik M F,Ishibashi T,Kasahara M. Isolation of low molecular mass polypeptide complementary DNA clones from primitive vertebrates. Implications for the origin of MHC class I-restricted antigen presentation. J Immunology,1996,156:4245 - 4253.

[55] Klimiuk P A,Goronzy J J,Weyand C M. IL - 16 as an anti-inflammatory cytokine in rheumatoid synovitis. The Journal of Immunology,1999,162:4293 - 4299.

[56] Kloosterboer F M,Luxemburg-Heijs S A,Soest R A,Van Egmond H M,Willemze R, Falkenburg J H. Up-regulated expression in nonhematopoietic tissues of the BCL2A1 - derived minor histocompatibility antigens in response to inflammatory cytokines:relevance for allogeneic immunotherapy of leukemia. Blood,2005,106:3955 - 3957.

[57] Krause S,Kuckelkorn U,Dorner T,Burmester GR,Feist E,Kloetzel P M. Immunoproteasome subunit LMP2 expression is deregulated in Sjogren's syndrome but not in other autoimmune disorders. Annnals of the Rheumatic Diseases,2006(65):1021 - 1027.

[58] Kumar K G,Ponsuksili S,Schellander K,Wimmers K. Molecular cloning and sequencing of porcine C5 gene and its association with immunological traits. Immunogenetics,2004, 55(12):811 - 817.

[59] Kutuk O,Basaga H. Inflammation meets oxidation:NF - κB as a mediator of initial lesion development in atherosclerosis Trends in Molecular Medicine,2003,9:549 - 557.

[60] Lahbib-Mansais Y,Leroux S,Milan D,Yerle M,Robic A,Jiang Z,André C,Gellin J. Comparative mapping between humans and pigs:localization of 58 anchorage markers (TOASTs)by use of porcine somatic cell and radiation hybrid panels. Mamm Genome, 2000,11(12):1098 - 1106.

[61] Lander E S,Botstein D. Mapping mendelian factors underlying quantitative traits using RFLP linkage maps. Genetics,1989,121(1):185 - 199.

[62] Landmann R,Ludwig C,Obrist R,Obrecht J P. Effect of cytokines and lipopolysaccharide on CD14 antigen expression in human monocytes and macrophages. J Cell Biochem, 1991,47(4):317 - 329.

[63] Larsen M O,Rolin B. Use of the Göttingen minipig as a model of diabetes,with special focus on type 1 diabetes research. ILAR J. 2004,45(3):303 - 313.

[64] Lee J D,Kato K,Tobias P S,Kirkland T N,Ulevitch R J. Transfection of CD14 into 70Z/3 cells dramatically enhances the sensitivity to complexes of lipopolysaccharide (LPS)and LPS binding protein. J Exp Med,1992,175(6):1697 - 1705.

[65] Leveque G,Forgetta V,Morroll S,Smith A L,Bunstead N,Barrow P,Loredo-Osti J C,Morgan K,Malo D. Allelic variation in TLR4 is linked to susceptibility to Salmonella enterica serovar Typhimurium infection in chickens. Infect Immun,2003,71(3):1116 - 1124.

[66] Liu S,Shapiro R A,Nie S,Zhu D,Vodovotz Yoram,Billiar T R. Characterization of rat CD14 promoter and its regulation by transcription factors AP1 and Sp family proteins in hepatocytes. Gene,2000,250(1 - 2):137 - 147.

[67] Liu W S,Ingrid H,Ingemar G,Bhanu PC. Mapping of the porcine erythropoietin gene to chromosome 3p16 - pl5 and ordering of four related subclones by fiber-FISH and DNA-combing. Hereditas,1998,128(1):77 - 81.

[68] Liu Y,Walter S,Stagi M,Cherne D,Letiembre M,Schulz-Schaeffer W,Heine H,Penke B,Neumann H,Fassbender K. LPS receptor(CD14):a receptor for phagocytosis of Alzheimer's amyloid peptide. Brain,2005,128(Pt 8):1778 - 1789.

[69] Logan J S. Prospects for xenotransplantation. Curr Opin Immunol. 2000,12(5):563 - 568.

[70] Lu X,Gong Y F,Liu J F,Wang Z P,Hu F,Qiu X T,Luo Y R,Zhang Q. Mapping quantitative trait loci for cytokines in the pig. Anim Genet,2011,42:1 - 5.

[71] Lund O,Nielsen M,Lundegaard C,Worning P. CPHmodels 2. 0:X3M a computer program to extract 3D Models. in Abstract at the CASP5 conference. 2002.

[72] Lunney J K,Murrell K D. Immunogenetic analysis of Trichinella spiralis infections in swine. Vet Parasitol. 1988,29(2 - 3):179 - 193.

[73] Machida K,Cheng K T,Sung V M,Levine A M,Foung S,Lai M C. Hepatitis C virus induces toll-like receptor 4 expression,leading to enhanced production of beta interferon and interleukin - 6. Journal of Virology,2006,80(2):866 - 874.

[74] Marmey B,Boix C,Barbaroux J B,Dieu-Nosjean M C,Diebold J,Audouin J,Fridman W H,Mueller C G,Molina T J. CD14 and CD169 expression in human lymph nodes and spleen:specific expansion of CD14 + CD169 - monocyte-derived cells in diffuse large B-cell lymphomas. Hum Pathol,2006,37:68 - 77.

[75] Marquet S,Lepage P,Hudson TJ,Musser JM,Schurr E. Complete nucleotide sequence and genomic structure of the human NRAMP1 gene region on chromosome region 2q35. Mamm Genome,2000,11(9):755 - 762.

［76］ McGuire K and Glass E J. The expanding role of microarrays in the investigation of macrophage responses to pathogens. Vet Immunol Immunopathol,2005,105(3 - 4):259 - 275.

［77］ Meijerink E,Fries R,Vögeli P,Masabanda J,Wigger G,Stricker C,Neuenschwander S, Bertschinger HU,Stranzinger G. Two alpha(1,2)fucosyltransferase genes on porcine chromosome 6q11 are closely linked to the blood group inhibitor(S)and Escherichia coli F18 receptor(ECF18R)loci. Mamm Genome,1997,8(10):736 - 741.

［78］ Meijerink E,Neuenschwander S,Fries R,Dinter A,Bertschinger HU,Stranzinger G, Vögeli P. A DNA polymorphism influencing alpha(1,2)fucosyltransferase activity of the pig FUT1 enzyme determines susceptibility of small intestinal epithelium to Escherichia coli F18 adhesion. Immunogenetics,2000,52(1 - 2):129 - 136.

［79］ Miller E R,Ullrey D E. The pig as a model for human nutrition. Annu Rev Nutr,1987, 7:361 - 382.

［80］ Miller S I,Ernst R K,Bader M W. LPS,TLR4 and infectious disease diversity. Nat Rev Microbiol,2005,3(1):36 - 46.

［81］ Mosmann T R,Cherwinski H,Bond M W,Giedlin M A,Coffman R L. Two types of murine helper T cell clone. I. Definition according to profiles of lymphokine activities and secreted proteins. J Immunol,1986,136(7):2348 - 2357.

［82］ Muneta Y,Uenishi H,Kikuma R,Yoshihara K,Shimoji Y,Yamamoto R,Hamashima N,Yokomizo Y,Mori Y. Porcine TLR2 and TLR6:identification and their involvement in Mycoplasma hyopneumoniae infection. J Interferon Cytokine Res, 2003, 23 (10): 583 - 590.

［83］ Muneta Y,Kikuma R,Uenishi H,Hoshino T,Yoshihara K,Tanaka M,Hamashima N, Mori Y. Molecular cloning,chromosomal location,and biological activity of porcine interleukin-21. J Vet Med Sci,2004,66(3):269 - 275.

［84］ Natarajan R,Gerrity R G,Gu J L,Lanting L,Thomas L,Nadler J L. Role of 12 - lipoxygenase and oxidant stress in hyperglycaemia-induced acceleration of atherosclerosis in a diabetic pig model. Diabetologia,2002,45(1):125 - 133.

［85］ Osserman E F,Lawlor D P. Serum and urinary lysozyme(muramidase)in monocytic and monomyelocytic leukemia. J Exp Med,1966,124(5):921 - 952.

［86］ Pedchenko T V,Park G Y,Joo M. Inducible binding of PU. 1 and interacting proteins to the Toll-like receptor 4 promoter during endotoxemia. American journal of physiology Lung cellular and molecular physiology,2005,289(3):L429 - 437.

［87］ Reiner G,Melchinger E,Kramarova M,Pfaff E,Büttner M,Saalmüller A,Geldermann H. Detection of quantitative trait loci for resistance/susceptibility to pseudorabies virus in swine. J Gen Virol,2002,83(Pt 1):167 - 172.

［88］ Reiner G,Fischer R,Hepp S,Berge T,Köhler F,Willems H. Quantitative trait loci for red blood cell traits in swine. Animal genetics,2007,38(5):447 - 452.

［89］ Reiner G,Fischer R,Hepp S,Berge T,Köhler F,Willems H. Quantitative trait loci for red blood cell traits in swine. Anim Genet,2007,38(5):447 - 452.

［90］ Reiner G,Fischer R,Hepp S,Berge T,Köhler F,Willems H. Quantitative trait loci for white blood cell numbers in swine. Anim Genet,2008,39(2):163 - 168.

［91］ Reiner G,Clemens N,Fischer R,Köhler F,Berge T,Hepp S,Willems H. Mapping of quantitative trait loci for clinical-chemical traits in swine. Anim Genet,2009a,40(1): 57 - 64.

［92］ Reiner G,Fischer R,Köhler F,Berge T,Hepp S,Willems H. Heritabilities and quantitative trait loci for blood gases and blood pH in swine ［J］. Anim Genet,2009b,40(2): 142 - 148.

［93］ Renard C,Hart E,Sehra H,Beasley H,Coggill P,Howe K,Harrow J,Gilbert J,Sims S, Rogers J,Ando A,Shigenari A,Shiina T,Inoko H,Chardon P,Beck S. The genomic sequence and analysis of the swine major histocompatibility complex. Genomics. 2006,88 (1):96 - 110.

［94］ Rodeberg D A,Morris R E,Babcock G F Azurophilic granules of human neutrophils contain CD14. Infect Immun,1997,65(11):4747 - 4753.

［95］ Rothschild M F,Hu Z L,Jiang Z. Advances in QTL mapping in pigs. Int J Biol Sci, 2007,3(3):192 - 197.

［96］ Ruppert J,Friedrichs D,Xu H,Peters J H. IL - 4 decreases the expression of the monocyte differentiation marker CD14,paralleled by an increasing accessory potency. Immunobiology,1991,182(5):449 - 464.

［97］ Russell E S. Hereditary anemias of the mouse:a review for geneticists. Advances in Genetics, 1979,20:357 - 459.

［98］ Saalmüller A,Hirt W,Reddehase MJ. Phenotypic discrimination between thymic and extrathymic CD4 - CD8 - and CD4$^+$CD8$^+$ porcine T lymphocytes. Eur J Immunol. 1989, 19(11):2011 - 2016.

［99］ Sakurai M,Zhou J H,Ohtaki M,Itoh T,Murakami Y,Yasue H. Assignment of c - KIT gene to swine chromosome 8p12 - p21 by fluorescence in situ hybridization. Mammalian Genome, 1996,7(5):397.

［100］ Schoenborn J R,Wilson C B. Regulation of interferon-gamma during innate and adaptive immune responses. Advances in Immunology,2007,96:41 - 101.

［101］ Schurr J R,Young E,Byrne P,Steele C,Shellito J E,Kolls J K. Central role of toll-like receptor 4 signaling and host defense in experimental pneumonia caused by Gram-negative bacteria. Infection and Immunity,2005,73(1):532 - 545.

［102］ Serum and urinary lysozyme(muramidase)in monocytic and monomyelocytic leukemia. J Exp Med,1966,124(5):921 - 952.

［103］ Shimanuki S,Kobayashi E,Awata T. Genomic structure of the porcine interleukin 8 gene and development of a microsatellite marker within intron. Anim Genet,2002,33 (6):470 - 471.

［104］ Siegel I,Liu TL,Gleicher N. The red-cell immune system. Lancet,1981,12(8246): 556 - 559.

[105] Sigal LH. Lyme disease:a review of aspects of its immunology and immunopathogenesis. Annual Review of Immunology,1997,15:63 - 92.

[106] Spuentrup E,Ruebben A,Schaeffter T,Manning W J,Günther R W,Buecker A. Magnetic resonance-guided coronary artery stent placement in a swine model. Circulation. 2002,105(7):874 - 879.

[107] Stohwasser R,Standera S,Peters I,Kloetzel P M,Groettrup M. "Molecular cloning of the mouse proteasome subunits MC14 and MECL - 1:reciprocally regulated tissue expression of interferon-gamma-modulated proteasome subunits". Eur J Immunol,1997, 27(5):1182 - 1187.

[108] Su G L,Dorko K,Strom S C,Nussler A K,Wang S C. CD14 expression and production by human hepatocytes. J Hepatol,1999,31:435 - 442.

[109] Sun HS,Wang L,Rothschild MF,Tuggle C K. Mapping of the natural resistance-associated macrophage protein 1(NRAMP1)gene to pig chromosome 15. Anim Genet, 1998,29(2):138 - 140.

[110] Taehoon Chun,Evan Hermel,Caria J Aldrich,H. Rex Gaskins. Pig LMP7 proteasome subunit cDNA cloning and expression analysis. Immunogenetics,1999(49):72 - 77.

[111] Tanaka M,Ando A,Renard C,Chardon P,Domukai M,Okumura N,Awata T,Uenishi H. Development of dense microsatellite markers in the entire SLA region and evaluation of their polymorphisms in porcine breeds. Immunogenetics. 2005,57(9):690 - 696.

[112] Tissot R G,Beattie C W,Amoss M S Jr. Inheritance of Sinclair swine cutaneous malignant melanoma. Cancer Res. 1987,47(21):5542 - 5545.

[113] Tissot R G,Beattie C W,Amoss M S Jr. The swine leucocyte antigen(SLA)complex and Sinclair swine cutaneous malignant melanoma. Anim Genet,1989,20(1):51 - 57.

[114] Triantafilou M and Triantafilou K. Lipopolysaccharide recognition:CD14,TLRs and the LPS-activation cluster. Trends Immunol,2002,23(6):301 - 304.

[115] Tsatsanis C,Androulidaki A,Alissafi T,Charalampopoulos L,Dermitzaki E,Roger T, Gravanis A,Margioirs A N. Corticotropin-releasing factor and the urocortins induce the expression of TLR4 in macrophages via activation of the transcription factors PU. 1 and AP - 1. The Journal of Immunology,2006,176(3):1869 - 1877.

[116] Tuggle C K,Schmitz C B,Gingerich-Feil D. Rapid communication:cloning of a pig full-length natural resistance associated macrophage protein(NRAMP1)cDNA. J Anim Sci,1997,75(1):277.

[117] Van Kaer L,Ashton-Rickardt P G,Eichelberger M,Gaczynska M,Nagashima N,Rock K L,Goldberg A. L,Doherty P C,Tonegawa S. Altered peptidase and viral-specific T cell response in LMP2 mutant mice. Immunity,1994(1):533 - 541.

[118] Vargas-Alarcon G,Gamboa R,Zuniga J,Fragoso J M,Hernandez-Pacheco G,Londono J,Pacheco-Tena C,Cardiel M H,Granados J,Burgos-Vargas R. Association study of LMP gene polymorphisms in Mexican patients with spondylo arthritis. Hum Immunol, 2004,65(12):1437 - 42.

［119］ Vögeli P, Bertschinger H U, Stamm M, Stricker C, Hagger C, Fries R, Rapacz J, Stranzinger G. Genes specifying receptors for F18 fimbriated Escherichia coli, causing oedema disease and postweaning diarrhoea in pigs, map to chromosome 6. Anim Genet, 1996,27(5):321 - 328.

［120］ Vögeli P, Meijerink E, Fries R, Neuenschwander S, Vorländer N, Stranzinger G, Bertschinger HU. A molecular test for the detection of E. coli F18 receptors:a break-through in the struggle against edema disease and post-weaning diarrhea in swine. Schweiz Arch Tierheilkd,1997,139(11):479 - 484.

［121］ Vychodilova-Krenkova L, Matiasovic J, Horin P. Single nucleotide polymorphisms in fourfunctionally related immune response genes in the horse:CD14, TLR4, Cepsilon, andFcepsilon R1 alpha. Int J Immunogenet,2005,32(5):277 - 283.

［122］ Wadachi R and Hargreaves K M. Trigeminal nociceptors express TLR - 4 and CD14:a mechanism for pain due to infection. Journal of Dental Research,2006,85(1):49 - 53.

［123］ Wattrang E, Almqvist M, Johansson A, Fossum C, Wallgren P, Pielberg G, Andersson L, Edfors-Lilja I. Confirmation of QTL on porcine chromosomes 1 and 8 influencing leukocyte numbers, haematological parameters and leukocyte function. Anim Genet, 2005,36(4):337 - 345.

［124］ Weller J I, Song J Z, Heyen D W, Lewin H A, Ron M. A new approach to the problem of multiple comparisons in the genetic dissection of complex traits. Genetics,1998,150 (4):1699 - 1706.

［125］ Wimmers K, Mekchay S, Schellander K, Ponsuksili S. Molecular characterization of the pig C3 gene and its association with complement activity. Immunogenetics,2003,54 (10):714 - 724.

［126］ Wimmers K, Kumar KG, Schellander K, Ponsuksili S. Porcine IL12A and IL12B gene mapping, variation and evidence of association with lytic complement and blood leuco-cyte proliferation traits. Int J Immunogenet,2008,35(1):75 - 85.

［127］ Yang B, Huang X, Yan X, Ren J, Yang S, Zou Z, Zeng W, Ou Y, Huang W, Huang L. Detection of quantitative trait loci for porcine susceptibility to enterotoxigenic Esche-richia coli F41 in a White Duroc × Chinese Erhualian resource population. Animal, 2009,3(7):946 - 950.

［128］ Yang S, Ren J, Yan X, Huang X, Zou Z, Zhang Z, Yang B, Huang L. Quantitative trait loci for porcine white blood cells and platelet-related traits in a White Duroc x Erhual-ian F resource population. Anim Genet,2009,40(3):273 - 278.

［129］ Yerle M, Gellin J, Echard G, Lefevre F, Gillois M. Chromosomal localization of leuko-cyte interferon gene in the pig(Sus scrofa domestica L.)by in situ hybridization. Cyto-genet Cell Genet,1986,42(3):129 - 132.

［130］ Yewdell J, Lapham C, Bacik I, Spies T, Bennink J. MHC-encoded proteasome subunits LMP2 and LMP7 are not required for efficient antigen presentation. Journal of Immu-nology,1994,152(3):1163 - 1170.

[131] Yim D,Sotiriadis J,Kim KS,Shin SC,Jie HB,Rothschild MF,Kim YB. Molecular clo-ning,expression pattern and chromosomal mapping of pig CD69. Immunogenetics,2002,54(4):276 - 281.

[132] Zhang Q,Boichard D,Hoeschele I,Ernst C,Eggen A,Murkve B,Pfister-Genskow M,Witte LA,Grignola FE,Uimari P,Thaller G,Bishop MD. Mapping quantitative trait loci for milk production and health of dairy cattle in a large outbred pedigree. Genet-ics,1998,149(4):1959 - 1973.

[133] Zou Z,Ren J,Yan X,Huang X,Yang S,Zhang Z,Yang B,Li W,Huang L. Quantitative trait loci for porcine baseline erythroid traits at three growth ages in a White Duroc x Erhualian F(2)resource population. Mamm Genome,2008,19(9):640 - 646.

[134] 房海. 大肠埃希氏菌. 石家庄:河北科学技术出版社,1997.

[135] 郭峰,钱宝华,张乐之. 现代红细胞免疫学. 上海:第二军医大学出版社,2002.

[136] 郭慧琛,邱昌庆. 猪瘟病毒免疫的细胞学研究进展. 中国兽医科技,2001,31(11):14 - 21.

[137] 黄海波. 淋巴细胞亚群及其功能. 中国兽医科技,1990(7):19.

[138] 姜范波,陈晨,邓亚军,于军,胡松年. 猪的主要组织相容性复合体表达谱分析. 科学通报,2005,50(7):659 - 668.

[139] 李玉华. 仔猪大肠杆菌 F4 受体基因的精细定位:[博士学位论文]. 北京:中国农业大学,2006.

[140] 李华,杨汉春,张晓梅,黄芳芳,陈艳红,郭玉璞. 猪血液和淋巴细胞中淋巴细胞亚群表型分布. 农业生物技术学报,2000,8(1):37 - 40.

[141] 李华,杨汉春,许勇钢,高云,黄芳芳,查振林. 猪繁殖与呼吸综合征病毒感染仔猪淋巴细胞亚群的动态. 中国免疫学杂志,2001,17(4):208 - 211.

[142] 秦爱华,高自军,侯天德. 运动队 T 淋巴细胞 CD4$^+$、CD8$^+$ 亚群免疫的影响. 连云港高等师范专科学校学报,2006(2):103 - 105.

[143] 孙金福,史子学,郭焕成,涂长春. 猪瘟病毒感染猪外周血白细胞凋亡及 CD4$^+$ 和 CD8$^+$ T 淋巴细胞亚群的变化. 中国兽医科学,2008,38(4):342 - 345.

[144] 吴宏梅,王立贤,程笃学,马小军. 猪 Nramp 1 基因多态性与免疫功能的相关性. 中国农业科学,2008,41(1):215 - 220.

[145] 殷震,刘景华. 动物病毒学. 北京:科学出版社,1997.

[146] 赵武述. 辅助性 T 细胞亚群的研究及其临床意义. 中华医学检验杂志,1998,21(1):7 - 8.

[147] 钟冬梅,许健装,罗思红. 静脉血样品放置时间对血小板及其各参数的影响. 中国实用医药杂志,2007,2(10):44 - 45.

[148] 朱猛进,吴珍芳,赵书红. 猪抗病育种研究进展及对几个认识问题的讨论. 中国畜牧兽医,2007,34(4):63 - 67.

第10章

仔猪腹泻抗性基因分离与鉴定

仔猪腹泻一直以来是困扰规模化养猪生产的主要难题之一。引起仔猪腹泻的原因通常有大肠杆菌病、传染性胃肠炎、猪流行性腹泻、猪轮状病毒感染、球虫病、产气荚膜梭菌感染、兰氏类圆线虫感染和缺铁性贫血等,其中,大肠杆菌是造成新生仔猪和断奶仔猪腹泻的最主要病原之一。大肠杆菌病以感染仔猪为主,生长肥育猪偶有发生,以发热、腹泻、减食、急剧消瘦为主要临床症状,患畜生长发育迟缓,生产能力低下,若不及时治疗常因严重脱水和肠道黏膜充血、出血造成死亡。国际上公认的致病性大肠杆菌有 5 种,即致病性大肠杆菌(Enteropathogenic *Escherichia coli*,EPEC)、产肠毒素大肠杆菌(Enterotoxigenic Escherichia,ETEC)、侵袭性大肠杆菌(EIEC)、肠出血性大肠杆菌(EHEC)和肠集聚性大肠杆菌(EAggEC)。其中,产肠毒素大肠杆菌是最主要的致病菌(Alexander,1994;Hampson,1994,Do *et al.*,2005;Nagy *et al.*,1990),特别是 F4 产肠毒素大肠杆菌是导致仔猪断奶前腹泻的主要病原。由产肠毒素大肠杆菌引起仔猪断奶前腹泻而造成的死亡率占仔猪死亡率 11%(Alexander *et al.*,1994),给养猪业造成了巨大的经济损失。

10.1　致仔猪腹泻大肠杆菌简介

10.1.1　大肠杆菌疾病分类及主要特征

猪大肠杆菌病在临床上主要分为三类:①发生于 1 周龄以内新生仔猪的,称为早发性大肠杆菌病,又叫黄痢。一般是同窝新生仔猪在生后数小时至 2～3 d 发病,以剧烈腹泻,排出黄色水样粪便及脱水死亡为特征。仔猪发病率约占 2%,死亡率高达 70%～90%。②多发于 2～4 周龄仔猪,表现为白痢,称为迟发性大肠杆菌病。出生后 2～4 周龄哺乳仔猪免疫能力弱,而这一时期初乳中抗体减少,病原性大肠杆菌在肠道上大量增殖,因此容易发病。病初为黄色软便,继而出现水样性下痢,最后变成白痢,发病率约为 6%,致死率在 10% 以内,约 30% 发病哺乳仔猪出现发育迟缓。据 Svensmark 等报道(1989a)断奶前遭受腹泻的猪达 25 kg 活重日龄较其他迟 2 d,生产率降低 3%。③水肿病和断奶后腹泻。猪水肿病是溶血性大肠杆菌引起的肠道毒血症,故又称为肠毒血症(enterotoxemia),以部分组织器官水肿、神经症状、低发病率和高死亡率为特征。如哺乳期间仔猪胃肠不适,断奶后腹泻也会发生,达 25 kg 体重前死亡率可增加 4 倍(Svensmark et al.,1989b)。

10.1.2 大肠杆菌的致病机理

正常机体具有抵抗病原微生物侵袭的天然屏障,致病性大肠杆菌要发挥其致病作用,须首先突破机体的天然屏障,在局部黏附定居繁殖进而侵入机体。黏附是大肠杆菌感染宿主并致腹泻的前提。大肠杆菌通过纤毛(又称定居因子或黏附素)黏附在猪小肠上皮刷状缘细胞上,抵御肠道蠕动和肠液冲洗作用,进而定居并大量繁殖,分泌肠毒素,刺激小肠分泌大量水和电解质或者减少小肠对水分和电解质的吸收,如果大肠不能将来自小肠的过多水分吸收就导致腹泻。细菌黏附定居的步骤:①借助布朗运动、对流运动和主动运动接近定居点;②细菌到达定居点后沉积在其表面,即非特异性黏附,这时有些细菌仍表现布朗运动,很易被清除;③细菌沉积在定居点后,与肠道表面的受体发生特异性结合,即特异性吸附,这种结合比较牢固,细菌不易被清除,这是细菌发挥其致病作用的关键一步;④细菌定居下来后,不断地形成集落(局部增殖),在条件适合的时候侵入机体组织,并进入血液;⑤随着细菌数量的增加,释放的毒素累积到一定量便引起临床症状。产肠毒素大肠杆菌感染仔猪后并不侵入肠黏膜下层组织,而是在肠黏膜上皮细胞上黏附、繁殖、产毒。在其所产毒素中,大多数只损害肠上皮细胞而不通过血液循环损害其他组织器官,但少部分能引起全身症状。大肠杆菌感染小肠上皮细胞后,产生毒素,通过网格蛋白介导的内吞作用将其送给细胞内区的 MHC-Ⅱ,经加工后将其呈递给 TCR/CD3 复合体,在 CD4+ 的辅助下,激活辅助性 T 细胞,进一步激活 B 淋巴细胞,产生抗体。对大肠杆菌感染的免疫主要是由 Th、B 淋巴细胞介导的体液免疫负责。抗体的主要作用一方面可以灭活毒素,另一方面可进一步阻止大肠杆菌在小肠上皮细胞的黏附和定殖。在对抗中,如果机体免疫系统相对较弱,侵入细菌过多,毒力过强,导致腹泻的发生。

10.1.3 ETEC 的血清分型

血清型可按多种方法分类,但各血清型一般与菌种的毒力相关。完整的血清分型应包括菌体抗原(O 抗原)、荚膜抗原(K 抗原)、鞭毛抗原(H 抗原)及菌毛抗原(F 抗原)的鉴定。大肠杆菌抗原非常多,至今已发现 173 种 O 抗原,80 个 K 抗原,56 个 H 抗原及一些 F 抗原。与仔猪黄痢相关的大肠杆菌 O 抗原群主要有 O8、O9、O60、O64、O115、O139、O147、O149、O157等。引起黄痢的大肠杆菌 O 抗原类型在各地区之间不完全相同,而在同一地区,同一流行期间则以某几类为主。各种猪大肠杆菌病的 O 抗原群不具有明显区别,一种 O 抗原群在几种大肠杆菌病中都存在。Roskov 等(1961)首先报道了从英格兰患肠炎和水肿病病猪中分离到大肠杆菌 K88 黏附素,因为它是一种不耐热的抗原物质,故当时归类于不耐热荚膜抗原 K88。后来,确认其本质为蛋白质性黏附素,是猪源产肠毒素大肠杆菌中一种主要黏附素。在已建立的分类和命名体系中已将其确定为 F4,但因 K88 沿用已久,习惯上仍常以 K88 统称这一类黏附素。F4 有三种纤毛亚型,分别为 F4ab,F4ac 和 F4ad(Guinee and Jansen,1979;Orskov *et al.*,1964)。从腹泻仔猪中分离的菌株来看,引起断奶前腹泻主要株系为 F4、F5(K99)、F6(987p)或者 F41 型,其中,主要为 F4 大肠杆菌感染;引起断奶后腹泻的主要株系为 F18ab(F107)、F18ac(2 134p)和 Av24(Nagy *et al.*,1992;1996)。

10.1.4 产肠毒素的毒力因子及其致病性

产肠毒素大肠杆菌引起腹泻需要几个因子,如肠毒素的产生(Wilson and Francis,1986),细菌经胃道后的致病能力(Foster *et al.*,2005;Fu *et al.*,2003)和黏附到小肠黏膜的能力(Moon and Bunn,1993)。产肠毒素大肠杆菌的主要毒力因子包括黏附素(adhensin)、肠毒素(enterotoxin)、水肿病毒素(edemadiseaseprinciple,EDP)、内毒素(endotoxin),还有溶血素(haemolysin)。

1. 黏附素及其致病性

黏附素是一类表达于细菌细胞膜表面,长 0.5～3 μm,且在电镜下呈丝状、柔毛样的蛋白质结构,通常由多达 100 个相同的结构亚单位和各种不同微小的辅助蛋白构成,因在体内外试验中能介导细菌吸附于某些细胞上而得名。最先被称为纤毛(fimbria)或须毛(pili),后又被称为黏附因子(adhesion Factor)、定居因子(colonizing factor)等,因其形态上与菌毛相似又称为菌毛抗原。除产肠毒素大肠杆菌外,其他许多大肠杆菌也能产生黏附素。至今已从猪源大肠杆菌中发现了 F4、K99、987P、F41、F42、F107 等黏附因子。F4 大肠杆菌根据其免疫学特征可分为 F4ab、F4ac、F4ad。黏附素是不耐热抗原,在 110℃下 20 min 即被破坏,能在 37℃下培养时表达,而在 18℃时不表达。黏附素是致病性大肠杆菌感染动物的先决因子且具有宿主特异性,它使致病菌附着于肠道上皮细胞上,避免因动物消化道不断向肛门方向的蠕动而被迅速排出,为细菌在此大量生长繁殖和产生毒素致病创造条件。

2. 肠毒素及其致病性

产肠毒素大肠杆菌产生两种肠毒素,一种是热稳定肠毒素(heat-stable enterotoxin,ST);另一种是热敏肠毒素(heat-labile enterotoxin,LT),其化学本质都是蛋白质。LT 对热敏感,60℃加热 30 min 即被灭活,根据抗原性可分为 LT - Ⅰ(又分为人源 LTh - Ⅰ和猪源 LTp - Ⅰ)和 LT - Ⅱ(又可分为在血清学上不相关的 LT - Ⅱa 和 LT - Ⅱb);ST 对热稳定,在 100℃加热 30 min 和 121℃处理 15 min 仍能保持其生物活性,根据抗原性及宿主差异,可将 ST 分为 STa(ST - Ⅰ)和 STb(ST - Ⅱ)两类,两者在很多方面都不相同。LT - Ⅰ和 ST 是导致腹泻的直接毒力因子。由 LT - Ⅰ引起的腹泻较迟缓但持久,而 ST 致腹泻作用则迅速而短暂,它们的作用机理互不相同。LT 通过其 B 亚单位将全毒素结合到肠上皮细胞神经节苷酸受体上,其 A1 片段(用胰蛋白酶处理可将 A 亚单位分解为 A1 和 A2 两个片段)进入肠上皮细胞激活胞浆内的腺苷酸环化酶,使靶细胞内环—磷酸酰苷(cAMP)的浓度增加,从而改变细胞膜对水和盐离子的通透性,使大量水、盐进入肠腔而引起腹泻。A2 片段将众多 B 亚单位与 A 亚单位连接起来。STa 能激活颗粒性鸟苷酸环化酶,增加肠上皮细胞内环—磷酸鸟苷(cGMP)浓度,导致细胞水盐代谢紊乱而引起腹泻。

3. 水肿病毒素及其致病性

水肿病毒素是引起猪水肿病的毒力因子,它可能是一种神经毒素,与水肿病猪出现的神经症状有关。从目前资料来看至少包括变异型志贺样毒素(shiga-like toxinvariety,SLT),它对Hela细胞和Vero细胞均有毒性,这种毒性能被SLT-Ⅱ抗血清中和。

4. 内毒素及其致病性

内毒素存在于细菌细胞内,是大多数革兰氏阴性细菌细胞壁的组成成分,只有当细菌细胞崩解时才能释放出来。大肠杆菌的内毒素在化学本质、致病性等方面都与其他革兰氏阴性菌的内毒素相同。

5. 溶血素及其致病性

溶血素是使细菌在鲜血平板上引起溶血的一类物质,许多细菌溶血素的致病作用还无定论。尽管有人用仔猪水肿病分离到溶血性大肠杆菌的无菌提取液复制出了水肿病,但仅凭此还无法确定溶血素与水肿病的关系。因为这种提取液中可能还含有其他物质,而这种物质恰好是引起水肿病的毒力因子。同时,有溶血性的大肠杆菌也经常从黄痢病中分离到。当然,也正是由于从仔猪黄痢和水肿病分离到的细菌经常具有溶血性,就无法轻易否定溶血素的致病作用。

10.2 仔猪小肠上的大肠杆菌受体

10.2.1 受体的作用

并不是所有猪都对F4大肠杆菌易感,部分能天生抵抗大肠杆菌感染。易感性/抗性是由于仔猪小肠上皮细胞拥有/缺少与细菌纤毛黏附的受体引起的。如果仔猪有受体则大肠杆菌可以特异性地黏附到受体上,抵御肠道蠕动和肠液冲刷作用,定居于小肠,产生大量毒素,进而引起小肠大量分泌水和电解质或者影响小肠对水和电解质的吸收,如果大肠不能将来自小肠过多的水和电解质吸收则引起腹泻。Sellwood等(1975)、Gibbons等(1977)证实肠道受体的有无是由常染色体上单基因决定的,它们具有完全的显隐性关系,隐性纯合子表现为无受体,对大肠杆菌抗性;显性纯合子和杂合子表现为有受体,表现为大肠杆菌易感。

10.2.2 受体的性质

不同受体是由不同物质组成的,其中K99的受体是唾液酸、神经结苷和 D - 半乳糖;而987P的受体为糖蛋白、D - 半乳糖和 L - 岩藻糖9;F41的受体有 D - 半乳糖、血型糖蛋白。对三种F4黏附素的研究就更多。Blomberg等(1989)报道大肠杆菌F4受体分为两种,一种是小肠上皮黏膜受体,一种是嵌入到小肠的黏液受体。Willemsen等(1992)发现黏液受体包括25、35和60 ku的多肽,小肠刷状缘受体包括16 ku和一系列40～72 ku蛋白;Jin等(2000)发现黏液蛋白是80 ku的糖蛋白。有研究报道F4ab受体和F4ac受体是糖蛋白,而F4ad受体是糖脂类(Erickson *et al.*,1994;Grange *et al.* 1999;Billey *et al.*,1998)。

10.2.3　肠道不同部位、日龄等对受体的影响

对于受体在小肠各部位的分布情况,不同学者持不同观点,但一般认为小肠不同区段受体水平差别很大。Chandler 等(1994)利用酶免疫反应检测肠道不同区段内的受体水平,结果发现不同区段差别很大,小肠中部水平最高,小肠前后段也有很多,但是从盲肠或者下游就检测不到。Jin 等(2000)也报道小肠不同区段受体数目相差很大。有的学者认为小肠各区段受体水平并没有差别,Bijlsma 等(1982)利用小肠前 1/3,后 1/3 以及空肠中部进行检测,结果前、中、后三段黏附并无差异。猪大肠杆菌病具有明显的年龄特征,黄痢主要发生于仔猪 1 周龄内,白痢发生于 10～30 日龄间,而猪水肿病多在断奶前后出现。有人认为,这种特征可能与猪肠道黏膜上皮细胞的受体表达水平和日龄有关。Hu 等(1993)发现有两种大肠杆菌 F4ad 受体,其中表现为强黏附的受体贯穿于整个生命中,弱黏附受体在 16 周龄后不再表达。Jin 等(2000)发现小肠受体独立于时间,而黏液受体的表达与时间有关,在 1 周龄和 35 日龄可以检测到黏液受体,但在 6 个月时却检测不到。大肠杆菌在生长期任何时间,尽管其菌毛的合成速率不同,但其数量相同且有相同的黏附能力(Blomberg *et al.*,1993)。Bijlsma 等(1982)利用 5 周龄和 8 月龄猪进行对照实验没有发现差别。另外,将小肠刷状缘细胞与等体积甘油混合存储于−20℃后也不影响黏附检测,保存 6 个月后再检测仍能得到相同的结果。

10.2.4　仔猪产肠毒素 F4ab/ac 受体的遗传特性

Sellwood 等(1975)首先发现一头猪缺乏大肠杆菌 F4ac 受体,从而对大肠杆菌 F4ac 血清型具有抗性而不发生腹泻。Gibbons 等(1977)指出,引起大肠杆菌 F4ac 受体遵循孟德尔遗传,显性基因 S 控制有受体,猪只表现为对大肠杆菌 F4ac 敏感型,隐性基因 s 为无受体,表现为抗性。Bijlsma 和 Bouw(1987)指出一个基因座同时编码 F4ab 和 F4ac 两种黏附素的受体。Python 等(2005)研究后也认为大肠杆菌 F4ad 受体基因服从孟德尔遗传。

在大多数品种中,F4ab 受体和 F4ac 受体两基因座间存在紧密连锁,仅很少猪为 F4ab 受体(＋)/F4ac 受体(－),然而在汉普夏猪中发现有较高的 F4ab 受体(＋)/F4ac 受体(－)表型频率,其重组率为 1%～2%。随着研究的不断深入,预期将会在某些品种中出现较高频率的重组单倍型 F4ab 受体(＋)/F4ac 受体(－)和 F4ab 受体(－)/F4ac 受体(＋)。

10.2.5　受体的检测以及影响因素

受体的有无可通过仔猪小肠上皮细胞与大肠杆菌体外黏附实验来进行检测,针对三种大肠杆菌 F4 血清型,共发现了 7 种黏附类型。Bijlsma 等(1982)利用大肠杆菌 F4ab、F4ac 和 F4ad 三种菌株对仔猪小肠上皮细胞进行体外黏附实验,结果发现五种黏附模式,分别为 A 型(三种菌株均黏附)、B 型(F4ab 和 F4ac 黏附,F4ad 不黏附)、C 型(F4ab 和 F4ad 黏附,F4ac 不黏附)、D 型(只黏附 F4ad)和 E 型(全不黏附)。其后 Bonneau 等(1990)、Baker 等(1997)和 Li 等(2007)又分别发现了 G 型(只黏附 F4ac)、F 型(只黏附 F4ab)和 H 型(F4ab 和 F4ad 黏附,F4ac 不黏附)。另外,除了黏附型和非黏附型外,还存在弱黏附型,对这种现象的解释是上位

基因的影响或受体基因表达时受到抑制或校正(Bijlsma and Bouw,1987)。Billey 等(1998)假定弱黏附是一种假象,因为很少被检测出来。到目前为止已在很多研究中都发现了弱黏附型,更多人倾向于将弱黏附单独列为一种黏附类型。Python 等(2005)认为控制 F4ab 弱黏附受体有无的基因与控制 F4ab 强黏附受体有无的基因是不同的。少数几个细菌黏附可能说明细菌与受体间互作的低亲和力,或者也可能说明受体的密度比较低,或者受体被其他的分子所阻碍。一个可能的结果是只黏附几个细菌受体的致病能力,比黏附较多细菌受体的致病能力低,但弱黏附受体对大肠杆菌是否敏感还不清楚。Sellwood 等(1980)描述了 F4ac 受体的一种中间类型,即上皮细胞只黏附几个细菌,进行接种 F4ac 细菌不会产生腹泻。此外,通过体外黏附实验检测受体的有无,还会受到其他因素的影响。Sellwood 等(1980)还发现从有受体猪上分离出的刷状缘细胞用甲醛处理后仍可强烈黏附,但用戊二醛处理后刷状缘则不与 F4 黏附。Chandler 等(1994)发现黏附可以被胰岛素或者肠道下游的分泌物抑制,但在黏附之后再加上胰岛素或者下游分泌物仍可黏附 24~48 h。Jin 等(1998)发现卵黄抗体可以阻止大肠杆菌结合在小肠上皮细胞上,但结合后再加入抗体则无影响。

10.3　F4 受体候选基因的筛选

10.3.1　DDRT-PCR 技术筛选仔 F4 受体候选基因

Liang 和 Pardee(1992)发明了 mRNA 差异显示(mRNA differential display,DD)。Erric Haay 等(1994)将这种方法正式命名为差异显示反技术转录聚合酶链式反应(differential display reverse transcription polymerase chain reaction,DDRT-PCR)技术。其基本原理是:首先用 $3'$ 端锚定引物(anchor primer)$(dT)_{12}$MN 作为反转录引物反转录细胞总 mRNA,合成第一链 cDNA;然后用随机引物(arbitrary primer)和与反转录引物相同的锚定引物在用放射性同位素标记的 dNTP 存在下进行 PCR,随机扩增 cDNA 片段;将 PCR 产物在变性的聚丙烯酰胺凝胶上电泳分离,通过放射自显影展示并回收多态 cDNA 片段;将差异带二次 PCR 扩增并通过 Northern 杂交验证、克隆、测序差异 cDNA 片段。将所得片段用 BLAST 与 GenBank 数据库内的已知序列做比较,确定片段是否是新序列(基因)。利用 DDRT - PCR 技术,可比较不同细胞或相同类型细胞在不同条件下 mRNA 的表达差异,其用于疾病研究即可检测某一疾病状态的特定细胞型的基因表达情况。这些基因的有关知识可帮助理解疾病的病理过程以及抗性遗传控制机理。

贵州久仰香猪对仔猪腹泻具有很强的抵抗能力,是研究仔猪腹泻抗性分子遗传基础的宝贵材料。Qi 等(2004)以久仰香猪、剑白香猪和长白猪三个品种的断奶前仔猪为材料,进行了发生和不发生腹泻仔猪的胸腺、脾脏和小肠组织的 DDRT-PCR 分析,以及久仰香猪小肠组织对大肠杆菌的不同黏附型的 DDRT - PCR 分析。将同一类型的 RNA 样品混池后,采用 3 条锚定引物×7 条随机引物,共 21 个引物组合,硝酸银显色,进行差异显示研究,筛选特异表达基因。

在不发生腹泻仔猪的胸腺 RNA 中检测到网格相关蛋白、SOP2 及 HPK/GCK-LIKE KINASE(HGK)三条序列的特异表达。在发生腹泻仔猪的胸腺 RNA 池中检测到三条特异表达基因,其中两条为新序列,一条为相似性较高的未知功能序列。网格相关蛋白、SOP2 及 HGK 的特异表达与胸腺作为机体中枢免疫器官的功能密切相关。胸腺是淋巴细胞等免疫细胞发生、分化和成熟的场所。大肠杆菌致病产生的信号,导致肌动蛋白骨架结构的重排。通过激酶级联 HGK MEKKs MKK4,MKK7JNKs 这一途径,引发许多细胞效应,如细胞增殖、细胞转换、分化和细胞程序性死亡。在 T 细胞的成熟和分化过程中涉及大量的 T 细胞膜受体分子的合成,转运、CD3/TCR 复合体的组装、表面膜结合标志性蛋白 CD4/CD8 及大量的细胞程序性死亡。

在不发生腹泻仔猪的脾脏 RNA 池中检测到 5 个特异表达基因,其中 3 个为相似性较高的已知功能基因,分别为前 B 细胞克隆增强因子(序列比较显示,该序列还与 Nck 转导蛋白同源)、长散布元件反转录酶和网格蛋白轻链 A。一条为相似性较高的未知功能序列,一条为新序列。在发生腹泻仔猪的脾脏 RNA 池中检测到 5 条特异表达基因,其中一条与脯氨酰羧肽酶基高度相似性较高,两条为相似性较高的未知功能序列,两条为新序列。脾脏是外周淋巴器官,是淋巴细胞接受抗原刺激产生免疫应答的场所。抗原通过胞吞作用到达溶酶体或到达内区,如 MHC-Ⅱ;由 MHC-Ⅱ 将其提呈给 CD4$^+$Th,进一步激发体液免疫反应。LINE-1 反转录酶在细胞应激时(如病毒、细菌侵入,药物等)自身免疫疾病中发挥一定的作用。脾脏的另一功能区就是作为 B 细胞成熟部位的生发中心。B 细胞前体增强因子在外周淋巴组织中的 B 细胞增殖和成熟为浆细胞和记忆细胞具一定作用。作为信号转导蛋白,Nck 通过活化免疫细胞,在免疫系统中发挥作用。脯氨酰羧肽酶在脾脏发病池中的特异表达与仔猪腹泻的关系还不能得到解释。

在不发生腹泻仔猪的小肠 RNA 池中只检测到一条新序列的特异表达,在发生腹泻的 RNA 池中检测到 5 条特异表达基因,其中一条与网格蛋白轻链 A 同源,一条为相似性较高的未知功能序列,其余 3 条为新序列。网格蛋白轻链 A 网格蛋白运输外界抗原中起重要作用。

在久仰香猪小肠对大肠杆菌的不同黏附型的差异显示研究中,除在非黏附表型中检测到过氧化氢酶的特异表达外,所得其他特异表达基因均为未知功能基因。

10.3.2 抑制性消减杂交(SSH)技术筛选仔猪腹泻抗性候选基因

抑制性消减杂交技术(suppression subtractive hybridization,SSH)是一种基于杂交二级动力学原理和抑制 PCR 技术筛选差异表达基因的方法。杂交二级动力学原理,即丰度高的单链 DNA 在退火时产生同源杂交的速度快于丰度低的单链 DNA,从而使原来在丰度上有差别的单链 DNA 相对含量达到基本一致。抑制 PCR 技术则是利用链内退火优于链间退火的特点,使非目的序列片段两端反向重复序列在退火时产生类似发卡的互补结构,无法作为模板与引物配对,从而选择性地抑制了非目的基因片段的扩增。这样既利用了消减杂交技术的消减富集,又利用抑制 PCR 技术进行了高效率的动力学富集(Diatchenko et al.,1996;1999)。

Li 等(2008)根据长白猪、大白猪、松辽黑猪三个品种共 310 头仔猪的 F4 黏附实验结果,结合抑制消减杂交实验样本的筛选原则,选中 6 头全同胞大白猪仔猪,其中 3 头均为 F4ab 和 F4ac 的黏附型,另 3 头均为非黏附型。将它们的小肠组织 RNA 分别混池,构成黏附池样本和非黏附池样本,通过抑制消减杂交实验,构建了仔猪大肠杆菌 F4ab/ac 黏附性状正向消减杂交文库,测序比对后共获得 26 个单一 cDNA 克隆(表 10-1),应用 BLAST 软件在 GenBank 中进行核酸同源性的比较和功能分析,结果发现 7 个克隆(AD1～AD7)与猪的已知基因部分区域的同源性为 97%～100%,10 个克隆(AD8～AD17)与其他物种的已知基因部分区域同源性为 81%～92%,9 个克隆(AD18～AD26)在 GenBank 中没有找到对应的同源序列。

表 10 - 1　仔猪 ETEC F4ab/ac 黏附相关基因在 GenBank 中同源性比对结果

基因编号	片段大小/bp	同源基因的物种	同源基因编码蛋白	同源基因 GenBank 的序列号	同源性
AD-1	567	Homo sapiens	fumarate hydratase(FH), nuclear gene encoding mitochondrial protein	NM_000143	505/567 (89%)
AD-2	510	Sus scrofa	RPL10a(RPL10A)	DQ629164	509/510 (99%)
AD-3	438	Homo sapiens	tumor-associated calcium signal transducer 1(TACSTD1)	NM_002354	355/438 (81%)
AD-4	370	Homo sapiens	voltage-dependent anion channel 3 (VDAC3)	NM_005662	331/368 (90%)
AD-5	343	Homo sapiens	U2 small nuclear RNA auxiliary factor 2(U2AF2)	NM_007279	292/343 (85%)
AD-6	266	Sus scrofa	non-histone protein HMG2(HMGB2)	NM_214063	264/266 (99%)
AD-7	244	Sus scrofa	lectin, galactoside-binding, soluble, 4 (galectin 4)(LGALS4)	NM_213981	242/244 (99%)
AD-8	217	Sus scrofa	O-linked N-acetylglucosamine(GlcNAc) transferase(UDP-N-acetylglucosamine:polypeptide-N-acetylglucosaminyltransferase)(OGT)	NM_001039748	216/217 (99%)
AD-9	196	Homo sapiens	serglycin(SRGN)	NM_002727	161/196 (82%)
AD-10	186	Homo sapiens	cold inducible RNA binding protein (CIRBP)	NM_001280	160/184 (87%)
AD-11	182	Sus scrofa	fumarate hydratase(FH)	NM_214281	182/182 (100%)
AD-12	182	Homo sapiens	hyaluronoglucosaminidase 2(HYAL2)	NM_033158	167/182 (92%)
AD-13	179	Pan troglodytes	PREDICTED: TM2 domain containing 2(TM2D2)	XM_001136324	150/178 (84%)
AD-14	180	Sus scrofa	COX7C1	DQ629155	180/180 (100%)
AD-15	161	Homo sapiens	methyltransferase like 9(METTL9)	NM_016025	141/160 (88%)
AD-16	156	Bos taurus	myosin IA	BC105312	133/156 (85%)
AD-17	101	Sus scrofa	liver fatty acid binding protein(FABP)	AY960623	97/100 (97%)

10.4 仔猪腹泻大肠杆菌 F4ab/ac 受体候选基因分析

10.4.1 转铁蛋白(Tf)

转铁蛋白(transferrin,Tf)是一种糖蛋白,是血浆中 β 球蛋白与铁结合的一种复合物。一个转铁蛋白能与 2 个三价铁离子结合,将铁运送到骨髓,用于合成血红蛋白。此外,转铁蛋白还有抗微生物的作用。Ashton(1960)和 Kristjansson(1960)分别首次报道了转铁蛋白的遗传多态性。迄今为止国外猪育种工作者已对包括长白、杜洛克、大约克等著名猪种在内数 10 个欧、美、亚猪种的转铁蛋白多态性进行了系统研究。国内也对太湖猪、金华猪、八眉猪、赣州白猪等 10 多个猪种转铁蛋白的多态性进行了探索。研究发现有 2 个常见基因,7 个稀有基因。欧亚品种的优势基因是 TfB,而约克夏、汉普夏、杜洛克的是 TfA,东亚猪种的 TfC 有较高的频率(Tanank et al.,1983),此外,TfC 是多数日本野猪的优势基因,而在欧洲野猪中有一个部分缺乏型的等位基因 TfF;稀有基因只存在于一些特定品种中,如 TfE 仅在汉普夏中发现,TfI 仅在欧洲野猪中发现(Juneja and Vogeli,1998)。

Philippe 等(1996)在研究仔猪 F4 受体研究时发现肠膜中有 F4ab 表型特有的糖蛋白,分子质量为 74 ku,属于转铁蛋白家族,但不同于相同黏附表型仔猪的血浆转铁蛋白,肠和血浆转铁蛋白的糖基部分的分子组成不同。由于肠黏膜的转铁蛋白紧紧嵌入膜内,因此,F4ab 菌毛 - 转铁蛋白 - 细胞转铁蛋白受体的复合体可随细菌黏附于黏膜的特定位点,提出了猪小肠结合的转铁蛋白复合体是对大肠杆菌 F4ab 菌毛的一种特异受体的假说。另外,研究也暗示转铁蛋白基因和大肠杆菌 F4ab 和 F4ac 的抗性与否可能有关(Bijlsma et al.,1987;Edfors-Lilja et al.1995;Mouricout et al.,1997)。

徐如海(2004)利用不连续聚丙烯酰胺凝胶电泳研究了长白猪、剑白香猪和久仰香猪中转铁蛋白的多态性,结果见表 10 - 2。

表 10 - 2　转铁蛋白的基因型和基因频率

基因型/等位基因	久仰香猪 (n=86)	剑白香猪 (n=70)	长白猪 (n=54)	基因型/等位基因	久仰香猪 (n=86)	剑白香猪 (n=70)	长白猪 (n=54)
AA	0.104 7	0	0	CC	0.930 0	0	0
AB	0.244 2	0.145 2	0.243 9	A	0.337 2	0.112 9	0.195 1
AC	0.220 9	0.080 6	0.146 3	B	0.366 3	0.580 6	0.475 6
BB	0.151 2	0.241 9	0.097 6	C	0.296 5	0.308 6	0.329 3
BC	0.186 0	0.532 3	0.512 2				

由表 10 - 2 可以看出,所研究三个猪种中,转铁蛋白有 A、B、C 三个等位基因,共有 6 种基因型,久仰香猪中 6 种基因型都有,而 AA 和 CC 基因型在剑白香猪和长白猪中都没有发现。久仰香猪、剑白香猪和长白猪的优势等位基因型分别为 AB、BC、BC。B 等位基因是三个猪种(系)的优势等位基因。

在分析剑白香猪、长白猪和久仰香猪三群体大肠杆菌 F4ab、F4ac 和 F4ad 小肠黏附型的基础上,结合转铁蛋白的不连续聚丙烯酰胺凝胶电泳分析结果,用 TDT/S-TDT 1.1 软件进行了转铁蛋白基因多态性与大肠杆菌 F4ab、F4ac 和 F4ad 三种不同黏附表型的关联分析,结果 Tf 的等位基因 A 与 F4ab、ac 和 ad 黏附表型的关联性分别达到了 $p<0.000\ 1$、$p<0.001$ 和 $p<0.05$ 的显著性水平。

Bijlsma 等(1987)报道转铁蛋白位点(Tf)与 F4ac 受体位点的连锁。Edfors-Lilja 等(1995)用瑞典约克夏×欧洲野公猪的杂种做材料,经过三代系谱的连锁分析,将猪小肠对 F4ab 和 F4ac 受体的位点定位于 13 号染色体,并确定了 F4ab 和 F4ac 受体位点紧密连锁($\theta=0.01$),F4ab 受体位点与 Tf 相距 7.4 cM,推测 Tf 基因与 F4ab 抗性存在一定关系。Mouricout 等(1997)比较了不同品种中 Tf 基因的多态性,发现中国梅山猪和法国利木辛猪中 Tf 基因只有 B 和 C 两种等位基因,频率分别为 89%、11% 和 82%、18%,而在 Gascon 猪中存在 A、B、C 三种等位基因,大白猪中有 A 和 B 两种等位基因。另一方面,在中国梅山猪尚未发现 F4ab 和 F4ac 黏附表型,这进一步提示 Tf 的等位基因 A 与大肠杆菌 F4ab 和 F4ac 的黏附有关。

10.4.2 肿瘤相关钙离子信号转导因子 1(TACSTD1)

T 肿瘤相关钙离子信号转导因子 1(tumor-associated calcium signal transducer 1, ACSTD1)又称小肠上皮细胞黏附因子 Ep-CAM(epithelial cell adhesion molecule)。小肠上皮细胞是黏膜免疫系统的主要组成部分,是抵御外来病原物或抗原的一道重要免疫屏障。Haisma 等(1999)发现,TACSTD1 基因编码癌症相关抗原,在大部分正常上皮细胞和胃肠道肿瘤中表达,被认为是细胞黏附分子,可作为人类肿瘤免疫治疗的靶点。Nochi 等(2004)研究发现 Ep-CAM 基因编码相关因子是猪抵御外界对小肠黏膜感染的第一道免疫屏障。李何君(2008)利用辐射杂交技术将 TACSTD1 基因定位在猪 3 号染色 3q11-q14,与微卫星 SW236 紧密连锁。

对不同黏附表型的个体(3 个黏附,3 个非黏附,与抑制消减杂交样本为相同个体)的小肠组织进行实时荧光定量 PCR,以检测 TACSTD1 基因在不同黏附表型中的表达量,结果见表 10-3。可见 3 个黏附个体的相对表达量均高于 3 个非黏附个体,3 个黏附个体相对表达量的平均值显著高于 3 个非黏附个体。

表 10-3 小肠组织中 TACSTD1 基因与 GAPDH 基因的相对表达量

表型	个体	编号	相对表达量(TACSTD1/GAPDH)	平均值	表型	个体	编号	相对表达量(TACSTD1/GAPDH)	平均值
黏附	D9312	A1	2.60		非黏附	D9301	NA1	1.58	
	D9306	A2	1.79			D9318	NA2	0.78	
	D9304	A3	3.29	2.56*		D9308	NA3	0.10	0.82

* $P<0.05$。

10.4.3 黏液素 4 基因(MUC4)

Jorgensen 等(2003)将大肠杆菌 F4ab/ac 受体基因定位在微卫星 SW207~SW225 之间,

认为最可能的顺序和遗传距离为 Sw207 - 3.4 cM - ETEC F4ab/ac - 0.4 cM - S0075 - 1.6 cM - Sw225。接着,在人类染色体的同源区段 HSA3q29,Jorgensen 等将 MUC4 基因作为 ETEC F4ab/ac 受体候选基因进行分析,并将结果申请了国际专利(PCT/DK2003/000807 或 WO2004/048606 - A2)。Jensen 等(2006)首次公布了 MUC4 基因内含子 7 中一个 G→C 突变与大肠杆菌 F4ab/ac 黏附表型之间关联。

然而,大肠杆菌 F4ab/ac 受体基因是否均为同一基因 MUC4 呢? Bonneau 等(1990)和 Guérin 等(1993)认为 ETEC F4ab/ac 受体基因为两个紧密连锁的位点。Python 等(2002)认为大肠杆菌 F4ab 强黏附受体与大肠杆菌 F4ab 受体为同一受体,被同一个基因所编码;而大肠杆菌 F4ab 弱黏附受体与大肠杆菌 F4ab 受体不是同一受体。Jørgensen 等(2004)认为大肠杆菌 F4ab/ac 受体基因为同一基因,即 MUC4。

针对以上问题,Li 等(2008)利用一个由 3 个品种(长白、大白和松辽黑猪)共 310 头仔猪构成的试验群体,来验证 MUC4 基因是否为大肠杆菌 F4ab/ac 的受体基因。对每个个体检测其 MUC4 基因内含子 7 中 G→C 突变位点的基因型和大肠杆菌 F4ab/ac 黏附表型。每个个体经过 Touchdown PCR 扩增,*Xba* I 酶切后,2% 琼脂糖电泳后,可检测到三种基因型:CC 型,只有 367 bp 一条带;GC 型,有 367 bp,216 bp、151 bp 三条带;GG 型,有 216 bp、151 bp 两条带(图 10 - 1)。

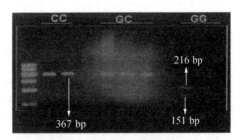

图 10 - 1　PCR 产物经 *Xba* I 酶切后琼脂糖电泳检测

在长白猪中,GG 基因型和 GC 基因型占绝大多数,达到了 79.8%;在松辽黑猪中,CC 基因型高达 100%;而在大白猪中,两者比较相当,分别为 47.7% 和 52.3%(表 10 - 4)。

表 10 - 4　长白、大白、松辽黑猪三个品种的基因型分布

品种	基因型			总共
	GG	GC	CC	
长白	30(35.7%)	37(44.1%)	17(20.2%)	84(100.0%)
大白	11(7.4%)	60(40.3%)	78(52.3%)	149(100.0%)
松辽黑猪	0(0)	0(0)	77(100.0%)	77(100.0%)

F4ab/ac 黏附表型检测结果显示,对于大肠杆菌 F4ab,在长白猪中,黏附类表型(包括黏附和弱黏附表型)占绝大多数,达到了 86.9%;在松辽黑猪中,非黏附类表型(指非黏附表型)占绝大多数,达到了 66.2%;而在大白猪中,两者比较相当,分别为 57.0% 和 43.0%(表 10 - 5)。

表 10 - 5　长白、大白、松辽黑猪群体的大肠杆菌 F4ab 黏附表型分布

品种	大肠杆菌 F4ab			总共
	黏附	弱黏附	非黏附	
长白	71(84.5%)	2(2.4%)	11(13.1%)	84(100.0%)
大白	84(56.4%)	1(0.6%)	64(43.0%)	149(100.0%)
松辽黑猪	20(26.0%)	6(7.8%)	51(66.2%)	77(100.0%)

对于大肠杆菌 F4ac,三个品种的表型分布呈现出同样的规律性。在长白猪中,黏附类表型(包括黏附和弱黏附表型)占绝大多数,达到了 79.8%;在松辽黑猪中,非黏附类表型(非黏附表型)占绝大多数,达到了 74.0%;而在大白猪中,两者相当,分别为 55.7% 和 44.3%(表 10 - 6)。

表 10 - 6　长白、大白、松辽黑猪三群体的大肠杆菌 F4ac 黏附表型分布

| 品种 | 大肠杆菌 F4ac 黏附表型 | | | 总共 |
	黏附	弱黏附	非黏附	
长白	66(78.6%)	1(1.2%)	17(20.2%)	84(100.0%)
大白	71(47.7%)	12(8.0%)	66(44.3%)	149(100.0%)
松辽黑猪	6(7.8%)	14(18.2%)	57(74.0%)	77(100.0%)

将 MUC4 基因型与 ETEC F4ab/ac 黏附表型进行关联分析,分别将弱黏附型归为黏附型和去除弱黏附型,结果见表 10 - 7 和表 10 - 8。

表 10 - 7　MUC4 基因型与 ETEC F4ab/ac 黏附表型关联分析(弱黏附归为黏附类表型)

| 基因型 | F4ab | | F4ac | |
	黏附类表型	非黏附类表型	黏附表型	非黏附表型
GG	41(100%)	0(0)	41(100%)	0(0)
GC	95(98%)	2(2%)	91(94%)	6(6%)
CC	48(28%)	124(72%)	38(22%)	134(78%)
总共	184	126	170	140
χ^2	158.44		167.73	
P 值	3.94E - 35		3.78E - 37	

表 10 - 8　MUC4 基因型与 ETEC F4ab/ac 黏附表型关联分析(弱黏附除外)

| 基因型 | F4ab | | F4ac | |
	黏附类表型	非黏附类表型	黏附表型	非黏附表型
GG	41(100%)	0(0)	41(100%)	0(0)
GC	94(98%)	2(2%)	87(94%)	6(6%)
CC	40(24%)	124(76%)	15(10%)	134(90%)
总共	175	126	143	140
χ^2	168.69		206.58	
P 值	2.35E - 37		1.39E - 45	

关联分析结果揭示 MUC4 基因内含子 7 的 G→C 突变与 F4ab/ac 黏附表型有极强的关联性,GG 基因型个体全部表现出对 F4ab/ac 的黏附,GC 基因型个体中仅个别个体表现出非黏附,CC 基因型个体中大部分表现出黏附,但有 24% 的个体表现出对 F4ab 黏附,10% 的个体表现出对 F4ac 黏附。如何解释这种少数个体基因型与表型之间的不吻合现象呢? 首先,在个体的黏附表型收集实验中,每个个体的体外黏附实验均遵守了严格的操作流程,可以排除由于判型错误导致的不吻合现象的发生。其次,在个体的 MUC4 基因型的判型实验中,对于 CC

基因型的个体,均进行了至少 2 次重复酶切判型,而且加大酶切所用的 PCR 产物量以及 Xba I 内切酶的用量,目的是为让酶切胶图能够一目了然,避免出现将 GC 基因型错判为 CC 基因型的情况发生。此外,还随机在 172 个 CC 基因型个体中抽取了 11 个个体进行直接测序验证,发现 11 个个体的序列与基因型判型结果完全吻合。据此,可以排除基因型判型错误的可能性,也就是说,这种不吻合现象是客观存在的。所以还不能确定 MUC4 基因内含子 7 中 G>C 的突变位点就是导致黏附表型产生差异的功能突变位点,有可能只是与此功能突变位点紧密连锁的一个突变位点,而该功能突变可能在 MUC4 基因内部,也可能在另一基因中。

10.5 F4ab/ac 受体基因的精细定位

对于 F4 受体基因的 QTL 定位国内外已有大量研究。对于 F4 三种亚型受体的研究曾出现两个大的分歧。一种是以 Vogeli 等(1992)为代表,他们报道 F4 受体与 EAL(L blood group system)连锁,EAL 位于 4 号染色体上(Marklund et $al.$,1993)。而 Gibbons 等早在 1977 年就报道 F4 受体与转铁蛋白(transferrin,TF)连锁,以后更多的研究认为 F4 受体与 TF 连锁,而转铁蛋白 TF 位于 13 号染色体上(Chowdhary et $al.$,1993)。

Bijlsma 和 Bouw 等(1987)报道存在两个紧密连锁的座位,一个编码 F4ab/F4ac 受体,一个编码 F4ad 受体,并且认为弱黏附是由于二个编码基因之间的上位效应造成的。Bonneau 等 (1990)认为常染色体上的两个基因分别控制 F4ab 和 F4ac 受体的有无,并且与 TF 紧密连锁。Guerin 等(1993)利用大白猪回交得到三代的家系资料与 TF 进行关联分析,结果表明 F4abR 和 F4acR 和 F4ad 是由三个基因座位控制的,其中编码 F4abR 和 F4acR 的基因是紧密连锁的,并且还分别与 TF 连锁,其中 F4ab 与 TF 间隔 14 cM,F4ac 与 TF 间隔 16 cM。Edfors‐Lilja 等(1995)利用欧洲野猪与瑞典大白母猪杂交,F1 代互交后得到 F2 代的三代系谱,选择了 128 个微卫星标记和血清铜兰蛋白(ceruloplasmin,CP)、转铁蛋白 TF 在内共 130 个位点进行连锁分析,结果认为 F4ab 和 F4ac 受体为紧密连锁的两个座位,F4ab 受体与 TF 间距离为 7.4 cM,得到顺序为:F4acR—TF—CP—S0084—SW398(图 10‐2)。2002 年,Python 等利用 8 头 0 世代、18 头 F1 代、174 头 F2 代的三代系谱共 200 个个体,将 F4ac 受体定位在微卫星 S0068 和 SW1030 间,接近微卫星 S0075 和 SW225。F4ac 受体与标记 S0068 和 SW1030 重组率分别为 0.05 和 0.04,与标记 S0075 和 SW225 的重组率为 0(图 10‐2)。Jorgensen 等 (2003)利用 Edfors‐Lilja 等(1995)用过的相同家系,筛选出 28 个信息含量丰富的标记,构建了 13 号染色体 159.1 cM 连锁图谱。经连锁分析,将 F4ab 和 F4ac 受体 QTL 定位在微卫星 SW207 和 SW225 间,很接近标记 S0075(图 10‐2)。Python 等(2005)又在原定位区段内增加新标记,加强标记密度,利用 176 头 F2 代个体更精细地定位 F4ac 受体,定位结果表明 F4ac 受体位于微卫星 SW207 和 S0283 之间,最可能的顺序为:SW207—S0075—F4acR—SW225—S0283(图 10‐2),与 Jorgensen 等(2003)结果很一致。通过黏附实验,他们认为控制 F4ab 强黏附与 F4ac 黏附的受体是一个受体,而控制 F4ab 弱黏附的受体是另外一个,这两个受体是由两个基因控制的,他们定位的是控制 F4ab 强黏附的受体。Jorgensen 等(2006)先利用 DNA 标记判断个体的 F4acR 基因型,然后攻毒,结果发现 F4acR[+] 有 74% 的仔猪腹泻,而 F4acR[−] 也有 20% 的仔猪腹泻。

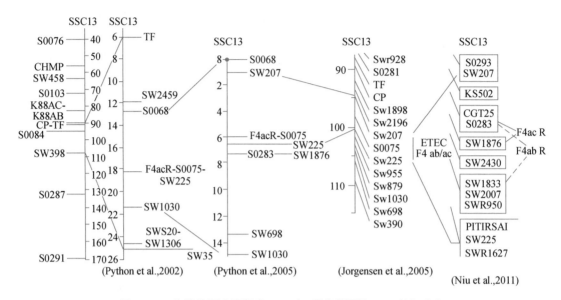

图 10 - 2   仔猪腹泻大肠杆菌 F4ab/ac 受体基因的 QTL 精细定位

(Edfor-Lilj *et al*. ,1995)

虽然 F4 ab/ac 受体基因已被定位到 6.9 cM 范围内,但在 6.9 cM 内存在大量基因,要确定 F4 受体基因还有一定难度,需要进一步缩短定位区间。为进一步精细定位仔猪 F4 受体基因,Niu 等(2011)以 3 个品种(大白猪、长白猪和松辽黑猪)的 16 个家系共 366 头仔猪为试验群体,在微卫星标记 S0293 与 SW225 间选择了 10 个微卫星标记(表 10 - 9),采用 PDT 软件(www. chg. duhs. duke. edu/)对黏附型数据和标记基因型数据进行关联分析。由于 PDT 只能用于对二分类性状的分析,而黏附表型有黏附、弱黏附和不黏附 3 种,但其中弱黏附型的比例很小,且有时可能存在对弱黏附型的误判,所以将弱黏附个体去除后进行分析。对每个标记分别进行分析,在分析中对不同家系按家系大小进行加权,对每个等位基因计算一个 P 值,然后综合成一个全局 P 值,作为判断该标记是否与黏附表型关联显著性的度量,结果见表 10 - 10。

表 10 - 9   用于 F4 受体基因精细定位的微卫星标记

标记	位置[a]	等位基因数	杂合度	PIC
S0293	63. 2	5	0. 617 6	0. 420 6
SW207	63. 2	4	0. 615 9	0. 502 4
KS502	64. 0	6	0. 530 2	0. 508 4
S0283	64. 8	6	0. 692 9	0. 634 7
CGT25	64. 8	6	0. 551 6	0. 623 7
SW1876	66. 4	8	0. 790 6	0. 813 4
SW1833	69. 6	6	0. 626 9	0. 681 8
SW698	71. 1	6	0. 501 8	0. 473 0
SW520	74. 4	7	0. 779 5	0. 762 7

a:标记在 NCBI 猪连锁图谱(性别平均)中的位置。

表 10 - 10 各微卫星标记对于 F4ab 和 F4ac 黏附表型的全局 *P* 值

Marker	S0293	SW207	KS502	S0283	CGT25	SW1876	SW1833	SW698	SW520
F4ab	0.587 2	0.183 1	0.269 9	0.024 8	0.029 3	0.272 6	0.011 5	0.742 7	0.604 6
F4ac	0.875 2	0.463 5	0.213 7	0.005 2	0.009 7	0.020 4	0.068 1	0.860 4	0.221 3

关联分析的结果表明，对于 F4ac，标记 S0283 和 CGT25（二者都位于 13 染色体的 64.8 cM 处）与黏附表型极显著地关联（$P<0.01$），在与它们相邻的右侧，还有一个标记 SW1876（位于 66.4 cM 处）也与黏附表型显著关联（$P<0.05$）。这一结果清楚地表明，F4ac 的受体基因位于标记 S0283 和 SW1876 之间的 1.6 cM 区域内，这一结果与 Jorgensen 等（2003）和 Python 等（2005）的连锁分析结果相吻合，他们将 F4ab 受体基因定位于标记 S0075 附近，该标记在 S0283 下游约 1.6 cM 处，但这一关联分析结果显著地提高了 F4ac 受体基因定位的精度。对于 F4ab，标记 S0283、CGT25 和 SW1833（位于 69.6 cM 处）都与黏附表型显著关联（$P<0.05$），结果尚不太明朗，有 2 个可能的位置，一是在标记 S0283（CGT25）附近，另一个是在标记 SW1876 附近，它们之间的距离为 5 cM。而前人的研究中，基本没有对 F4ac 进行单独分析，所以无法对结果进行比较。值得一提的是，已被证明与 F4ab/ac 黏附表型高度关联的 MUC4 基因位于标记 S0283 的左侧，在标记 KS502 和 S0283 之间。

长期以来，对于 F4ab 和 F4ac 受体是否由同一基因座控制还是由不同基因座控制没有统一的认识。多数结论都来自对 F4ab 和 F4ac 黏附表型模式的研究，在某些研究中（Bijlsma *et al.*，1987；Python *et al.*，2002），除了 F4ab$^+$/F4ac$^+$ 和 F4ab$^-$/F4ac$^-$（＋:黏附，－:非黏附）黏附模式外，没有或者很少有 F4ab$^-$/F4ac$^+$ 或 F4ab$^+$/F4ac$^-$ 模式，揭示 F4ab 和 F4ac 受体是由同一基因座控制的。而在另一些研究中（Guerin *et al.*，1993；Baker *et al.*，1997；Erickson *et al.*，1997；Li *et al.*，2007），有小部分的 F4ab$^-$/F4ac$^+$ 或 r F4ab$^+$/F4ac$^-$ 黏附模式出现，揭示这两个受体是由两个不同而紧密连锁的基因座控制的。以上关联分析所得到的 F4ab 和 F4ac 受体基因的不同定位结果支持后一推论。

仔猪腹泻大肠杆菌 F4 受体基因研究有了很大进展，但始终没有提供某个基因完全控制大肠杆菌 F4ab/ac 受体有无的科学依据，致使大肠杆菌 F4ab/ac 受体基因至今还未最终确定。随着 DNA 测序和生物芯片技术迅猛发展，使得高通量 SNP 标记检测技术在人类遗传学、流行病学研究领域广泛应用，并已成为当前基因组学研究无可替代的技术平台。2008 年，Illumina 公司推出了基于 BeadArray 技术的猪 60 K 高密度 SNP 商用芯片，包含了 62 163 个 SNPs 位点。此外，Ensemble 网站 2009 年首次发布了猪高密度遗传草图（http：//www.ensembl.org/Sus_scrofa/Info/Index），至今已更新至第十版基因组图谱（Sscrofa10），猪基因组测序计划已近完成，遗传标记信息和基因生物学功能注释正在不断完善，这为在基因组水平上研究猪重要经济性状的遗传本质提供了新机遇。基于系谱或随机群体，利用覆盖全基因组的高密度单 SNP 标记进行表型性状/基因的关联分析是一种复杂性状功能基因精确定位新策略。其基本原理是直接检测基因本身或附近微小区域（<0.1 cM）SNP 标记与数量性状表型信息的关联，获得特定的数量性状核苷酸位点（quantitative trait nucleotides，QTN），从而实现关键基因的精确定位。随着 SNP 芯片检测技术的成熟和猪基因组测序计划即将全部完成，借助全基因组关联分析策略，并结合基因表达谱信息和功能验证，有望最终确定仔猪腹泻大肠杆菌 F4ab/ac 受体基因，彻底揭示仔猪腹泻抗性的分子遗传机理。

参 考 文 献

[1] Ashton G C. Thread protein and β-globulin polymorphism in the serum proteins of pigs. Nature,1960:186:991 - 992.

[2] Alexander T J L. Neonatal diarrhea in pigs. In:Gyles CL(ed)Escherichia coli in domestic animals and humans. CAB International,Wallingford,UK,1994:151 - 170.

[3] Baker D R,Billey L O,Francis D H. Distribution of K88 Escherichia coli-adhesive and nonadhesive phenotypes among pigs of four breeds. Veterinary Microbiology,1990,54:123 - 132.

[4] Bijlsma I G,Bouw J. Inheritance of F4-mediated adhesion of Escherichia coli to jejunal brush borders in pigs:a genetic analysis. Vet Res Commun,1987,11(6):509 - 518.

[5] Bijlsma I G,Frik J F,et al. ,Different Pig Phenotypes Affect Adherence of Escherichia coli to Jejunal Brush Borders by F4ab,F4ac,or F4ad Antigen,Infection and Immunity, 1982,37(3):891 - 894.

[6] Billey L O,Erickson A K,Francis DH. Multiple receptors on porcine intestinal epithelial cells for the three variants of Escherichia coli F4 fimbrial adhesin. Vet Microbiol,1998, 59(2 - 3):203 - 212.

[7] Blomberg L,Cohen P S,Conway P L. A study of the adhesive capacity of Escherichia coli strain Bd 1107/7508(F4ac)in relation to growth phase. Microb Pathog,1989,14(1):67 - 74.

[8] Blomberg L,Krivan H C,Cohen P S,Conway P L. Piglet ileal mucus contains protein and glycolipid(galactosylceramide)receptors specific for Escherichia coli F4 fimbriae. Infect Immun,1993,61(6):2526 - 2531.

[9] Bonneau M,Duval-Iflah Y,Guérin G,Ollivier L,Renard C,Renjifo X. Aspects Génétiques et microbiologiques de la colibacillose K88 chez le porc. Annales de la Recherche Vétérinaire,1990,21:302 - 303.

[10] Chandler David S,Tracey L. Mynott,Richard K. J. Luke,John A. Craven. The distribution and stability of Escherichia coli F4 receptor in the gastrointestinal tract of the pig, Veterinary Microbiology,1994,38(3):203 - 215.

[11] Chowdhary B P,Johanssen M,Chaudhary R,Ellegren H,Gu F,Andersson L,Gustavsson I. In situ hybridization mapping and restriction fragment length polymorphism analysis of the porcine albumin(ALB)and transferrin(TF)genes. Animal Genetics,1993,24: 85 - 90.

[12] Diatchenko L,Lau YF,Campbell A P,Chenchik A,Moqadam F,Huang B,Lukyanov S, Lukyanov K,Gurskaya N,Sverdlov E D,Siebert P D. Suppression subtractive hybridization:a method for generating differentially regulated or tissue-specific cDNA probes and libraries. Proc Natl Acad Sci,1996,93:6025 - 6030.

[13] Diatchenko L,Lukyanov S,Lau Y F,Siebert P D. Suppression subtractive hybridization: a versatile method for identifying differentially expressed genes. Methods in Enzymolo-

gy,1999,303:349 - 380.

[14] Do C Stephens K,Townsend X Wu,T Chapman J,Chin B,McCormick Bara M,Trott D J. Rapid identification of virulence genes in enterotoxigenic Escherichia coli isolates associated with diarrhoea in Queensland piggeries. Aust. Vet. J,2005,83:293 - 295.

[15] Edfors-Lilja I,Gustafsson U,Duval-Iflah Y,Ellergren H,Johansson M,Juneja RK,Marklund L,Andersson L. The porcine intestinal receptor for Escherichia coli F4ab,F4ac:regional localization on chromosome 13 and influence of IgG response to the F4 antigen. Anim Genet,1995,26(4):237 - 242.

[16] Erickson A K,Baker D R,Bosworth B T,Casey T A,Benfield D A,Francis DH. Characterization of porcine intestinal receptors for the F4ac fimbrial adhesin of Escherichia coli as mucin-type sialoglycoproteins. Infect Immun,1994,62(12):5404 - 5410.

[17] Erickson A K,Billey L O,Srinivas G,Baker D R,Francis D H. A three-receptor model for the interaction of the F4 fimbrial adhesin variants of Escherichia coli with porcine intestinal epithelial cells. Adv Exp Med Biol,1997,412:167 - 173.

[18] Foster J W. Escherichia coli acid resistance:tales of an amateur acidophile. Nat. Rev. Microbiol,2005,2:898 - 907.

[19] Fu J H Porter,E E Felton,Lehmkuhler J W,Kerley M S. Pre-harvest factors influencing the acid resistance of Escherichia coli and *E. coli* O158:H7. J. Anim. Sci,2003,81:1080 - 1087.

[20] Gibbons R A,et al.. Inheritance of resistance to neonatal *E. coli* diarrhea on the pig:examination of the genetic system. Theoretical and Applied Genetics,1977,81:65 - 67.

[21] Grange P A,Erickson A K,Levery S B,Francis D H. Identification of an intestinal neutral glycosphingolipid as a phenotype-specific receptor for the F4ad fimbrial adhesin of Escherichia coli. Infect Immun,1999,67(1):165 - 172.

[22] Guerin G,Duval-Iflah Y,Bonneau M,Bertaud M,Guillaume P,Ollivier L. Evidence for linkage between F4ab,F4ac intestinal receptors to Escherichia coli and transferrin loci in pigs. Anim Genet,1993,24(5):393 - 396.

[23] Guinée P A M,Jansen W H. Behavior of Escherichia coli K antigens K88ab,K88ac,and K88ad in immuno-electrophoresis, double diffusion, and hemagglutination. Infect. Immun,1979,23:700 - 705.

[24] Haisma H J,Pinedo H M,Rijswijk A,der Meulen-Muileman I,Sosnowski BA,Ying W,Beusechem VW,Tillman BW,Gerritsen WR,Curiel DT. Tumor-specific gene transfer via an adenoviral vector targeted to the pan-carcinoma antigen EpCAM. Gene Therapy,1999,6:1469 - 1474.

[25] Hampson M C,Coombes J W,McRae K B. Pathogenesis of Synchytrium endobioticum:Ⅷ. The relationship between temperature and inoculum(pathotype 2)density in potato wart disease. Can J Plant Pathol,1994,16:195 - 198.

[26] Hu Z L,Hasler-Rapacz J,Huang S C,Rapacz J. Studies in swine on inheritance and variation in expression of small intestinal receptors mediating adhesion of the F4 entero-

279

pathogenic Escherichia coli variants. J Hered,1993,84(3):157 - 165.

[27] Jensen G M,Frydendahl K,Svendsen O,Jorgensen C B,Cirera S,Fredholm M,Nielsen J P,Moller K. Experimental infection of Escherichia coli O149:F4ac in weaned piglets. Veterinary Microbiology,2006,115:243 - 249.

[28] Jin L Z,Marquardt R R,Baidoo S K,Frohlich A A. Characterization and purification of porcine small intestinal mucus receptor for Escherichia coli F4ac fimbrial adhesin. FEMS Immunol Med Microbiol,2000,27(1):17 - 22.

[29] Jin L Z,Samuel K. Baidoo,Ronald R Marquardt,Andrew A. In vitro inhibition of adhesion of enterotoxigenic Escherichia coli F4 to piglet intestinal mucus by egg-yolk antibodies,FEMS Immunology and Medical Microbiology,1998,21(4):313 - 321.

[30] Jørgensen C B,Cirera S,Anderson S I,Archibald A L,Raudsepp T,Chowdhary B,Edfors-Lilja I,Andersson L,Fredholm M. Linkage and comparative mapping of the locus controlling susceptibility towards *E. coli* F4ab/ac diarrhoea in pigs. Cytogenet. Genome Res,2003,102:157 - 162.

[31] Jørgensen C B,Cirera S,Archibald A L,Anderson L,Fredholm M,Edfors-Lilja I. Porcine polymorphisms and methods for detecting them. International application published under the patent cooperation treaty(PCT). PCT/DK2003/000807 or WO2004/048606-A2,2004.

[32] Juneja R K and Vögeli P. Biochemical genetics,in:The genetics of the pig(M. F. Rothschild and A. Ruvinsky,eds). CAB International,New York,1998:105 - 134.

[33] Kristjansson F K. Genetic control of two blood serum protein in swine. Canadian Journal of Genetics and Cytology,1960,2:295 - 300.

[34] Liang P,Pardee AB. Differential display of eukaryotic messenger RNA by means of the polymerase chain reaction. Science,1992,257:967 - 971.

[35] Li H J,Li Y H,Niu X Y,Yang L,Qiu X T,Zhang Q. Identification and screening of gene(s)related to susceptibility to enterotoxigenic Escherichia coli F4ab/ac in piglets. Asian-Australasian Journal of Animal Science,2008,21(4):489 - 493.

[36] Li Y H,Qiu X T,Li H J & Zhang Q. Adhesive patterns of Escherichia coli F4 in piglets of three breeds. Journal of Genetics and Genomics,2007,34,591 - 599.

[37] Marklund L,Johansson Moller M,Hoyheim B,Davies W,Fredholm M,Juneja R. K,Mariani P,Coppieters W,Ellegren H,Andersson L. A comprehensive linkage map of the pig based on a wild pig-Large White intercross. Animal Genetics,1996,27:55 - 69.

[38] Moon H W,Bunn T O. (1993)Vaccines for preventing enterotoxigenic Escherichia coli infections in farm animals. Vaccine,1993,11:213 - 220.

[39] Mouricout M. Interactions between the enteric pathogen and the host. An assortment of acterial lectins and a set of glycoconjugate receptors. Adv. Exp. Med. Biol,1997,412:109 - 123.

[40] Nagy B,Arp L H,Moon H W,Casey T A. Colonization of the small-intestine of weaned pigs by enterotoxigenic Escherichia coli that lack known colonization factors. Vet. Pathol,1992,29:239 - 246.

[41] Nagy B,Casey T A,Moon H W. Phenotype and genotype of Escherichia coli isolated from pigs with postweaning diarrhea in Hungary. J. Clin. Microbiol,1990,28:651 - 653.

[42] Nagy B,Whipp S C,Imberechts H,Bertschingr H U,Dean-Nystrom E A,Casey T A, Salajka E. Biological relationship between F18ab and F18ac fimbriae of entrotoxigenci and erotoxigenic Escherichia coli from waned pigs with oedema disease or diarrhoea. Microbiol Pathogenesis,1996,22:1 - 11.

[43] Niu X Y,Li Y H,Ding X D,Zhang Q. Refined mapping of the Escherichia coli F4ab/F4ac receptor gene(s)on pig chromosome 13. Animal Genetics. DOI:10. 1111/j. 1365 - 2052. 2011. 02176. x,2011.

[44] Nochi H,Sung J H,Lou J,Adkisson H D,Maloney W J,Hruska K A. Adenovirus mediated BMP-13 gene transfer induces chondrogenic differentiation of murine mesenchymal progenitor cells. J Bone Miner Res,2004,19:111 - 122.

[45] Ørskov F,Sojka W J and Leach J M. Simultaneous occurrence of E. coli B and L antigens in strains from diseased swine. Acta Pathologica et Microbiologica Scandinavica Sect. B,1961,53:404 - 422.

[46] Ørskov F,Sojka W J W W. K-antigens,K88ab(L)and K88ac(L)in E. coli. Acta Pathol. Microbiol. Scand,1964,62:439 - 447.

[47] Philippe H,G Lecointre H L V L,H Le Guyader. A critical study of homoplasy in molecular data with the use of a morphologically based cladogram. Mol. Biol. Evol,1996, 13:1174 - 1186.

[48] Python P,H Jorg S,Neuenschwander C,Hagger C,Stricker E,Burgi H U,Bertschinger G Stranzinger,P Vogeli. Fine-mapping of the intestinal receptor locus for enterotoxigenic Escherichia coli F4ac on porcine chromosome 13. Anim Genet,2002,33(6):441 - 447.

[49] Python P,Jorg H,Neuenschwander S,Asai-Coakwell M,Hagger C,Burgi E,Bertschinger H U,Stranzinger G,Vogeli P. Inheritance of the F4ab,F4ac and F4ad E. coli receptors in swine and examination of four candidate genes for F4acR. J Anim Breed Genet,2005,122(Suppl. 1):5 - 14.

[50] Qi X,Zhang Q,Liu P,Song C,Xu R. Screening specifically expressed ESTs related to piglet diarrhea resistance. Acta Genetica Sinica,2004,31:251 - 256.

[51] Sellwood R. The interaction of the F4 antigen with porcine intestinal epithelial cell brush borders. Biochim Biophys Acta,1980,632(2):326 - 335.

[52] Sellwood R,et al. . Adhesion of enteropathogenic Escherichia coli to pig intestinal brush borders. The existence of two pig phenotypes. Journal of Medical Microbiology,1975,8: 405 - 411.

[53] Svensmark B,Jorsal S E,Nielsen K,Willeberg,P. Epidemiological studies of piglet diarrhoea in intensively managed Danish sow herds. Ⅰ. Pre-weaning diarrhoea. Acta vet. scand,1989a,30:43 - 53.

[54] Svensmark B,Nielsen K,Dalsgaard K,Willeberg P. Epidemiological studies of piglet diarrhoea in intensively managed Danish sow herds. Ⅲ. Rotavirus infection. Acta vet.

scand,1989b,30:63 - 70.

[55] Tanaka K,Oishi T. Geenetics relationship among several pig populations in East Asian analysed by blood groups and serum protein polymorphisms. Animal Blood Groups and Biochemical Genetics,1983,11:193 - 197.

[56] Vogeli P,Kuhn B,Kühne R,Obrist R,Stranzinger G,Huang SC,Hu ZC,Haster-Rapacz J,Rapacz J Evidence for linkage between the swine L blood group and the loci specifying the receptors mediating adhesion of K88 scherichia coli pilus antigens. Anim Genet,1992,23:19 - 29.

[57] Willemsen PT,de Graaf FK. Age and serotype dependent binding of F4 fimbriae to porcine intestinal receptors. Microb Pathog,1992,12(5):367 - 375.

[58] Wilson RA,Francis DH. Fimbriae and enterotoxins associated with E. coli serotypes isolated from clinical cases of porcine colibacillosis. Am. J. Vet. Res,1986,47:213 - 217.

第11章

奶牛产奶性状全基因组关联分析

　　自 1995 年 Georges 等首次对奶牛产奶性状 QTL 进行全基因组扫描以来，许多研究者都在不同的群体中进行了奶牛产奶性状 QTL 全基因组或部分基因组扫描，根据美国农业部国家动物基因组研究计划（National Animal Genome Research Program）所建立的动物 QTL 数据库（http：// www. animalgenome. org/QTLdb/）的最新统计（截止到 2011 年 4 月 30 日），已经发表了 274 篇关于牛 QTL 定位的论文，报道了 4 682 个 QTL，共涉及 376 个不同的性状。其中，与产奶性状（产奶量、乳脂量、乳蛋白量、乳脂率和乳蛋白率）有关的 QTL 有 1 212 个，分布在牛的所有 29 对常染色体上，以 6 号、14 号和 20 号染色体报道的次数最多。在 QTL 定位的基础上，一些与产奶性状有关的主效基因也被报道，其中包括位于 6 号染色体上的骨桥蛋白（osteopontin，OPN）基因，该基因中的一个 SNP，对产奶量、乳脂率和乳蛋白率有显著影响；位于 14 号染色体上的乙酰辅酶 A（diacylglycerol O-acyltransferase homolog 1，DGAT1）基因，该基因外显子中的一个 K232A 突变，可显著提高乳脂量，降低乳蛋白量和产奶量；位于 20 号染色体的生长激素受体（growth hormone receptor，GHR）基因，该基因编码区的一个引起苯基丙氨酸 - 酪氨酸改变的 SNP，对产奶量、乳脂率和乳蛋白率均有很大的效应。

　　从目前的研究结果看，虽然已发现的 QTL 很多，但被确认的主效基因却非常有限。这主要是因为从 QTL 到 QTN（quantitative trait nucleotide）是一件十分困难的事情，通常要经过 QTL 初步定位（用较稀密度的标记进行 QTL 连锁分析，将 QTL 定位在 10～20 cM 的区间内），到 QTL 精细定位（在 QTL 初步定位区间内增大标记密度，进行 LALD 分析，将 QTL 定位在 1 cM 以内的区间内），再到位置候选基因分析（在精细定位的区间内筛选候选基因和候选基因内的候选 QTN，进行与性状的关联分析），最后是候选 QTN 的功能验证（从基因表达、蛋白表达等方面验证候选 QTN 的功能）。这个过程可能十分漫长，而且需要大量经费和人力、物力。

　　随着人类、小鼠单倍型计划（HapMap Project）的完成以及牛、家禽和猪等主要畜种全基因组测序计划(Genome Sequencing Project)的完成,遗传学研究进入了一个新的时期。与此同时高通量的基因分型技术迅速发展,使得在全基因组范围内检测与复杂性状相关的序列变异成为可能。Affymetrix 和 Illumina 两大生物芯片公司相继推出了人类的高密度的 SNP 芯片和高通量全自动 SNP 分型技术,这些芯片上包含了 50 万～100 万个 SNP,畜禽的高密度 SNP 芯片也相继问世(如牛 54 K,猪 60 K、鸡的 60 K、马的 60 K 等商用 SNP 芯片)。随着这种高通量的 SNP 分型技术的出现,一种新的基因定位方法——全基因组关联分析(genome-wide association study,GWAS)被提出,其基本思想是利用覆盖全基因组的高密度 SNP 标记,通过对每个 SNP 标记或 SNP 单倍型与性状的关联分析,直接找到影响性状的 QTN 或与 QTN 处于高度连锁不平衡的 SNP,而不是以染色体区间形式表示的 QTL。近 5 年来,在人类和小鼠中已有大量全基因组关联分析的报道(CHO *et al.*,2009;EASTON *et al.*,2007;HIR-SCHHORN *et al.*,2005;HAKONARSON *et al.*,2007;LIU *et al.*,2008;TAKEUCHI *et al.*,2009),根据美国国家人类基因组研究中心(National Human Genome Reseach Institute,NHGRI,http://www.genome.gov)的报道,截至 2011 年 6 月,关于人类全基因组关联分析的研究报道已有 950 多篇,涉及 210 多个性状。

在人类全基因组关联分析研究的带动下,近年来,在畜禽中进行全基因组关联分析也陆续开展。在猪中,Onteru 等(2011)、Duijvesteijn 等(2010)、Fan 等(2011)分别对猪终身繁殖性能、猪脂肪组织中的雄激素浓度、胴体组成和结构健壮性进行了全基因组关联分析。在牛中,SNELLING 等(2009)、Mai 等(2010)、Pryce 等(2010)、SAHANA 等(2010)、Pausch 等(2011)、Bolormaa 等(2011)分别对产奶性状、繁殖性状、生长性状、采食性状等进行了全基因组关联分析。此外在鸡(Abasht and Lamont,2007)、犬(Karlsson *et al.*,2007;Zhou *et al.*,2010)等动物中也有关于全基因组关联分析的报道。

在我国,在畜禽中进行全基因组关联分析的研究还刚刚起步。Jiang 等(2010)利用中国荷斯坦牛群体进行了产奶性状的全基因组关联分析,其主要方法和结果如下。

11.1　资源群体

资源群体是进行全基因组关联分析的基础。本研究采用的是一个基于女儿设计的群体。试验牛群来自北京地区的中国荷斯坦奶牛,分布在 15 个牛场。这些牛场自 1999 年开始实行正式标准的 DHI 性能测定,是目前国内规模较大的牛场。根据牛只的产奶性能测定日记录(由中国奶牛协会提供)筛选进入资源群体的牛只,筛选的标准如下:①产犊月龄:1 胎在 22～37 月龄之间;2 胎在 33～54 月龄之间;3 胎在 44～65 月龄之间。②产量范围:产奶量在 1.5～90 kg/d;乳脂率和乳蛋白率 1.5%～8.5%。③测定日信息:要求在 5～305 d。④符合上述条件的一胎测定日记录不少于 5 条。⑤数据分布:每个公牛家系的女儿尽量在各个场中分布均匀,每头公牛的女儿数不小于 50。通过筛选最终选取了 14 个公牛家系,共 2 093 个女儿,女儿在公牛家系中的分布详见表 11-1。

表 11-1 试验牛群

公牛号	女儿数	公牛号	女儿数	公牛号	女儿数	公牛号	女儿数
1	358	8	247	5	101	12	113
2	195	9	108	6	108	13	131
3	159	10	86	7	104	14	91
4	83	11	209				

研究的性状包括产奶量(milk yield)、乳脂量(fat yield)、乳蛋白量(protein yield)、乳脂率(fat percentage)、乳蛋白率(protein percentage)。对这些性状用随机回归测定日模型估计育种值,并用估计育种值作为全基因组关联分析的表型值。这些性状的遗传力都属于中高遗传力,表 11-2 列出了 5 个产奶性状估计育种值的描述性统计量和可靠性。

表 11-2 5 个产奶性状估计育种值的描述统计量和可靠性

性状	平均值	标准差	最小值	最大值	可靠性均值和范围
产奶量(MY)	379.36	608.65	−1 667.00	2 553.00	0.63
					(0.50~0.71)
乳脂量(FY)	7.49	24.37	−73	94	0.52
					(0.41~0.70)
乳蛋白量(PY)	10.72	17.05	−49	74	*
乳脂率(FP)	−0.07	0.91	−0.90	0.27	*
乳蛋白率(PP)	−0.01	0.32	−0.42	0.10	*

* 与乳脂量相同。

11.2 SNP 基因型测定及质量控制

用于 SNP 基因型测定的 DNA 提取自母牛的血样和公牛精液,用 Illumina 公司生产的牛 54KSNP 芯片(BovineSNP50 BeadChip)进行 SNP 基因型测定,该芯片包含牛的全基因组内 54 001 个 SNPs 位点,再用 Illumina 公司提供的 Beadstudio 软件进行判型。为保证关联分析的效率和可靠性,对所获得的 SNP 基因型数据进行了质量控制,首先,剔除 SNP 基因型缺失率大于 10% 的个体,共剔除了 73 头母牛。第二,进行孟德尔遗传错误检验,剔除错误率大于 2% 的个体。检验的具体方法是,对每一个公牛和女儿对,随机抽取 10 000 个 SNP 基因型是纯合子的位点,如果有 200 个位点的基因型在公牛和女儿间不匹配,就将该女儿从样本中剔除,共剔除了 205 个女儿。第三,剔除判型率小于 90% 的 SNP,共剔除 1 218 个 SNP。第四,剔除最小等位基因频率(minor allele frequency,MAF)小于 3% 的 SNP,共剔除 11 008 个 SNP。第五,剔除极端不符合哈迪 - 温伯格平衡(p 值小于 10^{-6})的 SNP,共剔除了 482 个 SNP。第六,剔除最小基因型频数少于 5 个个体的 SNP,共剔除 1 073 个 SNP。经过如上的基因型质量控制后,还剩余 1 815 个个体和 40 220 个有信息的 SNPs 位点用于后续全基因组关联分析。基因型质量控制前后 SNPs 在染色体上的分布情况见图 11-1。经过质量控制的 SNP 在每条染色体上的平均距离见表 11-3。

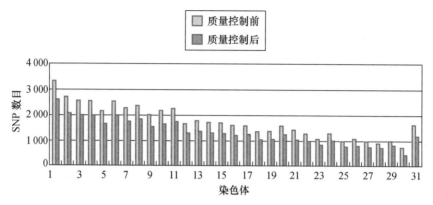

图 11-1　质控前后 SNPs 在各条染色体上的分布

（SSC31：染色体位置未知的 SNPs）

表 11-3　质量控制后每条染色体上 SNP 的数目和相邻 SNP 之间的平均距离

染色体	SNP 数目	平均距离[a]/kb	染色体	SNP 数目	平均距离[a]/kb
1	2 485	65	17	1 201	64
2	2 033	69	18	1 039	64
3	1 966	65	19	1 068	61
4	1 869	66	20	1 205	63
5	1 607	78	21	1 053	66
6	1 913	64	22	939	66
7	1 711	65	23	838	63
8	1 797	65	24	946	69
9	1 499	72	25	769	57
10	1 586	67	26	774	67
11	1 699	65	27	730	67
12	1 233	69	28	719	64
13	1 318	64	29	794	65
14	1 309	62	X	497	179
15	1 265	67	0[b]	1 178	
16	1 180	66	总和	40 220	

a：根据 Btau_4.0 牛的基因组序列；b：位于未知染色体上的 SNP 标记。

对于后面所采用的 L1-TDT 方法，由于公牛为纯合子的 SNP 不能提供信息，另外去除了 1 057 个 SNP，剩余 39 163 个位点进行 L1-TDT 分析。

11.3　全基因组关联分析统计方法

11.3.1　关联分析的统计模型

本研究用两种方法进行关联分析。

1. 基于传递不平衡的单 SNP 回归分析(L1 - TDT)

L1 - TDT 是一种基于传递不平衡的关联分析方法,适合于只有一个亲本具有基因型的情形(Kolbehdari *et al.* 2006)。由于在本研究中使用的是女儿设计,只有公牛和其女儿有 SNP 基因型,所以可采用 L1 - TDT 来分析公牛家系内女儿表型与公牛 SNP 等位基因向女儿的传递之间的关系,并检验 SNP 与性状之间的关联。模型如下所示:

$$y_{ij} = \mu + s_i + \beta \cdot TDS_{ij} + e_{ij}$$

其中 y_{ij} 是第 i 头公牛第 j 个女儿的某性状估计育种值,μ 是总平均,s_i 是公牛固定效应,TDS_{ij} 是指示变量,取值 $-1, 0$ 或 1,表示某个特定等位基因由第 i 个公牛传递给它的第 j 个女儿,β 表示回归系数,即 SNP 的替代效应,e_{ij} 表示随机残差。对于每个 SNP,β 通过加权最小二乘分析获得,权重为 $1/REL_{ij}$,其中 REL_{ij} 表示的是第 i 个家系第 j 个女儿的 EBV 的可靠性。SNP 与性状之间的关联是否显著通过 F 检验实现。

2. 基于混合模型的单 SNP 回归分析(mixed model based single locus regression analyses,MMRA)

本研究所构建的资源群体也可看成是一个随机群体,所以也可以采用基于随机群体的关联分析(population-based association analysis)的方法,通过比较某个 SNP 的 3 种不同基因型在性状表型值之间的差异来进行关联分析。这里采用的是基于混合模型的单标记回归分析方法(MMRA),模型如下所示:

$$y = 1\mu + bx + Za + e$$

其中 y 表示所有女儿的某性状估计育种值向量;b 是 EBV 对 SNP 基因型的回归系数;x 是 SNP 基因型的指示向量,分别用 $0, 1$ 或 2 对应 3 种基因型 $11, 12$ 和 22(假设 2 是较小频率的等位基因);a 是剩余多基因效应,服从正态分布 $a \sim N(0, A\sigma_a^2)$(A 表示加性遗传关系矩阵,σ_a^2 是加性遗传方差);e 是随机残差效应向量,服从 $e \sim N(0, W\sigma_e^2)$(W 是对角阵,对角元素等于 $1/REL_{ij}$,REL_{ij} 表示的是第 i 个家系第 j 个女儿的 EBV 的可靠性,σ_e^2 表示随机残差方差)。对每一个 SNP,b 的估计值以及相应的抽样方差 $Var(\hat{b})$ 可以通过混合模型方程(MME)得到。采用 Wald Chi-squared 检验法来检验 SNP 与性状关联的显著性,该检验的检验统计量为 $\hat{b}^2/Var(\hat{b})$,它服从自由度 $df = 1$ 的卡方分布。

11.3.2 对多重检验的校正

在全基因组关联中,由于要对每个 SNP 进行检验,检验次数等于要检验的 SNP 个数,这种多重检验可导致 Ⅰ 型错误扩大和假阳性关联,因而如何对多重检验进行校正是 GWA 研究所面临的重要问题之一。目前常见的多重检验校正方法包括 Bonferroni 校正、递减调整法(step-down adjustment)、数据重排法(data permutation)和控制错误发现率法(false discovery rate)等。尽管 Bonferroni 方法校正是最为保守和严格的一种方法,但是为了尽可能地降低假阳性率,目前在人类疾病的全基因组关联研究中仍普遍采用这种方法。本研究也使用这种方法来对多重检验进行校正。Bonferroni 校正的计算公式如下:

$$P_s = \frac{\alpha}{N}$$

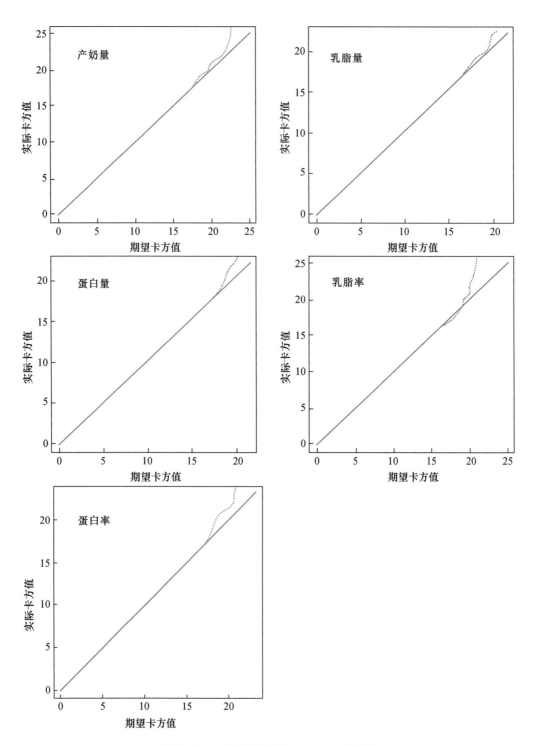

图 11 - 2　5 个产奶性状的 Q - Q plot 示意图

图中实线表示原假设下的期望值，虚线表示 MMRA 方法对 5 个产奶性状获得的 GWA 结果。通过观察值数据统计量与期望值统计量比较可以看出没有群体分层现象，同时也有一些位点表现出强烈的相关。

　　其中 P_s 是对于每次检验欲达到显著的所要求的 P 值的阈值，α 是所要求的总的犯 I 型错误概率,N 是检验次数。据此,对于两种分析方法,假定要求总的犯 I 型错误概率不大于 0.05,如果某个 SNP 的 Wald Chi-squared 检验统计量对应的原始 P 值小于 $0.05/N$(N 是分析中所涉及的 SNP 个数),就判定该 SNP 与性状的关联达到基因组水平显著。

11.3.3　群体分层检验

群体分层(即具有不同遗传背景的群体混杂在一起)被认为是影响关联分析结果可靠性的主要因素之一,即使是同源性较好的同一品种也可能存在群体分层。可以从两个方面来避免群体分层影响,一是采用适宜的资源群体,如基于家系的群体,并利用基于传递不平衡的统计分析方法(如前面所说的 L1 - TDT 法)进行关联分析。二是进行关联分析时采用特定的方法对群体分层的效应进行校正,目前可用的方法主要有:基因组控制法(genomic control,GC),结构关联法(structured association,SA)以及主成分分析法(principal components)。资源群体中是否存在群体分层可用 Q - Q 图进行判断。Q - Q 图是以每个 SNP 的检验统计量的观察值和在原假设(SNP 与性状无关联)下的期望值为数据对,在平面坐标上画出的曲线图。从图中可以看出是否产生出比期望更多的显著结果。如果存在群体分层会使整个分布偏离原假设下的分布。由于基于混合模型的单标记回归方法(MMRA)本身对群体分层问题并没有抵制作用,所以在分析之前,我们需要进行群体分层检验。5 个性状分别绘制 Q - Q plot 图,图中显示通过 SNP 关联分析计算的 χ^2 统计量分布与假设检验没有偏离,显著 SNP 位点观测值的 χ^2 统计量在期望值 χ^2 统计量上方,大约在校正后的基因组显著水平的位置。说明我们研究使用的中国荷斯坦奶牛群体并不存在群体分层现象,基于混合模型的关联分析的结果是可靠的,如图 11 - 2 所示。

11.4　与牛产奶性状显著关联的 SNPs

由 L1 - TDT 和 MMRA 两种方法得到的所有 SNPs 与 5 个性状关联性的显著水平(以 $-\lg(P)$ 表示)如图 11 - 3 所示。

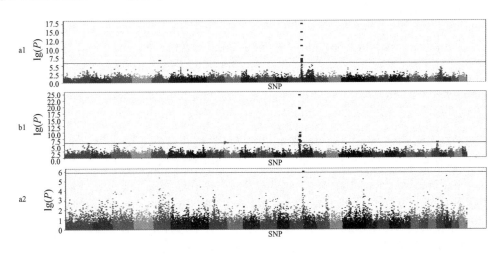

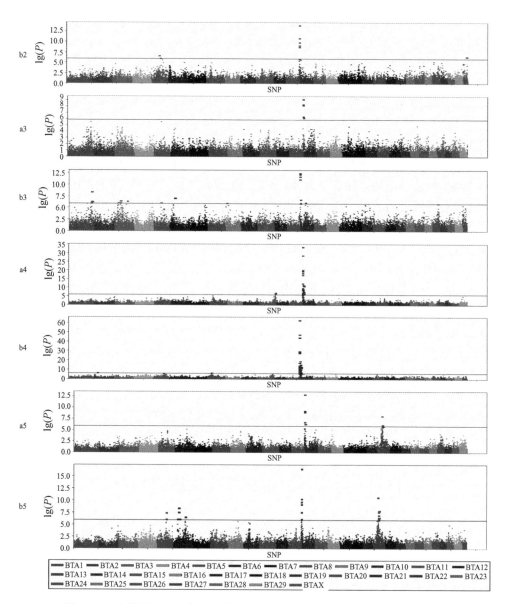

图 11-3　全基因组 SNP 与 5 个性状的关联性的显著性水平（－lg(P-values)）

1~29 号及 X 染色体分别用不同的颜色表示。图 a1,a2,a3,a4 和 a5 分别为由 L1-TDT 方法对产奶量,乳脂量,乳蛋白量,乳脂率和乳蛋白率的 GWAS 分析结果,图 b1,b2,b3,b4 和 b5 分别为由 MMRA 方法对产奶量,乳脂量,乳蛋白量,乳脂率和乳蛋白率的 GWAS 分析结果。图中水平的横线表示达到基因组显著水平的阈值,L1-TDT 方法的基因组显著性阈值为 $-\lg(1.28\times10^{-6})$,MMRA 方法的阈值为 $-\lg(1.24\times10^{-6})$。

　　L1-TDT 和 MMRA 方法分别检测出的与五个产奶性状显著关联的 SNP 数和两种方法共同检测出的显著 SNP 数目如表 11-4 所示。L1-TDT 或 MMRA 共检测出 20 个、9 个、21 个、65 个和 28 个与产奶量、乳脂量、乳蛋白量、乳脂率、乳蛋白率在基因组水平上显著关联的 SNP。这些显著 SNP 中,由于有些 SNP 位点同时影响多个性状,所以通过两种方法共检测出的影响 5 个产奶性状不重复的基因组水平显著 SNP 共有 105 个。其中两种方法都检测到的显著位点有 38 个,L1-TDT 方法和 MMRA 方法单独检测到的显著 SNP 分别是 4 个和 63 个。

表 11 - 4 　 L1 - TDT 和 MMRA 方法检测的显著 SNP 的数量

Trait	L1 - TDT	MMRA	Overlap[a]	Total[b]
MY	11	18	9	20
FY	1	9	1	9
PY	5	21	5	21
FP	37	61	33	65
PP	10	27	9	28

a:两种方法同时检测出的显著 SNP 位点数;b:L1 - TDT 或 MMRA 方法检测出的所有显著 SNP 位点数。

　　表 11 - 4 到表 11 - 6 显示的分别是影响 5 个产奶性状的显著 SNP 的原始 P 值以及它们在基因组上的具体位置和距离该位点最近的已知基因。下面对 5 个产奶性状的结果分别进行总结。

11.4.1　产奶量

　　如表 11 - 5 所示,L1 - TDT 方法和 MMRA 方法共检测出 20 个基因组水平显著的 SNPs,其中 14 个集中在 14 号染色体上 3.63 Mb 的区域内(物理位置在 0.07~3.7 Mb)。其他显著 SNP 分别位于 1 号、3 号、5 号、9 号和 26 号染色体上。在这 20 个 SNP 中有 10 个落入前人研究报道对产奶量有显著影响的 QTL 区间(Bagnato et al.,2008;Grisart et al.,2004;Lund et al.,2008),有 6 个位于已知基因的内部,其他 14 个 SNPs 与最近的已知基因的距离为 87~84 554 bp。

表 11 - 5 　 影响产奶量的基因组水平显著($P<0.05$)的 SNP

SNP 名称	染色体	物理位置/bp	位置最近的基因[c]		原始 P 值	校正 P 值
			基因名字	距离/bp		
ARS - BFGL - NGS - 91705[b] (rs43282015)	1	149 650 628	LOC614166	5 490	9.21E - 07	3.70E - 02
Hapmap38643 - BTA - 95454[b]	3	92 862 402	LOC534011	Within	6.24E - 07	2.51E - 02
BFGL - NGS - 110018[a] (rs41647754)	5	64 833 594	HAL	357	1.50E - 07	5.89E - 03
ARS - BFGL - NGS - 49079[b] (rs42517915)	9	5 763 632	LOC788012	56 757	3.53E - 07	1.42E - 02
BTB - 01921442[b] (rs43030751)	9	21 062 122	LOC100139865	30 952	6.61E - 07	2.66E - 02
Hapmap30383 - BTC - 005848[ab]	14	76 703	C14H8orf33	87	7.58E - 16	3.05E - 11
ARS - BFGL - NGS - 57820[ab]	14	236 532	FOXH1	3 396	1.39E - 20	5.59E - 16
ARS - BFGL - NGS - 34135[ab]	14	260 341	CYHR1	Within	6.18E - 08	2.49E - 03
ARS - BFGL - NGS - 94706[b] (rs17870736)	14	281 533	VPS28	Within	4.08E - 09	1.64E - 04
ARS - BFGL - NGS - 4939[ab]	14	443 937	DGAT1	160	1.16E - 25	4.67E - 21
Hapmap52798 - ss46526455[a] (rs41256919)	14	565 311	MAF1	Within	8.22E - 08	3.22E - 03

续表 11 - 5

SNP 名称	染色体	物理位置/bp	位置最近的基因[c]		原始 P 值	校正 P 值
			基因名字	距离/bp		
ARS - BFGL - NGS - 107379[ab]	14	679 600	LOC786966	460	2.33E - 20	9.37E - 16
UA - IFASA - 6878[ab] (rs41629750)	14	1 044 041	GRINA	15 662	8.74E - 08	3.52E - 03
Hapmap25486 - BTC - 072553[b]	14	1 285 037	GML	Within	3.32E - 07	1.34E - 02
Hapmap30646 - BTC - 002054[ab]	14	1 461 085	GPIHBP1	1 295	1.02E - 10	4.10E - 06
Hapmap30086 - BTC - 002066[ab]	14	1 490 178	ZNF66	1 566	7.74E - 10	3.11E - 05
ARS - BFGL - NGS - 100480[ab]	14	2 607 583	NIBP	Within	2.91E - 09	1.17E - 04
UA - IFASA - 6329[b] (rs41579243)	14	3 465 237	COL22A1	9 864	1.59E - 09	6.39E - 05
BFGL - NGS - 110563[b]	14	3 799 228	COL22A1	84 554	2.25E - 07	9.05E - 03
Hapmap50053 - BTA - 61516[b]	26	39 018 261	C26H10orf84	28 724	4.83E - 07	1.94E - 02

注:带有角标"a"的 SNPs 为只被 L1 - TDT 方法检测到的 SNPs,带有角标"b"的 SNPs 为只被 MMRA 检测到的 SNPs,带有角标为"ab"的 SNPs 为同时被两种方法检测到的 SNPs。斜体的 SNPs 是位于前人研究报道的 QTL 区间的 SNPs。圆括号内的内容是 SNP 在 NCBI 数据库中的名字(http://www.ncbi.nlm.nih.gov)。c:距离显著 SNP 最近的已知基因。

11.4.2 乳脂量

L1 - TDT 方法和 MMRA 方法共发现 9 个 SNPs 与乳脂量相关联达到了基因组显著水平。其中 6 个集中在 14 号染色体上 0.55 Mb 的区间内(物理位置从 0.05~0.6 Mb),2 个位于 5 号染色体上,1 个位于 X 染色体。9 个 SNPs 中有 8 个落入前人报道的影响乳脂量性状的 QTL 区间(Heyen et al.,2009)。2 个 SNPs 落入已知基因内部。其他 SNPs 距离最近的已知基因距离为 160~285 289 bp。详细信息见表 11 - 6。

表 11 - 6 影响乳脂量的基因组水平显著($P < 0.05$)的 SNP

SNP 名称	染色体	物理位置/bp	位置最近的基因		原始 P 值	校正 P 值
			基因名字	距离/bp		
Hapmap57440 - rs29017368[b] (rs29017368)	5	62 242 550	LOC515967	2419	2.22E - 07	8.93E - 03
Hapmap40191 - BTA - 73919[b] (rs41648982)	5	76 882 812	LOC511240	69845	8.10E - 07	3.26E - 02
Hapmap30381 - BTC - 005750[b]	14	50 872	C14H8orf33	23701	1.14E - 06	4.59E - 02
ARS - BFGL - NGS - 57820[b]	14	236 532	FOXH1	3396	1.23E - 10	4.95E - 06
ARS - BFGL - NGS - 34135[b]	14	260 341	CYHR1	Within	1.29E - 11	5.19E - 07
ARS - BFGL - NGS - 94706[ab] (rs17870736)	14	281 533	VPS28	Within	8.93E - 07	3.50E - 02
ARS - BFGL - NGS - 4939[b]	14	443 937	DGAT1	160	1.01E - 14	4.06E - 10
ARS - BFGL - NGS - 107379[b]	14	679 600	LOC786966	460	1.47E - 09	5.91E - 05
BTA - 90435 - no - rs[b] (rs41664719)	X	70 532 837	LOC516454	285289	3.35E - 07	1.35E - 02

注:与表 11 - 5 相同。

11.4.3 乳蛋白量

如表 11-7 所示，两种方法共检测到 21 个 SNPs 显著影响乳蛋白量。其中有 7 个 SNPs 集中在 14 号染色体上片段大小为 3.33 Mb 的区间（物理位置在 0.07～3.4 Mb）。另外有 5 个显著 SNPs 位于 3 号染色体上，4 个显著 SNPs 位于 1 号染色体上，其他几个显著 SNPs 分别位于 6 号、9 号和 26 号染色体上。21 个显著 SNPs 中有 14 个落入前人研究报道的影响乳蛋白量性状的 QTL 区间中（Ashwell et al.，2004；Daetwyler et al.，2008；GAO et al.，2009）。有 5 个显著的 SNPs 位于已知基因内部。其他显著 SNPs 距离最近的已知基因为 87～385 764 bp。

表 11-7 影响乳蛋白量的基因组水平显著（$P<0.05$）的 SNP

SNP 名称	染色体	物理位置/bp	位置最近的基因		原始 P 值	校正 P 值
			基因名字	距离/bp		
BTA-55340-no-rs[b] (rs41586699)	1	145 954 149	PDE9A	Within	9.72E-07	3.91E-02
BFGL-NGS-113002[b]	1	149 153 073	DIP2A	Within	4.56E-07	1.83E-02
ARS-BFGL-NGS-91705[b] (rs43282015)	1	149 650 628	LOC614166	5 490	3.57E-09	1.44E-04
ARS-BFGL-NGS-98387[b]	1	154 783 580	ETS2	16 9745	4.93E-07	1.98E-02
INRA-701[b] (rs41589462)	3	33 837 442	LOC539739	Within	7.75E-07	3.12E-02
BFGL-NGS-115461[b]	3	45 261 895	SLC30A7	7 306	8.47E-07	3.41E-02
Hapmap58769-rs29025951[b] (rs29025951)	3	47 803 786	LOC100138725	219 493	3.11E-07	1.25E-02
ARS-BFGL-NGS-4358[b]	3	50 781 421	LOC781902	385 764	3.04E-07	1.22E-02
Hapmap38643-BTA-95454[b]	3	92 862 402	LOC534011	Within	3.77E-07	1.52E-02
BFGL-NGS-110018[b] (rs41647754)	5	64 833 594	HAL	357	8.53E-07	3.43E-02
ARS-BFGL-NGS-7249[b]	6	30 503 076	PDHA2	13 265	8.38E-08	3.37E-03
BTA-83825-no-rs[b] (rs41659807)	9	7 704 446	LOC788115	60 854	9.79E-07	3.94E-02
Hapmap30383-BTC-005848[ab]	14	76 703	C14H8orf33	87	2.99E-13	1.20E-08
ARS-BFGL-NGS-57820[ab]	14	236 532	FOXH1	3 396	1.71E-12	6.88E-08
ARS-BFGL-NGS-4939[ab]	14	443 937	DGAT1	160	5.81E-13	2.34E-08
ARS-BFGL-NGS-107379[ab]	14	679 600	LOC786966	460	6.18E-12	2.49E-07
Hapmap30646-BTC-002054[b]	14	1 461 085	GPIHBP1	1 295	1.55E-07	6.23E-03
ARS-BFGL-NGS-100480[ab]	14	2 607 583	NIBP	Within	1.16E-06	4.67E-02
UA-IFASA-6329[b] (rs41579243)	14	3 465 237	COL22A1	9 864	7.59E-07	3.05E-02
ARS-BFGL-BAC-10793[b]	14	27 452 257	NKAIN3	106 885	7.15E-07	2.88E-02
Hapmap50053-BTA-61516[b]	26	39 018 261	C26H10orf84	28 724	1.11E-06	4.46E-02

注：与表 11-5 相同。

11.4.4 乳脂率

L1‐TDT 方法和 MMRA 方法共发现了 65 个 SNPs 影响乳脂率性状达到基因组显著水平。其中有 60 个显著 SNP 位点集中在 14 号染色体上片段大小为 6.2 Mb 的区间内（物理位置在 0.05～6.25 Mb 之间）。53 个 SNPs 位于前人报道的影响乳脂率的 QTL 区间内（Ashwell *et al.*，2001；Bennewitz *et al.*，2003；Boichard *et al.*，2003；Rodriguez-zas *et al.*，2002）。此外，有 27 个显著 SNPs 位点位于已知基因内部，其他的显著 SNPs 距离最近的已知基因为71～560 215 bp 之间，具体信息见表 11‐8。

表 11‐8　影响乳脂率的基因组水平显著（$P < 0.05$）的 SNP

SNP 名称	染色体	物理位置/bp	位置最近的基因		原始 P 值	校正 P 值
			基因名字	距离/bp		
*Hapmap*39717‐BTA‐112973[b] (rs41617243)	2	27 529 202	*KBTBD10*	Within	1.80E‐07	7.24E‐03
Hapmap51303‐BTA‐74377[b] (rs41652649)	5	89 694 749	*ITPR2*	Within	1.20E‐06	4.83E‐02
BTB‐00285653[b] (rs43499009)	8	31 663 727	*NFIB*	Within	2.41E‐07	9.69E‐03
BFGL‐NGS‐119907[ab]	11	106 766 451	*GFI1B*	15 556	1.30E‐06	5.23E‐02
ARS‐BFGL‐NGS‐26919[a]	11	107 216 562	*LOC526069*	Within	6.87E‐08	2.69E‐03
Hapmap30381‐BTC‐005750[ab]	14	50 872	*C14H8orf33*	23 701	2.28E‐18	9.17E‐14
Hapmap30383‐BTC‐005848[ab]	14	76 703	*C14H8orf33*	87	1.05E‐28	4.22E‐24
BTA‐34956‐no‐rs[ab] (rs41630614)	14	101 473	*LOC785799*	3 479	2.37E‐18	9.53E‐14
ARS‐BFGL‐NGS‐57820[ab]	14	236 532	*FOXH1*	3396	1.82E‐48	7.32E‐44
ARS‐BFGL‐NGS‐34135[ab]	14	260 341	*CYHR1*	Within	1.71E‐30	6.88E‐26
ARS‐BFGL‐NGS‐94706[ab] (rs17870736)	14	281 533	*VPS28*	Within	5.78E‐30	2.32E‐25
ARS‐BFGL‐NGS‐4939[ab]	14	443 937	*DGAT1*	160	5.23E‐64	2.10E‐59
Hapmap52798‐ss46526455[ab] (rs41256919)	14	565 311	*MAF1*	Within	4.56E‐12	1.83E‐07
ARS‐BFGL‐NGS‐71749[ab]	14	596 341	*OPLAH*	3 237	1.20E‐11	4.83E‐07
ARS‐BFGL‐NGS‐107379[ab]	14	679 600	*LOC786966*	460	1.77E‐45	7.12E‐41
ARS‐BFGL‐NGS‐18365[ab]	14	741 867	*LOC524939*	15 242	2.13E‐08	8.57E‐04
*Hapmap*25384‐BTC‐001997[b]	14	835 054	*MAPK15*	Within	6.22E‐08	2.50E‐03
*Hapmap*24715‐BTC‐001973[b]	14	856 889	*MAPK15*	Within	2.74E‐08	1.10E‐03
BTA‐35941‐no‐rs[ab] (rs41627764)	14	894 252	*ZNF623*	8 779	2.72E‐15	1.09E‐10
ARS‐BFGL‐NGS‐101653[b]	14	931 162	*EEF1D*	Within	8.84E‐11	3.56E‐06
ARS‐BFGL‐NGS‐26520[ab]	14	996 982	*ZC3H3*	Within	3.94E‐14	1.58E‐09
UA‐IFASA‐6878[ab] (rs41629750)	14	1 044 041	*GRINA*	15 662	1.69E‐13	6.80E‐09

续表 11 - 8

SNP 名称	染色体	物理位置/bp	位置最近的基因		原始 P 值	校正 P 值
			基因名字	距离/bp		
ARS - BFGL - NGS - 22866[b]	14	1 131 952	*LYPD2*	2 653	3.30E - 10	1.33E - 05
Hapmap25486 - BTC - 072553[ab]	14	1 285 037	*GML*	Within	1.09E - 13	4.38E - 09
Hapmap29758 - BTC - 003619[ab]	14	1 339 276	*CYP11B1*	36652	1.95E - 08	7.84E - 04
Hapmap30646 - BTC - 002054[ab]	14	1 461 085	*GPIHBP1*	1 295	6.30E - 20	2.53E - 15
Hapmap30086 - BTC - 002066[ab]	14	1 490 178	*ZNF66*	1 566	6.61E - 20	2.66E - 15
Hapmap30374 - BTC - 002159[ab]	14	1 546 591	*RHPN1*	Within	5.44E - 13	2.19E - 08
ARS - BFGL - NGS - 74378[b]	14	1 889 210	*GPR20*	71	1.46E - 08	5.87E - 04
BFGL - NGS - 117542[b]	14	1 913 108	*GPR20*	23 969	7.64E - 10	3.07E - 05
ARS - BFGL - NGS - 33248[ab]	14	2 130 912	*PTK2*	Within	1.26E - 08	5.07E - 04
UA - IFASA - 9288[b] (rs41624797)	14	2 201 870	*PTK2*	Within	2.19E - 12	8.81E - 08
ARS - BFGL - NGS - 22111[ab]	14	2 347 219	*EIF2C2*	25 806	6.59E - 08	2.65E - 03
UA - IFASA - 7269[ab] (rs41576704)	14	2 370 256	*EIF2C2*	2 769	1.02E - 08	4.10E - 04
Hapmap26072 - BTC - 065132[b]	14	2 391 826	*EIF2C2*	Within	2.15E - 08	8.65E - 04
ARS - BFGL - NGS - 56327[b]	14	2 580 414	*NIBP*	Within	1.58E - 08	6.35E - 04
ARS - BFGL - NGS - 100480[ab]	14	2 607 583	*NIBP*	Within	9.14E - 16	3.68E - 11
UA - IFASA - 5306[b] (rs55617160)	14	2 711 615	*NIBP*	Within	2.12E - 13	8.53E - 09
UA - IFASA - 5765[a]	14	2 763 657	*NIBP*	Within	5.82E - 07	2.28E - 02
ARS - BFGL - BAC - 25166[a]	14	2 805 785	*NIBP*	Within	5.11E - 08	2.00E - 03
Hapmap27703 - BTC - 053907[ab]	14	2 826 073	*NIBP*	Within	3.03E - 11	1.22E - 06
Hapmap22692 - BTC - 068210[b]	14	3 018 726	*KCNK9*	25 312	2.08E - 07	8.37E - 03
Hapmap23302 - BTC - 052123[b]	14	3 099 635	*KCNK9*	106 221	2.03E - 07	8.16E - 03
Hapmap25217 - BTC - 067767[b]	14	3 189 312	*KCNK9*	195 898	1.04E - 07	4.18E - 03
UA - IFASA - 6329[ab] (rs41579243)	14	3 465 237	*COL22A1*	9 864	4.29E - 13	1.73E - 08
ARS - BFGL - NGS - 3571[ab]	14	3 587 018	*COL22A1*	Within	5.38E - 09	2.16E - 04
BFGL - NGS - 118478[a]	14	3 660 264	*COL22A1*	Within	2.92E - 07	1.14E - 02
BFGL - NGS - 110563[ab]	14	3 799 228	*COL22A1*	84 554	3.31E - 16	1.33E - 11
Hapmap32262 - BTC - 066621[b]	14	3 834 069	*LOC618755*	67 321	3.92E - 11	1.58E - 06
BFGL - NGS - 115947[b]	14	3 865 962	*LOC618755*	35 428	3.79E - 07	1.52E - 02
Hapmap30091 - BTC - 005211[b]	14	3 940 998	*LOC618755*	Within	2.10E - 07	8.45E - 03
Hapmap27709 - BTC - 057052[ab] (rs42305942)	14	4 276 966	*LOC100138440*	38554	4.14E - 07	1.67E - 02
Hapmap51646 - BTA - 86764[b] (rs41657812)	14	4 302 229	*LOC100138440*	13 291	7.91E - 08	3.18E - 03
Hapmap26591 - BTC - 056596[b]	14	4 477 036	*LOC100138440*	157 701	6.62E - 07	2.66E - 02
Hapmap23618 - BTC - 056528[b] (rs42310935)	14	4 518 666	*LOC100138440*	199 331	2.06E - 08	8.29E - 04

续表 11 - 8

SNP 名称	染色体	物理位置/bp	位置最近的基因		原始 P 值	校正 P 值
			基因名字	距离/bp		
*Hapmap*30988 - BTC - 056315[ab]	14	4 693 901	*LOC*100138440	374 566	2.88E - 08	1.16E - 03
UA - IFASA - 6228[b]	14	5 204 594	*KHDRBS3*	560 215	8.09E - 07	3.25E - 02
ARS - BFGL - BAC - 20965[b]	14	5 225 004	*KHDRBS3*	539 805	2.77E - 07	1.11E - 02
BFGL - NGS - 110894[b]	14	5 282 438	*KHDRBS3*	482 371	9.21E - 09	3.70E - 04
*Hapmap*33635 - BTC - 049051[b]	14	5 318 261	*KHDRBS3*	446 548	3.64E - 07	1.46E - 02
*Hapmap*23851 - BTC - 048718[b]	14	5 387 836	*KHDRBS3*	376 973	1.26E - 06	5.07E - 02
*Hapmap*32234 - BTC - 048199[ab]	14	5 640 338	*KHDRBS3*	124 471	3.82E - 16	1.54E - 11
UA - IFASA - 6647[ab]	14	5 808 644	*KHDRBS3*	Within	2.29E - 14	9.21E - 10
*Hapmap*32948 - BTC - 047992[b]	14	5 839 290	*KHDRBS3*	Within	3.71E - 07	1.49E - 02
ARS - BFGL - BAC - 8730[ab]	14	6 252 101	*MIRN30D*	221 420	7.03E - 13	2.83E - 08

注:与表 11 - 5 相同。

11.4.5 乳蛋白率

如表 11 - 9 所示,两种方法共检测到 28 个显著 SNPs 与乳蛋白率性状相关。其中有 4 个显著 SNPs 位于 6 号染色体片段大小为 8.0 Mb 的区间内(物理位置在 33.9~41.9 Mb 之间),7 个显著 SNPs 集中在 14 号染色体 2.59 Mb 的区间内(物理位置在 0.23~2.82 Mb 之间),14 个显著 SNPs 集中在 20 号染色体 7.9 Mb 的区间内(物理位置在 34.0~41.9 Mb 之间)。其他 3 个显著的 SNPs 分别位于 5 号和 6 号染色体上。28 个显著 SNPs 中有 17 个落入前人研究报道的影响乳蛋白率的 QTL 区间内(Bagnato *et al*.,2008;Grisart *et al*.,2004)11 个显著的 SNPs 位于已知基因内部,其他的显著 SNPs 距离最近的已知基因为 160~401 634 bp。

表 11 - 9   影响乳蛋白率的基因组水平显著($P < 0.05$)的 SNP

SNP 名称	染色体	物理位置/bp	位置最近的基因		原始 P 值	校正 P 值
			基因名字	距离/bp		
Hapmap48524 - BTA - 92140[b] (rs42552739)	5	80 965 296	*NCF4*	24 749	3.69E - 11	1.48E - 06
ARS - BFGL - NGS - 21133[b]	5	81 003 368	*CSF2RB*	2 032	3.29E - 07	1.32E - 02
*Hapmap*59369 - rs29018333[b] (rs29018333)	6	33 989 255	*LOC536367*	Within	1.52E - 08	6.11E - 04
*Hapmap*24324 - BTC - 062449[b]	6	37 024 132	*HERC3*	6 738	2.33E - 17	9.37E - 13
BTA - 121739 - no - rs[b] (rs41622323)	6	37 454 409	*PKD2*	Within	7.08E - 07	2.85E - 02
BTB - 00251047[b] (rs43463988)	6	41 928 694	*LOC*100140991	401 634	4.33E - 07	1.74E - 02
*Hapmap*41083 - BTA - 76098[b] (rs41652041)	6	80 715 299	*LOC*100140587	4 319	1.17E - 06	4.71E - 02

续表 11 - 9

SNP 名称	染色体	物理位置/bp	位置最近的基因		原始 P 值	校正 P 值
			基因名字	距离/bp		
ARS - BFGL - NGS - 57820[ab]	14	236 532	FOXH1	3 396	2.82E - 08	1.13E - 03
ARS - BFGL - NGS - 34135[ab]	14	260 341	CYHR1	Within	3.88E - 09	1.56E - 04
ARS - BFGL - NGS - 94706[ab] (rs17870736)	14	281 533	VPS28	Within	2.28E - 08	9.17E - 04
ARS - BFGL - NGS - 4939[ab]	14	443 937	DGAT1	160	3.73E - 08	1.50E - 03
ARS - BFGL - NGS - 107379[ab]	14	679 600	LOC786966	460	7.73E - 07	3.11E - 02
UA - IFASA - 6878[b] (rs41629750)	14	1 044 041	GRINA	15 662	6.79E - 07	2.73E - 02
Hapmap27703 - BTC - 053907[a]	14	2 826 073	NIBP	Within	3.95E - 07	1.55E - 02
BFGL - NGS - 118998[ab]	20	34 036 832	GHR	Within	7.87E - 07	3.17E - 02
ARS - BFGL - BAC - 2469[b] (rs41937533)	20	35 552 477	LOC518808	22 514	1.21E - 08	4.87E - 04
BTA - 50402 - no - rs[b] (rs41945918)	20	36 668 000	LOC782462	19 510	7.57E - 07	3.04E - 02
Hapmap57531 - rs29013890[b] (rs29013890)	20	36 955 575	LOC782833	32 019	8.97E - 08	3.61E - 03
BTB - 00778154[ab] (rs41941646)	20	37 399 087	C9	10 219	6.21E - 07	2.50E - 02
BTB - 00778141[ab] (rs41941633)	20	37 442 583	FYB	35 360	1.91E - 11	7.68E - 07
ARS - BFGL - NGS - 38482[b]	20	37 708 167	RICTOR	Within	1.99E - 08	8.00E - 04
Hapmap39660 - BTA - 50453[b] (rs41581059)	20	37 865 657	LOC100138964	Within	2.97E - 07	1.19E - 02
ARS - BFGL - NGS - 22355[b]	20	38 899 763	GDNF	17 831	5.65E - 07	2.27E - 02
BTB - 00782435[b] (rs41942492)	20	39 485 917	NIPBL	Within	1.02E - 07	4.10E - 03
BTA - 13793 - rs29018751[b] (rs29018751)	20	39 518 857	NIPBL	Within	6.27E - 10	2.52E - 05
BTB - 01842107[b] (rs42954630)	20	39 601 103	NIPBL	Within	1.53E - 10	6.15E - 06
Hapmap53199 - rs29014437[ab] (rs29014437)	20	39 728 147	LOC782284	38 124	3.35E - 07	1.35E - 02
BTA - 102910 - no - rs[b] (rs41574319)	20	41 947 097	RAI14	171 370	2.64E - 07	1.06E - 02

注:与表 11 - 5 相同。

11.5 主要结论

此研究采用了两种不同分析方法:L1 - TDT 和 MMRA 方法,这两种方法都被广泛地用于全基因组关联(GWAs)分析研究。很多研究者对两种方法都进行过比较研究(Benyamin *et al*.,2009;Gauderman *et al*.,1999;Mccarthy *et al*.,2008)。两种方法各有优点:基于群体的分析方法(MMRA)要比基于家系的统计分析方法(L1 - TDT)在统计效力上更高(Ewens and Spielman,1995)。因此,基于群体的分析方法能检测出更多显著的SNPs。此研究结果也验证了这一点。基于家系的统计分析方法具有抵制群体分层的优势。这种分析方法可以避免由于群体分层带来的假阳性结果,从而保证结果的可靠性。而基于群体分析的方法(MMRA)却不具备这样的作用。因此,研究中进行了群体分层的检验。通过Q—Q plots图可以看出此研究的试验群体并不存在分层现象。因此,可以说MMRA方法得到的结果也是非常可信的。

14号染色体已经引起很多研究者广泛的注意。除了很多研究报道14号染色体上有大量的QTL之外(Ashwell *et al*.,2004;Charlier *et al*.,2008;Farnir *et al*.,2002;Heyen *et al*.,199),已经经过功能验证的著名的DGAT1基因也位于14号染色体～0.44 Mb的位置。Bennewitz等(2004)研究发现,14号染色体上可能存在不止一个QTL与*DGAT1*连锁,他们之间可能存在着上位作用影响产奶性状的表现。位于14号染色体～1.33 Mb位置的*CY11B1*基因也被发现具有影响产奶量、乳蛋白量、乳脂率和乳蛋白率几个性状的作用。而且*CYP11B1*与*DGAT1*的总效应和所解释的产奶量性状总的遗传方差变异比*DGAT1*基因单独解释的要多(Kaupe *et al*.,2007)。在此研究的结果中,这两个基因也都被定位到。尤其距离*DGAT1*基因160 bp的一个SNP在产奶量、乳脂量、乳蛋白量、乳脂率4个性状中统计结果都是最为显著的位点,这对此研究的结果是一个非常重要的佐证。在此研究中共检测到105个不同的显著SNPs位点影响一个或多个产奶性状。其中有61个显著SNPs位于14号染色体上,当中有59个位点落入前人报道的影响产奶性状的QTL区间。此外,14号染色体分别影响5个产奶性状的片段都包含有*DGAT1*基因,而影响产奶量、乳蛋白量、乳脂率和乳蛋白率几个性状的染色体都包含*CYP11B1*基因。这些染色体片段中包含的很多SNPs距离*DGAT1*基因很近,有13个SNPs距离*DGAT1*基因在1 Mb以内,最近的一个SNP距离*DGAT1*基因只有160 bp。另外一个片段包含14个距离*CYP11B1*基因很近的SNPs位点,其中最近的一个位点距离该基因8 693 bp。

除了14号染色体上包含了很多显著的SNPs位点,其他染色体上也检测到了很多显著的SNPs,44个SNPs中有27个落入了前人报道的影响产奶性状的QTL区间和在一些报道的候选基因内部或者距离这些候选基因较近(1 Mb以内)(Ogorevc *et al*.,2009)。值得注意的一点是,20号染色体上一个显著的SNP位点(BFGL - NGS - 118998)被发现位于*GHR*基因内部。*GHR*基因也是通过研究被广泛接受对产奶性状有重要作用的功能基因(BLOTT *et al*.,2003)。这对此研究结果也是一个强有力的证明。另外,此研究还发现6号染色体上两个SNP分别距离*ABCG2*基因20 591 bp和450 868 bp也达到了基因组显著水平(Cohenzinder *et al*.,2005)。11号染色体上发现了一个距离LGB基因41 562 bp的SNP也达到了基因组显著水平(KUSS *et al*.,2003)。这两个基因也是通过研究发现的重要的候选基因。

研究结果还发现一些显著的SNPs同时影响多个产奶性状。L1 - TDT方法和MMRA方法同时检测到14号染色体上有3个SNPs(ARS - BFGL - NGS - 4939,ARS - BFGL - NGS - 57820和ARS - BFGL - NGS - 107379)对5个产奶性状的影响都达到了基因组极显著的水平。此外,还发现14号染色体上两个SNPs(ARS - BFGL - NGS - 94706和ARS - BFGL - NGS - 34135)同时与产奶量、乳脂量、乳脂率和乳蛋白率四个性状关联显著。在14号染色体上还发现 4 个 SNPs(Hapmap30383 - BTC - 005848,Hapmap30646 - BTC - 002054,ARS - BFGL - NGS - 100480 和 UA - IFASA - 6329)同时影响产奶量、乳蛋白量和乳脂率 3 个性状,而另外 1 个 SNP(UA - IFASA - 6878)同时影响产奶量、乳脂率和乳蛋白率 3 个性状。同时影响产奶量和乳脂率两个性状的 4 个 SNPs 全部位于 14 号染色体上,分别是:Hapmap52798 - ss46526455,BFGL - NGS - 110563,Hapmap25486 - BTC - 072553 和 Hapmap30086 - BTC - 002066。1 号、3 号、5 号和 26 号染色体上分别有 1 个显著的 SNP 位点,分别是 ARS - BFGL - NGS - 91705、Hapmap38643 - BTA - 95454、BFGL - NGS - 110018、Hapmap50053 - BTA - 61516 同时影响产奶量和乳蛋白量两个性状。14 号染色体上 1 个 SNP Hapmap30381 - BTC - 005750 同时影响乳脂量和乳脂率性状,另外一个 SNP Hapmap27703 - BTC - 053907 同时影响乳脂率和乳蛋白率两个性状。以上的结果可以用"一因多效"来解释。奶牛的泌乳过程是一个十分复杂的生理生化代谢过程,各个通径交织成一个相互作用相互影响的代谢网络。因此,一些处于某个代谢途径的关键基因很可能会同时影响到几个性状,导致这些产奶性状之间有遗传联系。前人的研究报道中也有类似的结果(BENNEWITZ *et al*.,2004;KAUPE *et al*.,2007)。

此研究采用对每个标记进行单标记回归分析的方法。以前的研究报道证明了单标记分析方法比单倍型分析方法(haplotype)有更高的统计效力(Grapes *et al*.,2004;ZHAO *et al*.,2007)。相对于单倍型分析方法,单标记分析主要的优势在于不需要构建多个 SNPs 的单倍型,因此它更适合用于大规模的全基因组关联分析。本研究对 5 个产奶性状单独进行分析。然而,5 个产奶性状之间是存在相互联系的,因为存在共同的环境效应等。因此,可以考虑性状之间相互关联的多性状分析方法可能也是一个很好的选择。多变量分析已经被广泛的用于连锁分析当中(Allison *et al*.,1998;Huang and JIANG,2003;Liu *et al*.,2007;Zeggini *et al*.,2008),而且目前一般认为多变量分析要比单变量分析方法的统计效力高,对参数估计的精确性也较高(Liu *et al*.,2009a;Liu *et al*,2009b)。所以下一步我们可以尝试进行多性状分析方法进行全基因组关联分析。

此研究使用女儿的育种值作为关联分析的表型值。除了育种值(EBV),女儿产量离差(yield deviation,YD)和返回归的育种值(de - regressed EBV)也经常被用来作为全基因组关联分析、连锁分析以及连锁和连锁不平衡分析的表型值。比较使用这 3 种不同的表型值在 QTL 定位中的影响可以发现他们当中的任意一种都没有绝对突出的优势(Thomsen *et al*.,2001)。研究中还比较了分别使用育种值和返回归的育种值(de - regressed EBV)作为表型值进行全基因组关联分析所得到的结果。结果显示两种表型值统计分析所得的结果基本是重合的。

通过关联分析发现很多显著的 SNP 位点位于一些功能基因内部或者距离一些重要的候选基因很近。通过 NCBI 的相关注释发现这些基因在人类和小鼠的泌乳过程中发挥了重要作用。有文献报道在正常的饮食情况下,一些基因的突变会导致小鼠体内甘油三酯的水平非常高。还有研究者发现一些基因参与血液中乳糜微滴的代谢过程。还有一些是重要的生理生化代谢途径的关键酶,很有可能通过影响乳生成过程中的脂肪、蛋白的代谢来影响乳成分。总之,本研究通过对中国荷斯坦奶牛群体进行全基因关联分析方法来寻找影响奶牛产奶性状的 QTL 和主效基因是有效可行的。两种不同的统计分析方法所得到的结果也是高度一致,也说明本研究结果的可信性。这些显著的 SNPs 位点中有一大部分落入了前人报道的 QTL 区间,也对本研究的结果是一个有力的支持。本研究的结果揭示了一批潜在的影响产奶性状的功能基因突变,为后续的功能基因验证奠定了基础。

由于全基因组关联分析会存在假阳性的结果,虽然此研究中使用了最为保守的校正方法,但是仍然需要进一步的验证。真正与性状相关联的基因应该是能够在不同群体不同实验中重复验证到的。所以基于这种思想,全基因组关联分析需要对前期的实验结果在不同的试验群体中进行重复分析,那些能够被重复的结果才是真正可靠的。

参 考 文 献

[1] Allison D B,B Thiel,P St Jean,R C Elston,M C Infante,*et al.*. Multiple phenotype modeling in gene-mapping studies of quantitative traits:power advantages. Am J Hum Genet,1998,63:1190 - 1201.

[2] Abasht B and Lamont S. Genome-wide association analysis reveals cryptic alleles as an important factor in heterosis for fatness in chicken F2 population. Animal Genetics,2007,38:491 - 498.

[3] Ashwell M S,D W Heyen,T S Sonstegard,C P Van Tassell,Y Da,*et al.*. Detection of quantitative trait loci affecting milk production,health,and reproductive traits in Holstein cattle. J Dairy Sci,2004,87:468 - 475.

[4] Ashwell M S,C P Van Tassell and T S Sonstegard. A genome scan to identify quantitative trait loci affecting economically important traits in a US Holstein population. J Dairy Sci,2001,84:2535 - 2542.

[5] Awad A,I Russ,R Emmerling,M Forster and I Medugorac. Confirmation and refinement of a QTL on BTA5 affecting milk production traits in the Fleckvieh dual purpose cattle breed. Anim Genet,41:1 - 11.

[6] Bagnato A,F Schiavini,A Rossoni,C Maltecca,M Dolezal,*et al.*. Quantitative trait loci affecting milk yield and protein percentage in a three - country Brown Swiss population. J Dairy Sci,2008,91:767 - 783.

[7] Bennewitz J,N Reinsch,C Grohs,H Leveziel,A Malafosse,*et al.*. Combined analysis of data from two granddaughter designs:A simple strategy for QTL confirmation and increasing experimental power in dairy cattle. Genet Sel Evol,2003,35:319 - 338.

[8] Bennewitz,J,N Reinsch,S Paul,C Looft,B Kaupe,*et al.*. The DGAT1 K232A mutation is not solely responsible for the milk production quantitative trait locus on the bovine chromosome 14. J Dairy Sci,2004,87:431 - 442.

[9] Benyamin B,P M Visscher and A F McRae. Family-based genome-wide association studies. Pharmacogenomics,2009,10:181 - 190.

[10] Blott S,J J Kim,S Moisio,A Schmidt-Kuntzel,A Cornet,*et al.*. Molecular dissection of a quantitative trait locus:a phenylalanine-to-tyrosine substitution in the transmembrane domain of the bovine growth hormone receptor is associated with a major effect on milk

yield and composition. Genetics,2003,163：253 - 266.

[11] Boichard D,C Grohs,F Bourgeois,F Cerqueira,R Faugeras,*et al.*. Detection of genes influencing economic traits in three French dairy cattle breeds. Genet Sel Evol,2003, 35：77 - 101.

[12] Bolormaa S,B J Hayes,K Savin,R Hawken,W Barendse,*et al.*. Genome-wide association studies for feedlot and growth traits in cattle. J Anim Sci,2011.

[13] Charlier C,W Coppieters,F Rollin,D Desmecht,J S Agerholm,*et al.*. Highly effective SNP-based association mapping and management of recessive defects in livestock. Nat Genet,2008,40：449 - 454.

[14] Cho Y S,M J Go,Y J Kim,J Y Heo,J H Oh,*et al.*. A large-scale genome-wide association study of Asian populations uncovers genetic factors influencing eight quantitative traits. Nat Genet,2009,41：527 - 534.

[15] Cohen - Zinder M,E Seroussi,D M Larkin,J J Loor,A Everts-van der Wind,*et al.*. Identification of a missense mutation in the bovine ABCG2 gene with a major effect on the QTL on chromosome 6 affecting milk yield and composition in Holstein cattle. Genome Res,2005,15：936 - 944.

[16] Daetwyler H D,F S Schenkel,M Sargolzaei and J A Robinson. A genome scan to detect quantitative trait loci for economically important traits in Holstein cattle using two methods and a dense single nucleotide polymorphism map. J Dairy Sci,2008,91：3225 - 3236.

[17] Duijvesteijn N,Knol E F,Merks J W,Crooijmans R P,Groenen MA,Bovenhuis H,Harlizius B. A genome - wide association study on androstenone levels in pigs reveals a cluster of candidate genes on chromosome 6. BMC Genet,2010,11：42.

[18] Easton D F,K A Pooley,A M Dunning,P D Pharoah,D Thompson,*et al.*. Genome - wide association study identifies novel breast cancer susceptibility loci. Nature,2007, 447：1087 - 1093.

[19] Ewens W J,and R S Spielman. The transmission/disequilibrium test：history,subdivision,and admixture. Am J Hum Genet,1995,57：455 - 464.

[20] Fan B,Onteru SK,Du Z-Q,Garrick DJ,Stalder KJ,*et al.*. Genome-Wide Association Study Identifies Loci for Body Composition and Structural Soundness Traits in Pigs. PLoS ONE,2011,6(2)：e14726.

[21] Farnir F,B Grisart,W Coppieters,J Riquet,P Berzi,*et al.*. Simultaneous mining of linkage and linkage disequilibrium to fine map quantitative trait loci in outbred half-sib pedigrees：revisiting the location of a quantitative trait locus with major effect on milk production on bovine chromosome 14. Genetics,2002,161：275 - 287.

[22] Gao H,M Fang,J Liu and Q Zhang. Bayes shrinkage mapping for multiple QTL in half-sib families. Heredity,2009,103：368 - 376.

[23] Gauderman W J,J S Witte and D C Thomas. Family-based association studies. J Natl Cancer Inst Monogr,1999：31 - 37.

[24] Georges M,D Nielsen,M,Mackinnon,A Mishra,R Okimoto,*et al.*. Mapping quantitative trait loci controlling milk production in dairy cattle by exploiting progeny testing. Genetics,1995,139: 907 - 920.

[25] Grapes L,J C Dekkers,M F Rothschild and R L Fernando. Comparing linkage disequilibrium-based methods for fine mapping quantitative trait loci. Genetics,2004,166: 1561 - 1570.

[26] Grisart B,F Farnir,L Karim,N Cambisano,J J Kim,*et al.*. Genetic and functional confirmation of the causality of the DGAT1 K232A quantitative trait nucleotide in affecting milk yield and composition. Proc Natl Acad Sci U S A,2004,101: 2398 - 2403.

[27] Hakonarson H,S F Grant,J P Bradfield,L Marchand,C E Kim,*et al.*. A genome-wide association study identifies KIAA0350 as a type 1 diabetes gene. Nature,2007,448: 591 - 594.

[28] Heyen D W,J I Weller,M Ron,M Band,J E Beever,*et al.*. A genome scan for QTL influencing milk production and health traits in dairy cattle. Physiol Genomics,1999,1: 165 - 175.

[29] Hirschhorn J N,and M J Daly. Genome - wide association studies for common diseases and complex traits. Nat Rev Genet,2005,6: 95 - 108.

[30] Huang J,and Y Jiang. Genetic linkage analysis of a dichotomous trait incorporating a tightly linked quantitative trait in affected sib pairs. Am J Hum Genet,2003,72: 949 - 960.

[31] Jiang L,J Liu,D Sun,P Ma,X Ding,*et al.*. Genome wide association studies for milk production traits in Chinese Holstein population. PLoS One,2010,5: e13661.

[32] Karlsson E K,Baranowska I,Wade CM,*et al.*. Efficient mapping of Mendelian traits in dogs through genome-wide association analysis. Nat Genet,2007,39:1321 - 1328.

[33] Kaupe B,H Brandt,E M Prinzenberg and G Erhardt. Joint analysis of the influence of CYP11B1 and DGAT1 genetic variation on milk production,somatic cell score,conformation,reproduction,and productive lifespan in German Holstein cattle. J Anim Sci, 2007,85: 11 - 21.

[34] Kolbehdari D,G B Jansen,L R Schaeffer and B O Allen. Transmission disequilibrium test for quantitative trait loci detection in livestock populations. J Anim Breed Genet, 2006,123: 191 - 197.

[35] Kuss A W,J Gogol and H Geidermann. Associations of a polymorphic AP - 2 binding site in the 5′ - flanking region of the bovine beta - lactoglobulin gene with milk proteins. J Dairy Sci,2003,86: 2213 - 2218.

[36] Liu J,Y Pei,C J Papasian and H W Deng. Bivariate association analyses for the mixture of continuous and binary traits with the use of extended generalized estimating equations. Genet Epidemiol,2008.

[37] Liu J,Y Pei,C J Papasian and H W Deng. Bivariate association analyses for the mixture of continuous and binary traits with the use of extended generalized estimating equations. Genet Epidemiol,2009a. 33: 217 - 227.

[38] Liu Y Z,Y F Pei,J F Liu,F Yang,Y Guo,*et al.*. Powerful bivariate genome - wide asso-

ciation analyses suggest the SOX6 gene influencing both obesity and osteoporosis phenotypes in males. PLoS One,2009b,4：e6827.

[39] Lund M S,B Guldbrandtsen,A J Buitenhuis,B Thomsen and C Bendixen. Detection of quantitative trait loci in Danish Holstein cattle affecting clinical mastitis,somatic cell score,udder conformation traits,and assessment of associated effects on milk yield. J Dairy Sci,2008,91：4028 - 4036.

[40] Mai M D,G Sahana,F B Christiansen and B Guldbrandtsen. A genome - wide association study for milk production traits in Danish Jersey cattle using a 50K single nucleotide polymorphism chip. J Anim Sci,2010,88：3522 - 3528.

[41] McCarthy M I,G R Abecasis,L R Cardon,D B Goldstein,J Little,*et al.*. Genome - wide association studies for complex traits：consensus,uncertainty and challenges. Nat Rev Genet,2008,9：356 - 369.

[42] Ogorevc J,T Kunej,A Razpet and P Dovc. Database of cattle candidate genes and genetic markers for milk production and mastitis. Anim Genet,2009,40：832 - 851.

[43] Onteru S K,Fan B,Garrick D,Stalder K J,F. R M. Whole genome analyses for pig reproductive traits using the PorcineSNP60 BeadChip. Pig Genome Ⅲ Conference. November 2 - 4,Hinxton,Cambridge,UK. Abstr No. 5,2009.

[44] Pausch H,K Flisikowski,S Jung,R Emmerling,C Edel,*et al.*. Genome - wide association study identifies two major loci affecting calving ease and growth - related traits in cattle. Genetics,2011,187：289 - 297.

[45] Pryce J E,S Bolormaa,A J Chamberlain,P J Bowman,K Savin,*et al.*. A validated genome - wide association study in 2 dairy cattle breeds for milk production and fertility traits using variable length haplotypes. J Dairy Sci,2010,93：3331 - 3345.

[46] Rodriguez - Zas S L,B R Southey,D W Heyen and H A Lewin. Detection of quantitative trait loci influencing dairy traits using a model for longitudinal data. J Dairy Sci,2002,85：2681 - 2691.

[47] Sahana G,B Guldbrandtsen and M S Lund. Genome - wide association study for calving traits in Danish and Swedish Holstein cattle. J Dairy Sci,2010,94：479 - 486.

[48] Snelling W M,M F Allan,J W Keele,L A Kuehn,T McDaneld,*et al.*. Genome - wide association study of growth in crossbred beef cattle. J Anim Sci,2009,88：837 - 848.

[49] Takeuchi F,M Serizawa,K Yamamoto,T Fujisawa,E Nakashima,*et al.*. Confirmation of multiple risk Loci and genetic impacts by a genome - wide association study of type 2 diabetes in the Japanese population. Diabetes,2009,58：1690 - 1699.

[50] Thomsen H,Reinsch N,XU N,LOOFT C,GRUPE S,*et al.*. Comparison of estimated breeding values,daughter yield deviations and de - regressed proofs within a whole genome scan for QTL. J Anim Breed Genet,2009,118：357 - 370.

[51] Viitala S,J Szyda,S Blott,N Schulman,M Lidauer,*et al.*. The role of the bovine growth hormone receptor and prolactin receptor genes in milk,fat and protein production in Finnish Ayrshire dairy cattle. Genetics,2006,173：2151 - 2164.

[52] Viitala S M,N F Schulman,D J de Koning,K Elo,R Kinos,*et al.*. Quantitative trait loci affecting milk production traits in Finnish Ayrshire dairy cattle. J Dairy Sci,2003,86: 1828 - 1836.

[53] Zeggini E,L J Scott,R Saxena,B F Voight,J L Marchini,*et al.*. Meta - analysis of genome - wide association data and large - scale replication identifies additional susceptibility loci for type 2 diabetes. Nat Genet,2008,40: 638 - 645.

[54] Zhao H H,R L Fernando and J C Dekkers. Power and precision of alternate methods for linkage disequilibrium mapping of quantitative trait loci. Genetics,2007,175: 1975 - 1986.

[55] Zhou Z,Sheng X,Zhang Z,Zhao K,Zhu L,*et al.*. Differential Genetic Regulation of Canine Hip Dysplasia and Osteoarthritis. PLoS ONE,2010,5(10): e13219.

第12章

鸡生长和产蛋性状候选基因分析

随着人类基因组计划的实施与完成,许多国家先后启动了动物基因组研究计划。2004年,完成了鸡基因组测序草图和遗传差异图,这标志着禽类功能基因组时代的到来(Wallis *et al*.,2004;Schmid *et al*.,2005;Hillier *et al*.,2004;Wong *et al*.,2004)。一方面,鸡以其独特的生物学特性,成为研究许多生物学问题的重要模式生物,广泛应用于遗传学、分子生物学、发育生物学和免疫学等方面的研究(Brown *et al*.,2003;David *et al*.,2005);另一方面,鸡在现代动物农业生产中,是世界肉类蛋白质十分重要的、快速生长的来源之一,约占世界41%,美国65%以上(Rosegrant *et al*.,2001)。

基因图谱对研究基因的结构、功能、时空表达调控以及基因间的关系都具有极其重要的作用。在鸡全基因组图谱和变异图谱的建立下,即可通过基因组序列及其变异结合比较基因组学与生物信息学等方法分析挖掘大量功能基因,并进行新基因的功能预测和注释(Hillier *et al*.,2004;Wong *et al*.,2004)。此外,还能发展新的分子标记以增强遗传图谱上分子标记的密度,加速基因或主效 QTL 的定位与克隆步伐,从而推动家禽的分子育种进程。

12.1 鸡重要经济性状分子遗传机理研究现状

12.1.1 鸡的基因组图谱

1. 鸡的遗传图谱

遗传图谱又称连锁图谱,是基因或标记在染色体上线性排列方式。可以利用多态性遗传标记通过作图群体进行连锁分析而得,用摩根(M)或厘摩(cM)表示标记间的相对距离。构建遗传图谱共 4 个步骤:①选择合适的具有一定密度的遗传标记;②构建资源家系,其后代群体具有一定规模,且标记处于分离状态;③检测亲代与子代标记基因型;④分析标记间的连锁关系,绘制标记遗传图谱。

1930,1936 年建立了第一张鸡的遗传连锁图谱,该图谱由 5 个连锁群,18 个标记组成,同时也是畜禽品种中第一张图谱(Serebrovsky *et al.*,1930;Hutt *et al.*,1936)。1990 年利用形态学和生理学性状构建了 5 个连锁群,50 个标记的连锁图(Bitgood and Somes,1990)。1992 年利用两个抗病性不同的白来航品系做亲本采用回交设计建立了 Compton population 群体,构建了鸡基因组图谱,它包含 18 个连锁群,100 个标记,覆盖鸡基因组 585 cM(Bumstead *et al.*,1992)。1993,1994 年选用红色原鸡与白来航鸡为基础群建立了 East Lansing 群体,该遗传连锁图包含 19 个连锁群,98 个标记,含传统的红细胞抗原基因、RFLP 和 RAPD 及鸡的 CR1 重复序列多态标记(Crittenden *et al.*,1993;Levin *et al.*,1994)。1995 年对 East Lansing 资源家系得到的图谱进行补充,使得标记数目达到了 273 个,其中 243 个分布在 32 个连锁群,覆盖了 1 420 cM,平均距离为 6.7 cM(Cheng *et al.*,1995)。1998 年在 Wageningen 资源家系中做出一张新的连锁图谱,共有标记 1 364 个,其中微卫星标记为 430 个,可识别的基因和表达序列标签一类的标记为 450 个,分布在 27 个连锁群中和 Z 染色体上,总长度为 3 062 cM(Groenen *et al.*,1998)。1999 年用 AFLP 技术增加 E 图谱的标记密度,新增 AFLP 标记 204 个,E 图谱的标记总数增加 25%(Knorr *et al.*,1999)。1999 年在 Wageningen 资源家系中发现 475 个 AFLP 新标记,有 344 个被定位到 W 图谱中(Herbergs *et al.*,1999)。2000,2003 年将 Compton population、East Lansing 和 Wageningen 三大资源家系所得到的图谱完全整合,三张遗传图谱相互补充与完善,新整合的连锁图谱包含标记位点超过 2 000 个,分布于 53 个连锁群,覆盖长度达 4 000 cM(Groenen *et al.*,2000,2003)。在已有的标记位点中,有 350 个为 EST 标记,其中 201 个为已知 EST 或与已被证实与已知 EST 序列相关,这一进展为与其他模式生物进行比较图谱研究奠定了基础。

2.鸡的物理图谱

物理图谱是指一系列 DNA 限制性酶切片段沿染色体有序排列形式,是通过细胞生物学的手段,将多个基因直接定位在染色体上。构建物理图谱主要有采取以下几种方法:限制性内切酶法、荧光原位杂交法、标签序列杂交法和基因文库重叠群构建法。在文库法中,酵母和细菌人工染色体两种大片段文库在鸡的物理图谱研究中有着重要的作用。

Toye 等 1997 年构建了鸡的 YAC 文库,该文库基因组覆盖率为 8.5 倍,包含 16 000 个克隆,平均插入片段为 634 kb(Toye *et al.*,1997)。1997 年构建了鸡第一个 BAC 文库,包含 4 416 个克隆,平均插入大小为 390 kb,基因组覆盖率为 0.8(Zimmer *et al.*,1997)。2000 年构建了鸡的另一个 BAC 文库,该文库用 *Hind*Ⅲ 酶切,包含 50 000 个克隆,平均插入片段为 134 kb,基因组覆盖率为 5.5(Crooijmans *et al.*,2000)。2003 年利用限制性酶切和聚丙烯酰胺凝胶电泳对 3 个鸡的 BAC 文库(57 091 个 BAC 克隆,约 7.9 倍基因组覆盖率)进行指纹分析,组合成重叠群,完成鸡的物理图谱,该图谱包括 2 331 个 BAC 重叠群,覆盖约 1 520 Mb,其中,共有 361 个重叠群被定位到现有的鸡的遗传图谱上(Lee *et al.*,2003;Ren *et al.*,2003)。

3.鸡的整合图谱

遗传图谱仅为由染色体上的连锁标记重组率线性排列的相对位置;而物理图谱只能将标记定位于染色体的某个位置,而在一次实验中无法得知其相邻标记的定位信息。因此,需要将遗传图谱与物理图谱结合起来,使某区段图谱信息更为全面。遗传图谱与物理图谱一般采用两种方式进行整合,一为探针杂交,二为 PCR 筛选。通过杂交或筛选,找出两个图谱中的一些共有标记(一般是每条染色体臂上一个),才能确定连锁群与染色体的一一对应关系及其在该染色体上的正确排列方向,从而形成整合图谱。

2000 年,完成了鸡的 1～8 号染色体以及 Z 染色体的遗传图谱和物理图谱的整合工作,并将各条染色体上遗传距离折合成相应的物理图距。到 2004 年,鸡的基因组工作草图测序完成,使得遗传图谱和物理图谱得到进一步的整合。目前的测序结果覆盖了鸡3 687 cM,包括序列1 063 Mb,绝大部分的遗传标记都能在序列图谱中找到相应的位置,为确定候选基因、分析基因功能打下了基础(Wallis *et al.*, 2004;Hillier *et al.*, 2004;Wong *et al.*,2004)。

4. 鸡的基因组测序

2004 年在美国华盛顿大学基因组中心、英国 Sanger 研究所及中国北京华大北方基因组中心协同并进,完成了鸡基因组计划的全部测序工作。基因组测序采用鸟枪法,最后根据 2003 年 Ren 等所构建的 BAC 指纹图谱拼接而成。序列图谱基因组覆盖率为 6.63 倍,其中有 88% 的序列锚定在相应的染色体上,包括 1～24 号染色体、26～28 号染色体、32 号染色体、性染色体 W 和 Z,以及四个连锁群 E22C19W28、E64、E26C13、E50C23 和线粒体 MT。

鸡和人的基因组同源性较高,主要差异表现在重复序列、假基因和重复片段上。序列比对表明至少有7 000万对碱基序列在两个物种间具有相同或相似的功能,其中有 44% 是在蛋白质编码区,25% 在内含子区,31% 在基因间区。研究表明鸟类和哺乳类独立的进化途径可能主要是由各自不同的基因家族的扩展和收缩进行的。

通过对肉鸡、蛋鸡、乌骨鸡基因组序列和红色原鸡的基因组框架图比对,发现 280 万个 SNPs,其密度为每千碱基 5 个 SNPs,是人的 6～7 倍,大猩猩的 3 倍,并且这些 SNPs 大部分产生在鸡被人类驯化以前,约 1 万年左右。鸡的基因组序列图和遗传差异图谱的完成,在很大程度上促进了以鸡为模式生物,在脊椎动物进化、培养优质鸡种、改善食品安全等方面的研究进展,使鸟类的相关研究进入了一个全新的阶段(Wallis *et al.*, 2004;Schmid *et al.*, 2005;Hillier *et al.*, 2004;Wong *et al.*,2004)。

12.1.2 鸡重要经济性状 QTL 定位研究进展

根据由美国国家动物基因组研究计划(National Animal Genome Research Program)构建的动物 QTL 数据库(Hu *et al*,2010,http://www.animalgenome.org/cgi-bin/QTLdb/)的统计,截止到 2011 年 6 月底,已有 125 篇关于鸡 QTL 定位的发表论文,共报道了2 451个 QTL,涉及 248 个性状,表 12-1 汇总了按性状类型报道的 QTL 数量。

鸡的 28 条常染色体以及性染色体上都发现了 QTL 的存在。试验群体大多基于 F₂ 代设计。根据目前的研究结果,生长性状 QTL 主要分布在 1～8、13、17 和 Z 染色体上,产蛋性状 QTL 主要分布在 1～5 和 Z 染色体上(Abasht *et al.*, 2006)。

不同研究对同一性状定位的 QTLs 位置有所不同,这可能是由于选择造成的不同群体或家系之间存在遗传背景差异或者统计分析方法的不同。而另一方面,尽管不同研究采用的试验群体不同,有些研究则得到了相对一致的定位结果,将 QTLs 定位在染色体上的相似位置,如影响体重的 QTLs 定位在 GGA1(72～133 cM),GGA2(119 cM),GGA8(25～94 cM)和 GGA13(67～74 cM)处;影响腹脂重的 QTLs 定位在 GGA8(27 cM)处;影响蛋重的 QTLs 定位在 GGA4(204～207 cM)处。此外,有研究表明染色体的同一位置可能影响不同性状,这可能是由于一因多效所致或者该区间同时存在多个影响不同性状的 QTLs。

表 12-1　不同性状类型所报道的 QTL 数量

性状分类	报道论文数	QTL 数目
生长	21	1 645
产蛋	8	66
蛋品质		223
抗病	13	248
行为	5	58
体型		16
肉质		31
采食		35
代谢	3	106
其他		23
总计	50	2 451

12.1.3　鸡重要经济性状的候选基因

1.生长激素及其受体

生长激素和其受体基因是影响生长和产蛋性状的重要基因(growth hormone,GH;growth hormone receptor,GHR),众多学者对其在鸡生长和产蛋性状的遗传效应进行分析,探讨其重要作用。1993 年,Fotouhi 等首先对两个肉鸡品系的 cGH 基因进行了多态性研究,经过 6 个世代的正反选择形成高腹脂和低腹脂的两个品系,发现了 4 个多态位点,其中 1 个是 *Sac* Ⅰ 酶切位点多态性,另外 3 个是 *Msp* Ⅰ 酶切位点多态性。其中,位于 cGH 中部的 2 个 *Msp* Ⅰ 位点多态性在两个品系中存在显著差异,说明对腹脂的选择影响了 cGH 基因等位基因的频率(Fctouhi *et al.*,1993)。Khnlein (1997)等在白来航鸡的 12 个品系进行检测,同样发现了这四个多态位点。这 12 个品系来源于 3 个基础群,并针对产蛋量、马立克或白血病的抗病性进行了 15 年的选择。结果发现抗病选择后的品系(S 系)的 A1 基因频率明显要高,其中一个品系只存在 2 个等位基因。对该品系的分析表明,抗病选择后的等位基因与鸡开产的推迟及维持产蛋稳定性相关,而与蛋重和早期体重无关。(Kuhnlein *et al.*,1997)。Feng 等 (1997)深入研究了 Kuhnlein 等的研究结果,扩大了检测样本的数目,对白来航 S 系的 GH 和 GHR 基因进行了多态性研究,检测了 GH 基因的 A1 和 A5 基因型频率以及位于 GHR 基因的 polyA 信号处的 *Hind* Ⅲ 酶切多态性,结果表明 cGH 基因 A1/A1 与 A5/A5 相比,平均开产日龄推迟了 10 d,但却获得了更高的产蛋率,而对蛋比重和蛋重无影响。GHR 基因的 *Hind* Ⅲ⁺ 等位基因与高的母鸡体重、产蛋率相关,但开产日龄却推迟了 5 d,对蛋重影响不显著 (Feng *et al.*,1997)。Feng 等(1998)在蛋鸡和肉鸡品系中进一步证实 cGHR 的 *Hind* Ⅲ⁺ 等位基因与高的 130 日龄体重相关(Feng *et al.*,1998)。Yan 等(2003)以明星肉鸡和丝羽乌骨鸡的 F₂ 代鸡群为材料,发现 GH 基因的 2 个 SNPs 与腹脂率、胸肌重、胸肌率显著相关,而与其他性状无关(Yan *et al.*,2003)。2005 年,Nie 等以白洛克和杏花鸡的 F₂ 代为材料,检测了

GH 基因多态性,发现内含子 3 上 1 705 位点的一个 G/A 突变与体重和胫骨长等生长性状有显著相关(Romanov et al.,2005)。2008 年,Ouyang 等对 GHR 基因的 cDNA 序列进行多态性筛选并进行关联分析后发现,GHR 基因的 G6631778A 位点与公鸡的初生重、35、39、63 日龄的体重具有显著的相关,与母鸡的 28 日龄体重具有显著相关(Ouyang et al.,2008)。综上,鸡生长激素及其受体基因是影响鸡生长和产蛋性状的重要的基因。然而,由于采用不同的试验群体,不同研究却未得到完全一致的结论。

2. 类胰岛素生长因子

类胰岛素生长因子(insulin-like growth factors,IGFs)包括 IGF1 和 IGF2,它们是同源多肽,并且都和胰岛素结构相似。自 IGFs 被发现以来,对其结构、功能开展了大量的研究。IGFs 是生长激素发挥作用的中间信使,即生长激素首先作用于 IGFs,再由 IGFs 作用于靶器官,进而发挥促进生长发育的作用。2000 年,Nagaraja 等人通过 PCR-RFLP 方法,在 IGF1 基因的 5′端调控区发现了多态位点,用 Pst I 酶切确定三种基因型:Pst I(+/+),Pst I(+/−) 和 Pst I(−/−),结果表明,Pst I(+/+)和 Pst I(+/−)基因型的平均蛋重高于 Pst I(−/−)基因型,Pst I(+/−)基因型的蛋壳重和蛋比重高于其他基因型的平均值,但与体重、饲料消耗以及产蛋率的关联不显著(Nagaraja et al.,2000)。2001 年,Seo 等在韩国地方鸡种验证了 Nagaraja 等人的结果,发现 Pst I(+/+)基因型公鸡表现较高的 30 周龄体重。2003 年,Amills 等利用 PCR-RFLP 法,检测了 IGF1 和 IGF2 基因的 4 个 SNPs 基因型,并与生长和代谢性状进行关联分析,证实 IGF1 基因启动子区的 1 个 Hinf I 位点多态性与生长性状有显著相关,而 IGF1 的 Pst I 多态位点以及 IGF2 的两个 SNPs 均与所有生长性状关联不显著(Amills et al.,2003)。2004 年,王文军等在中国几个地方鸡种中进一步证实了 IGF1 基因 5′端调控区存在一个的 Pst I 酶切位点多态,并发现 IGF1 基因的 AA 基因型比 BB 基因型有更高的 4 月龄体重(Wang et al.,,2004)。近年来,Zhou 等(2005)和 Bennett 等(2006)进一步验证了 Amills 等发现的 IGF1 基因启动子区的 Hinf I 位点与生长发育性状存在相关(Zhou et al.,2005;Bennett et al.,2006)。相对于 IGF1 基因,有关 IGF2 的研究较少。2005 年,Wang 等在法国明星肉鸡和丝羽乌骨鸡杂交 2 代中,发现 IGF2 的第 2 外显子 71 位点有一个 C/G 突变,经关联分析表明该 SNP 与部分生长和屠体性状有显著性影响(Wang et al.,2005)。从前人研究结果可知,IGF1 和 IGF2 基因与鸡的生长和产蛋等经济性状有关。特别是研究较为深入的 IGF1 基因,在多个群体内发现其与生长和产蛋等经济性状有关。

3. 类胰岛素生长因子结合蛋白

类胰岛素生长因子结合蛋白超家族(IGFBPs),由 6 个结构相似的结合蛋白组成。它们作为生物调节子可增强或抑制 IGFs 的生物活性与利用度。2005 年,华南农业大学张细权教授课题组以白洛克和杏花鸡 F$_2$ 代为实验材料,对 IGFBP2 基因的 5 个 SNP 进行关联分析,发现这 5 个 SNP 与大多生长和屠体性状有关,并证实了其中某些单倍型与大多性状存在强相关(Lei et al.,2005)。2006 年,东北农业大学李辉教授课题组进一步证实了 IGFBP2 基因内含子 2 存在一个 RFLP 突变(1 032 位点 C/T 突变),发现它与大多生长性状有关联(Li et al.,2006)。2009 年,欧江涛等对 IGFBP1 和 IGFBP3 的 5′调控区进行多态性分析和关联分析,发现在北京油鸡群体中多个 SNP 位点与生长性状有关(Ou et al.,2009)。

4. 转化生长因子 B 家族

转化生长因子 B 家族(transforming growth factor-betas,TGFBs)在动物细胞生长、代

谢、分化,增殖和生存中有着十分重要的作用。2003 年,美国 Iowa 州立大学 Lamont 等人以白来航和 Fayoumi 的 F_2 代为实验材料,利用 PCR‐RFLP 法检测多态性,证实 *TGFB2* 基因与骨品质性状(骨矿含量、骨矿密度、骨矿含量百分比)以及骨长性状(胫骨长、胫骨长百分比)有显著相关。TGFB3 与 8 周龄体重,6～8 周龄平均体重,骨骼性状(胫长百分比、胫重百分比)以及屠体组成性状(胸肌重、腹脂重、腹脂百分比和脾重百分比)关联显著,TGFB4 基因与骨品质性状(骨矿含量、骨矿密度、骨矿密度百分比),骨长性状(胫骨长、胫骨长百分比)以及屠体组成性状(脾重、脾重百分比)有显著相关(Li *et al.*,2003)。Kang 等根据产蛋性能将韩国本地鸡种分成两个品系,证实 TGFB1 的表达与蛋重相关(Kang *et al.*,2002)。

5.其他重要候选基因

目前为止,除上述几类重要的候选基因外,还有许多影响鸡的生长和产蛋性状的重要候选基因(表 12‐2)。然而,目前对这些基因的研究较少,而要寻找真正的候选基因,单单在一个群体内筛选是不够的,而需要在多个群体内验证。

表 12‐2　其他的影响鸡生长和产蛋性状的候选基因

基因	中文名称	性状	参考文献
POU1F1	垂体特异转录因子 1	8 周龄体重	Jiang *et al.*,2004
MSTN	肌肉生长抑制素	骨骼肌生长速度	Gu *et al.*,2004
PRL	催乳素基因	抱窝性	Jiang *et al.*,2005;Cui *et al.*,2006
VDR	维生素 D 受体基因	肱骨的骨矿含量	Bennett *et al.*,2006
SPP1	骨桥蛋白	体重	Bennett *et al.*,2006
INS	胰岛素	体重,产蛋量	Bennett *et al.*,2006
ApoB1	载脂蛋白 B 基因 1	体重	Zhang *et al.*,2006
ApoB2	载脂蛋白 B 基因 2	体重和体脂性状	Zhang *et al.*,2006
MC4R	黑素皮质素受体基因	生长和屠体性状	仇雪梅等,2006
NPY	神经肽 Y 基因	开产日龄和产蛋数	Dunn *et al.*,2004
GNRHR	促性腺激素释放激素受体	产蛋数	Dunn *et al.*,2004
PGC‐1α	过氧化物酶增殖受体 γ 辅激活因子 α	腹脂重	Wu *et al.*,2006
UCP	脂调节蛋白	屠体性状	Liu *et al.*,2007
IGF1R	类胰岛素生长因子 1 受体	生长性状	Lei *et al.*,2008

12.1.4　北京油鸡生长和产蛋性状候选基因分析

为进一步研究鸡生长和产蛋性状的候选基因,中国农业大学课题组在国家重点基础研究发展规划(973)项目的支持下,以北京油鸡为素材组建了试验群体,该群体以 17 周龄体重、36 周龄产蛋数和 36 周龄蛋重作为育种目标进行了两个世代的选择,组成了正选系、负选系和对照系,共计三个世代:G0、G1 和 G2。各世代所有个体均饲养于国家家禽测定中心,严格按照统一的饲养标准饲养。以 G0 和 G1 代个体作为资源群体,进行生长和产蛋性状的候选基因分析。G0 代北京油鸡共 822 只,其中公鸡 339 只,母鸡 483 只,来自 29 个父系半同胞家系和 225

个全同胞家系;G1 代北京油鸡共 1 032 只,全部为母鸡,来自 78 个父系半同胞家系和 356 个全同胞家系(Ou *et al.*,2009;Tang *et al.*,2010a,2010b;Liu *et al.*,2011)。

测定了试验群体 G0 和 G1 代所有个体的生长性状和产蛋性状的表型值。其中,G0 代生长性状包括:初生重,8 周龄、10 周龄、13 周龄、17 周龄和 40 周龄体重;G1 代生长性状包括:7 周龄、9 周龄、11 周龄、13 周龄和 17 周龄体重。产蛋性状包括:开产体重,开产蛋重,开产日龄,24 周龄、26 周龄、28 周龄、32 周龄和 40 周龄产蛋数,36 和 40 周龄蛋重,性状的基本统计量见表 12 - 3 到表 12 - 6。利用这一试验群体,对 TGFB2、IGF2R、IGFBP1、IGFBP3、STAT5B、GHRHR 和 JAK2 等 7 个基因进行了与鸡生长和产蛋性状的候选基因分析(Ou *et al.*,2009;Tang *et al.*,2010a,2010b;Liu *et al.*,2011)。

表 12 - 3　G0 代北京油鸡生长性状描述统计量　　　　　　　　　　　　　　　g

性状	平均数	标准差	最小值	最大值	变异系数/%
初生重	33.56	2.87	22.60	44.50	8.56
8 周龄体重	607.18	102.09	309.00	915.00	16.81
10 周龄体重	781.11	122.96	402.00	1 155.00	15.74
13 周龄体重	975.62	165.28	528.00	1 450.00	16.94
17 周龄体重	1 287.00	218.07	620.00	1 909.00	16.94
40 周龄体重	1 767.25	287.00	866.00	2 611.00	16.24

表 12 - 4　G0 代北京油鸡北京油鸡产蛋性状描述统计量

性　状	平均数	标准差	最小值	最大值	变异系数/%
开产体重/g	1 871.67	231.61	1 309.00	2 699.00	12.37
开产蛋重/g	35.62	5.72	22.40	77.40	16.06
开产日龄/d	149.48	15.38	119.00	226.00	10.29
24 周龄产蛋数/个	7.45	6.77	0.00	29.00	90.81
28 周龄产蛋数/个	21.62	13.22	0.00	56.00	61.17
32 周龄产蛋数/个	38.27	15.68	6.00	78.00	40.98
36 周龄产蛋数/个	49.31	20.80	6.00	102.00	42.18
40 周龄产蛋数/个	57.82	26.61	6.00	125.00	46.03
36 周龄蛋重/g	49.18	4.25	34.20	61.20	8.64
40 周龄蛋重/g	50.77	4.10	39.90	60.80	8.08

表 12 - 5　G1 代北京油鸡生长性状描述统计量　　　　　　　　　　　　　　　g

性　状	平均数	标准差	最小值	最大值	变异系数/%
7 周龄体重	546.96	78.58	257.00	810.00	14.37
9 周龄体重	655.15	158.78	276.00	1 047.00	24.24
11 周龄体重	728.33	173.20	242.00	1 160.00	23.78
13 周龄体重	994.61	149.92	510.00	1 395.00	15.07
17 周龄体重	1 290.01	188.22	656.00	1 930.00	14.59

表 12 - 6　G1 代北京油鸡北京油鸡产蛋性状描述统计量

性　状	平均数	标准差	最小值	最大值	变异系数/%
开产体重/g	1 912.33	282.12	1 163.00	2 882.00	14.75
开产蛋重/g	43.48	5.10	25.80	67.60	11.72
开产日龄/d	190.34	16.46	146.00	245.00	8.65
24 周龄产蛋数/个	0.49	1.82	0.00	16.00	371.49
28 周龄产蛋数/个	5.43	7.25	0.00	38.00	133.68
32 周龄产蛋数/个	21.66	11.06	0.00	58.00	51.05
36 周总产蛋数/个	40.28	13.61	6.00	79.00	33.79
36 周龄蛋重/g	53.73	4.15	29.95	69.53	7.72

12.2　TGFB2 和 IGF2R 基因的遗传效应分析

转化生长因子 B 家族(transforming growth factor - betas，TGFBs)在动物细胞生长、代谢、分化和增殖过程中具有十分重要的作用。TGFBs 能使正常的成纤维细胞的表型发生转化，即在表皮生长因子存在的条件下，能够改变成纤维细胞生长特性，所以被命名为转化生长因子。转化生长因子 B 亚基 2(transforming growth factor - beta 2，TGFB2)基因是 TGFBs 家族成员之一。有报道指出，TGFB2 是细胞生长、分化的内源性调控因子，其不仅在细胞功能和活性方面具有调控作用，在胚胎发育、蛋白合成、骨组织增殖以及繁殖通路上都具有重要的调节作用(Massague，1990；Burt and Law，1994；Attisano and Wrana，2002；Lawrence，1996；Ingman and Robertson，2002；Kocamis and Killefer，2003；Kumar and Sun，2005)。鸡的 TGFB2 基因位于鸡 3 号常染色体(GGA3)的 77.0 cM 处。有许多研究将与生长有关的 QTL 定位在该区域或其附近(Kerje et al.，2003b；Carlborg et al.，2003；Ambo et al.，2009)。TGFB2 基因全长 70 kb 左右，包含 7 个外显子和 6 个内含子。

IGF2R 基因属于类胰岛素生长因子家族，该家族包括三类成员：IGFs，IGF 受体(IGF1R 和 IGF2R)，IGF 结合蛋白(IGFBP1 - IGFBP6)。IGFs 因子是一种促细胞分裂素，主要作用在动物细胞生长、增殖和凋亡过程中，IGFs 因子发挥作用过程受到类胰岛素生长因子受体和类胰岛素生长因子结合蛋白的调节(McMurtry，1998；Yu and Rohan，2000)。其中，类胰岛素生长因子 2 受体基因(insulin - like growth factor 2 receptor，IGF2R)在胚胎发育、细胞分化、卵巢发育和机体生长等方面具有重要的作用(Lau et al.，1994；Ludwig et al.，1996；Adam et al.，1998)。IGF2R 基因全长 60 kb 左右，包含 48 个外显子和 47 个内含子。鸡的 IGF2R 基因位于 3 号常染色体(GGA3)的 140.0 cM 处。有研究报道表明在 IGF2R 基因位置附近发现了与体重有关的 QTLs(Park et al.，2006)。

综合考虑其生物学功能和前人的 QTL 定位结果，唐韶青将 TGFB2 和 IGF2R 基因作为位置候选基因，对其启动子区域和所有外显子区域进行多态位点检测，并分析其对北京油鸡的生长和产蛋性状的遗传效应(唐韶青，2010；Tang et al.，2010a，2010b)。

12.2.1 SNP 筛选和测定

1. SNP 的筛选

选择来自不同家系的 30 个北京油鸡个体的基因组 DNA,使用紫外分光光度计测定其基因组 DNA 的浓度(每个样品测 3 次,求其平均值),分别稀释至 50 ng/μL,各取 5 μL 等量混匀,构建品种基因组 DNA 池。

根据 TGFB2 和 IGF2R 基因的文献报道和 NCBI 数据库报道的序列(TGFB2:Burt and Paton,1991;X58071;NC_006090.2;IGF2R:NP_990301.1),利用 primer3.0 在线引物设计软件设计涵盖 TGFB2 基因部分启动子区和全部外显子区以及 IGF2R 基因全部外显子区的引物序列,共计 46 对引物。

经 30 个北京油鸡个体的基因组 DNA 池测序后,利用 Chromas 软件分析突变位点的位置。在 TGFB2 基因启动子区发现了两个 SNP 位点,分别位于转录起始位点上游 −640bp 的 C/T 突变(g. −640C>T)和 −790~−851bp 处的 62bp 插入/缺失突变(g. −851_−790del);外显子区未检测到多态位点。在 *IGF2R* 基因的外显子区域共发现了 6 个 SNP 突变位点:g. 17507C>A、g. 17597C>T、g. 19006C>T、g. 20830C>T、g. 30984 C>T 和 g. 39713 C>T,其中 g. 39713 C>T 为错义突变,其编码蛋白的第 1 584 位氨基酸由蛋氨酸突变为苏氨酸,其他突变为同义突变。

2. 试验鸡群中 SNP 的基因型测定

对 TGFB2 中的 2 个 SNP,分别应用 PCR‑RFLP(g. −640C>T)和 PCR(g. −851_−790del)技术进行全群个体基因型检测,引物序列分别为:5′‑CCTCACACAAC‑CAAAAATCAGGC‑3′,5′‑ATGCAAAAGCATTCAAACTTGACTGT‑3′;5′‑GGAG‑GAAAAGAGTGGAGTGCT‑3′,5′‑CTGCGTCTGCAATTCAGTTT‑3′。TGFB2‑640 引物扩增产物经 *Rsa* I 限制性内切酶 37℃酶切过夜后,经 3% 琼脂糖检测判定个体 g. −640C>T 位点基因型。TGFB2‑790 引物的 PCR 扩增产物直接经 3% 琼脂糖检测后,根据 DNA 条带长度判定 g. −851_−790del 位点基因型。

对 IGF2R 基因中的 6 个 SNP,采用 MALDI‑TOF‑MS(基质辅助激光解吸离子化飞行时间质谱)技术进行全群个体基因型检测。利用美国 SEQUENOM 公司的 iPLEX GOLD 3.1 软件,根据每个位点序列,设计多重 PCR 反应的特异引物和单碱基延伸所用的延伸引物,多重 PCR 的引物不仅要保证单个反应的成功率而且要考虑多个反应产生的 PCR 产物大小相互间不影响,最后选取最优的引物组合。每条 PCR 引物带有 10 bp 的 tag,使分子质量大于 9 000 u,避免干扰 SNP 基因型的检测。软件自动计算 T_m 值、引物长度、PCR 产物长度和延伸产物分子质量大小,并与检测系统结合,预先定义各基因型的质谱峰模型。最后进行引物验证,即对每对 PCR 引物进行质量检测和 PCR 检测,确保多重 PCR 反应的可行性。具体引物信息见表 12‑7。

将已完成延伸反应过程的产物,利用飞行时间质谱仪进行检测。将洗涤后的单碱基延伸获得的产物上样于 SpectroCHIP® arrays 芯片,芯片上机检测,读取质谱结果即可获得个体基因型。

表 12-7　**MALDI-TOF-MS 引物序列**

SNP	PCR 上游引物	PCR 下游引物	延伸引物
g.17507C>A	ACGTTGGATGCCTTCATGTATCAAGCACGC	ACGTTGGATGCTGTGTTCTGTAACAGGAAG	GGGAAGCAGGGCAGTTCAT
g.17597C>T	ACGTTGGATGATATGATGTTGGTCGTCCGC	ACGTTGGATGCAGATGACTGACTGGCTCAC	AGGATCAACTGAAACGTCA
g.19006C>T	ACGTTGGATGAAGTTACCTCTTCTCCTCTC	ACGTTGGATGTTCTGCTTAGGCCATAACCC	CCTCTCCTCTCTTGGATGG
g.20830C>T	ACGTTGGATGATGCTGCCCTCGCAATTACC	ACGTTGGATGTATGTCACACCATACTTAGC	GAATAGTAATACTCCTCTTTGTC
g.30984C>T	ACGTTGGATGTCTGTCTAGTGAAGGGTTTC	ACGTTGGATGGCATGTTTCCAACACTCACC	GCGTGAAGGGTTTCTAACTCT
g.39713C>T	ACGTTGGATGTGATCCTTGTCCTACAGACC	ACGTTGGATGAAAACAGGCTGGCTGTCATC	TTCGTCCTACAGACCTCAAAA

12.2.2　SNP 与性状的关联分析

1.基因频率和基因型频率

利用 Popgene Version (1.31) 软件统计了 *TGFB2* 基因的 2 个 SNP 位点和 *IGF2R* 基因的 6 个 SNP 位点的等位基因频率和基因型频率,并进行了 Hardy-Weinberg 平衡检验,统计分析结果见表 12-8。结果表明:*TGFB2* 基因的 g.−640C>T 位点和 *IGF2R* 基因的所有突变位点均处于 Hardy-Weinberg 平衡状态。*TGFB2* 基因的 g.−851_−790del 位点未处于 Hardy-Weinberg 平衡状态。

表 12-8　***TGFB2* 和 *IGF2R* 基因的基因频率和基因型频率及其 Hardy-Weinberg 平衡检验**

基因	SNP	基因型	基因型频率	等位基因	基因频率	HW 检验 P-值
TGFB2	g.−640C>T	CC	0.12			
		CT	0.48	C	0.36	0.41
		TT	0.40	T	0.64	
	g.−851_−790del	WW	0.63			
		WD	0.35	W	0.80	0.01
		DD	0.03	D	0.20	
IGF2R	g.17507C>A	AA	0.17			
		CA	0.49	C	0.41	0.71
		CC	0.34	T	0.59	
	g.17597C>T	CC	0.09			
		CT	0.41	C	0.30	0.73
		TT	0.50	T	0.70	
	g.19006C>T	CC	0.22			
		CT	0.48	C	0.46	0.37
		TT	0.30	T	0.54	
	g.20830C>T	CC	0.16			
		CT	0.46	C	0.39	0.21
		TT	0.38	T	0.61	

续表 12 - 8

基因	SNP	基因型	基因型频率	等位基因	基因频率	HW 检验 P - 值
	g. 30984 C>T	CC	0.19	C	0.44	0.61
		CT	0.50	T	0.56	
		TT	0.31			
	g. 39713 C>T	CC	0.12	C	0.33	0.38
		CT	0.43	T	0.67	
		TT	0.45			

2. 关联分析

利用 SAS 9.2 软件的 MIXED 过程对北京油鸡生长和产蛋性状进行关联分析,模型为 $y = \mu + L + SEX + S + D(S) + G + e$,其中,$y$:性状表型观察值;$\mu$:性状的群体均值;$L$:群体效应(品系效应);$S$:公鸡家系效应;$D(S)$:公鸡内母鸡家系效应;$G$:基因型效应;$e$:随机残差效应。

$TGFB2$ 基因的两个 SNP 位点和 $IGF2R$ 基因的 6 个 SNP 位点与北京油鸡生长和产蛋性状的关联分析结果见表 12 - 9 至表 12 - 11。在 $TGFB2$ 基因的两个 SNP 位点中,g. −640C>T 位点与 11 周龄体重($P = 0.018\,7$)和 17 周龄体重($P = 0.023\,4$)的关联程度达到了显著水平,g. −851−790del 位点与 7 周龄体重($P = 0.001\,3$)和 17 周龄体重($P = 0.003\,5$)的关联达到了极显著水平,对 11 周龄体重($P = 0.036\,9$)和 13 周龄体重($P = 0.024\,1$)达到了显著水平。但这两个 SNP 位点与开产体重,开产蛋重,开产日龄,24 周龄、28 周龄、32 周龄、36 周龄产蛋数和 36 周龄蛋重 8 个产蛋性状的关联程度均未达到显著水平($P > 0.05$)。Bonferroni 多重比较分析表明:在 11、17 周龄时,$TGFB2$ 基因 g. −640C>T 位点的 TT 基因型个体体重显著高于 CC 基因型;17 周龄时,TT 基因型个体体重的最小二乘均值比 CC 型提高了 45.98g。在 7、11、13 和 17 周龄,g. −851_−790del 位点野生型(WW)个体的体重显著高于杂合型(WD)和缺失型(DD)基因型个体;17 周龄时,插入型(WW)个体体重的最小二乘均值比缺失型提高了 90.90g。等位基因替代效应分析结果表明,g. −640C>T 和 g. −851_−790del 对 17 周龄体重的加性效应均达到了极显著水平($P < 0.001$),而对所有生长和产蛋性状的显性效应均不显著($P > 0.05$)。

对 $IGF2R$ 基因的 6 个 SNP 位点的关联分析表明,g.17597C>T 位点对 32 周龄产蛋数($P = 0.011\,8$)和 36 周龄产蛋数($P = 0.005\,4$)影响极显著,TT 基因型为优势基因型;g. 19\,006 C>T 位点对 7、9、13 和 17 周龄体重影响显著或极显著($P = 0.013\,8$;$P = 0.000\,7$;$P = 0.006\,5$;$P = 0.001\,4$),CC 基因型为优势基因型;g. 20830C>T 位点对 9 和 17 周龄体重的影响达到了显著的水平($P = 0.010\,0$;$P = 0.028\,2$),CC 基因型为优势基因型;g. 39713 C>T 位点对 24 周龄产蛋数影响达到了显著水平($P = 0.047\,0$),对 32 和 36 周龄产蛋数影响达到了极显著水平($P = 0.001\,6$;$P = 0.001\,2$),TT 基因型为优势基因型。基因效应分析表明,$IGF2R$ 基因 g.17597C>T 位点对 32 和 36 周龄产蛋数性状的加性和显性效应均达到了极显著水平($P < 0.05$),等位基因由 C 突变为 T 会显著提高产蛋数;g.19006C>T 位点对于 7、13 和 17 周龄体重性状,加性效应达到了极显著水平($P < 0.01$),显性效应在 7、9、17 周龄时达到极显著水平($P < 0.01$),等位基因由 T 突变为 C 会显著提高个体体重;g.20830C>T 对于 9、13 和 17

表 12-9 **TGFB2** 和 **IGF2R** 基因 SNP 位点与北京油鸡生长和产蛋性状的关联分析结果

性状[1]	TGFB2 g.-640C>T	TGFB2 g.-851_-790del	IGF2R g.17507C>A	IGF2R g.17597C>T	IGF2R g.19006C>T	IGF2R g.20830C>T	IGF2R g.30984C>T	IGF2R g.39713C>T
BW7/g	0.280 9	0.001 3**	0.754 5	0.988 6	0.013 8**	0.294 4	0.798 8	0.515 8
BW9/g	0.561 8	0.297 9	0.142 7	0.378 6	0.000 7**	0.010 0**	0.325 3	0.330 4
BW11/g	0.018 7*	0.036 9*	0.405 3	0.387 8	0.198 9	0.330 7	0.414 4	0.309 4
BW13/g	0.073 2	0.024 1*	0.201 2	0.507 8	0.006 5**	0.088 9	0.365 1	0.225 3
BW17/g	0.023 4*	0.003 5**	0.216 2	0.471 5	0.001 4**	0.028 2*	0.179 5	0.433 5
AFE	0.217 9	0.439 6	0.548 2	0.856 6	0.313 5	0.776 6	0.164 5	0.950 0
BWFE/g	0.823 1	0.725 2	0.313 0	0.076 4	0.356 9	0.430 9	0.309 0	0.031 6*
EWFE/g	0.053 6	0.003 2**	0.153 8	0.319 9	0.304 2	0.203 7	0.653 5	0.463 5
EN24	0.589 1	0.769 6	0.849 0	0.067 6	0.470 6	0.905 6	0.982 6	0.047 0*
EN28	0.710 1	0.872 8	0.207 5	0.236 6	0.605 3	0.614 8	0.416 7	0.098 0
EN32	0.941 4	0.776 1	0.153 8	0.011 8*	0.381 9	0.525 7	0.624 1	0.001 6**
EN36	0.859 6	0.832 3	0.205 2	0.005 4**	0.293 5	0.674 6	0.708 9	0.001 1**
EW36/g	0.289 9	0.329 2	0.753 7	0.782 8	0.990 2	0.748 1	0.221 0	0.492 8

[1]BW7,BW9,BW11,BW13,BW17分别为7,9,11,13,17周龄体重;AFE,BWFE,EWFE分别为开产日龄、开产体重和开产蛋重;EN24~EN36分别为24~36周龄产蛋数;EW36为36周龄蛋重。

** P<0.01,差异极显著。* 0.01<P<0.05,差异显著。

表 12-10 *TGFB2* 和 *IGF2R* 基因 SNP 位点对北京油鸡生长和产蛋性状的基因型值（最小二乘均值）

基因	SNP	基因型	7周龄体重/g	9周龄体重/g	11周龄体重/g	13周龄体重/g	17周龄体重/g	32周龄蛋数	36周龄蛋数	36周龄蛋重/g
TGFB2	g.−640C>T	CC	538.31±7.48	646.19±14.30	700.37±16.21^a	971.84±13.84	1 252.45±17.08^a	31.35±1.12	50.20±1.37	53.49±0.41
		TC	545.87±4.97	661.42±7.96	721.52±10.11^{ab}	991.41±9.32	1 295.19±11.15^b	31.66±0.72	50.08±0.84	54.02±0.25
		TT	550.35±5.22	654.43±8.57	745.24±10.72^b	1 003.47±9.77	1 298.43±11.74^b	31.75±0.76	50.61±0.89	53.65±0.27
	g.−851_−790del	WW	553.50±4.75^A	661.33±9.61^a	738.68±9.61^a	1 003.05±8.97^a	1 302.55±10.65^A	30.92±0.79	50.40±0.94	53.98±0.23
		WD	535.18±5.45^B	646.69±9.15	712.20±11.38^b	978.04±10.24^b	1 276.46±12.34^{AB}	31.92±0.72	50.31±0.94	53.55±0.28
		DD	535.80±13.43^{AB}	675.25±28.69	690.82±30.57^b	973.31±24.85^B	1 211.65±31.31^B	31.52±1.04	48.68±2.82	53.35±0.86
IGF2R	g.17507C>A	AA	599.24±7.13	766.77±12.18	860.74±13.84	1 143.09±12.74	1 546.05±15.60	29.32±1.10	48.42±1.31	53.77±0.39
		AC	594.24±5.14	741.44±7.93	862.62±9.12	1 137.42±9.00	1 522.70±11.20	31.21±0.72	50.28±0.72	53.72±0.24
		CC	595.97±5.70	750.05±9.19	847.64±10.49	1 121.94±10.07	1 517.74±12.45	30.06±0.79	48.89±0.94	53.95±0.27
	g.17597C>T	CC	595.27±8.92	765.31±15.94	848.62±17.82	1 134.51±16.10	1 542.89±19.57	26.50±1.46^a	44.41±1.73^A	53.57±0.52
		CT	595.35±5.36	743.09±8.38	865.29±9.65	1 138.95±9.43	1 527.70±11.70	30.71±0.77^b	49.94±0.92^B	53.75±0.26
		TT	596.10±5.20	750.45±8.02	852.01±9.27	1 127.98±9.13	1 519.54±11.35	30.89±0.71^b	49.87±0.85^B	53.90±0.24
	g.19006C>T	CC	608.42±6.52^a	781.46±10.94^a	872.63±12.43	1 158.94±11.61^a	1 562.08±10.21^A	29.97±1.01	48.95±1.20	53.79±0.35
		CT	590.19±5.11^b	735.77±7.89^b	856.48±9.15	1 129.91±8.96^{ab}	1 513.49±11.10^B	31.02±0.72	50.18±0.86	53.81±0.24
		TT	595.08±5.87^{ab}	745.22±9.58^b	846.60±10.96	1 118.78±10.41^b	1 515.22±12.78^B	30.01±0.82	48.75±0.98	53.84±0.28
	g.20830C>T	CC	603.26±7.15	777.60±12.28^A	870.96±13.86	1 153.45±12.80	1 557.61±15.63^a	29.56±1.13	48.79±1.34	53.58±0.39
		CT	592.66±5.19	737.82±8.06^B	859.22±9.30	1 133.63±9.12	1 519.76±11.31^b	30.84±0.74	49.87±0.88	53.81±0.25
		TT	596.06±5.55	749.27±8.86^{AB}	848.42±10.17	1 123.32±9.81	1 517.08±12.11^b	30.42±0.77	49.29±0.92	53.91±0.26
	g.30984 C>T	CC	597.66±6.88	761.68±11.63	868.94±13.14	1 146.24±12.26	1 545.72±15.02	29.86±1.06	49.03±1.26	53.28±0.36
		CT	596.48±5.11	743.14±7.85	858.02±9.06	1 131.57±8.94	1 519.05±11.12	30.83±0.72	49.85±0.86	53.91±0.23
		TT	593.25±5.87	749.87±9.55	848.48±10.88	1 127.42±10.38	1 522.01±12.80	30.31±0.82	49.16±0.97	53.95±0.27
	g.39713 C>T	CC	587.80±8.16	754.86±14.34	850.52±16.10	1 126.68±14.69	1 530.27±17.91	34.42±1.28^A	44.60±1.51^A	53.55±0.46
		CT	596.41±5.29	740.92±8.26	865.52±9.45	1 141.22±9.27	1 531.32±11.52	38.95±0.76^B	50.20±0.92^B	53.68±0.26
		TT	597.01±5.30	754.98±8.28	850.84±9.50	1 126.96±9.39	1 517.88±11.54	38.97±0.73^B	49.92±0.87^B	53.99±0.24

注：同一组数据标有不同大写字母上标表示差异极显著（$P<0.01$），同一组数据标有不同小写字母上标表示差异显著（$P<0.05$）。

表 12-11 *TGFB2* 和 *IGF2R* 基因 SNP 位点在北京油鸡生长和产蛋性状上的加性效应和显性效应

基因	SNP	效应ᵃ	7 周体重/g	9 周体重/g	11 周体重/g	13 周体重/g	17 周体重/g	32 周蛋数	36 周蛋数	36 周蛋重/g
TGFB2	g.−640C>T	A	−6.02±3.83	−4.12±8.01	−22.43±8.64**	−15.82±7.01*	−22.99±8.85**	−0.20±0.59	−0.08±0.23	−1.21±0.95
		D	1.54±4.84	11.11±10.41	−1.29±11.02	3.76±8.87	19.75±11.23	0.11±0.75	0.45±0.29	1.05±1.27
	g.−851_−790del	A	8.85±6.63	−6.96±14.58	23.93±15.30	14.87±12.24	45.45±15.54**	−0.20±0.73	0.31±0.44	0.01±1.98
		D	−9.47±7.54	−21.60±16.59	−2.55±17.40	−9.88±13.92	19.36±17.67	−0.32±0.94	−0.11±0.48	0.15±2.21
IGF2R	g.17507C>A	A	1.64±3.82	8.36±7.12	6.55±7.91	10.58±6.97	14.16±8.39	−0.37±0.60	−0.23±0.71	−0.09±0.23
		D	−3.37±4.80	−16.97±9.28	8.42±10.21	4.91±8.82	−9.20±10.57	1.51±0.78	1.63±0.92	−0.14±0.29
	g.17597C>T	A	−0.42±4.50	7.42±8.50	−1.69±9.40	3.26±8.23	11.67±9.89	−2.20±0.75**	−2.73±0.88**	−0.17±0.27
		D	−0.33±5.54	−14.79±10.72	14.97±11.77	7.70±10.17	−3.51±12.19	2.02±0.94*	2.80±1.10**	0.02±0.344 6
	g.19006C>T	A	6.67±3.59	18.12±6.72**	13.02±7.47	20.08±6.55**	22.96±7.87**	−0.02±0.57	0.10±0.67	−0.03±0.206 3
		D	−11.56±4.63**	−27.57±8.97**	−3.13±9.85	−8.95±8.48	−25.76±10.14**	1.03±0.75	1.32±0.88	−0.01±0.27
	g.20830C>T	A	3.60±3.75	14.16±7.04*	11.27±7.79	15.06±6.84*	20.26±8.21**	−0.43±0.61	−0.25±0.72	−0.17±0.23
		D	−7.00±4.85	−25.61±9.37**	−0.48±10.31	−4.76±8.89	−17.59±10.65	0.85±0.79	0.83±0.93	0.07±0.29
	g.30984C>T	A	2.20±3.75	5.90±7.00	10.23±7.76	9.41±6.85	11.85±8.24	−0.22±0.59	−0.07±0.70	−0.34±0.21
		D	1.02±4.79	12.63±9.21	−0.69±10.14	−5.26±8.79	−14.82±10.53	0.74±0.77	0.75±0.90	0.30±0.28
	g.39713 C>T	A	−4.60±4.12	−0.06±7.77	−0.16±8.61	−0.14±7.54	6.19±9.08	−2.28±0.66**	−2.66±0.78**	−0.22±0.25
		D	4.00±5.23	−14.00±10.10	14.84±22.13	14.41±9.61	7.24±11.53	2.26±0.87*	2.94±1.02*	−0.09±0.32

a:A=加性效应=0.5×两种纯合基因型均值之差;D=显性效应=杂合基因型均值−两种纯合基因型均值的平均数。
** P<0.01,差异极显著。* 0.01<P<0.05,差异显著。

周龄体重性状,加性效应显著($P<0.05$),显性效应仅在 9 周龄时达极显著($P<0.01$),等位基因由 T 突变为 C 可显著提高个体体重;g.39713 C>T 对于 32 和 36 周龄产蛋数性状,加性和显性效应均达到极显著水平($P<0.01$),等位基因由 C 突变为 T 可显著提高产蛋数。

12.2.3　*TGFB2* 基因 SNP 的转录因子结合位点分析

g.−640C>T 和 g.−851_−790del 位点均处于 *TGFB2* 基因的启动子区域,且与生长性状关联显著,为进一步分析该两个位点是否对 *TGFB2* 基因表达具有调控作用,本研究通过在线分析软件 TFSEARCH（http://molsun1.cbrc.aist.go.jp/research/db/TFSEARCH.html）对这两个 SNP 位点进行了转录因子结合位点预测(以大于 85% 相似性为阈值),取突变位置上下 100bp 的序列进行转录因子结合位点分析。分析结果发现,g.−640C<T 位点未引起转录因子结合位点的改变,而 g.−851_−790del 位点的 62bp 序列缺失导致了一个 AP-1 转录因子结合位点的改变,该位点为非缺失型(WW)时,存在一个 AP-1 转录因子结合位点(图 12-1),当该位点为缺失型(DD)时,AP-1 转录因子结合位点消失(图 12-2)。

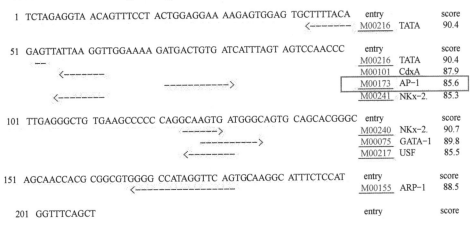

TFMATRIX entries with High-scoring:

```
  1 TCTAGAGGTA ACAGTTTCCT ACTGGAGGAA AAGAGTGGAG TGCTTTTACA    entry            score
                                              <--------  M00216  TATA     90.4

 51 GAGTTATTAA GGTTGGAAAA GATGACTGTG ATCATTTAGT AGTCCAACCC    entry            score
        --                                                M00216  TATA     90.4
                                                          M00101  CdxA     87.9
    <--------           --------->                         M00173  AP-1     85.6
    <--------                                             M00241  NKx-2.   85.3

101 TTGAGGGCTG TGAAGCCCCC CAGGCAAGTG ATGGGCAGTG CAGCACGGGC    entry            score
                                  ---------->             M00240  NKx-2.   90.7
                        ----------->                       M00075  GATA-1   89.8
                        <--------                          M00217  USF      85.5

151 AGCAACCACG CGGCGTGGGG CCATAGGTTC AGTGCAAGGC ATTTCTCCAT    entry            score
               <------------------                         M00155  ARP-1    88.5

201 GGTTTCAGCT                                              entry            score
```

图 12-1　*TGFB2* 基因 g.−851_−790del 位点非缺失型(WW)的转录因子结合位点预测

为进一步分析 g.−851_−790del 位点是否真正引起了 AP-1 转录因子结合位点的改变,采用凝胶迁移实验分析了 AP-1 转录因子与 g.−851_−790del 位点不同基因型的结合情况,分别采集 11、17 周龄的 g.−851_−790del 位点为 WW 基因型和 DD 基因型个体的肝脏组织,观察不同基因型个体的 DNA 与 AP-1 转录因子结合情况,结果见图 12-3。可以看出,在 11、17 周龄,g.−851_−790del 位点的缺失纯合基因型导致了转录因子 AP-1 结合位点的消失。AP-1 结合位点的消失会导致 *TGFB2* 基因 5′启动子区与蛋白因子间相互作用发生改变,使之结合能力下降或消失,进而可能抑制或促进 *TGFB2* 基因的表达。此外,根据不同泳道的灰度比较分析结果发现,17 周龄 AP-1 与 *TGFB2* 基因启动子区结合程度明显高于 11 周龄(灰度值：393.89 vs 249.87),说明该转录因子与基因的结合程度在不同生长阶段也存在差异。

TFMATRIX entries with High-scoring:

1 TCTAGAGGTA ACAGTTTCCT ACTGGAGGAA AAGAGTGGAG TGCTTTTACA entry   score
                                                    <------- M00216 TATA   90.4

51 GAGTTATTAA GGCAAGTGAT GGGCAGTGCA GCACGGGCAG CAACCACGCG entry   score
                ------>   M00240 Nkx-2. 90.7
           --   M00216 TATA   90.4
                     ---------->   M00075 GATA-1 89.8
           <-------   M00101 CdxA   87.9
                  <-------   M00217 USF   85.5
           <-------   M00241 Nkx-2. 85.3

101 GCGTGGGGCC ATAGGTTCAG TGCAAGGCAT TTCTCCATGG TTTCAGCT entry   score
                <----------------   M00155 ARP-1   88.5

图 12 - 2 *TGFB2* 基因 g. −851 _ −790del 位点缺失型(DD)的转录因子结合位点预测

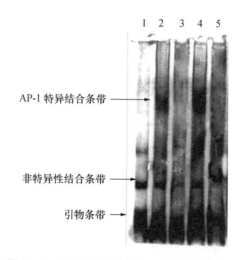

图 12 - 3 *TGFB2* 基因 AP - 1 的凝胶迁移结果

泳道 1:冷竞争对照,泳道 2:11 周龄 WW 型个体肝脏组织,泳道 3:11 周龄 DD 型个体肝脏组织,泳道 4:17 周龄 WW 型个体肝脏组织,泳道 5:17 周龄 DD 型个体肝脏组织。

12.3 IGFBP1、IGFBP3 和 STAT5B 基因遗传效应分析

胰岛素样生长因子家族(IGFs),在动物不同生理条件下的细胞生长、代谢、分化、增殖和生存中具有十分重要的作用。其中,IGFBP 超家族(IGFBPs)包括 6 个不同而又高度密切关联的结合蛋白,从 IGFBP1~6。这六个结合蛋白作为调节子可增强或抑制 IGFs 的活性与其生物利用度(Firth and Baxter, 2002)。关于鸟类胰岛素样生长因子家族,它的生物学功能包括刺激生长、蛋白合成,细胞分化和卵巢发育的调节等方面已经被发现和研究(McMurtry *et al.*,1997;Duclos *et al.*, 1999;Onagbesan *et al.*, 1999;Heck *et al.*, 2003;Lei *et al.*, 2005;Yun *et al.*, 2005;Li *et al.*, 2006)。

信号转导与转录活化因子家族(STATs)作为重要的转录调控因子,主要由7个细胞质结合蛋白组成,彼此具有相似的生物学功能。STATs是JAK家族的重要底物,两者共同构成十分重要的JAK‐STAT信号通路,通过与酪氨酸磷酸化偶联,进行一系列级联反应,发挥转录调控作用,从而介导多种生物学效应。它们涉及众多细胞因子、生长因子、趋化因子和激素的信号转导通路,并参与一系列的细胞活动过程如细胞生长、分化、增殖、凋亡和生存(Darnell,1997;Levy and Darnell,2002)。其中,STAT5蛋白,又分STAT5A和STAT5B两种亚型,彼此具有非常高的同源性,可高达96%以上。STAT5蛋白在生长激素、生长激素受体、催乳素、胰岛素样生长因子、胰岛素和雌激素等信号通路中扮演着重要的调节功能,在动物的生长、繁殖、泌乳、免疫和代谢中具有十分重要的作用(Freeman $et\ al.$,2000;Renehan $et\ al.$,2006;Pilecka $et\ al.$,2007;Rosenfeld $et\ al.$,2007;Bachelot and Binart,2007;Hennighausen and Robinson,2008)。

鸡的 $IGFBP1$ 和 $IGFBP3$ 基因定位在2号染色体的生长QTL区间内,它们可能影响鸡的白肌肉比率或其他生长性状(Tatsuda and Fujinaka,2001;McElroy $et\ al.$,2006;park $et\ al.$,2006)。而且,鸡的 $IGFBP1$、$IGFBP3$ 和 $STAT5B$ 是生长与繁殖信号通路与基因调控网络中3个重要的节点,可作为生长与产蛋性状潜在的QTL候选基因(Kanehisa and Goto,2000;Cogburn $et\ al.$,2003,2004 and 2007;Kuhn $et\ al.$,2008)。

欧江涛利用北京油鸡试验群体对这3个基因进行了与鸡生长和产蛋性状的关联分析(欧江涛,2009;Ou $et\ al.$,2009)。

12.3.1　SNP筛选和测定

1.SNP筛选

针对 $IGFBP1$、$IGFBP3$ 和 $STAT5B$ 的 $5'$ 上游调控区各2 kb,$IGFBP1$ 和 $IGFBP3$ 基因全部外显子以及 $STAT5B$ 基因整个编码区分段设计特异引物共26对,以4个混合DNA池为模板进行PCR扩增,将扩增产物通过凝胶回收、纯化和直接测序,获得了相应的序列图谱,然后根据图谱峰形是否含有套峰和4个DNA池的PCR片段测序序列多重比较结果是否有碱基发生突变,并结合核酸变异数据库信息综合判断,进行3个基因的SNP筛选与鉴定。共鉴定得到26个SNP,用于 G_0 和 G_1 代北京油鸡大规模基因分型的SNP则为17个,其中 $IGFBP1$ 基因有4个,分别为G56038982A、T56039403C、G56040362A和T56045984C;$IGFBP3$ 基因有5个,分别为G56073158A、G56072991A、C56072587T、C56072547T和C56055947T;$STAT5B$ 基因有8个,分别为 G4533815A、G4533372A、G4532822A、C4532377T、C4531974T、C4531752A、C4531005T和G4530003A。

2.G1代鸡群中SNP的基因型测定

根据3个基因中已知SNP的序列信息,利用Sequenom MassARRAY SNP基因分型系统中的SpectroDESIGNER软件设计一组用于多重PCR反应的特异引物,共包含有17个SNP,具体引物信息可见表12-12。通过样本的准备,多重PCR引物设计和扩增,杂质的SAP酶消化处理,单碱基延伸终止反应和上样质谱仪检测过程实现了对SNP的基因分型。

12.3.2　基因和基因型频率以及 Hardy - Weinberg 平衡检验

利用 SAS/Genetics 9.1.3 软件计算 17 个 SNP 的基因和基因型频率,并进行 HW 平衡检验,计算结果见表 12 - 12 和表 12 - 13。可以看出,G56038982A、T56039403C、G56040362A、T56045984C、 G56073158A、 G56072991A、 C56072587T、 C56072547T、 G4533815A、G4532822A 和 G4530003A 等 11 个 SNP,在北京油鸡 G_1 代中都处于平衡状态;而C56055947T、G4533372A、C4532377T、C4531974T、C4531752A 和 C4531005T 等 6 个 SNP,则处于不平衡状态。

表 12 - 12　**IGFBP1 和 IGFBP3 基因的基因频率、基因型频率和 Hardy - Weinberg 平衡检验的 P 值**

基因	SNP 突变	基因型	个体数	基因型频率	等位基因	等位基因频率	P 值
IGFBP1	G56038982A	AA	604	0.625 9	A	0.791 2	0.988 4
		AG	319	0.330 6	G	0.208 8	
		GG	42	0.043 5			
	T56039403C	CC	409	0.398 6	C	0.633 5	0.707 2
		CT	482	0.469 8	T	0.366 5	
		TT	135	0.131 6			
	G56040362A	AA	40	0.039 6	A	0.207 7	0.489 0
		AG	340	0.336 3	G	0.792 3	
		GG	631	0.624 1			
	T56045984C	CC	170	0.176 0	C	0.431 2	0.208 9
		TC	493	0.510 4	T	0.568 8	
		TT	303	0.313 7			
IGFBP3	G56073158A	AA	597	0.618 0	A	0.787 8	0.629 9
		AG	328	0.339 5	G	0.212 2	
		GG	41	0.042 4			
	G56072991A	AA	44	0.045 6	A	0.206 7	0.588 5
		AG	311	0.322 3	G	0.793 3	
		GG	610	0.632 1			
	C56072587T	CC	267	0.259 7	C	0.500 5	0.236 0
		CT	495	0.481 5	T	0.499 5	
		TT	266	0.258 8			
	C56072547T	CC	590	0.613 3	C	0.783 8	0.853 1
		CT	328	0.341 0	T	0.216 2	
		TT	44	0.045 7			
	C56055947T	CC	37	0.038 5	C	0.120 7	2.75E−12
		CT	158	0.164 4	T	0.879 3	
		TT	766	0.797 1			

表 12 - 13　STAT5B 基因的基因频率、基因型频率和 Hardy - Weinberg 平衡检验的 *P* 值

SNP	等位基因型	个体数	等位基因型频率	等位基因	等位基因频率	*P* 值
G4533815A	AA	263	0.272 5	A	0.534 7	0.094 8
	AG	506	0.524 4	G	0.465 3	
	GG	196	0.203 1			
G4533372A	AA	128	0.132 6	A	0.389 1	0.014 2
	AG	495	0.510 3	G	0.610 9	
	GG	342	0.354 4			
G4532822A	AA	292	0.302 6	A	0.562 2	0.089 6
	AG	501	0.519 2	G	0.437 8	
	GG	172	0.178 2			
C4532377T	CC	496	0.514 0	C	0.729 0	0.006 0
	CT	415	0.430 1	T	0.271 0	
	TT	54	0.056 0			
C4531974T	CC	76	0.078 9	C	0.319 8	0.000 9
	CT	464	0.481 8	T	0.680 2	
	TT	423	0.439 3			
C4531752A	AA	375	0.388 6	A	0.649 7	4.62E−06
	AC	504	0.522 3	C	0.350 3	
	CC	86	0.089 1			
C4531005T	CC	423	0.438 3	C	0.679 3	0.001 0
	CT	465	0.481 9	T	0.320 7	
	TT	77	0.079 8			
G4530003A	AA	111	0.114 6	A	0.345 7	0.494 1
	AG	448	0.462 3	G	0.654 3	
	GG	410	0.423 1			

12.3.3　SNP 与生长和产蛋性状的关联分析

利用 SAS 9.1.3 软件的 MIXED 过程分析了 *IGFBP1*、*IGFBP3* 和 *STAT5B* 基因 17 个 SNP 与性状的相关性以及不同基因型对 G_1 代北京油鸡生长和产蛋性状的效应，分析所用模型同 12.2.2,结果见表 12 - 14 至表 12 - 16。

表 12-14 *IGFBP1* 和 *IGFBP3* 的 9 个 SNP 基因型对鸡生长性状的遗传效应（最小二乘均值±标准误）

SNP	基因型	7周龄体重/g	9周龄体重/g	11周龄体重/g	13周龄体重/g	17周龄体重/g
G55038982A (IGFBP1)	AA	562.40±4.77[A]	669.31±7.34[Aa]	740.84±10.20[Aa]	1 015.97±9.39[A]	1 316.72±10.67[A]
	AG	526.28±5.57[B]	639.34±9.56[b]	708.09±12.25[b]	965.48±10.84[B]	1 259.79±12.67[B]
	GG	477.24±11.75[C]	567.45±24.53[Cc]	648.26±27.34[Bb]	887.57±22.22[C]	1 152.12±27.45[C]
T56039403C (IGFBP1)	CC	559.14±5.19[A]	675.41±8.53[Aa]	735.71±10.99	1 009.79±9.93[Aa]	1 313.11±11.9[Aa]
	CT	542.78±4.89[B]	648.86±7.85[b]	725.85±10.27	987.04±9.39[b]	1 279.01±11.21[b]
	TT	520.16±7.46[C]	617.43±14.06[Bb]	708.70±16.43	961.83±13.98[Bb]	1 251.43±17.16[Bb]
G56040362A (IGFBP1)	AA	470.21±12.25[A]	578.03±25.22[A]	654.00±28.14[Aa]	883.61±22.89[A]	1 148.72±28.39[A]
	AG	526.56±5.42[B]	636.20±9.38[A]	712.76±11.85[b]	966.97±10.52[B]	1 258.60±12.45[B]
	GG	561.64±4.64[C]	671.59±7.3[B]	740.99±9.91[B]	1 013.9±9.13[C]	1 313.68±10.56[C]
T56045984C (IGFBP1)	CC	521.69±6.82[A]	622.26±12.61[Aa]	711.10±15.04	958.81±12.95[A]	1 242.80±15.62[A]
	TC	544.85±4.95[B]	653.08±7.86[ab]	728.85±10.41	995.53±9.54[A]	1 295.87±11.13[B]
	TT	563.54±5.71[C]	675.43±9.77[Bb]	729.96±12.31	1 009.85±10.94[B]	1 308.78±12.97[B]
G56073158A (IGFBP3)	AA	561.79±4.78[A]	667.79±7.36[Aa]	742.31±10.24[A]	1 016.07±9.41[A]	1 315.66±10.72[A]
	GA	527.44±5.53[B]	640.84±9.43[b]	705.32±12.13[B]	965.45±10.75[B]	1 261.14±12.57[B]
	GG	479.74±11.90[C]	579.71±24.86[Bb]	652.06±27.63[B]	890.61±22.45[C]	1 161.17±27.81[C]
G56072991A (IGFBP3)	AA	554.18±12.01[a]	651.62±24.16	772.55±27.07	1 031.62±22.37	1 323.28±27.68
	GA	557.32±5.83[ab]	668.49±9.78	724.63±12.44	1 005.41±11.11	1 305.26±13.14
	GG	540.74±4.92[ac]	648.07±7.37	723.31±10.19	984.88±9.48	1 280.89±10.95
C56072587T (IGFBP3)	CC	524.83±5.84[A]	634.56±10.24[a]	712.53±12.52	963.01±11.02[A]	1 256.15±13.25[Aa]
	CT	549.16±4.92[Ba]	659.68±7.83[ab]	726.83±10.24	995.53±9.37[B]	1 293.31±11.03[b]
	TT	562.94±5.86[Bb]	669.4±10.26[b]	745.15±12.56	1 018.86±11.05[B]	1 315.00±13.25[Bb]
C56072547T (IGFBP3)	CC	562.03±4.78[A]	668.87±7.40[Aa]	742.28±10.3[Aa]	1 015.79±9.43[A]	1 315.49±10.73[A]
	CT	527.64±5.52[B]	640.06±9.43[b]	706.32±12.15[b]	966.63±10.75[B]	1 262.37±12.57[B]
	TT	483.46±11.50[C]	581.91±23.98[Bb]	655.18±26.61[Bb]	897.18±21.69[Bb]	1 167.73±26.88[C]
C56055947T (IGFBP3)	CC	523.77±12.62	622.25±25.96	712.56±28.53	960.88±23.38	1 249.18±29.02
	TC	550.45±7.02	654.75±13.03	715.40±15.31	986.05±13.13	1 285.09±15.92
	TT	547.27±4.62	656.79±6.67	729.18±9.40	997.30±8.79	1 294.40±10.16

注：同一组数据标有不同大写字母上标表示差异极显著（$P<0.01$），同一组数据标有不同小写字母上标表示差异显著（$P<0.05$）。

表 12-15 *STAT5B* 基因 8 个 SNP 基因型对鸡产蛋性状的遗传效应（最小二乘均值±标准误）

SNP	基因型	开产体重/g	开产蛋重/g	开产日龄	24 周龄产蛋数	28 周龄产蛋数	32 周龄产蛋数	36 周龄产蛋数
G4533815A	AA	1 901.42±21.41	43.20±0.36	190.26±1.31[a]	0.62±0.13	5.55±0.56	21.87±0.88	40.28±1.05
	AG	1 911.66±17.80	43.58±0.28	190.08±1.07[ab]	0.47±0.10	5.58±0.45	21.97±0.71	40.68±0.84
	GG	1 940.67±23.11	43.71±0.40	192.57±1.42[ac]	0.38±0.15	4.69±0.61	20.53±0.95	39.28±1.15
G4533372A	AA	1 948.79±26.71	43.77±0.49	193.62±1.66[a]	0.26±0.18	4.20±0.72	19.75±1.11	38.25±1.35
	AG	1 911.80±17.86	43.58±0.28	190.06±1.08[b]	0.48±0.10	5.68±0.45	22.22±0.72	41.30±0.84
	GG	1 909.92±19.92	43.30±0.33	190.36±1.21[ab]	0.60±0.12	5.39±0.52	21.54±0.81	39.69±0.97
G4532822A	AA	1 910.46±20.92	43.17±0.35	190.18±1.28	0.63±0.13	5.59±0.54	21.97±0.85	40.47±1.02
	AG	1 910.12±17.82	43.64±0.28	190.06±1.07	0.50±0.10	5.62±0.45	22.04±0.71	40.74±0.84
	GG	1 942.63±24.20	43.70±0.43	192.98±1.49	0.25±0.16	4.38±0.64	20.02±1.00	38.82±1.21
C4532377T	CC	1 920.95±17.82	43.31±0.28	189.37±1.07	0.62±0.10	5.76±0.45	22.28±0.72	41.04±0.84
	CT	1 902.99±18.66	43.67±0.30	191.98±1.13	0.32±0.11	4.95±0.47	21.06±0.75	39.73±0.89
	TT	1 974.74±38.64	44.22±0.74	192.70±2.42	0.58±0.28	5.14±1.08	20.11±1.65	37.63±2.04
C4531974T	CC	1 947.20±33.72	44.56±0.63	193.68±2.11	0.49±0.24[a]	4.41±0.94	19.46±1.43	37.26±1.77
	TC	1 907.23±18.05	43.52±0.28	191.31±1.10	0.32±0.10[ab]	5.11±0.45	21.22±0.73	39.76±0.86
	TT	1 919.58±18.46	43.29±0.29	189.42±1.12	0.67±0.11[ac]	5.84±0.47	22.47±0.75	41.38±0.88
C4531752A	AA	1 913.48±19.16	43.27±0.31	189.21±1.16	0.63±0.11	5.84±0.49	22.48±0.78	41.37±0.92
	CA	1 915.34±17.82	43.57±0.28	191.25±1.07	0.38±0.10	5.17±0.45	21.32±0.72	39.95±0.84
	CC	1 935.03±32.48	44.26±0.61	193.48±2.02	0.49±0.22	4.55±0.90	19.76±1.37	37.55±1.69
C4531005T	CC	1 919.07±18.49	43.29±0.29	189.43±1.12	0.67±0.11[a]	5.85±0.47	22.47±0.75	41.38±0.88
	TC	1 908.65±18.08	43.55±0.29	191.27±1.10	0.32±0.10[b]	5.11±0.45	21.22±0.73	39.77±0.86
	TT	1 946.54±33.59	44.56±0.63	193.72±2.10	0.48±0.23[ab]	4.37±0.93	19.51±1.42	37.44±1.75
G4530003A	AA	1 927.23±28.17	43.67±0.52	191.91±1.75	0.51±0.19	5.18±0.76	20.81±1.17	39.42±1.44
	AG	1 920.39±18.30	43.49±0.30	190.41±1.11	0.44±0.10	5.57±0.47	22.03±0.74	41.25±0.88
	GG	1 909.05±19.00	43.52±0.31	190.58±1.15	0.53±0.11	5.2±0.49	21.43±0.77	39.51±0.92

注：同一组数据标有不同大写字母上标表示差异极显著($P<0.01$)，同一组数据标有不同小写字母上标表示差异显著($P<0.05$)。

表 12-16　*IGFBP1*、*IGFBP3* 和 *STAT5B* 基因 17 个 SNP 多态性与鸡生长和产蛋性状的相关性（*P* 值）

基因	SNP	7周龄体重/g	9周龄体重/g	11周龄体重/g	13周龄体重/g	17周龄体重/g	开产体重/g	开产蛋重/g	开产日龄	24周龄产蛋数	28周龄产蛋数	32周龄产蛋数	36周龄产蛋数
IGFBP1	G56038982A	<0.000 1	<0.000 1	0.000 7	<0.000 1	<0.000 1	<0.000 1	0.102 5	0.293 3	0.856 7	0.531 1	0.488 5	0.416 2
	T56039403C	<0.000 1	0.000 6	0.305 3	0.002 2	0.001 0	0.001 2	0.601 6	0.471 8	0.127 7	0.010 5	0.062 7	0.067 4
	G56040362A	<0.000 1	<0.000 1	0.002 4	<0.000 1	<0.000 1	<0.000 1	0.063 3	0.398 0	0.841	0.308 9	0.467 1	0.461 2
	T56045984C	<0.000 1	0.002 4	0.462 4	0.001 0	0.000 4	0.000 2	0.681 7	0.708 4	0.859 8	0.749 9	0.833 9	0.816 6
IGFBP3	G55073158A	<0.000 1	0.000 5	0.000 4	<0.000 1	<0.000 1	<0.000 1	0.071 2	0.295 9	0.824 8	0.696 5	0.509 0	0.447 3
	G56072991A	0.012 5	0.212 0	0.190 0	0.037 6	0.108 4	0.219 5	0.503 8	0.414 6	0.993 7	0.618 4	0.637 5	0.895 4
	C56072587T	<0.000 1	0.032 6	0.095 2	<0.000 1	0.001 0	0.001 3	0.069 1	0.034 2	0.925 9	0.257 8	0.497 7	0.441 3
	C56072547T	<0.000 1	0.000 3	0.000 5	<0.000 1	<0.000 1	<0.000 1	0.157 0	0.369 9	0.792 8	0.450 2	0.389 9	0.549 5
	C56055947T	0.121 8	0.467 8	0.590 2	0.223 4	0.242 9	0.236 6	0.039 7	0.004 6	0.820 0	0.081 1	0.041 6	0.044 7
STAT5B	G4533815A	0.106 9	0.075 9	0.096 7	0.109 9	0.766 1	0.436 4	0.564 8	0.019 1	0.415 4	0.343 1	0.298 8	0.494 9
	G4533372A	0.095 3	0.292 4	0.280 2	0.252 5	0.543 6	0.543 3	0.623 4	0.030 5	0.263 8	0.126 1	0.070 7	0.045 2
	G4532822A	0.136 2	0.068 4	0.104 3	0.133 9	0.627 8	0.562 1	0.379 2	0.084 3	0.141 3	0.150 8	0.110 4	0.294 7
	C4532377T	0.737 2	0.736 1	0.772 2	0.815 0	0.154 1	0.089 3	0.827 9	0.158 7	0.063 7	0.276 6	0.186 5	0.162 4
	C4531974T	0.710 0	0.438 1	0.836 8	0.898 4	0.488 9	0.422 9	0.467	0.119 1	0.031 1	0.203 3	0.072 2	0.047 4
	C4531752A	0.678 8	0.385 4	0.752 6	0.947 8	0.645 7	0.914 3	0.733 3	0.105 9	0.176 2	0.272 6	0.109 7	0.075 5
	C4531005T	0.737 9	0.524 8	0.843 1	0.925 1	0.553 3	0.493 0	0.482 4	0.114 1	0.030 9	0.185 5	0.076 1	0.055 8
	G4530003A	0.174 3	0.460 2	0.023 1	0.049 3	0.568 2	0.788 6	0.930 7	0.166 9	0.796 2	0.744 7	0.509 4	0.160 6

从表12-14和表12-15可知,在G56038982A和G56073158A SNP的AA基因型个体的7、9、11、13和17周龄体重显著高于AG和GG型个体($P<0.01$);T56039403C和C56072547T SNP的CC型个体7、9、13和17周龄体重显著高于CT和TT型个体($P<0.01$);T56045984C SNP的TT型个体7、9、13和17周龄体重早于CC和CT型个体($P<0.01$);C56072587T SNP的TT型个体7、13和17周龄体重早于CC和CT型个体($P<0.01$);G56040362A SNP的GG型个体7、9、11、13和17周龄体重显著高于GA和AA型个体($P<0.01$);C56072587T SNP的CC型个体开产日龄早于CT和TT型个体($P<0.05$);G4533815A SNP的GG型个体开产日龄早于AG和AA型个体($P<0.05$);G4533372A SNP的AA型个体开产日龄早于AG和GG型个体($P<0.05$)。

从表12-17可知,*IGFBP1*和*IGFBP3*基因多态性主要跟生长性状相关,而*STAT5B*基因多态性主要跟产蛋性状相关。通过对17个SNP多态性与生长和产蛋相关性的GLM分析结果显示,*IGFBP1*基因的G56038982A和G56040362A SNP跟鸡的7、9、11、13、17周龄体重和开产体重显著相关($P<0.01$);T56039403C和T56045984C SNP跟鸡的7、9、13、17周龄体重和开产体重显著相关($P<0.01$);C4531974T和C4531005T SNP跟24与36周龄产蛋数相关($P<0.05$)。IGFBP3基因的G56073158A和C56072547T SNP跟鸡的7、9、11、13和17周龄显著相关($P<0.01$);C56072587T SNP跟鸡的7、13和17周龄显著相关($P<0.01$),与开产日龄和36周龄蛋重相关($P<0.05$);C56055947T SNP跟开产日龄、开产蛋重、32和36周龄产蛋数相关($P<0.05$)。STAT5B基因5′上游区的G4533815A和G4533372A 2个SNP跟鸡的开产日龄相关($P<0.05$);C4531974和C4531005T SNP跟24和36周龄产蛋数相关($P<0.05$);G4530003A SNP跟11和13周龄体重相关($P<0.01$)。

12.3.4　蛋白质结构预测

为了探索编码区外显子上的错义突变与蛋白质空间构象和功能间的关系,利用SignalP 3.0软件,采用神经网络算法,预测IGFBP1蛋白氨基酸序列中信号肽的存在情况及其剪切位置。如图12-4所示,该编码蛋白的信号肽剪切位点位于氨基酸残基26～27之间,由26个(1～26)氨基酸残基组成。其中,C为原始剪切位点的分值,S为信号肽的分值,Y为组合的剪切位点分值。通过信号肽分析可知,IGFBP1基因G56040362A SNP错义突变(可使氨基酸由苷氨酸变为天冬氨酸)位于成熟肽上,这反映了该SNP突变可能引起对应蛋白空间结构的变化,从而影响该蛋白生物功能的发挥。进一步确证,还需进行蛋白质三维空间结构预测和功能验证。

12.3.5　转录因子结合位点分析

通过序列分析和在线软件TFSEARCH ver 1.3,对3个基因5′上游区的SNP进行了转录因子结合位点预测,发现G56038982A、T56039403C、G56073158A、G56072991A、C56072547T和G4533815A等6个SNP可引起转录因子结合位点发生改变,具体预测结果见表12-17所示。其中,G56038982A可引起1个转录因子CdxA结合位点和远端TATA盒缺失,G56073158A可引起1个c-Myb结合位点缺失,T56039403C、G56072991A和C56072547T可引起转录因子Nkx-2.5各1个结合位点的增加,G4533815A SNP可引3个CREB结合位

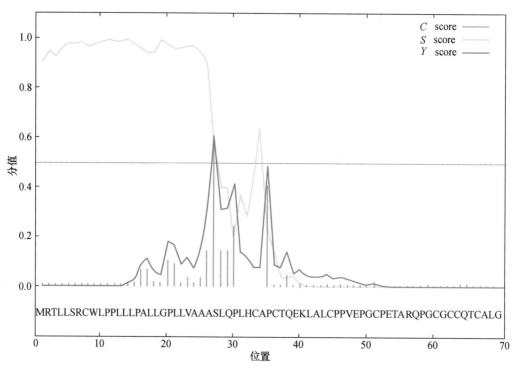

图 12-4　利用神经网络算法预测的蛋白质信号肽位点

点增加。众所周知,基因的 5′ 上游区在转录调控过程中,具有十分重要的地位与作用。它们通过顺式作用元件和反式作用因子等的相互作用来实现,因此,对引起调控元件变化的 SNP 研究就显得尤其重要了。对调控 SNP 突变的预测结果,可为下一步基因与蛋白互作的功能验证提供理论支持。

表 12-17　3 个基因 5′ 上游区转录因子的预测

基因	SNP	转录因子	阈值	数目
IGFBP1	G56038982A	↓ CdxA (and TATA)	100%	One
	T56039403C	↑ Nkx-2.5	90.7%	One
	G56040362A	NO	NO	NO
	T56045984C	NO	NO	NO
IGFBP3	G56073158A	↓ c-Myb	86.6%	One
	G56072991A	↑ Nkx-2.5	86.0%	One
	C56072587T	NO	NO	NO
	C56072547T	↑ Nkx-2.5	88.4%	One
	C56055947T	NO	NO	NO
STAT5B	C4535156T	NO	NO	NO
	G4533815A	↑ CREB	87%	Three
	G4533372A	NO	NO	NO

用凝胶阻滞实验进一步分析 CdxA（*IGFBP1* 基因）、Nkx-2.5（*IGFBP3* 基因）和 CREB（*STAT5B* 基因）3 个转录因子与相应的 SNP 的不同基因型的结合情况。根据这 3 个转录因子的结合序列以及其核心结合部分，设计了 3 条探针序列，共包含两种探针：生物素标记探针（Biotin 5′端标记的探针）和冷竞争探针（未标记的探针），两种探针引物序列相同。具体引物序列为，CdxA：5′-ACC CAG ACA TTT ATA CTT TAG AT-3′；Nkx-2.5：5′-ACC GGT GCC AAG TGG ACA CAC GGG C-3′；CREB：5′-AGC CCG CCT GAC GCC AGG GCT CCT C-3′。在 G₁ 代北京油鸡中，以 4 个不同发育时期 7、9、11 和 13 周龄野生型和突变型个体肝脏组织为材料，提取核蛋白，测定其蛋白浓度，并用核蛋白分别与两类探针进行了结合反应，通过聚丙烯酰胺凝胶电泳，电转移，交联固定 DNA，化学发光反应和化学发光图像显示 3 个转录因子与其对应基因的结合情况，具体结果可见图 12-5 至图 12-7。由图中可看出，在 4

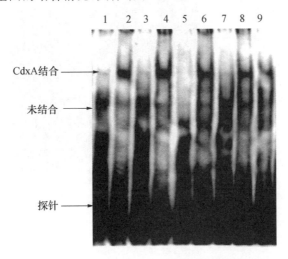

图 12-5 *IGFBP1* 基因 CdxA 的凝胶阻滞结果

备注：1(2668，对照)、2(2668)、3(2632)、4(2455)、5(1038)、6(2258)、7(2328)、8(2283)和9(1253)。

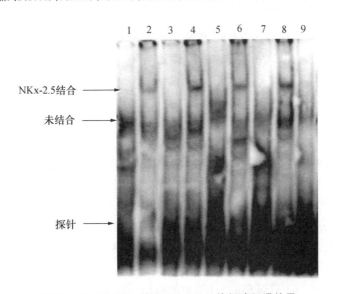

图 12-6 *IGFBP3* 基因 Nkx-2.5 的凝胶阻滞结果

备注：1(1129)、2(2632)、3(1291)、4(0638)、5(1456)、6(1251)、7(0233)、8(1303)和9(1303，对照)。

个不同发育时期,对突变型个体来说,*IGFBP1* 基因的调控 SNP G56038982A 突变都引起转录因子 CdxA 的缺失,使得该基因的 5′上游区基因与蛋白间相互作用发生改变,相互结合能力大大下降或消失,进而可能抑制 *IGFBP1* 基因的表达;在 4 个阶段的突变型个体中,*IGFBP3* 基因的调控 SNP C56072547T 和 *STAT5B* 基因的调控 SNP G4533815A 突变都可分别引起转录因子 Nkx - 2.5 和 CREB 的增加,这表示可增加两个转录因子与其对应基因的结合,进而可能促进或抑制相应基因的转录调控水平。此实验结果与在线转录因子预测相一致。此外,通过对迁移条带灰度值的测定得到,不同阶段转录因子与该基因结合反应不同,具有时间特异性。

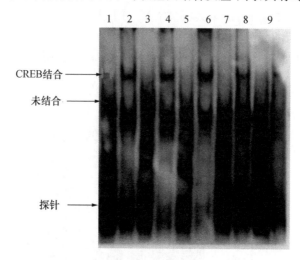

图 12 - 7 *STAT5B* 基因 CREB 的凝胶阻滞结果
备注:1(1257)、2(1392)、3(2457)、4(2123)、5(1116)、6(2462)、7(0802)、8(0210) 和 9(0210,对照)。

12.4 GHRHR 和 JAK2 基因遗传效应分析

生长激素释放激素受体(GHRHR)和酪氨酸激酶家族成员之一(JAK2)是鸡生长轴信号通路中的两个重要基因。刘文娇对这 2 个基因进行了与鸡生长和产蛋性状的关联分析(刘文娇,2011;Liu *et al.*,2011)。

12.4.1 SNP 筛选和测定

将 30 只北京油鸡的基因组 DNA 混池,通过在线软件 Primer3 设计引物,进行 PCR 测序,利用 Chromas 软件筛查两个基因的 5′上游调控区(转录起始位点上游 2 000 bp)以及基因的全部外显子区域的 SNP。结果发现,*GHRHR* 基因外显子区域不存在 SNPs,但是在 5′调控区检测到 3 个 SNPs,分别为 A1040339G,A1040582G 和 C10411851T。而 JAK2 基因 5′调控区没有检测到 SNP,在外显子 21 存在一个 A/G 突变,但是没有引起氨基酸的改变,另外在一些外显子的侧翼内含子区域内还发现 13 个 SNPs。利用飞行时间质谱(MALDI - TOF MS)方法测定了北京油鸡 G2 代 768 只母鸡的 *GHRHR* 启动子区域 3 个 SNP 和 *JAK2* 基因 5 个 SNP 的基因型。

GHRHR 基因结果显示,A1040339G 只检测到 AA、AG 两种基因型个体,所以偏离 Hardy - Weinburg 平衡状态($P<0.01$),AA 基因型频率高于 AG 型,A 等位基因频率远远高于 G 等位基因频率。而 A1040582G 和 T1041851C 两个位点都检测到三种基因型,均处于 Hardy - Weinburg 平衡状态($P>0.05$),结果见表 12 - 19。对于 *JAK2* 基因,由于该基因位于 Z 染色体,雌性鸡的染色体组成为 ZW 型,所以 *JAK2* 基因每个 SNP 位点只有两种基因型,每个位点都检测到两种等位基因(基因型),C28109928T 、C28122751T 和 G28133555T 位点野生型基因频率高于突变型,G28132240C 和 A28135099G 位点突变型基因频率高于野生型。基因型频率和基因频率结果见表 12 - 18 和表 12 - 19。

表 12 - 18 **GHRHR 基因 SNPs 在北京油鸡群体中的基因型频率和基因频率**

SNP	基因型	数量	频率	等位基因	基因频率	哈 - 温平衡检验
A1040339G	AA	564	0.734 4	A	0.867 2	0.000 1**
	AG	204	0.265 6	G	0.132 8	
A1040582G	AA	47	0.061 2	A	0.272 8	
	AG	325	0.423 2	G	0.727 2	0.182 0
	GG	396	0.515 6			
T1041851C	CC	256	0.333 3	C	0.592 4	
	CT	398	0.518 2	T	0.407 6	0.128 1
	TT	114	0.148 4			

** $P<0.01$,表示差异极显著。

表 12 - 19 **JAK2 基因 SNPs 在北京油鸡群体中的基因型频率和基因频率**

SNP	基因型	数量	基因型频率
C28109928T	C	561	0.730
	T	207	0.270
C28122751T	C	467	0.610
	T	298	0.390
G28132240C	C	136	0.178
	G	630	0.822
G28133555T	G	672	0.875
	T	96	0.125
A28135099G	A	202	0.263
	G	565	0.737

12.4.2　SNP 与生长和产蛋性状关联分析

采用 SAS 9.1.3 软件 MIXED 过程进行关联分析,分析所用模型同 12.2.2,分析结果见表 12 - 20 至表 12 - 23。结果显示对于生长性状,*GHRHR* 基因 A1040339G 与鸡的 7、9、11、13 和 17 周龄体重的关联都达到了显著水平,*JAK2* 基因 C28109928T 和 A28135099G 与鸡的 17

表 12 - 20 **GHRHR 基因 3 个 SNP 与鸡生长性状的关联分析**

g

SNP	基因型	BW7	BW9	BW11	BW13	BW17
A1040339G	AA	550.29±3.85[A]	669.04±4.90[a]	846.92±5.86[a]	1 034.96±6.73[a]	1 272.95±7.86[A]
	AG	565.28±5.42[B]	682.53±6.62[b]	862.05±7.75[b]	1 055.45±8.91[b]	1 309.86±11.00[B]
	P value	0.005 2	0.030 7	0.033 6	0.012 4	0.003 6
A1040582G	AA	554.15±9.88	674.59±11.63	850.03±11.43	1 044.02±15.43	1 283.69±19.91
	AG	549.86±4.65	667.46±5.73	846.72±6.78	1 035.84±7.80	1 277.89±9.41
	GG	557.10±4.30	675.85±5.34	853.63±6.35	1 042.52±7.31	1 284.53±8.72
	P value	0.349 6	0.337 8	0.585 9	0.639 4	0.794 4
C10411851T	CC	556.42±4.96	675.27±6.07	852.03±7.15	1 038.97±8.23	1 276.19±10.04
	CT	551.37±4.38	668.97±5.44	849.59±6.45	1 040.31±7.41	1 285.48±8.89
	TT	557.15±7.01	677.17±8.37	850.78±9.69	1 041.47±11.13	1 285.11±14.09
	P value	0.518 4	0.425 1	0.941 2	0.975 8	0.678 2

注：BW7～BW17 分别代表 7～13 周龄体重。

表 12 - 21 **JAK2 基因 5 个 SNPs 与鸡生长性状的关联分析**

g

SNP	基因型	BW7	BW9	BW11	BW13	BW17
C28109928T	C	550.01±2.81	666.32±3.28	842.06±3.73	1 027.34±4.35	1 260.90±5.46[a]
	T	550.63±4.98	670.90±5.79	847.63±6.59	1 040.34±7.69	1 284.03±9.65[b]
	P value	0.917 8	0.514 5	0.486 3	0.168 7	0.048 5*
C28122751T	C	548.50±3.18	664.34±3.71	842.99±4.21	1 028.68±4.90	1 262.14±6.17
	T	554.17±4.05	674.33±4.72	845.76±5.35	1 035.99±6.20	1 277.87±7.82
	P value	0.307 7	0.124 0	0.705 9	0.391 6	0.143 7
G28132240C	C	559.67±6.07	676.13±7.08	844.74±8.09	1 031.72±9.40	1 269.53±11.78
	G	547.92±2.63	666.02±3.07	844.06±3.50	1 031.35±4.07	1 266.98±5.12
	P value	0.091 9	0.214 1	0.942 1	0.972 7	0.850 7
G28133555T	G	548.61±2.50	666.67±2.93	843.95±3.32	1 032.04±4.90	1 267.70±4.87
	T	559.82±7.45	679.00±8.69	841.41±9.89	1 025.81±11.53	1 261.39±14.48
	P value	0.169 7	0.195 5	0.814 5	0.622 6	0.691 1
A28135099G	A	551.25±4.92	671.34±5.77	847.69±6.49	1 039.78±7.84	1 285.34±9.53[a]
	G	550.25±2.82	666.75±3.29	842.11±3.74	1 027.47±4.33	1 261.45±5.45[b]
	P value	0.867 2	0.514 1	0.480 9	0.182 1	0.040 1*

注：BW7～BW17 分别代表 7～13 周龄体重。

表 12 - 22 *GHRHR* 基因 3 个 SNP 与鸡产蛋性状的关联分析

SNPs	基因型	AFE/d	BWFE/g	EWFE/g	EW36/g	EN24	EN28	EN32	EN36	EN40
A1040339G	AA	164.19±0.73	1697.27±12.41[a]	37.10±0.26	51.66±0.22	4.45±0.32	22.15±0.56	38.99±0.67[a]	52.59±0.86[a]	67.33±1.01[a]
	AG	163.03±1.01	1736.43±17.13[b]	37.17±0.37	51.54±0.32	5.09±0.45	23.39±0.78	41.00±0.98[b]	55.47±1.25[b]	71.07±1.51[b]
	P value	0.2386	0.0177*	0.8552	0.7291	0.1557	0.1040	0.0446*	0.024 0*	0.017 7*
A1040582G	AA	163.11±1.82	1733.29±30.56	36.63±0.68	51.27±0.63	5.30±0.83	23.75±1.42	41.30±1.85	54.61±2.39	69.57±2.93
	AG	165.14±0.87	1700.33±16.68	37.19±0.31	51.78±0.27	3.72±0.39[A]	21.63±0.67	38.82±0.83	52.88±1.05	67.68±1.24
	GG	163.04±0.81	1707.92±13.61	37.11±0.29	51.55±0.25	5.23±0.36[B]	22.97±0.62	39.84±0.76	53.56±0.97	68.63±1.14
	P value	0.0593	0.5379	0.7182	0.6056	0.0008**	0.0904	0.2989	0.7059	0.7154
C10411851T	CC	162.20±0.92[A]	1694.33±15.61	37.20±0.33	51.58±0.29	5.42±0.41[A]	23.12±0.71	39.78±0.88	53.43±1.12	68.27±1.34
	CT	165.12±0.82[B]	1718.86±13.88	37.22±0.29	51.68±0.25	4.06±0.36[B]	21.89±0.63	39.06±0.77	53.20±0.97	68.19±1.15
	TT	164.10±1.28	1696.03±21.56	36.51±0.48	51.56±0.43	4.43±0.58	22.71±0.99	40.23±1.27	53.30±1.63	68.39±1.98
	P value	0.0116*	0.2457	0.3173	0.9342	0.0094*	0.2412	0.5759	0.9832	0.9947

注：AFE、BWFE、EWFE分别为开产日龄、开产体重和开产蛋重；EW36为36周龄蛋重；EN24～EN40分别为24～40周龄产蛋数。

表 12 - 23 *JAK2* 基因 5 个 SNPs 与鸡产蛋性状的关联分析

SNP	基因型	AFE/d	BWFE/g	EWFE/g	EW36/g	EN24	EN28	EN32	EN36	EN40
C28109928T	C	164.51±0.55	1677.07±9.34[a]	37.06±0.21[A]	52.04±0.19[A]	4.19±0.26	21.96±0.44	39.10±0.59	53.12±0.76	68.29±0.95
	T	165.87±0.94	1725.96±16.42[b]	38.27±0.35[B]	50.91±0.33[B]	3.82±0.44	20.82±0.74	37.56±1.00	51.01±1.28	64.99±1.60
	P value	0.2374	0.0145*	0.0051**	0.0048**	0.4854	0.2077	0.2063	0.1793	0.0927
C28122751T	C	164.36±0.63	1675.32±10.62[a]	37.13±0.23	52.02±0.22[a]	4.18±0.29	21.99±0.50	38.93±0.67	52.82±0.85	67.61±1.06
	T	165.75±0.77	1713.30±13.48[b]	37.77±0.29	51.28±0.27[b]	3.95±0.36	21.00±0.61	38.03±0.82	51.79±1.06	66.73±1.32
	P value	0.1876	0.0408*	0.1072	0.046 0*	0.6406	0.2412	0.4227	0.4766	0.6257
G28132240C	C	164.30±1.18	1677.36±22.02	37.03±0.45	52.12±0.42	4.66±0.55	22.52±0.94	40.72±1.26	55.42±1.63	72.31±2.02[A]
	G	165.02±0.51	1692.79±9.43	37.45±0.19	51.65±0.18	3.95±0.24	21.41±0.40	38.10±0.54	51.81±0.69	66.24±0.86[B]
	P value	0.5923	0.5397	0.4113	0.3252	0.2632	0.2986	0.0672	0.0513	0.0082**
G28133555T	G	164.81±0.49	1690.19±8.97	37.50±0.18	51.66±0.17	4.07±0.23	21.62±0.39	38.46±0.52	52.24±0.67	66.77±0.83
	T	165.75±1.44	1685.33±26.92	36.62±0.54	52.20±0.51	4.20±0.67	21.40±1.15	39.30±1.54	53.79±2.00	70.91±2.49
	P value	0.5485	0.8684	0.1380	0.3339	0.8543	0.8613	0.6162	0.4764	0.1276
A28135099G	A	165.80±0.93	1726.08±16.33[a]	38.26±0.35[A]	50.91±0.33[A]	3.84±0.43	20.82±0.74	37.49±0.99	50.99±1.27	64.99±1.59
	G	164.51±0.55	1677.18±9.31[b]	37.05±0.21[B]	52.04±0.19[B]	4.20±0.26	21.96±0.44	39.08±0.59	53.10±0.76	68.27±0.94
	P value	0.2577	0.0142*	0.0050**	0.0046**	0.4969	0.2079	0.1894	0.1790	0.0934

注：AFE、BWFE、EWFE分别为开产日龄、开产体重和开产蛋重；EW36为36周龄蛋重；EN24～EN40分别为24～40周龄产蛋数。

周龄关联达到显著水平。对于产蛋性状,*GHRHR* 基因 3 个 SNPs 都与产蛋性状有一定的显著相关,A1040339G 与开产体重,32 周龄、36 周龄和 40 周龄产蛋数关联都达到了显著相关,A1040582G 与 C10411851T 都与 24 周龄产蛋数显著关联,C10411851T 还与开产日龄显著关联。而 *JAK2* 基因除了 G28133555T 位点,其他 4 个 SNPs 与产蛋性状也都存在一定的显著相关,C28109928T 和 A28135099G 都与开产体重、开产蛋重以及 36 周龄蛋重关联达到显著,C28122751T 与开产体重和 36 周龄蛋重关联显著,G28132240C 与 40 周龄产蛋数关联达到极显著。

鉴于 GHRHR 基因的 SNP 位于启动子区域,为分析两个位点是否对基因的表达具有调控作用,通过在线分析软件 TFSEARCH (http://molsun1.cbrc.aist.go.jp/research/db/TF-SEARCH.html)对这三个 SNP 位点进行转录因子结合位点分析,分析结果发现,A1040582G 位点 A/G 突变能够引起两个 AP‑4 转录因子结合位点的增加(阈值分别为 85.4% 和 86.5%)(图 12‑8)。A1040339G 位点 A/G 突变能够引起一个 NIT2(阈值为 88.8%),一个 GATA1(阈值为 87.8%)和一个 GATA2(阈值为 88.5%)结合位点的消失。C10411851T 位点没有引起转录因子结合位点的改变。

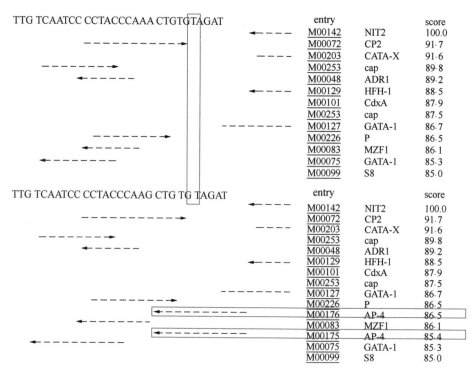

图 12‑8 *GHRHR* A1040582G 位点转录因子预测结果

参 考 文 献

[1] Abasht B,Dekkers J C,Lamont S J. Review of quantitative trait loci identified in the chicken. Poult Sci,2006,85(12):2079‑2096.

[2] Adam J O, Lisa M S, Sara B J, *et al.*. The mannose 6 - phosphate/insulin - like growth factor 2 receptor (M6P/IGF2R), a putative breast tumor suppressor gene. Breast Cancer Res Treat, 1998, 47:269 - 281.

[3] Ambo M, Moura A S, Ledur M C, *et al.*. Quantitative trait loci for performance traits in a broiler x layer cross. Anim Genet, 2009, 40 (2): 200 - 208.

[4] Amills M, Jimenez N, Villalba D, *et al.*. Identification of three single nucleotide polymorphisms in the chicken insulin - like growth factor 1 and 2 genes and their associations with growth and feeding traits. Poult Sci, 2003, 82 (10): 1485 - 1493.

[5] Attisano L and Wrana J L. Signal transduction by the TGF - beta superfamily. Science, 2002, 296 (5573): 1646 - 1647.

[6] Bachelot A, Binart N. Reproductive role of prolactin. Reproduction, 2007, 133(2): 361 -369.

[7] Bennett A K, Hester P Y and Spurlock D E. Polymorphisms in vitamin D receptor, osteopontin, insulin - like growth factor 1 and insulin, and their associations with bone, egg and growth traits in a layer - broiler cross in chickens. Anim Genet, 2006, 37 (3): 283 - 286.

[8] Bitgood J J, Somes R G. Linkage relationships and gene mapping. Poultry Breeding and Genetics. Elsevier Science Publishers, 1990: 469 - 495.

[9] Brown W R, Hubbard S J, Tickle C, *et al.*. The chicken as a model for large - scale analysis of vertebrate gene function. Nat Rev Genet, 2003, 4: 87 - 97.

[10] Bumstead N, Palyga J. A preliminary linkage map of the chicken genome. Genomics, 1992, 13(3): 690 - 697.

[11] Burt D W and Law A S. Evolution of the transforming growth factor - beta superfamily. Prog Growth Factor Res, 1994, 5 (1): 99 - 118.

[12] Carlborg O, Kerje S, Schutz K, *et al.*. A global search reveals epistatic interaction between QTL for early growth in the chicken. Genome Res, 2003, 13 (3): 413 - 421.

[13] Cheng H H, Levin I, Vallejo R L, *et al.*. Development of a genetic map of the chicken with markers of high utility. Poult Sci, 1995, 74(11): 1855 - 1874.

[14] Cogburn L A, Porter T E, Duclos M J, *et al.*. Functional genomics of the chicken - a model organism. Poult Sci, 2007, 86(10): 2059 - 2094.

[15] Cogburn L A, Wang X, Carre W, *et al.*. Functional genomics in chickens: development of integrated - systems microarrays for transcriptional profiling and discovery of regulatory pathways. Comp Funct Genomics, 2004, 5(3): 253 - 261.

[16] Cogburn L A, Wang X, Carre W, *et al.*. Systems - wide chicken DNA microarrays, gene expression profiling, and discovery of functional genes. Poult Sci, 2003, 82(6): 939 - 951.

[17] Crittenden L B, Provencher L, Santangello L. Characterization of a red jungle fowl by white leghorn backcross reference population for molecular mapping of the chicken genome. Poult Sci, 1993, 72: 334 - 348.

[18] Crooijmans R P, Vrebalov J, Dijkhof R J, et al.. Two - dimensional screening of the Wageningen chicken BAC library. Mamm Genome, 2000, 11(5): 360 - 363.

[19] Darnell J E. STATs and gene regulation. Science, 1997, 277(5332): 1630 - 1635.

[20] David W B. Chicken genome Current status and future opportunities. Genome Res, 2005, 15: 1692 - 1698.

[21] Duclos M J, Beccavin C, Simon J. Genetic models for the study of insulin - like growth factors (IGF) and muscle development in birds compared to mammals. Domest Anim Endocrinol, 1999, 17(2 - 3): 231 - 243.

[22] Feng X P, Kuhnlein U, Aggrey S E, et al.. Trait association of genetic markers in the growth hormone and the growth hormone receptor gene in a White Leghorn strain. Poult Sci, 1997, 76 (12): 1770 - 1775.

[23] Feng X, P, Kuhnlein U, Fairfull R W, et al.. A genetic marker in the growth hormone receptor gene associated with body weight in chickens. J Hered, 1998, 89 (4): 355 - 359.

[24] Firth S M, Baxter R C. Cellular actions of the insulin - like growth factor binding proteins. Endocr Rev, 2002, 23(6): 824 - 854.

[25] Fotouhi N, Karatzas C N, Knhulein U, et al.. Identification of growth hormone DNA polymorphisms which respond to divergent selection for abdominal fat content in chickens. Theor. Appl. Genet. 1993, 85: 931 - 936.

[26] Freeman M E, Kanyicska S, Lerant A, et al.. Prolactin: structure, function, and regulation of secretion. Physiol Rev, 2000, 80: 1523 - 1631.

[27] Groenen M A, Cheng H H, Bumstead N, et al.. A consensus linkage map of the chicken genome. Genome Res, 2000, 10(1): 137 - 147.

[28] Groenen M, A, Crooijmans R P. Structural genomics: integrating linkage, physical and sequence maps. Poultry Breeding and Biotechnology. CABI International, Cambridge, 2003: 497 - 536.

[29] Heck A, Metayer S, Onagbesan O M, et al.. mRNA expression of components of the IGF system and of GH and insulin receptors in ovaries of broiler breeder hens fed ad libitum or restricted from 4 to 16 weeks of age. Domest Anim Endocrinol, 2003, 25(3): 287 - 94.

[30] Hennighausen L, Robinson G W. Interpretation of cytokine signaling through the transcription factors STAT5A and STAT5B. Genes Dev, 2008, 22(6): 711 - 721.

[31] Herbergs J, Siwek M, Crooijmans R P, et al.. Multicolour fluorescent detection and mapping of AFLP markers in chicken (Gallus domesticus). Anim Genet, 1999, 30(4): 274 - 285.

[32] Hillier L W, Miller W and Birney E. Sequence and comparative analysis of the chicken genome provide unique perspectives on vertebrate evolution. Nature, 2004, 432 (7018): 695 - 716.

[33] Hutt F B. Genetics of the fowl. VI. A tentative chromosome map. Neue Forschung für

Tierzuchtund Abstammung, 1936: 105 - 112.

[34] Ingman W V and Robertson S A. Defining the actions of transforming growth factor beta in reproduction. Bioessays, 2002, 24 (10): 904 - 914.

[35] Kanehisa M, Goto S. KEGG: kyoto encyclopedia of genes and genomes. Nucleic Acids Res, 2000, 28(1): 27 - 30.

[36] Kang W J, Seo D S and Ko Y. Ovarian TGF - β1 regulates yolk formation which involve in egg weight of Korean Native Ogol Chicken. Asian - Autralasian Association of Animal Production Societies, 2002, 15 (11): 1546 - 1552.

[37] Kerje S, Carlborg O, Jacobsson L, et al.. The twofold difference in adult size between the red junglefowl and White Leghorn chickens is largely explained by a limited number of QTLs. Anim Genet, 2003a, 34 (4): 264 - 274.

[38] Knorr C, Cheng H H, Dodgson J B. Application of AFLP markers to genome mapping in poultry. Anim Genet, 1999, 30(1): 28 - 35.

[39] Kocamis H and Killefer J. Expression Profiles of IGF - I, IGF - II, bFGF and TGF - β2 growth factors during chicken embryonic development. Turk J Vet Anim Sci , 2003, 27: 367 - 372.

[40] Kuhn M, von Mering C, Campillos M, et al.. STITCH: interaction networks of chemicals and proteins. Nucleic Acids Res, 2008, 36(Database issue): D684 - 688.

[41] Kuhnlein U, Ni L, Zadworny, D, et al.. DNA polymorphisms in the chicken growth hormone gene: response to selection for disease resistance and association with egg production. Anim Genet, 1997, 28 (2): 116 - 123.

[42] Kumar D and Sun B. Transforming growth factor - β2 enhances differentiation of cardiac myocytes from embryonic stem cells. Biochem Biophys Res Commun, 2005, 332: 135 - 141.

[43] Lau M M, Stewart C E, Liu Z, et al.. Loss of the imprinted IGF2/cation - independent mannose 6 - phosphate receptor results in fetal overgrowth and perinatal lethality. Genes Dev, 1994, 8:2953 - 2963.

[44] Lawrence D A. Transforming growth factor - beta: a general review. Eur Cytokine Netw, 1996, 7 (3): 363 - 374.

[45] Lee M K, Ren C W, Yan B, et al.. Construction and characterization of three BAC libraries for analysis of the chicken genome. Anim Genet, 2003, 34(2): 151 - 152.

[46] Levy D E, Darnell J E. Stats: transcriptional control and biological impact. Nat Rev Mol Cell Biol, 2002, 3(9): 651 - 662.

[47] Lei M M, Nie Q H, Peng X, et al.. Single nucleotide polymorphisms of the chicken insulin - like factor binding protein 2 gene associated with chicken growth and carcass traits. Poult Sci, 2005, 84 (8): 1191 - 1198.

[48] Levin I, Santangelo L, Cheng H, et al.. An autosomal genetic linkage map of the chicken. J Hered, 1994, 85(2): 79 - 85.

[49] Li H, Deeb N, Zhou H, et al.. Chicken Quantitative Trait Loci for Growth and Body

Composition Associated with Transforming Growth Factor - β Genes. Poult Sci, 2003, 82: 347 - 356.

[50] Li Z H, Li H, Zhang H, et al.. Identification of a single nucleotide polymorphism of the insulin - like growth factor binding protein 2 gene and its association with growth and body composition traits in the chicken. J Anim Sci, 2006, 84 (11): 2902 - 2906.

[51] Liu W J, Sun D X, Yu Y, et al.. Association of Janus Kinase 2 Polymorphisms with Growth and Reproduction Traits in Chickens. Poult Sci, 2010, 89: 2573 - 2579.

[52] Ludwig T, Eggenschwiler J, Fisher P, et al.. Mouse mutants lacking the type 2 IGF receptor (IGF2R) are rescued from perinatal lethality in Igf2 and Igf1r null backgrounds. Dev Biol, 1996, 177:517 - 535.

[53] Massague J. The transforming growth factor - beta family. Annu Rev Cell Biol, 1990, 6: 597 - 641.

[54] McElroy J P, Kim J J, Harry D E, et al.. Identification of trait loci affecting white meat percentage and other growth and carcass traits in commercial broiler chickens. Poult Sci, 2006, 85(4): 593 - 605.

[55] McMurtry J P. Nutritional and developmental roles of insulin - like growth factors in poultry. J. Nutr. 1998, 128:302S - 305S.

[56] Nagaraja S C, Aggrey S E, Yao J, et al.. Trait association of a genetic marker near the IGF - I gene in egg - laying chickens. J Hered, 2000, 91 (2): 150 - 156.

[57] Onagbesan O M, Vleugels B, Buys N, et al.. Insulin - like growth factors in the regulation of avian ovarian functions. Domest Anim Endocrinol. 1999, 17(2 - 3): 299 - 313.

[58] Ou J T, Tang S Q, Sun D X, et al.. Polymorphisms of three neuroendocrine - correlated genes associated with growth and reproductive traits in the chicken. Poult Sci, 2009, 88(4): 722 - 727.

[59] Ouyang J H, Xie L, Nie Q, et al.. Single nucleotide polymorphism (SNP) at the GHR gene and its associations with chicken growth and fat deposition traits. Br Poult Sci, 2008, 49 (2): 87 - 95.

[60] Park H B, Jacobsson L, Wahlberg P, et al.. QTL analysis of body composition and metabolic traits in an intercross between chicken lines divergently selected for growth. Physiol Genomics, 2006, 25 (2): 216 - 223.

[61] Pilecka I, Whatmore A, Hooft V H, et al.. Growth hormone signalling: sprouting links between pathways, human genetics and therapeutic options. Trends Endocrinol Metab, 2007, 18(1): 12 - 18.

[62] Ren C, Lee M K, Yan B, et al.. A BAC - based physical map of the chicken genome. Genome Res, 2003, 13(12): 2754 - 2758.

[63] Renehan A G, Frystyk J and Flyvbjerg A. Obesity and cancer risk: the role of the insulin - IGF axis. Trends Endocrinol Metab, 2006, 17(8): 328 - 336.

[64] Romanov M N, Daniels L M, Dodgson J B, et al.. Integration of the cytogenetic and physical maps of chicken chromosome 17. Chromosome Res, 2005, 13 (2): 215 - 222.

[65] Rosegrant M W, Paisner, M S, Meijer S, et al.. 2020 Global Food Outlook. International Food Policy Research Institute, Washington, D. C. , 2001.

[66] Rosenfeld R G, Belgorosky A, Camacho - Hubner C, et al.. Defects in growth hormone receptor signaling. Trends Endocrinol Metab, 2007, 18(4): 134 - 141.

[67] Schmid M, Nanda I and Burt D W. Second report on chicken genes and chromosomes Cyto genet Genome Res, 2005, 109: 415 - 479.

[68] Seo D S, Yun J S and Kang W J. Association of insulin - like growth facter - 1 (IGF - 1) gene polymorphism with serum IGF - 1 concentration and body weight in Koreasn Native Ogol chicken. Asian - Aust. J. Anim. Sci. 14, 915 - 921.

[69] Serebrovsky A S and Petrov S G. On the composition of the plan of the chromosomes of the domestic hen. Zhurnal experimental'noy biologii, 1930, 6: 157 - 180.

[70] Tang S Q, Ou J T Sun D X, et al.. 2010. A novel 62 - bp indel in the promoter region of transforming growth factor - beta 2 (TGFB2) gene is associated with body weight in chickens. Animal Genetics, 2010, 42:108 - 112.

[71] Tang S Q, Sun D X, Ou J T, et al.. Evaluation of the IGFs (IGF1 and IGF2) Genes as candidates for Growth, Body Measurement, Carcass, and Reproduction Traits in Beijing Fatty and Silkie chickens. Animal Biotechnology, 2010, 21:2,104 - 113.

[72] Tatsuda K and Fujinaka K. Genetic mapping of the QTL affecting body weight in chickens using a F2 family. Br Poult Sci, 2001, 42(3): 333 - 337.

[73] Toye A A, Schalkwyk L, Lehrach H, et al.. A yeast artificial chromosome (YAC) library containing 10 haploid chicken genome equivalents. Mamm Genome, 1997, 8(4): 274 - 276.

[74] Wallis J W, Aerts J, Groenen M A, et al.. A physical map of the chicken genome. Nature, 2004, 432(7018): 761 - 764.

[75] Wang G Y, Yan B X, Deng, X M, et al.. Insulin - like growth factor 2 as a candidate gene influencing growth and carcass traits and its bialleleic expression in chicken. Sci China C Life Sci, 2005, 48 (2): 187 - 194.

[76] Wang W J, OuYang K H and OuYang J H. Polymorphism of Insulin - like Growth factor I gene in six chicken breeds and it s relationship with growth traits. Asian - Aust J Anim Sci, 2004, 17 (3): 301 - 304.

[77] Wong G K, Liu B and Wang J A genetic variation map for chicken with 2. 8 million single nucleotide polymorphisms. Nature, 2004, 432 (7018): 717 - 722.

[78] Yan B X, Deng X M, Fei J et al.. Single nucleotide polymorphism analysis in chicken growth hormone gene and its associations with growth and carcass traits. Chinese Sci Bull, 2003, 48 (15): 1561 - 1564.

[79] Yu H and Rohan T. Role of the insulin - like growth factor family in cancer development and progression. J Natl Cancer Inst, 2000, 92 (18): 1472 - 1489.

[80] Yun J S, Seo D S, Kim W K, et al.. Expression and relationship of the insulin - like growth factor system with posthatch growth in the Korean Native Ogol chicken. Poult

Sci，2005，84(1)：83 - 90.

[81] Zhou H，Mitchell A D，McMurtry J P，*et al*.. Insulin - like growth factor - I gene polymorphism associations with growth，body composition，skeleton integrity，and metabolic traits in chickens. Poult Sci，2005，84 (2)：212 - 219.

[82] Zimmer R and Verrinder Gibbins A M. Construction and characterization of a large - fragment chicken bacterial artificial chromosome library. Genomics，1997，42(2)：217 - 226.

[83] 刘文娇. 鸡 GHTHR 和 JAK2 基因与鸡生长与繁殖性状候选基因的遗传效应. 中国农业大学博士学位论文，2011.

[84] 欧江涛. 基于整合信息学策略研究鸡生长与繁殖性状候选基因的遗传效应. 中国农业大学博士学位论文，2009.

[85] 唐韶青. 鸡生长和繁殖性状候选基因筛选及标记辅助选择的研究. 中国农业大学博士学位论文，2010.

第 13 章

动物杂种优势分子遗传机理研究

在动物可利用的诸多遗传资源中,杂种优势是一种重要的遗传资源。科学利用杂种优势是实现畜牧业高产、优质、高效的决定因素之一。目前在畜牧业发达国家,80%～90%的商品猪肉均来自杂种猪,肉用仔鸡几乎全是杂种,蛋鸡、肉牛和肉羊生产也都广泛利用杂种优势,杂种优势利用已经成为现代畜禽业生产不可缺少的重要手段(张沅,2001)。尽管杂种优势利用已有很长历史,但迄今为止,国内外遗传育种界对动物杂种优势分子遗传机理的研究还十分有限。由于分子遗传机理阐释不完全,动物杂种优势的进一步有效利用受到了较大制约,因此从分子水平深入探索杂种优势的遗传机理对家养动物的育种和生产实践都具有重要意义。

鸡具有生长快、繁殖力强、世代间隔短、个体小易于操作等特性,是研究畜禽杂种优势分子遗传机理的理想试验素材。利用这一素材,中国农业大学动物分子数量遗传课题组对基因差异表达与鸡主要屠体性状(俞英等,2003,2004,2011;王栋等,2003,2004;Sun 等,2004)、产蛋性状和蛋品质性状(王慧等,2004,2005)的杂种优势的关系进行了研究。

13.1 试验鸡群组建

采用完全双列杂交组合方式,以白来航蛋鸡(White Leghorn, A)、丝毛乌骨鸡(Silkies,C)、农大褐蛋鸡(CAU Brown, D)以及白洛克肉鸡(White Plymouth Rock, E)4 个鸡品种,每个品种各 12 个家系,组建 4×4 完全双列杂交组合试验鸡群。共计 16 个组合,包括 12 个正反交杂种和 4 个亲本纯种,每个组合的个体数为 94～269(表 13-1),公母各半,共计 3 084 只。采用相同的条件饲养于中国农业大学国家家禽性能测定中心实验站。

试验鸡群饲养至第 8 和 14 周龄时,每个组合分别随机抽取 8 只健康公鸡,采集心肌和肝脏组织,于液氮迅速冷冻,然后冻存于-80℃备用。

至第 8 和 14 周龄时,随机抽取每个组合各 30 只健康公鸡(包括采组织样品的 8 只公鸡)

进行屠体性能测定。余下的母鸡从开产至 32 周龄进行产蛋性能测定和蛋品质测定。

表 13 - 1　**4×4 完全双列杂交组合试验鸡群**　　　　　　　　　　　　　　　　　　只

父本	母　本			
	A	C	D	E
A	AA(248)	AC(255)	AD(230)	AE(155)
C	CA(252)	CC(173)	CD(139)	CE(117)
D	DA(269)	DC(210)	DD(173)	DE(159)
E	EA(233)	EC(203)	ED(174)	EE(94)

注：白来航蛋鸡 A、丝毛乌骨鸡 C、农大褐蛋鸡 D 以及白洛克肉鸡 E 分别购自华都家禽育种基地、北京朝阳区乌骨鸡种鸡场、中国农业大学农大褐原种场和北京家禽育种中心。括号中的数字为鸡只个体数。

13.2　试验鸡群主要屠体性状及产蛋性状的杂种优势率

杂种优势率 $H(\%)$ 的计算公式为：

$$H = \frac{F_1 - (P_1 + P_2)/2}{(P_1 + P_2)/2} \times 100\%$$

式中，P_1 和 P_2 分别代表父本和母本纯种表型均值，F_1 代表杂交后代（F_1 代）表型均值。

13.2.1　主要屠体性状的杂种优势

表 13 - 2 和表 13 - 3 分别列出了 8 周龄和 14 周龄 12 个正反杂交组合鸡的 9 项主要屠体性状的杂种优势率。

表 13 - 2　**8 周龄杂交组合鸡主要屠体性状杂种优势率**　　　　　　　　　　　　　%

杂交组合	胸肌重	腿肌重	翅重	半净膛重	全净膛重	体斜长	胫骨长	腹脂重	肌间脂宽
AC	5.01	7.24	6.71	6.96	6.57	−0.61	2.83	20.45	6.78
AD	5.571	5.89	6.71	5.73	7.05	3.10	2.96	23.92	14.04
AE	−17.791	−18.99	−12.27	−15.27	−16.56	2.02	3.93	3.64	−2.89
CA	10.46	14.88	5.35	9.50	9.87	3.88	1.70	6.07	23.73
CD	18.62	22.07	8.85	6.63	13.96	7.16	5.41	70.53	21.31
CE	−24.54	−18.81	−13.29	−17.12	−19.82	5.17	5.00	15.46	5.56
DA	−1.76	−2.61	−8.66	−3.84	−2.95	0.60	0.77	−22.99	12.28
DC	5.55	5.28	−1.04	2.92	2.55	3.96	2.42	41.41	8.20
DE	−20.26	−12.24	−7.84	−14.48	−12.76	2.01	2.50	0.75	−7.55
EA	−24.03	−20.21	−13.56	−18.29	−20.51	1.35	−2.71	−36.60	−10.58
EC	−32.49	−20.50	−15.59	−19.21	−23.19	1.63	6.93	−9.49	9.26
ED	−25.67	−15.64	−9.27	−13.84	−16.55	2.12	8.28	−17.29	4.72

表 13-3　14 周龄杂交组合鸡主要屠体性状杂种优势率　　　　　　　　%

杂交组合	胸肌重	腿肌重	翅重	半净膛重	全净膛重	体斜长	胫骨长	腹脂重	肌间脂宽
AC	7.02	8.15	2.31	5.79	4.95	4.97	3.57	20.30	13.25
AD	20.82	15.97	8.43	13.73	13.81	6.27	0.98	34.74	34.72
AE	14.83	16.75	8.34	14.38	12.87	8.33	3.45	81.44	26.42
CA	19.36	15.56	9.05	9.11	11.71	6.86	5.98	26.40	19.28
CD	11.99	9.22	3.46	9.03	8.39	4.32	4.19	94.04	11.54
CE	10.57	27.49	9.72	18.26	17.32	9.24	7.48	140.14	24.88
DA	6.23	5.75	7.09	4.44	4.03	2.12	−0.77	−18.92	8.33
DC	1.03	−2.71	−7.58	−2.43	−2.87	2.01	0.39	17.58	3.85
DE	13.50	24.71	12.22	17.69	15.69	6.62	5.27	96.92	10.38
EA	3.28	10.95	1.10	6.14	4.33	6.38	2.70	40.37	26.42
EC	−8.79	11.36	−3.09	3.62	2.29	6.52	5.24	78.82	9.27
ED	2.82	15.81	9.90	9.08	7.18	7.43	2.31	45.60	4.92

从表 13-2 可以看出，8 周龄时，杂交组合 CD、CA 和 AD(丝毛乌骨鸡×农大褐、丝毛乌骨鸡×白来航、白来航×农大褐)的 9 项主要屠体指标均表现出杂种优势，体现良好的杂交效应。但其余杂交组合的部分屠体性状表现出杂种劣势。

从表 13-3 可以看出，14 周龄各项屠体指标的杂种优势率明显优于 8 周龄。除杂交组合 DA、DC 和 EC 在个别性状表现出杂种劣势外，其余 9 个杂交组合在各项屠体性状中均表现出良好的杂种优势。分析原因，可能是以体型小的品种(如丝毛乌骨鸡或白莱航)做母本的杂交组合，如 EA、EC 等到 14 周龄时才表现出生长强势，这也是本研究对 8 周龄和 14 周龄两个年龄段都进行屠体性能测定的初衷，目的是能兼顾亲本品种体型过大的白洛克肉鸡和体型较小的白莱航蛋鸡和丝毛乌骨鸡，使不同杂交组合鸡都能得到反映真实生长发育和屠体性能的测定结果。

综合上面两个表还可以看出，与蓄脂性状相关的指标，即腹脂重和肌间脂宽在两个年龄段的 12 个杂交组合中大部分都表现为杂种优势。

13.2.2　主要产蛋性状的杂种优势

根据产蛋数、入孵数、无精蛋、死胎蛋和落盘数等试验记录结果统计分析的 32 周龄和 42 周龄产蛋数和受精蛋孵化率的杂种优势率如表 13-4 所示。

从表 13-4 可以看出，对于遗传力较低的产蛋数来说，12 个正反杂交组合 32 周龄和 40 周龄的产蛋数均表现出了较显著的杂种优势率。农大褐蛋鸡×丝羽乌骨鸡(DC)、白来航蛋鸡×白洛克肉鸡(AE)和农大褐蛋鸡×白洛克肉鸡(DE)3 个组合 32 周龄产蛋数杂杂种优势率分别达到了 36.16、24.04 和 25.75；42 周龄产蛋数的杂种优势率分别达到了 24.77、13.78 和 17.93。这 3 个组合都是用优良的蛋鸡品种作父本与产蛋量较低的地方品种或肉鸡品种进行杂交，都表现出良好的杂种优势。

表 13 - 4   **12 个杂交组合试验鸡群产蛋数和孵化率的杂种优势率**   %

杂交组合	32 周龄产蛋数	42 周龄产蛋数	受精蛋孵化率
AC	12.2	11.55	5.84
AD	7.9	5.08	6.89
AE	24.04	13.78	17.39
CA	21.61	14.9	1.98
CD	11.49	9.11	−7.82
CE	23.07	15.18	0.06
DA	15.85	11.28	19.37
DC	36.16	24.77	29.02
DE	25.75	17.93	9.89
EA	12.47	12.18	6.68
EC	33.61	26.82	16.12
ED	11.87	9.03	19.86

由表 13 - 4 还可以看出，对于受精蛋孵化率，其杂种优势率在 12 个杂交组合中有 11 个组合为正值，只有丝羽乌骨鸡×农大褐蛋鸡（CD）一个组合为负值（杂种劣势）。另外，丝羽乌骨鸡×白洛克肉鸡（CE）组合在受精蛋孵化率上基本上没有杂交效应，杂种优势率为 0.06%。农大褐蛋鸡×丝羽乌骨鸡（DC）的杂种优势率最高，为 29.0%。

13.2.3   主要蛋品质性状的杂种优势率

根据对 42 周龄时随机抽取的各组合个体的蛋品质测定值，统计分析了 12 个杂交组合的 10 个蛋品质性状的杂种优势率，分析结果如表 13 - 5 和表 13 - 6 所示。

表 13 - 5   **12 个杂交组合 42 周龄蛋品质的杂种优势率（Ⅰ）**   %

杂交组合	蛋重/g	蛋黄重/g	蛋壳重/g	蛋壳强度	蛋壳厚度	蛋壳色	蛋黄比色
ED	−1.026 0	4.857 6	−5.696 7	6.133 9	1.306 2	−4.790 3	1.870 3
EC	−3.316 7	4.432 4	−4.145 1	0.509 8	0.263 0	2.474 3	1.981 8
EA	−0.576 7	5.887 1	2.702 8	18.310 0	2.520 9	1.911 5	4.954 9
DE	4.123 1	4.423 7	1.851 9	4.823 6	0.005 5	−6.605 4	2.662 0
DC	−15.688 7	−13.072 3	−13.052 6	7.985 4	−0.003 6	−5.213 9	−3.836 3
DA	4.164 1	3.693 0	−0.835 7	5.688 1	1.340 7	2.349 2	−2.938 6
CE	2.282 7	8.032 2	4.017 8	6.561 2	1.388 3	−4.557 9	3.842 6
CD	5.480 6	6.355 5	3.083 8	1.088 2	0.463 6	11.281 9	−1.468 9
CA	−4.699 6	−3.037 2	−0.878 1	12.271 8	0.517 7	4.471 3	3.690 1
AE	4.058 2	8.251 7	−2.077 2	25.173 8	0.434 4	4.203 1	1.402 6
AD	2.876 1	7.562 9	0.779 8	5.104 6	1.432 6	9.320 2	0.696 7
AC	−0.265 9	3.556 2	−2.529 9	0.416 2	3.212 1	6.309 6	−0.757 2

在 12 个杂交组合中有 6 个组合(50%)的蛋重有正的杂种优势,这 6 个组合是:农大褐蛋鸡×白洛克肉鸡(DE)、农大褐蛋鸡×白来航蛋鸡(DA)、丝羽乌骨鸡×农大褐蛋鸡(CD)、白来航蛋鸡×白洛克肉鸡(AE)、白来航蛋鸡×农大褐蛋鸡(AD)和丝羽乌骨鸡×白洛克肉鸡(CE)。其余 6 个组合低于两个亲本纯种均值。在所有以丝羽乌骨鸡(C)做母本的杂交组合(EC,DC 和 AC),都表现蛋重的杂种劣势,尤其是农大褐蛋鸡×丝毛乌骨鸡(DC)杂交组合表现出较大的蛋重杂种劣势($H\% = -15.6887$),这可能与丝羽乌骨鸡体型较小有关。与此相反,所有以白洛克肉鸡做母本的杂交组合(AE、CE 和 DE),均表现蛋重的杂种优势,而所有以白洛克肉鸡做父本的杂交组合(EA、EC 和 ED)都表现杂种劣势。说明母本对目标繁殖性状的影响较大;同时,母鸡的体型大小对蛋重也有较大影响。在 4 个纯种组合中,白洛克肉鸡体型最大,蛋重也最大;而丝羽乌骨鸡纯种体型最小,蛋重也最小。

对于蛋黄重,12 个组合中有两个组合具有明显的杂种优势,其中,农大褐蛋鸡×丝羽乌骨鸡(DC)的杂种优势率为 13.07%,丝羽乌骨鸡×白来航蛋鸡(CA)为 3.04%。

蛋壳强度和蛋壳厚度是影响孵化率的主要因素之一,增加蛋壳强度,降低厚度是提高蛋品质育种的目标。所有正反杂交一代的蛋壳强度都高于两个纯种亲本的平均值,尤以白来航蛋鸡与白洛克肉鸡的正反杂交组合(AE 和 EA)表现得最为突出,但蛋壳厚度并没有明显变化。说明通过杂交可以在不显著增加蛋壳厚度的前提下有效地提高蛋壳强度,从而提高蛋的商品价值。

蛋壳颜色的划分除了用于辨别不同鸡种之外,主要在于其商业价值,是目前市场上鸡蛋售价差异的主要原因之一。在 12 个杂交组合中有 8 个组合具有加深蛋壳颜色的杂交效应,尤以白来航蛋鸡×农大褐蛋鸡(AD)、丝羽乌骨鸡×农大褐蛋鸡(CD)的加深效果最明显,其杂种优势率分别为 11.28% 和 9.32%。而农大褐蛋鸡与白洛克肉鸡的正交(DE)和反交组合(ED)均有降低蛋壳颜色的杂交效应。

12 个杂交组合中有 8 个组合有加深蛋黄比色的杂交效应,有 4 个组合有降低蛋黄比色的杂交效应。在蛋壳重的杂交效应方面,12 个组合中有 7 个表现出降低蛋壳厚度的杂交效应。

表 13-6　12 个杂交组合 42 周龄蛋品质性状的杂种优势率(Ⅱ)　　　　　　%

杂交组合	肉斑	血斑	蛋型指数
ED	-50.83	231.25	-4.15
EC	-85.76	446.51	-0.43
EA	-7.22	650.00	-1.30
DE	68.69	-17.82	-1.44
DC	-27.80	2.41	1.18
DA	41.41	-100.0	-0.06
CE	-20.85	710.34	-0.95
CD	-16.64	-100.00	-0.22
CA	-50.25	62.49	0.67
AE	75.17	145.45	-1.82
AD	61.41	87.88	1.11
AC	7.14	163.03	0.92

从表 13-6 中可以看到,蛋型指数的杂种优势率均为负值,即均表现为杂种劣势。血斑的杂种优势率在 12 个组合中只有 3 个为负值,肉斑有 7 个为负值。

综上所述,在受精蛋孵化率、32 周龄产蛋数和 42 周龄产蛋数等主要产蛋性状上都表现出了良好的杂种优势现象;对于受精蛋孵化率而言,尽管在蛋型指数等影响孵化率的蛋品质性状方面存在有杂种劣势,但受精蛋孵化率的杂种优势现象依然明显。说明杂交对提高受精蛋的孵化率有较大的正向作用。在蛋黄重、蛋黄比色和蛋壳强度等蛋品质性状上大多存在杂种优势。

13.3 心肌和肝脏组织基因差异表达与鸡屠体性状杂种优势的关系

13.3.1 基因差异表达类型与鸡屠体性状杂种优势的关系

每个杂交组合在鸡只 8 周龄和 14 周龄各随机抽取 8 个个体,提取心肌、肝脏组织的总 RNA。鉴于农大褐第 14 周龄的表型变异系数较大,因此未提取农大褐及与之相关组合的肝脏总 RNA。

根据家鸡基因家族 mRNA 序列的相对保守区域,设计了长 18~19 bp 的 5′上游引物,利用 18 对引物组合,对各组合试验鸡第 8 和 14 周龄的心肌和肝脏组织利用 DDRT - PCR 方法(主要参考 Liang 等 1992 报道的方法),进行 mRNA 差异显示分析。图 13-1 列示了引

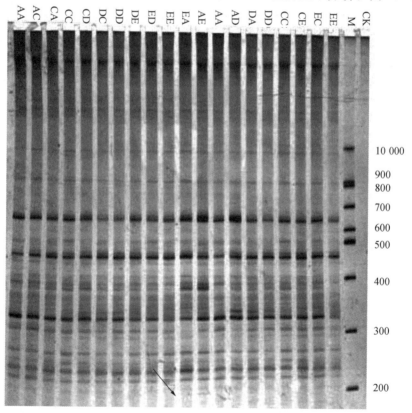

图 13-1　各组合 8 周龄鸡心肌组织的差异显示电泳图谱

引物组合:GF - 1\ HT$_{11}$G;M:100 bp 分子质量 ladder;CK:阴性对照;箭头:差异表达片段。

物组合 GF-1\HT$_{11}$G 在 16 个组合试验鸡的 8 周龄心肌组织中的 DDRT-PCR 差异显示电泳图谱。

根据 16 个组合鸡第 8 和 14 周龄心肌和肝脏的差异显示电泳图谱,统计 DDRT-PCR 扩增的 cDNA 片段。记录分子质量在 100～1 200 bp 之间、清晰可辨、可以重复扩增的差异表达片段。结果发现,18 对引物组合共扩增出 1 103 条 cDNA 片段,其中 92 条为差异表达片段,占总扩增条带的 8.34%。表 13-7 列示了差异表达的 cDNA 片段统计结果。从表中可以看出,大部分引物组合均检测到差异表达的 cDNA 片段,但是相同引物在试验鸡群的不同年龄段、不同组织中具有不同的 mRNA 差异显示结果,表现出明显的时空表达差异性。其中,8 周龄心肌组织的差异表达片段(25 条)较 14 周龄(20 条)多,但是 8 周龄肝脏组织的差异表达片段(17 条)却较 14 周龄(30 条)少。据此初步推测,在所研究的心肌和肝脏组织中,8 周龄的基因差异表达主要发生在心肌组织,14 周龄的基因差异表达主要发生在肝脏组织。

表 13-7　差异表达片段统计结果　　　　　　　　　　　　　　条

引物组合		8 周龄		14 周龄	
5′	3′	心肌	肝脏	心肌	肝脏
GF-1	HT11A,G,C	6	7	3	5
GF-2	HT11A,G,C	—*	3	5	3
GF-3	HT11A,G,C	9	2	8	2
GF-4	HT11A,G,C	3	—	3	9
GF-5	HT11A,G,C	3	3	1	4
GF-6	HT11A,G,C	4	2	—	7
合计	92	25	17	20	30

"—":未检测到差异表达片段。

1. 杂种与纯种亲本的基因差异表达类型

根据同一扩增片段在杂种及其两个亲本纯种中的表达情况,参考 Xiong 等(1998)方法,将 mRNA 的差异表达模式归结为四种类型,如图 13-2 所示:第一类是杂种特异表达类型,将之命名为 UNF1 (bands only detected in F1),指的是该片段仅在杂种中表达、而在两个亲本纯种中不表达;第二类是杂种沉默表达类型(ABF1,bands only absent in F1),即该片段在杂种中不表达,而在两个亲本纯种中均表达;第三类是单亲特异表达类型(UNP, bands only detected in P1 or P2),即该片段仅在一个亲本纯种中表达、而杂种及另一个亲本纯种均不表达,包括父本特异表达类型(UNP1)和母本特异表达类型(UNP2);第四类是单亲沉默表达类型(ABP, bands absent in P1 or P2),即该片段在杂种及一个亲本纯种中均表达,而另一个亲本纯种不表达,包括父本沉默表达类型(ABP1)和母本沉默表达类型(ABP2)(俞英,2003,2004;Sun *et al.*,2005)。

据基因差异表达类型与鸡主要屠体和产蛋性状杂种优势率的相关性分析表明,除 ABP 类型外,其余三种差异表达类型均与部分屠体或产蛋性状呈显著相关。

ABP 类型值的是差异片段在一个亲本纯种不表达,而在杂种与另一个亲本纯种同时表达的差异表达类型,相似于显性效应。但是从本研究的结果来看,ABP 类型对鸡主要屠体和产

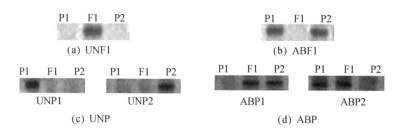

图 13 - 2　杂种及其亲本纯种的基因差异表达类型

(a)UNF1:杂种特异表达类型;(b)ABF1:杂种沉默表达类型;(c)UNP:单亲特异表达
类型,包括父本特异表达类型(UNP1)和母本特异表达类型(UNP2);(d)ABP:单亲沉
默表达类型,包括父本沉默表达类型(ABP1)和母本沉默表达类型(ABP2);F1:杂种;
P1、P2:两个亲本纯种。

蛋性状杂种优势的形成没有明显作用。据此推测,显性效应对鸡主要屠体和产蛋性状的作用效果不显著。

　　UNF1 类型指的是差异片段仅在杂种中表达、而在两个亲本纯种中不表达;ABF1 类型指的是差异片段在杂种中不表达,而在两个亲本纯种中均表达;UNP 类型指的是差异片段仅在一个亲本纯种中表达、而杂种及另一个亲本纯种均不表达。由于 ABF1、UNF1 和 UNP 三种基因差异表达类型均体现为杂种与亲本纯种表达不一致,因此与上位效应有相似之处。鉴于本研究结果,三种差异表达类型与主要屠体和产蛋性状存在显著正相关性,结果表明上位效应对鸡杂种优势的形成可能有重要作用。

　　大量来自作物的研究表明,不同差异表达类型在杂种及亲本不同发育期、不同组织器官中所占比例有一定的变化(Xiong et al.,1998;吴利民等,2001;田曾元等,2002)。Xiong 等(1998)对水稻苗期叶片的差异显示研究发现,ABP(单亲沉默表达类型)所占比例最高,其次是UNP(单亲特异表达类型),而 UNF1(杂种特异表达类型)和 ABF1(杂种沉默表达类型)所占比例最少。吴利民等(2001)对小麦苗期叶片家族基因的研究发现,UNP(单亲特异表达类型)所占比例最高,而 ABF1(杂种沉默表达类型)最少。田曾元等(2002)对玉米灌浆期功能叶基因的研究表明,UNP 类型和 ABP 类型所占比例较高,而 ABF1 类型和 UNF1 类型较少。本研究结果发现,四种差异表达的变化趋势与 Xiong 等(1998)的基本一致。

　　总体来看,在所研究过的物种中,尽管 UNP 和 UNF1 类型所占比例有不同的变化,但四种差异表达类型中,ABP 类型所占比例基本上都较多,而 ABF1 类型所占比例都是最少。结果提示,基因的差异表达类型与基因的效应有密切关系,ABF1 类型最少,说明在亲本纯种体内表达而在杂种中不表达的某些基因对于杂种来说,可能起到抑制某些性状杂种优势表达的作用,因此这些基因在杂种中不表达;ABP 类型最多,说明在杂种以及一个亲本纯种体内共同表达的某些基因可能有利于机体的生长发育和杂种优势的形成,因此在杂种与纯种中均表达。其中,ABF1 类型与基因甲基化的作用机制以及上位效应有相似之处,ABP 类型与显性效应的机理有相似之处。因此,为探明杂种优势形成的分子遗传机理,应该从基因差异表达类型的表达效应和形成机制以及不同差异表达类型中差异表达基因的具体功能等多条途径出发,揭示差异表达类型和差异表达的基因与杂种优势之间确切的相互作用关系,从而深入探索杂种优势形成的分子遗传机理。

　　表 13 - 8 和表 13 - 9 统计了四种差异表达类型在 12 个正反交杂种中的数量及所占的比

例。从表13-9可以看出,四种差异表达类型在12个杂种试验鸡8和14周龄的心肌、肝脏组织中的表达数量具有相同的变化趋势:在8周龄心肌、肝脏组织,以及14周龄心肌、肝脏组织中,杂种沉默表达类型(ABF1)均最少,分别为6、12、2和7条;杂种特异表达类型(UNF1)次之,分别为28、22、27和15条;单亲特异表达类型(UNP)分别为35、58、37和38条;单亲沉默表达类型(ABP)最多,分别为75、98、79和48条。可以看出,本研究检测到的四种差异表达类型在鸡不同年龄段、不同组织中的表达数量的变化趋势十分相似,均表现为ABF1类型最少,UNF1类型次之,ABP类型最多。

表13-8 四种基因差异表达类型在12个正反交杂种鸡中的统计结果 条

组合	8周龄鸡心肌				8周龄鸡肝脏				14周龄鸡心肌				14周龄鸡肝脏			
	UNF1	ABF1	UNP	ABP	UNF1	ABF1	UNP	ABP	UNF1	ABF1	UNP	ABP	UNF1	ABF1	UNP	ABP
AC	0	0	4	9	3	2	4	9	2	0	3	11	2	1	5	12
CA	0	1	3	10	4	0	10	3	2	0	2	12	4	2	9	8
CD	2	0	3	2	1	0	0	17	1	1	3	3	—*	—	—	—
DC	3	1	3	2	2	1	9	8	3	1	2	7	—	—	—	—
DE	2	2	3	4	0	4	6	3	2	0	3	8	—	—	—	—
ED	2	1	2	5	0	0	5	3	1	0	8	3	—	—	—	—
EA	4	0	7	9	3	1	1	10	2	0	3	5	2	2	8	5
AE	3	0	1	13	2	0	4	7	2	0	3	5	2	1	7	6
AD	5	0	2	9	3	1	2	12	1	0	4	7	—	—	—	—
DA	3	0	3	8	0	0	3	11	2	0	2	9	—	—	—	—
CE	3	0	2	2	2	2	8	7	5	0	1	7	2	0	5	8
EC	1	1	2	2	2	1	8	7	4	0	3	5	3	1	4	9
合计	28	6	35	75	22	12	58	98	27	2	37	79	15	7	38	48

*:未进行DDRT-PCR检测。

从表13-9可看出,四种差异表达类型在不同杂种的不同年龄段、不同组织中所占比例的变化趋势是一致的,都表现为:杂种沉默表达类型(ABF1)所占比例最少,平均4.6%;杂种特异表达类型(UNF1)次之,平均15.7%;单亲特异表达类型(UNP)平均为28.6%;单亲沉默表达类型(ABP)最多,平均51.1%。结果表明,ABP类型所占比例较高,而ABF1类型所占比例最少。

表13-9 心肌和肝脏组织中四种差异表达类型所占比例 %

差异表达类型	8周龄		14周龄		平均
	心肌	肝脏	心肌	肝脏	
UNF1	19.4	11.6	18.6	13.9	15.7
ABF1	4.2	6.3	1.4	6.5	4.6
UNP	24.3	30.5	25.5	35.2	28.6
ABP	52.1	51.6	54.5	44.4	51.1

2. 基因差异表达类型与鸡屠体性状杂种优势率的相关性分析

将 12 个杂种鸡 8 周龄和 14 周龄心肌和肝脏的四种差异表达类型数量分别作为变量,与相应组合的主要屠体和产蛋性状的杂种优势率进行相关性分析。结果发现,差异表达类型与 8 周龄胫骨长、14 周龄腹脂重、14 周龄肌间脂宽、14 周龄体斜长等屠体性状的杂种优势率表现出显著或极显著的相关性。相关分析结果如表 13-10 所示。可以看出,8 周龄鸡心肌组织的 UNP(单亲特异表达类型)与 8 周龄胫骨长的杂种优势率呈极显著负相关性($P<0.01$)。

表 13-10　8 周龄鸡心肌组织差异表达类型与主要屠体性状杂种优势率的相关系数

	UNF1	ABF1	UNP	ABP
8 周龄胫骨长	−0.29	0.20	−0.74**	−0.46
14 周龄腹脂重	0.02	0.10	−0.31	−0.43
14 周龄肌间脂宽	0.50	−0.52	0.05	0.54
14 周龄体斜长	−0.02	0.03	−0.26	0.17

＊:$P<0.05$;＊＊:$P<0.01$。

从表 13-11 可以看出,8 周龄鸡肝脏组织的 UNF1(杂种特异表达类型)与 14 周龄肌间脂宽的杂种优势率呈显著正相关性($P<0.05$)。

表 13-11　8 周龄鸡肝脏组织差异表达类型与主要屠体性状杂种优势率的相关系数

	UNF1	ABF1	UNP	ABP
8 周龄胫骨长	−0.53	−0.12	0.18	−0.08
14 周龄腹脂重	−0.29	0.38	0.11	−0.09
14 周龄肌间脂宽	0.62*	−0.01	−0.23	0.17
14 周龄体斜长	0.07	0.17	0.11	−0.46

＊:$P<0.05$;＊＊:$P<0.01$。

从表 13-12 和表 13-13 可以看出,14 周龄鸡心肌组织的 ABF1 与 14 周龄体斜长的杂种优势率达到显著负相关性($P<0.05$);14 周龄肝脏的 ABF1 与 14 周龄腹脂重的杂种优势率达到显著负相关性($P<0.05$)。综合四个表可以看出,ABP(单亲沉默表达类型)与所有分析性状的杂种优势率均相关不显著($P>0.05$)。

表 13-12　14 周龄鸡心肌组织差异表达类型与主要屠体性状杂种优势率的相关系数

	UNF1	ABF1	UNP	ABP
8 周龄胫骨长	—	—	—	—
14 周龄腹脂重	0.43	0.01	−0.16	−0.32
14 周龄肌间脂宽	−0.14	−0.39	−0.17	0.17
14 周龄体斜长	0.05	−0.58*	0.22	−0.01

"—":未做相关性分析。＊:$P<0.05$;＊＊:$P<0.01$。

表13-13　14周龄鸡肝脏组织差异表达类型与主要屠体性状杂种优势率的相关系数

	UNF1	ABF1	UNP	ABP
8周龄胫骨长	—	—	—	—
14周龄腹脂重	−0.33	−0.81*	−0.46	−0.22
14周龄肌间脂宽	−0.39	0.03	0.56	−0.78
14周龄体斜长	−0.14	−0.53	0.02	−0.51

"—":未做相关性分析。*：$P<0.05$；**：$P<0.01$。

从上述相关性统计结果可以看出，屠体性状中的腹脂重、肌间脂宽、胫骨长或体斜长等性状的杂种优势率与ABF1(杂种沉默表达类型)呈显著负相关性($P<0.05$)，但与UNF1(杂种特异表达类型)却呈显著正相关性($P<0.05$)。32周龄产蛋量的杂种优势率与8周龄心肌的ABF1(杂种沉默表达类型)呈显著的正相关性($P<0.05$)，但与8周龄肝脏的UNF1(杂种特异表达类型)呈极显著负相关性($P<0.01$)。Xiong等(1998)以水稻的一套双列杂交组合为材料，对苗期叶片基因差异表达的分析也发现，亲本基因在杂种中特异表达类型(UNF1)与水稻主要产量性状的杂种优势有显著负相关性($P<0.05$)。有趣的是，屠体性状则与产蛋性状相反，腹脂重、肌间脂宽、胫骨长或体斜长等屠体性状的杂种优势率与ABF1(杂种沉默表达类型)呈显著负相关性($P<0.05$)，但与UNF1(杂种特异表达类型)却呈显著正相关性($P<0.05$)。结果提示，本试验所检测到的UNF1类型对主要屠体性状杂种优势的形成有着显著的增强效应，而对产蛋性状杂种优势的形成则可能有抑制作用；与之相反，ABF1类型对产蛋性状杂种优势的形成有着较强的增强效应，但对主要屠体性状杂种优势的形成则有明显的抑制作用。

13.3.2　差异表达基因的表达量与屠体性状杂种优势的关系

为鉴定和分析杂种特异表达和沉默表达的基因是否直接影响鸡性状杂种优势的形成，本研究的后续部分对这些差异表达片段进行了克隆、测序和杂交鉴定，对有意义差异表达片段进行了结构功能分析，并对鸡部分性状杂种优势形成的机理进行了深入探讨。

1.差异表达基因片段的克隆、测序及杂交验证

针对92条差异表达片段，进行克隆、测序及反Northern杂交验证。测序结果表明，其中23个差异表达片段的两个克隆子序列是一致的(DNAMAN软件，3.0版)，将这23条差异表达片段分别命名为DDF-1～DDF-23(Differential Display Fragment-1～23)。

登录美国国家生物信息中心网站(NCBI，http://www.ncbi.nih.nlm.gov)，利用BLAST(Basic Local Alignment System Tools)软件将23条序列与GenBank中的EST(Expression Sequence Taqs)序列进行同源性比对，比对结果详见表13-14。一般而言，判断序列与已知序列同源的标准为：在70 bp重叠区域内序列的相似性(identity)大于或等于70%，或者E值(Expect值)小于或等于1×10^{-10}(Davoli $et\ al.$，1999)，e值为0表明同源性最高。

从表13-14可以看出，23条差异表达片段中有18条序列与鸡、人和鼠等物种的已知基因有较高同源性，3条与GenBank中未知功能的ESTs同源性较高，2条为未报道过的新序列。18条同源性较高的序列中，有一部分是不同序列与同一基因同源，统计表明，18条序列实际代

表 11 个基因的部分 cDNA。例如 DDF-2、7、18 和 21 均与载脂蛋白 B 基因高度同源，实属同一个基因。

将 23 条序列与相对应的 5′ 上游引物和 3′ 锚定引物进行比对后发现，除片段 DDF-5、6、11、16、17 和 20 只含有单侧引物外，其余 17 条差异表达片段都含有相对应的正反向引物序列，片段大小介于 239～670 bp 之间（表 13-14）。

2. 鸡 *L-FABP* 基因全长 cDNA 克隆表达及与杂种鸡脂肪沉积的关系

从表 13-14 中可看出，鸡肝脏组织中差异表达片段 DDF-8 与人的肝脏脂肪酸结合蛋白(fatty acid binding protein, liver, L-FABP)基因的同源性较高(e 值为 e^{-137})。脂肪酸结合蛋白是一族小分子细胞内蛋白质，含 126～134 个氨基酸序列，广泛存在于各种动物组织中，与长链脂肪酸有较高亲和力，对脂肪酸的氧化、脂化和代谢起重要作用。迄今已发现 15 种类型的 FABP，肝脏脂肪酸结合蛋白(L-FABP)是最早发现的 FABP，也称 FABP1(Chan *et al.*, 1985)。目前报道较多的是心脏型 FABP(H-FABP)、脂肪型 FABP(A-FABP)和细胞外 FABP(Ex-FABP)。对大鼠的研究发现，*H-FABP* 和 *A-FABP* 是影响肌间脂肪含量的重要基因(Wood, 1988; Gerbens *et al.*, 1999)。Gerbens *et al.*(1999)对猪 *H-FABP* 基因的研究发现，不同基因型个体的肌间脂肪含量差异显著，并认为 *H-FABP* 基因可能是影响猪肉肌间脂肪沉积的主效基因。对鸡的研究发现，*Ex-FABP* 基因的单核苷酸多态性与腹脂性状相关显著(王启贵等, 2001, 2002; Wang *et al.*, 2004)。

L-FABP 的功能研究主要集中在人与小鼠(Lowe *et al.*, 1985; Sorof *et al.*, 1994)。对小鼠的研究表明，L-FABP 与不饱和脂肪酸的协同作用可有效促进细胞的生长和分化。L-FABP 还参与胰岛素信号传导，促进血红素和硒的代谢以及甾醇的合成(Zucken, 2001)。Schroeder 等[12]研究发现，*L-FABP* 基因的表达与胚胎干细胞的增殖分化密切相关。近年来对小鼠的研究表明，L-FABP 与 H-FABP、A-FABP 相似，对直链和支链脂肪酸的吸收和代谢起重要作用。目前有关鸡 *L-FABP* 基因的相关报道较少(Sewell *et al.*, 1989; Wang *et al.*, 2006)。Wang 等(2006)研究发现，鸡 *L-FABP* 基因为组织特异性表达基因，只在肝脏及小肠部位表达。通过关联分析显示，鸡 *L-FABP* 基因的单核苷酸多态位点与中国农大 CAU-F2 鸡群的腹脂重及腹脂率呈显著相关，表明 *L-FABP* 可能是鸡腹脂性状的候选基因或与其主效基因连锁。

DDRT-PCR 电泳图谱显示，8 周龄丝羽乌鸡(CC)、农大褐蛋鸡(DD)及其正反杂交组合鸡 CD 和 DC 肝脏组织含一条差异表达的片段(图 13-3a)。可以看出，杂交组合 CD、DC 及纯种农大褐 DD 均有一条约 300 bp 的扩增片段，另一亲本丝羽乌鸡 CC 该片段扩增不明显。

对此差异表达片段进行回收克隆及测序，发现该片段与鸡肝脏 cDNA 库中的 EST 及 cDNA 序列(AW198465、EU049889、AF380999 和 AF563636)高度同源。基于此，根据人与鸡的高度保守区设计引物，扩增出鸡 *L-FABP* 基因的 cDNA 序列 517 bp，该序列包含鸡 *L-FABP* 基因的全长 cDNA 编码序列，共计 381 bp。序列比对表明，鸡 *L-FABP* 基因与人 *L-FABP* 基因的同源性为 73.44%。据 cDNA 开放阅读框序列翻译氨基酸，鸡 *L-FABP* 基因共编码 127 个氨基酸，与人的氨基酸序列比对显示，二者同源性为 70.08%。向 GenBank 提交鸡 *L-FABP* 基因的全长 cDNA 编码序列及氨基酸序列(GenBank 登录号：AY321365)(俞英等, 2011)。

表 13-14　23 条差异表达片段的同源性比对结果

差异表达片段号	长度/bp	引物组合	组织	周龄/周	同源基因	同源基因的序列号	Score	E 值	同源性
DDF-1	363	GF1\HT11A	肝脏	8	alpha-hemolysin	BI940879	303 bits (153)	$2\ e^{-79}$	183\194，94%
DDF-2	266	GF1\HT11A	肝脏	8	apolipoprotein B	BG641766	474 bits (239)	e^{-131}	239\239，100%
DDF-3	321	GF2\HT11G	肝脏	8	translation elongation factor 1 delta	BF381458	426 bits (215)	e^{-116}	269\292，92%
DDF-4	331	GF2\HT11G	肝脏	8	unknown	BG662177	38.2 bits (19)	8.2	19\19，100%
DDF-5	302	GF3\HT11A	心肌	8	sex-regulated protein janus-a	BM401861	119 bits (60)	$3\ e^{-24}$	144\172，82%
DDF-6	670	GF3\HT11A	心肌	8	unknown	AA634490	40.1 bits (20)	4.0	20\20，100%
DDF-7	430	GF1\HT11A	肝脏	8	apolipoprotein B	BG641766	777 bits (392)	0.0	401\404，99%
DDF-8	390	GF1\HT11A	肝脏	8	fatty acid-binding protein,liver (L-FABP)	AW198465	496 bits (250)	e^{-137}	285\293，97%
DDF-9	395	GF1\HT11G	心肌	8	ev21-LTR	BI065864	700 bits (353)	0.0	362\365，99%
DDF-10	395	GF1\HT11G	心肌	8	ev21-LTR	BI065864	700 bits (353)	0.0	362\365，99%
DDF-11	401	GF4\HT11G	肝脏	14	unknown	BU345423	488 bits (246)	e^{-135}	249\250，99%
DDF-12	350	GF4\HT11G	肝脏	14	alpha-1-macroglobulin	AI981784	329 bits (166)	$2\ e^{-87}$	190\197,96%
DDF-13	303	GF5\HT11G	肝脏	14	unknown	BI335628	293 bits (148)	$8\ e^{-77}$	239\268，89%
DDF-14	254	GF5\HT11A	肝脏	14	unknown	BU388662	462 bits (233)	e^{-127}	241\244，98%
DDF-15	320	GF2\HT11G	肝脏	14	translaton Elongation Factor 1 delta	BF381458	414 bits (209)	e^{-113}	263\286，91%
DDF-16	239	GF2\HT11G	心肌	14	x-ray of the nucleasome core particle	BM427311	260 bits (131)	$8\ e^{-67}$	152\159，95%
DDF-17	339	GF1\HT11A	心肌	14	no significant hits G	BG713176	541 bits (273)	e^{-151}	281/284,98%
DDF-18	268	GF1\HT11G	肝脏	14	apolipoprotein B	BG641766	450 bits (227)	e^{-124}	237\241，98%
DDF-19	273	GF1\HT11G	肝脏	14	JEYF 14 gene for 16s RNA partial sequence	BU946724	301 bits (152)	$5\ e^{-79}$	152\152，100%
DDF-20	450	GF1\HT11G	肝脏	14	NADH ubiquinone oxidase chain-1	BM322053	537 bits (271)	e^{-150}	271\271，100%
DDF-21	439	GF1\HT11A	肝脏	14	apolipoprotein B	BG641766	718 bits (362)	0.0	406\422，96%
DDF-22	395	GF1\HT11G	心肌	14	ev21-LTR	BI065864	700 bits (353)	0.0	362\365，99%
DDF-23	395	GF\HT11G	心肌	14	ev21-LTR	BI065864	700 bits (353)	0.0	362\365，99%

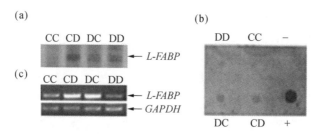

**图 13 - 3　DDRT - PCR 检测到的差异表达基因 *L - FABP* 电泳图(a)
及其反 Northern 杂交(b)和半定量 RT - PCR 结果(c)**

CC、DD、CD、DC 分别为丝羽乌鸡、农大褐蛋鸡及其正反交组合；*L - FABP*：肝脏脂肪酸结合蛋白基因；*GAPDH*：持家基因(3 - 磷酸甘油醛脱氢酶)；－：阴性对照；＋：阳性对照。

为验证 DDRT - PCR 中发现的 *L - FABP* 基因在 4 个组合鸡肝脏组织中确实存在差异表达，本研究首先进行了反 Northern 杂交验证。其中探针为含有 *L - FABP* 基因片段的重组质粒，膜上为 4 个组合鸡的 cDNA，并以制备探针的重组质粒为阳性对照(＋)进行杂交(图 13 - 3b)。杂交结果与 DDRT - PCR 结果相似，表现为杂交组合鸡 DC、CD 的 *L - FABP* 基因表达量高于亲本纯种鸡 DD 和 CC 的表达量。

再以鸡 *L - FABP* 基因的特异引物进行半定量 RT - PCR 验证，结果如图 13 - 3c 所示，杂交组合鸡 CD 和 DC 的 *L - FABP* 基因表达量(相对于 *GAPDH* 分别为 1.357,1.4)高于亲本纯种 CC 及 DD(相对于 *GAPDH* 分别为 1.174,0.907)的表达量。进一步验证了 *L - FABP* 基因在杂种鸡 CD、DC 肝脏组织中的表达量高于亲本纯种鸡 CC 和 DD 的表达量。

8 周龄鸡的屠体性能杂种优势分析结果表明，除翅重外，杂种鸡 CD 和 DC 的各项屠体性状表型均表现出杂种优势，其中，腹脂重的杂种优势最高(表 13 - 2)，说明 *L - FABP* 在肝脏组织中的表达量可能与腹脂重的杂种优势有关。

肝型脂肪酸结合蛋白(L - FABPs)是 FABPs 家族成员之一，在长链脂肪酸的运输、代谢、细胞膜磷脂构建及机体能量供应等方面具有重要作用。适量表达的长链脂肪酸为动物机体所需，而表达水平过高时，则对细胞产生毒性作用，L - FABPs 可与这些有潜在毒力的长链脂肪酸相结合，或者将它们运输到线粒体以氧化降解，或者将之运输到内质网等储脂器官沉积下来。最近，Martin 等对 *L - FABP* 基因敲除小鼠的研究表明，敲除 *L - FABP* 基因会引发小鼠肥胖症，且为年龄和食物依赖型肥胖症(Martin *et al.*,2008,2009)。与年龄和食物密切相关的人的肥胖症也发现相似现象(Ashaves *et al.*,2010)。据 Spann 等(2006)报道，小鼠 L - FABP 与甘油三酯转移蛋白(triglyceride transfer protein)协同作用，促进脂肪酸转化为甘油三酯，并使油脂转化为极低密度脂蛋白(VLDL)。本研究发现，鸡肝脏组织 L - FABP 的氨基酸序列及结构与人和大鼠的 L - FABP 极为相似，与 Sewell 等(1989)研究结果一致。

Wang 等(2006)研究结果表明，鸡 *L - FABP* 基因可能是肉鸡腹脂性状的候选基因或与其主效基因连锁。本研究通过 DDRT - PCR、反 Northern 杂交及半定量 RT - PCR 等技术，发现并验证了 *L - FABP* 基因在杂种鸡 CD、DC 肝脏组织中的表达量明显高于其亲本丝羽乌鸡 CC 和农大褐蛋鸡 DD 的表达量。结果提示杂种鸡 CD 和 DC 的 *L - FABP* 基因表达量可能促进杂种鸡脂肪性状的沉积。为进一步分析鸡 *L - FABP* 基因的功能及与杂种鸡脂肪蓄积的关系，需增加正反杂交组合实验鸡品种数以及样本重复数，并分析鸡 L - FABP 与长链脂肪酸代谢的关系,从功能方面进行深入研究。

13.3.3 主要研究结论

1. 鸡心肌和肝脏组织基因差异表达类型所占比例

根据同一扩增片段在杂种及亲本纯种鸡中的表达情况,归结出四类基因差异表达类型:杂种特异表达类型(UNF1)、杂种沉默表达类型(ABF1)、单亲特异表达类型(UNP)、单亲沉默表达类型(ABP)。四种差异表达类型在不同杂种的不同年龄段、不同组织中所占比例有一致的变化趋势。具体表现为,ABF1 类型所占比例最少,平均 4.6%;UNF1 类型次之,平均 15.7%;UNP 类型平均为 28.6%;ABP 类型最多,平均 51.1%。结果表明,基因的差异表达类型与基因的效应有密切关系,ABF1 类型最少,说明在亲本纯种体内表达、而在杂种体内不表达的一些基因对于性状杂种优势的形成起抑制作用,因此这些基因在杂种中表达沉默;ABP类型较多,说明在杂种与一个亲本纯种体内都表达的基因可能有利于机体的生长发育,并促进杂种优势的形成,因此在杂种与纯种中均表达。

2. 心肌和肝脏组织基因差异表达类型与鸡杂种优势的相关性

相关分析表明,32 周龄产蛋量的杂种优势率与 8 周龄心肌的 ABF1(杂种沉默表达类型)呈显著的正相关性($P<0.05$),但与 8 周龄肝脏的 UNF1(杂种特异表达类型)呈极显著负相关性($P<0.01$)。有趣的是,屠体性状则与产蛋性状相反,腹脂重、肌间脂宽、胫骨长或体斜长等屠体性状的杂种优势率与 ABF1(杂种沉默表达类型)呈显著负相关性($P<0.05$),但与 UNF1(杂种特异表达类型)却呈显著正相关性($P<0.05$)。结果显示,本研究所检测到的 UNF1 类型对主要屠体性状杂种优势的形成有显著的增强作用,而对 32 周龄产蛋性状杂种优势的形成则可能有抑制作用;与之相反,ABF1 类型对 32 周龄产蛋性状杂种优势的形成有着较强的增强作用,但对主要屠体性状杂种优势的形成则有明显的抑制作用。

3. 杂种与亲本纯种鸡间的阳性差异表达片段

本研究从 92 条差异表达条带中获得 25 条可以再次扩增并能回收到相应片段大小的差异表达片段,其中 23 条差异表达片段的两个克隆子测序结果一致,分别命名为 DDF - 1 至 DDF - 23。反 Northern dot blot 鉴定结果表明,其中的 15 条为阳性差异表达片段。初步确定在杂种及其亲本纯种鸡的心肌或肝脏中存在两类有意义基因片段,分别是与脂肪代谢有关的功能基因,以及与心肌、骨骼肌等肌肉特异基因转录调控有关的调控元件。

4. 差异表达基因 L-FABP

肝脏脂肪酸结合蛋白(L-FABP)与脂肪运输及沉积关系密切。本研究结果表明,差异表达片段 DDF - 8 为鸡 L-FABP 基因的全长 cDNA 编码序列(NCBI 登录号:AY321365)。Norhtern 杂交和半定量 RT - PCR 结果显示,鸡 L-FABP 基因在正反杂交组合 CD 及 DC 的肝脏组织中表达量均明显高于亲本 CC 和 DD,与杂种鸡的高腹脂及较大肌间脂宽表型趋势相同。鉴于 L-FABP 基因的高表达可能导致杂种鸡的脂肪沉积高于亲本,有必要针对鸡 L-FABP基因进行深入的功能研究。

13.4 卵巢组织基因差异表达与鸡产蛋性状和蛋品质性状杂种优势的关系

13.4.1 基因差异表达模式与鸡产蛋性状和蛋品质性状杂种优势的关系

1.不同杂交组合中的差异表达片断

于产蛋高峰期(32 周龄)时,分别从 16 个组合中各随机抽取 8 只产蛋鸡,提取卵巢组织的总 RNA。用总 RNA 池从 29 种随机引物和 9 种兼并型引物共计 114 种引物组合中,筛选出 30 种引物组合,对 16 个组合试验鸡卵巢组织进行 mRNA 差异显示(DDRT - PCR)研究。将 RT - PCR 产物进行聚丙烯酰胺凝胶差异显示。各引物组合所扩增得到的差异表达片段数列入表 13 - 15。

表 13 - 15 30 对引物组合对 32 周龄卵巢组织的差异表达片段统计结果

引物组合	差异带数目/条	引物组合	差异带数目/条
$P_1 / HT_{11}G$	8	$P_6 / HT_{11}C$	10
$P_2 / HT_{11}G$	15	$P_7 / HT_{11}C$	11
$P_3 / HT_{11}G$	15	$P_8 / HT_{11}C$	11
$P_4 / HT_{11}G$	11	$P_9 / HT_{11}C$	11
$P_5 / HT_{11}G$	9	$P_{10} / HT_{11}C$	12
$P_6 / HT_{11}G$	9	$P_1 / HT_{11}A$	10
$P_7 / HT_{11}G$	12	$P_2 / HT_{11}A$	13
$P_8 / HT_{11}G$	10	$P_3 / HT_{11}A$	13
$P_9 / HT_{11}G$	10	$P_4 / HT_{11}A$	11
$P_{10} / HT_{11}G$	10	$P_5 / HT_{11}A$	10
$P_1 / HT_{11}C$	9	$P_6 / HT_{11}A$	10
$P_2 / HT_{11}C$	10	$P_7 / HT_{11}A$	14
$P_3 / HT_{11}C$	12	$P_8 / HT_{11}A$	12
$P_4 / HT_{11}C$	9	$P_9 / HT_{11}A$	10
$P_5 / HT_{11}C$	11	$P_{10} / HT_{11}A$	13
合计			331

对 30 对引物组合的 DDRT - PCR 图谱进行分析判读,记录分子质量在 100～1 400 bp 之间清晰可辨的可重复扩增的差异表达 cDNA 片段。在 16 个组合鸡群 32 周龄的卵巢组织中,共扩增出 1 631 条 cDNA 片段,能够重现的有 1 161 条,重现率为 71.18%。平均每个引物可扩增的总条带数为 54.37 条,能够重现的为 38.7 条。

2.杂种与亲本纯种的基因差异表达模式

分析 30 对引物组合的差异显示结果发现,在亲本纯种与杂种一代间存在显著的基因表达差异,表现在质和量两个方面。根据差异显示条带的"强与弱"或"有与无"的差别,将其分为如下两类七种基因差异表达模式,再加一种非差异表达模式(T8),共计 8 种基因表达模式,如图

13 - 4 所示。

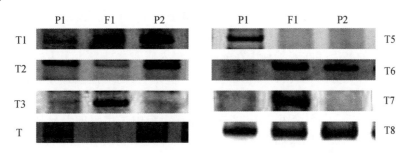

图 13 - 4　杂种及其亲本纯种间的基因表达类型

T1:共显性表达;T2:杂种超亲表达 T3:杂种减弱表达;T4:杂种沉默表达类型;T5 单亲特异表达类型,包括父本特异表达和母本特异表达;T6 单亲显性表达类型,包括父本显性表达和母本显性表达;T7 杂种特异表达类型;T8 非差异表达模式。F1:杂种;P1、P2:两个亲本纯种。

(1) 共显性表达模式(T1+-,T1):是指基因在杂种中的表达量弱于强的亲本,而强于弱的亲本。

(2) 杂种减弱表达模式(T1-1,T2):是指基因在杂种中的表达量明显地弱于在两个亲本纯种中的表达。

(3) 杂种超亲表达模式(T1+1,T3):是指基因在杂种中的表达量超过在亲本纯种中的表达。

(4) 杂种沉默表达型(T101,T4):是指在两个亲本纯种中均表达的基因在杂种中未表达。

(5) 单亲特异表达型(T100 或 T001,T5):是指基因仅在一个亲本纯种中表达,而杂种及另一个亲本纯种均不表达。

(6) 单亲一致表达型(T110 或 T011,T6):是指基因在杂种及一个亲本纯种中明显表达,而在另一个亲本纯种中不表达或只有微弱的表达。

(7) 杂种特异表达型(T010,T7):是指基因仅在杂种中表达,而在两个亲本纯种中均不表达。

(8) 非差异表达模式(T111,T8):是指杂种与亲本纯种间的基因表达一致,也可称为一致型表达。

在同一发育时期杂种和纯种鸡的卵巢组织间存在着明显的基因表达差异,表现在质和量两个方面。这与许多来自农作物方面的试验结果相类似(倪中福等,1999;谢晓东等,2003),即在纯种和杂种间的基因差异表达中存在着多种基因差异表达类型。Romagnoli 等(1990)和 Tasftaris 等(1997)从基因表达上研究发现,与亲本相比,杂种中 mRNA 的含量和种类均发生了变化。

俞英(2003)、王栋(2003)用同样的方法在同一群鸡的 8 周龄和 14 周龄的肝脏和肌肉组织中也发现了多种差异表达模式,说明在同一发育时期杂种和纯种鸡的不同组织中,差异表达现象普遍存在。

对于杂种来说,其全部基因都来自于双亲,在基因组成上并没有任何超越其杂交亲本的新基因引入,但是杂种鸡在多种生长性状和繁殖性状上都明显地不同于其亲本(俞英,2003;王栋,2003),表现出较高的杂种优势率(或杂种劣势现象)。根据遗传学的研究结果,任何性状的表达都是受相关基因控制的,鸡的繁殖性状等多种性状杂种优势的形成,必然与杂种中发生了表达变化的基因有关。虽然目前的研究还不能直观地确定这些在表达上发生了变化的基因与杂种表型变化的直接关系,但有一点是肯定的,即杂种优势的产生必然与这些在杂种子一代体内发生了表达变化的基因存在着某种内在的联系,深入研究这些发生了表达变化的基因则有望揭示出一些与杂种优势的遗传机理有关的信息。所以,我们对这些差异表达的基因进行了回收、克隆、测序和进一步的分析研究。

30 种引物组合在 12 个杂交组合的 32 周龄卵巢组织中扩增出的差异带数目及其所对应的基因差异表达模式的统计结果如表 13-16 所示。30 对引物组合在鸡的不同杂交组合中扩增出的差异条带数目是不同的,同一种引物在不同的杂交组合之间也有不同的扩增结果。其中丝羽乌骨鸡×农大褐蛋鸡(DC)的杂交组合中显示出的差异带数目最多,为 38 条;其次为白来航蛋鸡×农大褐蛋鸡(AD),为 37 条;白洛克肉鸡×丝羽乌骨鸡(EC)组合的差异带数目最少,为 17 条。说明在不同杂交组合之间,基因有不同的互作方式。

表 13-16　　各杂交组合的不同差异表达模式的差异条带数目　　　　　　　　　　条

杂交组合	T1	T2	T3	T4	T5	T6	T7	合计
AC	6	4	2	3	7	4	5	31
CA	2	3	1	1	4	2	8	21
AE	3	5	4	1	9	5	2	29
EA	3	6	3	1	6	5	2	26
DE	1	2	3	1	3	4	5	19
ED	6	1	4	0	9	5	2	27
DC	3	4	5	2	7	8	4	33
CD	5	7	6	3	7	9	1	38
AD	2	7	6	3	9	8	2	37
DA	2	3	2	1	6	6	5	25
CE	7	1	6	4	5	3	2	28
EC	2	1	2	1	3	3	5	17
合计	42	44	44	21	75	62	43	331

注:T1~T7 表示 7 类基因差异表达模式。

12 个杂交组合所拥有的不同差异表达模式的条带数不同(表 13-16)。其中,单亲特异表达型(T5)的条带数最多,为 75 条,这可能与品种的特性有关,或者是隐性基因的表达产物。其次为单亲显性表达(T6)型条带,为 62 条,这可能是由显性基因决定的。杂种沉默表达型的条带数最少,为 21 条,虽然数目最少,但也证明了亲本基因在杂种中发生沉默现象的存在,对于这种现象的解释,从经典的基因互作效应和显隐性基因的角度来解释较为困难。说明,新的基因组合和细胞内外发育环境使杂种基因的表达调控方式发生了改变。

3.差异表达模式与产蛋性状和蛋品质性状杂种优势率的相关性

对 12 个杂交组合 32 周龄卵巢组织的 7 种基因差异表达模式的数量与主要产蛋性状和蛋品质性状的杂种优势率进行了相关性分析,结果如表 13-17 所示。从表 13-17 可知,32 周龄产蛋数的杂种优势率和 42 周龄产蛋数的杂种优势率,分别与 32 周龄卵巢组织的杂种超亲型表达模式(T3)呈极显著正相关($P<0.01$);而与杂种特异型表达模式(T7)呈极显著负相关($P<0.01$)。

表 13-17　**32 周龄鸡卵巢组织的 7 类差异表达模式与产蛋数及蛋品质性状杂种优势率的相关分析**

性状	T1	T2	T3	T4	T5	T6	T7
32 周龄产蛋数	0.40	0.12	0.74**	0.36	0.15	0.12	−0.85**
42 周龄产蛋数	0.49	−0.001	0.72**	0.54	0.01	0.08	−0.79**
蛋重	0.03	0.16	0.16	0.11	0.08	0.01	−0.25
蛋黄比色	0.21	−0.04	0.10	−0.001	−0.08	−0.61*	0.18
蛋黄重	0.23	0.06	0.26	0.14	0.18	−0.14	−0.34
蛋壳强度	−0.18	0.44	−0.05	−0.38	0.46	−0.14	−0.15
蛋壳重	0.05	0.27	0.16	0.36	−0.30	−0.23	−0.11
血斑	0.55	−0.22	0.28	0.29	−0.04	−0.50	−0.16
肉斑	−0.46	0.44	0.01	0.01	0.19	0.31	−0.27
蛋型指数	−0.40	0.35	−0.31	0.51	−0.52	0.02	0.24
蛋壳颜色	−0.22	0.63*	−0.35	0.14	0.02	0.03	−0.14

T17:7 类基因差异表达模式;*:$P<0.05$,**:$P<0.01$。

　　7 种基因差异表达模式与蛋重、蛋黄重、蛋壳重、蛋型指数、血斑、肉斑和蛋壳强度的杂种优势率之间都没有相关性。但单亲显性表达模式(T6)与蛋黄比色性状的杂种优势率呈显著的负相关($P<0.05$);杂种减弱型表达模式(T2)与蛋壳颜色的杂种优势率呈显著的正相关($P<0.05$)。但是 7 种基因差异表达模式与受精蛋孵化率的杂种优势率没有相关性。

　　32 周龄和 42 周龄产蛋数的杂种优势率与杂种超亲表达模式间存在极显著的正相关($P<0.01$),而与杂种特异型表达模式间存在着极显著的负相关($P<0.01$)。这一结果表明了一种趋势,即在杂种中超亲表达的基因,对鸡的产蛋数的杂种优势率有正向作用,而在杂种中特异表达的基因,对鸡的产蛋数的杂种优势率有负向作用,亦即:杂种中超亲表达的基因越多,而特异表达的基因越少,则杂种优势率越高。但这种趋势这仅仅是对于产蛋数而言的,杂种特异表达的基因可能会对其他性状的表达产生正向作用,可以推断,这种性状可能与产蛋数呈负相关。

　　关于试验中发现的单亲显性表达型模式(T6)与蛋黄比色性状的杂种优势率呈显著的负相关($P<0.05$);而杂种减弱表达型模式(T2)与蛋壳颜色的杂种优势率呈显著的正相关($P<0.05$)的结果说明,单亲显性表达模式的基因对蛋黄比色和蛋壳颜色的杂种优势形成分别具有负向和正向作用。

　　对于那些与性状之间没有相关性的表达模式,并不能排除这些模式中某些特殊基因的表达变化会对杂种优势有重大影响;因为,在杂种优势的形成过程中可能要涉及一些基因表达的增强而同时另一些基因的表达要受到抑制,也就是说,增强表达的基因和受抑制的基因要同时存在才能促使杂种优势的形成。由此推断,不同表达模式彼此之间对杂种优势的形成可能有正协同作用,也可能有负协同作用,如果两种作用相互抵消,那么在总体上就可能表现不出相关性。

13.4.2 差异表达基因的表达量与产蛋性状和蛋品质性状杂种优势的关系

1.差异表达片段的克隆、测序及验证

在 30 对引物组合的差异显示中,共获得 331 条差异表达片段,挑选属于不同差异表达模式的 80 条 cDNA 片段进行了回收,通过二次 PCR 的初步验证,筛选到 27 条可以重复扩增并符合片段长度要求的大小一致的差异表达片段。经过纯化、连接、转化之后,选取阳性重组质粒进行测序,应用 BLAST 软件,将测序结果与 Genbank 中已有的序列进行在线同源性比对,初步判断差异表达片段的性质。对克隆测序的差异表达基因片段,又用 Northern 杂交试剂盒,对有意义的差异表达片段进行了反 Northern dot blot 杂交验证。

对验证为含有目的差异表达片段的 21 个阳性重组质粒进行了序列测定,共测定了 30 条序列,其中 9 条为重复测序,以验证测序结果的准确性。应用 CHROSMAS 软件和 DNA-MAN 软件对序列进行分析。分析结果表明,9 条重复测序的结果有 8 条相吻合,有一条不一致被剔除。余下的 20 条序列中有 2 条不含引物序列,将其剔除,最后得到 18 条差异表达片段的序列。利用 NCBI 中的 BLAST 软件与 GenBank 中的 EST (Expression Sequence Taqs)库和 NR 库中已登记的序列进行同源性比对。对于在 GenBank 中进行序列比对标准的选择,一般是在 70 bp 重叠区域内序列的相似性$\geqslant 70\%$或 E 值$\leqslant 1e^{-10}$(Davoli *et al.*,1999),e 值为 0 表明同源性最高。在 18 条差异表达片段中,有 17 条在 BLAST 比对中没有找到相似性序列,属未知的 EST 序列,仅有 1 条与鸡、人、鼠等已知功能基因的编码序列或 mRNA 序列有较高的同源性,且与人的组织型血纤维蛋白溶酶原激活因子(tPA)的同源性高达 98%,E 值为 0,所以将其命名为类 tPA(tPA-like)。

在人体中,tPA 与排卵密切相关。刘以训(1999)以一系列实验证实了能够引发卵巢组织颗粒细胞(GC)的 tPA 基因表达的激素或物质能够诱发排卵;而抑制颗粒细胞 tPA 表达或促进卵泡 PAI-1 表达的化合物则能够抑制排卵;并且证明 tPA 和 PAI-1 在有排卵现象的哺乳动物卵巢中普遍存在。

肉鸡与蛋鸡是两个极端的人工高度培育品种,肉鸡的繁殖性能较低,而农大褐蛋鸡的产蛋量较高,两者杂交,在产蛋数上表现出了明显的杂种优势。所以,有必要对差异表达片段 tPA-like 进行进一步的相关个体表达差异分析和生理功能探讨。

2.差异表达片段 tPA-like 的个体验证与功能分析

差异表达片段 tPA-like 是在农大褐蛋鸡(DD)×白洛克肉鸡(EE)杂交组合的差异显示中发现的。在 EE、ED、DE 和 DD 4 个组合的各 8 个个体的总 RNA 样中,各随机抽取 4 个(共16 个总 RNA 样)进行个体验证,方法是与 4 个组合的总 RNA 池一同进行反转录和差异显示PCR 扩增,结果如图 13-5 所示。

从图 13-5 可以看出,差异显示片段 F1 在农大褐蛋鸡(DD)×白洛克肉鸡(EE)的反交组合 ED 和亲本纯种 DD 中的表达量明显地高,而在白洛克肉鸡中只有微弱的表达,属于杂种超亲型表达模式(T3)。

纤溶酶系统属丝氨酸蛋白水解酶,具有 His、Asp 和 Ser 组成的催化活性中心,具有广泛水解酶活性。其前体纤溶酶原可在纤溶酶激活因子(Tpa,uPA)作用下在其 Arg560-Val561

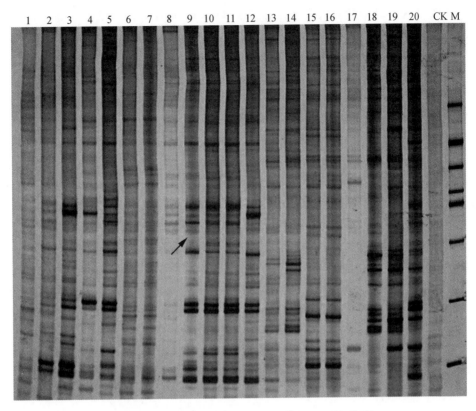

图 13-5 差异表达片段 tPA-like 的 RT-PCR 鉴定

1~4：DD 的 4 个个体，5~8：DE 的 4 个个体，9~12：ED 的 4 个个体，13~16：EE 的 4 个个体。DD、DE、ED、EE 分别为 4 个组合的池 RNA。CK：阴性对照，M：100 bp Ladder。箭头：tPA-like。

处断裂形成由二硫键连接的双链分子纤溶酶。纤溶酶主要是通过打开纤蛋白分子的 Arg-x 和 Lys-x 键而降解细胞外基质(ECM)。纤溶酶原激活因子(PA)有组织型(tPA)和尿激酶型(uPA)两种，它们与其抑制因子 PAI-1 和 PAI-2 参与许多生理和病理过程，如肿瘤发生，细胞迁移，组织重建和改组，伤口愈合，子宫内膜周期性变化和精子发生等。tPA 和 PAI-1 的协同表达和相互作用使排卵卵泡形成局部蛋白水解流"窗口域"，对卵泡的局限定向破裂起重要调控作用。研究发现卵细胞表达的 tPA，也受促性腺激素的同步调节，并证明与卵细胞成熟和卵丘细胞扩散有关。上述事实说明，tPA 和 PAI-1 在卵巢不同细胞中的协同表达可诱发排卵。

试验中发现，tPA-like 差异表达片段在繁殖力较低的肉鸡卵巢组织中表达量非常低(条带极弱)，而在繁殖性能优良的农大褐蛋鸡的卵巢组织中表达量较高，在两个亲本的正反杂交组合(ED、DE)鸡的卵巢内超亲表达。考虑到 ED 和 DE 的主要繁殖性能有明显的杂种优势现象，如 ED 和 DE 杂交组合 32 周龄和 42 周龄产蛋数的杂种优势率分别为 9.03% 和 17.93%，受精蛋孵化率的杂种优势率分别为 23.24% 和 4.57%。两者的类 tPA 条带都有超强表达，而两者也都在受精蛋孵化率和产蛋数上表现杂种优势现象，但在蛋品质性状杂种优势方面两者的表现方向不一致；提示这条差异表达片段基因可能与鸡的产蛋数和受精蛋孵化率杂种优势的发挥有一定的联系。

为了证实 tPA 和纤溶酶对大鼠排卵的直接作用,Tsafriri 等向卵巢内局部注射 tPA 抗体或纤溶酶抗体,发现两者可显著抑制绒毛膜促性腺激素(hCG)诱发的排卵。催乳素(PRL)可抑制黄体素(LH)和促卵泡素(FSH)所导致的 tPA 基因的表达,刺激卵巢 PAI-1 表达。给大鼠注射 PRL 能显著抑制或延缓由 hCG 所诱发的排卵。这种抑制作用是由于 PRL 打乱了 hCG 所诱发的 tPA 和 PAI-1 基因在卵巢中的协同表达造成的。对文昌鱼、家兔、猫、地鼠、大雄猫和猪卵巢鉴定结果表明,它们都主要含 tPA,说明 tPA 可能参与大多数动物的排卵过程。

tPA 与控制排卵有关,tPA 和 tPA 抑制因子表达产物(蛋白)分泌出来后,立即与其细胞表面受体或细胞间质或细胞表面结合蛋白结合。这种结合一方面局限作用时间,延长半衰期,而且可使它们的作用强度提高 200~300 倍。tPA 在细胞间或细胞表面上的局部蛋白水解作用严格受到它们的特异抑制因子的调控和制约,以便保证在非常特异和定向完成局部的 ECM 局部降解时不危害临近的细胞和组织,而且能迅速恢复其功能。ECM 不仅是组织结构上的支持要素,而且在连接细胞与细胞,组织与组织,介导细胞间的信息传导,调节细胞增殖,发育,迁移和代谢过程中起重要作用。因此,由 PA 系统所调控的 ECM 降解的改变将会广泛影响机体的各种生理和病理过程。

综上所述,如果说我们在鸡的卵巢组织中发现的差异表达片段类 tPA 对产蛋量杂种优势的形成有影响的话,则可能是通过控制或诱导排卵的途径实现的。排卵途径的通畅,可以缩短鸡的产蛋周期,为下一个蛋的形成创造有利条件,如此形成良性循环。相反,如果排卵受到阻滞,就会延长产蛋周期,从而影响下一个蛋的形成,最终减少了产蛋数。

13.5 应用荧光定量差异显示技术探索鸡杂种优势的分子机理

应用荧光定量差异显示(FQ-RT-PCR)技术,能够更准确地揭示候选功能基因在杂种一代与亲本纯种间表达量的差异,从而在 mRNA 转录水平上探索杂种优势的分子机理。在前人研究的基础上,选择了促卵泡素受体(FSHR)基因和雌激素受体(ER)基因,对其在 16 个组合的卵巢组织 RNA 池中的表达量进行了定量检测,并分析表达量与杂种优势的关系。

13.5.1 利用持家基因的荧光定量分析标定 cDNA 池的浓度

对持家基因进行 FQ-RT-PCR 扩增的目的是利用组成型基因在不同个体间都能稳定表达的特性来检测一下各个组合的 RT-PCR 扩增效率,并根据持家基因的 FQRT-PCR 结果,预先标定一下 16 个组合反转录产物 cDNA 第一条链的浓度,以减少实验误差,使各个组合候选功能基因的 FQRT-PCR 定量结果具有可比性。

定量检测中最为关键的步骤是精确地制作标准曲线。如果标准模板浓度不能涵盖待测样本的浓度范围,就得不到反应结果。关于标准模板的选择,可以从待测样本中选择一个浓度最高的模板 cDNA 作梯度稀释;也可以回收特异性扩增产物,纯化后作梯度稀释。即在进行 FQRT-PCR 之前,先对反转录产物进行一次特异引物的 RT-PCR 扩增,经琼脂糖凝胶电泳后,回收目的片段,纯化后,按相差 10 倍的比例作 5~8 个梯度稀释,作为 FQRT-PCR 定量检测的标准模板,与待测样本一同上样,进行 FQRT-PCR 反应。

先对鸡的持家基因 GAPDH(6-磷酸甘油醛脱氢酶)进行普通 PCR 扩增,其扩增片段长度为 202 bp。预试验结果表明,FSHR 引物的退火温度为 53.3~61.9℃,我们选定 60℃退火,以避免杂带的产生。GAPDH 的普通差异显示(RT-PCR)检测结果如图 13-6 所示。

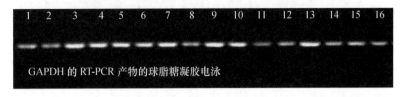

图 13-6 **GAPDH 基因的 RT-PCR 鉴定 (1~16:16 个组合)**

从图 13-6 可知,16 个组织对于持家基因 GAPDH 的扩增效率均较高,其中第 3 条和第 9 条带的亮度最高,将其回收纯化后,作为标准模板,用于 GAPDH 基因的荧光定量检测。

根据持家基因 GAPDH(6-磷酸甘油醛脱氢酶)在各种组织和个体中都能稳定表达的特性,来对 16 个组织的池 RNA 的 FQRT-PCR 扩增效率进行检测,并根据检测结果,对各个池 RNA 的反转录产物进行相应的稀释,以减少由于起始模板浓度相差太大而对 FQRT-PCR 试验结果造成的误差。持家基因在 16 个组合 32 周龄卵巢组织中的 FQRT-PCR 扩增量以柱形图的方式表示在图 13-7 中。

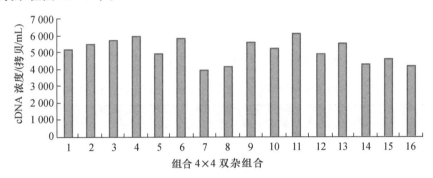

图 13-7 **持家基因 GAPDH 的荧光定量检测结果**

从图 13-7 可知,各个组合试验鸡群卵巢组织的 mRNA 池对持家基因 GAPDH 都有较高的 FQRT-PCR 扩增效率,但不同组合间的扩增量差异不显著,所以,这 16 个组合的 RNA 池可用于功能基因的荧光定量检测。

13.5.2 促卵泡素受体基因(FSHR)的荧光定量检测结果

根据 GenBank 中鸡的 FSHR(促卵泡素受体)基因的序列,自行设计一对引物,其扩增片段长度为 202 bp。FSHR 引物的普通差异显示(RT-PCR)检测结果如图 13-8 所示。

由图 13-8 可见,FSHR 基因的实际扩增片段长度与所设计的 FSHR 引物的扩增片段长度(202 bp)相同。16 个组合卵巢组织对于功能基因 FSHR 都有扩增产物,其中第 20 和 23 条带的亮度最高,将其回收纯化后,作为标准模板,用于 FSHR 基因的荧光定量检测。

FSHR 基因的差异表达荧光定量结果如图 13-9 所示,统计检验表明,在 16 个组合中该基因的表达量存在显著的差异。

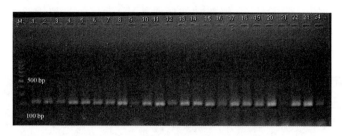

图 13 - 8　FSHR 引物的 RT - PCR 鉴定

1～16：16 个组合的池 RNA；17～24：4 个 AA 个体；21～24：4 个 EE 个体；M：100 bp Ladder。

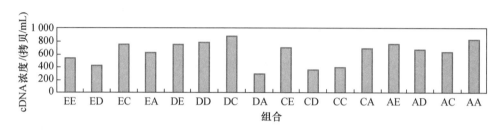

图 13 - 9　促卵泡素受体基因的 FQ - RT - PCR 试验结果

　　对 12 个正反杂交组合 FSHR 基因的表达量与主要产蛋性状和蛋品质性状的杂种优势率进行了相关性分析，结果显示，鸡 32 周龄卵巢组织 FSHR 基因的表达量与 32 周龄和 42 周龄产蛋数的杂种优势率呈显著正相关（$P<0.05$）（表 13 - 18）。

表 13 - 18　鸡 32 周龄卵巢组织 FSHR 和 ER 基因表达量与产蛋性状杂种优势率的相关系数

候选基因	32 周龄产蛋数	42 周龄产蛋数
FSHR	0.584 22*	0.523 01*
ER	0.654 27*	0.590 35*

＊：$P<0.05$。

　　卵泡刺激素（follicle stimulating hormone，FSH）是由垂体前叶分泌的一种糖蛋白激素，在下丘脑—垂体—性腺繁殖轴中起到相当重要的作用，它由垂体合成分泌后经血液循环达到性腺靶细胞，与其受体（follicle stimulating hormone receptor，FSHR）结合，促进卵细胞成熟，抑制卵泡闭锁，诱导芳香化酶活性（与 E2 合成有关），刺激颗粒细胞增生及诱导黄体素受体（LHR）的产生，并可诱发排卵。研究表明 FSH 能提高卵泡壁的摄氧量，增强组织的糖原分解，加强氨基酸向卵泡细胞内输送，从而促进蛋白质的合成。现已初步证实 FSH 确实能影响动物的繁殖水平，而 FSH 的生理作用是通过 FSHR 介导的（Dankbar，1995），两者有密切关系。用 FSH 处理大鼠体外培养的颗粒细胞能维持 FSHR 的表达，而用雌激素处理，可使 FSHR 下降，表明 FSH 能提高 FSHR 水平，且呈剂量依赖性。

　　与哺乳动物一样，家禽的生长发育也受到下丘脑—垂体—性腺轴的调控，除了少数生长激素可以直接作用于组织器官、调节生长发育和物质代谢之外，家禽生长发育要依赖下丘脑—垂体—靶器官通路来完成，下丘脑根据机体需要分泌促激素释放因子或抑制激素释放因子，调节垂体促性腺激素的分泌，后者再通过外周血液循环，作用于性腺，影响性腺的内分泌和外分泌，从而控制动物和生殖过程。

颗粒细胞是雌性动物中表达 FSHR 的主要细胞,但最近的报道证实 FSHR 及其 mRNA 可出现于人子宫平滑肌细胞,及发情前期、发情期的牛子宫颈(Shemesh et al.,2001)和卵母细胞(Patsoula et al.,2001),FSHR 在这些部位的阶段特异性表达可能与特定阶段的生理机能调节有关。

在体外表达的调节试验表明,雌激素可协同 FSH 提高每一个卵巢颗粒细胞上的 FSHR 数量,但单独的处理不能改变受体表达。在体外培养的颗粒细胞,并未观察到排卵剂量的 FSH 对 FSHR 的抑制作用,这可能与颗粒细胞的不成熟或体外培养缺乏旁分泌因子有关。用表皮生长因子、碱性成纤维细胞生长因子或类胰岛素生长因子-1可削弱颗粒细胞对 FSH 的反应,但不影响 FSHR 基础水平的表达;GnRH 处理可完全抑制 FSH 诱导的 FSHR 表达。视黄酸可通过降低 FSHR mRNA 水平来影响 FSHR 在大鼠颗粒细胞的表达;可见,调控和影响 FSHR 表达的激素或物质是极其复杂的。

13.5.3 雌激素受体(ER)基因的荧光定量检测结果

根据 GenBank 中鸡的 ER(雌激素受体)基因的序列设计一对引物,其扩增片段长度为 192 bp。雌激素受体基因 ER 表达量的荧光定量差异检测结果如图 13-10 所示,统计检验显示在 16 个组合该基因的表达量存在显著的差异。

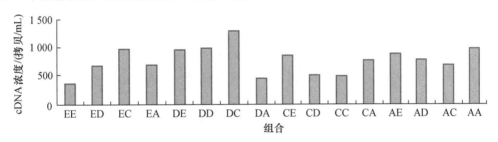

图 13-10　雌激素受体(ER)基因的荧光定量检测结果

对 12 个正反杂交组合 ER 基因的差异表达量与产蛋性状的杂种优势率进行了相关性分析,结果表明鸡 32 周龄卵巢组织 ER 基因的表达量与 32 周龄和 42 周龄产蛋数的杂种优势率呈显著正相关($P < 0.05$)(表 13-18)。

雌激素受体是一种配体激活转录因子。雌激素对于卵泡的递次发育具有重要的调节作用,当卵巢上有最大卵泡存在的时候,其分泌的雌激素通过血液循环到达丘脑下部抑制 GnRH 的分泌或在垂体前叶抑制 FSH 和 OIH 的分泌,对其他中小卵泡的发育起到抑制作用。但是,在高产家禽,其体内雌激素的含量也相对较高,因为这些家禽的卵巢上同时有数量较多的大中型卵泡存在,而雌激素主要是由大中型卵泡分泌的。

雌激素是类固醇激素,主要在卵巢和睾丸合成,也可在末梢由芳香化酶催化雄激素转化而来。最近 10 年的研究认为,雌激素在雄性生殖系统和非生殖系统中也起重要作用,它影响其靶组织(生殖系统、脑与心血管系统等)的生长、分化与功能发挥。外周雌激素主要由睾丸、卵巢产生,脑内主要由下丘脑、边缘系统的神经元等产生。通过扩散,雌激素进入靶细胞并与具有高度专一性和亲和力的核内结合蛋白即雌激素受体结合,进而与染色质结合并调节靶基因的转录。

13.5.4　主要研究结论

1. 杂种与纯种亲本在基因表达上普遍存在着质的差别和量的差异

30 对引物组合在鸡的不同杂交组合中扩增出的差异条带数目不同,同一种引物在不同的杂交组合之间也有不同的扩增结果。其中丝羽乌骨鸡×农大褐蛋鸡(DC)的杂交组合中显示出的差异带数目最多,为 38 条,其次为白来航蛋鸡×农大褐蛋鸡(AD),为 37 条;白洛克肉鸡×丝羽乌骨鸡(EC)组合的差异带数目最少,为 17 条。说明在不同杂交组合之间,基因有不同的互作方式。

12 个杂交组合中所拥有的不同基因差异表达模式的条带数不同,其中,单亲特异表达型(T5)的条带数最多,为 75 条,其次为单亲显性表达(T6)型为 62 条,杂种沉默表达型的条带数最少,为 21 条,说明,同一组织中的基因有不同的杂交互作。

综合本试验研究结果和本课题的前期研究结果以及其他相关研究,可以得出这样的结论:杂种与亲本纯种的不同组织(卵巢、肝脏和肌肉)在某一特定时期(32 周龄产蛋高峰期、8 周龄和 14 周龄)的基因表达上普遍存在着质的差别和量的差异。

2. 杂种与纯种亲本间存在七种基因差异表达模式

30 对引物组合所揭示的 331 条差异表达片段,说明亲本纯种与杂种一代间存在显著的基因表达差异,表现在质和量两个方面。分别属于七种基因差异表达模式和一种非差异表达模式。其中量的差异包括:①共显性表达型(T1+− 或 T−1+,T1),②杂种减弱表达型(T1−1,T2)和③杂种超亲表达型(T1+1,T3)三种类型;质的差异包括:④杂种沉默表达型(T101,T4),⑤单亲特异表达型(T100,T5),⑥单亲一致表达型(T110,T6)和⑦杂种特异表达型(T010,T7)四种类型。

3. 基因差异表达模式与产蛋性状和蛋品质性状杂种优势率的相关性

32 周龄产蛋数的杂种优势率和 42 周龄产蛋数的杂种优势率分别与杂种超亲型表达模式(T3)呈极显著正相关($P<0.01$),而与杂种特异型表达模式(T7)呈极显著的负相关($P<0.01$)。

七种基因差异表达模式与蛋重、蛋壳强度、蛋黄重、蛋壳重、肉斑、血斑和蛋型指数之间都没有显著的相关性。但单亲显性表达模式(T6)与蛋黄比色性状的杂种优势率呈显著的负相关($P<0.05$);杂种减弱型表达模式(T2)与蛋壳颜色的杂种优势率呈显著的正相关($P<0.05$)。

4. 鸡 32 周龄卵巢组织的差异表达片段 CtPA - like

在 80 条回收的差异表达片段中,经过反 Northern 斑点杂交等多种方式验证,最后得到 18 条差异表达片段,其中有 4 条分别与鸡、人和猪等的已知功能基因的编码序列或 mRNA 序列有较高的同源性;有 2 条与增强子或终止子等调控蛋白的基因有一定的同源性,另外 5 条与一些特殊蛋白或特殊蛋白的相似蛋白有一定的同源性;其余 7 条在 BLAST 比对中没有找到相似性序列,属未知 EST 序列。

差异表达片段 tPA - like 与人的组织型血纤维蛋白溶酶源激活因子(tPA)高度同源(e 值为 0)。在人体内,tPA 与 tPAI 的协同表达和相互作用使排卵卵泡形成局部蛋白水解流"窗口域",对卵泡的局限定向破裂起重要调控作用。研究发现卵细胞表达的 tPA 也受促性腺激素同步调节,并证明与卵细胞成熟和卵丘细胞扩散有关。上述事实说明,tPA 和 PAI-1 在卵巢的不同细胞中的协同表达可控制和诱发排卵,并受促性腺激素的同步调节。

5. FSHR 和 ER 基因的差异表达量与杂种优势的相关性

FQRT-PCR 研究结果表明,鸡 32 周龄卵巢组织促卵泡素受体(FSHR)基因和雌激素受体(ER)基因的差异表达量,分别与 32 周龄和 42 周龄产蛋数的杂种优势率呈显著正相关($P <$ 0.05)。这一研究结果提示,$FSHR$ 基因对产蛋数有重要的调节作用。这种调节作用可能与 FSHR 能促进卵细胞成熟,抑制卵泡闭锁,诱导芳香化酶活性(与雌激素 E2 的合成有关),刺激颗粒细胞增生、诱导黄体素受体(LHR)的产生及可诱发排卵等功能有关。同时,由于功能基因 ER 和 FSHR 是神经内分泌系统在靶器官(卵巢组织)上的效应元件,说明,鸡 32 周龄产蛋数的杂种优势率受神经内分泌的调控。

参 考 文 献

[1] Ashaves B P, Martin G G, Hostetler H A, Mclntosh A L, Kier A B, Schroeder F. Liver fatty - acid - binding protein and obesity. *J Nutri Biochem*, 2010, 21(11): 1015 - 1032.

[2] Chan L, Wei C F, Li W H, Yang C Y, Ratner P, Pownall H, Gotto A M J, Smith L C. Human liver fatty acid binding protein cDNA and amino acid sequence. *J Biol Chem*, 1985, 260(5): 2629 - 2632.

[3] Gerbens F, van Erp A J, Harders F L, Verburg F J, Meuwissen T H, Veerkamp JH, te Pas M F. Effect of genetic variants of the heart fatty acid - binding protein gene on intramuscular fat and performance traits in pigs. *J Anim Sci*, 1999, 77(4): 846 - 852.

[4] Liang P, and Pardee A B. Differential display of eukaryotic messenger RNA by means of the polymerase chain reaction. Science, 1992, 257: 967 - 971.

[5] Lowe J B, Boguski M S, Sweetser D A. Human liver fatty acid binding protein. *J Biol Chem*, 1985, 260(6): 3413 - 3417.

[6] Martin G G, Atshaves B P, Mclntosh A L, Mackie J T, Kier A B, Schroeder F. Liver fatty acid binding protein gene ablated female mice exhibit increased age dependent obesity. *J Nutr*, 2008, 138(10): 1859 - 1865.

[7] Martin G G, Atshaves B P, Mclntosh A L, Mackie J T, Kier A B, Schroeder F. Liver fatty acid binding protein gene ablation enchance age - dependent weight gain in male mice. *Mol Cell Biochem*, 2009, 324(1 - 2): 1943 - 1970.

[8] Ni Z F, Kim E D, Ha M S, Lackey E, Liu J X, Zhang Y R, Sun Q X and Chen Z J. Altered circadian rhythms regulate growth vigour in hybrids and allopolyploids. Nature, 2009, 457: 327 - 331.

[9] Patsoula E, Loutradis D, Drakakis P, Kallianidis K, Bletsa R, Michalas S. Expression of mRNA for the LH and FSH receptors in mouse oocytes and preimplantation embryos.

Reproduction，2001，121(3)：455 - 461.

[10] Romagnoli S, Maddaloni M, Livini C. Relationship between gene expression and hybrid vigor in primary root tips of young maize (Zea mays L.) plantlets. Theor. Appl. Genet. , 1990, 80：767 - 775.

[11] Sewell J E, Davis S K, Hargis P S. Isolation, characterization, and expression of fatty acid binding protein in the liver of *Gallus domesticus*. *Comp Biochem Physio B*, 1989, 92(3)：509 - 516.

[12] Shemesh M, Mizrachi D, Gurevich M, Stram Y, Shore L S, Fields M J. Functional importance of bovine myometrial and vascular LH receptors and cervical FSH receptors. Semin Reprod Med, 2001;19(1);87 - 96.

[13] Sorof S. Modulation of mitogenesis by liver fatty acid binding protein. *Cancer Metastasis Rev*, 1994, 13(3 - 4)：317 - 336.

[14] Spnn N J, Kang S, Li A C, Chen A Z, Newberry E P, Davidson N O, Hui S T Y, Davis RA. Coordinate transcriptional repression of liver fatty acid - binding protein and microsomal triglyceride transfer protein blocks hepatic very low density lipoprotein secretion without hepatosteatosis. *J Biol Chem*, 2006, 281(44)：33066 - 33077.

[15] Sun D, Wang D, Zhang Y, Yu Y, Xu G, Li J. Differential gene expression in liver of inbred chickens and their hybrid offspring. Animal Genetics, 2005, 33(3)：210 - 215.

[16] Tasftaris S A. Molecular aspects of heterosis in plants. Physiologia Plantarum,1995, 94:362 - 370.

[17] Wang Q, Li H, Li N, Gu Z, Wang Y. Cloning and characterization of chicken adipocyte fatty acid binding protein gene. *Anim Biotechnol*, 2004, 15(2)：121 - 132.

[18] Wang Q, Li H, Li L, Leng L, Wang Y. Tissue expression and association with fatness traits of liver fatty acid - binding protein gene in chicken. *Poultry Science*, 2006, 85 (11)：1890 - 1895.

[19] Wood J D. 34th international congress of meat science and technology. *Brisbane Australia*, 1988;562 - 564.

[20] Xiong L Z, Yang G P, Xu C G. Relationships of differential gene expression in leaves with heterosis and heterozygosity in a rice diallel cross. Molecular Breeding, 1998, 4：129 - 136.

[21] Yu S B, Li J X, Xu C G. Importance of epistasis as the genetic basis of heterosis in an elite rice hybrid. Proc Natl Acad Sci USA,1997,94:9226 - 9231.

[22] Zucken S D. Kinetic model of protein - mediated ligand transport：influence of soluble binding proteins on the intermembrane diffusion of a fluorescent fatty acid. *Biochemistry*, 2001, 40(4)：977 - 986.

[23] 刘以训. 纤溶酶原激活因子和抑制因子在生殖中的作用. 科学通报,1999,44(3)：242 -252.

[24] 倪中福. 小麦 RAPD 分子标记遗传差异及杂交种与亲本间基因差异表达研究. 中国农业大学博士论文,1999.

［25］田曾元,戴景瑞. 利用 cDNA－AFLP 技术分析玉米灌浆期功能基因差异表达与杂种优势. 科学通报,2002,47(18):1412－1416.

［26］王栋. 应用 mRNA 差异显示技术研究鸡肉用性状杂种优势分子遗传机理. 中国农业大学博士学位论文,2003.

［27］王栋,张沅,孙东晓,等. 鸡杂种与纯种间 CIDH 基因的差异表达及其与杂种优势的关系. 2004,26(3):308.

［28］王慧. 鸡卵巢组织基因差异表达与繁殖性状杂种优势的关系研究. 中国农业大学博士学业论文,2004.

［29］王慧,张沅,孙东晓,等. 蛋鸡与肉鸡卵巢组织基因差异表达与产蛋数杂种优势的相关性研究. 畜牧兽医学报,2005,36(2):111－115.

［30］王启贵,李宁,邓学梅. 鸡细胞外脂肪酸结合蛋白基因单核苷酸多态性与腹脂性状的相关研究. 科学通报,2001,31(3):266－270.

［31］王启贵,李宁,邓学梅. 鸡脂肪酸结合蛋白基因的克隆和测序分析. 遗传学报,2002,29(2):115－118.

［32］吴利民,倪中福,孙其信,等. 小麦杂种及其亲本苗期叶片家族基因差异表达及其与杂种杂种优势关系的初步研究. 遗传学报,2001,28(3):256－266.

［33］谢晓东,倪中福,孟凡荣,等. 小麦杂交种与亲本发育早期种子的基因差异表达及其与杂种优势关系的初步研究. 遗传学报,2003,30(3):260－266.

［34］俞英. 鸡心肌和肝脏组织基因差异表达与杂种优势关系的研究. 中国农业大学博士学位论文,2003.

［35］俞英,张沅,孙东晓,等. 8 周龄中外鸡种心肌、肝脏组织差异表达基因的初步分析. 畜牧兽医学报,2004,35(2):125－128.

［36］俞英,王栋,孙东晓,等. 鸡 L-$FABP$ 基因全长 cDNA 克隆表达及与杂种鸡脂肪沉积的关系. 遗传,2011,33(7):763－767.

［37］张沅. 家畜育种学. 北京:中国农业出版社,2001:255－278.